U0652956

"十二五"普通高等教育本科国家级规划教材

机电一体化控制技术与系统

主　编　计时鸣

副主编　赵章风

参　编　郑欣荣　高　峰　艾青林

张　利　袁巧玲

主　审　赵松年

西安电子科技大学出版社

内 容 简 介

本书以机电一体化系统的组成为主线，系统介绍了机电一体化系统各主要组成部分及其控制技术和控制策略，并通过实例详细介绍了机电一体化系统的设计方法。

全书共10章，内容包括：机电一体化概论、精密机械技术、工业控制计算机、基于单片机的控制器、可编程序控制器、传感器与计算机接口、动力驱动及其计算机控制、生产过程自动化技术、机电一体化系统的常用控制策略和机电一体化系统设计方法与实例。每章后均有习题与思考题，便于学生课后练习。

本书内容翔实、图文并茂，注重理论联系工程设计与应用，将最新科研成果和发展动态融入教材内容之中，可作为机械工程及自动化、机械电子工程、机电控制工程、自动控制及相关机电类专业的高年级本科生、研究生教材，也可供相关工程技术人员参考。

★本书配有电子教案，需要者可登录出版社网站，免费下载。

图书在版编目(CIP)数据

机电一体化控制技术与系统/计时鸣主编 .
—西安：西安电子科技大学出版社，2009.6(2024.5 重印)
ISBN 978-7-5606-2238-5

Ⅰ. 机… Ⅱ. 计… Ⅲ. 机电一体化—控制系统—高等学校—教材 Ⅳ. TH-39

中国版本图书馆 CIP 数据核字(2009)第 053508 号

策　　划　毛红兵
责任编辑　邵汉平　毛红兵
出版发行　西安电子科技大学出版社(西安市太白南路 2 号)
电　　话　(029)88202421　88201467　　邮　编　710071
网　　址　www.xduph.com　　电子邮箱　xdupfxb001@163.com
经　　销　新华书店
印刷单位　西安日报社印务中心
版　　次　2024 年 5 月第 1 版第 9 次印刷
开　　本　787 毫米×1092 毫米　1/16　印张 23.5
字　　数　555 千字
定　　价　59.00 元
ISBN 978-7-5606-2238-5
XDUP 2530001-9

* * * **如有印装问题可调换** * * *

前　言

机电一体化是在以大规模集成电路和微型计算机为代表的微电子技术高速发展并逐步向传统机械工业渗透过程中形成的新概念。机电一体化已逐步发展成为融机械技术、微电子技术、信息技术等多种技术为一体的新兴交叉学科。机电一体化系统实现了机械技术与微电子、信息、软件等技术的有机结合，极大地扩展了机械系统的发展空间。

机电一体化的发展改变着人们的传统观念，机电一体化技术已经渗透到世界经济与技术发展的各个领域，成为世界技术竞争的制高点。技术竞争的关键是人才的竞争，因此，机电一体化领域的人才培养和专业教育具有重要的意义。目前，许多高等院校开设了有关机电一体化方面的相关课程，同时有大量的工程技术人员在从事机电一体化方面的研究和技术开发工作，编写本书的目的在于为机电一体化教学和研究领域提供一本内容较丰富新颖、体系较完整清晰、有一定特色的教材和参考书。

在机电一体控制技术与系统领域，最新的技术发展显著提升了系统的智能化和性能。近年来，人工智能(AI)与机器学习(ML)的引入，使得自适应控制和预测性维护成为可能。物联网(IoT)技术的应用，增强了设备间的互联互通，实现了远程监控与管理。5G 通信技术的普及，进一步提高了数据传输速度和系统响应能力。此外，先进的传感技术和大数据分析，促进了精确控制和优化决策。这些技术的融合，为机电一体化系统的创新和发展提供了强有力的支持。

本书是在编者总结高等院校本科与研究生相关课程教学和科研经验，并借鉴机电一体化领域已经出版的教材和参考书籍的基础上编写而成的。书中汇集了编者多年的教学讲义和教案资料，并力求将机电一体化领域近年来的最新发展成果引入教材。本书内容的选择和章节的设置力求适应机械工程及自动化等专业的现行课程体系，将繁杂分散的教学内容用清晰简洁的方式融合起来，注重理论与实践相结合，突出案例教学特色。

本书共 10 章，具体内容包括：第 1 章机电一体化概论；第 2 章精密机械技术；第 3 章工业控制计算机；第 4 章基于单片机的控制器；第 5 章可编程序控制器；第 6 章传感器与计算机接口；第 7 章动力驱动及其计算机控制；第 8 章生产过程自动化技术；第 9 章机电一体化系统的常用控制策略；第 10 章机电一体化系统设计方法与实例。每章后均有习题与思考题，便于学生课后练习。

本书可作为高等院校机械工程及自动化、机械电子工程、机电控制工程、自动控制及相关机电类专业的高年级本科生、研究生学习有关机电一体化相关课程的教材，同时也可供相关工程技术人员参考。学习本书之前，读者应具备机械原理、机械设计、电工学、电子学、微型计算机原理、测试技术、自动控制原理等方面的知识。教师在使用本书教学时，应按学生已学过的课程情况有所舍取、补充和侧重。

在现代工程教育中，将思政教育与专业教育有机融合至关重要。遵循“思政”与“专业”相长的原则，找准思政内容与专业知识的契合点。在培养学生分析和解决复杂工程问题的过程中，结合教师的科研项目与实践、社会发展的热点与案例等，引导学生树立辩证唯物主义世界观。通过运用辩证唯物主义的思想和方法，观察、分析和解决问题，增强学生的爱国主义情怀，培养学生的社会和道德责任感。

本书由计时鸣担任主编，赵章风担任副主编。第 1 章由计时鸣、高峰编写，第 2 章由郑欣荣、计时鸣编写，第 3 章由计时鸣、张利、袁巧玲编写，第 4 章和第 9 章由艾青林编写，第 5 章和第 6 章由赵章风编写，第 7 章由高峰编写，第 8 章由郑欣荣编写，第 10 章由计时鸣、赵章风、高峰编写。全书统稿工作由计时鸣、赵章风完成。

本书在编写过程中得到了浙江工业大学机械工程学院、机械电子工程研究所、机械制造及自动化教育部重点实验室的同事和同学们的大力支持和热忱指导，阮健教授、张宪教授、欧长劲教授、胥芳教授、杨庆华教授、熊四昌副教授、王忠飞副研究员为本书提供了丰富的教学和科研实例资料。书稿经上海理工大学赵松年教授审阅，并提出了许多修改意见。本书的出版得到了西安电子科技大学出版社的大力支持及浙江工业大学校重点教材基金的资助。在此，作者谨对给予本书编写和出版工作支持、帮助的所有朋友们，表示最衷心的感谢！

限于作者的水平和经验，加之机电一体化技术发展日新月异，书中错误与不足在所难免，敬请广大读者和同行批评指正。

编　者

2009 年 5 月于浙江工业大学

2024 年 4 月修订

目　　录

第1章　机电一体化概论

课程思政：中国制造

机电一体化是在以大规模集成电路和微型计算机为代表的微电子技术高速发展并逐步向传统机械工业渗透的过程中形成的新概念。机电一体化实现了机械技术与微电子、信息、软件等技术的有机结合，极大地扩展了机械系统的发展空间。

1.1　机电一体化的概念

本章数字资源：
PPT+相关视频资源

1.1.1　机电一体化的发展历史

机械技术是人类所掌握的最古老的技术之一，人类从开始制造工具起就与机械技术结下了不解之缘。机械技术的发展贯穿了人类的进步过程。

远在中国的西周时期，就有了指南车和能自动歌舞的自动人的记载。在近代，自动化机器一直吸引着人们在机械技术上不断发展，出现了能自动绘画、写字、弹琴的机械人。早期的纯机械式的控制技术，主要是基于凸轮原理实现自动控制。值得一提的是，纺织机械中的自动提花机基于凸轮原理实现机械设备的控制，从而在纺织品上织出不同的花纹。

19世纪，电的发现为机械技术的发展提供了巨大的推动力，主要表现是，在机械的驱动上开始采用电动机，在控制上开始采用继电器，机械开始与电气相结合。进入20世纪，控制理论的发展又为机械系统的进一步发展提供了坚实的理论基础。

人们对机械技术不断探索的另一个缘由是对信息处理自动化的迫切需求。为此，英国人巴比奇发明了机械式的计算机、卡片机、密码机等。在巴比奇的机械式计算机中，以穿孔卡片作为程序和数据的输入，实现了以穿孔卡片的形式进行信息记录。密码机作为一种机械加密装置，其内部由复杂的齿轮系统、继电器系统和电路系统组成，对这种加密系统的解密研究直接导致了现代计算机的诞生。这种解密计算机也是机械与电气系统的结合体，其发明者是波兰数学家雷臼斯基和英国数学家图灵。

在20世纪40年代，计算机的出现为机械系统的复杂控制提供了更坚实的基础。随着微电子技术的发展，电子控制技术与机械技术日益紧密地结合在一起，由此诞生了数控机床、自动化生产线等现代机械系统。

进入20世纪70年代，机械技术与电子技术的结合已经成为一种非常普遍的做法，相继在工业机器人、各种生产设备和汽车、飞机等领域得到了广泛应用。这一时期，日本工程界专门提出了“机械电子学”这一概念，并创造了一个新的英文单词“Mechatronics”，该词的前半部分取自“Mechanics”的词头，表示机械学；后半部分取自“Electronics”的词尾，表示电子学或电子装置。我国则习惯将“Mechatronics”一词翻译为机电一体化。

从机械系统的发展过程看，其控制手段经历了从凸轮控制到穿孔卡片控制，又从穿孔卡片控制到继电器控制，再从继电器控制到计算机控制，最后由计算机控制过渡到微电子程序控制，控制功能经历了从简单到复杂(从简单的凸轮控制过渡到复杂的程序控制)，功能改变则经历了从复杂到简单的过程(从更换凸轮过渡到更换程序)，机械系统始终伴随着控制功能的发展而发展。机电一体化虽然在机械系统的控制上大量采用了现代信息技术的发展成果，但始终没有脱离机械系统的范畴。可以说，机电一体化是机械系统发展的必然趋势，是机械系统的发展和进化。

目前，机电一体化已逐步发展成为融机械技术、微电子技术、信息技术等多种技术为一体的新兴交叉学科，机电一体化实际上涵盖“技术”和“产品”两个方面。

从技术角度来看，机电一体化是指按系统工程观点，将机械、电子、信息等有关技术进行有机地组织与综合，以实现机电系统整体最佳化的技术方法。所谓的“有机地组织与综合”，表明机电一体化代表了多学科先进技术相互交叉、渗透复合的技术思想。“整体最佳化”则阐明了实现机电一体化的基本目的，机电一体化系统应从整体上，包括功能、效率、能耗、精度、可靠性、适应性等多方面形成综合最优化。

机电一体化产品(或系统)是指机械系统和微电子系统有机结合，从而产生新功能和新性能的新产品。此类产品与传统的机电系统相比，其主要特点是实现了机电系统在微电子技术基础上的信息驱动，在工作过程中可以对本身和外界环境的各种信息进行采集、处理和分析，系统的行为则完全取决于在信息分析基础上所做出的控制决策。微电子技术的应用是实现信息采集、处理、分析和智能化控制决策的根本保证。

随着机电一体化技术的发展和完善，机电一体化产品的概念已不再局限于某一具体产品的范围，而是逐步扩大到控制系统和被控制系统相结合的产品制造和过程控制的大系统，例如柔性制造系统(FMS)、计算机辅助设计/制造系统(CAD/CAM)、计算机辅助工艺规划系统(CAPP)、计算机集成制造系统(CIMS)以及各种工业过程控制系统。

机电一体化技术的发展最终将使机电产品向多功能化、高效率化、高度自动化、高智能化、高可靠性、省材料和省能源的方向发展。现代信息论、控制论和系统论的诸多学术思想都在机电一体化技术中得到了很好的体现。

1.1.2　机电一体化系统的特征

1. 机电一体化系统的基本组成

在机电一体化系统中，存在着能量流、物料流、信息流三种动态因素，机械系统的结构、组成都是围绕着这三个方面实现的。其中，物料流是机械系统需要处理的对象，能量流是处理物料过程中所需要的动力，而信息流则用来控制机械系统如何利用能量对物料进行处理。作为机械系统范畴的机电一体化系统，其结构和工作运行过程同样也是围绕着能量、物料和信息三个方面进行的，其中信息的处理过程尤其复杂，具有强大的功能，可使整个系统具有更好的柔性，这是机电一体化系统区别于普通机械系统最显著的地方。

机电一体化系统的基本结构要素由机械本体(机构)、动力(动力源)、检测传感(传感器)、信息处理(计算机)、执行与驱动(如各类电机)等五大部分组成，如图 1-1 所示。

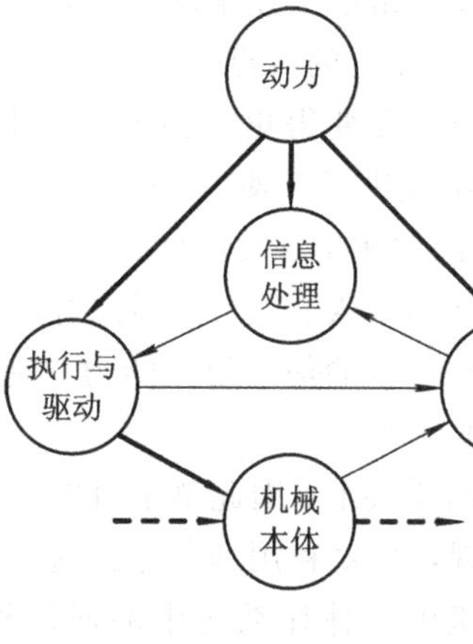

图1-1　机电一体化系统的基本结构要素

图1-1中虚线箭头表示物料流，粗线箭头表示系统中能量的流向，细线箭头表示系统中信息的流向。能量通过执行与驱动部分作用于机械本体，实现对物料流的处理作用，而这一作用是在信息处理部分的控制下实现的。图1-1所示系统包括以下五部分：

(1) 机械本体：包括机身、框架、运动机构和机械连接等，是系统所有功能元素的机械支承结构。

(2) 动力部分：包括电源、气源、液源等，它可以按照系统控制的要求为系统提供所需的能量和动力，保证系统的正常运行。

(3) 检测传感部分：包括各类传感器和变送器等，用于检测系统运行中所需要的本身和外界环境的各种参数和状态，并将它们转换为信息处理部分可以接收的电信号。

(4) 信息处理部分：包括各类微型计算机、PLC、数控装置等，是机电一体化系统的核心，主要负责对来自检测传感部分的电信号和外部输入命令进行处理、分析、存储，并做出控制决策，指挥系统运行以实现相应的控制目标。

(5) 执行与驱动部分：执行机构包括机械、电磁、电液等执行元件，如电磁离合器、电机、液压缸等，由于执行机构的动作需要较大的驱动功率，而信息处理部分输出的控制信号又不能直接驱动执行机构的动作，因此在执行机构与信息处理部分之间需要相应的驱动电路。目前，驱动电路一般借助电力电子技术加以实现。执行与驱动部分起能量放大作用，可将系统的控制决策转化为系统具体的机械行为。

除以上五个方面之外，人机界面在机电一体化系统中也占有重要地位，它负责实现操纵人员与机电一体化设备的交互，从而更好地完成设备功能，毕竟人的因素在设备运行过程中始终占有重要作用。

2. 机电一体化系统的信息特征

信息技术在复杂机械系统中一直处于核心地位，如精密的钟表、各种机械式天文仪器、纺织机械、卷烟机和灯泡机等轻工机械、农业中的联合收割机、打字机、机关枪等。在这些机械系统中，其信息处理能力是依靠凸轮、连杆、齿轮等机械机构来完成的，这些机构不但承担了将动力分配到各终端执行机构的工作，同时也实现了各终端执行机构的特定动作。在机电一体化时代，机械系统内的信息化特征更加明显，信息处理能力也更加强大。在这种系统中，信息系统通常由用于信息处理的计算机系统、用于信息获取的传感器系统和实现信息传递的通信系统组成。随着微电子技术的发展，信息系统在机电一体化系统中还呈现出微型化、嵌入式、实时性、分布化的特点。

随着微电子技术的发展，芯片功能在变得更加强大的同时，其体积也变得越来越小，这就为把控制系统嵌入到机械结构中提供了方便，使机电一体化产品变得更加紧凑，容易实现短、小、轻、薄的目标，例如数码照相机、微硬盘等。

由于容易实现信息系统在结构上的嵌入式设计，因此有可能使机电一体化系统的模块化程度提高，并使得每个模块都具有一定的信息处理能力。模块化程度的提高非常有利于设备的维护，同时可以降低制造成本。

由于信息处理功能分布在不同的模块上，因此整个机电一体化系统的信息处理结构呈现出分布化的特点。这种特点的出现，需要利用通信系统完成不同模块之间的信息传递，以协调各模块之间的工作。目前，机电一体化系统中的通信越来越多地采用现场总线技术，这种技术采用串行总线将不同模块上的信息处理单元连接起来，实现多点之间的高速串行通信，同时提高了系统的可靠性，简化了模块之间的通信连接，还有利于各模块控制单元以及通信线路的故障诊断。此外，无线传感器网络技术也是实现信息处理分布化的重要技术手段，在机电一体化系统中正逐步得到推广和应用。

3. 机电一体化系统的动力特征

与传统的机械系统相比，机电一体化系统中的动力系统正逐步呈现出分散化、智能化的特征，主要表现为执行部件的位置、速度、加速度等参数可以直接通过现代伺服驱动技术进行控制，省去了传统的变速机构和凸轮机构等机械传动链，使动力系统更加紧凑、独立。目前的趋势是动力系统以模块的形式供货，上面集成有功率驱动和电子控制单元，具有编程接口和通信接口，能完成主控计算机传来的各种位置和速度指令，同时具有自诊断功能和自我保护功能，便于维护和提高可靠性。

正确认识机电一体化系统中动力系统结构分散化、功能智能化的发展趋势，对系统功能的理解和设计有很大的帮助。

4. 机电一体化系统的结构特征

由于采用了动力分散的结构以及微电子控制技术，省去了大量传统机械结构中用于处理信息和动力传递的传动链结构，因而，系统的模块化程度得到了很大的提高，集中体现在结构、动力和信息处理三个方面。

结构的模块化使机电一体化系统的整机结构趋于简单，结构刚度大为加强，不但提高了整机的几何精度，而且在工作过程中与纯机械系统相比，在相同的负载下具有更小的变形。动力系统的模块化使传动结构大为简化，不同的动力驱动之间的协调关系不再由传动链完成，而是通过电子控制完成，实现了由物理联系到逻辑联系的转变。同时对于单个驱动而言，位置、速度以及加速度的控制可以直接通过电子控制完成，省去了很大一部分变速机构和凸轮机构。例如，在现代数控机床设计中，由于不必考虑复杂的传动链布置，整个设备结构简单，比传统机床具有更高的结构刚度和传动精度，因此具有很高的工作性能。

由于机电一体化系统多采用分布式智能驱动器和智能传感器，而且往往可以买到成熟的产品，如通用控制器、通用驱动器等，因此其模块化发展趋势也是显而易见的。

1.1.3 机电一体化的意义

1. 对机械系统功能的影响

微电子技术和信息处理技术的应用，赋予传统机械产品许多新的功能，同时创造出许多现代机电新产品，这些产品所具备的多种复合功能已成为一个显著的技术特征。在机电一体化系统中，不同的动力驱动部件之间可以不再有物理上的联系，而是演变为逻辑上的联系，且每一个驱动部件都可以具有一定的智能化，能直接控制位置和速度。逻辑联系的可编程性以及单个驱动部件的智能化，是机电一体化系统的功能得到丰富和提高的主要原因，通过软件设计，机电一体化系统可以完成极其复杂的任务。

2. 对机械系统性能的影响

机电一体化系统的动力智能化、分散化，不但使传动链缩短，提高了传动精度，而且使整个机电一体化系统的机械结构更为简单，机械部件数量减少，使系统的刚度更好。由于这些因素，使得机电一体化系统的运动特性和动力特性都得到很大的提高，同时也使由机械磨损、配合间隙和受力变形等机械因素引起的误差得到有效的控制，直接表现为系统的运动精度提高和响应速度加快。

机电一体化系统在工作精度上远高于纯机械系统，主要得益于以下几点：第一，机械结构的简化使结构刚度大幅度提高；第二，传动链的缩短使传动刚度大幅度提高；第三，嵌入式的信息处理系统和各种传感器的大量采用，使系统的运行处在闭环控制中，可以通过控制算法对工作过程加以控制以补偿各种干扰引起的工作误差，并提高响应速度和工作效率。

3. 对机械系统操纵性的影响

随着人机交互技术的发展，机电一体化系统可选用各种输入/输出设备，设备的操纵、工作状态的显示都非常简便明了；电子技术的发展使得操纵系统不再受机械结构的限制，可以将操纵设备和显示设备安装在任何方便操作的地方，并可以通过互联网或无线网络完成远程操作。在设备操纵方面的这种进步更加符合人机工程，进一步降低了操作人员的工作强度，提高了工作效率，还大幅度提高了危险环境下操纵的安全性。

机电一体化系统通过建立良好的人机界面，可以对操作参量加以监视，因而可以通过简便的操作得到复杂的功能控制和使用效果。在工作过程中，可以通过被控对象的数学模型和目标函数，以及各种运行参数的变化情况，随机自寻最佳工作过程，协调对内、对外关系，以实现自动最优控制。在机电一体化系统中，人的智力活动和资料数据记忆查找工作改由计算机来完成，通过程序控制，代替了人类高度紧张和单调重复的操作。机电一体化系统的先进性是和技术密集性与操作使用的简易性和方便性联系在一起的。

4. 对机械系统可靠性的影响

机械装置的运动部分一般都伴随着磨损及运动部件配合间隙所引起的动作误差，这将导致可动摩擦、撞击、振动等问题的发生，影响装置的寿命、稳定性和可靠性。在机电一体化系统中由于大量采用了高可靠性的电子元件来代替纯机械式的控制结构，因此使得系统的可动部件减少，磨损也大为减少，在控制上的可靠性也得到大幅度提高。

由于动力系统分散化以及伺服驱动技术的应用，从而缩短了机械传动链，提高了传动系统的可靠性。传动链的缩短和嵌入式电子控制系统的应用，使系统结构大幅度简化，进一步提高了机械系统的强度、刚度和过载能力，从而提高了可靠性。

传感器的大量应用则有助于对系统内部的工作状态进行监测，可及时发现系统的工作隐患，对各种故障和危险情况自动采取保护措施，及时修正运行参数，提高系统的安全性和可靠性。

1.2 机电一体化的技术基础

1.2.1 机械设计和制造技术

机械技术是机电一体化的基础。随着高新技术被引入机械行业，机械技术面临着挑战和变革。在机电一体化产品中，机械部分既是系统控制的对象，也是实现系统行为的执行装置，因此，机械设计与制造技术对于机电一体化系统的结构、重量、体积、动态性能、耐用性等诸方面均有重要影响。机械技术的着眼点在于如何与机电一体化的技术发展相适应，综合利用其它高新技术实现机械结构、材料、性能上的变革，满足减少重量、缩小体积、提高精度、提高刚度、改善性能的要求。机电一体化系统的发展，使得整个系统结构呈现出宏观简单、微观复杂、精度要求提高的特点。

1.2.2 微电子技术

微电子技术是信息技术的基础，机电一体化系统与纯机械系统差别最大的地方在于信息处理能力。在机电一体化系统中利用微处理器处理信息，可以方便高效地实现信息的交换、存取、运算、判断和决策等，而这在传统的机械结构中是很难实现的。微处理器除了具有强大的信息处理能力外，还具有体积小、重量轻、可靠性高的特点，这为控制系统的嵌入式设计提供了方便，使整个机电一体化系统更加紧凑。

1.2.3 传感器技术

传感器在机电一体化系统中占有非常重要的地位，甚至发展成为一个独立的学科。在机电一体化系统中，为了能够可靠实现系统功能，通常要用到较多的传感器来检测自身的工作状况和外部的工作环境，如位移、速度、压力、流量、方位等。目前，传感器正向着微型化、集成化、智能化方向发展，能更好地与机械结构、动力结构集成在一起，为机电一体化系统的发展提供了有利的条件。

微型化使传感器的体积变得越来越小，很容易与机械结构和动力系统集成在一起，形成嵌入式设计结构，从而减小整个系统的体积。集成化使传感器与信号处理电路集成于一体，从而提高信号处理性能，降低成本。智能化传感器具有对自身工况进行诊断的功能和自动识别信号量程的功能，保证了传感器工作更可靠，检测结果更准确。

根据传感器在机电一体化系统中的作用，可以分为内部传感器和外部传感器。内部传感器负责系统内部参数的检测，如伺服模块本身的速度、位置信号等；外部传感器负责检测外部环境参数或所要处理的工件、物品的参数，如物体的位置、重量，环境温度、自身坐标等。通过人机界面将系统参数设置好之后，整个机电一体化系统将会自动运行，这种自动运行可以看做是传感器驱动的过程。

1.2.4 软件技术

机电一体化系统的功能主要在软件的控制下实现。因此从某种程度上讲，机电一体化系统的设计已经变成软件功能设计为主，机械设计为辅的一种过程，是典型的软件密集型产品。系统中的人机界面、动力模块的伺服控制、动力模块间的协调控制、系统功能的决策控制等，都需要用微控制器中的软件来实现，甚至某些硬件模块也需要用硬件描述语言等软件工具来设计实现。

机电一体化系统要求其软件具有响应速度快，实时性好，可靠性高，占用资源少，同时要求开发简便，可维护性好。鉴于这种要求，在机电一体化系统软件开发中普遍采用实时操作系统，将系统的各种功能分解为不同的任务，在操作系统的控制下以很高的实时性运行。

1.2.5 通信技术

由于在功能复杂的机电一体化系统中，不但有着多个动力驱动单元，而且还有着众多的传感器，因而信息处理系统需要同时与众多的传感器和驱动器通信，以保证系统的正常运行。这就需要在信息处理系统、动力驱动系统和传感器系统三者之间建立起一种有效的通信机制。现场总线技术就是为适应这一需求而诞生的。现场总线从本质上讲是一种串行总线，它可以将所有的信息部件用一条总线串联起来，利用高速串行通信实现对系统的实时监测和控制。

除了用于控制的现场总线外，无线通信技术、互联网通信技术，甚至最普通的RS232通信，都在机电一体化系统中发挥着重要的作用。

1.2.6 驱动技术

在机电一体化系统中，电力驱动占有很重要的地位，其中不仅包括电机拖动，还包括电磁铁驱动、压电晶体驱动等。由于这些驱动需要消耗较大功率，因此在电子技术中专门发展出了用于功率驱动的电子技术——电力电子技术。相应的，用于功率驱动的电子元件被称为电力电子元件，其特征是可以通过较大的电流，能承受较高的电压，可以直接用于电机和功率电磁铁的控制。由于这种功率器件以大电流、高电压为特征，因此微电子信号一般不能直接对这种元件进行控制，需要对信号进行变换和放大。另外，这种功率元件通常比较昂贵，有效地保护其在工作过程中不受损害十分重要，这进一步催生了功率元件的驱动和保护技术。

目前，电力电子技术在电机拖动中的应用已经比较成熟，尤其在交流电机驱动中，可以实现与直流电机相媲美的控制效果。技术的进步也使功率元件进一步向小型化、智能化方向发展，成为实现机电一体化系统分散式动力结构的一个重要的技术基础。

1.2.7 自动控制技术

机电一体化系统具有信息采集与信息处理的功能，如何利用系统所获得的信息实现系统的工作目标，需要借助自动控制技术。一般而言，被控制对象的固有特性与主观上要求达到的控制目标是有矛盾的，自动控制理论为如何解决此类矛盾提供了理论上的指导。自动控制理论注重系统动态性能的研究与优化，在此理论指导下，机电一体化系统的设计将更多地涉及动态因素，因而机电一体化系统在动态性能上将有更出色的表现。

由于控制对象种类繁多，因此控制技术的内容极其丰富，例如定值控制、随动控制、自适应控制、预测控制、模糊控制、学习控制等。

1.2.8 系统技术

系统技术就是以整体的概念组织应用多种相关技术，从全局角度和系统目标出发，将总体分解成相互有机联系的若干概念单元，以功能单元为子系统进行二次分解，生成功能更为单一和具体的子功能与单元。这些子功能和单元同样可以继续逐层分解，直到能够找出一个可实现的技术方案。

系统论中一个核心思想是整体大于部分之和，因此，优化机电一体化系统内部结构组成和相互衔接关系，合理把握系统内部各单元之间的有机联系，使之形成整体优势，往往可以使用相对廉价的部件组成高性能的系统，机电一体化系统正是得益于机电融合的优势，才取得今日的成功。

“综合就是创造”是系统论中另一重要的学术思想，机电一体化系统往往需要通过多种先进技术的综合，来实现传统机电系统无法实现的目标，激光打印机、静电复印机、数字照相机等典型机电一体化产品无一不是多学科技术综合而创造出的新产品。

系统技术中，接口技术是一个重要方面，它是实现系统各个部分有机连接的保证。接口包括电气接口、机械接口、人机接口等。电气接口实现系统间电信号的连接；机械接口则完成机械与机械部分、机械与电气装置部分的连接；人机接口提供了人与系统间的交互界面。

1.3 机电一体化的发展及应用概况

高新技术向传统产业渗透，必将引起传统产业的深刻变革。机电一体化技术革命借助现代微电子技术和微计算机技术实现了信息和智能装置与动力设备的有机结合，使得作为传统产业之一的机械工业，无论产品结构还是生产系统结构均发生了质的跃变，机电产品的性能和竞争力得到显著提高，生产效率和企业竞争能力也得到飞速发展。

汽车作为机械工业的传统产品，于20世纪60年代逐步引入电子技术，到70年代初，实现了充电机电压调整器和点火装置的电子化，以后又发展了电子控制的燃料喷射装置。70年代后期，由于采用了微型计算机，才使汽车产品的机电一体化进入了实用阶段。机电一体化的发动机控制系统由汽车发动机运行状态监测传感器、电子点火器和微处理器等部分组成，根据曲轴位置、气缸负压、冷却水温度、发动机转速、吸入空气量、排气中的氧气浓度等信息计算最佳点火时间，控制执行器点火动作，大大提高了汽车性能。

进入20世纪80年代以来，为进一步解决节能、排气防污、提高功能以及安全和维修等问题，在汽车工业领域，相继开发了电子控制化油器、发动机IC调节器、发动机旋转检测装置、电子控制自动变速器、电子刹车控制装置、防滑装置、自动稳速控制装置、电子仪表、电子自动刮水器、排气污染的电子控制器、集中报警系统、发动机诊断系统等一系列先进的机电一体化系统。电子导航、电子避撞、太阳能动力、电子自动悬架、电子离合器控制、电子故障诊断显示、电子多路传输等新的汽车电子化技术和产品将在汽车系统中广泛应用，电子产品占汽车成本的比重将达 30%以上。汽车电子化程度成为汽车产品市场竞争性的重要因素，汽车电子也由此逐渐发展成为一个新兴产业。

机床是机械工业的基础制造装备和工作母机，是决定机械工业生产能力和水平的关键，以机电一体化技术为核心的数控机床的发展，使加工机床的技术水平得到了显著提高。数控机床技术经济效益显著，应用数控机床可以缩短新产品的试制和生产周期，节约大量工装，生产效率高，辅助生产时间减少，减少了人为误差，加工精度稳定性好，能加工普通机床无法加工的复杂零件。目前，数控机床一方面向高、精、尖的方向发展，例如超精密加工机床、加工中心逐步得到大量应用，另一方面简易数控装置也得到了大力发展和普及。

机电一体化技术的发展还促进了柔性制造系统的发展。一般说来，小批量生产自动化可由加工中心解决，大批量生产则用自动线解决，但实际上，界于两者之间的中等批量生产自动化问题占机械制造品种的 70%，柔性制造系统(FMS)是解决这一问题的最佳方案。FMS 由计算机系统控制、协调多台数控机床、辅机和物料储运装置，系统可按优化的程序自动连续高效地运行，设备利用率高，对作业对象及生产批量有良好的适应能力。

机器人是典型的机电一体化产品。目前，全世界有数百家机器人生产厂家，生产的机器人品种规格近千余种，发达国家的机器人产值平均每年以 20%～40%的增长率发展。

98%的工业机器人用于制造业，主要用途是：材料加工、机床上下料、点焊与弧焊、喷漆与抛光、冲压、装配、浇铸和锻造等。机器人的应用领域正逐步扩展到水下、空间、核工业、农业、救灾、医疗及服务行业等非机械制造领域。

1985 年 9 月，美、法两国海洋科学家经过多年努力，使用了潜水深度达到两万英尺的高级水下机器人，在北大西洋海底找到了 1912 年沉没的“泰坦尼克”号巨轮残骸；美国的“挑战者”号航天飞机残骸也是由水下机器人打捞的。机器人技术还受到了军事部门的重视，自 20 世纪 70 年代起，许多国家就开始研究开发各种军事用途的机器人。1990 年夏，美国国防部宣布“机器人军队”即将组建，由美国国家实验室指导发展的军事机器人样机已交付试用。

农业机器人可用于蔬菜、花卉和苗木株苗的移栽。机器人利用信息传感功能和智能化分析程序，可准确辨别好苗和坏苗，指挥机械手把好苗准确地移栽到预定的位置上，而抛去坏苗。农业机器人还可被应用于灌溉、施肥和喷洒农药，机器人根据光反射和折射的原理，通过准确测定温室内植物的需水量，进行精确定点的灌溉控制；通过检测土壤状况控制施肥的准确数量；机器人喷洒农药最大的优点是避免了人体接触农药，有利于工作人员的健康，同时，由于喷洒农药的准确性提高，因而减少了农药用量和降低了污染。

在水果、蔬菜等农产品加工车间里，机器人可以根据水果的大小尺寸及品质进行拣选、分类和包装。机器人技术可大幅度提高分选的均一性，降低产品的破损率，提高生产率和改善劳动条件。在农产品的自动采摘方面，机器人大有用武之地，番茄、洋葱、马铃薯、樱桃、枣、柑橘、西瓜、花生和蘑菇等均有采用机器人进行采摘的报道。机器人用于农产品采摘，可以充分利用机器人的信息感知功能，对被采摘对象的成熟程度进行识别，从而保证采摘到的果实的质量。

采用机械挤奶是奶牛饲养业的一大进步，但是挤奶工作仍要花费奶牛饲养者很多的精力。全自动挤奶机器人将使挤奶自动化程度得到更进一步的提高，机器人可以最大限度地减少对奶牛的人为干扰，奶牛可以自己选择挤奶时间并进入挤奶箱，机器人能使奶杯正确上到奶牛的乳房，并使用机械臂来调整奶杯的位置。

办公自动化和家用电器产品是机电一体化技术得到大量应用的两个重要领域。传真机、复印机、激光打印机、彩色喷墨打印机和扫描仪等已逐步得到普及应用，这些产品无一不是机械技术与电子技术有机结合的产物。空调、电冰箱、洗衣机、DVD、数码照相机等机电一体化的家用电器，正向智能化、微型化的方向发展，并逐步成为我们生活中的必需品。

在生物医学、仪表、轻工、电力、通信、纺织、化工、冶金、交通等领域，在国民经济的各行各业中，机电一体化技术正在发挥着举足轻重的作用，大力推广机电一体化技术对于国民经济发展具有重要意义。

习题与思考题

1. 什么是机电一体化？机电一体化系统的功能构成和定义是什么？

2. 简要叙述机电一体化系统的共性关键技术。

3. 机电一体化系统有哪些特点？

4. 以全自动洗衣机为例，分析机电一体化系统的结构、功能和人机界面(注意：功能与人机界面有密切关系，可以参考全自动洗衣机的使用手册)。

第 2 章　精密机械技术

课程思政：精密抛光技术

机电一体化技术是面向应用的跨学科技术，它是机械技术、微电子技术、信息技术和控制技术等有机融合、相互渗透的结果。机电一体化技术的发展极大地扩展了传统机械技术的发展空间，同时也对机械装置提出了高精度、快速响应、良好的稳定性、高可靠性等要求。本章着重对机械系统中的关键技术即精密机械技术进行简要介绍。

2.1　概　　述

本章数字资源：PPT＋相关视频资源

2.1.1　机电一体化对机械系统的基本要求

机电一体化产品中的机械系统主要包括支承、传动、执行机构等，一般由减速装置、丝杠螺母副、涡轮涡杆副等各种线性传动部件以及连杆机构、凸轮机构等非线性传动部件、导向支承部件、旋转支承部件、轴系及机架等机构组成。与一般的机械系统相比，其特点是：

(1) 高精度。由于机电一体化产品在技术性能、工艺水平、功能上都要比普通的机械产品要求高，因此对机械系统的精度提出了更高的要求。

(2) 快速响应。机电一体化系统中既有高速的信息处理单元，也有慢速的机械单元，若希望提高整体速度，就要求机械部分有更高的响应速度。

(3) 良好的稳定性，抗干扰能力强，环境适应性好。

简言之，就是“稳、准、快”。此外，还须有较大的刚度、良好的可靠性、重量轻、体积小、寿命长等要求。

为确保机械系统的传动精度和工作稳定性，在设计中常提出无间隙、低摩擦、低惯量、高刚度、高谐振频率、适当的阻尼比等要求。为达到上述要求，主要从以下几方面采取措施：

(1) 采用低摩擦阻力的传动部件和导向支承部件。如采用滚珠丝杠副、滚动导向支承、动(静)压导向支承等。

(2) 缩短传动链，简化主传动系统的机械结构。主传动常采用大扭矩、宽调速的直流或交流伺服电机直接与丝杠螺母副连接，以减少中间传动环节。

(3) 提高传动与支承刚度。如采用预加紧的方法提高滚珠丝杠副和滚动导轨副的传动与支承刚度，丝杠的支承设计中采用二端轴向预紧或预拉伸支承结构等。

(4) 选用最佳传动比，以达到提高系统分辨率、减少到执行元件输出轴上的等效转动惯量，尽可能提高加速能力。

(5) 缩小反向死区误差。在进给传动中，一方面采用无间隙且减少摩擦的滚珠丝杠副，预加载荷的双齿轮齿条副等精密机构，另一方面采取消除传动间隙、减少支承变形等措施。

(6) 改进支承及架体的结构设计以提高刚性、减少振动、降低噪声。如选用复合材料等来提高刚度和强度、减轻重量、缩小体积，使结构紧密化，以确保系统的小型化、轻量化、高速化和高可靠性。

上述措施反映了机电一体化系统中机械设计的特点。本章将简要介绍较典型的传动、导向和执行等机构的结构设计和选择方面的基本内容。

2.1.2 机械系统的主要组成

机电一体化系统中的机械系统通常由传动机构、支承与导向机构、执行机构及机架等组成。各机构分别承担着不同的功能，有着不同的要求。

传动机构：主要完成转速、转矩的匹配，要求有良好的伺服性能。

支承与导向机构：主要起支承和导向作用，为机械系统中各运动部件安全、准确地完成特定运动提供保障。

执行机构：完成具体的动作，要求有高的灵敏度、精确度和良好的重复性、可靠性。

2.2 传 动 机 构

2.2.1 传动机构的性能要求

机电一体化系统中的传动机构通常采用滚珠丝杠副、精密齿轮副、挠性传动机构、间歇传动机构等。为获得良好的伺服性能，传动系统应满足如下性能要求：

1. 足够的刚度

所谓刚度，就是指抵抗变形的能力。对机械系统来说，满足刚度要求具有如下优点：

(1) 减少机构弹性变形，从而减少伺服系统的动力损失，可达到明显的节能效果。

(2) 机械装置固有频率高，不易产生共振。

(3) 能增加闭环伺服系统的稳定性。

2. 惯量小

在刚度满足要求的前提下，应尽量减小传动机构的质量和转动惯量。大惯量会使系统的机械常数增大，固有频率降低，从而使系统负载大、响应慢、灵敏度低，易产生谐振。

3. 阻尼适中

大阻尼能抑制振动的最大振幅，且使振动快速衰减，但同时也使系统的稳态误差增大，精度降低，因此阻尼应适中。

2.2.2 精密传动机构——滚珠丝杠副

1. 滚珠丝杠副的工作原理

滚珠丝杠副是指在丝杠(具有螺旋槽的螺杆)与螺母之间，连续填满滚珠等作为中间体的丝杠副。滚珠丝杠副由丝杠、螺母、滚动体和滚动体循环装置组成。图 2-1 为滚珠丝杠副的结构原理图。工作时，螺母4与需作直线往复运动的零部件相连，丝杠1旋转带动螺母4作直线往复运动，从而带动零部件作直线往复运动。在丝杠1、螺母4和端盖2(滚珠循环装置)上都制有螺旋槽，由这些槽对合起来形成滚珠循环通道，滚珠3在此通道内循环滚动。为了防止滚珠3从螺母中掉出，螺母螺旋槽的两端应封住。

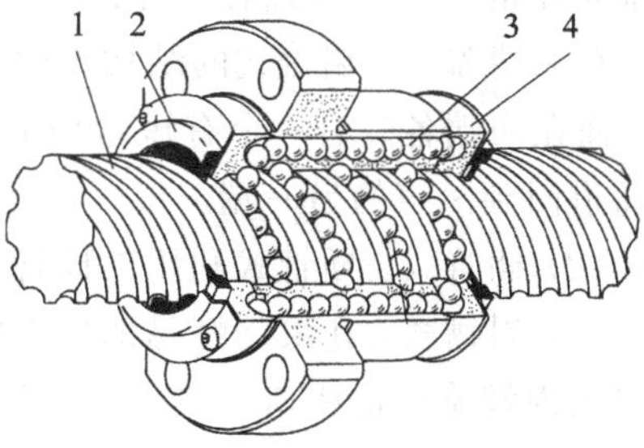

1—丝杠；2—端盖；3—滚珠；4—螺母

图2-1　滚珠丝杠副的结构原理图

2. 滚珠丝杠副的特点

滚珠丝杠副是滑动丝杠副的发展与延伸，属于螺旋机构。与滑动丝杠相比，滚珠丝杠具有以下特点：

(1) 传动效率高：以滚动摩擦代替了滑动摩擦，整个传动副的驱动力矩减少至滑动丝杠的1/3左右，传动效率达到90%以上，发热率大幅降低。

(2) 定位精度高：由于发热率低，温升小，可以采取预拉伸(预紧)消除轴向间隙等措施，因此滚珠丝杠副具有高的定位精度和重复定位精度。

(3) 传动可逆性：能够实现两种传动方式，将旋转运动转化为直线运动或将直线运动转化为旋转运动并传递动力。

(4) 使用寿命长：由于对丝杠滚道形状的准确性、表面硬度、材料的选择等方面加以严格控制，因而滚珠丝杠副的实际寿命远高于滑动丝杠副。

(5) 同步性能好：由于滚珠丝杠副具有运转顺滑、消除了轴向间隙以及制造的一致性等特点，因此，当采用多套滚珠丝杠副驱动同一装置或多个相同部件时，可获得很好的同步性能。

但是，与滑动丝杠副相比较，滚珠丝杠副的缺点是结构和制造工艺比较复杂、成本较高；另外，滚珠丝杠副不具有自锁性，尤其是垂直安装时需增加制动装置。

3. 滚珠丝杠副的结构及材料

滚珠丝杠副的结构类型可以从滚珠的循环方式和消除轴向间隙的调整方法等方面进行区别。

1) *滚珠循环方式*

滚珠循环装置可分为两种：内循环及外循环方式。内循环方式如图2-2所示，在螺母2的侧面装有反向器4，滚珠利用反向器4越过丝杠的滚道顶部进入相邻的滚道，形成一个循环回路，其特点是滚珠在循环过程中始终与丝杠表面保持接触。这种循环方式的滚珠循环通道短，有利于减少滚珠数量，降低摩擦损失，提高传动效率。但反向器加工精度要求高，装配调整不方便，不适宜重载传动。

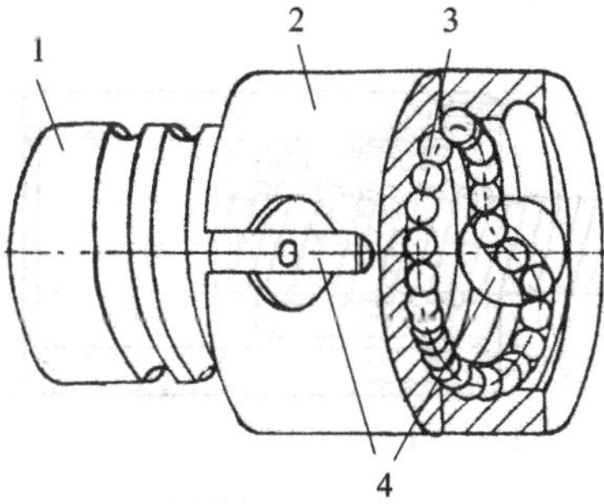

1—丝杠；2—螺母；3—滚珠；4—反向器

图2-2　内循环方式

外循环方式中的滚珠在循环时，滚珠离开丝杠滚道，在螺母体内或螺母体外的回珠滚道中循环。

目前常见的外循环形式有三种：

（1）端盖式。端盖式的结构如图 2－3 所示。在滚珠螺母上有纵向孔作为滚珠返回的通道，而在两端各装有一个有短弯槽的盖子，当滚珠滚到盖子处时，就被阻止而转弯，从返回通道回到滚道的另一端。

（2）插管式。插管式利用外插管子作为循环通道，其结构如图 2－4 所示。

（3）斜槽式。在滚珠螺母的外表面上铣有一道供滚珠循环的斜槽，其两端各有圆孔与螺母的内螺旋滚道相通。

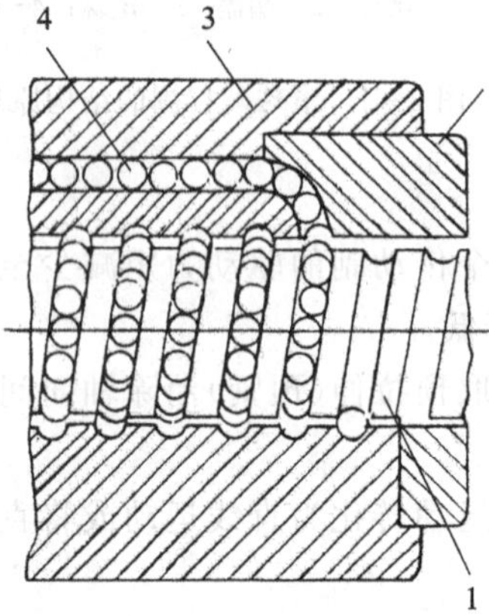

1—丝杠；2—端盖；3—螺母；4—滚珠

图 2－3　端盖外循环方式

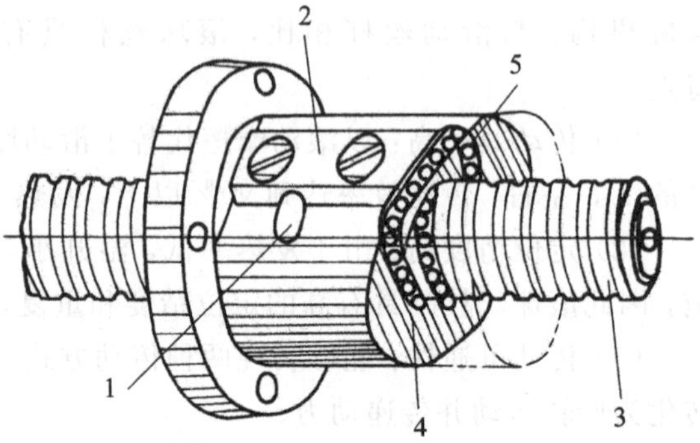

1—回珠管道；2—压板；3—丝杠；4—螺母；5—滚道

图 2－4　插管外循环方式

外循环方式结构简单，但螺母的结构尺寸较大，特别是插管式。

2）调整间隙和预紧的方法

为了保证滚珠丝杠副具有足够的轴向刚度和传动精度，必须消除滚珠螺母中的间隙。常用的调整间隙和预紧方法有以下几种：

（1）垫片调节式。图 2－5 为垫片调节式结构图，该结构利用调整垫片 1 来改变两螺母 2 之间的轴向距离，以调整间隙和产生预紧力。这种方法结构简单，缺点是难于精确地调整预紧力。

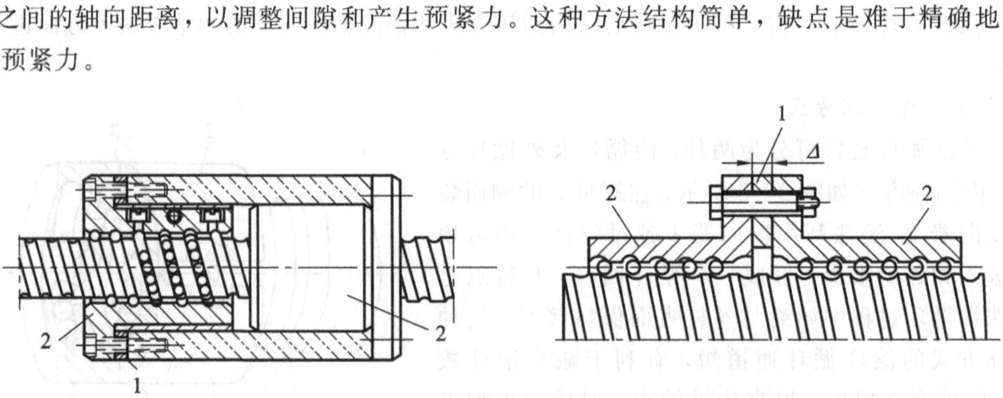

(a) 结构图　　(b) 原理示意图

图 2－5　垫片调节式

(2) 双螺母调节式。图 2-6 为双螺母调节式结构图，该结构把两个螺母 3、4 装在套筒内。其中，螺母 3 的外端有凸缘，而螺母 4 的外端虽无凸缘，但制有螺纹，并通过两个圆螺母 1、2 固定。调整圆螺母 2 可消除轴向间隙并产生一定的预紧力，再通过锁紧螺母 1 锁紧。这种调节方式由于结构紧凑、工作可靠、调整方便，因而应用较广。

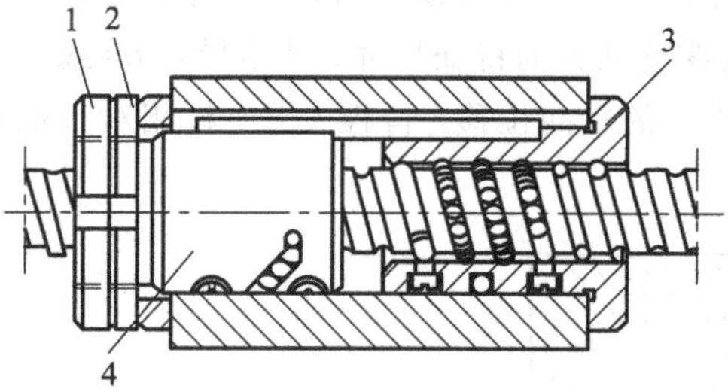

(a) 结构图

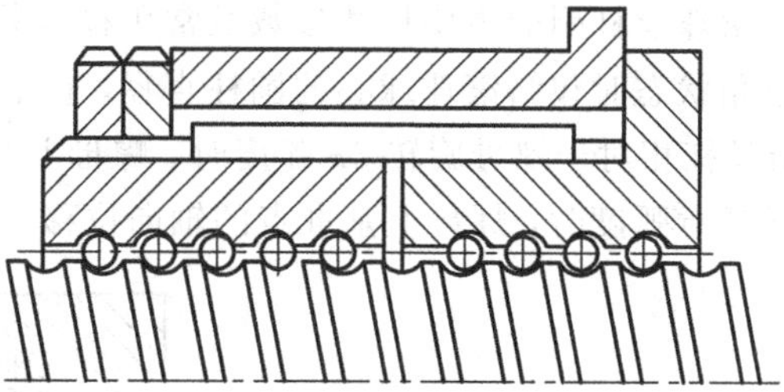
(b) 原理示意图

图 2-6　双螺母调节式

以上两种方式均为使用螺母作轴向位移而进行调整的。

(3) 齿差调节式。图 2-7 为齿差调节式结构图，左、右两螺母外端凸缘都制成直齿圆柱齿轮，其齿数差为 1。当两个螺母相对于外壳同向转动一定齿数时，就可使两螺母产生一定的相对角位移，从而使它们沿滚珠螺杆轴向产生相对位移，因而使螺母预紧。例如，两齿轮的齿数分别为 99 和 100，如果使两个齿轮同方向转过一个齿，则它们的相对角位移为

$$\frac{2\pi}{99}-\frac{2\pi}{100}=\frac{2\pi}{9900}\ \text{rad} \tag{2-1}$$

这相当于两个滚珠螺母沿轴向相对移动了 $\frac{2\pi}{9900}\times\frac{t}{2\pi}\ \text{mm}\approx 0.1t\ \mu\text{m}$ 。这种方法的优点是能精确地调节预紧力，而且由于两螺母外端的齿轮分别用内齿圈固定在同一个外壳上，因此工作比较可靠。

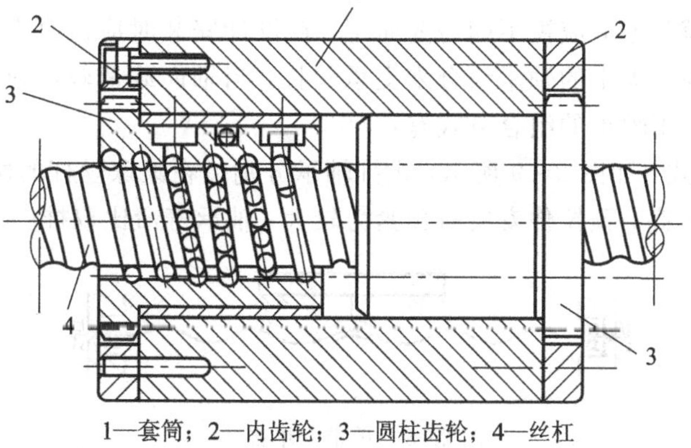

1—套筒；2—内齿轮；3—圆柱齿轮；4—丝杠

图 2-7　齿差调节式

3) 材料

滚珠丝杠副中丝杠与螺母的材料一般与滚珠的材料相同，通过采用 GCr15、GCr6、

GCr9 等，硬度为 HRC60±2，而螺母应取上限。当需要特别高的耐磨性时，可以用 20CrMnA、40CrMnA、38CrMoLlA、38CrWVAlA 等合金钢制造。

4. 滚珠丝杠副的主要参数及标注方法

1）主要参数

滚珠丝杠副的主要尺寸参数及常用符号见图 2-8。公称直径 d_0 指滚珠与滚道在理论接触角状态时包络滚珠球心的圆柱直径，它是滚珠丝杠副的特征尺寸。基本导程 l_0(或螺距 t)指丝杠相对于螺母旋转 2π 弧度时，螺母上基准点的轴向位移。行程 l 指丝杠相对于螺母旋转任意弧度时，螺母上基准点的轴向位移。

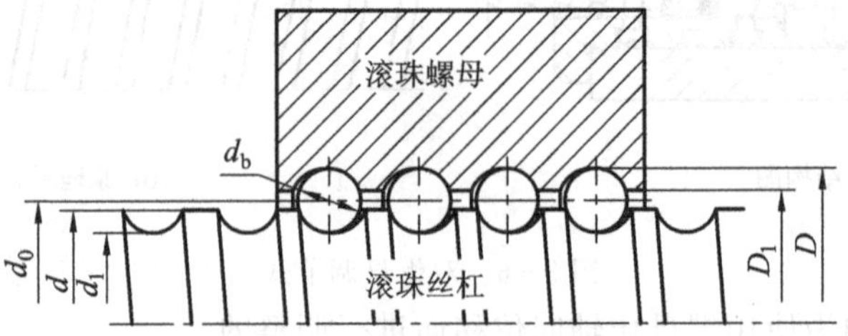

图 2-8 主要尺寸参数示意图

此外还有丝杠螺纹大径 d、丝杠螺纹小径 d_1、滚珠直径 d_b、螺母螺纹大径 D、螺母螺纹小径 D_1、丝杠螺纹全长 l_s 等。

基本导程的大小应根据机电一体化系统的精度要求来确定，精度要求高时，应选取较小的基本导程。

2）标注方法

滚动螺旋副的型号由代号和数字组成，根据其结构、规格、精度等级、螺纹旋向等特征，不同的厂家的标注方法略有不同。

5. 滚珠丝杠副的安装方式、制动与选用

1）滚珠丝杠副的安装方式

滚珠丝杠副的安装方式不同(支承形式不同)，将影响到丝杠的轴向刚度和传动精度，各种安装方式各有优缺点，应视不同需要而定，在设计安装时应认真考虑。为了提高轴向刚度，常用以止推轴承为主的轴承组合来支承丝杠，当轴向载荷较小时，也可用向心推力轴承来支承丝杠。常用轴承的组合方式有：

① 单推—单推式：如图 2-9 所示，止推轴承分别装在滚珠丝杠的两端并施加预紧力。其特点是轴向刚度较高，预拉伸安装时预紧力较大；轴承寿命比双推—双推式低。

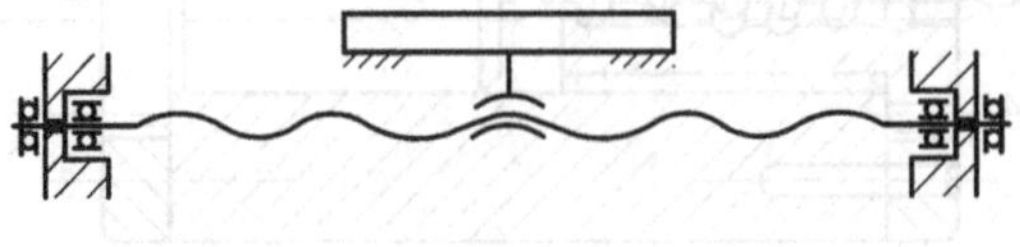

图 2-9 单推—单推式

② 双推—双推式：如图 2-10 所示，两端装有止推轴承及向心轴承的组合，并施加预紧力，使其刚度最高。该方式适合于高刚度、高速度、高精度的精密丝杠传动系统。由于工作时随着温度的升高会造成丝杠的预紧力增大，因而易造成两端支承的预紧力不对称。

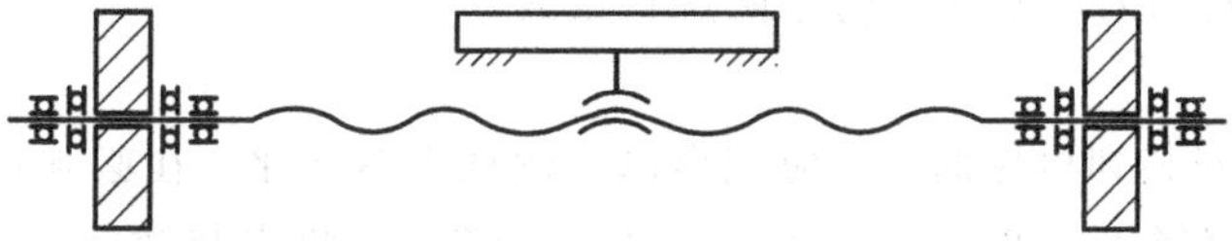

图 2-10　双推—双推式

③ 双推—简支式：一端装止推轴承，另一端装向心球轴承，轴向刚度不太高。使用时应注意减少丝杠热变形的影响。双推端可预拉伸安装，预紧力小，轴承寿命较长，适用于中速、精度较高的长丝杠传动系统。

④ 双推—自由式：一端装止推轴承，另一端悬空。因其一端是自由状态，故轴向刚度和承载能力低，多用于轻载、低速的垂直安装丝杠传动系统。

2）滚珠丝杠副的制动

滚珠丝杠副垂直安装时，无自锁作用，故须设置当驱动力中断后防止被驱动部件因自重而发生逆传动的自锁或制动装置。滚珠丝杠副的制动可使用制动电机、超越离合器或其他方式的制动装置。

3）滚珠丝杠副的选择方法

（1）滚珠丝杠副结构的选择。

根据防尘、防护条件以及对调隙及预紧的要求，可选择适当的结构形式。例如，当允许有间隙存在（如垂直运动）时，可选用具有单圆弧形螺纹滚道的单螺母滚珠丝杠副；当必须有预紧或在使用过程中因磨损而需要定期调整时，应采用双螺母螺纹预紧或齿差预紧式结构；当具备良好的防尘条件且只需在装配时调整间隙及预紧力时，可采用结构简单的双螺母垫片调整预紧式结构。

（2）滚珠丝杠副结构尺寸的选择。

选用滚珠丝杠副时，通常主要选择丝杠的公称直径 d_0 和基本导程 l_0。公称直径 d_0 应根据轴向最大载荷按滚珠丝杠副尺寸系列选择。在允许的情况下，螺纹长度 l_s 要尽量短，一般取 $l_s/d_0<30$ 为宜；基本导程 l_0（或螺距 t）应按承载能力、传动精度及传动速度选取，l_0 大时，承载能力也大；l_0 小时，传动精度会较高。要求传动速度快时，可选用大导程滚珠丝杠副。

4）滚珠丝杠副在选用和使用中的注意事项

（1）预紧载荷的确定。

为了防止造成丝杠传动系统的任何失位，保证传动精度，提高丝杠系统的刚度是很重要的，而要提高螺母的接触刚度，则必须施加一定的预紧载荷。

施加了预紧载荷后，摩擦转矩增加，并使工作时的温升提高。因此，必须恰当地确定预紧载荷（最大不得超过 10%的额定动载荷），以便在满足精度和刚度的同时获得最佳的寿命和较低的温升效应。

（2）润滑。

在使用滚珠丝杠副时，必须要有足够的润滑，如果润滑不够，则将导致摩擦和磨损的增加，造成故障或缩短寿命等。润滑可采用油润滑或脂润滑。

（3）防尘。

滚珠丝杠与滚动轴承一样，如果污物及异物（切屑、碎屑）进入，就会很快使它磨损。因此，必须采用防护装置（折叠式或伸缩式丝杠护套）将丝杠轴完全防护起来；同时，在有浮尘时，要在螺母两端采用刮屑式防尘圈进行密封。

(4) 安装。

将滚珠丝杠副安装到机床时，不应把螺母从丝杠上拆下来。在必须把螺母卸下来的场合，要使用比丝杠底径小 0.2～0.3 mm 的安装辅助套筒，将安装辅助套筒推至螺纹起始端面，从丝杠上将螺母旋至辅助套筒上，连同螺母、辅助套筒一并小心取下，注意不要使滚珠散落。

2.2.3 齿轮传动

齿轮传动在机电一体化系统中得到了广泛的应用。设计时，除了要确定齿轮传动形式、传动比的匹配、各级传动比的最佳分配等因素外，还应考虑提高齿轮传动精度的问题。

齿轮传动时，为了形成润滑油膜和避免轮齿摩擦发热膨胀，齿廓之间必须留有齿侧间隙，简称侧隙。但侧隙会产生齿间冲击，影响传动的平稳性(出现传动死区)。若死区在闭环系统中，则可能导致系统不稳定，使系统产生低频振荡。适当控制侧隙可以提高齿轮传动的精度。常用的调整齿侧间隙的方法有以下几种：

1) 直齿圆柱齿轮侧隙的调整

(1) 中心距调整法。如图 2-11 所示，将相互啮合的一对齿轮 4、5 中的一个齿轮 4 装在电机输出轴上，并将电机 1 安装在偏心套 2 上，通过转动偏心套 2 的转角，就可调节两啮合齿轮 4、5 的中心距，从而消除圆柱齿轮正、反转时的齿侧间隙。该方法的优点是结构简单，但其侧隙不能自动补偿。

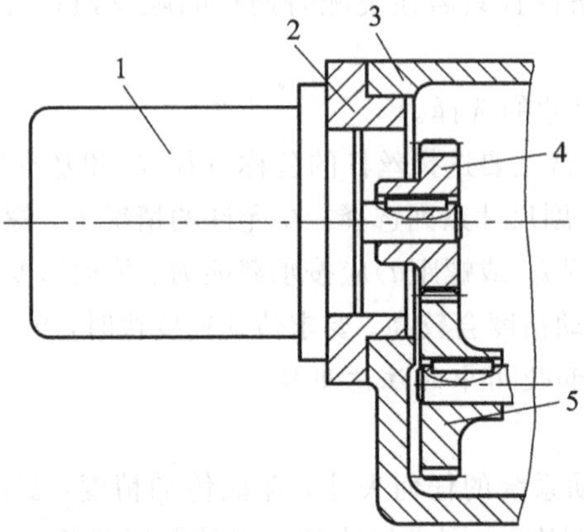

图 2-11 中心距调整法

(2) 双片薄齿轮错齿调侧隙法。双片薄齿轮错齿调侧隙法是将相互啮合的一对齿轮中的一个做成宽齿轮，另一个由两个薄齿轮组成，设法让两个齿轮错开一个小的角度，使一个薄齿轮的左齿侧和另一个薄齿轮的右齿侧分别紧贴在宽齿轮齿槽的左、右两侧，以消除齿侧间隙，反向时就不会出现死区。如图 2-12 所示，在两个薄齿轮 4、5 端面上分别装有凸耳 1、3，弹簧 2 的一端钩在凸耳 1 上，另一端钩在凸耳 3 上，齿轮 5 上开有几个周向圆弧槽，在弹簧力的作用下使薄齿轮 4、5 错位而消除齿侧间隙。该结构的弹簧力必须足以克服驱动力矩才能起作用。由于该方法受到周向圆弧槽及弹簧尺寸的限制，故仅适用于读数装置而不适用于驱动装置。

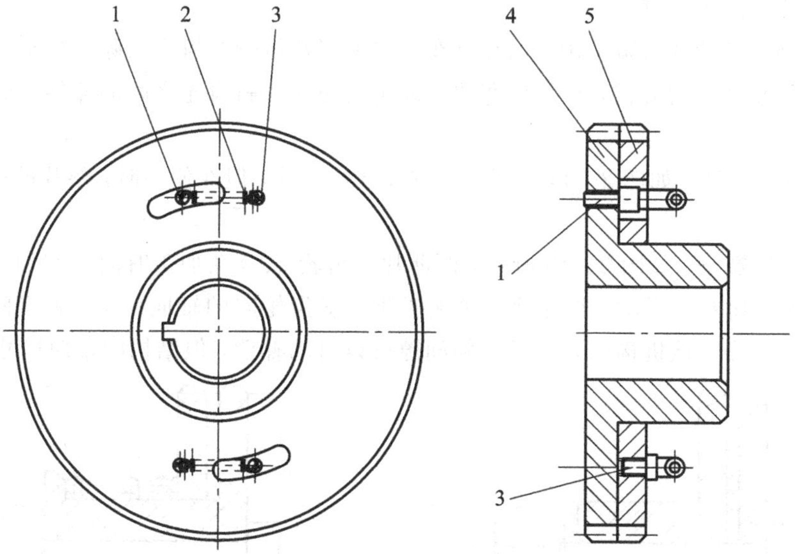

图 2 - 12　双片薄齿轮错齿法

(3) 轴向垫片调整法。如图 2 - 13 所示，小齿轮 1 与大齿轮 3 啮合，小齿轮 1 的分度圆弧齿厚沿轴线方向略有锥度，这样当大齿轮 3 沿轴向移动时，即可消除两齿轮的齿侧间隙。大齿轮 3 的轴向移动可以通过调整垫片 2 的厚度来实现。装配过程中调整轴向垫片 2 的厚度时，应使齿轮 1 和 3 之间齿侧间隙小而运转灵活。该方法的特点是结构简单，但其侧隙不能自动补偿。

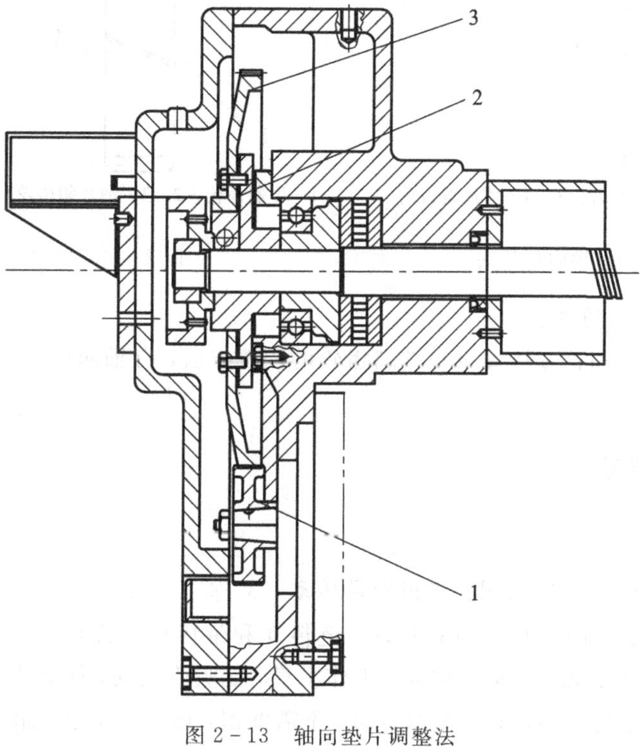

图 2 - 13　轴向垫片调整法

2）斜齿轮侧隙的调整

与直齿圆柱齿轮变齿宽消隙的方法相似，斜齿圆柱齿轮变齿宽消隙机构也采用两薄片齿轮与宽齿轮相啮合的方式，只是齿宽的增加是由两薄片斜齿轮之间的非转动轴向位移获得的。

（1）轴向垫片法。如图 2-14 所示，该方式结构简单，但在使用时，垫片的厚度需反复调节。

（2）轴向压簧法。如图 2-15 所示，两薄片斜齿轮 2、3 在加工时向中间加一适当厚度的垫片，安装时将垫片撤除，靠弹簧 4 实现两薄片斜齿轮间的轴向位移，弹簧的轴向力大小用螺母 5 来调节。该机构的特点是齿侧间隙可以自动补偿，但结构的轴向尺寸较大。

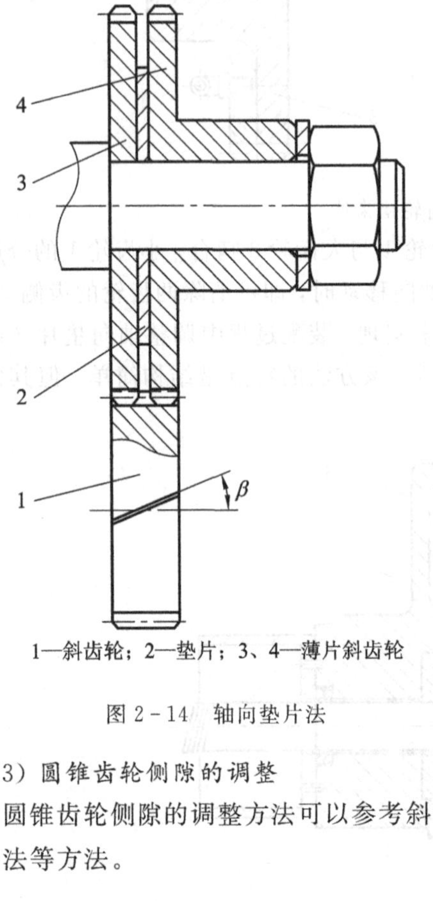

1—斜齿轮；2—垫片；3、4—薄片斜齿轮

图 2-14　轴向垫片法

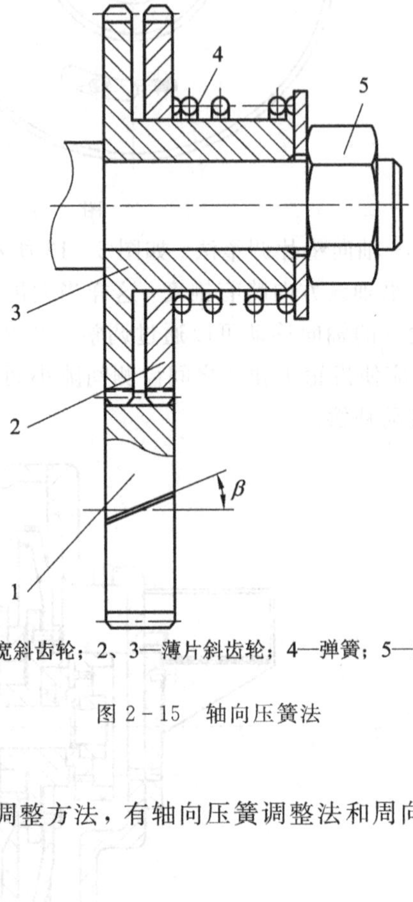

1—宽斜齿轮；2、3—薄片斜齿轮；4—弹簧；5—螺母

图 2-15　轴向压簧法

3）圆锥齿轮侧隙的调整

圆锥齿轮侧隙的调整方法可以参考斜齿轮的调整方法，有轴向压簧调整法和周向弹簧调整法等方法。

2.2.4　同步带传动

1. 概述

机电一体化系统中大量采用同步齿形带传动，又称同步带传动。同步带工作时，带齿与带轮的齿槽相啮合，因而具有齿轮传动、链传动和带传动的优点。与一般带传动相比，同步带传动的传动比准确，传动效率高，工作平稳，能吸收振动，噪音小，速比范围大，允许线速度高，传动结构紧凑，适宜多轴传动，不需润滑，耐油、耐水、耐高温、耐腐蚀，维护保养方便，但中心距要求严格，安装精度要求高，制造工艺复杂，成本高。

2. 同步带的结构和主要参数

1）结构

如图 2-16 所示，同步齿形带一般由带背 1、抗拉层 2、带齿 3、包布层 4 等四部分组成。

带背用以粘结包覆抗拉元件，它具有良好的柔韧性和耐曲挠疲劳性能。抗拉层用以传递动力，并保证同步带在工作时节距不变。带齿直接与钢制带轮啮合并传递扭矩，要求具有较高的抗剪切强度、良好的耐磨性和耐油性。带齿应与带轮齿槽正确啮合，其节距分布和几何参数要求很高。包布层的作用是保护胶带的抗摩擦部分，应具有优越的耐磨性。

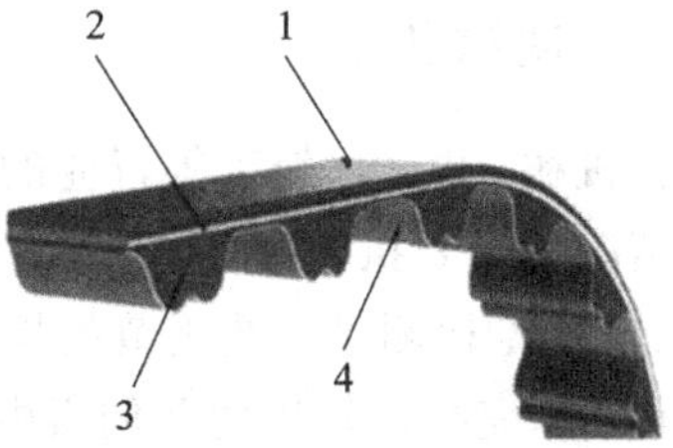

图 2-16　同步带的结构

聚氨酯同步带具有优异的耐油、耐磨性，它适用于环境比较干燥，工作温度为－20～＋80℃，中、小功率的高速运转场合；而氯丁橡胶同步带的耐水解、耐热、耐冲击性能均优于聚氨酯同步带，它的传动功率范围大，特别适用于大功率传动中，工作温度范围为－34～100℃。

2）主要参数

同步齿形带的主要参数是带齿的节距 p_b，带齿的节距为相邻两齿对应点沿节线度量的距离。由于抗拉层在工作时长度不变，因此抗拉层的中心线被规定为齿形带的节线(中性层)，并以节线的周长 L_p 作为同步齿形带的公称长度。同步带的具体参数如图 2-17 所示。

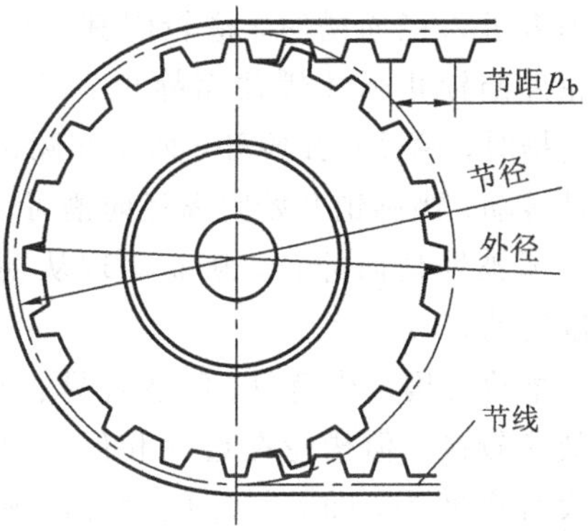

图 2-17　同步带的主要参数

同步带有单面齿和双面齿两种形式。双面齿又按齿排列的不同，分为对称齿形和交错齿形。

3. 同步带轮

同步带轮的结构如图 2-18 所示。为防止同步带工作时脱落，一般在带轮两侧装有挡圈。同步带轮的材料一般采用铸铁或钢，高速、小功率时可采用塑料或铝合金。

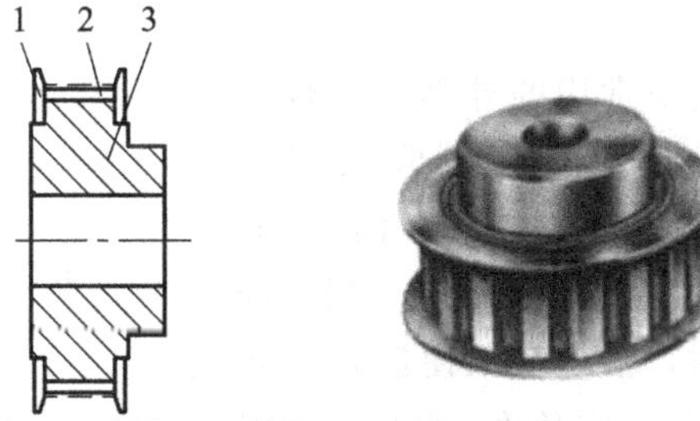

1—挡圈；2—齿圈；3—轮毂

(a) 同步带轮的结构图　　(b) 同步带轮的外形图

图 2-18　同步带轮的结构

4. 同步带传动的设计计算

同步带传动的主要失效形式有三种：同步带的疲劳断裂、带内剪断、齿面压溃与磨损。同步带传动的设计准则主要是使同步带具有较高的抗拉强度。此外，在灰尘、杂质较多的工作条件下还应对带齿进行耐磨性计算。

2.2.5 间歇传动

在机械、电子、轻工等行业的生产中，为了提高生产率或满足某些工艺规范上的要求，很多情况下需要执行部件作周期性停歇的单方向运动，来实现间歇送料、运输、分度转位、加工、计数、检测等工艺规范的操作。常用的间歇传动机构有槽轮机构、棘轮机构、转位凸轮机构、非完整齿轮机构及伺服电机分度等。

1. 槽轮机构

常用的槽轮机构如图 2-19 所示，由具有圆柱销的主动销轮 1，具有直槽的从动槽轮 3 及机架组成。主动销轮以顺时针等角速度 ω_1 连续转动，当圆销未进入径向槽时，槽轮因其内凹锁止弧 2 被销轮外凸锁止弧 4 锁住而静止；当圆销开始进入径向槽时，两锁止弧脱开，槽轮在圆销的驱动下逆时针转动；当圆销开始脱离径向槽时，槽轮因另一锁止弧被锁住而静止，从而实现从动槽轮的单向间歇转动。

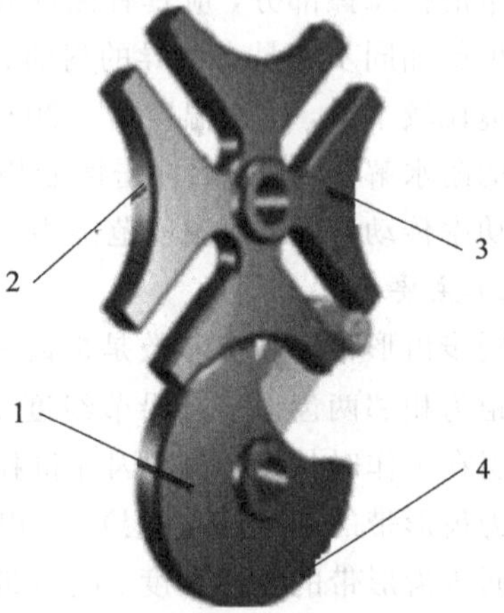

1—主动销轮；2—内凹锁止弧；
3—从动槽轮；4—外凸锁止弧

图 2-19　平面外槽轮机构实物图

槽轮机构结构简单、制造容易、工作可靠、机械效率较高。但槽轮在启动和停止时的加速度变化大且有冲击，随着转速的增加或槽轮槽数的减少而加剧，故不适用于高速运动。

目前使用的槽轮机构有三种基本形式，即平面外槽轮机构、平面内槽轮机构和空间球面槽轮机构。

2. 棘轮机构

图 2-20 所示为机械中常用的外啮合式棘轮机构，它由止回棘爪 1、主动摆杆 2、棘爪 3、棘轮 4 和机架组成。主动摆杆 2 空套在与棘轮 4 固连的从动轴上，并与驱动棘爪 3 用转动副相连。当主动摆杆沿顺时针方向摆动时，驱动棘爪便插入棘轮的齿槽中，使棘轮跟着转过一定角度，此时，止回棘爪在棘轮的齿背上滑动。当主动摆杆沿逆时针方向摆动时，止回棘爪阻止棘轮沿逆时针方向转动，而驱动棘爪却能够在棘轮齿背上滑过，所以，这时棘轮 4 静止不动。因此，当主动摆杆作连续的

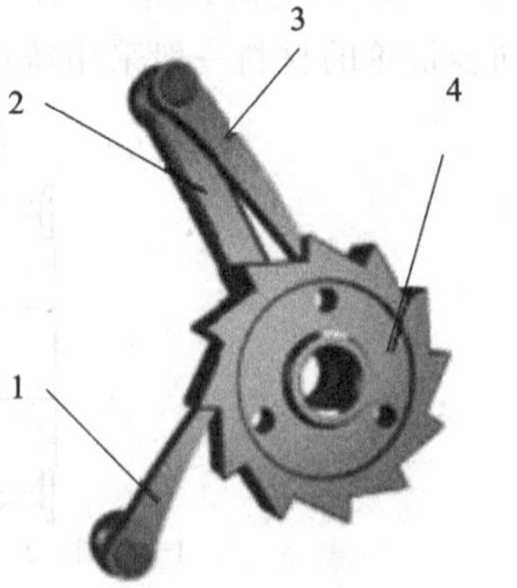

1—止回棘爪；2—主动摆杆；3—棘爪；4—棘轮

图 2-20　外啮合式棘轮机构

往复摆动时，棘轮作单向的间歇运动。一般情况下，凡是能使棘爪实现往复摆动的装置，均可作为棘轮机构的驱动装置。

棘轮机构按结构可分为齿式棘轮机构和摩擦式棘轮机构。齿式棘轮机构的优点是结构简单，运动可靠，主、从动关系可互换，动程可在较大范围内调节，动停时间比可通过选择合适的驱动机构实现；缺点是动程只能进行有级调节，有噪声、冲击、磨损，不宜用于高速场合。摩擦式棘轮机构是用偏心扇形楔块代替齿式棘轮机构中的棘爪，以无齿摩擦代替棘轮。它的特点是传动平稳、无噪音，动程可无级调节。但其因靠摩擦力传动，会出现打滑现象，虽然可起到安全保护作用，但是传动精度不高，只适用于低速轻载的场合。

3. 其他间歇运动机构

1）凸轮式间歇运动机构

对于槽轮机构和棘轮机构，由于它们受结构、运动和动力条件的限制，一般只能用于低速场合，而凸轮式间歇运动机构则可以通过适当选择从动件的运动规律和合理设计凸轮的轮廓曲线，来减小动载荷和避免刚性与柔性冲击，可适用于高速运转的场合。凸轮式间歇运动机构运转可靠、转位精确、无需专门的定位装置，但凸轮式间歇运动机构精度要求较高、加工比较复杂、安装调整比较困难。

凸轮式间歇运动机构在轻工机械、冲压机械等高速机械中常用作高速、高精度的步进进给、分度转位等机构。

2）不完全齿轮机构

不完全齿轮机构由主动齿轮、从动齿轮和机架组成。不完全齿轮机构是由普通齿轮机构转化而成的一种间歇运动机构，它与普通齿轮的不同之处是轮齿未分布满整个圆周。不完全齿轮机构的主动轮上只有一个或几个轮齿，并根据运动时间与停歇时间的要求，在从动轮上有与主动轮轮齿相啮合的齿间。两轮轮缘上各有锁止弧，在从动轮停歇期间，用来防止从动轮游动，并起定位作用。

不完全齿轮机构的类型有外啮合、内啮合和不完全齿轮齿条机构。图 2-21 为外啮合式不完全齿轮机构。

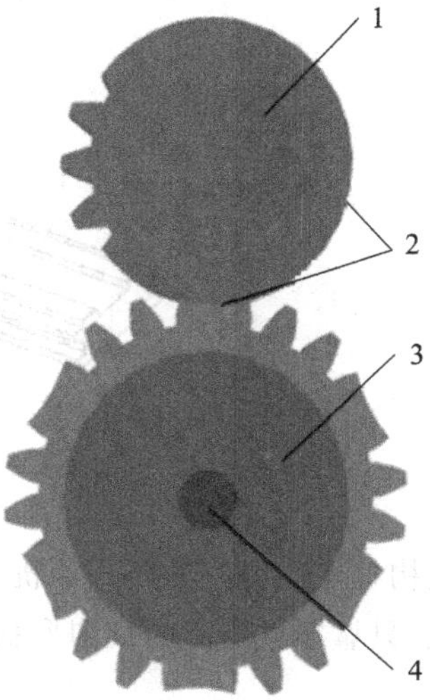

1—主动齿轮；2—锁止弧；3—从动齿轮；4—机架

图 2-21　外啮合式不完全齿轮机构

2.3 导向机构

2.3.1 导轨副的组成及种类

导向机构的作用是支承和限制运动部件按给定的运动要求和规定的运动方向运动。机电一体化系统中常见的导向机构为导轨副。

如图 2-22 所示，导轨副主要由运动件 1 和承导件 2 两大部分组成。运动方向为直线的导轨副称为直线运动导轨副，运动方向为回转的导轨副称为回转运动导轨副。常用的导轨副种类很多，按其接触面的摩擦性质可分为滑动导轨、滚动导轨、流体介质摩擦导轨和弹性摩擦导轨等。其具体分类如下：

- 导轨副
  - 滑动导轨
    - 圆柱型
    - 菱柱型
    - 组合型
  - 滚动导轨
    - 滚珠型
    - 滚柱(针)型
    - 滚动导轨块型
    - 滚动轴承型
  - 液体介质摩擦导轨(气体、液体)
    - 动压型
    - 静压型
    - 动静压型
  - 弹性摩擦导轨
    - 片簧型
    - 膜片型
    - 柔性铰链型

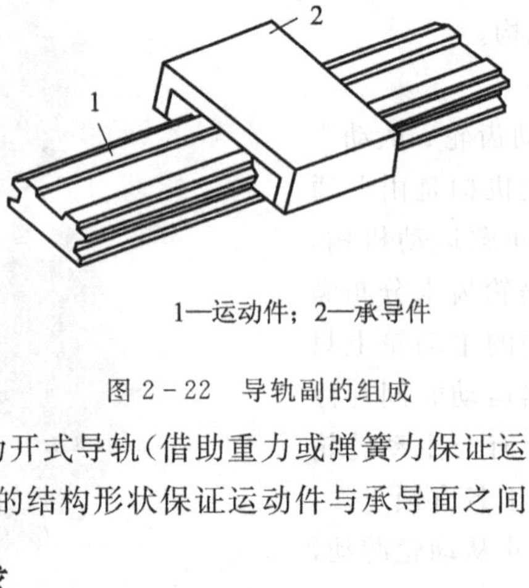

1—运动件；2—承导件

图 2-22　导轨副的组成

按其结构特点还可分为开式导轨(借助重力或弹簧力保证运动件与承导面之间的接触)和闭式导轨(只靠导轨本身的结构形状保证运动件与承导面之间的接触)。

2.3.2　导轨的基本要求

机电一体化系统对导轨的基本要求是导向精度高、刚度好、运动轻便平稳、耐磨性好、温度变化影响小以及结构工艺性好等。

对精度要求高的直线运动导轨，还要求导轨的支承面与导向面严格分开；当运动件较重时，必须设有卸荷装置，运动件的支承必须符合三点定位原则。

1. 导向精度

导向精度是指动导轨按给定方向作直线运动的准确程度。导向精度的高低主要取决于导轨的结构类型，导轨的几何精度和接触精度，导轨的配合间隙、油膜厚度和油膜刚度，导轨和基础件的刚度和热变形等。

直线运动导轨的几何精度一般有下列几项规定：

(1) 导轨在垂直平面内的直线度(即导轨纵向直线度)，见图 2-23(a)。

(2) 导轨在水平平面内的直线度(即导轨横向直线度)，见图 2-23(b)。

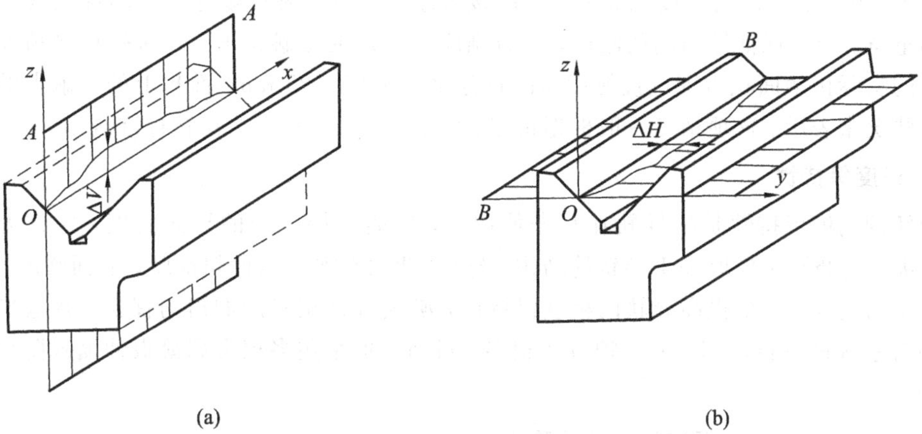

图 2-23　导轨在垂直平面和水平平面内的直线度

理想的导轨与垂直和水平平面的交线，均应是一条直线，但由于制造的误差，使实际轮廓线偏离理想的直线，测得实际包容线的两平行直线间的宽度 ΔV 和 ΔH，即为导轨在垂直平面内和水平平面内的直线度。在这两种精度中，一般规定导轨全长上的直线度或导轨在一定长度上的直线度。

(3) 导轨间的平行度也叫扭曲度，这项误差一般规定用在导轨一定长度上(1000 mm)和全长上的横向扭曲值 δ 表示，如图 2-24 所示。

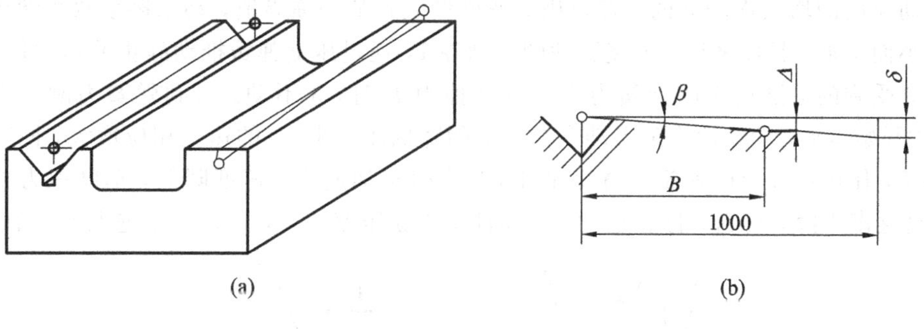

图 2-24　导轨间的平行度

2. 刚度

导轨的刚度就是抵抗载荷的能力。抵抗恒定载荷的能力称为静刚度；抵抗交变载荷的能力称为动刚度。在恒定载荷作用下，物体变形的大小表示静刚度的好坏。导轨变形一般有自身、局部和接触三种变形。

导轨的自身变形由作用在导轨面上的零、部件重量(包括自重)而引起，它主要与导轨的类型、尺寸以及材料等有关。因此，加强导轨自身刚度常用增大尺寸和合理布置筋与筋板等办法解决。

导轨局部变形发生在载荷集中的地方，因此，必须加强导轨的局部刚度。在两个平面接触处，由于加工造成的微观不平度，使其实际接触面积仅仅是名义接触面积的很小一部分，因而产生接触变形。由于接触面积是随机的，故接触变形不是定值，亦即接触刚度也不是定值，但在应用时，接触刚度必须是定值。为此，对于动导轨与支承导轨等活动接触面，需施加预载荷，以增加接触面积，提高接触刚度。预载荷一般等于运动件及其上的工件等的重量。为了保证导轨副的刚度，导轨副应有一定的接触精度。导轨的接触精度以导轨表面的实际接触面积占理论接触面积的百分比或在 $25 \times 25\ mm^2$ 面积上的接触点的数目和分布状况来表示。这项精度一般根据精刨、磨削、刮研等加工方法按标准规定。

3. 精度保持性

导轨的精度保持性是指导轨在长期使用后，应能保持一定的导向精度，又称为耐磨性。导轨的耐磨性主要取决于导轨的结构、材料、摩擦性质、表面粗糙度、表面硬度、表面润滑及受力情况等。要提高导轨的精度保持性，必须进行正确的润滑与保护，普遍采用独立的润滑系统进行自动润滑；防护方法很多，目前一般采用多层金属薄板伸缩式防护罩进行防护。

4. 运动的灵活性和低速运动的平稳性

机电一体化系统和计算机外围设备等的精度和运动速度都比较高，因此，其导轨应具有较好的灵活性和平稳性，工作时应轻便省力，速度均匀，低速运动或微量位移时不出现爬行现象，高速运动时应无振动。所谓低速爬行，是指在低速运行时（如 0.05 mm/min），往往不是作连续的匀速运动而是时走时停（即爬行）。其主要原因是摩擦系数随运动速度变化和传动系统刚度不足造成的。如图 2-25 所示，将传动系统和摩擦副简化成弹簧—阻尼系统，传动系统 2 带动运动件 3 在静导轨 4 上运动时，作用在导轨副内的摩擦力 F 是变化的。导轨副相对静止时，静摩擦系数较大。运动开始的低速阶段，动摩擦系数是随导轨副相对滑动速度的增大而降低的，直到相对速度增大到某一临界值，动摩擦系数才随相对速度的减小而增加。具体来说，匀速运动的主动件 1，通过压缩弹簧推动静止的运动件 3，当运动件 3 受到的逐渐增大的弹簧力小于静摩擦力 F 时，3 不动。直到弹簧力刚刚大于 F 时，3 才开始运动，动摩擦力随着动摩擦系数的降低而变小，3 的速度相应增大，同时弹簧相应伸长，作用在 3 上的弹簧力逐渐减小，3 产生负加速度，速度降低，动摩擦力相应增大，速度逐渐下降，直到 3 停止运动，主动件 1 重新压缩弹簧，爬行现象进入下一个周期。

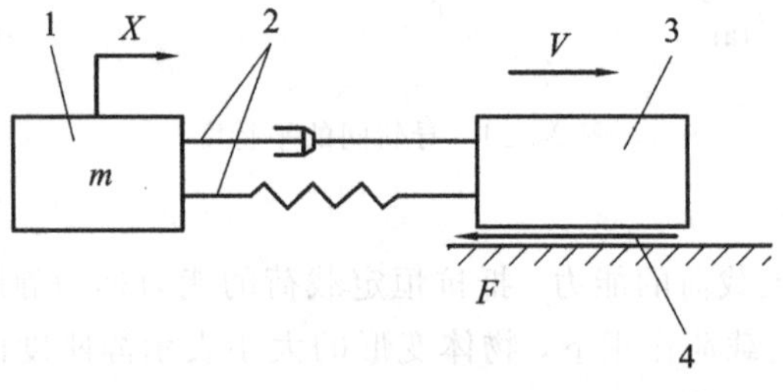

图 2-25　弹簧—阻尼系统

为防止爬行现象的出现，可同时采取以下几项措施：采用滚动导轨、静压导轨、卸荷导轨、贴塑料层导轨等；在普通滑动导轨上使用含有极性添加剂的导轨油；用减少结合面、增大结构尺寸、缩短传动链、减少传动副等方法来提高传动系统的刚度。

5. 对温度的敏感性和结构工艺性

导轨在环境温度变化的情况下，应能正常工作，既不“卡死”，亦不影响系统运动精度。导轨对温度变化的敏感性主要取决于导轨材料和导轨配合间隙的选择。

结构工艺性是指系统在正常工作的条件下，应力求结构简单，制造容易，装拆、调整、维修及检测方便，从而最大限度地降低成本。

6. 导轨副的设计内容

设计导轨副时，主要包括下列几方面内容：

(1) 根据工作条件选择合适的导轨类型。

(2) 选择导轨的截面形状，以保证导向精度。

(3) 选择适当的导轨结构及尺寸，使其在给定的载荷及工作温度范围内，有足够的刚度、良好的耐磨性以及运动轻便和低速平稳性。

(4) 选择导轨的补偿及调整装置，经长期使用后，通过调整能保持所需要的导向精度。

(5) 选择合理的耐磨涂料、润滑方法和防护装置，使导轨有良好的工作条件，以减少摩擦和磨损。

(6) 制定保证导轨正常工作所必需的技术条件，如选择适当的材料，以及热处理、精加工和测量方法等。

2.3.3 滑动导轨副

1. 滑动导轨副的结构及特点

滑动摩擦导轨的特点是运动件与承导件直接接触。其优点是结构简单、接触刚度大；缺点是摩擦阻力大、磨损快、低速运动时易产生爬行现象。

表 2-1 列出了滑动摩擦导轨截面的常用结构形式。

表 2-1　滑动摩擦导轨截面的常用形式

	菱柱形				圆形
	对称三角形	不对称三角形	矩形	燕尾形	
凸形	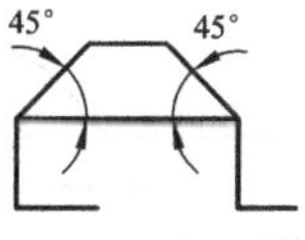	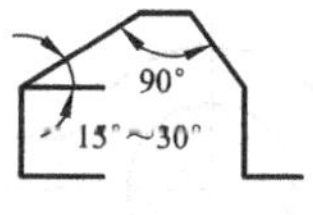		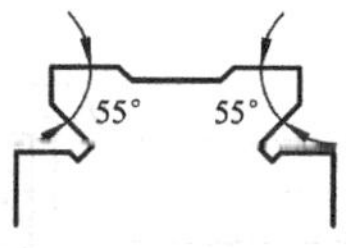	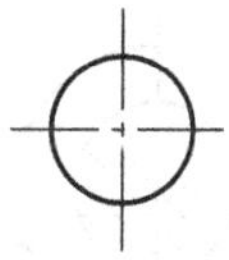
凹形	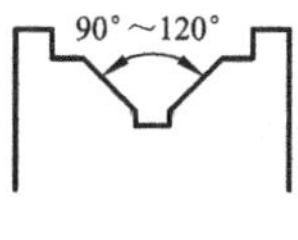	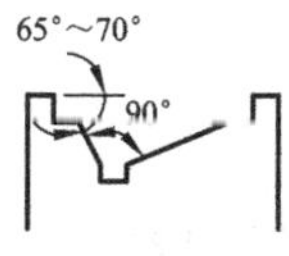		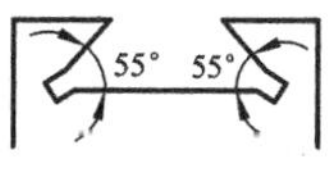	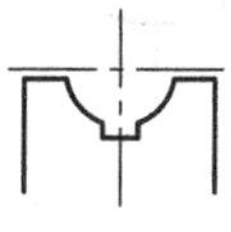

各种导轨的特点如下：

(1) 三角形导轨（V 形导轨）。导轨尖顶朝上的称三角形导轨，尖顶朝下的称 V 形导轨。该导轨在垂直载荷的作用下，磨损后能自动补偿，不会产生间隙，故导向精度较高。但压板面仍需有间隙调整装置。它的截面角度由载荷大小及导向要求而定，一般为90°。为增加承载面积，减小比压，在导轨高度不变的条件下，应采用较大的顶角(110°～120°)；为提高导向性，可采用较小的顶角(60°)。如果导轨上所受的力在两个方向上的分力相差很大，则应采用不对称三角形，以使力的作用方向尽可能垂直于导轨面。此外，导轨水平与垂直方向的误差将产生相互影响，会给制造、检验和修理带来困难。

(2) 矩形导轨。矩形导轨的特点是结构简单，制造、检验和修理方便，导轨面较宽，承载能力大，刚度高，故应用广泛。

矩形导轨的导向精度没有三角形导轨高，磨损后不能自动补偿，须有调整间隙装置，但水平和垂直方向上的位置各不相关，即一方向上的调整不会影响到另一方向上的位移，因此安装、调整均较方便。在导轨的材料、载荷、宽度相同的情况下，矩形导轨的摩擦阻力和接触变形都比三角形导轨小。

(3) 燕尾形导轨。此类导轨磨损后不能自动补偿间隙，需设调整间隙装置。两燕尾面起压板面作用，用一根镶条就可调节水平与垂直方向的间隙，且高度小，结构紧凑，可以承受倾覆力矩。但其刚度较差，摩擦力较大，制造、检验和维修都不方便。该类导轨用于运动速度不高，受力不大，高度尺寸受到限制的场合。

(4) 圆形导轨。圆形导轨制造方便，加工和检验比较简单，外圆采用磨削，内孔经过珩磨，可达到精密配合，但磨损后很难调整和补偿间隙，对温度变化比较敏感。圆形导轨有两个自由度，适用于同时作直线运动和转动的地方。在只需作直线运动时，为了防止运动件产生不必要的回转，一般需设计相应的防转结构，但不能承受大的扭矩。图2-26为最常见的五种圆形导轨防转结构。

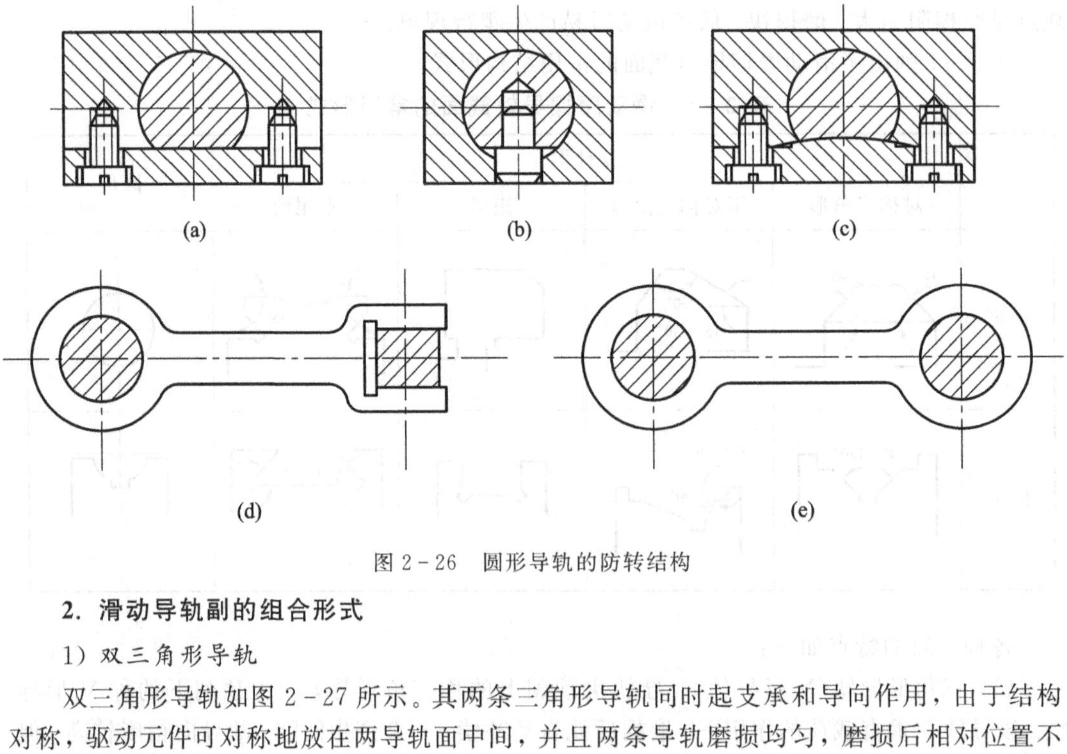

图2-26　圆形导轨的防转结构

2. 滑动导轨副的组合形式

1) 双三角形导轨

双三角形导轨如图2-27所示。其两条三角形导轨同时起支承和导向作用，由于结构对称，驱动元件可对称地放在两导轨面中间，并且两条导轨磨损均匀，磨损后相对位置不变，能自动补偿垂直和水平方向的磨损，故导向性和精度保持性都高，接触刚度好。双三角形导轨的工艺性较差，对导轨的四个表面进行刮削和磨削时也难以完全接触，如果床身和运动部件的热变形不同，则很难保证四个面同时接触。因此，此类导轨多用于精度要求较高的机床设备。

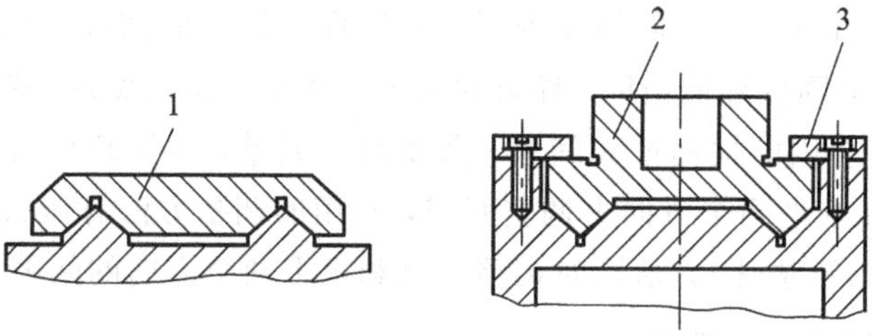

1—三角形导轨；2—V形导轨；3—压板

图 2－27　双三角形导轨

2）三角形和矩形导轨组合

图 2－28 所示为三角形和矩形导轨组合。这种组合形式兼有三角形导轨的导向性好，矩形导轨的制造方便、刚性好的优点，可避免由于热变形所引起的配合变化。但是，这种组合导轨磨损不均，一般是三角形导轨比矩形导轨磨损快，磨损后又不能通过调节来补偿，故对位置精度有影响。组合导轨有压板面，能承受颠覆力矩。

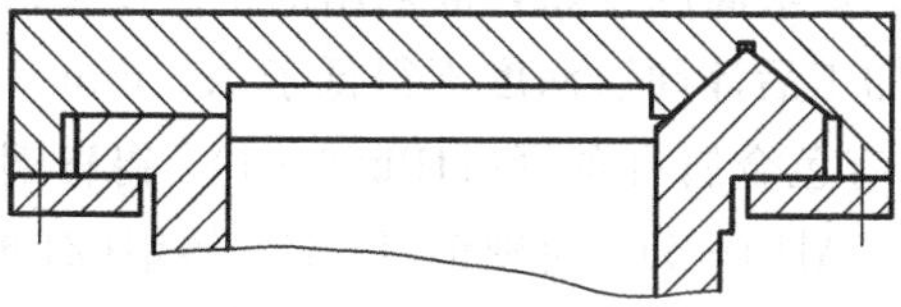

图 2－28　三角形和矩形导轨组合

这种组合有 V—矩形、三角形—矩形两种形式。V—矩形组合导轨易储存润滑油，低、高速都能采用；三角形—矩形组合不能储存润滑油，只用于低速移动。

3）三角形和平面导轨组合

图 2－29 所示为三角形和平面导轨组合。这种组合形式的导轨具有三角形和矩形组合导轨的基本特点，但由于没有闭合导轨装置，因此只能应用于受力方向向下的场合。

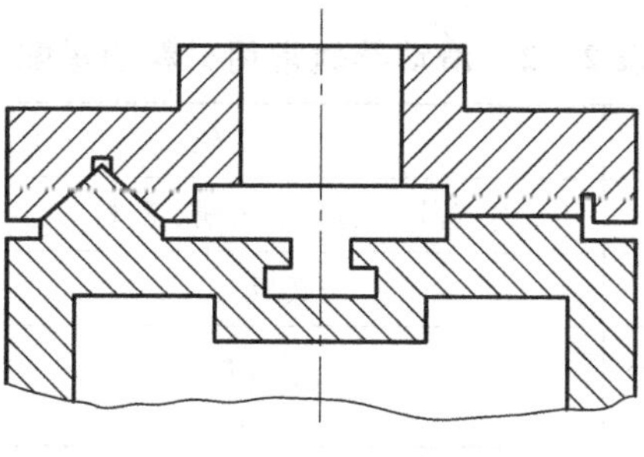

图 2－29　三角形和平面导轨组合

对于三角形和矩形、三角形和平面组合导轨，由于三角形和矩形(或平面)导轨的摩擦阻力不相等，因此在布置牵引力的位置时，应使导轨的摩擦阻力的合力与牵引力在同一直线上，否则就会产生力矩，使三角形导轨对角接触，影响运动件的导向精度和运动的灵活性。

3. 滑动导轨副间隙的调整

为了保证导轨正常工作，导轨滑动表面之间应保持适当的间隙。间隙过小，会增加摩擦阻力；间隙过大，会降低导向精度。导轨的间隙如依靠刮研来保证，劳动强度很大，而且导轨经长期使用后，会因磨损而增大间隙，需要及时调整，故导轨应有间隙调整装置。矩形导轨需要在垂直和水平两个方向上调整间隙，常用的调整方法有压板法和镶条法。对燕尾形导轨，可采用镶条(垫片)方法同时调整垂直和水平两个方向的间隙。

4. 导轨副材料的选择及搭配

导轨常用的材料有铸铁、钢、有色金属和塑料等，常使用铸铁—铸铁、铸铁—钢的导轨材料搭配。

(1) 铸铁。铸铁具有耐磨性和减振性好，热稳定性高，易于铸造和切削加工，成本低等特点。常用的铸铁有灰铸铁、耐磨铸铁、高磷铸铁、低合金铸铁、稀土铸铁、孕育铸铁等。

(2) 钢。为了提高导轨的耐磨性，可以采用淬硬的钢导轨。淬火的钢导轨都是镶装或焊接上去的。淬硬钢导轨的耐磨性比不淬硬铸铁导轨的耐磨性高 5～10 倍。

一般要求的导轨，常用的钢有 45、40Cr、T10A、GCr15、GCr15SiMn 等，表面淬火和全淬，硬度为 HRC52～58。要求高的导轨，常采用的钢有 20Cr、20CrMnTi、15 等，渗碳淬硬至 HRC56～62，磨削加工后淬硬层深度不得低于 1.5 mm。

(3) 有色金属。常用的有色金属有黄铜(HPb59-1)、锡青铜(ZQSn6-6-3)、铝青铜(ZQAl9-2)、锌合金(ZZn-Al10-5)、超硬铝(LC4)、铸铝(ZL6)等，其中以铝青铜较好。

(4) 塑料。镶装塑料导轨具有耐磨性好(但略低于铝青铜)，抗振性能好，工作温度适应范围广(－200～＋26℃)，抗撕伤能力强，动、静摩擦系数低、差别小，可降低低速运动的临界速度，加工性和化学稳定性好，工艺简单，成本低等优点，目前在各类机床的动导轨及图形发生器工作台的导轨上都有应用。塑料导轨多与不淬火的铸铁导轨搭配。

(5) 导轨材料的搭配。为了提高导轨的耐磨性，动导轨和支承导轨应具有不同的硬度。如果采用相同的材料，则也应采用不同的热处理，以使动、静导轨的硬度不同，其差值一般在 HB20～40 范围内，而且，最低硬度应不低于所用材料标准硬度值的下限。滑动导轨常用材料的搭配见表 2-2。

表 2-2 滑动导轨常用材料的搭配

<table>
<tr><th colspan="2">支承导轨</th><th>动导轨</th><th>备注</th></tr>
<tr><td colspan="2">铸铁</td><td>铸铁、青铜、黄铜、塑料</td><td></td></tr>
<tr><td colspan="2">淬火铸铁</td><td>铸铁</td><td></td></tr>
<tr><td>淬火钢</td><td>40、50、40Cr、T8A、T10A、GCr15</td><td>30、40</td><td>多用于圆柱导轨</td></tr>
<tr><td colspan="2">20Cr、40Cr</td><td>一般要求：HT200、HT300、青铜
较高要求：耐磨铸铁、青铜</td><td></td></tr>
</table>

2.3.4　滚动直线导轨副和圆柱直线滚动导轨副

1. 滚动直线导轨副的结构和工作原理

滚动直线导轨副由导轨 7、滑块 5、钢球 2、返向器 4、保持架 1、密封端盖 3 及侧密封垫 8 等组成(见图 2-30)。当导轨与滑块作相对运动时，钢球沿着导轨上的经过淬硬和精密磨削加工而成的四条滚道滚动，在滑块端部钢球又通过返向装置(返向器)进入返向孔后再进入滚道。返向器两端装有防尘密封端盖，可有效防止灰尘、切屑进入滑块内部。

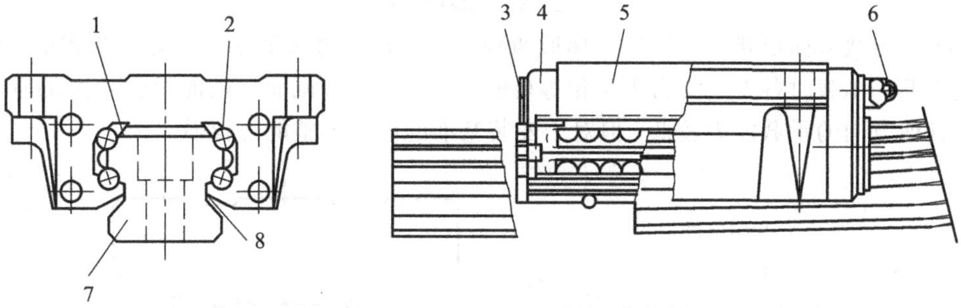

1—保持架；2—钢球；3—密封端盖；4—返向器；5—滑块；6—油杯；7—导轨；8—侧密封垫

图 2-30　滚动直线导轨副的结构

2. 滚动直线导轨副的优点

由于在滚动直线导轨副的滑块与导轨之间放入了钢球，使滑块与导轨之间的滑动摩擦变为滚动摩擦，因此它具有如下优点：

(1) 降低了滑块与导轨之间的运动摩擦阻力，使得动、静摩擦力之差很小，随动性极好，即驱动信号与机械动作滞后时间极短，有益于提高响应速度和灵敏度。与 V 形十字交叉滚子导轨相比，其摩擦阻力为后者的 1/40，瞬时速度比滑动导轨提高约 10 倍。

(2) 驱动功率大幅度下降，只相当于普通机械的 1/10。

(3) 能实现高定位精度和重复定位精度。

(4) 能实现无间隙运动，提高机械系统的运动刚度。成对使用导轨副时，具有“误差均化效应”，从而降低基础件(导轨安装面)的加工精度要求，降低基础件的机械制造成本与难度。

(5) 导轨副滚道截面采用合理比值的圆弧沟槽，接触应力小，承接能力及刚度比平面与钢球点接触时大大提高。

(6) 导轨采用表面硬化处理，心部保持良好的机械性能，使导轨具有良好的可校性。

但是，该导轨副的结构较为复杂，加工较困难，成本较高，对脏物及导轨面的误差比较敏感。

3. 滚动直线导轨副的类型及结构特点

(1) 根据滚动体的循环方式分有滚动体循环式和滚动体不循环式两种。目前应用较多的是滚动体循环式。

(2) 按滚动体的形状可以分为滚珠式(图 2-30)和滚柱式(图 2-31)两种。滚柱式由于为线接触，故有较高的承载能力，但摩擦力较大，同时加工分配也相对复杂。目前使用较多的是滚珠式。

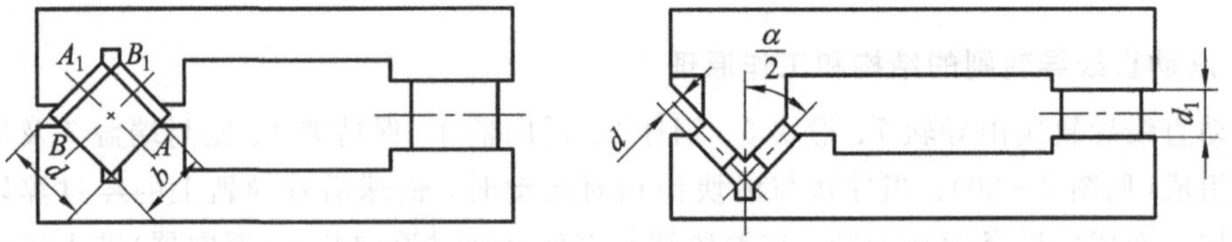

(a) 交叉滚柱V—平导轨　　(b) V—平滚柱导轨

图 2-31　滚柱导轨

(3) 按导轨截面形状分有矩形和梯形两种。矩形导轨的四个方向是等载荷式的，导轨截面为矩形，承载时各方向受力大小相等(图 2-32)。梯形截面导轨能承受较大的垂直载荷，而其他方向的承载能力较低，但对于安装基准的误差调整能力较强。

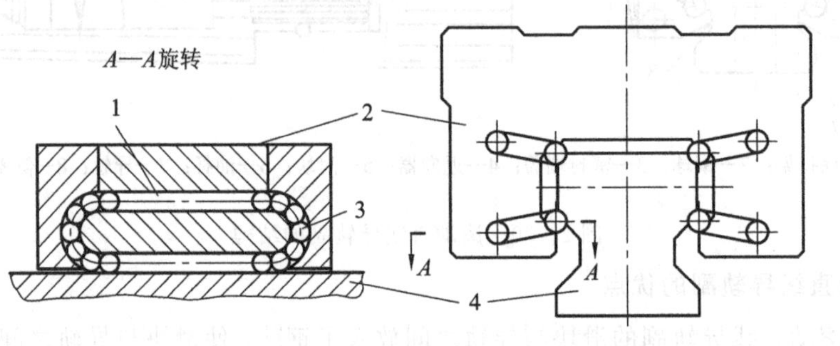

1—滚道；2—滑块；3—滚珠；4—导轨

图 2-32　矩形导轨及滚动体

(4) 按轨道沟槽形状分有单圆弧和双圆弧两种。单圆弧沟槽为两点接触，双圆弧沟槽为四点接触，前者的运动摩擦和对安装基准的误差平均作用比后者要小，但其静刚度比后者稍差。

4. 圆柱直线滚动导轨副

图 2-33 为圆柱直线滚动导轨副的外形图。导轨副和其上的直线运动球轴承(可与相应轴承座相配合)构成直线运动的滚动导轨副。直线运动球轴承由外套筒、保持架、滚珠(负载滚珠和返回滚珠)、镶有橡胶密封垫的挡圈组成。这种轴承只能在导轨副上作轴向直线往复运动，而不能旋转。当其在导轨副上作直线运动时，滚珠在保持架的长环形通道内循环流动。滚珠列数有 3、4、5、6 等几种，可保证负载滚珠与导轨副之间的接触刚度。

图 2-33　圆柱直线滚动导轨副

这种导轨运动轻便、灵活、精度高、价格较低、维护方便、更换容易，但因导轨副之间为点接触，所以常用于轻载移动、输送系统。

2.3.5　静压导轨副

静压导轨副将具有一定压力的油或气体介质通入导轨的运动件与承导件之间，使运动件浮在压力油或气体薄膜之上，与承导件脱离接触，可使摩擦阻力(力矩)大大降低。运动件受外载荷作用后，介质压力会反馈升高，以支承外载荷。图 2-34 为能承受载荷 F 与颠覆力矩 M 的闭式液体静压导轨工作原理图。当工作台受集中载荷 F(外力和工作台重力)作用而下降时，间隙 h_1、h_2 减小，h_4、h_6 增大，流经节流阀 1、2 的流量减少，其压力降也相应减少，油腔压力 p_2、p_3 升高，流经节流阀 5、7 的流量增大，其压力 p_5、p_6 则相应降低。当四个油腔所产生的向上的支承合力与力 F 达到平衡状态时，可使工作台稳定在新的平衡位置。若工作台受到水平力作用，则 h_3 减少、h_5 增大，左、右油腔产生的压力 p_1、p_4 的合力与水平方向的外力处于平衡状态。

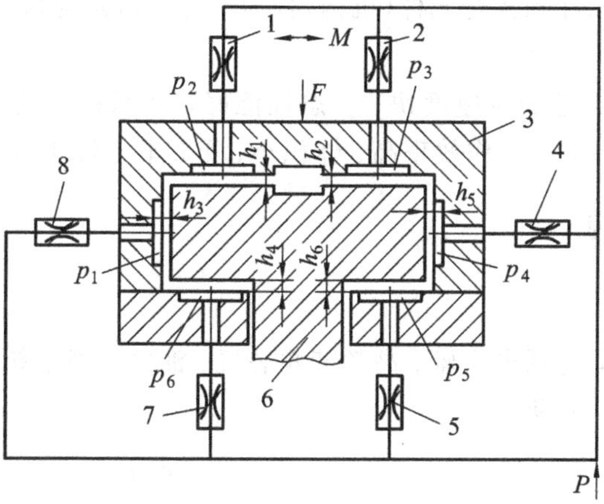

图 2-34　闭式液体静压导轨工作原理图

图 2-35 为开式液体静压导轨工作原理图，其工作原理与闭式液体静压导轨相同，结构简单，但它不能承受倾覆力矩和水平方向的作用力。

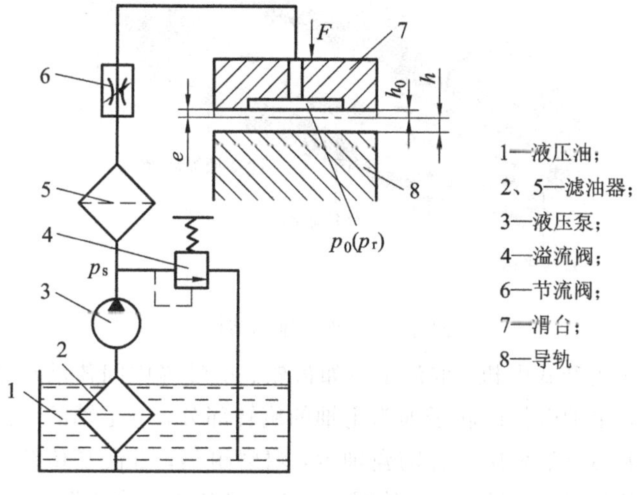

图 2-35　开式液体静压导轨工作原理图

要提高静压导轨的刚度，可通过以下途径实现：提高系统的供油压力；加大油腔受力面积；减小导轨间隙。要提高静压导轨的导向精度，必须提高导轨表面加工的几何精度和接触精度，精滤过的液压油液的杂质微粒的最大尺寸应小于导轨间隙。

2.4 执行机构

2.4.1 执行机构及其技术特点

所谓执行机构，是指能提供直线或旋转运动的驱动装置，它利用某种驱动能源并在某种控制信号的作用下工作。执行机构接收弱电控制信号，实现对大功率机械的运动驱动和行为控制，一般使用电力、液体、气体或其它能源并通过电机、油缸、气缸或其它装置实现驱动作用。如果将驱动元件和执行元件(机构)合为一体，则此类执行机构又可称为广义执行机构。

执行机构的技术特点是响应速度快，动态性能好，静态精度高。另外，执行机构还需要动作灵敏度高、可靠性好、工作效率高、体积小、重量轻、便于集中控制。

2.4.2 电磁执行机构

1. 电主轴

电主轴是一套组件，包括电主轴、高频变频装置、油气润滑系统、冷却系统、内置编码器和换刀装置，如图 2-36 所示。

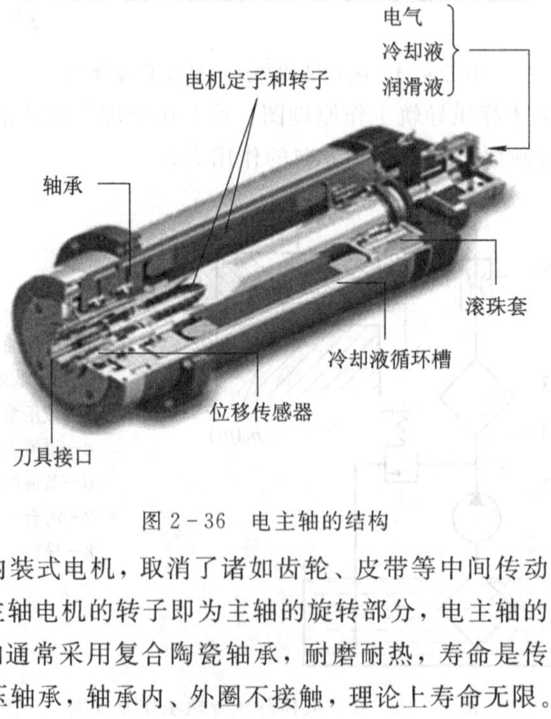

图 2-36　电主轴的结构

高速电主轴使用内装式电机，取消了诸如齿轮、皮带等中间传动环节，使机床主轴与主轴电机融为一体，主轴电机的转子即为主轴的旋转部分，电主轴的关键技术是在高转速下实现动平衡。电主轴通常采用复合陶瓷轴承，耐磨耐热，寿命是传统轴承的几倍；也可采用磁悬浮轴承或静压轴承，轴承内、外圈不接触，理论上寿命无限。

电主轴的转速可以达到每分钟几万转甚至十几万转。一般通过高频变频装置驱动电主轴电机，变频器的输出频率必须达到上千或几千赫兹。

电主轴的润滑方法有多种，其中油气润滑是一种较理想的润滑方式。其工作原理是，将具有一定压力的压缩空气和由定量分配器每隔一定时间定量输出微量的润滑油，在一定长度的管道中混合，通过压缩空气在管道中的流动，把油气混合物抽送到轴承附近的喷嘴，经喷嘴射向轴承内圈和滚动体的接触点，实现润滑和冷却。油气润滑系统实际上是利用轴承温升和发热量与润滑油量的关系，实现了“最佳供油量”和“压缩空气冷却”。图 2-37 是油气润滑系统的示意图。润滑油量的控制很重要，油量太少，起不到润滑作用；油量太多，轴承在高速旋转时会因油的阻力而发热。

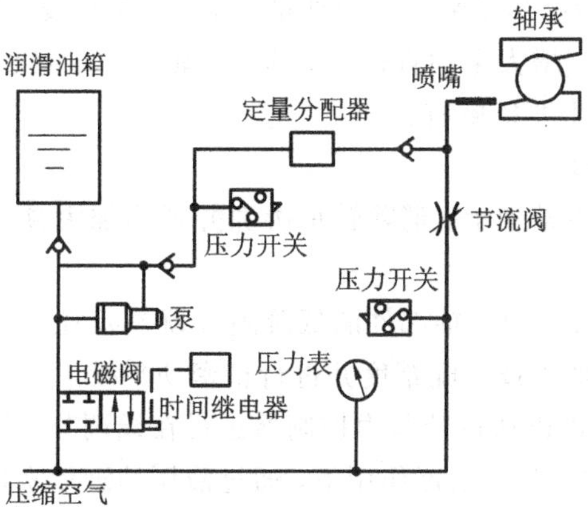

图 2-37　电主轴的油气润滑系统

高速运转的电主轴需要通过冷却系统对其外壁通以循环冷却剂实现散热，冷却系统可以保持冷却剂的温度恒定。图 2-38 是电主轴冷却系统的示意图。

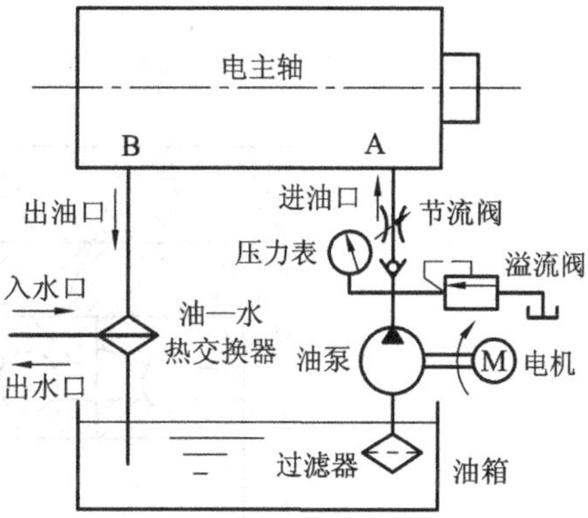

图 2-38　电主轴的冷却系统

电主轴可以内置脉冲编码器，用于自动换刀以及刚性攻螺纹时实现准确的相角控制以及与进给的配合。

为了应用于加工中心，电主轴配备自动换刀装置，包括碟形簧、拉刀油缸等，一般应与高速刀具的装卡方式相匹配。

电主轴的性能指标包括旋转精度、功率、刚度、振动、噪声、温升和寿命。其中，刚度指标非常重要。主轴在工作过程中将承受较大的切削力，若主轴刚度不足，则在切削力作用下会产生变形，转子处的挠度过大，将引起加工误差、轴振动和切削过程颤振，影响加工精度，降低加工质量。

电主轴的刚度分为静刚度和动刚度。静刚度是指主轴抵抗静态外载荷的能力，简称刚度。电主轴径向刚度定义为使主轴前端产生径向单位位移，在位移方向测量处所需施加力的数值。电主轴轴向刚度定义为使主轴轴向产生单位位移，在轴向所需施加力的数值。

电主轴不仅要求具有一定的静刚度，而且要求具有足够的抑制各种干扰引起振动的能

力，即抗振性。电主轴部件的抗振性主要由动刚度来衡量。电主轴的动刚度和静刚度的关系为

$$K_d = K\sqrt{(1-\lambda^2)+2(\xi\lambda)^2}$$

其中：K_d 是动刚度，K 是静刚度，$\lambda=\omega/\omega_n$ 是频率比，ξ 是阻尼比。这里，ω 是激振频率，ω_n 是电主轴固有频率。

提高电主轴静刚度的主要措施有：

(1) 提高支承刚度，包括增加轴承数量、采用高刚度的轴承和提高轴承预紧力。但是，在提高支承刚度的同时，会影响主轴的极限转速和增加支承温升。

(2) 优化主轴设计，包括尽量缩短前悬伸量，并选择最佳支承跨距，在满足轴承、电机转子等工作性能的前提下，增大主轴直径，尤其是主轴工作端悬伸部分的直径。

提高电主轴动刚度的主要措施有：

(1) 提高电主轴静刚度。

(2) 采用阻尼比大的主轴轴承，消除轴承游隙并适当加大预加载荷，提高主轴部件的阻尼比。

(3) 通过动态特性优化，使主轴部件的低阶固有频率远离工作频率。

(4) 提高旋转零件的加工及装配精度并进行精密动平衡。

电主轴轴承的预紧力可以通过预紧力控制器进行在线调节。预紧力控制器的结构如图 2-39 所示。当转速较低时，在控制器作用下，通过液压油缸活塞(与弹性元件并用)施加预紧力，以达到与转速相适应的最佳预加载荷值，从而实现电主轴在含低速大转矩段与高速大功率段整个工作转速范围内的优良动力学品质。

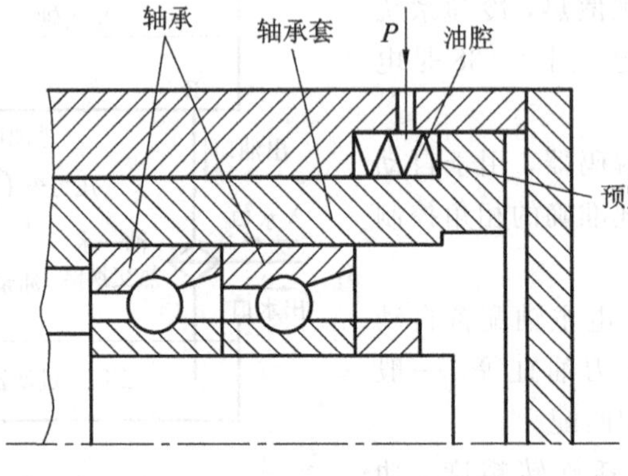

图 2-39　轴承预紧力控制器的结构图

预紧力控制器与自动换刀装置的液压控制系统如图 2-40 所示。换刀液压系统通过手动控制三位四通电磁换向阀，改变油路方向，实现双向缸的双向移动，从而实现换刀功能。对于预紧力控制液压系统，通过比例减压阀得到实际工况所需要的压力，同时为了保证压力的稳定，在回路中加入一个蓄能器以减少泄漏造成的压力下降。

电主轴进行粗加工时的转速低、切削量大，需要较大的扭矩，此时电主轴必须具有较大的刚度使系统能够抵抗受迫振动与自激振动，预紧力控制以提高支撑刚度为优化准则。精加工时的转速高、切削力小，要求电主轴输出大功率，由于轴承随转速的升高其温度将

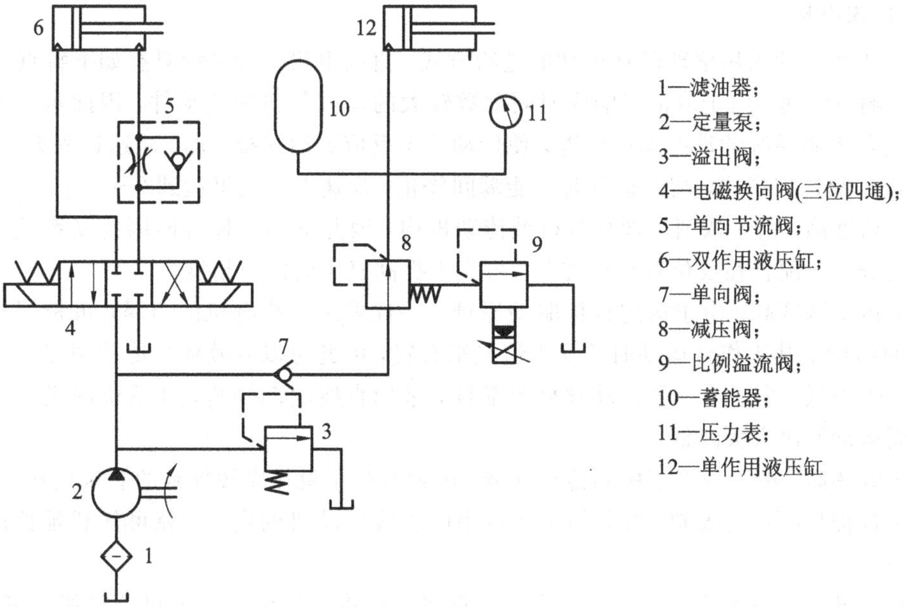

图 2-40　电主轴的液压系统图

大幅度攀升，此时希望在满足主轴系统动力学特性要求的前提下，尽量降低轴承预紧力，预紧力控制以主轴转子不发生共振为优化准则。

磁悬浮轴承利用可控电磁力将转轴悬浮于空间，应用磁悬浮轴承作为电主轴支承，可以使电主轴的转轴与定子之间没有机械接触，从而可工作在极高的转速下。它具有机械磨损小、功耗低、噪声小、寿命长、无需润滑、无油污染等优点。磁悬浮轴承是可控轴承，转子位置可控，主轴刚度和阻尼可调。

图 2-41 所示为一个单自由度径向磁悬浮轴承系统示意图，主要包括控制器、功率放大器、传感器、电磁铁、转子等部件。位移传感器检测转子的位置信号，经放大后传送到控制器，控制器基于一定的控制算法得到控制信号并通过功率放大器转换为电磁铁线圈中的电流，从而改变作用在转子上的电磁力，进而改变转子的位移，保持转子的稳定悬浮。

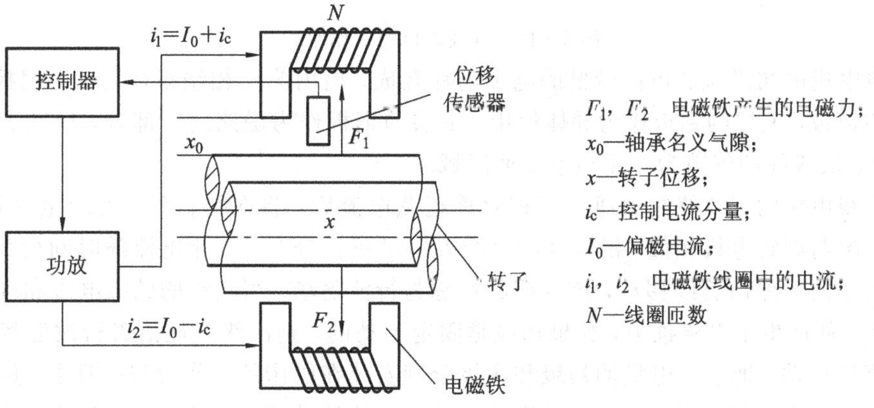

图 2-41　单自由度径向磁悬浮轴承系统示意图

2. 直线电机

相对于传统的采用滚珠丝杠传动的进给方式，直线电机驱动系统具有如下特点：

(1) 响应快速。由于取消了响应时间常数较大的丝杠等机械传动件，因此可以大大提高整个闭环控制系统的动态响应性能，使传动系统反应灵敏快捷，加、减速过程大大缩短，启动时可瞬间达到高速，高速运行时又能瞬间停止，加速度一般可达到 2～10 g。

(2) 精度高。由于取消了丝杠等机械传动机构，因此减小了插补时因传动系统滞后带来的跟踪误差。配合在线位置反馈控制，可大大提高机床的定位精度。

(3) 传动刚度高。由于运用直接驱动原理，并且采用直线电机的布局，可根据机床导轨的形面结构及其工作台运动时的受力情况来布置，因此可以有效提高传动刚度。

(4) 噪声低。由于取消了传动丝杠等部件，采用直线滚动导轨，使系统的机械摩擦减小，因而运动噪声大大降低。

(5) 效率高。由于减去了中间传动环节，因而减少了机械摩擦导致的能量损耗。

(6) 行程长度不受限制。在导轨上通过串联直线电动机的定子，就可任意延长动子的行程长度。

直线电机的工作原理如图 2－42 所示。直线电机将传统圆筒型电机的初级展开拉直，变初级的封闭磁场为开放磁场，而将旋转电机的定子部分变为直线电机的初级，将旋转电机的转子部分变为直线电机的次级。

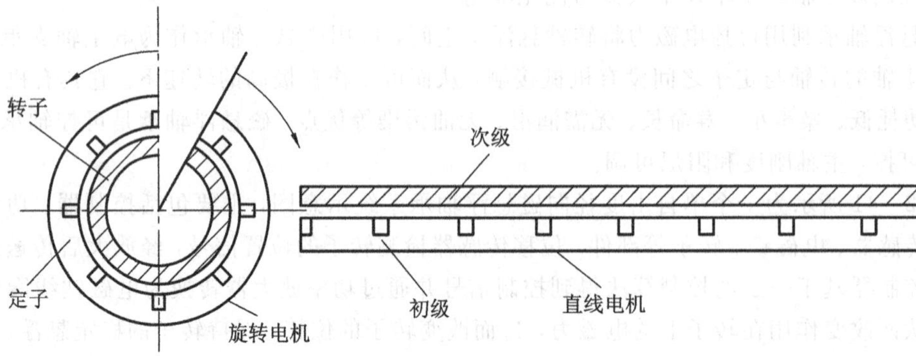

图 2－42　直线电机的工作原理

直线电机的初级铁芯可由带槽的电工钢片叠成，槽内为三相绕组，次级为钢板，上覆以一薄的铝板，上层的铝板作为导体使用，下层的钢板作为磁路的一部分，以减少次级的漏磁。初、次级间的气隙为电磁功率交换区域。

在直线电机的三相绕组中通入三相对称正弦电流后，将在初、次级间产生气隙磁场，其分布情况与旋转电机相似，沿展开的直线方向呈正弦分布。三相电流随时间变化，使气隙磁场按定向相序沿直线移动，该气隙磁场称为行波磁场。当次级的感应电流和气隙磁场相互作用，便产生了电磁推力，如果初级是固定不动的，则次级就能沿着行波磁场运动的方向作直线运动。把直线电机的初级和次级分别安装在机床的工作台与床身上，即可实现机床的直线电机直接驱动，由于这种进给传动方式的传动链缩短为零，因此被称为机床进给系统的“零传动”。

直线电机进给闭环控制系统可分为位置调节、速度调节和电流调节等三部分，如图

2－43 所示。系统输入为上位机发送的位置指令，输出为直线电机的位移。其过程为上位机发出的位置指令与位置检测装置反馈值比较后，经接口电路转换放大成为控制速度的给定信号，速度给定信号同速度反馈值比较后转换为电流给定信号，电流给定信号经过电流环调节后成为驱动直线电机的电流，直线电机通电，通过电磁转换产生推力来推动工作台及负载运动。

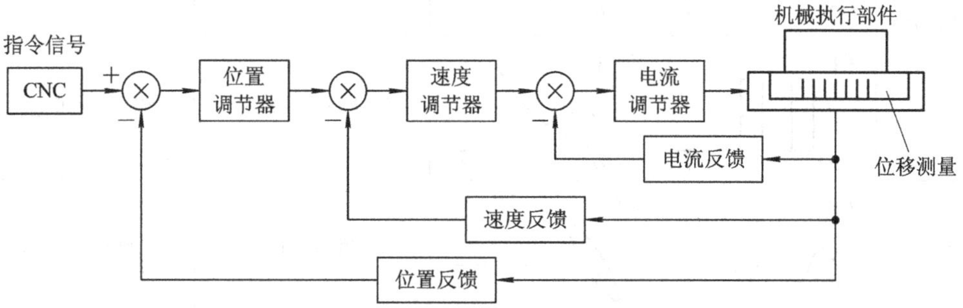

图 2－43　直线电机进给闭环控制系统

2.4.3　压电驱动器与超声电机

压电效应是由居里夫妇于 1880 年从 α 石英晶体(水晶)上发现的，其本质是由于晶体在机械力作用下发生形变而引起带电粒子的相对位移，从而造成晶体的总电矩发生变化。反之，如果将一块压电晶体置于外电场中，则会引起晶体正、负电荷重心的位移，这一极化位移又导致了晶体发生形变，这个效应称为逆压电效应。

外加交变电场可通过机电耦合效应，在压电体中激发各种模态的弹性振动，当外加电场的频率与压电体的机械谐振频率一致时，压电体便进入了机械谐振状态，成为压电振子。压电振子的四种压电振动模式包括：垂直于电场方向的伸缩振动、平行于电场方向的伸缩振动、垂直于电场平面内的扭转振动和平行于电场平面内的扭转振动，如图 2－44 所示。

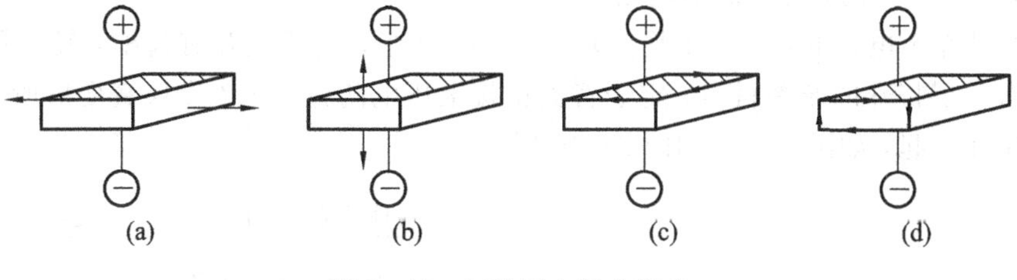

图 2－44　四种压电振动模式

压电驱动器是利用压电振子产生的振动和变形所形成的表面波或柔性波作为驱动源的驱动器。根据供电方式以及电压诱导位移的不同特点，压电驱动器可分为以下几种类型：

① 利用 PMN 基电致伸缩材料，采用直流偏场的伺服微位移驱动器，如基于昆虫蠕动原理的各类微动驱动器，主要用于光学器件的精密定位。

② 利用 PZT 基软性压电陶瓷材料，采用脉冲式电源的脉冲开关式电机，主要用于点阵式打印机和喷墨式打印机。

③ 利用 PZT 基硬性压电陶瓷材料，采用交变电场的超声电机，主要用于照相机和摄像机光圈的自动聚焦、机器人关节驱动等场合。具体分类见表 2－3。

表 2-3　压电驱动器的分类

位移特点	位移曲线	代表驱动器	材　料
刚性位移	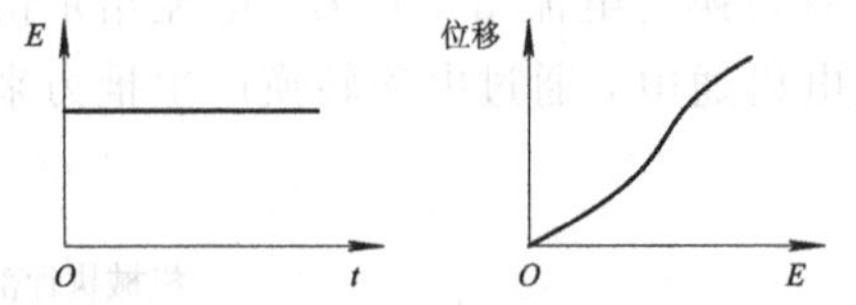	伺服微位移驱动器	PMN 基电致伸缩材料
	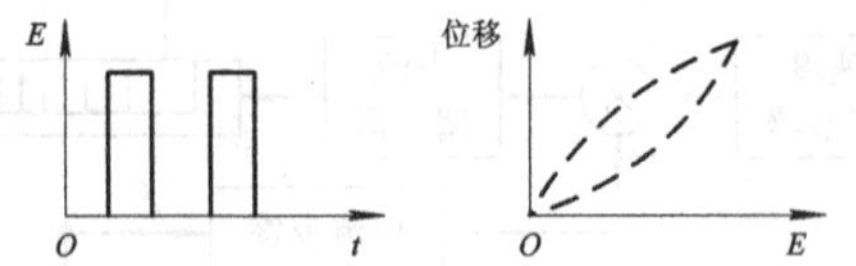	脉冲开关式马达	PZT 基软压电材料
共振位移	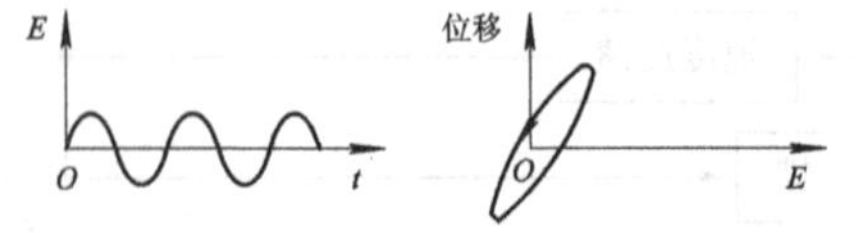	超声马达	硬压电材料

PZT 是由贾菲等人发现的 $PbZrO_3$-$PbTiO_3$ 二元系固溶体，其机电耦合常数接近 $BaTiO_3$ 陶瓷的一倍。超声电机使用的是在 PZT 上加入微量的添加物或置换元素改性后的压电材料，具有高机电耦合常数、高机械品质因数和高的温度稳定性等特点。

1982 年，日本的指田年生和新生公司研制成功的振动片型超声电机和行波型超声电机，使得世界各国学术界和产业界对压电驱动器与超声电机有了新的认识。压电驱动技术在近二十几年里得到了迅速发展。

根据使用的振动模态，超声电机可分为弯曲—弯曲振动型、单一振动模态型和纵—弯或纵—扭复合型超声电机。单一振动模态型超声电机结构简单，但其运动方式为点接触冲击式，磨损大、效率低，实用性差。纵—扭复合型超声电机的输出转矩较大，但其扭振的压电陶瓷极化复杂，纵振频率与扭振频率兼并困难。行波超声电机采用了弯曲—弯曲振动模态，定、转子间的接触是局部面接触，定子连续推动转子旋转，大大降低了定、转子接触界面的磨损，传动效率高，有广泛的应用前景。

环形行波超声电机的定、转子均为环形结构，其中，定子上开有齿槽，转子同定子的接触面覆有一层特殊的摩擦材料，定子背面粘接上压电陶瓷，并依靠蝶簧变形所产生的轴向压力紧压在一起，如图 2-45 和图 2-46 所示。

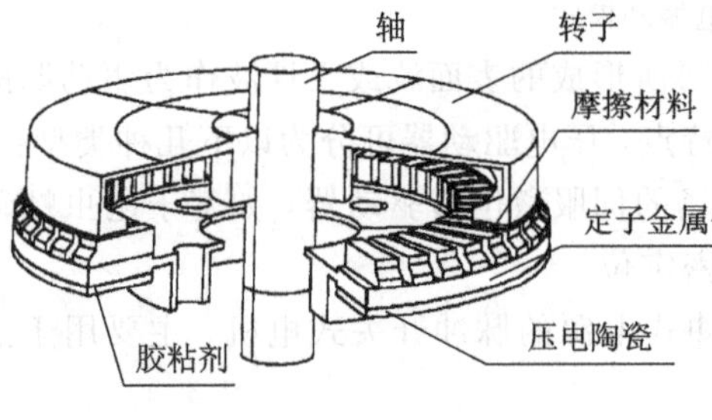

图 2-45　环形行波超声电机结构

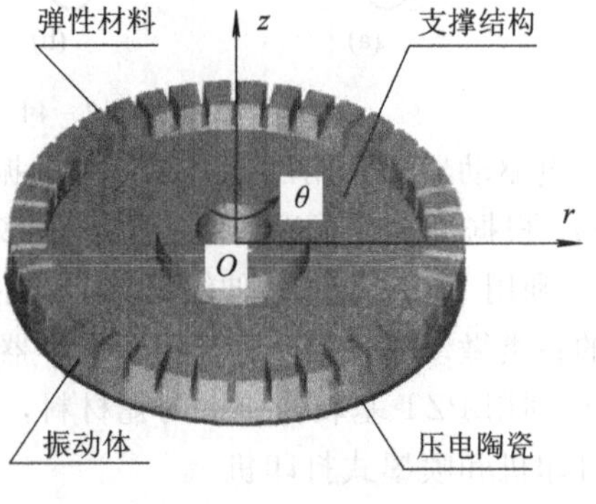

图 2-46　环形行波超声电机的定子结构

图2-47是压电陶瓷的电极结构，由数段极化过的压电陶瓷片组成，图中阴影区为未敷银区，将压电陶瓷的上、下极板分隔成不同的区域。相邻两个压电分区的极化方向相反，分别以“+”和“-”表示，在电压激励下，一段收缩，另一段伸张，构成一个波长的弹性波。图中所示的极化分区可组成三个电极，其中A区和B区表示驱动电机的两相电极(利用逆压电效应)，而S区是传感器区(利用正压电效应)，可实时反映定子的振动情况。图中，压电陶瓷环的周长为行波波长λ的n倍；A区和B区所占的宽度为$\lambda/2$；S区的宽度为$\lambda/4$，用于将两驻波合成为一个波长的行波；GND区为$3\lambda/4$，作为A区和B区的公共地。

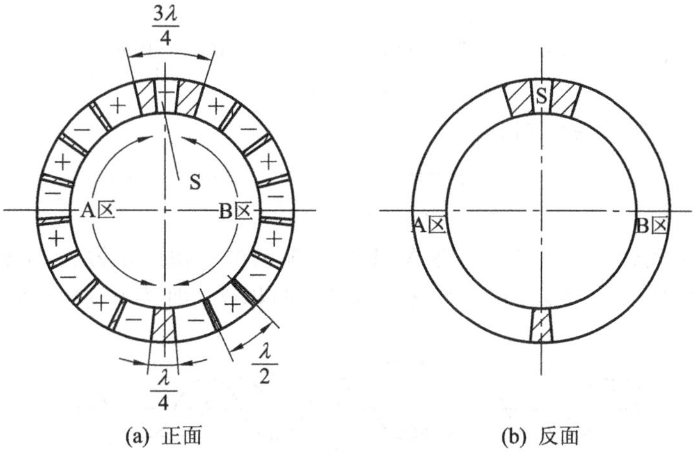

图2-47　压电陶瓷电极结构图

相邻压电分区分别伸张和收缩，从而激发横向长度伸张和收缩振动，可以在定子弹性体中激发弯曲振动，如图2-48所示。使用单相交变电压激励压电陶瓷环的A区或B区，只能在定子中激发出单一的驻波振动，而使用两相交变电压同时激励A区和B区，在一定条件下可以在定子环中激发出行波振动。

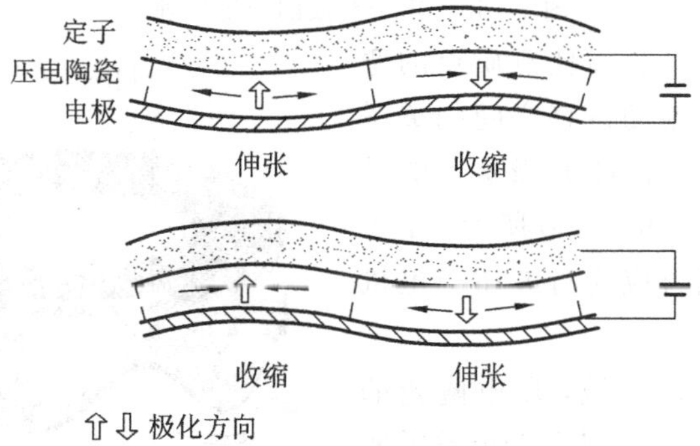

图2-48　定子弯曲振动产生机理

在图2-49中，A相(E_1)驱动激发的驻波为

$$w_A(x, t) = \xi_A \cos kx \cos\omega t \tag{2-2}$$

B相(E_2)驱动激发的驻波为

$$w_B(x, t) = \xi_B \cos[k(x - x_a)] \cos(\omega t - \theta) \tag{2-3}$$

式中：w_A、w_B是弹性体表面横向位移；ξ_A、ξ_B分别为A相和B相横向振动的振幅；$k=2\pi/\lambda$为弹性波振动的波数；$\lambda=L/n$为弹性波波长；n为周向振动模态阶数；$L=2\pi r$为

定子环的圆周长；r 为定子环的平均半径；x_a 为 A 相振子与 B 相振子间的空间间隔，对应图 2-49 的定子结构，$x_a=\lambda/4$；θ 为 A 相、B 相驱动间的相位差。整理式(2-3)得

$$w_B(x,\ t)=\xi_B\sin kx\cos(\omega t-\theta) \tag{2-4}$$

两驻波叠加，可得

$$\begin{aligned} w(x,\ t)&=w_A(x,\ t)+w_B(x,\ t)\\ &=\xi_A\cos kx\cos\omega t+\xi_B\sin kx\cos(\omega t-\theta) \end{aligned} \tag{2-5}$$

当压电陶瓷对称极化时，$\xi_A=\xi_B=\xi_0$，当 A 相、B 相激励电压的相位差在时间上差 90° 时，$\theta=\pi/2$，有

$$\begin{aligned} w(x,\ t)&=\xi_0\cos kx\cos\omega t+\xi_0\sin kx\sin\omega t\\ &=\xi_0\cos(kx-\omega t) \end{aligned} \tag{2-6}$$

当 $\xi_A=\xi_B=\xi_0$，$\theta=-\pi/2$ 时，有

$$\begin{aligned} w(x,\ t)&=\xi_0\cos kx\cos\omega t-\xi_0\sin kx\sin\omega t\\ &=\xi_0\cos(kx+\omega t) \end{aligned} \tag{2-7}$$

由式(2-6)和式(2-7)可知，只要 A、B 两相驱动电压相位差为 $\pi/2$，就将在定子环中形成行波，而且当其中一相反相时，行波的行进方向相反，即转子反向旋转。

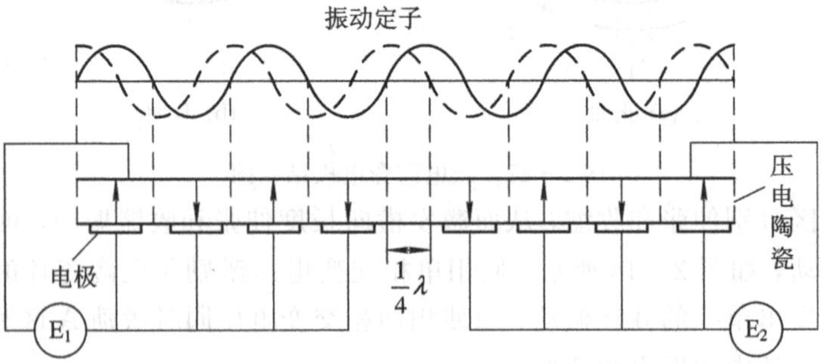

图 2-49 定子行波的产生机理

行波超声电机的定子表面任意质点的弯曲横向振动位移和纵向振动位移之间的关系满足椭圆方程，利用定子行波波峰质点的纵向速度推动转子转动，如图 2-50 所示。定子与转子之间的界面摩擦力成为行波超声电机的驱动力。

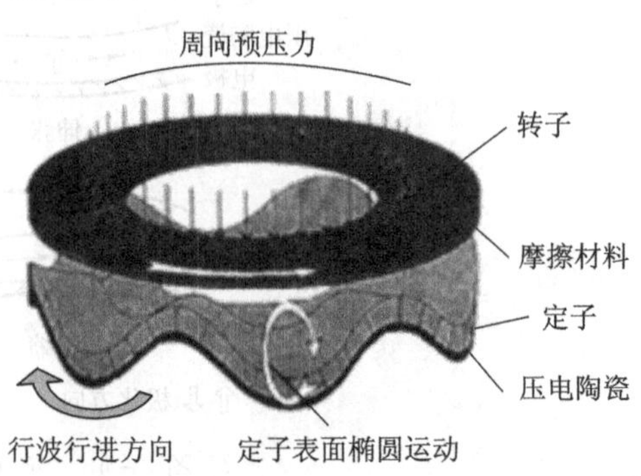

图 2-50 环形行波电机定子表面椭圆运动

超声电机工作在超声频域，压电陶瓷的负载特性为容性负载，因此，其驱动电路需要解决高频驱动和容性负载的匹配问题。超声电机需要用两相高频隔离式电源来驱动，电机的谐振频率一般在 20～100 kHz 之间。超声电机的驱动电路包括功率放大电路和匹配电路两部分，功率放大依靠功率器件完成，匹配电路主要利用升压变压器和谐振电感来实现。匹配电路用以改善驱动电源与压电换能器的耦合程度，改善驱动电路的波形，减少高频谐波分量。

图 2-51 是行波超声电机驱动器的结构图，其中功放电路可以采用图 2-52 所示的形式。在图 2-52 中，以 MOSFET 管 V_9 为例，其栅源间的驱动电路由晶体管 V_7、V_8 组成的推挽电路构成，该电路可以很好地解决栅源间电容充放电的问题。功率场效应管 V_9 静态输入电阻很大，需要的驱动功率很小。图 2-52 中逆变电路的高频变压器采用软磁铁氧体等高频低损耗材料，设计时主要保证工作电压不失真。

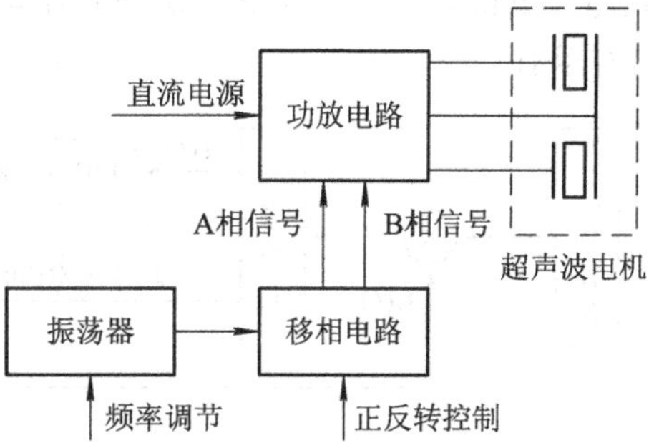

图 2-51　行波超声电机驱动器

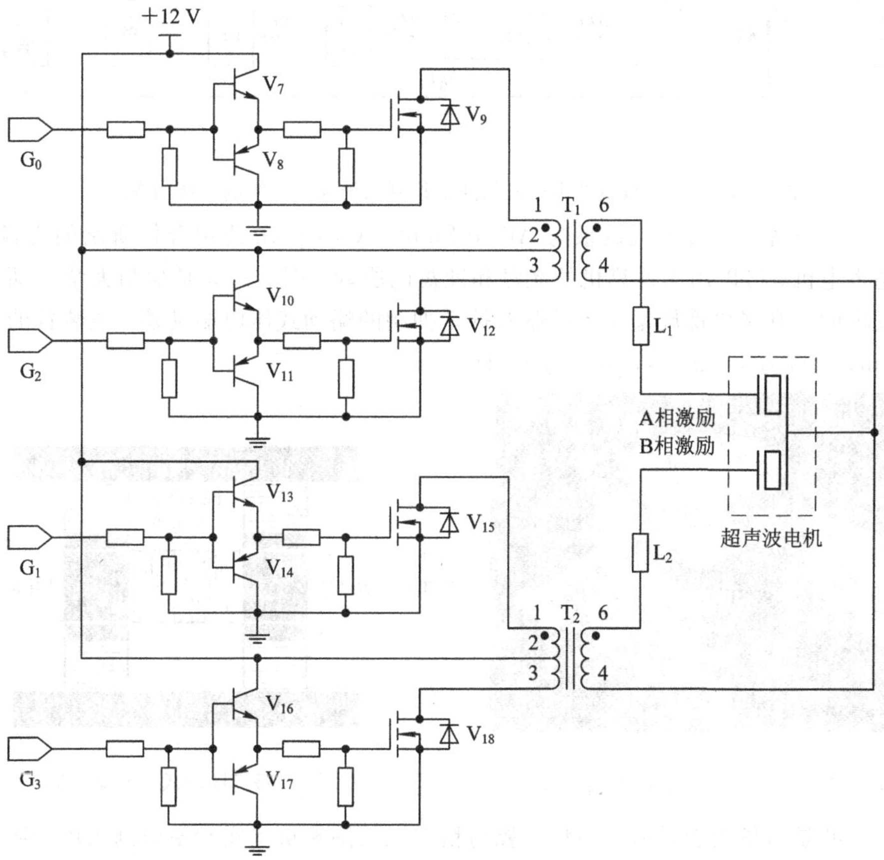

图 2-52　超声电机驱动器的功放和匹配电路

图 2-53 是环形行波超声电机（Ring type Travelling-Wave Ultra-Sonic Motors，简称 RTWUSM）的速度控制系统和位置控制系统。速度控制系统（图 2-53(a)）采用 PID 控制算法来调节两相驱动信号的频率进行速度控制。位置控制系统（图 2-53(b)）采用 PID 控制算法来调节相位差以进行定位控制。

超声电机的种类很多，从毫米级的微型电机到厘米级的小型电机，从单自由度的直线电机到多自由度的平面电机和球型电机，从原理上基于摩擦的超声电机到利用声悬浮的非接触式超声电机，从高分辨率的蠕动式压电电机到无磨损的压电一电流变复合型步进电机，应有尽有。

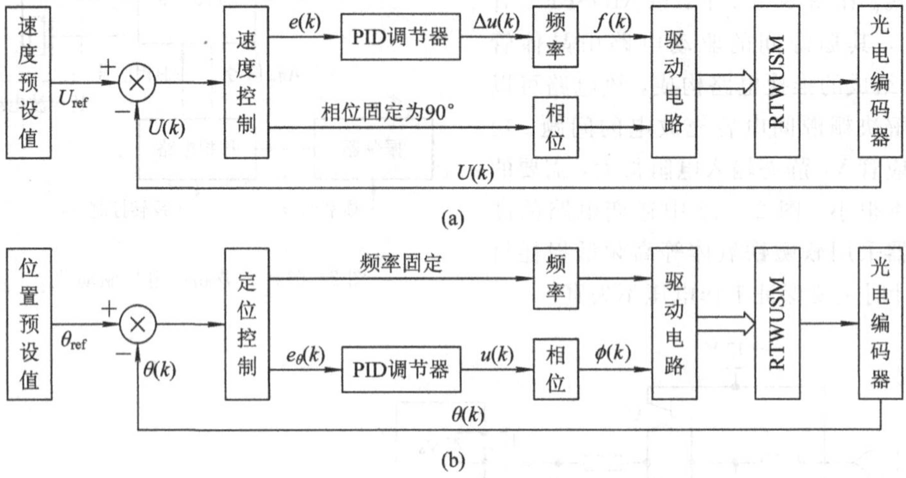

图 2-53　环形行波超声电机的速度控制系统和位置控制系统的框图

图 2-54 是密苏里大学机械系与 Allied Signal Aerospace 公司合作研制的直径 8 mm 的行波超声电机，可以用于计算机的光盘和硬盘的驱动。图 2-55 是加州大学主动材料研究室开发出的直升飞机螺旋桨主动控制及振动抑制的蠕动式压电驱动器，该装置的位移可达 300 μm，速度为 10 mm/s，频率为 1 kHz。

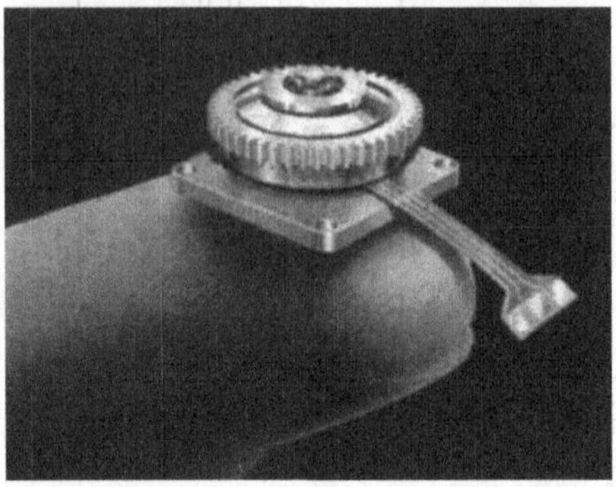

图 2-54　直径 8 mm 的行波超声电机

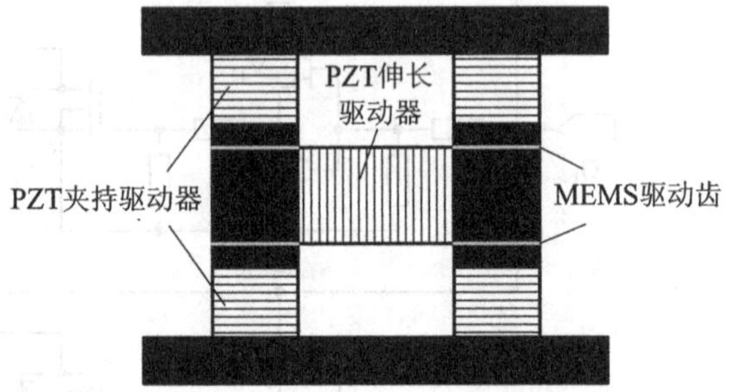

图 2-55　蠕动式压电驱动器

图 2-56 是清华大学材料系新型陶瓷与精细工艺国家重点实验室研制出用于照相机的压电超声微电机。电机定子中的两对压电陶瓷片分别用于激发 x 方向和 y 方向弯曲振动。当一对在相位上互差 $\pi/2$ 的正交信号被引入到这两对压电元件中时，将激发电机换能器定子作旋转式的摇头弯曲振动(即行波波动)，如图 2-57 所示。行波波动再通过定子与转子之间紧密接触的摩擦力来连续驱动转子，从而使转子旋转并产生力矩输出。控制输入到两组压电元件的相位差($\pm\pi/2$)，行波波动的方向可瞬间反向。

图 2-58 是采用压电微电机控制驱动的二维微动平台的结构图。微动平台由可以相对移动的带中心通孔的上下板、一组拉力弹簧、两个微调旋钮、支承滚珠和两个压电微电机构成。两个微电机通过轴直接驱动两个微调旋钮来驱动并控制二维微动平台。

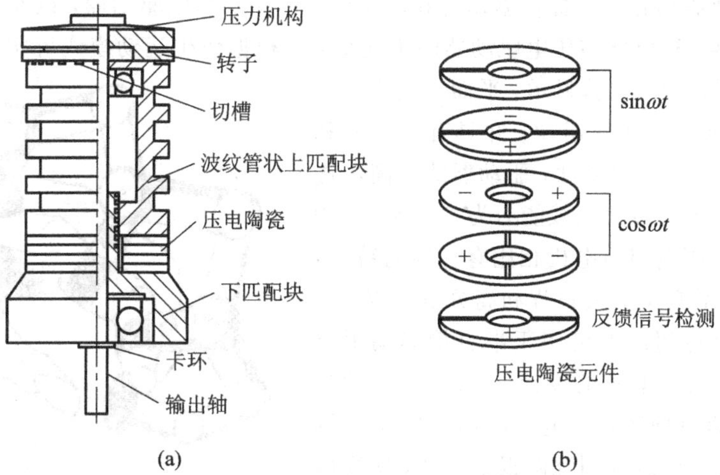

图 2-56　用于照相机的压电超声微电机

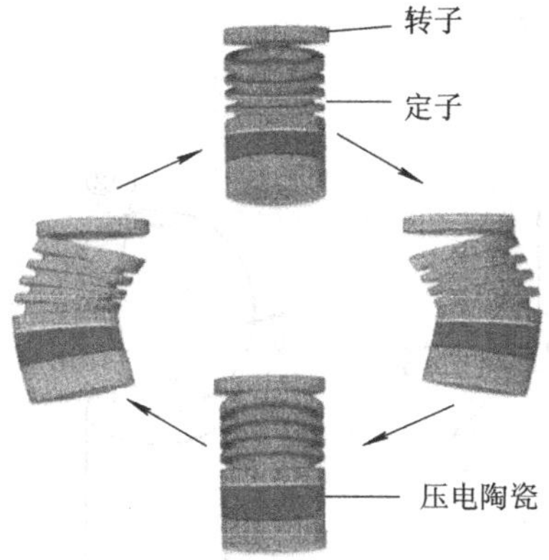

图 2-57　摇头弯曲振动的行波波动

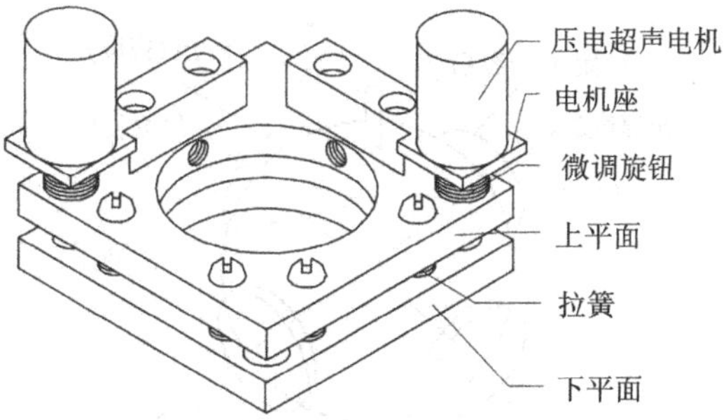

图 2-58　由超声电机驱动的二维微动平台

压电效应和电流变效应结合的压电—电流变多自由度平面步进驱动器的研究独具新意。电流变效应是指一种流体在电场的作用下，能瞬间可逆地变为“弱固态”。这种效应可以巧妙地用于压电电机“爬行”中的箝位，如图 2-59 所示。

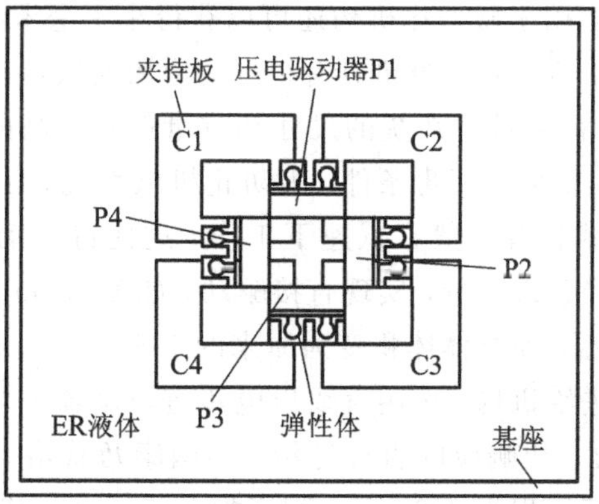

图 2-59　压电—电流变平面步进电机

研制的驱动器具有 4 个提供驱动力和产生位移的多层压电驱动器，以及 4 个用来箝位的电流变箝位器。箝位器与压电驱动器的不同组合，根据仿生运动模式可实现沿 x 向或 y 向的蠕动式步进运动。实验显示，平面步进驱动器在 x 向或 y 向都能灵活地运动，并具有大行程和低于 0.1 μm 的高分辨率特性，驱动器的最高步进速度为 6 mm /min，最大承载能力为 1.7 N。这种驱动器与普通的压电超声电机相比有独到的特点，如无摩擦、无工作噪音、大行程和高分辨率等。

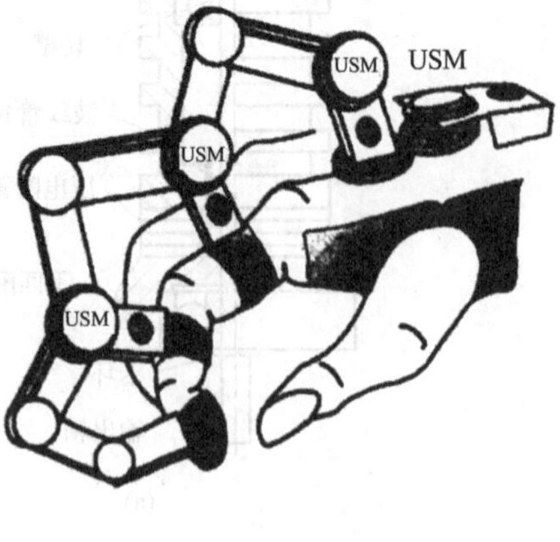

图 2－60　安有 4 个超声电机的模拟食指

图 2－60 是将超声电机用于半直接驱动手指骨的原理样机及控制装置的设计。图2－61 是两自由度超声电机的原理图，该电机的两对定子分别工作时，球体转子可以分别绕两根轴旋转，实现两自由度运动。图 2－62 是三自由度超声电机的原理图，该电机采用了柱体定子实现转子的三自由度运动。

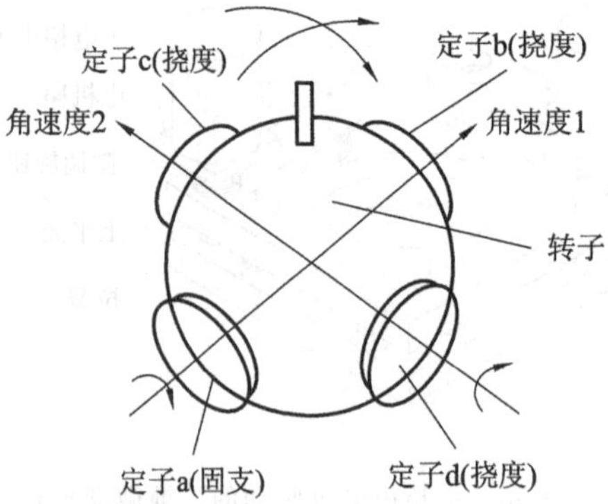

图 2－61　两自由度球形超声电机

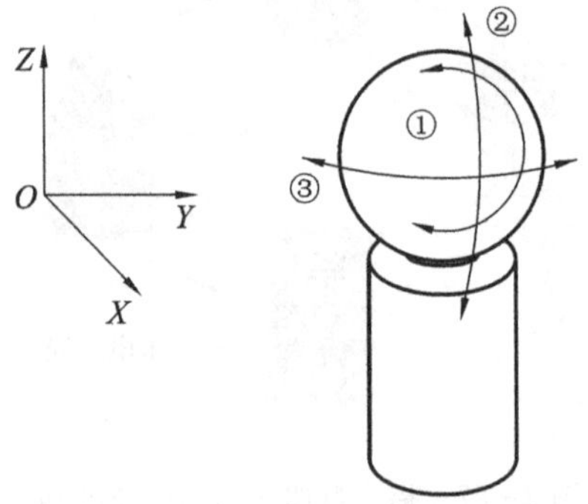

图 2－62　三自由度球形超声电机

压电超声电机具有低速下大力矩输出、响应快、控制性能好、可步进、伺服控制、容易同计算机接口，可实现智能化和机电一体化，无电磁干扰和抗磁干扰等特点，用于步进驱动可获得纳米量级的精度，用于微型化机构还可以获得小于毫米的限度，这些都是电磁电机所无法比拟的。压电驱动器与超声电机具有很好的应用前景，主要的应用领域有：

（1）航空、航天领域。该领域对系统的尺寸和重量都有很高的要求，并需要适应太空环境高真空、极端温度、强辐射等恶劣条件。为防止机械系统在真空和失重条件下工作时产生的反作用力，空间机械装置一般在低速下工作，这使得运动机构的有效润滑非常困难。压电驱动器可有效减轻系统重量，实现直接驱动，如美国 Galileo 航天器上的滤色盘由于使用超声电机作为驱动器，使整体体积变为原来的 1/4。

（2）精密加工设备的进给机构。选用直线压电步进驱动器或电致伸缩驱动器，可实现高分辨率、大行程、高刚度、快响应的直线进给。美国康乃狄格大学研制的用于钻石精加工设备的超声直线电机，其行程为 300 mm，刚度为 90 N/μm，移动速度为 1.6 mm/s，分辨率可以达到 5 nm。

（3）汽车行业。小型超声电机在汽车上有非常广泛的用途，如车门玻璃的升降、刮雨器、靠背调整机构等。据统计，普通轿车需要小功率电机 30～40 个，高级轿车需要 50～60 个，豪华轿车需要的电机数在 80 个以上。

（4）精密仪器或医疗器械。许多科学仪器、医疗器械会产生强磁场或对电磁干扰有严格限制，普通电磁电机不能使用，采用超声电机就可避免这些问题。目前，超声电机已经在 XY 绘图仪、精密手表、照相机自动聚焦系统、CD 光盘磁头自动定位装置等方面得到应用。

（5）机器人关节驱动。用超声电机作为机器人的关节驱动器，可将关节的固定部分和运动部分分别与超声电机的定、转子作为一体，从而使整个机构非常紧凑，并且可在中空型超声电机中间走线或安放传感器等检测元件。

（6）办公自动化设备。超声电机可消除办公设备使用普通电磁电机所带来的电磁噪声和减速机构的噪声，净化工作环境的背景噪声。例如，在一些高楼的办公室中，已采用了超声电机升降窗帘。

（7）微型机械。微型电机是微型机械的核心部分，在一定程度上成为微型机械发展水平的重要标志。由于电磁电机需要线圈和有磁饱和特性，低速运转时需要齿轮箱，因而最小的电磁电机只能做到毫米级，这些都限制着它在微型机械上的应用。而超声电机结构简单、设计灵活、紧凑，不存在任何限制微型化发展的因素，可以做得很小，甚至可达微米级。

此外，压电驱动器与超声电机的应用还包括军事工业（如核弹头保护装置、导弹羽翼自动调节机构、军用望远镜自动调焦、武器装备的自动瞄准系统与目标跟踪、军事侦察用微型机械虫和微型直升机驱动等）、生产加工行业（如直线超声电机用于半导体加工业，直线、旋转超声电机用于电火花加工业等）、计算机行业（如针式打印机的打印头等）、医疗器械行业、量具业、电动自行车行业等。

2.4.4　微动机构

1. 微动机构的基本要求

微动机构是一种能在一定范围内精确、微量地移动到给定位置或实现特定进给运动的机构。微动机构一般用于精确、微量地调节某些部件的相对位置，如在磨床中，用微动机构调整砂轮架的微量进给；在测量仪器的读数系统中，利用微动机构调整刻度尺的零位；在医学领域中，采用微动机构构造各种微型手术器械；在精密和超精密机床及其加工中，利用微动机构进一步提高机床的分辨率或进行机床及加工误差的在线补偿。

高精度微动装置目前已成为精密或超精密机床的一个重要部件，其分辨率可达 0.01～0.001 μm，这对实现超薄切削、高精度尺寸加工和实现在线误差补偿起到了关键性的作用。

微动机构的性能好坏在一定程度上影响系统的精确性和可操作性，因而要求它应满足如下基本要求：

（1）低摩擦、高灵敏度，最小移动量达到使用要求。

（2）传动平稳、可靠，无空程和爬行，有足够的刚度，制动后能保持稳定的位置。

（3）具有好的动态特性，即响应频率高。

（4）抗干扰能力强，快速响应性好。

（5）能实现自动控制。

（6）良好的结构工艺性。

2. 微动机构的基本类型

微动机构按执行件的运动原理不同分为双螺旋差动式、弹性变形式、热变形式、磁致伸缩式、电致伸缩式等多种形式，下面介绍其中的几种。

1）双螺旋差动式

图 2－63 所示为双螺旋差动式微动装置，差动手轮 4 上的内、外螺纹旋向相反。设外螺纹导程为 p_1、内螺纹导程为 p_2，且 $\delta = p_1 - p_2$，当手轮 4 旋转一周时，移动体 3 的位移量为 δ。该结构刚度较高，移动量准确。

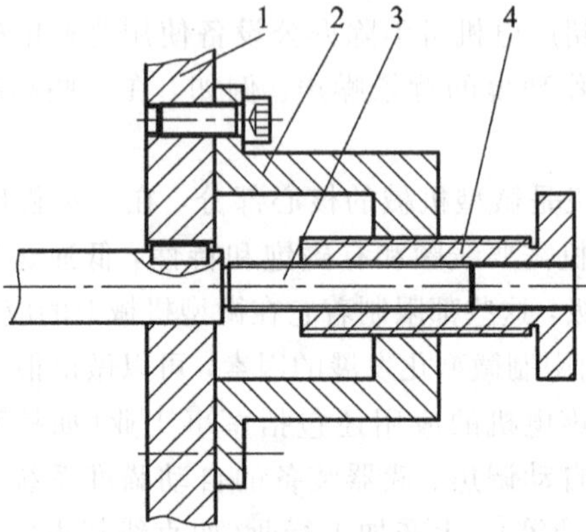

1—机体；2—固定座；3—移动体；4—差动手轮

图 2－63　双螺旋差动式微进给装置

2）弹性变形式

图 2－64 所示为一种双 T 形弹簧变形微进给装置。当驱动螺钉前进时，T 形弹簧变直伸长，因 B 端固定，故 C 端压向 T 形弹簧。因 T 形弹簧的 D 端固定，故推动 E 端可位移刀夹作微位移前进。

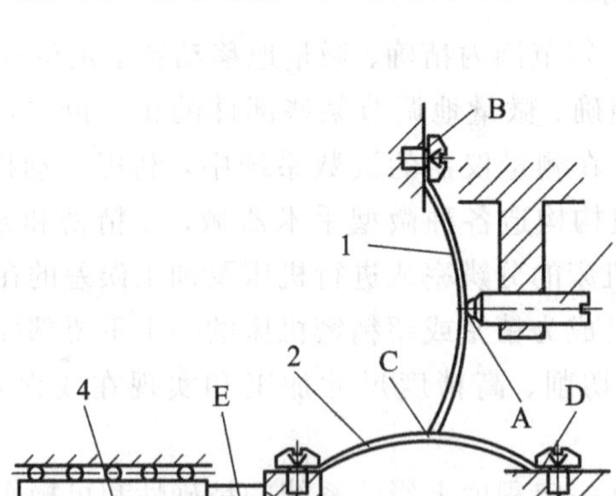

1、2—T形弹簧；3—驱动螺钉；4—可位移刀夹

图 2－64　弹性变形式微进给装置

3）热变形式

该类机构利用电热元件作为动力源，靠电热元件通电后产生的热变形实现微小位移。其工作原理如图 2-65 所示。传动杆的一端固定在机座上，另一端固定在沿导轨移动的运动件上。当电阻丝通电加热时，传动杆受热伸长，其伸长量 ΔL 为

$$\Delta L = \Delta \cdot L(t_1 - t_0) = \Delta \cdot L \cdot \Delta t \tag{2-8}$$

式中：Δ——传动杆的材料线膨胀系数(mm/℃)；

L——传动杆长度(mm)；

t_1——加热后的温度(℃)；

t_0——加热前的温度(℃)；

Δt——加热前后的温度差(℃)。

热变形微动机构可利用变压器、变阻器等来调节传动杆的加热速度，以实现对位移速度和微进给量的控制。为了使传动杆恢复到原来的位置(或使运动件复位)，可利用压缩空气或乳化液流经传动杆的内腔使之冷却。热变形微动机构如图 2-65 所示。

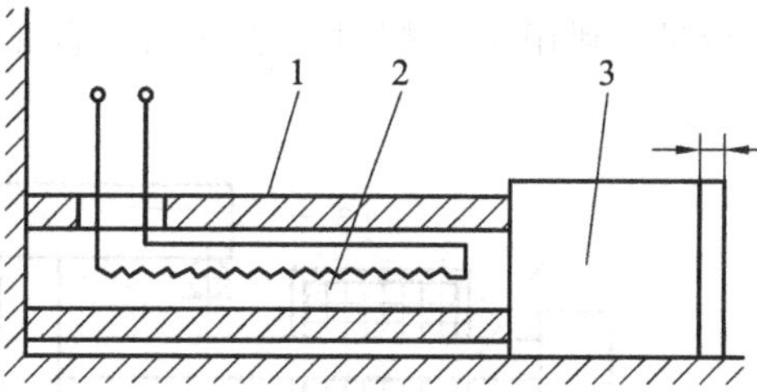

1—传动杆；2—电阻丝；3—运动件

图 2-65　热变形式微进给装置

热变形微动机构具有高刚度和无间隙的优点，并可通过控制加热电流来得到所需微量位移。但由于热惯性以及冷却速度难以精确控制的原因，这种微动机构只适用于行程较短、频率不高的场合。

4）磁致伸缩式

该类机构利用某些材料在磁场作用下具有改变尺寸的磁致伸缩效应来实现微量位移。其原理如图 2-66 所示。磁致伸缩棒左端固定在机座上，右端与运动件相连，绕在伸缩棒外的磁致线圈通电励磁后，在磁场作用下，伸缩棒产生伸缩变形而使运动件实现微量移动。通过改变线圈的通电电流来改变磁场强度，使磁致伸缩棒产生不同的伸缩变形，从而使运动件得到不同的位移量。在磁场作用下，伸缩棒的变形量 ΔL(μm)为

$$\Delta L = \pm CL \tag{2-9}$$

式中：C——材料磁致伸缩系数(μm/m)；

L——伸缩棒被磁化部分的长度(m)。

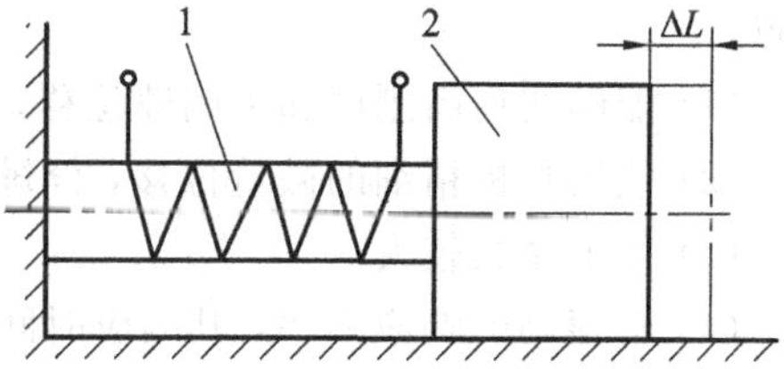

1—磁致伸缩棒；2—运动件

图 2-66　磁致伸缩式微进给装置

当伸缩棒变形所产生的力能克服运动件导轨副的动摩擦力时，运动件便产生位移，其最小位移量 ΔL_{min}(μm)为

$$\Delta L_{\min} > \frac{F_0}{K} \tag{2-10}$$

最大位移量 $\Delta L_{\max}$(μm)为

$$\Delta L_{\max} \leqslant C_s L - \frac{F_d}{K} \tag{2-11}$$

式中：F_0——导轨副的静摩擦力(N)；

F_d——导轨副的动摩擦力(N)；

K——伸缩棒的纵向刚度(N/μm)；

C_s——磁饱和时伸缩棒的相对磁致伸缩系数(μm/m)。

磁致伸缩式微动机构的特征为：重复精度高，无间隙；刚度好，转动惯量小，工作稳定性好；结构简单、紧凑。但由于工程材料的磁致伸缩量有限，该类机构所提供的位移量很小，如 100 mm 长的铁钴钒棒，磁致伸缩只能伸长 7 μm。因而，该类机构适用于精确位移调整、切削刀具的磨损补偿、温度补偿及自动调节等系统中。

图 2-67 所示为磁致伸缩式精密工作台，传动箱经丝杠螺母副传动得到粗位移，利用粗位移得到所需的较大的进给量，利用装在螺母与工作台之间的磁致伸缩棒实现微量位移。

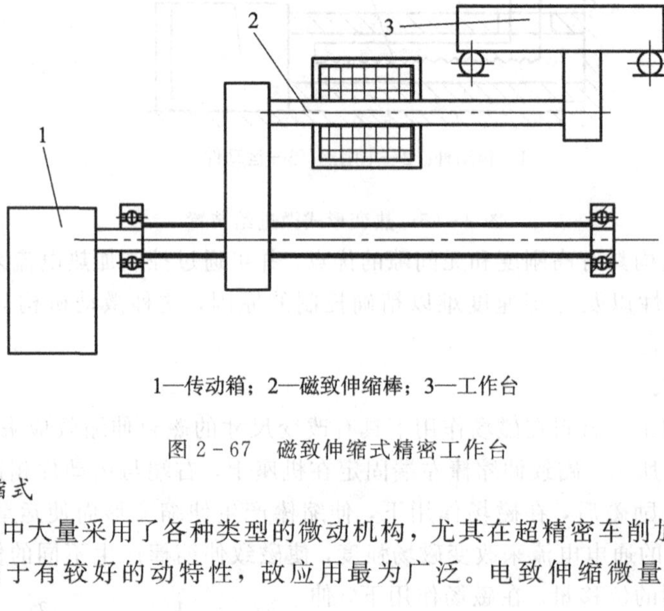

1—传动箱；2—磁致伸缩棒；3—工作台

图 2-67 磁致伸缩式精密工作台

5) 电致伸缩式

在机械加工中大量采用了各种类型的微动机构，尤其在超精密车削加工中，电致伸缩微量进给装置由于有较好的动特性，故应用最为广泛。电致伸缩微量进给机构有很多优点：

(1) 能够实现高刚度和无间隙位移。

(2) 能实现极精细的微量位移，分辨率可达 1.0～2.5 nm。

(3) 变形系数较大。

(4) 有很高的响应频率，其响应时间达 100 μs。

(5) 无空耗电流发热问题。

当电致伸缩陶瓷片一侧通正电、一侧通负电时，陶瓷片在静电场作用下将伸长，当静电场的电压增加时，伸长量亦增大。为了增加总伸长量，一般采取将很多陶瓷薄片叠在一起的办法，使各陶瓷片的伸长量叠加在一起。

常用的电致伸缩材料为压电陶瓷 PZT(PbZnO-PbT 陶瓷)等，这种材料具有很好的电致伸缩性能。美国 AVX 公司推出了一种新的电致伸缩陶瓷材料，其性能要比 PZT 陶瓷材料好。

2.4.5　液压机构

液压机构是以液压油为动力源来完成预定运动要求和实现各种机构功能的机构。液压机构与纯机械机构和电力驱动机构相比，主要有以下优点：

(1) 在输出同等功率的条件下，机构结构紧凑，体积小、重量轻、惯性小。

(2) 工作平稳，冲击、振动和噪音都较小，易于实现频繁的启动、换向，能够完成旋转运动和各种往复运动。

(3) 操作简单、调速方便，并能在大的范围内实现无级调速，调速比可达 5000。

(4) 可实现低速大力矩传动，无需减速装置。

液压机构的不足之处是：油液的粘性受温度变化的影响大，不宜用于低温和高温的环境中；液压组件的加工和配合要求精度高，加工工艺困难，成本高。

1. 直线液压缸

用电磁阀控制的直线液压缸是最简单和最便宜的开环液压驱动装置。在直线液压缸的操作中，通过受控节流口调节流量，可以在达到运动终点时实现减速，使停止过程得到控制。

如图 2－68 所示，液压油经控制阀送入液压缸的一端，在开环系统中，控制阀是由电磁铁打开和控制的；在闭环系统中，控制阀是由电液伺服阀等来控制的。最初出现的 Unimate 机器人也是用液压驱动的。

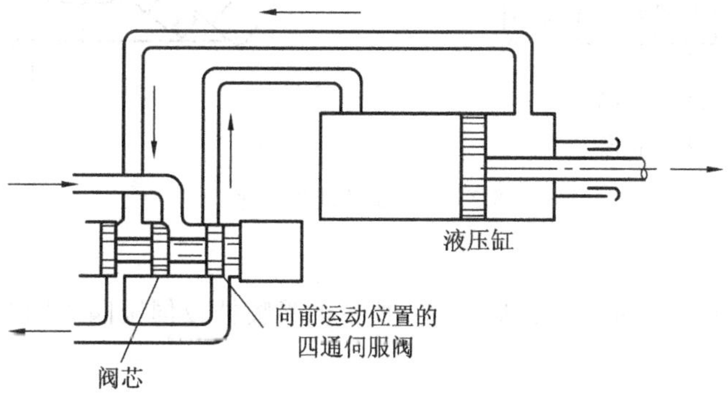

图 2－68　用伺服阀控制的直线液压缸

2. 旋转执行元件

图 2－69 是一种旋转式执行元件。它的壳体由铝合金制成，转子是钢制的。密封圈和防尘圈分别用来防止油的外泄和保护轴承。在电液阀的控制下，液压油经进油口进入，并作用于固定在转子上的叶片上，使转子转动。隔板用来防止液压油短路。通过一对由消隙齿轮带动的电位器和一个解算器给出转子的位置信息，电位器给出粗略值，而精确位置由解算器测定，这样，解算器的高精度和小量程就由低精度大量程的电位器予以补救。当然，整个精度不会超过驱动电位器和解算器的齿轮系精度。

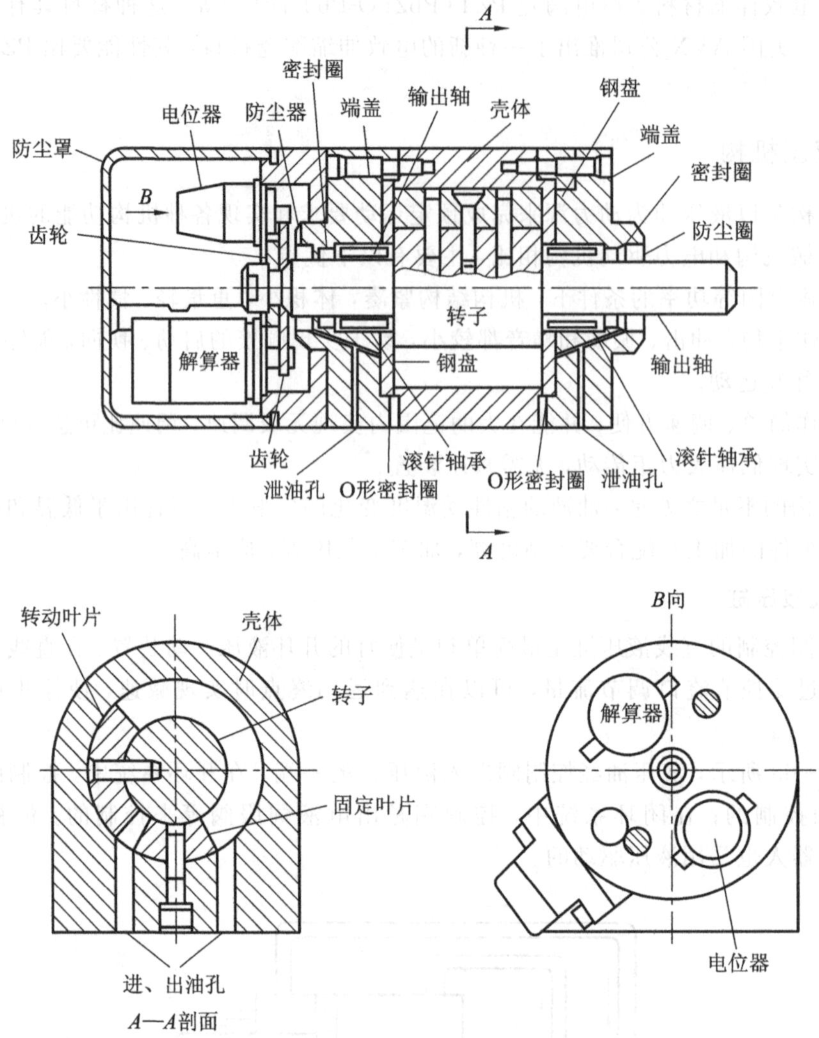

图 2-69　旋转液压马达

3. 电液伺服阀

电液伺服阀主要有两种类型：图 2-70 所示的喷嘴挡板伺服阀和图 2-71 所示的射流管伺服阀。

在喷嘴挡板伺服阀中，挡板接在衔铁中部，从两个喷嘴中间穿过，在喷嘴与挡板间形成两个可变节流口。电信号产生磁场带动衔铁和挡板，张大一侧的节流口而关小另一侧的节流口，这样就在滑阀两端建立起不同的油压，从而使滑阀移动。由于滑阀移动，它压弯了抵抗它运动的反馈弹簧，当油压差产生的力等于弹簧力时，滑阀即停止运动。滑阀的移动打开了主活塞的油路，从而按所需的方向驱动主活塞运动。

射流管伺服阀与喷嘴挡板伺服阀的不同点在于流向滑阀的液流是受控的。当力矩马达加电时，将使衔铁和射流管组件偏转，流向滑阀一端的油流量多于流向另一端的油流量，从而使滑阀移动；当力矩马达不加电时，流向两边的液流量基本上相等。射流管伺服阀的优点在于油流量控制口的面积较大，不容易被油液中的脏物所堵塞。

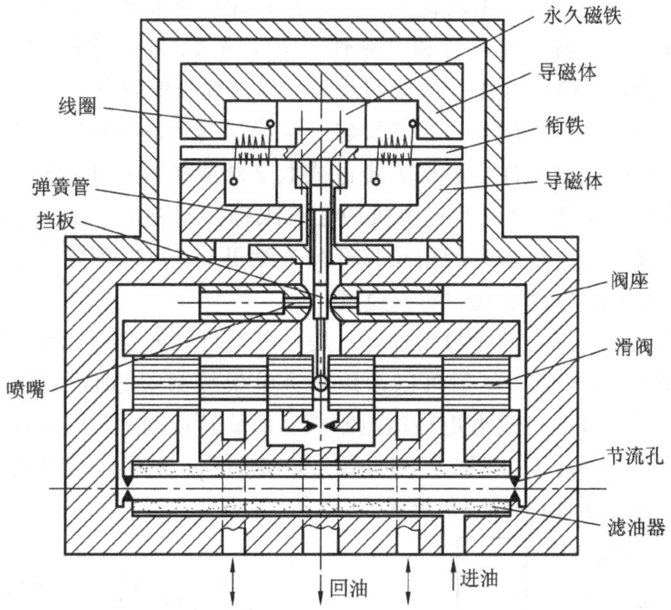

图 2-70　喷嘴挡板伺服阀

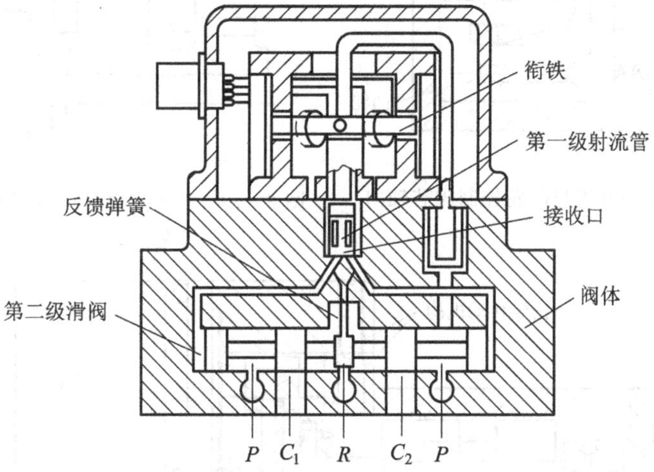

图 2-71　射流管伺服阀

4. 电液直接数字控制阀

随着计算机控制技术在流体控制系统的大量应用，流体控制元件的数字化成了一种必然的趋势。传统的比例阀或伺服阀等模拟信号控制元件可以通过 D/A 接口实现间接数字控制，但是，这种方法存在一些缺点。例如，控制器中的模拟电路易产生温漂和零漂，使控制系统性能受温度影响明显，对系统存在的死区、滞环等非线性因素难以补偿；比例电磁铁在高频工作时温升严重，通过阀芯位置检测实现闭环控制的成本较高。

与间接数字控制相对应，有两种直接数字控制方法。

其一是对高速开关阀的 PWM(脉宽调制)控制，即通过控制开关元件的通断时间比，以获得在某一时间段内流量的平均值，进而实现对下一级执行机构的控制。这种方法具有不堵塞、抗污染能力强及结构简单的优点。但是其存在以下缺点：噪声大，易于诱发管路中的压力脉动和冲击，影响系统寿命和可靠性；元件输入、输出之间没有严格比例关系，一般不能用于开环控制；控制特性受机械调制频率不易提高的限制。

另一种方法是利用步进电机加适当的旋转—直线运动转换机构驱动阀芯实现直接数字控制。这种方法对应的控制元件一般称为步进式数字阀或离散式比例阀，此类阀一般具有重复精度高，无滞环的优点。通过步进电机的连续跟踪控制方法，在步进控制中引入脉宽调制控制技术，使得步进电机输出的角位移开环连续可控，可以消除步进式数字阀所固有的量化误差，并可大大提高数字阀的响应速度。

滑阀阀芯在阀芯孔中具有两个自由度，一是可以进行轴向往复运动，另外还可以绕轴线转动，两个自由度互不干涉。一般可以采用步进电机控制阀芯的往复运动或旋转运动，某些场合也可以采用伺服电机或力矩马达控制阀芯的旋转运动。采用步进电机控制阀芯往复运动(实现滑阀功能)的方案如图 2-72 和图 2-73 所示。采用步进电机控制阀芯旋转运动(实现转阀功能)的方案如图 2-74 所示。

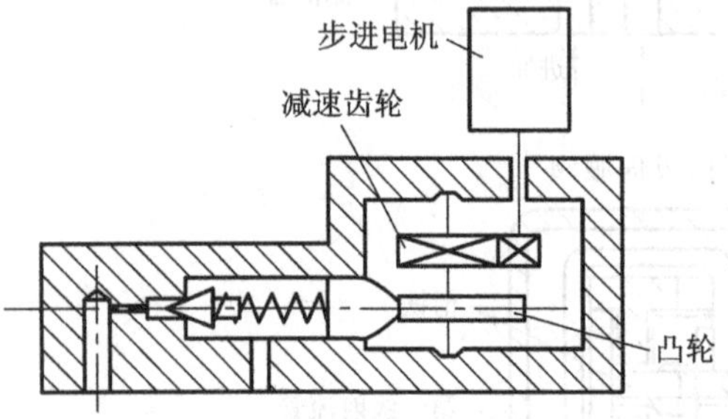

图 2-72 采用步进电机与凸轮控制阀芯轴向往复运动

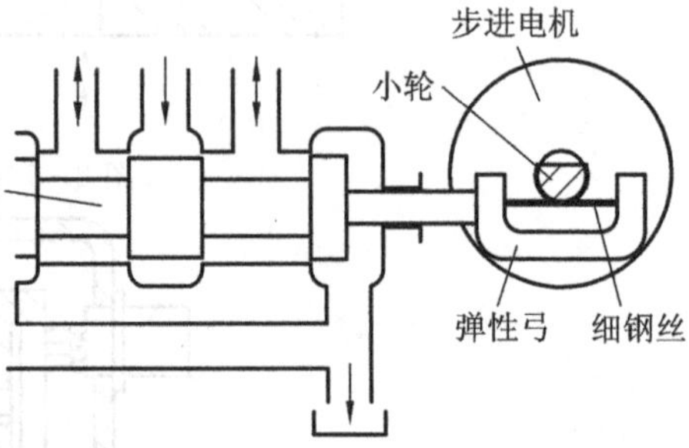

图 2-73 采用步进电机与钢丝控制阀芯轴向往复运动

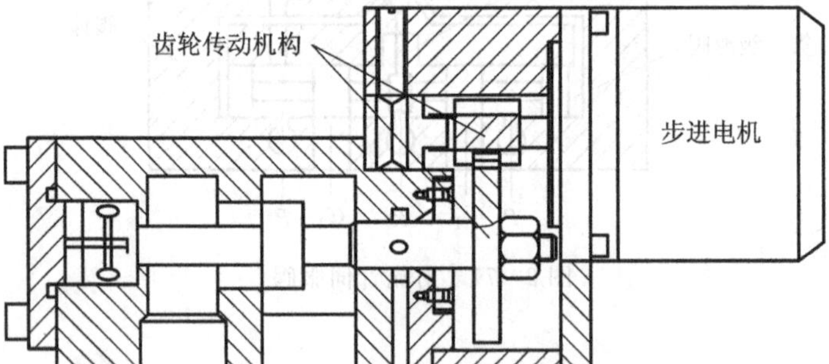

图 2-74 采用步进电机与齿轮控制阀芯旋转运动

自 Harry Vickers 于 1936 年发明先导式溢流阀以来，导控的基本思想被广泛应用于流体控制元件。所谓导控，是指阀的控制是通过微小的电磁力或其它的方法控制先导阀的先导孔动作，使得主阀的阀芯两侧产生压力差，从而使主阀阀芯产生轴向滑动，控制主流道中大的压力或流量变化。

利用滑阀阀芯轴向和旋转两个互不干涉的自由度，可以实现双级阀的导控和主阀的功能。一般利用滑阀阀芯的旋转自由度实现先导阀功能，利用轴向自由度实现主阀的功能。螺旋伺服机构具有将阀芯的旋转角位移按比例转换为阀芯轴向位移的功能。图 2-75 给出了基于螺旋伺服机构的四通比例换向阀的原理图。该阀通过步进电机控制阀芯旋转，产生角位移，阀的导控级由高、低压孔和螺旋槽之间的阻力半桥构成，主阀的开口则由阀芯两侧的压力差推动阀芯的轴向位移实现控制。这种利用阀芯双运动自由度和螺旋伺服机构设计的数字阀称为 2D 数字阀。

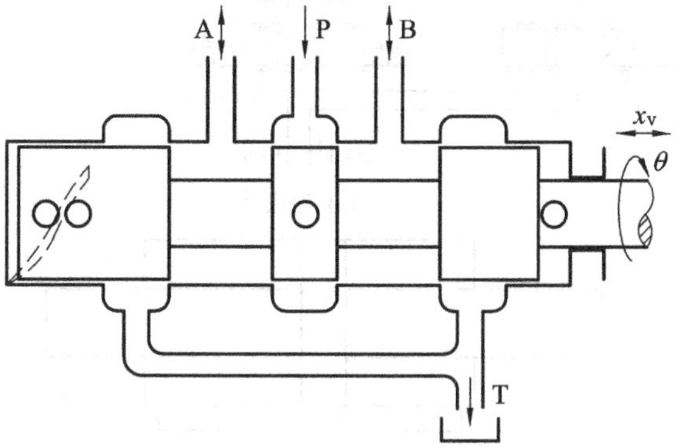

图 2-75 基于螺旋伺服机构的四通比例换向阀的原理图

步进电机作为电—液数字控制元件的驱动装置，若按常规步进方式工作，则难以同时兼顾量化精度和响应速度的要求，采用步进电机的连续跟踪控制方法可以解决这个问题。以两相混合式步进电机为例，要控制旋转磁场到达 A 相和 B 相之间的任意位置 α，只要使 A 相与 B 相的电流 i_a、i_b 满足如下条件即可：

$$\alpha=\frac{1}{2}\arctan\frac{i_b}{i_a} \tag{2-12}$$

也可以采用 PWM(脉宽调制)方法实现对步进电机输出角度的连续控制。该方法是在一个调制周期内控制 A 相和 B 相的通电时间 T_1 和 T_2，使其满足如下关系式：

$$\alpha=\frac{1}{Z_i}\arctan\frac{T_2}{T_1} \tag{2-13}$$

式中，Z_i 是转子齿数。

采用直接数字控制的 2D 高频激振阀，可以实现高频电液激振器的控制。激振器广泛应用于许多重要工程领域的振动试验，例如，导弹、火箭的环境试验，汽车、行走机械的道路模拟试验，工程材料试验，水坝、高层建筑的抗震试验等。电液式激振器具有无极调幅、调频，输出作用力大，系统简单且易于实现自动化控制，性价比高的优点。

如图 2-76(a)所示，高频电液激振器由高频激振阀、并联数字阀、液压缸、负载传感器及位移传感器构成。其中，高频激振阀主要用于产生幅值和频率可调的高频正弦激振波形，并联数字阀用于控制激振偏载。

高频激振阀是一种 2D 阀，阀芯具有旋转运动和轴向运动双自由度。阀芯由一伺服电机驱动旋转，使得沿阀芯台肩周向均匀开设的沟槽与阀套上的窗口相配合的阀口面积大小成周期性变化，由于沟槽相互错位而使进出液压缸的两个容腔的流量大小和方向以相位角 180°成周期性变化，驱动液压缸活塞作周期性的往复运动。

高频激振阀阀芯的旋转运动可以控制油路的通断关系。在 P-A、B-T 相通时，液压缸左腔进油，右腔回油，如图 2-76(b)所示；当阀芯旋转过一定角度后，P、A、B、T 都不通，液压缸停止；当阀芯再旋转过一定角度后，如图 2-76(c)所示，P-B、A-T 相通，液

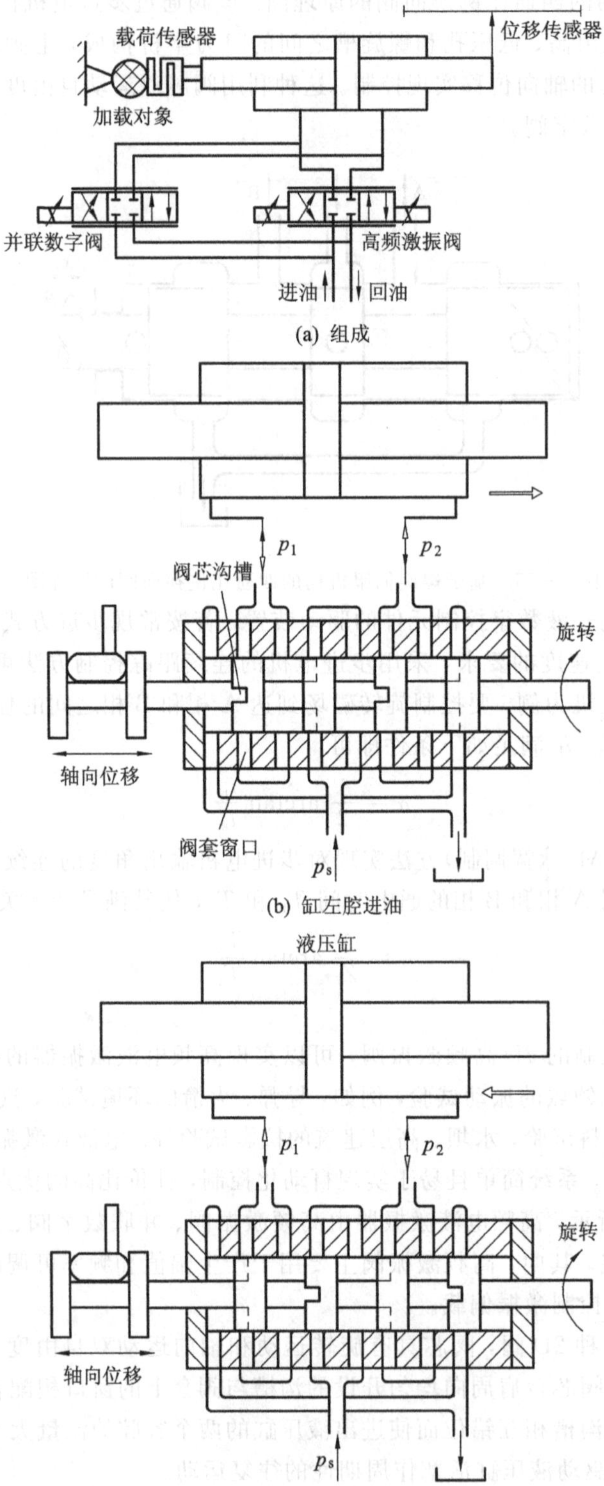

图 2－76　高频电液激振器工作原理图

压缸右腔进油，左腔回油，液压缸反向运动。阀芯旋转时，油路接通时面积以及面积大小的变化率是由阀芯轴向位置决定的，阀芯轴向运动则通过步进电机进行控制。通过阀芯的轴向运动控制，可以决定液压缸活塞的往复运动幅值。

显然，电液激振器的工作频率等于阀芯的转速与每转阀芯的沟槽与阀套窗口之间的沟通次数的乘积。由于阀芯为细长结构，转动惯量较小，又处于很好的液压油润滑状态中，因而很容易实现高频激振。此外，也可通过增加阀芯的沟槽与阀套窗口之间的沟通次数来提高频率。采用 2D 高频激振阀可以对大吨位的振动载荷实现高达 400 Hz 的激振。

2.4.6　气动机构

气动机构是以压缩空气为工作介质来传递动力和控制信号的机构。与液压机构相比，气动机构具有以下优点：

(1) 以空气为工作介质，用后可直接排到大气中，处理方便。

(2) 动作迅速、反应快，维护简单，工作介质清洁，不存在介质变质问题。

(3) 工作环境适应性好，特别是在易燃、易爆、多尘埃、强磁、强振、潮湿、有辐射和温度变化大的恶劣环境中工作时，安全可靠性优于液压、电子和电气机构。

气动机构的不足之处包括：由于空气具有可压缩性，因此工作速度稳定性稍差，但采用气液联动装置会得到较满意的结果；工作压力低(一般为 0.3～1.0 MPa)，难以获得很大的输出力；噪声大，在高速排气时要加消声器。

气动执行元件既有直线气缸，也有旋转气动马达。在原理上，它们很像液压驱动，但某些细节差别很大。

多数气动驱动用来完成挡块间的运动。由于空气的可压缩性，实现精确的位置和速度控制是很困难的。即使将高压空气施加到活塞的两端，活塞和负载的惯性仍会使活塞继续运动，直到它碰到机械挡块，或者空气压力最终与惯性力平衡为止。用机械挡块实现点位操作中的精确定位时，0.12 mm 的精度是很容易达到的。目前，对于气压驱动的速度控制仍未见报道。

手指型气缸用于物体的抓取，有双指型和多指型。其手指动作包括平行、摆动和旋转，如图 2－77 所示。

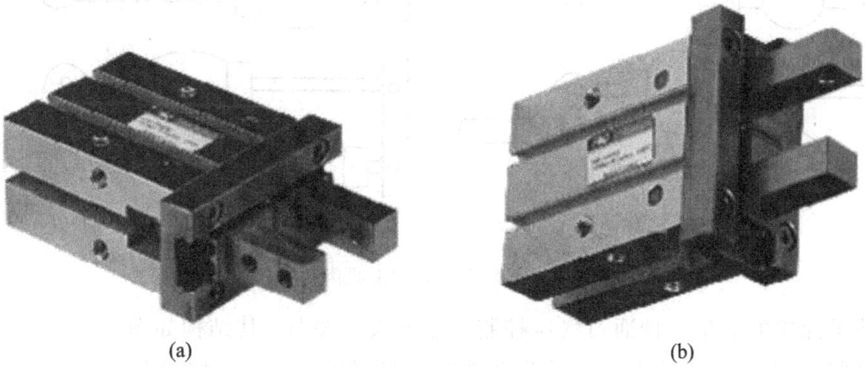

(a)　　(b)

图 2－77　手指气缸的外形图

图 2-78 给出了一些其它的典型气动抓取机构。采用气动抓取机构，可以灵活地实现对各种复杂形体的抓取。

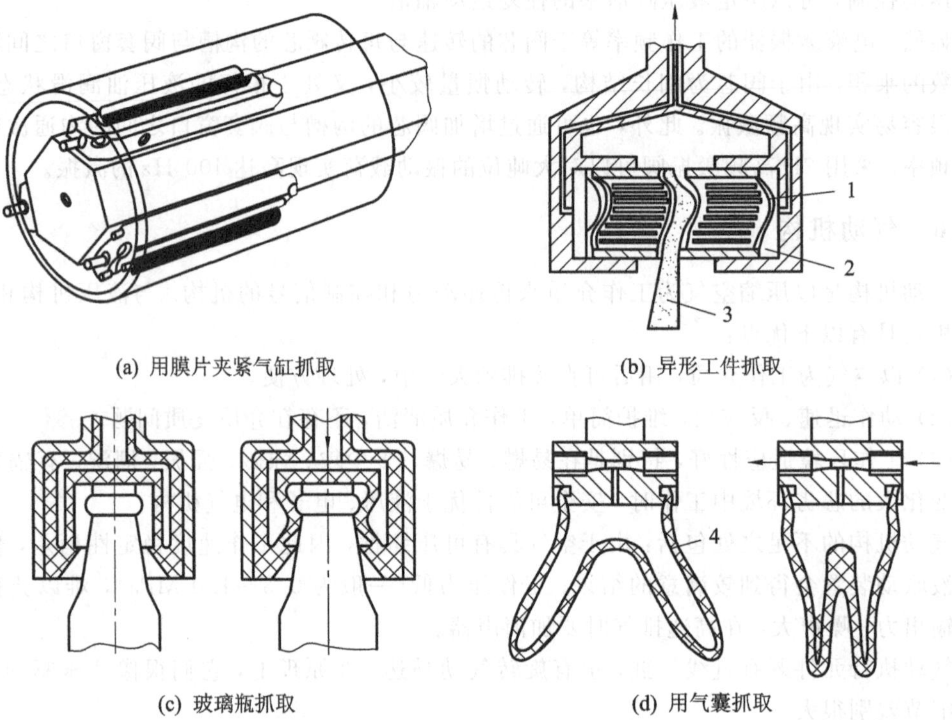

图 2-78　一些典型的气动抓取机构

气动人工肌肉是一种模拟生物肌肉收缩的新型的气动执行机构，许多气动驱动器都是气动人工肌肉的变体。图 2-79 是典型的气动人工肌肉执行机构的示意图。

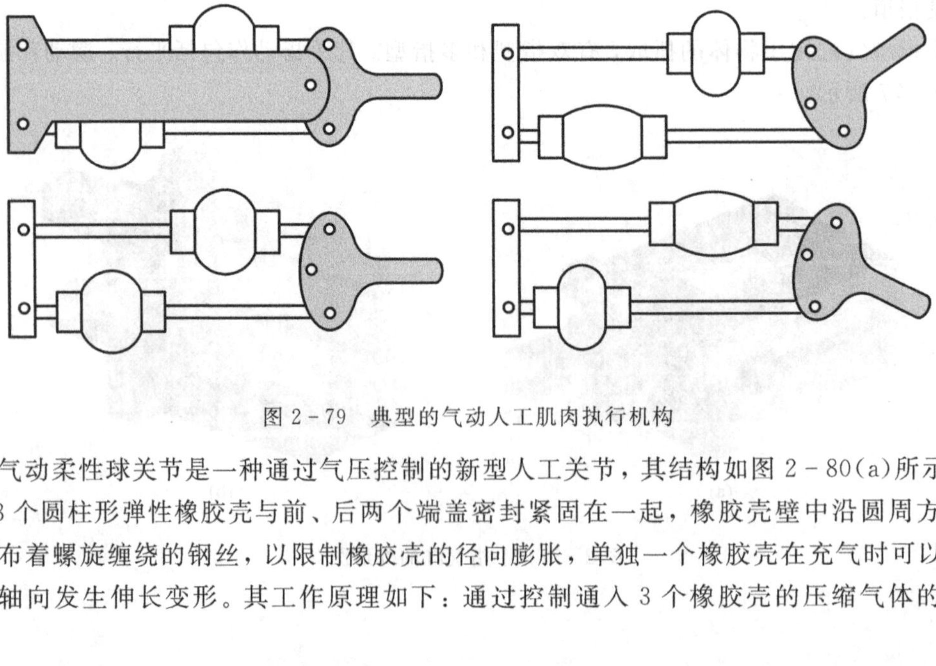

图 2-79　典型的气动人工肌肉执行机构

气动柔性球关节是一种通过气压控制的新型人工关节，其结构如图 2-80(a)所示。其中，3 个圆柱形弹性橡胶壳与前、后两个端盖密封紧固在一起，橡胶壳壁中沿圆周方向均匀分布着螺旋缠绕的钢丝，以限制橡胶壳的径向膨胀，单独一个橡胶壳在充气时可以认为只在轴向发生伸长变形。其工作原理如下：通过控制通入 3 个橡胶壳的压缩气体的压力

p_{L1}、p_{L2}和 p_{L3}，使得 3 个橡胶壳发生不同程度的伸长变形，则整个关节可以向不同的方向发生弯曲、偏转，如图 2-80(b)所示。

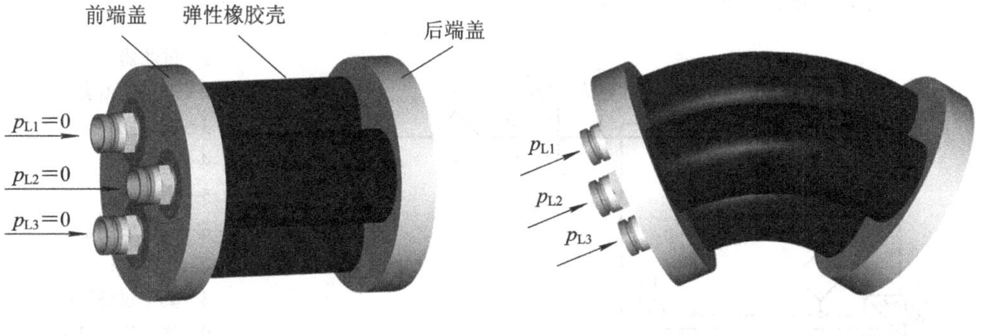

图 2-80　气动柔性球关节

气动控制阀在气动自动化系统中用于控制气流的压力、流量和流动方向，以保证气动执行元件或机构按规定的程序动作。气动控制阀包括用于控制和调节空气压力的压力控制阀，用于控制和调节空气流量的流量控制阀，用于改变气流流动方向和控制气流通断的方向控制阀。

图 2-81 所示为比例压力阀的结构，在阀的输出口有一条反馈管路通到阀芯的左端，电磁铁的吸力与输出压力之间的关系决定了阀芯的行程位置。

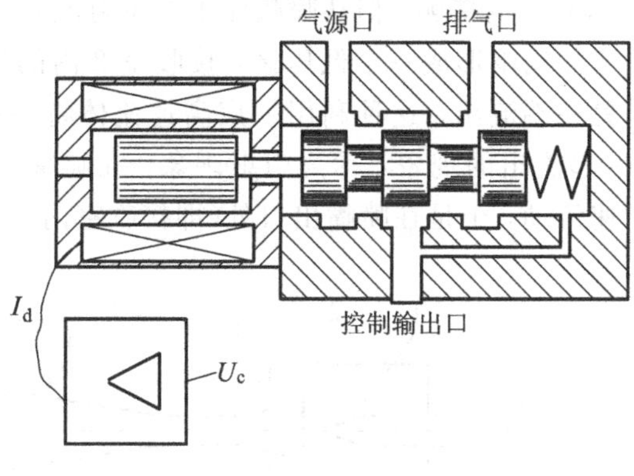

图 2-81　比例压力阀的结构图

比例流量阀的工作原理是，在阀芯的另一端设置弹簧，用来平衡与阀芯行程位置成比例的电磁吸力，这样，通过电磁线圈中的电流大小就可决定阀的输出口开度，即输出流量的大小。

大多数气动元件，包括气源发生装置、执行元件、控制元件及各种辅件，都是在高于大气压力的气压作用下工作的，这些元件组成的系统称为正压系统。另有一类元件可在低于大气压力的气压作用下工作，这类元件称为真空元件，所组成的气动系统称为负压系统(或称真空系统)。这里所说的负压并非是由电动机、真空泵等机械产生的，而是利用文丘里原理产生的负压。

真空系统一般由真空发生器(真空压力源)、吸盘(执行元件)、真空阀(控制元件，有手动阀、机控阀、气控阀及电磁阀)及辅助元件(管件接头、过滤器和消声器等)组成。

图 2-82 所示为典型真空回路。其中，用真空发生器构成的真空回路，是正压系统的一部分，同时组成一个完整的气动系统。吸盘真空回路仅是气动系统的一部分，吸盘是机械手的抓取机构，随着机械手手臂动作。

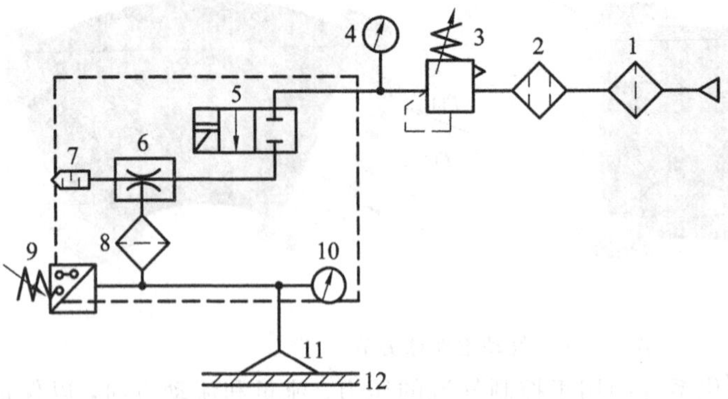

1—过滤器；
2—精密过滤器；
3—减压阀；
4—压力表；
5—电磁阀；
6—真空发生器；
7—消声器；
8—真空过滤器；
9—真空压力开关；
10—真空压力表；
11—吸盘；
12—工件

图 2-82　典型真空回路

真空发生器是用来产生负压的元件。图 2-83 是真空发生器的符号和工作原理图，由工作喷嘴 1、接收室 2、混合室 3 和扩散室 4 组成。压缩空气通过收缩的喷嘴后形成射流，射流能卷吸周围的静止流体和它一起向前流动，称为射流的卷吸作用。而自由射流在接收室 2 内的流动限制了射流与外界的接触，但从喷嘴流出的主射流还是要卷吸一部分周围的流体向前运动，于是在射流的周围形成一个低压区，接收室 2 内的流体便被吸进来，与主射流混合后，经接收室 2 另一端流出。这种利用一束高速流体将另一束流体（静止或低速流）吸进来，相互混合后一起流出的现象，称为引射现象。在喷嘴两端的压差达到一定值时，气流将达声速或亚声速流动，于是在喷嘴出口处（即接收室内）可获得一定的负压。

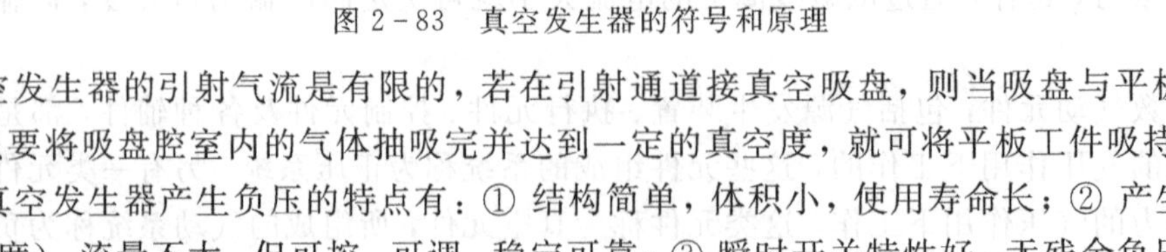

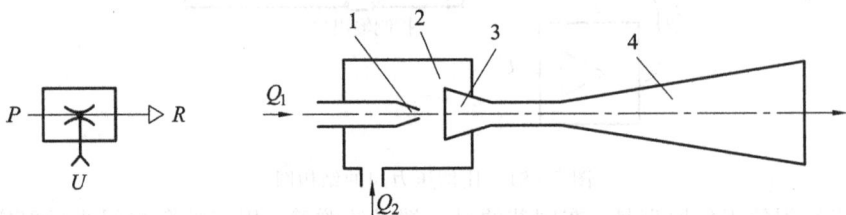

图 2-83　真空发生器的符号和原理

真空发生器的引射气流是有限的，若在引射通道接真空吸盘，则当吸盘与平板工件接触时，只要将吸盘腔室内的气体抽吸完并达到一定的真空度，就可将平板工件吸持住。

用真空发生器产生负压的特点有：① 结构简单，体积小，使用寿命长；② 产生的负压力（真空度）、流量不大，但可控、可调，稳定可靠；③ 瞬时开关特性好，无残余负压；④ 同一输出口可使用负压或交替使用正负压。

真空发生器的性能指标包括：

(1) 耗气量。耗气量由工作喷嘴直径决定，喷嘴直径一般在 0.5～3 mm 范围内。对同一喷嘴直径的真空发生器，其耗气量随工作压力的增加而增加。

(2) 真空度。真空发生器产生的真空度最大可达 88 kPa。建议实际使用时，真空度可选定在 70 kPa，工作压力在 0.5 MPa 左右。

(3) 抽吸时间。抽吸时间表征了真空发生器的动态指标，表示在工作压力为 0.6 MPa 时，抽吸 1 升容积空气所需时间。显然，抽吸时间与真空度有关，在一定的工作压力下，抽吸时间长短决定于流经抽吸通道的抽吸流量的大小。

真空吸盘是真空系统中的执行元件，用于将表面光滑且平整的工件吸起并保持住，柔软又有弹性的吸盘确保不会损坏工件。

图 2-84 为常用吸盘的结构。通常，吸盘是由橡胶材料与金属骨架压制而成的。橡胶材料有丁睛橡胶、聚胺酯和硅橡胶等，其中硅橡胶吸盘适用于食品工业。

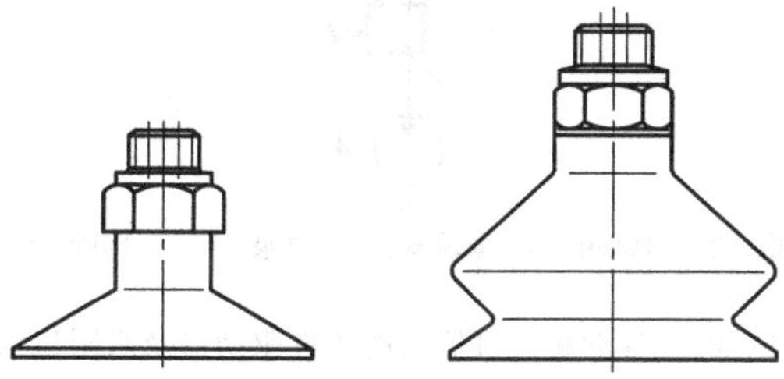

(a) 圆形平吸盘　　(b) 波纹形吸盘

图 2-84　真空吸盘

图 2-84(a)所示为圆形平吸盘(VAS)；图 2-84(b)所示为波纹形吸盘(VASB)，其适应性更强，允许工件表面有轻微的不平、弯曲和倾斜，同时吸持工件的波纹形吸盘在移动过程中有较好的缓冲性能。无论是圆形平吸盘还是波纹形吸盘，都在大直径吸盘结构上增加了一个金属圆盘，用以增加强度。

利用气动柔性驱动器和吸盘可以组装爬壁机器人。爬壁机器人采用气动多吸盘真空吸附，能够在地面及平整的壁面上直线爬行与弯曲爬行。

该机器人主要由驱动机构、吸附机构和提升装置组成。驱动机构是一个气动柔性驱动器，利用橡胶的伸缩性用特殊工艺加工而成，橡胶管壁内缠绕螺旋钢丝，以加强橡胶管的刚度，并限制橡胶管的径向变形。当通气管通入高压气体时，驱动器在气体压力的作用下发生变形，由于壁内钢丝的作用，径向变形很小，驱动器主要产生轴向的伸长；当气体压力逐渐降低到与大气压相等时，螺旋钢丝和弹性橡胶收缩，驱动器恢复原形。

吸附机构由 5 个吸盘及 5 个真空发生器组成，如图 2-85 所示。吸盘安装在吸盘支承板上，吸盘支承板和柔性驱动器之间通过连杆和弹簧相连，而真空发生器的出气口连接吸盘上端的进气口。随着机器人的运动，当 1 组吸盘完全接触工作表面并到达吸附状态时，对应的电磁阀打开，与之相连的真空发生器工作并产生真空，吸盘即可吸附在工作表面上；反之，随着机器人的前进，当 1 组吸盘即将离开平面时，对应的电磁阀关闭，吸盘的吸附力逐渐降到零而脱离工作表面。任何时刻都至少保证有 3 个吸盘同时吸附在工作表面上，以产生足够的吸附力，防止机器人从墙壁上滑下或倾翻。

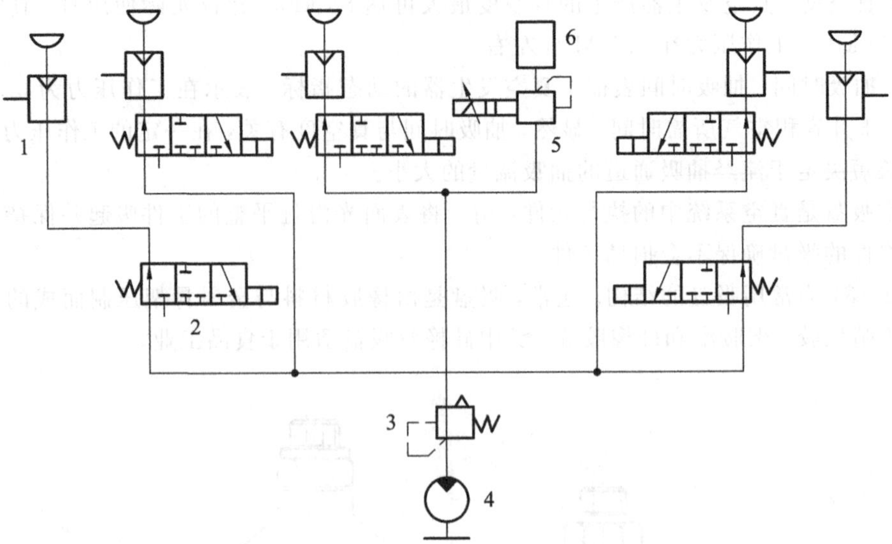

1—真空发生器；2—电磁阀；3—溢流阀；4—气泵；5—比例阀；6—柔性驱动器

图 2-85　气动爬壁机器人的柔性驱动器及吸附机构

习题与思考题

1. 试述机电一体化产品的机械系统的基本要求及为达到该要求所采取的措施。
2. 试述机电一体化产品的机械系统的基本组成及对各机构的要求。
3. 试述滚珠丝杠的工作原理及特点。
4. 试述滚珠丝杠调整间隙和预紧的方法。
5. 试述普通齿轮传动提高精度的措施。
6. 试述同步齿形带的结构。
7. 试述间歇传动的主要类型。
8. 试述槽轮机构的工作原理。
9. 试述棘轮机构的工作原理。
10. 试述机电一体化系统对导轨副的基本要求。
11. 试述电主轴的工作原理。
12. 试述直线电机的工作原理。
13. 试述超声电机的工作原理。
14. 试述微动机构的基本类型及基本工作原理。
15. 试述 2D 电—液数字阀的工作原理。
16. 试述气动人工肌肉和气动柔性关节的工作原理。
17. 试述真空发生器和真空吸盘的工作原理。

第 2 章参考文献

[1]　朱金虎. 高速精密电主轴关键技术的研究. 上海交通大学硕士学位论文，2004.
[2]　蔡海翔. 基于变频器性能匹配的高速异步型电主轴设计方法研究. 湖南大学硕士学位论文，2006.
[3]　张静. 基于高速车铣复合加工中心电主轴系统研究. 兰州理工大学硕士学位论文，2006.
[4]　吕慎刚. 高速电主轴振动控制技术研究. 东南大学硕士学位论文，2006.
[5]　唐振宇. 直线电机进给系统及其驱动控制的研究. 广东工业大学硕士学位论文，2004.
[6]　李恒德，马春来. 材料科学与工程国际前沿. 济南：山东科学技术出版社，2003.
[7]　胡敏强，金龙，顾菊平. 超声波电机原理与设计. 北京：科学出版社，2005.
[8]　张铁，谢存禧. 机器人学. 广州：华南理工大学出版社，2005.
[9]　阮健. 电液(气)直接数字控制技术. 杭州：浙江大学出版社，2000.
[10]　韩意斌，俞浙青，阮健. 新型高频电液激振器. 液压与气动. 2007(6).
[11]　任燕，阮健，李胜. 2D 阀电液激振器数据采集及实时分析系统. 浙江工业大学学报. 2008.
[12]　陆鑫盛，周洪. 气动自动化系统的优化设计. 上海：上海科学技术文献出版社，2000.
[13]　周泉，等. 柔性气动执行器的研究现状和趋势. 机电工程. 2003(1).
[14]　董晓伟. 气动柔性扭转关节的控制策略研究. 浙江工业大学学位论文，2005.
[15]　孙锦山，杨庆华，阮健. 气动多吸盘爬壁机器人. 液压与气动，2005(8).

第3章　工业控制计算机

课程思政：国产工控系统，助力乡村振兴

工业控制计算机是专门为工业现场而设计的计算机，简称工控机或工业PC(Industrial Personal Computer，IPC)。工业PC是机电一体化系统中常用的控制器之一。基于工业PC的机电一体化系统，充分发挥了PC机的硬件与软件资源，在钢铁冶金、石油化工、机电成套设备、医药食品、数控机床、工业炉窑、国防军工等多个领域得到了广泛应用。

3.1　概　　述

本章数字资源：PPT＋相关视频资源

3.1.1　机电一体化对控制系统的基本要求

机电一体化系统具有信息采集与信息处理的功能，如何利用系统所获得的信息实现系统的工作目标，需要借助自动控制技术。工业控制计算机、各类微处理器、PLC、数控装置等是机电一体化系统中的核心和智能要素，用于对来自检测传感部分的电信号和外部输入命令进行处理、分析、存储，做出控制决策，指挥系统实现相应的控制目标。

为了使控制量(一般是机电一体化系统中的各种被控制机械参量)按预定的规律变化，机电一体化对控制系统的基本要求有：

(1) 稳定性。稳定性是指系统在给定外界输入或干扰作用下，能在短暂的调节过程后达到新的或者恢复到原有的平衡状态的能力。稳定是控制系统正常工作的前提。

(2) 快速性。在实际的控制系统中，不仅要求系统稳定，而且要求被控制量能迅速按照输入(或指令)信号所规定的形式变化，即要求系统具有一定的响应速度。

(3) 精确性。精确性是指要求控制系统的控制精度高。控制精度是度量系统输出量能否控制在目标值所允许的误差范围内的一个标准，它反映了动态过程后期的稳态性能，指的是输出量跟踪输入量的能力。

在传统的控制系统设计中，被控对象不作为设计内容，设计任务只是采用控制器来调节给定的被控制对象的状态。而在机电一体化控制系统设计中，控制系统与被控制对象同在设计范畴之内，两者应有机结合，使设计具有更广的选择余地，更大的灵活性，从而设计出性能更好的机电一体化系统。

3.1.2　机电一体化控制系统的类型、特点与选用

1. 机电一体化控制系统的类型与特点

机电一体化系统中的控制系统根据所选用的控制器的不同，一般可分为基于PC的控

制系统、基于微处理器的控制系统、基于PLC的控制系统和其他控制系统。

1）基于PC的控制系统

基于PC的控制系统由工业控制计算机（也可以是普通计算机）和工业过程接口两大部分组成，包括硬件与软件。基于PC的控制系统具有以下特点：

（1）具有完善的输入/输出通道，包括模拟量输入/输出通道、数字或开关量输入/输出通道，这是计算机有效发挥其控制功能的重要特性。

（2）可靠性高，对环境适应性强，以满足工业生产现场的要求。

（3）人机交互方便，画面丰富，可实时在线检测与控制。

（4）运算速度快，运算能力强，能实现复杂的控制算法。这是计算机控制系统的优势之一，现有的多种智能控制算法大多可以在计算机控制系统中实现。

（5）与普通PC的软、硬件的兼容性好，可充分利用普通PC系统的软、硬件资源，支持各种操作系统、多种编程语言、多任务操作系统。软件资源丰富，控制系统的软件部分不仅能自行开发，更有功能强大的工业控制软件包（工业组态软件）可供选用，从而减少了开发周期，提高了可靠性。这也是计算机控制系统的优势之一。

基于PC的控制系统在机电一体化系统中的使用较为广泛。它是一种开放式、通用性较强的控制系统，通常应用于规模复杂、计算量大且较困难、实时性要求高的环境中。

2）基于微处理器的控制系统

微处理器（Microprocessor）简称MP，是指一片或几片大规模集成电路组成的具有运算器和控制器功能的中央处理器部件。微处理器不能单独构成控制器或控制系统，只有配以存储器、输入/输出接口、系统总线等外围器件，构成微型计算机系统（Microcomputer System），才能实现控制系统的功能。

基于微处理器的控制系统具有以下特点：

（1）成本低，性价比高。基于微处理器的控制系统可以量身定作，成本低，性价比较高。这是基于微处理器的控制系统的优势之一。

（2）实时性好。

（3）体积小，功耗低，可嵌入系统中。

（4）通用性和适应性好。

基于微处理器的控制系统具有性价比高和易于嵌入的优势，但其交互性较差、运算能力不强，通常应用于功能要求不太复杂、成本要求较高或要求嵌入的场合。它也可以与计算机控制系统一起构成更加复杂的控制系统，作为计算机控制系统的下级或前端处理部分。

随着微处理器的快速发展，除了传统的单片机（例如MCS-51系列）外，陆续出现了嵌入式微处理器系统（例如ARM系列微处理器）和数字信号处理系统（例如TI系列DSP微处理器）。

3）基于PLC的控制系统

可编程序控制器（Programmable Logical Controller）简称PLC，是一种基于计算机技术模仿继电器逻辑控制原理而发展起来的工业环境下的数字运算电子控制系统。

基于PLC的控制系统具有以下特点：

（1）成本低，性价比高。

（2）稳定可靠，抗干扰能力强，适用于恶劣的工作环境。

(3) 模块化结构，功能完善，适应性强。

(4) 简单易用，使用、维护方便，编程简单，对使用、维护人员要求较低。

基于PLC的控制系统具有简单易用、可靠性高、特别适合于工作环境恶劣的场合和逻辑控制的优点，广泛应用于功能要求不高，工作环境恶劣的场合，特别是顺序过程控制。将它与触摸屏配合使用，可克服其交互性差的缺点。

目前，在计算机技术、信号处理技术、控制技术和网络技术的推动下，PLC的功能不断得以完善，它已不再局限于逻辑控制，在连续闭环控制和复杂的分布式控制领域也得到了很好的应用，在机电一体化系统中发挥着十分重要的作用。

4) 其他控制系统

除了上述几类控制系统之外，还有诸如NCS(Numerical Control System，数控系统)、DCS(Distributed Control System，集散控制系统)、FCS(Fieldbus Control System，现场总线系统)等多种控制系统在机电一体化系统中的使用也极为广泛。

2. 机电一体化控制系统的选用

在进行机电一体化系统中的控制系统设计时，要根据专用与通用、成本、开发周期等实际情况来选择相应的控制系统。表3-1给出了各种控制系统的性能比较及选用参考。

表3-1　各种控制系统的性能比较及选用参考

	基于PC的控制系统	基于微处理器的控制系统	基于PLC的控制系统	其他控制系统
控制系统的组成	按要求选择主机与相关过程I/O板卡	自行开发(非标准化)	按要求选择主机与扩展模块	按要求进行选择
系统功能	可组成简单到复杂的各类控制系统	简单的处理功能和控制功能	以逻辑控制为主，也可组成模拟量控制系统	专用控制，例如数控适于运动控制
速度	快	快	一般	各系统不同
可靠性	一般	差	好	好
环境适应性	一般	差	好	好
通信功能	多种通信接口，如串口、并口、USB、网口	可通过外围元件自行扩展	一般具备串口，可通过通信模块扩展USB或网口	各系统不同，例如现场总线控制系统具备现场总线通信能力，其他系统可按需配置不同的通信接口
软件开发	可用高级语言自行开发或选用工业组态软件	可用汇编或高级语言自行开发	以梯形图为主，也支持高级语言开发	专用语言(如G代码)或支持高级语言开发
人机界面	好	较差	一般(可选配触摸屏)	一般
应用场合	一般规模现场控制或较大规模控制	智能仪表、简单控制	一般规模现场控制	专用场合
开发周期	一般	较长	短	一般
成本	高	低	中	高

3.2　工控机的特点、组成及总线

3.2.1　工控机及其特点

工控机应用于工业现场，而工业现场环境恶劣，具有强振、多尘、高电磁干扰等特点，且须连续作业。因此，工控机与普通计算机相比，具有如下特点：

(1) 采用全钢结构专用机箱，辅助以 CPU 卡压条、过滤网、双正压风扇、EMI 弹片等，解决工业现场存在的重压、振动、灰尘、散热、温度、电磁干扰等问题，具有较高的防磁、防尘、防冲击的能力。

(2) 采用多插槽无源底板结构，可插入各种功能模板(如 CPU 主板、CRT 显示器接口板等)，以总线结构形式(如 ISA、PCI 总线等)实现部件连接，系统扩充性好，具有很强的输入/输出功能，最多可扩充几十块板卡，能与工业现场的各种外设相连，以完成各种任务。

(3) 采用抗干扰专用电源，具有防浪涌、过压过流保护功能和良好的电磁兼容性，电源的平均无故障时间可达 250 000 小时。

(4) 工控机主板设计独特，无故障运行时间长，具有看门狗功能，能在系统出现故障时迅速报警，并在无人干预的情况下使系统自动恢复运行。

(5) 工控机支持 19 英寸上架标准，机箱平面尺寸统一，可集中安装在一个立式标准机柜中，设备占用空间小，便于与其它设备的连接和管理。

(6) 具有控制软件功能强大，人机交互方便、画面丰富、能实时在线检测与控制，对工作状况变化给予快速响应等性能；具有系统组态和系统生成功能；具有历史趋势记录和显示功能；具有丰富的控制算法；具有远程通信功能，通信网络速度快，并符合国际标准通信协议。

(7) 工控机的软、硬件兼容性和冗余性好，能同时利用 ISA 与 PCI 等资源，支持各种操作系统、多种编程语言、多任务操作系统，可充分利用商用 PC 所积累的软、硬件资源。

随着计算机技术及应用的不断深入，工业控制计算机不断向微型化、分散化、个性化、专用化的方向发展。工业控制计算机系统不断向网络化、集成化、综合化、智能化的方向发展。

3.2.2　工控机的组成

1. 工控机的硬件

工控机的硬件由计算机基本系统和过程 I/O 系统组成。计算机基本系统由系统总线、主机模板、存储器板、人机接口板与 CRT、磁盘机、打印机等通用外设组成。过程 I/O 系统由输入信号调理板、A/D 转换器、D/A 转换器和输出信号调理板等组成。工业控制计算机的硬件组成结构如图 3－1 所示。

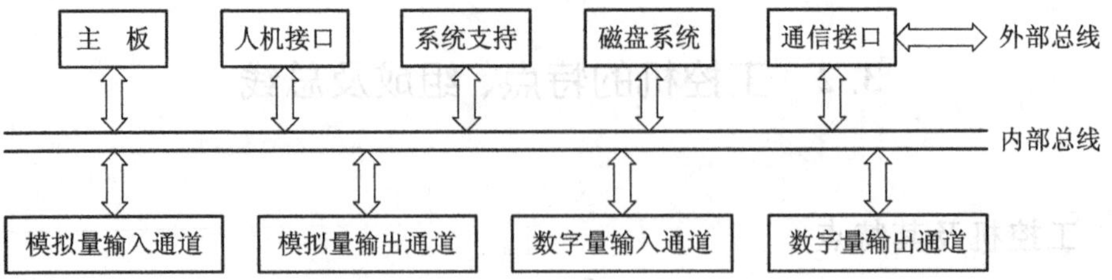

图 3-1 工业控制计算机的硬件组成结构

1) 主板

主板由中央处理器(CPU)、存储器(RAM、ROM)和 I/O 接口等部件组成，其作用是将采集到的实时信息按照预定程序进行必要的数值计算、逻辑判断、数据处理，及时选择控制策略并将结果输出到工业过程。芯片采用工业级芯片，并且是一体化(ALL-IN-ONE)主板，易于更换。

2) 系统总线

系统总线可分为内部总线和外部总线。内部总线是工控机内部各组成部分之间进行信息传送的公共通道，常用的内部总线有 PC 总线、PCI 总线等。外部总线是工控机与其他计算机和智能设备进行信息传送的公共通道。

3) 输入/输出接口

输入/输出接口是工控机和外部设备或生产过程之间进行信号传递和变换的连接通道。输入/输出接口包括模拟量输入通道(AI)、模拟量输出通道(AO)、数字量(开关量)输入通道(DI)、数字量(开关量)输出通道(DO)。输入通道的作用是将生产过程中的信号变换成主机能够接收和识别的代码；输出通道的作用是将主机输出的控制命令和数据进行变换，作为执行机构或电气开关的控制信号。

4) 人机接口

人机接口包括显示器、键盘、打印机以及专用操作显示台等，用于操作员与计算机之间进行信息交换。人机接口既可用于显示工业生产过程的状况，也可用于修改运行参数。

5) 通信接口

通信接口是工控机与其他计算机和智能设备进行信息传送的通道。常用的通信接口有 RS-232C、RS-485 和 CAN 总线等。为方便主机系统集成，USB 总线接口技术日益受到重视。

6) 系统支持

系统支持功能主要包括：

(1) 监控定时器，俗称“看门狗”(Watchdog)。当系统因干扰或软故障等原因出现异常时，能够使系统自动恢复运行，提高了系统的可靠性。

(2) 电源掉电监测。当工业现场出现电源掉电故障时，可及时发现并保护当时的重要数据和计算机各寄存器的状态。一旦上电，工控机能从断电处继续运行。

(3) 后备存储器。Watchdog 和掉电监测功能均需要后备存储器来保存重要数据。为保护数据不丢失，系统存储器工作期间，后备存储器应处于上锁状态，以备在系统掉电后保证所存数据不丢失。

(4) 实时日历时钟。实际控制系统中通常有事件驱动和时间驱动能力。工控机可在某时刻自动设置某些控制功能，可自动记录某个动作的发生时间，而且实时时钟在掉电后仍能正常工作。

7) 磁盘系统

可以用半导体虚拟磁盘，也可以配通用的软磁盘和硬磁盘或采用USB磁盘。

2. 工控机软件

工控机软件按其功用可分为系统软件、工具软件和应用软件三部分。

1) 系统软件

系统软件管理工控机的资源，并以简便的形式向用户提供服务，包括实时多任务操作系统、引导程序、调度执行程序。其中操作系统是系统软件最基本的部分，如Windows等。

2) 工具软件

工具软件是技术人员从事软件开发工作的辅助软件，包括汇编语言、高级语言、编译程序、编辑程序、调试程序和诊断程序等，以提高软件生产效率和改善软件产品质量。

3) 应用软件

应用软件是系统设计人员针对某个生产过程而编制的控制和管理程序，通常包括过程输入/输出程序、过程控制程序、人机接口程序、打印显示程序和公共子程序等。

随着硬件技术的高速发展，计算机控制系统对软件也提出了更高的要求。只有软件和硬件相互配合，充分发挥计算机的优势，才能研制出具有更高性价比的计算机控制系统。目前，工业控制软件正向着组态化、结构化的方向发展。

3.2.3 工控机的ISA总线和PCI总线

1. ISA总线

1981年IBM公司推出了基于准16位机PC/XT的总线，称为PC总线。1984年，IBM公司又推出了16位PC机PC/AT，其总线称为AT总线。由于IBM公司未公布AT总线规格，因此，尽管各兼容机厂商模仿出了AT总线，但还是存在某些模糊不清的解释。

为了更好地开发外接插板，由Intel公司、IEEE和EISA集团联合开发出了与IBM/AT原装机总线意义相近的ISA(Industry Standard Architecture)总线。通常把8位和8位/16位兼容的AT总线称为ISA总线。

ISA总线插槽有两种类型(在主板上表现为两段)，即8位和16位。8位I/O插槽由62个引脚组成(A1～A31，B1～B31)，用于8位的插接板；8/16位的扩展槽是在62引脚插槽的基础上再扩展一个36线连接器，这种扩展I/O插槽既可以支持8位的插接板，也可以支持16位的插接板。

ISA总线的主要性能指标如下：

(1) I/O地址空间为0100H～03FFH，24位地址线可直接寻址的内容为16 MB；

(2) 8/16位数据线；

(3) 62＋36引脚；

(4) 数据传输速率为8 MB/s，最大传输速率为16 MB/s；

(5) DMA 通道功能；

(6) 开放式总线结构，允许多个 CPU 共享系统资源；

(7) 基于 ISA 总线的外插模板种类齐全，性能稳定，价格便宜，可满足大多数测控领域的需求。

基于 ISA 总线的插槽如图 3-2 所示。其中插槽引脚的定义见表 3-2。

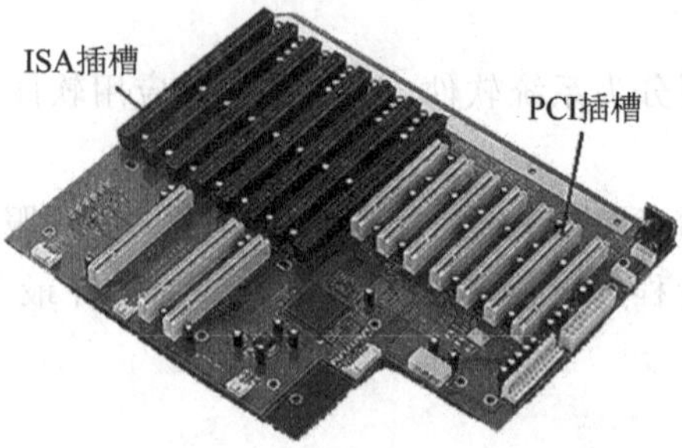

图 3-2　ISA 总线插槽与 PCI 总线插槽

表 3-2　ISA 插槽引脚的定义

引脚	定义	方向	说　明	引脚	定义	方向	说　明
A1	$\overline{\text{I/O}}$ CHECK	输入	I/O 通道校验，低电平=奇偶错	B1	GND		地
A2	D7	双向	数据位	B2	RESET	输出	复位
A3	D6	双向	数据位	B3	+5 V		+5 VDC
A4	D5	双向	数据位	B4	IRQ2	输入	中断请求 2
A5	D4	双向	数据位	B5	−5 VDC		−5 VDC
A6	D3	双向	数据位	B6	DRQ2	输入	DMA 请求 2
A7	D2	双向	数据位	B7	−12 VDC		−12 VDC
A8	D1	双向	数据位	B8	$\overline{\text{NOWS}}$	输入	No 等待状态
A9	D0	双向	数据位	B9	+12 VDC		+12 VDC
A10	I/O CHRDY	输入	I/O 通道准备完毕	B10	GND		地
A11	AEN	输出	地址使能，高电平为 DMA 控制总线	B11	$\overline{\text{SMEMW}}$	输出	系统存储器写
A12	A19	输出	地址位	B12	$\overline{\text{SMEMR}}$	输出	系统存储器读
A13	A18	输出	地址位	B13	$\overline{\text{IOW}}$	输出	I/O 写
A14	A17	输出	地址位	B14	$\overline{\text{IOR}}$	输出	I/O 读
A15	A16	输出	地址位	B15	$\overline{\text{DACK3}}$	输出	DMA 响应 3
A16	A15	输出	地址位	B16	DRQ3	输入	DMA 请求 3
A17	A14	输出	地址位	B17	$\overline{\text{DACK1}}$	输出	DMA 响应 1
A18	A13	输出	地址位	B18	DRQ1	输入	DMA 请求 1

续表

引脚	定义	方向	说　明	引脚	定义	方向	说　明
A19	A12	输出	地址位	B19	$\overline{\text{REFRESH}}$	双向	刷新
A20	A11	输出	地址位	B20	CLOCK	输出	系统时钟
A21	A10	输出	地址位	B21	IRQ7	输入	中断请求 7
A22	A9	输出	地址位	B22	IRQ6	输入	中断请求 6
A23	A8	输出	地址位	B23	IRQ5	输入	中断请求 5
A24	A7	输出	地址位	B24	IRQ4	输入	中断请求 4
A25	A6	输出	地址位	B25	IRQ3	输入	中断请求 3
A26	A5	输出	地址位	B26	$\overline{\text{DACK2}}$	输出	DMA 响应 2
A27	A4	输出	地址位	B27	T/C	输出	定时端
A28	A3	输出	地址位	B28	ALE	输出	地址锁存使能
A29	A2	输出	地址位	B29	+5 V		+5 VDC
A30	A1	输出	地址位	B30	OSC	输出	高速时钟
A31	A0	输出	地址位	B31	GND		地
C1	SBHE	双向	系统总线使能	D1	$\overline{\text{MEMCS16}}$	输入	存储器 16 位片选
C2	LA23	双向	地址位	D2	$\overline{\text{IOCS16}}$	输入	I/O 16 位片选
C3	LA22	双向	地址位	D3	IRQ10	输入	中断请求 10
C4	LA21	双向	地址位	D4	IRQ11	输入	中断请求 11
C5	LA20	双向	地址位	D5	IRQ12	输入	中断请求 12
C6	LA18	双向	地址位	D6	IRQ15	输入	中断请求 15
C7	LA17	双向	地址位	D7	IRQ14	输入	中断请求 14
C8	LA16	双向	地址位	D8	$\overline{\text{DACK0}}$	输出	DMA 响应 0
C9	$\overline{\text{MEMR}}$	双向	存储器读	D9	DRQ0	输入	DMA 请求 0
C10	$\overline{\text{MEMW}}$	双向	存储器写	D10	$\overline{\text{DACK5}}$	输出	DMA 响应 5
C11	SD08	双向	数据位	D11	DRQ5	输入	DMA 请求 5
C12	SD09	双向	数据位	D12	$\overline{\text{DACK6}}$	输出	DMA 响应 6
C13	SD10	双向	数据位	D13	DRQ6	输入	DMA 请求 6
C14	SD11	双向	数据位	D14	$\overline{\text{DACK7}}$	输出	DMA 响应 7
C15	SD12	双向	数据位	D15	DRQ7	输入	DMA 请求 7
C16	SD13	双向	数据位	D16	+5 V		+5 VDC
C17	SD14	双向	数据位	D17	$\overline{\text{MASTER}}$	输入	使用 DRQ 获得系统控制
C18	SD15	双向	数据位	D18	GND		地

表 3-2 中，引脚定义中的"¯"表示低电平有效，例如，"$\overline{I/OR}$"表示 I/O 读信号为低电平有效，以下同。

1988 年，在 COMPAQ、HP、AST、EPSON 等九家公司的联合下，在 ISA 总线的基础上，推出了适应 32 位微处理器的系统总线 EISA(Extended Industry Standard Architecture)。EISA 与 ISA 兼容，并在许多方面参考了 MCA(Micro Channel Architecture)总线的设计，受到众多 PC 厂家及用户的欢迎。

2. PCI 总线

随着微处理器的飞速发展，微处理器的高速和总线的低速不同步，造成硬盘、图形卡和其他外设只能通过一个慢速且狭窄的瓶颈发送和接收数据，使 CPU 的高性能受到了严重的影响，为此，1993 年后又提出了 Local BUS，即局部总线。

标准局部总线目前有两种。一种是 VESA 推出 VL-BUS(VESA Local BUS)。VL-BUS 作为 32 位高速总线，具有 132 MB/s 的数据传输率。其优点是采用了开放性结构，协议简单，传输率高，价格低廉，能支持多种硬器件。但 VL-BUS 的规范性、兼容性和扩展性均较差，结构偏简单，无缓冲器，只能支持 3 个外设插接板，而且有时还随所用的 CPU 和其工作频率而变。另一种是 1993 年 Intel 公司发布和推出的 PCI(Peripheral Component Interconnect)总线，该总线可分为 PCI 1.0 和 PCI 2.0 两种。PCI 1.0 为 32 位总线，时钟频率为 33 MHz，总线最大传输率为 132 MB/s。PCI 2.0 则为 64 位总线，时钟频率为 66 MHz，最大传输率为 264 MB/s，目前比较新的版本是 PCI 2.2。

PCI 总线在 ISA 总线和 CPU 总线之间增加了一级总线，由 PCI 局部总线控制器(或称为"桥"，Bridge)相连接，由于独立于 CPU 的结构，使总线形成了一种中间缓冲器，从而与 CPU 及时钟频率无关，使高性能 CPU 的功能得以充分发挥。一些高速外设，如网络适配卡、图形卡、硬盘控制器等可以通过局部总线直接挂接到 CPU 总线上，使之与高速的 CPU 总线相匹配，而不必担心在不同时钟频率下会引起性能的下降。PCI 总线可与市场上各种 CPU 完全兼容，允许用户随意增设多种外设，并在高时钟频率下保持最高传输速率。

桥也称为桥连器，是一个总线转换部件。其功能是连接两条计算机总线，使总线间相互通信。它可以把一条总线的地址空间映照到另一条总线的地址空间，可以使系统中每一台总线主设备都能看到同样的一份地址表。从整个存储系统来看，有了整体性统一的直接地址表，可以大大简化编程模型。在 PCI 规范中，提出了三种桥的设计：

(1) 主桥，就是 CPU 至 PCI 的桥；

(2) 标准总线桥，即 PCI 至标准总线如 ISA、EISA、微通道之间的桥；

(3) PCI 桥，在 PCI 与 PCI 之间的桥。

其中，主桥称为北桥(North Bridge)，其它的桥称为南桥(South Bridge)。

PCI 总线在开发时预留了充足的发展空间，支持 64 位数据和地址总线，数据传输率可达 264 MB/s。由于 PCI 插槽能同时接纳 32 位和 64 位插卡，因此 32 位外设和 64 位外设之间的通信对用户来说是透明的。

PCI 具有明确而严格的规范，保证了其具有良好的兼容性和扩展性(通过 PCI-PCI 桥接，可允许无限的扩展)，并且 PCI 的严格时序及灵活的自动配置能力，使之成为通用的 I/O 部件标准，广泛地应用于多种平台和体系结构中。

基于 PCI 总线的工业控制计算机接口卡和插槽引脚的定义见表 3-3。

表 3-3　PCI 总线引脚的定义(5 V 板卡)

引脚	定义	方向	说　明	引脚	定义	方向	说　明
A1	TRST#	输入	测试逻辑复位	B1	−12 V		−12 VDC
A2	+12 V		+12 VDC	B2	TCK	输入	测试时钟
A3	TMS	输入	测试模式选择	B3	GND		地
A4	TDI	输入	测试数据输入	B4	TDO	输出	测试数据输出
A5	+5 V		+5 VDC	B5	+5 V		+5 VDC
A6	$\overline{\text{INTA}}$	O/D	中断 A	B6	+5 V		+5 VDC
A7	$\overline{\text{INTC}}$	O/D	中断 C	B7	$\overline{\text{INTB}}$	O/D	中断 B
A8	+5 V		+5 VDC	B8	$\overline{\text{INTD}}$	O/D	中断 D
A9	RESV01		保留 VDC	B9	$\overline{\text{PRSNT1}}$		板卡存在(板上接地)
A10	+5 V		+5 V(或 +3.3 V)	B10	RES		+5 V(或 +3.3 V)
A11	RESV03		保留 VDC	B11	$\overline{\text{PRSNT2}}$		板卡存在(板上接地)
A12	GND03		地(或开路)	B12	GND		地(或开路)
A13	GND05		地(或开路)	B13	GND		地(或开路)
A14	RESV05		保留 VDC	B14	RES		保留 VDC
A15	$\overline{\text{RESET}}$	输入	复位	B15	GND		地
A16	+5 V		+5 V(或 +3.3 V)	B16	CLK	输入	系统时钟
A17	$\overline{\text{GNT}}$	双向	总线控制认可	B17	GND		地
A18	GND08		地	B18	$\overline{\text{REQ}}$	双向	请求
A19	RESV06		保留 VDC	B19	+5 V		+5 V(或 +3.3 V)
A20	AD30	双向	地址/数据 30	B20	AD31	双向	地址/数据 31
A21	+3.3V01		+3.3 VDC	B21	AD29	双向	地址/数据 29
A22	AD28	双向	地址/数据 28	B22	GND		地
A23	AD26	双向	地址/数据 26	B23	AD27	双向	地址/数据 27
A24	GND10		地	B24	AD25	双向	地址/数据 25
A25	AD24	双向	地址/数据 24	B25	+3.3 V		+3.3 VDC
A26	IDSEL	输入	初始化设备选择	B26	$\overline{\text{C/BE3}}$	双向	命令/字节 使能 3
A27	+3.3V03		+3.3 VDC	B27	AD23	双向	地址/数据 23
A28	AD22	双向	地址/数据 22	B28	GND		地
A29	AD20	双向	地址/数据 20	B29	AD21	双向	地址/数据 21
A30	GND12		地	B30	AD19	双向	地址/数据 19
A31	AD18	双向	地址/数据 18	B31	+3.3 V		+3.3 VDC

续表一

引脚	定义	方向	说　明	引脚	定义	方向	说　明
A32	AD16	双向	地址/数据 16	B32	AD17	双向	地址/数据 17
A33	+3.3V05		+3.3 VDC	B33	$\overline{C/BE2}$	双向	命令/字节 2
A34	$\overline{FRAME}$	双向	帧周期信号	B34	GND13		地
A35	GND14		地	B35	$\overline{IRDY}$	双向	主设备做好传送准备
A36	$\overline{TRDY}$	双向	从设备做好传输准备	B36	+3.3V06		+3.3 VDC
A37	GND15		地	B37	$\overline{DEVSEL}$	双向	外围连接响应
A38	$\overline{STOP}$	双向	从设备要求主设备停止当前数据传送	B38	GND16		地
A39	+3.3V07		+3.3 VDC	B39	$\overline{LOCK}$	双向	锁定信号
A40	SDONE	双向	监听信号完成	B40	$\overline{PERR}$	双向	奇偶校验错
A41	$\overline{SBO}$	双向	监听信号	B41	+3.3V08		+3.3 VDC
A42	GND17		地	B42	$\overline{SERR}$	双向	系统错误
A43	PAR	双向	奇偶	B43	+3.3V09		+3.3 VDC
A44	AD15	双向	地址/数据 15	B44	$\overline{C/BE1}$	双向	命令/字节 使能 1
A45	+3.3V10		+3.3 VDC	B45	AD14	双向	地址/数据 14
A46	AD13	双向	地址/数据 13	B46	GND18		地
A47	AD11	双向	地址/数据 11	B47	AD12	双向	地址/数据 12
A48	GND19		地	B48	AD10	双向	地址/数据 10
A49	AD9	双向	地址/数据 9	B49	GND20		地
A50				B50	(OPEN)		地或卡槽
A51				B51	(OPEN)		地或卡槽
A52	$\overline{C/BE0}$	双向	命令/字节 使能 0	B52	AD8	双向	地址/数据 8
A53	+3.3V11		+3.3 VDC	B53	AD7	双向	地址/数据 7
A54	AD6	双向	地址/数据 6	B54	+3.3V12		+3.3 VDC
A55	AD4	双向	地址/数据 4	B55	AD5	双向	地址/数据 5
A56	GND21		地	B56	AD3	双向	地址/数据 3
A57	AD2	双向	地址/数据 2	B57	GND22		地
A58	AD0	双向	地址/数据 0	B58	AD1	双向	地址/数据 1
A59	+5 V		+5 V 或+3.3 V	B59	VCC08		+5 VDC
A60	$\overline{REQ64}$	S/T/S	64 位总线请求	B60	$\overline{ACK64}$	双向	64 位总线响应
A61	VCC11		+5 VDC	B61	VCC10		+5 VDC
A62	VCC13		+5 VDC	B62	VCC12		+5 VDC

续表二

引脚	定义	方向	说　明	引脚	定义	方向	说　明
A63	GND		地	B63	RES		保留
A64	$\overline{\text{C/BE7}}$	双向	命令/字节 使能 7	B64	GND		地
A65	C/BE5#	双向	命令/字节 使能 5	B65	$\overline{\text{C/BE6}}$	双向	命令/字节 使能 6
A66	+5 V		+5 V 或+3.3 V	B66	$\overline{\text{C/BE4}}$	双向	命令/字节 使能 4
A67	$\overline{\text{PAR64}}$	双向	64 位奇偶	B67	GND		地
A68	AD62	双向	地址/数据 62	B68	AD63	双向	地址/数据 63
A69	GND		地	B69	AD61	双向	地址/数据 61
A70	AD60	双向	地址/数据 60	B70	+5 V		+5 V(或 +3.3 V)
A71	AD58	双向	地址/数据 58	B71	AD59	双向	地址/数据 59
A72	GND	双向	地	B72	AD57	双向	地址/数据 57
A73	AD56	双向	地址/数据 56	B73	GND		地
A74	AD54	双向	地址/数据 54	B74	AD55	双向	地址/数据 55
A75	+5 V		+5 V(或 +3.3 V)	B75	AD53	双向	地址/数据 53
A76	AD52	双向	地址/数据 52	B76	GND		地
A77	AD50	双向	地址/数据 50	B77	AD51	双向	地址/数据 51
A78	GND		地	B78	AD49	双向	地址/数据 49
A79	AD48	双向	地址/数据 48	B79	+5 V		+5 V(或 +3.3 V)
A80	AD46	双向	地址/数据 46	B80	AD47	双向	地址/数据 47
A81	GND		地	B81	AD45	双向	地址/数据 45
A82	AD44	双向	地址/数据 44	B82	GND		地
A83	AD42	双向	地址/数据 42	B83	AD43	双向	地址/数据 43
A84	+5 V		+5 V(或 +3.3 V)	B84	AD41	双向	地址/数据 41
A85	AD40	双向	地址/数据 40	B85	GND		地
A86	AD38	双向	地址/数据 38	B86	AD39	双向	地址/数据 39
A87	GND		地	B87	AD37	双向	地址/数据 37
A88	AD36	双向	地址/数据 36	B88	+5 V		+5 V (或+3.3 V)
A89	AD34	双向	地址/数据 34	B89	AD35	双向	地址/数据 35
A90	GND		地	B90	AD33	双向	地址/数据 33
A91	AD32	双向	地址/数据 32	B91	GND		地
A92	RES		保留	B92	RES		保留
A93	GND		地	B93	RES		保留
A94	RES		保留	B94	GND		地

PCI总线信号的定义说明如下：

1）系统信号

CLK：输入信号，系统时钟，对于所有的PCI设备是输入信号。系统时钟频率也称为PCI总线的工作频率。

$\overline{\text{RST}}$：输入信号，复位信号，用来使PCI特性寄存器和定时器相关的信号恢复初始状态。当设备请求引导系统时，将响应“RESET”，复位后将响应系统引导。

2）地址和数据信号

AD[31:00]：双向三态信号，地址和数据共用相同的PCI引脚。在$\overline{\text{FRAME}}$有效（低电平）时，表示地址相位开始，该组信号线上传送的是32位物理地址；对于I/O端口，这是一个字节地址；对于配置空间或存储器空间，是双字地址。在数据传送相位时，该组信号线上传送数据信号，AD[7:0]为最低字节数据，而AD[31:24]为最高字节数据。当$\overline{\text{IRDY}}$有效时，表示写数据稳定有效，而$\overline{\text{TRDY}}$有效时，则表示读数据稳定有效。在$\overline{\text{IRDY}}$和$\overline{\text{TRDY}}$都有效期间传送数据。

$\overline{\text{C/BE}}$[3:0]：双向三态信号，总线命令和字节允许复用信号。在地址相位中，这四条线上传输的是总线命令；在数据相位内，它们传输的是字节允许信号，表明整个数据相位中AD[31:00]上哪些字节为有效数据。$\overline{\text{C/BE 0}}$～$\overline{\text{C/BE 3}}$分别对应字节0～3。

PAR：双向三态信号，奇偶校验信号。该信号用于对AD[31:00]和C/BE [3:0]上的信号进行奇偶校验，以保证数据的准确性。

3）接口控制信号

$\overline{\text{FRAME}}$：双向三态信号，S/T/S，帧周期信号，是当前主设备的一个访问开始和持续的时间。$\overline{\text{FRAME}}$预示总线传输的开始，$\overline{\text{FRAME}}$失效后，是传输的最后一个数据期。

$\overline{\text{IRDY}}$：双向三态信号，S/T/S，主设备准备就绪信号，由主设备驱动。该信号有效时，表明引起本次传输的设备为当前数据相位做好了准备，但要与$\overline{\text{TRDY}}$配合，它们同时有效才能完成数据的传输。在写周期，$\overline{\text{IRDY}}$表示AD[31:00]上数据有效；在读周期，该信号表示主控设备已准备好接收数据。如果$\overline{\text{IRDY}}$和$\overline{\text{TRDY}}$没有同时有效，则插入等待周期。

$\overline{\text{TRDY}}$：双向三态信号，S/T/S，从设备准备就绪信号，由从设备驱动。该信号有效时，表示从设备已做好当前数据传输的准备工作，可以进行相应的数据传输。同样，该信号要与$\overline{\text{IRDY}}$配合使用，二者同时有效才能传输数据。在写周期内，该信号有效表示从设备已做好接收数据的准备；在读周期内，该信号有效表示有效数据已提交到AD[31:00]上。如果$\overline{\text{TRDY}}$和$\overline{\text{RDY}}$没有同时有效，则插入等待周期。

$\overline{\text{STOP}}$：双向三态信号，S/T/S，从设备要求主设备停止当前数据的传送。

$\overline{\text{LOCK}}$：双向三态信号，S/T/S，锁定信号。当该信号有效时，一个动态操作可能需要多个传输来完成。

IDSEL：输入信号，初始化设备选择。在参数配置读写传输期间，用作芯片选择。

$\overline{\text{DEVSEL}}$：双向三态信号，S/T/S，设备选择信号。该信号有效时，指出有地址译码器的设备作为当前访问的从设备。作为一个输入信号，$\overline{\text{DEVSEL}}$显示出总线上某处、某设备被选择。

4）仲裁信号（主设备使用）

$\overline{\text{REQ}}$：双向三态信号，S/T/S，总线占用请求信号。这是一个点对点信号，任何主控器都有它自己的$\overline{\text{REQ}}$信号。

$\overline{\text{GNT}}$：双向三态信号，总线占用允许信号。当该信号有效时，表示总线占用请求被响应。这也是点对点信号，每个总线主控设备都有自己的$\overline{\text{GNT}}$。

5）错误报告信号

$\overline{\text{PERR}}$：S/T/S，只报告数据奇偶校验错。一个主设备只有在响应$\overline{\text{DEVSEL}}$信号和完成数据周期之后，才报告一个$\overline{\text{PERR}}$。当发现奇偶校验错时，必须驱动设备，使其在该数据后接收两个数据周期的数据。

$\overline{\text{SERR}}$：双向三态信号，S/T/S，系统错误信号。该信号专门用作报告地址奇偶错、特殊命令序列中的数据奇偶错或能引起大的灾难性的系统错。

6）中断信号

$\overline{\text{INTX}}$：O/D，其中 X＝A、B、C、D，被用在需要一个中断请求时，且只对一个多功能设备有意义。

7）设备测试信号

TCK：输入信号，测试时钟。在 TAP 操作期间，该信号用来测试时钟状态信息和设备的输入/输出信息。

TDI：输入信号，测试数据输入。在 TAP 操作期间，该信号用来把测试数据和测试命令串行输入到设备。

TDO：输出信号，测试数据输出。在 TAP 操作期间，该信号用来串行输出设备中的测试数据和测试命令。

TMS：输入信号，测试模式选择。该信号用来控制在设备中的 TAP 控制器的状态。

$\overline{\text{TRST}}$：输入信号，测试复位。该信号可用来对 TAP 控制器进行异步复位，为可选信号。

8）高速缓冲支持信号

为了使具有缓存功能的 PCI 存储器能够和通写式（Write-through）或回写式（Write-back）的 Cache 操作相配合，PCI 总线设置了两个高速缓冲支持信号。

$\overline{\text{SBO}}$：输入/输出信号，监视返回信号。当该信号有效时，表示命中了一个修改行。

SDONE：输入/输出信号，查询完成信号。当该信号有效时，表示查询已经完成，反之，查询仍在进行中。

9）其他可选信号

AD[63:32]：64 位扩展信号，地址/数据复用同一引线，提供 32 位附加位。

$\overline{\text{C/BE}}$：双向三态信号，扩展高 32 位的总线命令和字节使能信号。

$\overline{\text{REQ64}}$：双向三态信号，S/T/S，64 位传输请求。$\overline{\text{REQ}}$与$\overline{\text{FRAME}}$有相同时序。

$\overline{\text{ACK64}}$：双向三态信号，S/T/S，告知 64 位传输。该信号表明从设备将用 64 位传输。$\overline{\text{ACK64}}$和$\overline{\text{DEVSEL}}$具有相同时序。

$\overline{\text{PAR64}}$：双向三态信号，奇偶双字节校验，是 AD[63:32]和 C/BE[7:4]的校验位。

在上述信号中，符号 S/T/S 表示一次只有一个信号驱动的低电平三态信号；符号 O/D 表示打开负载，允许多个设备来分担共享一个“Wrie-OR”。

PCI 总线上所有的数据传输基本上是由以下三条信号线控制的：

(1) FRAME：由主设备驱动，表示一次数据传输周期的开始和结束。

(2) IRDY：由主设备驱动，表示主设备已经做好传送数据的准备。

(3) TRDY：由从设备驱动，表示从设备已经做好传送数据的准备。

当数据有效时，数据源设备需要无条件设置$\overline{\text{xRDY}}$，接收方可以在适当的时间发出$\overline{\text{xRDY}}$信号。FRAME 信号有效后的第一个时钟前沿是地址相位的开始，此时，开始传送地址信息和总线命令，下一个时钟前沿进入一个或多个数据相位。每当 IRDY 和 TRDY 同时有效时，所对应的时钟前沿就使数据在主、从设备之间传送。

一旦主设备设置了 IRDY，就不能再改变 IRDY 和 FRAME，直到当前的数据相位完成为止，而此期间不管 TRDY 的状态是否发生变化。一旦从设备设置了 TRDY，就不能改变 DEVSEL、TRDY 或 STOP，直到当前的数据相位完成为止。也就是说，只要数据传输已经开始，那么在当前数据相位结束之前，不管是主设备还是从设备都不能撤消命令，必须完成数据传输。

最后一次数据传输时(可能紧接地址相位之后)，主设备应撤消 FRAME 信号而建立 IRDY，表明主设备已做好了最后一次数据传输的准备。当从设备发出 TRDY 信号时，表明最后一次数据传输已经完成，接口转入空闲状态，此时 FRAME 和 IRDY 均被撤消。

PCI 总线定义了三种物理地址空间：内存地址空间、I/O 地址空间及配置地址空间(配置地址空间用以支持 PCI 的硬件配置)。

使用 PCI 总线的每个设备都有自己的地址译码逻辑，PCI 支持对地址的正向译码和负向译码。所谓正向译码，是指总线上每个设备都监视地址总线上的访问地址，并判断是否落在自己的地址范围内，译码速度较快。所谓负向译码，是指要接收未被其他设备在正向译码中接收的所有访问，因此，此种译码方式只能由总线上的一个设备来实现(一般是连接标准扩展总线的桥)。由于它要等到总线上其他所有设备都拒绝之后才能动作，因而速度较慢。负向译码对于标准扩展总线上地址空间零散的设备是很有用的。

在 I/O 地址空间，所有的 32 位地址都用来表示一个完整的字节地址。启动 I/O 传输的主设备应确保 AD[1～0]正确指示本次传输的最低有效字节(即起始字节)。字节允许信号和 AD[1～0]一起指明传输的数据宽度和双字中被选中的字节。

在存储器地址空间，AD[31:2]提供一个双字边界地址，而 AD[1:0]不参与地址译码，用来指明主设备要求的数据传输顺序。

在配置地址空间，由 AD[7:2]寻址 64 个双字寄存器。当一条配置命令的地址被译码，IDSEL 有效且 AD[1:0]=00 时，设备判断是否寻址自己的配置寄存器，如果不是，则不理会当前操作。

为了避免多个设备同时驱动一个信号到 PCI 总线上而产生竞争，在一个设备驱动到另一个设备驱动之间要设置一个过渡期，又称为交换周期。对于$\overline{\text{IRDY}}$、$\overline{\text{TRDY}}$、$\overline{\text{STOP}}$、$\overline{\text{DEVSEL}}$等信号，都利用地址相位作为它们的交换周期；而对于$\overline{\text{FRAME}}$、$\overline{\text{C}}$/BE[3:0]、AD[31:00]等信号，则是利用数据传输之间的空闲期作为交换周期。

总线操作结束有多种方式，在大多数情况下，由从设备和主设备共同撤消准备就绪信号 TRDY 和 IRDY。如果从设备不能继续传送，则可以设置 STOP 信号，表示从设备撤消与总线的连接。所寻址的从设备不存在或者 DEVSEL 信号一直为无效状态都可能导致主设备结束当前总线操作，使 FRAME 和 IRDY 变为无效，回到总线空闲状态。

3.3 工控机的主板

工控机的主板有很多种型号，根据尺寸可分为长卡和半长卡，例如研华公司出品的 PCA 系列 CUP 板和研祥公司出品的 IPC 系列 CUP 板。使用时，可将其插入工控机机箱底板上的 ISA 总线槽或 PCI 总线槽中。工控机主板的主要特点是工作温度范围较大，一般为 0～60℃，装有"看门狗"定时器，功耗低。

研华 PCA-6190 支持 LGA 775 奔腾 4/赛扬 D 处理器板卡，集成 VGA/双千兆网络端口$\overline{\text{DVI}}$，Intel 915GV 芯片组 533/800 MHz FSB，支持双通道 DDR2 400/533 SDRAM，可支持 4 个 SATA 设备，8 个 USB 2.0 接口埠，2 个 PCI-Express x1 支持千兆以太网，支持 DVI 接口，14Pin 的 GPIO 提供，可作为 8 bit 的可编程数字接口，CMOS 支持自动备份和恢复，以防止 BIOS 设置数据丢失。其外形如图 3 - 3 所示。

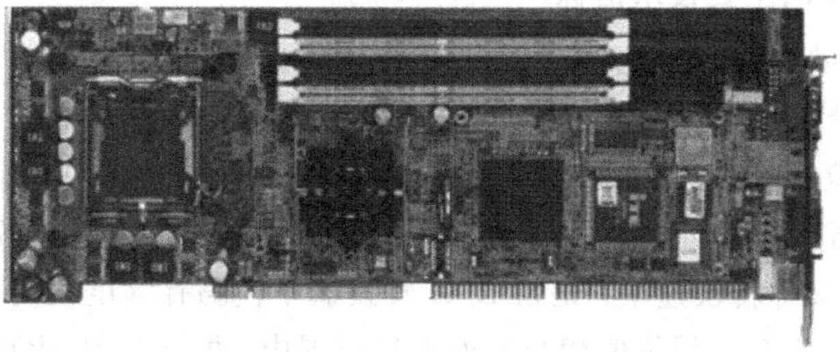

图 3 - 3 PCA-6190 全长 CPU 卡

3.4 工控机的接口卡

3.4.1 模拟量输入/输出卡

生产过程中的被调参数很多都是随时间连续变化的模拟量，需要通过检测装置和变送器将这些信号转换成模拟电信号，再经过模拟/数字(A/D)变换转换成计算机能处理的数字信号输入计算机内，经计算机处理后输出的数字信号则需通过数字/模拟(D/A)变换转换成标准的电压信号输出。

模拟量输入/输出卡(模板)的主要作用是处理模拟信号的输入和输出。其中，模拟量输入卡将模拟量转换成数字量输入主机；模拟量输出卡将主机输出的数字量转换成模拟量输出。

1. 模拟量输入卡的主要技术指标

(1) 输入信号量程：所能转换的电压(电流)范围，有 0～200 mV，0～5 V，0～10 V，±2.5 V，±5 V，0～10 mA，4～20 mA 等。

(2) 分辨率：指 A/D 转换器能分辨的最小模拟输入量，通常用能转换成的数字量的位数来表示，如 8 位、10 位、12 位、16 位等。位数越高，分辨率越高，转换时对输入模拟信号变化的反应也就越灵敏。如 8 位分辨率表示可对满量程的 1/255 的增量作出反应。若满量程是 5 V，则能分辨的最小电压为 5 V/255 ≈ 20 mV。

(3) 精度：指 A/D 转换器实际输出电压与理论值之间的误差，也即数字输出量所对应的模拟输入量的实际值与理论值之间的差值。精度有绝对精度和相对精度两种表示法。通常采用数字量的最低有效位作为度量精度的单位，如(±1/2)LSB。例如，如果分辨率是 8 位，则它的精度为±1/512。目前常用的 A/D 转换器的精度为(1/4～2)LSB。

(4) 输入信号类型：电压或电流型，单端输入或差分输入。

(5) 输入通道数：单端/差分通道数，与扩充板连接后可扩充通道数。

(6) 转换速率：30 000 采样点/s、50 000 采样点/s 或更高。

(7) 可编程增益：1～1000 增益系数编程选择。

(8) 支持软件：性能良好的模板可支持多种应用软件并带有多种语言的接口及驱动程序。

2. 模拟量输出卡的主要技术指标

(1) 分辨率：反映了 D/A 转换器对模拟量的分辨能力，即当输入数字发生单位数码变化时对应输出模拟量的变化量，定义为基准电压与 2^n 的比值，其中 n 为 D/A 转换的位数，如 8 位、10 位、12 位、16 位等。数字量位数越多，分辨率也就越高，即转换时对输入量变化的敏感度也就越高。实际应用过程中，应根据分辨率的要求来选定转换器的位数。

(2) 稳定时间：又称转换速率，是指 D/A 转换器中代码有满度值的变化时，输出达到稳定(一般稳定到与±1/2 最低位值相当的模拟量范围内，即±1/2LSB)所需的时间，一般为几十毫微秒到几个毫微秒。

(3) 输出电平：不同型号的 D/A 转换器件的输出电平相差较大，一般为 5～10 V，也有一些高压输出型为 24～30 V；电流输出型为 4～20 mA，有的高达 3 A 级。

(4) 输入编码：如二进制 BCD 码、双极性时的符号数值码、补码、偏移二进制码等。

(5) 编程接口和支持软件：与 A/D 转换器相同。

3. 典型的模拟量输入/输出卡产品

工控机使用的模拟量输入/输出接口卡有很多种型号，例如研华公司出品的基于 ISA 总线的 PCL 系列模拟量输入/输出卡和基于 PCI 总线的 PCI 系列模拟量输入/输出卡。

基于 ISA 总线的 PCL 系列模拟量输入输出卡主要有 PCL－711、PCL－812PG 和 PCL－816 等。

PCL－711 是 25 kHz 的 12 位模拟量输入/输出卡，其 A/D 和 D/A 变换器具有 12 位分辨率，采样速率为 25 kHz。PCL－711 具有 8 路单端模拟量输入接口，A/D 变换器可编程设定输入范围，具有 1 路模拟量输出，其 A/D 和 D/A 带有定时器触发功能。

PCL－812PG 具有 16 路单端 12 位模拟量输入接口，2 路 12 位模拟量输出，采样速率可编程，最快可达 30 kHz，并带有 16 路数字量输出和 16 路数字量输入。

PCL－816 是 16 位高分辨率的模拟量输入/输出卡，配置 16 位分辨率 A/D 转换器，具有高速的 100 kHz 采样性能，支持 16 路差分模拟量输入，增益可单独编程(×1，×2，×4 或×8)，具有可编程 DMA 通道。

基于PCI总线的PCI系列模拟量输入/输出卡主要有PCI-1710HG、PCI-1712和PCI-1716等。

PCI-1710HG具有16路单端或8路差分模拟量输入或组合输入方式，使用12位A/D转换器，采样速率可达100 kHz，每个输入通道的增益可编程。

PCI-1712是一款高速多功能PCI总线数据采集接口卡。它有1 MHz速度的12位A/D转换器，卡上带有FIFO缓冲器(可存储1 KB A/D采样值和32 KB D/A转换数据)。PCI-1712提供16单端或8路差分的模拟量输入(也可以单端差分混合使用)，2路12位D/A模拟量输出通道，16路数字量输出通道，以及3个10 MHz时钟的16位多功能计数器通道。PCI-1712支持PCI总线DMA功能，用于高速数据传输和无间隔的模拟量输入与模拟量输出。通过设置PC的内存，PCI-1712可执行总线数据传输，而不需要CPU的干预，可使CPU去执行其它更重要的工作(比如，数据分析和图形操作)。这种功能允许用户全速使用所有I/O功能且不丢失数据。PCI-1712还具有自动通道/SD* /BU* 扫描功能，卡上带有用于A/D采样的1 KB FIFO和用于D/A输出的32 KB FIFO，可以实现模拟量输入/输出通道的自动校准，具有16路数字量输入/输出通道。

PCI-1716/1716L是一款高分辨率、多功能的PCI数据采集接口卡，其中，PCI-1716与PCI-1716L的区别是，PCI-1716带有模拟量输出功能，而PCI-1716L没有模拟量输出功能，其余两者相同。

由于各类模拟量输入/输出卡的模拟量输入和输出端的工作原理非常类似，因此下面仅选择PCI-1716模拟量输入/输出卡作为典型例子进行详细介绍。

PCI-1716带有一个250 kHz的16位A/D转换器，1 KB用于A/D的采样FIFO缓冲器。PCI-1716可以提供16路单端模拟量输入和8路差分模拟量输入，也可以组合输入。它带有2个16位D/A输出通道、16路数字量输入/输出通道和1个14 MHz 16位计数器通道。

PCI-1716符合PCI规格Ver 2.1标准，支持即插即用，在安装插卡时，用户不需要设置任何跳线和DIP拨码开关。

PCI-1716具有一个自动通道/增益/SD/BU扫描电路，控制采样中的多路选通器，卡上的SRAM存储有不同的通道增益、SD和BU值。这种设计方法使用户可以执行多通道的高速采样，并且每个通道可以设定为不同的增益、SD和BU值。这里，SD指单端/差分，BU指双极/单极。

先进先出FIFO缓冲器可以实现连续高速下的数据传输及Windows下更可靠的性能。

PCI-1716通过使用校准程序可以提供自动校准功能。其内建的校准电路对模拟量输入和输出通道中的增益与偏移误差进行修正，无须调整外部设备和用户设置。

PCI-1716带有一个DIP拨码开关，当PC机箱中安装了多块PCI-1716采集卡时，可使用此开关来定义每块卡的ID。

PCI-1716具有PCI总线插脚，可以插入工控机的PCI总线插槽中使用，其与外界信号的联系则通过SCSHI孔型接口接入。PCI-1716的外形如图3-4所示。SCSHI孔形接口如图3-5所示。SCSHI孔形接口的引脚说明见表3-4。

图 3-4　PCI-1716 的外形

AI_0	68	34	AI_1
AI_2	67	33	AI_3
AI_4	66	32	AI_5
AI_6	65	31	AI_7
AI_8	64	30	AI_9
AI_{10}	63	29	AI_{11}
AI_{12}	62	28	AI_{13}
AI_{14}	61	27	AI_{15}
AIGND	60	26	AIGND
*AO_0_REF	59	25	AO_1_REF*
*AO_0_OUT	58	24	AO_1_OUT*
*AOGND	57	23	AOGND*
DI_0	56	22	DI_1
DI_2	55	21	DI_3
DI_4	54	20	DI_5
DI_6	53	19	DI_7
DI_8	52	18	DI_9
DI_{10}	51	17	DI_{11}
DI_{12}	50	16	DI_{13}
DI_{14}	49	15	DI_{15}
DGND	48	14	DGND
DO_0	47	13	DO_1
DO_2	46	12	DO_3
DO_4	45	11	DO_5
DO_6	44	10	DO_7
DO_8	43	9	DO_9
DO_{10}	42	8	DO_{11}
DO_{12}	41	7	DO_{13}
DO_{14}	40	6	DO_{15}
DGND	39	5	DGND
CNT_0_CLK	38	4	PACER_OUT
CNT_0_OUT	37	3	TRG_GATE
CNT_0_GATE	36	2	EXT_TRG
+12 V	35	1	+5 V

图 3-5　PCI-1716 的 SCSHI 孔形接口

表 3-4　PCI-1716 的 SCSHI 孔形接口引脚信号说明

信号名称	参考接地点	方向	说　　明
AI<0..15>	AIGND	输入	模拟量输入通道 0～15
AIGND	—	—	模拟量输入接地点
AO0_REF AO1_REF	AOGND	输入	模拟量输出通道 0/1 的外部参考点
AO0_OUT AO1_OUT	AOGND	输出	模拟量输出通道 0/1
AOGND	—	输出	模拟量输出接地点
DI<0..15>	DGND	输入	数字量输入通道 0～15
DO<0..15>	DGND	输出	数字量输出通道 0～15
DGND	—	—	数字量接地点
CNT0_CLK	DGND	输入	计数器 0 的外部时钟输入，也可使用软件设置内部时钟
CNT0_OUT	DGND	输出	计数器 0 的输出端
CNT0_GATE	DGND	输入	计数器 0 的门控信号
PACER_OUT	DGND	输出	同步时钟输出
TRG_GATE	DGND	输入	A/D 外部触发的门控信号，高电平(+5 V)有效
EXT_TRG	DGND	输入	A/D 外部触发信号
+12 V	DGND	输出	+12 V VDC
+5 V	DGND	输出	+5 V VDC

PCI-1716 提供 16 路模拟量输入通道，当测量一个单端信号时，只需一根导线将信号连接到输入端口，被测的输入电压以公共地为参考。没有地端的信号称为浮动信号源，在这种情况下，PCI-1716 为外部浮动信号源提供一个参考地。测量单端模拟信号输入时的标准连接方法如图 3-6 所示。

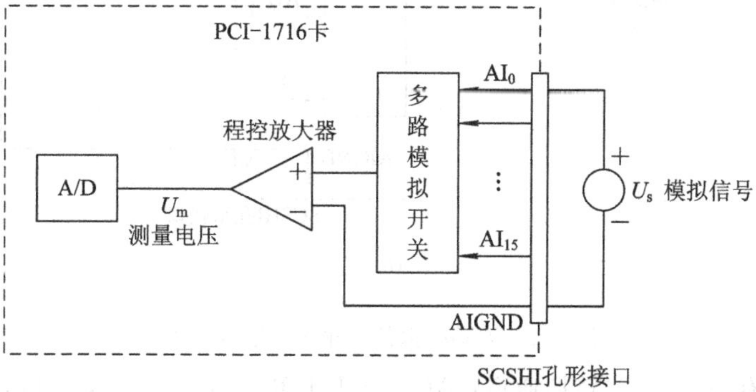

图 3-6　测量单端模拟信号输入的连接方法

PCI-1716 的 16 个模拟输入通道可以设置成 8 对差分式输入通道。差分输入需要两根线分别接到两个输入通道上，测量的是两个输入端的电压差。如果信号源连有参考地，则

PCI－1716 的地端和信号源的地端之间会存在电压差，这个电压差会随信号源输入到输入端，这个电压差就是共模干扰。为了避免共模干扰，可以将信号地连到低电压输入端，这种地参考信号源的连接方式如图 3－7(a)所示。

如果是一个浮动信号源连接到差分输入端，则信号源可能会超过程控放大器 PGIA 的共模输入范围，PGIA 过饱和将不能正确读出输入电压值。因此，必须将浮动信号源的两端分别通过一个电阻连接到 AIGND，这样可以消除信号源同板卡地之间的共模电压。这种浮动信号源的连接方法如图 3－7(b)所示。

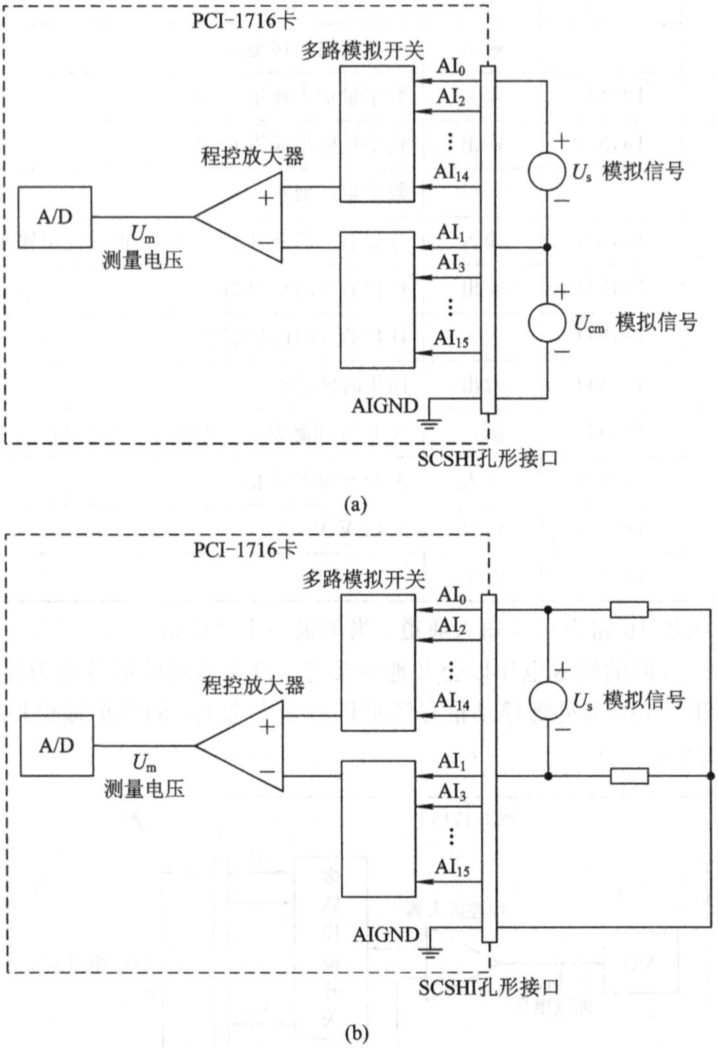

图 3－7　差动模拟信号输入的连接方法

PCI－1716 有两个 D/A 转换通道：AO_0－OUT 和 AO_1－OUT，可以使用内部提供的 －5 V/－10 V 的基准电压产生 0～＋5 V/＋10 V 的模拟量输出，也可以使用外部基准电压 AO_0－REF 和 AO_1－REF，外部基准电压范围是－10 V/＋10 V。比如，外部参考电压是－7 V，则输出 0～＋7 V 的输出电压。连接方法如图 3－8 所示。

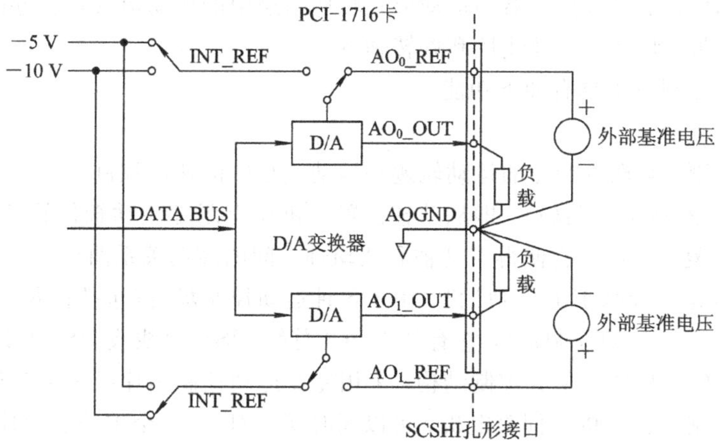

图 3-8　模拟信号输出的连接方法

3.4.2　数字量输入/输出卡

在工业控制现场，除随时间而连续变化的模拟量外，还有各种开关信号可视为数字量(开关量)信号。数字量输入/输出(DI/DO)接口卡实现各类开关信号的输入/输出控制。数字量输入、输出模板分为非隔离型和隔离型两种，隔离型一般采用光电耦合器实现隔离。

数字量输入接口卡将被控对象的数字信号或开关状态信号送给计算机，或把双值逻辑的开关量变换为计算机可接收的数字量。数字量输出接口卡把计算机输出的数字信号传送给开关型的执行机构，控制它们的通、断或指示灯的亮、灭等。

一般来说，在使用数字量输入接口卡时，要求将信号源的一端与光隔离的某一点相连，另一端接电源的负极；对于数字量输出接口卡，则要求将输出的一端与电源的正极相连，即所谓“输入共阴，输出共阳”的接线方式，否则会造成输入时采不到信号，输出时测不到信号的现象。

3.4.3　运动控制卡

运动控制(Motion Control)是指使用伺服机构(例如液压泵或电机等)来控制机器的位置和速度。运动控制在机器人和数控机床领域内的应用比在一些专用机器中的应用更为复杂，后者的运动形式一般比较简单，通常被称为通用运动控制(General Motion Control)。通用运动控制被广泛应用在包装、印刷、纺织和装配工业中。

运动控制系统的基本架构组成包括：

(1) 运动控制器，用以生成轨迹点(期望输出)和构成位置反馈闭环，许多控制器还可以在内部构成一个速度闭环。

(2) 驱动或放大器，用以将来自运动控制器的控制信号(通常是速度或扭矩信号)转换为更高功率的电流或电压信号。智能化驱动器可以自身闭合位置环和速度环，以获得更精确的控制。

(3) 执行器，如液压泵、气缸、线性执行机或电机，用以输出运动。

(4) 反馈传感器，如光电编码器、旋转变压器或霍尔效应传感器等，用以反馈执行器的位置到位置控制器，以实现位置闭环控制。

(5) 机械部件，用以将执行器的运动形式转换为期望的运动形式，它包括齿轮箱、轴、滚珠丝杠、齿形带、联轴器以及线性和旋转轴承。

通常，运动控制系统具有如下功能：

(1) 速度控制；

(2) 点位控制，实现点到点的运动轨迹和运动过程中的速度控制；

(3) 电子齿轮(或电子凸轮)，即从动轴位置在机械上跟随主动轴位置的变化。电子凸轮较电子齿轮更复杂一些，它使得主动轴和从动轴之间的随动关系曲线是一个函数。

运动控制卡是一种基于工业PC机、用于各种运动控制场合(包括位移、速度、加速度等)的上位控制单元(运动控制器)，它有基于PCI总线、ISA总线或USB总线等多种类型。运动控制卡与PC机构成主从式控制结构，采用专业运动控制芯片或高速DSP作为运动控制核心，通过控制步进电机或伺服电机，可以同时实现对1～8个轴的运动控制。运动控制卡可以完成运动控制过程中的所有细节工作，包括脉冲和方向信号的输出、自动升降速的处理、原点和限位等信号的检测等。

高性能的多轴运动控制卡支持插补功能，如线性、圆形和弧形的2D和3D插补。插补功能对于数控机床的控制十分重要。一个零件的轮廓往往是复杂多样的，有直线、圆弧，也可能是任意曲线、样条线等，数控机床的刀具一般是不能以曲线的实际轮廓去走刀的，而是近似地以若干条很小的直线去走刀，走刀的方向一般是 x 和 y 方向。插补方法是指以微小的直线段逼近实际轮廓曲线(即如果不是直线，也用逼近的方式把曲线分解为一段段直线去逼近)。

决定质点空间位置需要三个坐标，而决定刚体在空间的位置则需要六个坐标。一个运动控制系统可以控制的坐标个数，称为该运动控制系统的轴数。一个运动控制系统可以同时控制运动的坐标个数称为该运动控制系统可联动的轴数。实现插补功能时，需要多轴联动，各轴的运动轨迹需要保持一定的函数关系，例如直线、圆弧、抛物线、正弦曲线等。数控机床中会涉及2轴联动、3轴联动直至5轴联动。

群组轴控制功能可以以其中一个运动控制卡的轴为基准，然后支持2个带有2D线性或圆形插补的组。

直接计算得出运动轨迹的坐标值往往要用到乘除法、高次方、无理函数、超越函数等，会占用很多的CPU时间。为了实时、快速地控制运动轨迹，需要预先对运动轨迹进行直线和圆弧拟合，拟合后的运动轨迹仅由直线段和圆弧段所组成，而计算运动轨迹时，每一点的运动轨迹可根据前一个坐标点的数据通过插补运算得到，这样就把计算简化为增量减量移位和加减法。

研华公司出品的PCI-1240是一款典型的多轴运动控制卡。该控制卡基于PCI总线，实现高速4轴步进电机/伺服电机运动控制，由于其在设计上简化了步进和脉冲伺服运动控制策略，因而可以显著提高电机的运动性能。它采用了智能NOVA-MCX314运动ASIC芯片，可提供各种运动控制功能，如2/3轴线性插补，2轴圆弧插补，T/S曲线加速/加速控制等，并提供Windows DDL驱动程序。

PCI-1240具有可编程T/S曲线加/减速控制功能。X、Y、Z和U等4轴中的每个轴都可以单独预设S曲线或梯形加/减速度控制模式。可以选择任何2个轴或3个轴执行线性插补驱动，选择任何两个轴执行圆弧插补控制，插补速度为1 pps到4 Mpps。每个轴都带有1个32位逻辑位置计数器和1个32位实际位置计数器，逻辑位置计数器用来对轴的脉冲输出进行计数，实际位置计数器用来记录来自外部编码器或线性量尺的反馈。

PCI-1240 提供 100 引脚的 I/O 接头，可以通过 PCL-1251 隔离线连接配件进行连接。PCI-1240 的引脚说明见表 3-5。

表 3-5　PCI-1240 引脚说明

信　号	方向	引 脚 名 称
＋方向限位保护信号(X、Y、Z、U 轴)	输入	XLMT＋，YLMT＋，ZLMT＋，ULMT＋
－方向限位保护信号(X、Y、Z、U 轴)	输入	XLMT＋，YLMT＋，ZLMT＋，ULMT＋
减速停止或立即停止信号(X、Y、Z、U 轴)	输入	XIN1，XIN2，XIN3 YIN1，YIN2，YIN3 ZIN1，ZIN2，ZIN3 UIN1，UIN2，UIN3
急停信号(对所有轴)	输入	EMG
定位完成信号(X、Y、Z、U 轴)	输入	XINPOS，YINPOS，ZINPOS，UINPOS
电机驱动器错误信号(X、Y、Z、U 轴)	输入	XALARM，YALARM，ZALARM， UALARM
A、B 相位置编码器反馈信号(X、Y、Z、U 轴)	输入	XECAP，XECAN，XECBP，XECBN YECAP，YECAN，YECBP，YECBN ZECAP，ZECAN，ZECBP，ZECBN UECAP，UECAN，UECBP，UECBN
Z 相位置编码器反馈信号(X、Y、Z、U 轴)	输入	XINOP，XINON；YINOP，YINON ZINOP，ZINON；UINOP，UINON
＋方向飞梭或手轮控制信号(X、Y、Z、U 轴)	输入	XEXOP＋，YEXOP＋，ZEXOP＋，UEXOP＋
－方向飞梭或手轮控制信号(X、Y、Z、U 轴)	输入	XEXOP－，YXOP－，ZEXOP－，UEXOP－
达林顿管型通用输出信号(X、Y、Z、U 轴)	输出	XOUT4，XOUT5，XOUT6，XOUT7 YOUT4，YOUT5，YOUT6，YOUT7 ZOUT4，ZOUT5，ZOUT6，ZOUT7 UOUT4，UOUT5，UOUT6，UOUT7
电机运动控制脉冲信号(X、Y、Z、U 轴)	输出	XP＋P(X 轴输出脉冲 CW/Pulse＋) XP＋N(X 轴输出脉冲 CW/Pulse－) XP－P(X 轴输出脉冲 CCW/DIR＋) XP－N (X 轴输出脉冲 CCW/DIR－) YP＋P，YP＋N，YP－P，YP－N (功能与 X 轴类似) ZP＋P，ZP＋N，ZP－P，ZP－N (功能与 X 轴类似) UP＋P，UP＋N，UP－P，UP－N (功能与 X 轴类似)
外部电源(12～24 VDC)	输入	VEX
地		GND

电机驱动器接收来自运动控制卡发出的电机运动控制脉冲信号，实现对步进电机或伺服电机的控制。电机运动控制脉冲信号具有三种模式（如图 3－9 所示）：

（1）方向信号＋脉冲序列；

（2）CW 脉冲序列＋CCW 脉冲序列；

（3）正交两相脉冲序列。

这里 CW（clockwise）指顺时针旋转，CCW（counter-clockwise）指逆时针旋转。一般来说，方向信号＋脉冲序列模式没有 CW/CCW 模式抗干扰能力强，但是支持方向信号＋脉冲序列模式的驱动器多且接线简便。PCI－1240 支持方向信号＋脉冲序列模式和 CW 脉冲序列＋CCW 脉冲序列模式。PCI－1240 与步进电机驱动器的连接方法如图 3－10 所示。

图 3－11 给出了 PCI－1240 应用于铣床数控系统的实例。

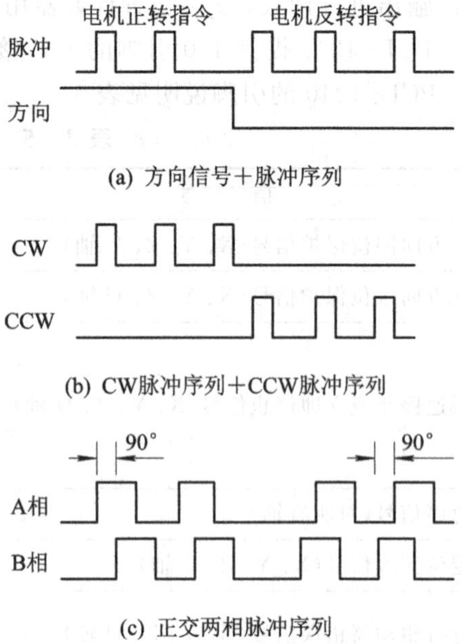

图 3－9　三种形式的电机运动控制脉冲

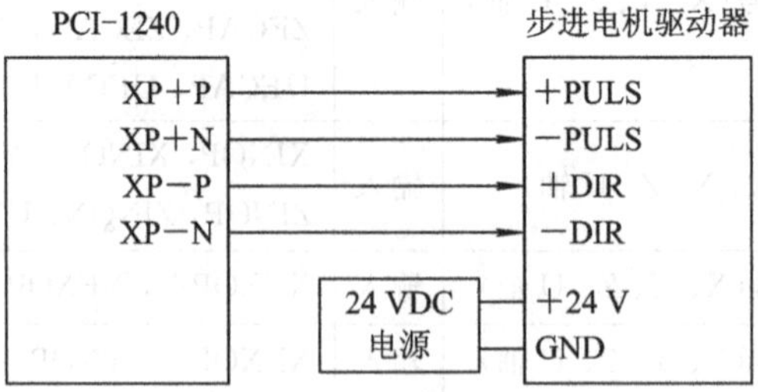

图 3－10　PCI－1240 与步进电机驱动器的连接

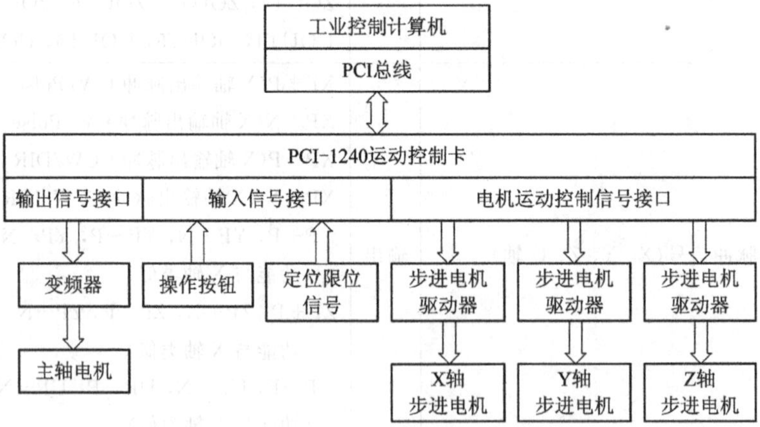

图 3－11　PCI－1240 在数控系统中的应用

3.4.4　RS－232/RS－485 模块

RS－232 接口标准是 1970 年由美国电子工业协会(EIA)联合贝尔系统、调制解调器厂家及计算机终端生产厂家共同制定的用于串行通信的标准。它的全名是“数据终端设备(DTE)和数据通信设备(DCE)之间串行二进制数据交换接口技术标准”。经过修改后，最终推出的是 RS－232C 接口标准，这里 RS 是英文“推荐标准”的缩写，232 为标识号，C 表示修改次数。

RS－232C 总线标准设有 25 条信号线，包括一个主通道和一个辅助通道，采用一个 25 脚的 DB25 连接器，连接器每个引脚的信号内容和信号电平均加以具体规定。在多数情况下主要使用主通道，对于一般双工通信，仅需几条信号线就可实现，如一条发送线、一条接收线及一条地线。因此，DB25 连接器一般只使用 2(RxD，信号接收)、3(TxD，信号发送)、7(GND，地线)三个引脚。随着设备的不断改进，目前较多地使用 DB9 替代 DB25 接口，DB9 所使用的引脚是 2(RxD)、3(TxD)和 5(GND)。一般情况下计算机上会有两组 RS－232C 接口，分别称为 COM1 和 COM2。

在 RS－232C 的 TxD 和 RxD 引脚上，逻辑 1(MARK，传号)＝ －3～－15 V，逻辑 0(SPACE，空号)＝ ＋3～＋15 V。显然，RS－232C 是用正、负电压来表示逻辑状态的，与 TTL 以高低电平表示逻辑状态的规定不同。为了能够同计算机接口或终端的 TTL 器件连接，需要在 RS－232C 与 TTL 电路之间建立电平和逻辑的转换关系。一般使用集成电路实现这种转换，如 MC1488、SN75150 芯片可完成 TTL 电平到 RS－232C 电平的转换，而 MC1489、SN75154 可完成 RS－232C 电平到 TTL 电平的转换，MAX232 芯片则可完成 TTL 到 RS－232C 的双向电平转换。

RS－232C 标准规定的数据传输速率为 50、75、100、150、300、600、1200、2400、4800、9600、19 200 波特/秒。RS－232C 标准规定，驱动器允许有 2500 pF 的电容负载，通信距离将受此电容限制，例如，采用 150 pF/m 的通信电缆时，最大通信距离为 15 m；若每米电缆的电容量减小，则通信距离可以增加。传输距离短的另一原因是 RS－232 属单端信号传送，存在共地噪声和不能抑制共模干扰等问题，因此一般用于 20 m 以内的通信。

RS－422 是美国电子工业协会(EIA)规定的另一种计算机的串口连接标准。RS－422 使用差分信号，采用平衡发送和差分接收，因此具有抑制共模干扰的能力。加上总线收发器具有很高的灵敏度，能检测低至 200 mV 的电压，故传输信号能在千米以外得到恢复。

RS－485 是对 RS－422 的改进，它较 RS－422 增加了连接设备的个数，从 10 个增加到 32 个，同时定义了在最大设备个数情况下的电气特性，以保证足够的信号电压。RS－485 是 RS－422 的超集，因此所有的 RS－422 设备可以被 RS－485 控制。

RS－422 和 RS－485 的电路原理基本相同。RS－422 通过两对双绞线可以全双工工作，收发互不影响。RS－485 采用半双工工作方式，仅使用一个双绞线，任何时候只有一点处于发送状态，因此，发送电路须由使能信号加以控制。RS－485 用于多点互连时非常方便，可以省掉许多信号线。应用 RS－485 可以联网构成分布式系统，允许最多并联 32 台驱动器和 32 台接收器。RS－422 和 RS－485 以差动方式发送和接受，不需要数字地线，在 19 kp/s 下能传输 1200 m。与 RS－232C 相比，RS－422 和 RS－485 大大增强了长距离通信能力。

在工业控制计算机应用中，建立连向计算机的分布式设备网络、其他数据收集控制器、HMI或者其他操作时，串行连接一般选择RS-485接口。

RS-485和RS-422的引脚功能在采用DB9连接器的情况下有如下形式：8(TxD+，数据发送)，9(TxD-，数据发送)，4(RxD+，数据接收)，5(RxD-，数据接收)，3(RTS+，握手信号)，7(RTS-，握手信号，发送数据请求)，2(CTS+，清除发送信号)，6(CTS-，清除发送信号)，1(GND，地线)。

工业计算机一般配置有标准的RS-232C接口，但是为了提高传输速率和传输距离，需要将RS-232C接口转换为RS-422和RS-485接口。

ADAM-4520是一款由研华公司出产的隔离型RS-232到RS-422/485转换器(采用光耦技术，具有3000 VDC的隔离能力，以保护主计算机)；ADAM-4522则是一款非隔离型RS-232到RS-422/485转换器。它们能够将RS-232信号透明地转换为RS-422和RS-485信号，无需改动PC上的任何硬件及软件。ADAM-4510是隔离型RS-422/RS-485中继器，它能够将通信距离再延长1200 m，或再增加32个连接节点。

ADAM-4521是一款智能型RS-422/485到RS-232转换器，带有内置的微处理器，能为每个RS-232设备分配一个地址。ADAM-4521使用了2个UART，能够在数据被传送到RS-232设备之前对其进行自动处理，可以适应RS-232设备与RS-485网络之间的不同波特率。ADAM-4521可以利用RS-232设备组建一个易于通信的RS-485网络。

ADAM-4000系列模块(又称亚当模块)是研华公司出产的应用于RS-485通信协议的工业控制模块，可用于工业场合远距离高速传输和接收数据，其外形如图3-12所示。

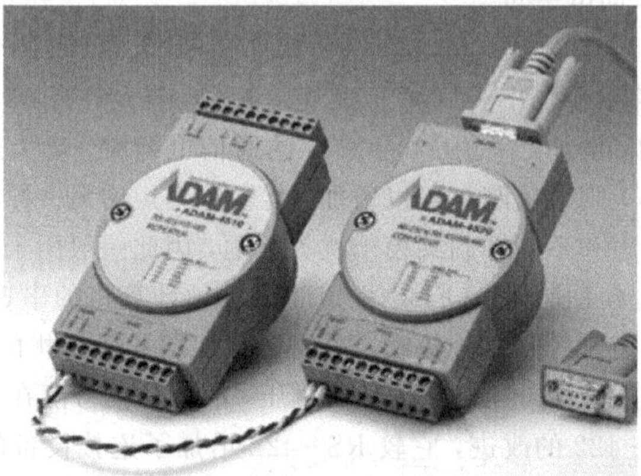

图3-12　ADAM-4000系列模块

ADAM-4000系列模块主要包括8路16位模拟量输入模块ADAM-4017、8路热电偶16位输入模块ADAM-4018、8路16位模拟量输入数据记录器(mV、V、mA或热电偶)ADAM-4018M、12位模拟量输出模块(V或mA)ADAM-4021、7路数字量输入/8路数字量输出模块ADAM-4050、4路继电器输出模块ADAM-4060和串行双回路PID控制器ADAM-4022T等。

基于ADAM的计算机远程控制系统的示意图如图3-13所示。

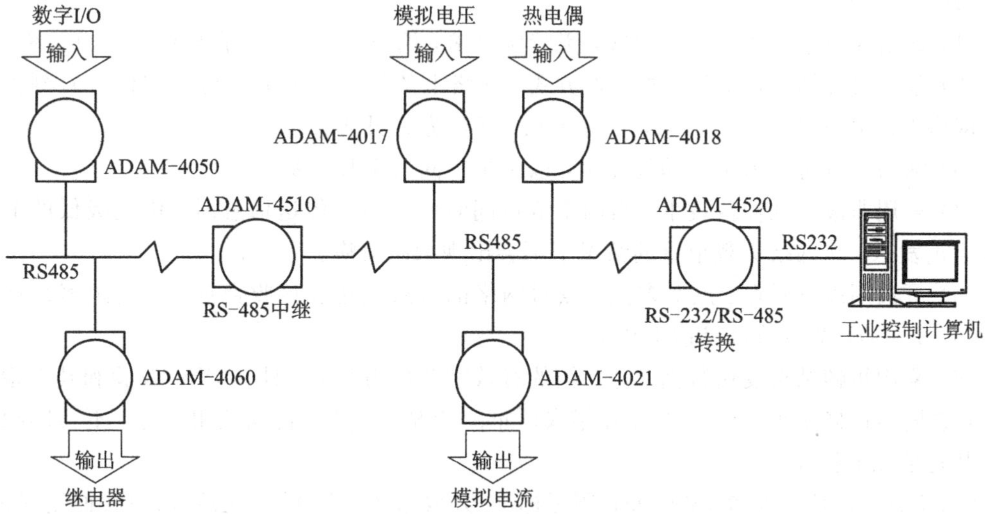

图 3-13　应用 ADAM 模块构成的计算机远程控制系统示意图

3.4.5　CAN 总线接口卡

当两个或更多的计算机在协议控制下通过一个通信网相互连接时，它们的集合称为计算机网络。

计算机网络的拓扑结构有星型网、总线型网、环型网和分布式网络。其中，总线型网将所有的入网计算机通过分接头接入一条载波传输线上，网络的拓扑结构就是一条传输线。

计算机网络的信息传输方式分为电路交换、报文交换和分组交换。由于电路交换和报文交换都有很强的局限性，因此大型计算机网络主要使用分组交换。分组交换需要一整套称为“协议”的软、硬件规范来管理和控制网络运行。

随着计算机硬件价格的下跌和性能的不断提高，以微处理器为核心的各类智能设备的应用得到普及，使得一个区域内(如办公大楼、工厂、车间等)有大量的智能设备需要互连以进行信息交换。局域网就是为适应这种需求而诞生的应用于小区域计算机通信的网络。局域网分为一般局域网(LAN)、高速局域网(HSLN)和计算机化分组交换机(CBX)，其中，LAN 的应用范围最为广泛，传输速率可以达到 1～20 Mb/s。

在工业现场和生产自动化领域，目前已经有大量的复杂或大规模的控制系统得到应用，这些系统需要使用大量的传感器、执行器和控制器，并且通常分布在很广的范围内。若采用星型拓扑结构，则介质造价和安装成本高昂；若采用 LAN 组件及环型或总线型拓扑结构，则造价也十分昂贵。所以，需要设计一种造价低廉且又能经受工业现场环境考验的通信系统，现场总线(Field Bus)就是在这种背景下诞生的。现场总线的最大优点是可以大大节约连接导线、维护和安装的费用。

CAN 总线是一种典型的现场总线，其全称为控制器局域网(Controller Area Net)。CAN 总线系统最初在汽车上使用，由于其具有多主控协议、实时能力、纠错功能和强抑噪能力，同时随着与其相关的电子设备使用量的大幅增长，因而它也在工业自动化领域中得到了广泛的应用，特别适用于网络化智能“I/O”设备，如工厂或机器中的传感器及执行器。

CAN 总线具有以下特点：

(1) 通信介质采用廉价的双绞线，无特殊要求，用户接口简单，容易构成用户系统。

(2) 采用对等结构，即多主机工作方式，网络上的任意一个节点可以在任意时刻主动地向网络上的其它节点发送信息，不分主从，通信方式灵活。

(3) 网络节点可分为不同的优先级，以满足不同的实时需要。

(4) 采用非破坏性仲裁技术，当两个节点同时向网络上传送信息时，优先级低的节点自动停止发送，在网络负载很重的情况下不会出现网络瘫痪。

(5) 可选用以点对点、点对多点、点对网络的方式发送和接收数据，通信距离最远达 10 km(5 kb/s)，节点数目可达 110 个。

(6) 采用短帧结构发送数据，每一帧的有效字节数为 8 个，具有 CRC 校验和其它检测措施，数据出错概率小。CAN 节点在错误严重的情况下，具有自动关闭功能，不会影响总线上其它节点的操作。

CAN 总线协议是参考 ISO/OSI(国际标准/开放系统互联)的 7 层协议模式而定义的，但因它主要用来传送简短信号，而且是一个封闭性的系统，并不需要负责系统的安全、产生用户接口的数据以及监控网络的登录等动作，所以只涉及了实体层(物理层)和数据链接层的定义。

CAN 总线的实体层负责网络中节点与节点之间的连接，以及在铜线、同轴缆线、光纤中甚至是无线信号上的脉冲传送。传送器的实体层将从数据链接层来的数据转换为电子信息，再传送出去；在接收端，实体层将这些电子信息传换为数据格式，再传送到数据链接层。CAN 的实体层规范了网络中每个节点的实体层必须保持一致的特性，包括位表示法、位时序及同步性，通常还包括脚位连接器和接线的型式。

CAN 的实体层(物理层)从结构上分为三层：物理层信令(Physical Layer Signaling, PLS)、物理介质附件(Physical Media Attachment, PMA)层和介质从属接口(Media Dependent Inter-face, MDI)层。其中 PLS 连同数据链路层的功能由 CAN 控制器完成，PMA 层的功能由 CAN 收发器完成，MDI 层定义了电缆和连接器的特性。

CAN 由两条序列总线 CAN_H 和 CAN_L 形成双绞线实时传输数据，速率高达 1 Mb/s。理论上，每个 CAN 总线可连接 2032 个节点，但受限于收发器的功能，实际上最多可连接 100 余个节点，而在一般的运用上则大约连接 3～10 个节点。CAN 实体层示意图如图 3-14 所示。

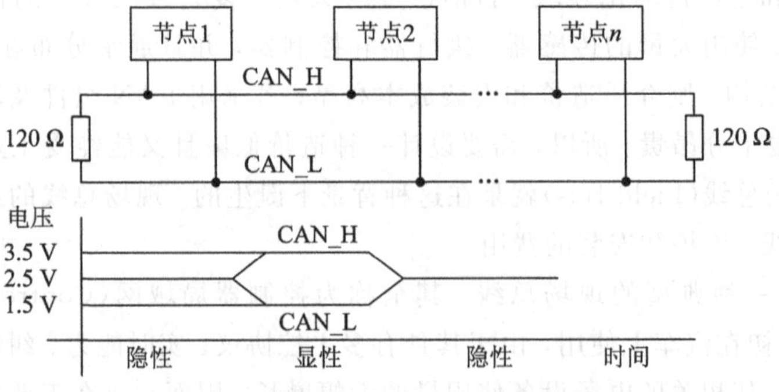

图 3-14　CAN 实体层示意图

CAN 总线协议的数据链路层是其核心内容，其中逻辑链路控制(Logical Link Control，LLC)完成过滤、过载通知和管理恢复等功能，媒体访问控制(Medium Access Control，MAC)子层完成数据打包/解包、帧编码、媒体访问管理、错误检测、错误信令、应答及串并转换等功能。

CAN 总线协议的数据链接层的主要功能之一是当系统中出现两个信号同时想使用网络中的相同资源时，如何防止冲突的发生。媒体访问控制 MAC 功能会让具有最高优先权的数据帧优先使用总线的网络资源。CAN 协议规定，在数据帧开始处设置仲裁域，仲裁域中有一个识别码，识别码的数值越小，表示其优先权限越高。在 CAN 2.0A 标准中，定义识别码的长度为 11 位，后因市场需求，提出了延伸性的 2.0B 版本。2.0B 称为延伸性 CAN，允许 29 位的识别码，而且有主动及被动式两种：2.0B 主动，能收、发延伸数据帧的节点；2.0B 被动，可放弃接收到的延伸数据帧。2.0B 的 29 位识别码能够提供 5 亿多个独特的信号及优先等级，足以满足来自越来越多节点的大量存取要求。

MAC 的帧是包含有传送器送出的完整信号的数据封包。在 CAN 协议中有 4 种帧，即数据帧、远程帧、出错帧和超载帧。以下主要介绍数据帧的组成。

数据帧包含了识别码和各种控制信息，以及最多 8 字节的数据。其基本组成包括帧开始(SOF)、仲裁域、控制域、数据域、检验域(CRC)、应答域(ACK)及帧结束(EOF)等，如图 3-15 所示。

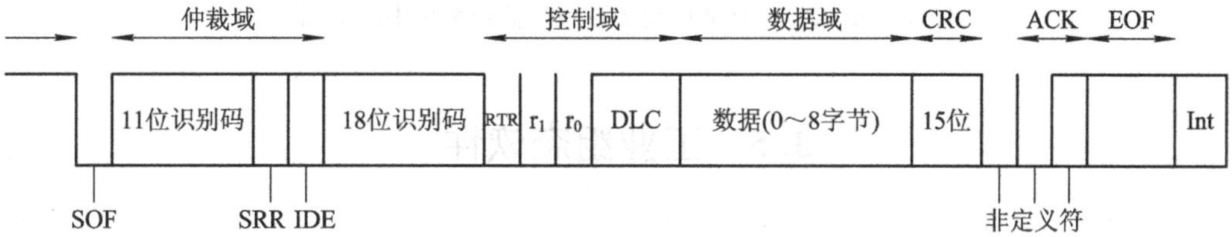

图 3-15　延伸性 CAN 协议的数据帧示意图

由于 CAN 总线具有通信速率高、可靠性好、连接方便和性价比高的特点，因此其应用与开发技术得以迅速发展，大量器件厂商不断推出各种 CAN 总线产品，并逐步形成系列。以工业控制计算机为核心构成的 CAN 总线网络系统的应用模式，在工业现场得到了广泛应用。

以工业控制计算机为核心构成的 CAN 总线网络系统，需要使用基于 ISA 总线或 PCI 总线的 CAN 接口通信卡。研华公司出品的 PCI-1680U 是一款用于连接 CAN 总线和工控机 PCI 总线的带隔离功能的 2 端口 CAN 接口通信卡。

PCI-1680U 能够兼容最新的 3.3 V 信号系统和传统的 5 V 信号系统，采用 CAN 2.0 A/B 协议，以 SJA-1000 作为 CAN 控制器，82C250 作为 CAN 收发器，具有 1 Mb/s 传输速率和 16 MHz CAN 控制器频率，能够提供总线仲裁及查错功能，可在检查到错误时自动重发数据，降低了数据丢失的概率，可有效确保系统的可靠性。卡上的 CAN 控制器占用了内存中不同的地址，可以同时使用这两个 CAN 控制器，它们之间互不影响。

CAN 接口采用标准的 9 针插座，一般使用 2、3、7 引脚，引脚 2 为 CAN_L，引脚 3 为 GND，引脚 7 为 CAN_H。

图 3-16 是一个典型的基于工业控制计算机和 PCI-1680U 的工业现场分布式监控系统的组成示意图。

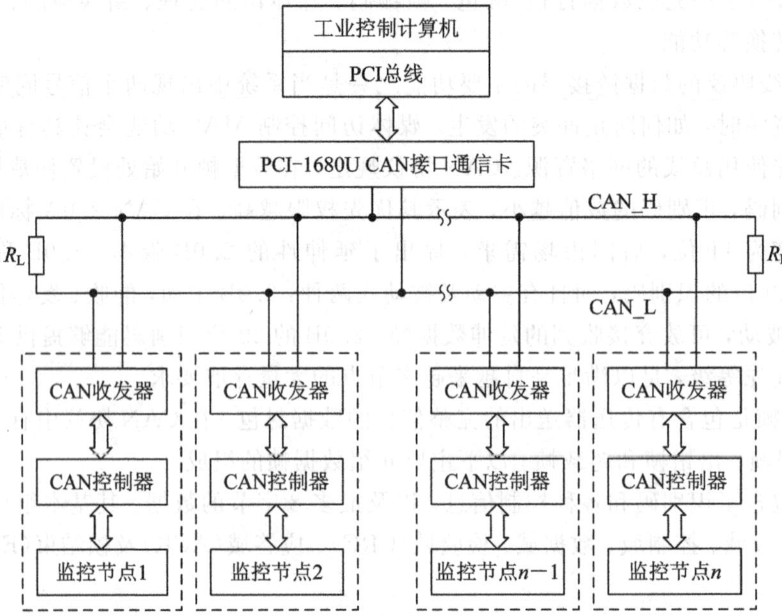

图 3-16　PCI-1680U 在工业现场监控系统中的应用

3.5　工业组态软件

3.5.1　工业组态软件简介

组态是指操作人员根据应用对象及控制任务的要求，配置(包括对象的定义、制作和编辑，对象状态特征参数的设定等)用户应用软件的过程。

组态软件是一种应用程序生成器，其功能是在保持软件平台的执行代码不变的基础上，通过改变软件配置信息(包括图形文件、硬件配置文件、实时数据库等)实现对计算机硬件和软件资源进行配置，快速生成面向具体任务的计算机监控系统软件。组态软件是完成系统硬件与软件沟通、建立现场与监控层沟通的人机界面的软件平台。

使用组态软件，用户无需了解复杂的计算机编程的知识，就可以在短时间内完成一个稳定、成熟并且具备专业水准的计算机监控系统的开发工作。

组态软件一般由两部分组成(如图 3-17 所示)：

(1) 系统开发环境(或称组态环境)：用户在组态环境中完成动画设计、设备连接、编写控制流程、编制打印报表等全部组态工作，组态结果保存在实时数据库中，一般在办公室就可完成。

(2) 系统运行环境：将目标应用程序(用户的组态结果)装入计算机内存并投入实时运行，完成对生产设备及过程的控制，一般在现场使用。

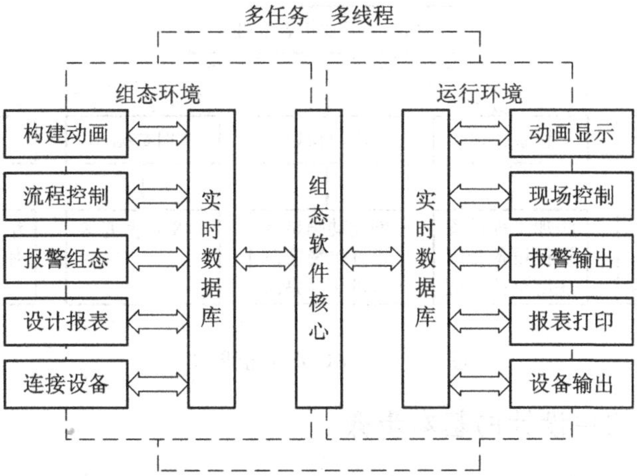

图3-17 工业组态软件的组成

系统开发环境和系统运行环境之间的联系纽带是实时数据库。

组态软件的主要功能有：

(1) 实时数据采集(数字量、模拟量)；

(2) 动态显示数据(文本、曲线、图、表等方式)；

(3) 数据的实时运算处理(内置数字处理+脚本支持)；

(4) 过程控制(脚本实现控制策略，流程控制)；

(5) 历史数据记录；

(6) 报警功能；

(7) 网络通信功能(TCP/IP、Modem)；

(8) 开放式结构(可扩充性，允许二次开发)。

组态软件的主要特点与应用如下所述：

(1) 使用组态软件，用户无需具备计算机编程知识，就可以在短时间内轻而易举地完成一个运行稳定、功能全面、维护量小并且具备专业水准的计算机监控系统的开发工作。

(2) 组态软件具有操作简便、可视性好、可维护性强、高性能、高可靠性等突出特点，已成功应用于石油化工、钢铁行业、电力系统、水处理、环境监测、机械制造、交通运输、能源原材料、农业自动化、航空航天等领域，经过各种现场的长期实际运行，系统稳定可靠。

工业组态软件MCGS(Monitor and Control Generated System)是一套用于快速构造和生成上位机监控系统的组态软件系统，可运行于Windows 95/98/Me/NT/2000/XP等操作系统。

MCGS为用户提供了解决实际工程问题的完整方案和开发平台，能够完成现场数据采集、实时和历史数据处理、报警和安全机制、流程控制、动画显示、趋势曲线和报表输出以及企业监控网络等功能。

MCGS工作台由5个功能窗口组成：主控窗口、设备窗口、用户窗口、实时数据库、运行策略。各窗口的功能如图3-18所示。

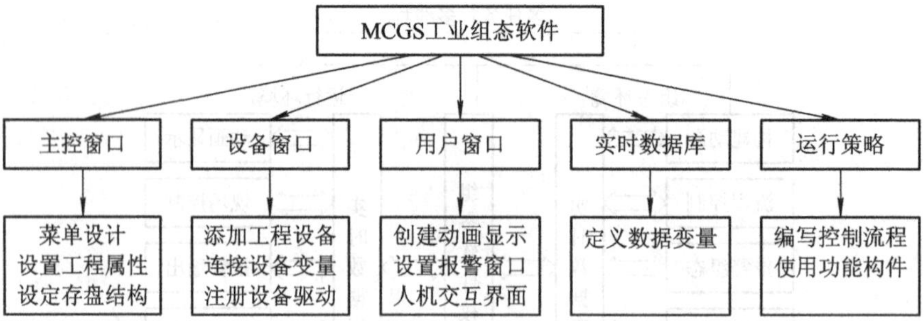

图 3-18　MCGS 功能图块

3.5.2　工业组态软件设计的基本步骤

应用 MCGS 组态软件完成一个工程的主要步骤如下：

（1）建立 MCGS 新工程。

开始一个新的控制组态软件设计时，需要创建一个新工程。打开 MCGS 组态软件，在菜单“文件”中选择“新建工程”菜单项，可在 MCGS 安装目录中自动生成新建工程。

（2）建立新画面。

在 MCGS 组态平台上，单击“用户窗口”，在“用户窗口”中单击“新建窗口”按钮，可以创建若干新窗口，作为工程显示界面。

（3）定义数据对象。

通过“实时数据库”窗口可以定义或修改数据变量。单击“新增对象”或“成组增加”按钮，可以单项或成组增加新的数据变量，单击“对象属性”按钮或双击选中变量，可打开对象属性设置窗口，指定变量类型。

（4）设置动画流程。

在用户窗口中，选中图形对象后双击，将弹出单元属性设置窗口。由此窗口可进入动画组态属性设置窗口，进行图形对象动画属性的设置。例如，可以设置可见度、流动、水平移动等属性，从而构建多种动画效果。

（5）连接模拟设备。

模拟设备用于模拟实际设备并产生数据。其本质是 MCGS 软件根据设置的参数产生一些规律数据，供用户离线调试工程使用。通过模拟设备及其产生的数据，可以使动画自动运行起来，用户在办公室内即可完成部分功能调试。通过模拟设备可以产生的数据有正弦波、方波、三角波、锯齿波等，且其幅值和周期都可以任意设置。

（6）编写控制流程。

通过“运行策略”设置，可以设计控制系统实现控制的各种控制方案、控制算法、控制参数和控制节拍。

3.5.3　工业组态软件的设备连接与测试

设备窗口是 MCGS 系统的重要组成部分，负责建立系统与外部硬件设备的连接，使得 MCGS 能从外部设备读取数据并控制外部设备的工作状态，实现对工业过程的实时监控。

MCGS 实现设备驱动的基本方法是：在设备窗口内配置不同类型的设备构件，并根据外部设备的类型和特征设置相关的属性，将设备的操作方法如硬件参数配置、数据转换、设备调试等都封装在构件之内，以对象的形式与外部设备建立数据的传输通道连接。系统运行过程中，设备构件由设备窗口统一调度管理，通过通道连接向实时数据库提供从外部设备采集到的数据，从实时数据库查询控制参数，发送给系统其它部分，进行控制运算和流程调度，实现对设备工作状态的实时检测和过程的自动控制。

MCGS 是设备无关的系统，开发时，可先不管系统使用何种硬件设备。在完成整个系统的组态和调试工作的最后阶段，即系统的功能稳定和完善后，才和设备测试挂接调试。对于不同的硬件设备，只需定制相应的设备构件放置到设备窗口中，并设置相关的属性，系统就可对这一设备进行操作，而不需要对整个系统结构做任何改动。

由于 MCGS 对设备的处理采用了开放式的结构，因而在实际应用中可以很方便地定制并增加所需的设备构件，不断充实设备工具箱。MCGS 提供了与国内外常用的工控产品相对应的设备构件，同时，MCGS 也提供了一个接口标准，以方便用户用 Visual Basic 或 Visual C＋＋编程工具自行编制所需的设备构件，装入 MCGS 的设备工具箱内。MCGS 提供了一个高级开发向导，能为用户自动生成设备驱动程序的框架。

为方便用户快速定制、开发特定的设备驱动程序，MCGS 系统同时提供了系统典型设备驱动程序的源代码，用户可在这些源代码的基础上移植修改，以生成自己的设备驱动程序。

3.5.4　工业组态软件的报警显示

MCGS 把报警处理作为数据对象的属性，封装在数据对象内，由实时数据库来自动处理。当数据对象的值或状态发生改变时，实时数据库判断对应的数据对象是否发生了报警或已产生的报警是否已经结束，并把所产生的报警信息通知给系统的其它部分。同时，实时数据库根据用户的组态设定，把报警信息存入指定的存盘数据库文件中。

3.5.5　工业组态软件实现实时数据、历史数据、实时曲线与历史曲线的显示

MCGS 可以在组态软件实时运行过程中实时显示用户窗口中设计的实时数据的数值和实时数据曲线。MCGS 的实时曲线构件用于通过曲线显示一个或多个数据对象数值的动画图形，像笔绘记录仪一样实时记录数据对象值的变化情况。

MCGS 也可以查询历史数据报表。所谓历史数据报表，是指从历史数据库中提取数据记录并以一定的格式显示历史数据。历史曲线主要用于事后查看数据和状态的变化趋势及总结规律。历史曲线构件实现了历史数据的曲线浏览功能。运行时，历史曲线构件能够根据需要画出相应历史数据的趋势效果图。

3.5.6　工业组态软件的工程安全机制

MCGS 组态软件提供了一套完善的安全机制，用户能够自由组态控制菜单、按钮和退出系统的操作权限，只允许有操作权限的操作员对某些功能进行操作。MCGS 还提供了工程密码、锁定软件狗、工程运行期限等功能，来保护用 MCGS 组态软件进行开发所得的成果，开发者可利用这些功能保护自己的合法权益。

3.6 工控机与组态软件的应用

MCGS组态软件提供了国内外各种常用工控设备的驱动程序，支持研华、研祥、中泰、欧姆龙、三菱、松下、LG、西门子等公司的上百种设备，例如，研华PCL 700、PCL 800系列采集卡，ADAM 4000、ADAM 5000系列远程模块；欧姆龙全系列PLC和通信仪表；三菱全系列PLC；松下全系列PLC；西门子S7和S5系列PLC及西门子变频器等。

利用工控机、各类输入/输出接口卡和MCGS组态软件，可以方便地设计出实用的计算机控制系统。

一个实际的例子是容器液位的控制。容器液位是工业控制中的一个重要参数，由于实施控制和外界干扰，容器内的液位会发生变化，需要应用液位控制系统将容器内的液位控制在需要的范围内。利用工控机、输入/输出接口卡和MCGS组态软件可以方便地组成一个液位控制系统。

图3－19是液位控制系统示意图。该系统由两个水罐(容器)及水泵、调节阀和出水阀组成。其工作原理是：通过控制水泵的启动和停止，实现水罐1自动注水；通过调节阀的开关，调节水罐1的液位高度，确保水罐1中的水位始终在合适的位置；通过调节阀和出水阀的共同作用，可控制水罐2的水位维持在合适位置。

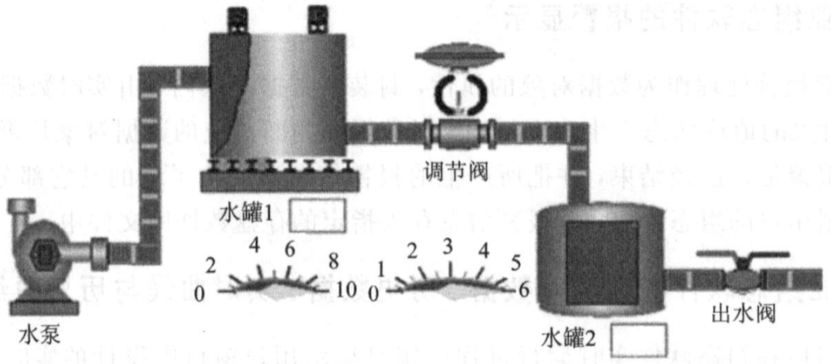

图3－19　液位控制系统示意图

可以采用工业控制计算机、液位检测元件(传感器或变送器)、调理电路、接口卡、电动执行器(阀门)等构成一个液位自动控制系统。

控制系统需要采集两个数值型数据——水罐1液位和水罐2液位；三个开关型数据——水泵、调节阀、出水阀的状态。控制系统的开关量输出有：水泵的启动和停止；调节阀的开启和关闭；出水阀的开启和关闭。水罐1液位和水罐2液位为模拟量输入。

可以选择研华公司的PCL－812PG模拟量输入/输出接口卡，该接口卡具有16路单端12位模拟量输入通道和2路12位模拟量输出通道，采样速率可编程，最快可达30 kHz，并带有16路数字量输出和16路数字量输入通道。通过PCL－812PG的模拟量输入通道进行液位信号的采集(0～5 V)；模拟量输出通道可对变频器进行控制，控制电动执行器来调节水泵的流量；数字量输出通道用来控制调节阀和出水阀的关闭。用户可采用组态软件编制工业控制计算机的控制软件，实现人机界面、实时数据显示和实时控制策略。液位控制系统的硬件组成如图3－20所示。

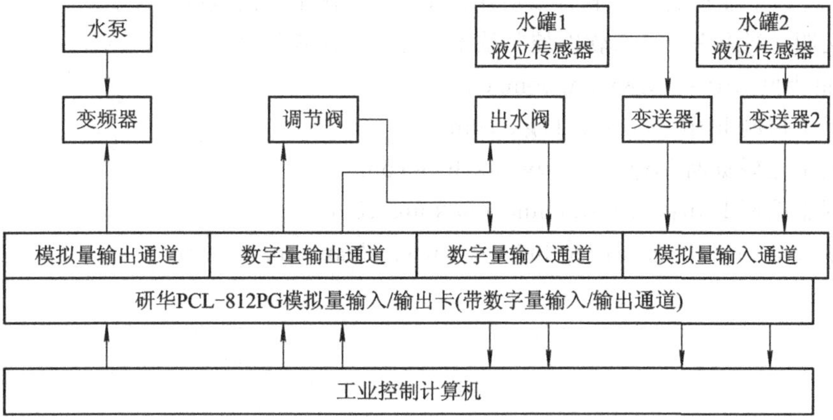

图 3-20　液位控制系统的硬件组成

习题与思考题

1. 机电一体化对控制系统的基本要求是什么?
2. 机电一体化控制系统的类型、特点与选用原则是什么?
3. 工业控制计算机由哪些部分组成?
4. 基于 PC 总线的工业控制计算机有哪些优点?
5. 工控机的接口卡有哪些类型，各有什么功能?
6. 简述组态软件的特点。
7. 以组态软件 MCGS 为例，写出开发控制系统的一般步骤。

第 3 章参考文献

[1]　曹承志. 微型计算机控制新技术. 北京：机械工业出版社，2001.
[2]　于海生. 微型计算机控制技术. 北京：清华大学出版社，1999.
[3]　顾德英，张健，马淑华. 计算机控制技术. 北京：北京邮电大学出版社，2006.
[4]　钟约先，林亨. 机械系统计算机控制. 北京：清华大学出版社，2001.
[5]　许立梓，程良伦. 工业计算机及其网络控制系统. 北京：机械工业出版社，2005.
[6]　孙廷才，王杰，孙中健. 工业控制计算机组成原理. 北京：清华大学出版社，2001.
[7]　李世平，韦增亮，戴凡. PC 计算机测控技术及应用. 西安：西安电子科技大学出版社，2003.
[8]　邬宽明. CAN 总线原理和应用系统设计. 北京：北京航空航天大学出版社，1996.
[9]　刘川来，胡乃平. 计算机控制技术. 北京：机械工业出版社，2007.
[10]　林敏，丁金华，田涛. 计算机控制技术及工程应用. 北京：国防工业出版社，2005.
[11]　魏金成，白申义. MCGS 开发的液位控制的上位机监控. 工业控制计算机，2007. 20(12).
[12]　北京昆仑通态自动化软件科技有限公司. MCGS 培训教程，www.mcgs.com.cn

[13] 许志军. 工业控制组态软件及应用. 北京：机械工业出版社，2005.
[14] 张文明，刘志军. 组态软件控制技术. 北京：清华大学出版社，2001.
[15] IT 世界网 http://www.it.com.cn
[16] 国际工控网 http://www.17gk.com
[17] 中国工控展览网 http:// www.gkzhan.com
[18] 中国工控网 http://www.chinagongkong.com
[19] 研华(Advantech)公司网站 http://www.advantech.com.cn

第 4 章 基于单片机的控制器

课程思政：从芯片进口到芯片出口

大量的机电一体化设备，例如智能仪器仪表、智能家电、智能办公设备、汽车及军事电子设备等要求将计算机单元嵌入其中。单片机具有体积小、价格低、可靠性高等优点，对于满足嵌入式应用需求具有独特优势。

4.1 MCS－51 单片机

本章数字资源：PPT＋相关视频资源

MCS－51 是 Intel 公司生产的一个单片机系列的名称。属于这一系列的单片机有多种，如 8051/8751/8031，8052/8752/8032，80C51/87C51/80C31，80C52/87C52/80C32 等。

该系列单片机的生产工艺有两种：一是 HMOS 工艺（即高密度短沟道 MOS 工艺），二是 CHMOS 工艺（即互补金属氧化物的 HMOS 工艺）。CHMOS 是 CMOS 和 HMOS 的结合，它既保持了 HMOS 高速度和高密度的特点，又具有 CMOS 低功耗的特点。在产品型号中凡带有字母“C”的，即为 CHMOS 芯片，不带有字母“C”的，即为 HMOS 芯片。HMOS 芯片的电平与 TTL 电平兼容，而 CHMOS 芯片的电平既与 TTL 电平兼容，又与 CMOS 电平兼容。在单片机应用系统中，一般应尽量采用 CHMOS 工艺的芯片。

在功能上，该系列单片机有基本型和增强型两大类，通常以芯片型号的末位数来区分，末位数为“1”的型号为基本型，末位数为“2”的型号为增强型。

在片内程序存储器的配置上，该系列单片机有三种形式，即掩膜 ROM、EPROM 和 ROMLess（无片内程序存储器）。如 80C51 含有 4 KB 的掩膜 ROM，87C51 含有 4 KB 的 EPROM，而 80C31 在芯片内无程序存储器，应用时要在单片机芯片外部扩展程序存储器。

各厂商以 8051 为基本核开发出的 CHMOS 工艺单片机产品统称为 80C51 系列。当前常用的 80C51 系列单片机主要产品有：

Intel 公司的 80C31、80C51、87C51、80C32、80C52、87C52 等；

ATMEL 公司的 89C51、89C52、89C2051、89C4051 等。

除此之外，还有 Philips、华邦、Dallas、Siemens(Infineon)等公司的各种产品。

这些产品在某些方面有一些差异，但基本结构和功能是相同的。所以，以 80C51 代表这些产品的共性，而在具体的应用电路中，有时会采用某一产品的特定型号。

4.2 模拟数据采集

数据采集是单片机控制系统中最为普遍的应用需求。数据采集的对象可以是温度、压力、流量等各种物理量。数据采集系统可以是复杂控制系统的一部分，也可以是配备显示(或打印)输出的独立系统(或仪表)。模拟数据采集系统输入通道的构成如图 4-1 所示。

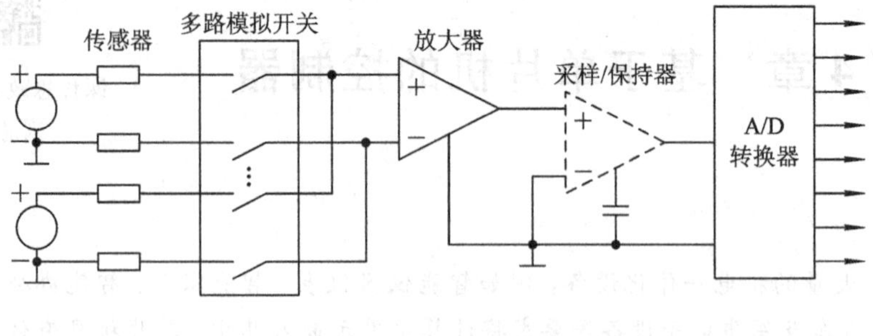

图 4-1　模拟数据采集系统输入通道的构成

4.2.1　传感器

传感器把被测的物理量(如温度、压力等)作为输入参数，将其转换为电量(电流、电压、电阻等)后输出。物理量的性质和测量范围不同，传感器的工作机理和结构就不同。通常，传感器输出的电信号是模拟信号(已有许多新型传感器采用数字量输出)。当信号的数值符合 A/D 转换器的输入等级时，可以不用放大器放大；当信号的数值不符合 A/D 转换器的输入等级时，就需要放大器放大。

4.2.2　多路模拟开关

多路模拟开关的作用是将多路模拟信号分别与 A/D 转换器接通，逐一进行 A/D 转换，以达到分时享用 A/D 转换器的目的。

以多路模拟开关 AD7501 为例(图 4-2 所示)，AD7501 是 CMOS 型 8 选 1 多路模拟开关，每次从 8 个输入端中选择一路与公共端相连，选择的通道号由输入的地址编码确定(如表 4-1 所示)，与 TTL 电平兼容。

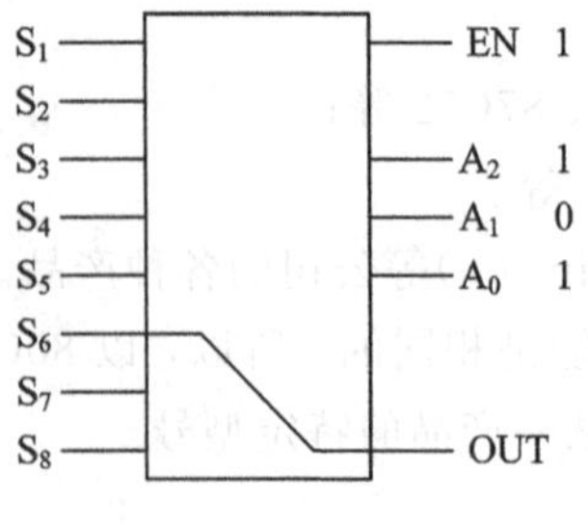

图 4-2　AD7501

表 4-1　地址编码表

A_2	A_1	A_0	EN	OUT
0	0	0	1	S_1
0	0	1	1	S_2
0	1	0	1	S_3
0	1	1	1	S_4
1	0	0	1	S_5
1	0	1	1	S_6
1	1	0	1	S_7
1	1	1	1	S_8
×	×	×	0	×

对多路模拟开关的选择要求是：导通电阻小，开路电阻大，交叉干扰小，速度适当。常

用的多路开关还有 CD4051/CD4052、AD7502 等。

4.2.3　放大器

放大器通常采用集成运算放大器。常用的集成运算放大器有 OP-07、5G7650 等。在环境条件较差时，可以采用数据放大器(也称为精密测量放大器)或传感器接口专用模块。

4.2.4　采样/保持器

因为 A/D 转换需要一定的时间，为了保证转换精度，在 A/D 转换的过程中，要求信号的电压保持不变，在 A/D 转换完成后，又要能跟踪信号电压的变化。能完成这个功能的电路叫采样/保持电路(或称为采样/保持器，Sample/Hold，简称 S/H)。

香农采样定理：对于一个有限频率的连续信号，当采样频率 $f_s \geqslant 2f_{信max}$ 时，采样函数才能不失真地恢复原来的连续信号。

采样定理给出的是采样的最低频率，为了保证精度，工程上通常要求 $f_s=(4\sim10)f_{信max}$。

图 4-3 为采样/保持电路的原理图。采样/保持电路由存储电容 C_H、模拟开关 T(N 沟道增强型 MOS 管)、输入电阻 R_I(限流)、反馈电阻 R_F 和运算放大器 A 组成。在开关控制信号 S 的作用下，电路有两种工作模式：

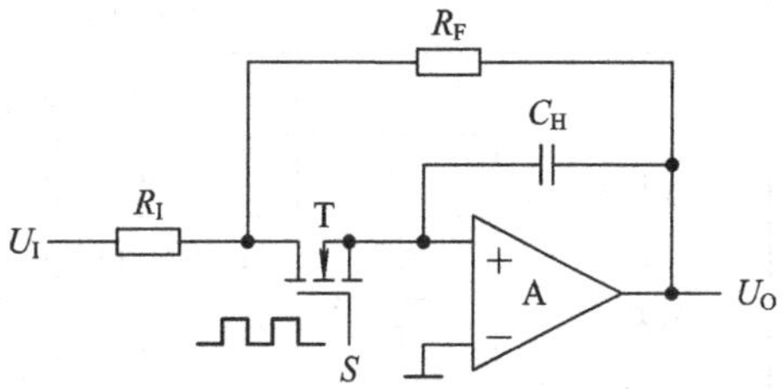

图 4-3　采样/保持电路

采样模式：控制信号 S 为高电平，T 导通，输入信号 U_I 通过 R_I、T 向电容 C_H 充电，若 $R_I=R_F$，则充电结束后，$U_O=U_C=-U_I$；

保持模式：控制信号 S 为低电平，T 截止，输出电压 U_O 由电容 C_H 两端电压保持。

根据上述工作方式，要求采样/保持电路：在采样阶段，存储电容要尽快充电，以快速跟踪信号电压；在保持阶段，存储电容漏电流必须接近于零，以保持信号电压(相当于一个模拟信号存储器)。

集成采样/保持器主要有 AD582、AD583(一般)、HTS-0025(高速)、SHA1144(高分辨率)等。

4.2.5　A/D 转换器及其与单片机接口

A/D 转换器用于将模拟信号转变为数字量，其主要指标是分辨率。A/D 转换器的位数与其分辨率有直接的关系。8 位的 A/D 转换器可以对满量程的 1/256 进行分辨。A/D 转换器的另一个重要指标是转换时间。选择 A/D 转换器时必须满足采样分辨率和速度的要求。

采样/保持输出电平仍是模拟量，把采样后的样值电平归化到与之接近的离散电平上，称为量化，指定的离散电平称为量化电平。量化必然存在误差(系统误差)。量化一般有两种方法：只舍不入(类似于取整运算)和有舍有入(类似于四舍五入)，前一种量化误差(1LSB)是后一种量化误差(0.5LSB)的两倍。

用二进制数码来表示各个量化电平的过程称为编码。量化单位电压就是两个量化电平之间的差值，二进制数码位数越多，量化单位电压就越小，量化误差就越小，精度就越高。

在 A/D 转换中，模拟电压的输入范围一般有 0～5 V、0～10 V、−5～5 V 等，其中

0～5 V、0～10 V 称为单极性输入，－5 V～5 V 称为双极性输入。在输入范围内，转换前后的模拟电压与数字码之间有一一对应的关系。

转换后的数字码一般有二进制码和 BCD 码两种。BCD 码常用于直接显示数字，二进制码用于与计算机的接口，有 8、10、12、16 位等，位数越多，精度越高。对于双极性输入，一般给出二进制补码的形式或双极性偏移码的形式，如表 4－2 所示。

表 4－2　A/D 编码

	模拟量/V	数字码		
		8 位	12 位	16 位
单极性（0～5 V）	0	(00000000)	(××××0000, 00000000)	(00000000, 00000000)
	2.5	(10000000)	(××××1000, 00000000)	(10000000, 00000000)
	3.75	(11000000)	(××××1100, 00000000)	(11000000, 00000000)
	5	(11111111)	(××××1111, 11111111)	(11111111, 11111111)
双极性（－5 V～5 V）（偏移码）	－5	(00000000)	(××××0000, 00000000)	(00000000, 00000000)
	－2.5	(01000000)	(××××0100, 00000000)	(01000000, 00000000)
	0	(10000000)	(××××1000, 00000000)	(10000000, 00000000)
	2.5	(11000000)	(××××1100, 00000000)	(11000000, 00000000)
	5	(11111111)	(××××1111, 11111111)	(11111111, 11111111)
	0	(00000000)	(××××0000, 00000000)	(00000000, 00000000)

1. 12 位 A/D 转换器 AD574A

实现 A/D 转换的方法比较多，常见的有计数法、双积分法和逐次逼近法。由于逐次逼近式 A/D 转换具有速度快、分辨率高等优点，而且采用该法的 A/D 转换器芯片的成本较低，因而目前绝大多数 A/D 转换器都采用这种方法。

AD574A 是一款逐次逼近式 12 位 A/D 转换器，其引脚排列如图 4－4 所示，其引脚及功能说明如表 4－3 所示。

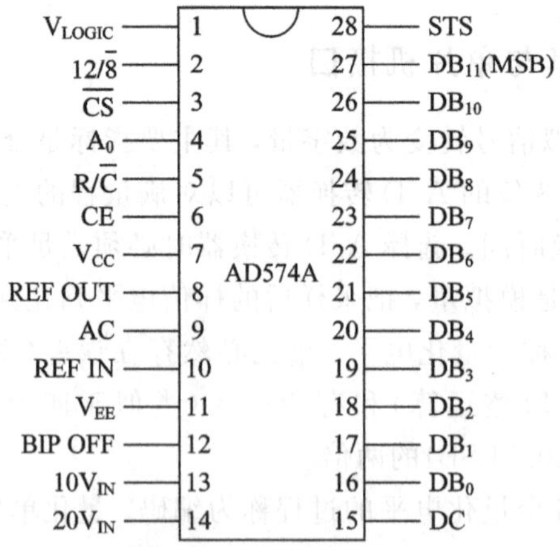

图 4－4　AD574A 的引脚图

表 4-3　AD574A 的引脚及功能

引　脚	功　能
$10V_{IN}$	量程为 0～+10 V 的单极性输入端(10 V Span Input)
$20V_{IN}$	量程为 0～+20 V 的单极性输入端(20 V Span Input)
BIP OFF	双极性偏置输入端(Bipolar Offset)，量程为−5～+5 V
DB_{11}～DB_0	共 12 条输出引线，其中 DB_{11} 为最高有效位，DB_0 为最低有效位
CE	芯片使能引脚，高电平有效
$\overline{CS}$	片选信号，低电平有效
$R/\overline{C}$	读/转换控制信号(Read/Convert)，高电平时为读有效，低电平时为转换有效
$12/\overline{8}$	数据模式选择端(Data Mode Select)。当它为高电平时，从 DB_{11}～DB_0 输出 12 位数据；当它为低电平时，12 位数据要分两次输出
A_0	字节地址短周期信号(Byte Address Short Cycle)，用于选择转换数据的长度
STS	状态输出信号，用于指示转换的状态。当它为高电平时，表示正在转换；当它为低电平时，表示转换已结束
V_{CC}	+12 V 或+15 V 电源，输入
V_{EE}	−12 V 或−15 V 电源，输入
V_{LOGIC}	逻辑电源，接+5 V
REF OUT	输出 10 V 基准电压
REF IN	参考电压输入引脚
AC	模拟地(Analog Common)
DC	数字地(Digital Common)

当 CE 和$\overline{CS}$同时有效时，AD574A 开始工作(启动转换或读出转换结果)，此时，若 $R/\overline{C}$为低电平，则启动 AD574A 进行 A/D 转换；若 $R/\overline{C}$为高电平，则可从 DB_{11}～DB_0 读出数字量。

转换开始后，A_0 为低电平，使 AD574A 初始化为 12 位转换，高电平则仅产生 8 位短周期转换。在读出操作且 $12/\overline{8}$为低电平时，A_0 用于选择读出三态输出缓冲器中的高 8 位(A_0=0)还是低 4 位(A_0=1)数据；若 $12/\overline{8}$为高电平，则 A_0 不起作用。

各控制信号的真值表如表 4-4 所示。

表 4-4　AD574A 控制信号的真值表

CE	$\overline{CS}$	$R/\overline{C}$	$12/\overline{8}$	A_0	操　作
0	×	×	×	×	无作用
×	1	×	×	×	无作用
1	0	0	×	0	启动 12 位转换
1	0	0	×	1	启动 8 位转换
1	0	1	V_{LOGIN}	×	并行输出 12 位数据
1	0	1	DC	0	输出高 8 位数据
1	0	1	AC	1	输出低 4 位并附加 4 个 0

2. 带采样/保持器的 12 位 A/D 转换器 AD1674

AD1674 从引脚到功能都与 AD574/674 完全兼容，只是 AD1674 内部增加了采样/保持电路，采样频率为 100 kHz，大大高于 AD574A，并且有全控模式和单一工作模式，其精度达 0.05%。

AD1674 采用 BIMOS 工艺，主要由宽频带采样/保持器、10 V 基准电源、时钟电路、D/A 转换器、SAR 寄存器、比较器和三态输出缓冲器等组成，其结构如图 4-5 所示。当控制部分发出启动转换命令时，首先使采样/保持器工作在保持模式，并使 SAR 寄存器复零。一旦开始转换，就不能停止或重新启动 A/D 转换，此时输出缓冲器的数据输出无效。逐次逼近寄存器按时钟顺序从高位到低位顺序进行比较，以产生转换结果。转换结束时，返回一个转换结束标志给控制部分，控制部分立即禁止时钟输出，并使采样/保持器工作在采样模式。与此同时，延迟 STS 信号下跳的时间来稳定转换数据，以满足 12 位的精度。

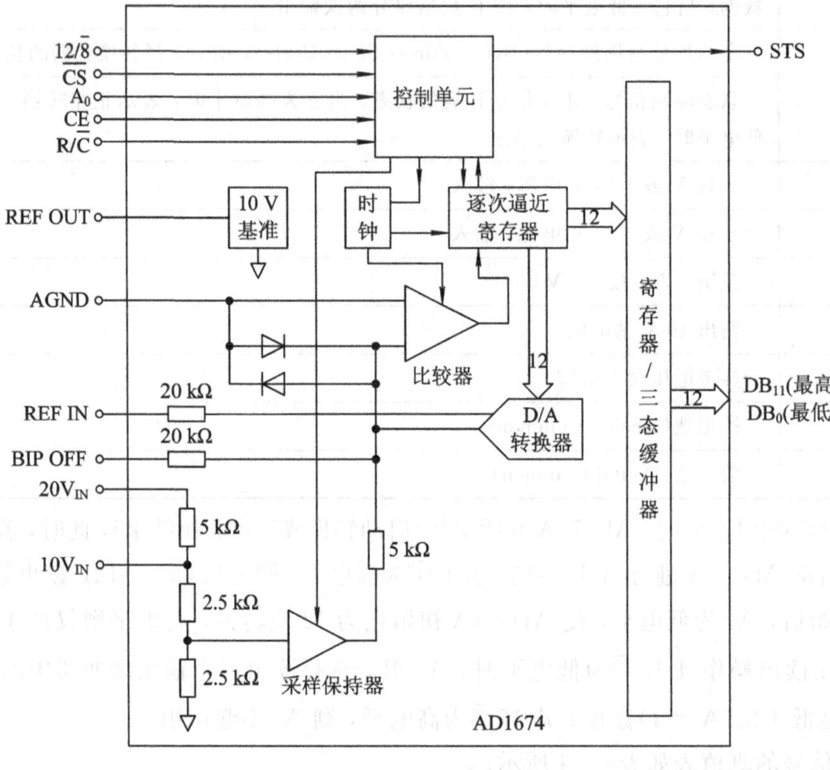

图 4-5 AD1674 内部结构框图

当 AD1674 工作在全控模式时，利用 CE、$\overline{CS}$和 R/$\overline{C}$来控制转换和读数。如果 CE=1 且$\overline{CS}$=0，则 R/$\overline{C}$=1 时读数；反之，启动 A/D 转换。这种模式适合用唯一地址总线或数据总线译码的多个设备的系统。

当 AD1674 工作在单一模式时，CE=1，$\overline{CS}$=0，12/$\overline{8}$、A_0=0，它是通过 R/$\overline{C}$来完成读数和转换功能的。这种模式适用于有足够输入口而无需扩充数据总线的系统，尤其适用于 16 位数据总线。

AD1674 为标准 28 脚双列直插式封装，如图 4-6 所示。其引脚意义及功能说明如表 4-5 所示。

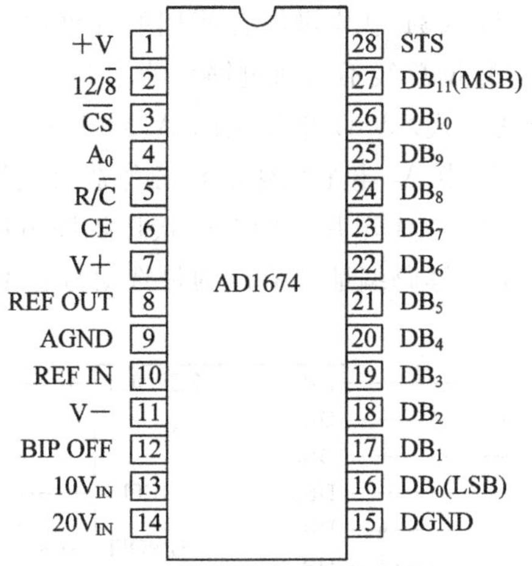

图 4－6　AD1674 引脚说明

表 4－5　AD1674 引脚及功能

引　脚	功　能
+V	+5 V 逻辑电源端
12/$\overline{8}$	数据格式选择端(注意：此信号是非逻辑电平)。当 12/$\overline{8}$为 1 时，输出数据为 12 位格式；反之，输出数据为 8 位格式
$\overline{CS}$	片选端，低电平有效
A_0	数据输出方式控制。当 A_0 为低电平时，如果启动 A/D 转换，则为 12 位转换；当 A_0 为高电平时，启动的是 8 位短周期转换。在 12/$\overline{8}$=0，R/$\overline{C}$=1 期间，当 A_0 为低电平时，允许高 8 位(DB_4～DB_{11})输出；当 A_0 为高电平时，允许低 4 位(DB_0～DB_3)输出，且 DB_7～DB_4=0
R/$\overline{C}$	读数/转换端。在全控模式下，R/$\overline{C}$为高电平时读数，反之启动 A/D 转换。在单一工作模式下，R/$\overline{C}$的下降沿启动 A/D 转换
CE	使能端。高电平有效，主要用于启动 A/D 转换和读操作
V+	+12 V/+15 V 电源电压输入端
REF OUT	+10 V 基准电压输出端
AGND	模拟地
REFIN	A/D 基准电压输入端。正常使用时，可通过 50 Ω 左右的电阻与 REFOUT 相连
V−	−12 V/−15 V 电源电压输入端
BIP OFF	极性偏移端
$10V_{IN}$	满 10 V 模拟电压输入端。单极性输入范围为 0～10 V，双极性输入范围为−5 V～+5 V。当 AD1674 满度为 20 V 时，此端应该悬空
$20V_{IN}$	满 20 V 模拟电压输入端。单极性输入范围为 0～20 V，双极性输入范围为−10～+10 V。当 AD1674 满度为 10 V 时，此端应该悬空
DGND	数字地
DB_0～DB_{11}	A/D 转换数据输出端
STS	转换状态标志。当转换正在进行时，STS 为 1；转换结束时，STS 为 0

图 4-7 给出了 AD1674 与 8031 单片机结合使用的硬件接口电路。AD1674 的数据输出方式是三态控制的，因此，数据总线不是通过锁存器与 8031 单片机的数据总线相连，而是采用了数据总线直接相连的方式。8031 单片机的 A_0 线需要通过锁存器接到 AD1674 的 A_0 线，以防止在 A/D 转换过程中 A_0 电平变化而对芯片造成损坏。另外，在实际的应用系统设计中，因为系统要连接许多 8031 单片机的 I/O 接口扩展组件(EPROM、键盘、显示器等)，所以，I/O 口地址都是统一译码编址，A/D 的片选信号也不例外。

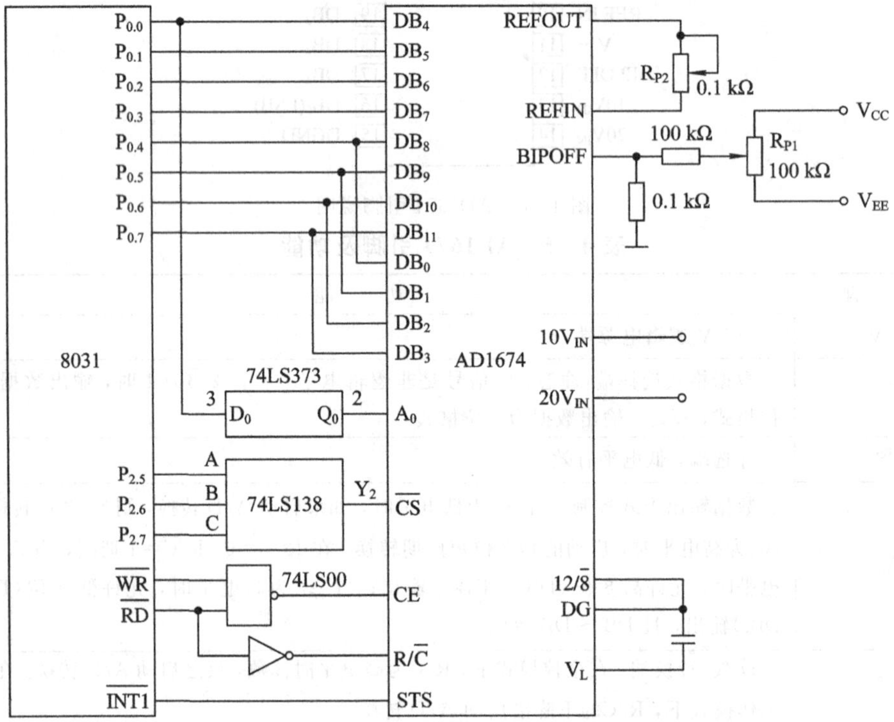

图 4-7　AD1674 与 8031 单片机的硬件接口电路

图 4-7 中用 74LS138 译码器的 Y_2 输出作为 AD1674 的片选信号 $\overline{CS}$，口地址为 4000H。A/D 转换结果的输出是采取中断方式，利用 A/D 的转换结束信号 STS 向 8031 单片机发出中断申请信号 $\overline{INT1}$。

中断方式的 A/D 转换服务子程序如下：

初始化程序：

```
INITI：SETB  IT1              ；启动中断 1 初始化编程
       SETB  EA
       SETB  EX1
       MOV   DPTR，#4000H     ；启动 AD1674 的转换
       MOVX  @DPTR，A
```

中断服务子程序：

```
INT1： MOV   DPTR，#4000H     ；读取 A/D 高 8 位转换结果
       MOVX  A，@DPTR         ；放入 8031 内部 RAM 的 20H 单元
```

```
MOV   20H, A
INC   DPTR                 ; 读取低 4 位 A/D 转换结果
MOVX  A, @DPTR             ; 放入 8031 内部 RAM 的 21H 单元
ANL   A, 0F0H              ; 屏蔽掉 A 中低 4 位
MOV   21H, A               ; 留下低 4 位 A/D 转换结果
RETI                       ;在 A 累加器的高 4 位
```

3. 3 位半 BCD 码输出双积分 A/D 转换器 MC14433

MC14433 是美国 Motorola 公司生产的 3 位半双积分 A/D 转换器，是目前市场上广为流行的、典型的 A/D 转换器。MC14433 具有抗干扰性能好、转换精度高(相当于 11 位二进制数)、自动校零、自动极性输出、自动量程控制信号输出、动态字位扫描 BCD 码输出、单基准电压、外接元件少、价格低廉等特点。其转换速度约为 1～10 次/秒，在不要求高速转换的场合被广泛采用，如温度控制系统中。5G14433 与 MC14433 完全兼容，可以互换使用。

MC14433 的内部组成框图及引脚定义如图 4－8 所示，其引脚及功能说明如表 4－6 所示。

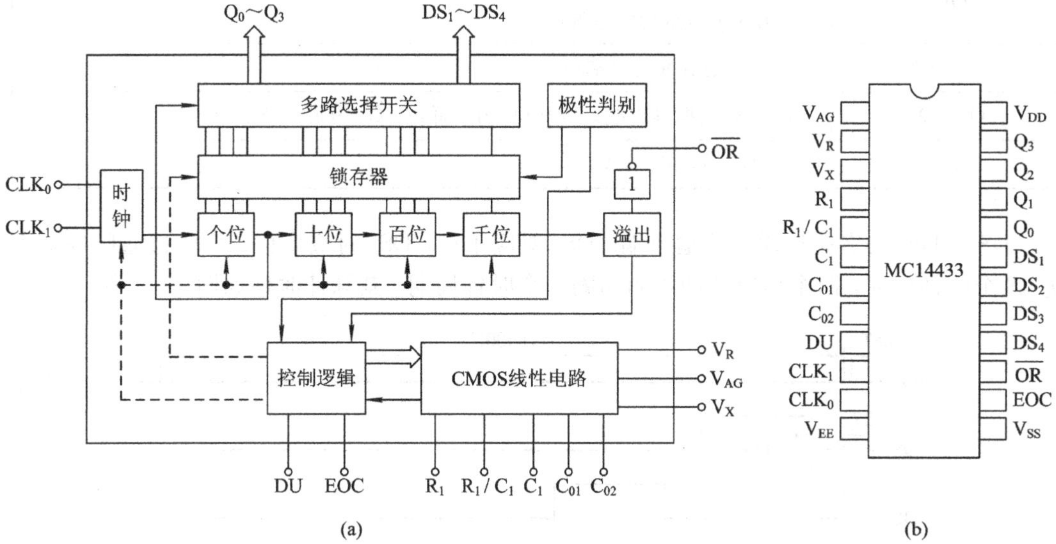

图 4－8　MC14433 的内部组成框图及引脚定义

表 4－6　MC14433 引脚及功能

引　　脚	功　　能
V_{AG}	被测电压 V_X 和基准电压 V_R 的接地端(模拟地)
V_R	外接输入基准电压(＋2 V 或＋200 mV)
V_X	被测电压输入端
R_1、R_1/C_1、C_1	外接积分电阻 R_1 和积分电容 C_1 元件端。外接元件典型值为：当量程为 2 V 时，C_1＝0.1 μF，R_1＝470 kΩ；当量程为 200 mV 时，C_1＝0.1 μF，R_1＝27 kΩ

续表

引　脚	功　能
C_{01}、C_{02}	外接失调补偿电容 C_0 端，C_0 的典型值为 0.1 μF
DU	更新输出的 A/D 转换数据结果的输入端。当 DU 与 EOC 连接时，每次的 A/D 转换结果都被更新
CLK1 和 CLK0	时钟振荡器外接电阻 R_C 端。时钟频率随 R_C 的增加而下降，当 R_C 的值为 300 kΩ 时，时钟频率为 147 kHz(每秒约转换 9 次)
V_{EE}	模拟部分的负电源端，接－5 V
V_{SS}	除 CLK0 端外所有输出端的低电平基准(数字地)。当 V_{SS} 接 V_{AG}(模拟地)时，输出电压幅度为 $V_{AG}\sim V_{DD}$(0～＋5 V)；当 V_{SS} 接 V_{EE}(－5 V)时，输出电压幅度为 $V_{EE}\sim V_{DD}$(－5 V～＋5 V)，10 V 的幅度。实际应用时 V_{SS} 接 V_{AG}，即模拟地和数字地相连
EOC	转换周期结束标志输出。每当一个 A/D 转换周期结束，EOC 端便输出一个宽度为时钟周期 1/2 宽度的正脉冲
OR	过量程标志输出，平时为高电平。当 $\|V_X\|>V_R$(被测电平输入绝对值大于基准电压)时，$\overline{OR}$端输出低电平
$DS_1\sim DS_4$	多路选通脉冲输出端
$Q_0\sim Q_3$	BCD 码数据输出线。其中 Q_0 为最低位，Q_3 为最高位
V_{DD}	正电源端，接＋5 V

$DS_1\sim DS_4$ 为多路选通脉冲输出端，DS_1 对应千位，DS_4 对应个位。每个选通脉冲宽度为 18 个时钟周期，两个相邻脉冲之间间隔 2 个时钟周期，其脉冲时序如图 4-9 所示。

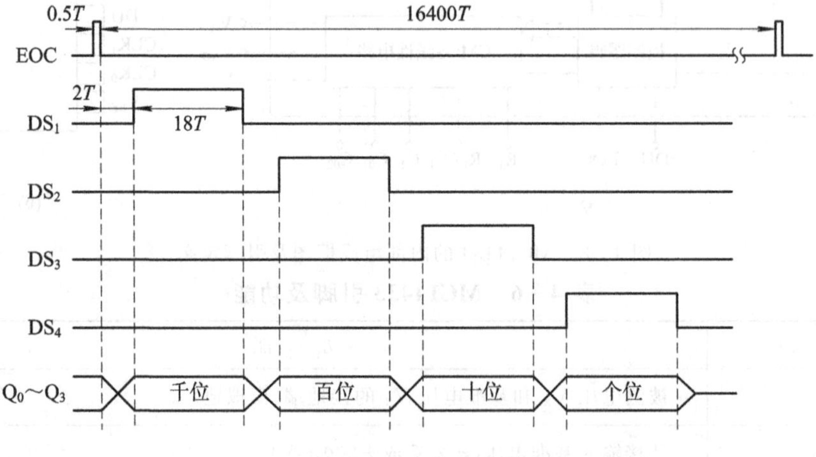

图 4-9　MC14433 选通脉冲时序图

当 DS_2、DS_3 和 DS_4 选通期间，输出 3 位完整的 BCD 码，即 0～9 十个数字中的任何一个都可以。但在 DS_1 选通期间，数据输出线 $Q_0\sim Q_3$ 除了千位的 0 或 1 外，还表示了转换值的正/负极性和欠/过量程，其含义见表 4-7。

表 4-7　DS_1 选通时 Q_3～Q_0 表示的输出结果

DS_1	Q_3	Q_2	Q_1	Q_0	输出结果状态
1	1	×	×	0	千位数为 0
1	0	×	×	0	千位数为 1
1	×	1	×	0	输出结果为正值
1	×	0	×	0	输出结果为负值
1	0	×	×	1	输入信号过量程
1	1	×	×	1	输入信号欠量程

由表 4-7 可知：

(1) Q_3 表示千位数的内容，Q_3=0(低电平)时，千位数为 1；Q_3=1(高电平)时，千位数为 0。

(2) Q_2 表示被测电压的极性，Q_2=1 表示正极性，Q_2=0 表示负极性。

(3) Q_0=1 表示被测电压在量程外(过或欠量程)，可用于仪表自动量程切换。当Q_3=0 时，表示过量程；当 Q_3=1 时，表示欠量程。

MC14433 与 80C51 单片机的接口电路如图 4-10 所示。

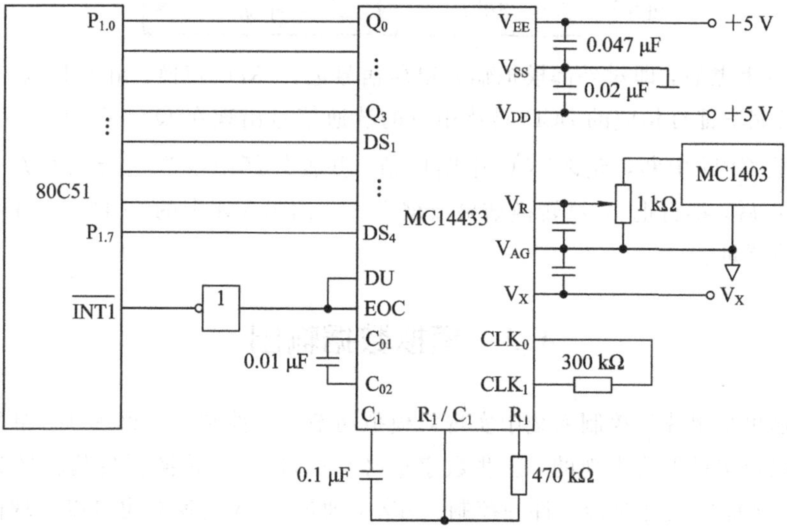

图 4-10　MC14433 与 80C51 的接口电路

尽管 MC14433 需外接的元件很少，但为使其工作于最佳状态，也必须注意外部电路的连接和外接元器件的选择。由于片内提供时钟发生器，使用时只需外接一个电阻，也可采用外部输入时钟或外接晶体振荡电路。MC14433 芯片工作电源为±5 V，正电源接 V_{DD}，模拟部分负电源端接 V_{EE}，模拟地 V_{AG}与数字地 V_{SS}相连为公共接地端。为了提高电源的抗干扰能力，正、负电源分别经去耦电容 0.047 μF、0.02 μF 与 $V_{SS}(V_{AG})$端相连。

MC14433 芯片的基准电压需外接，可由 MC1403 通过分压提供+2 V 或+200 mV 的基准电压。在一些精度不高的小型智能化仪表中，由于+5 V 电源是经过三端稳压器稳定的，工作环境又比较好，这样就可以通过电位器对+5 V 直接分压得到。

EOC 是 A/D 转换结束的输出标志信号，每一次 A/D 转换结束时，EOC 端都输出一个 1/2 时钟周期宽度的脉冲。当给 DU 端输入一个正脉冲时，当前 A/D 转换周期的转换结果将被送至输出锁存器，经多路开关输出，否则将输出锁存器中原来的转换结果。所以，DU 端与 EOC 端相连，以选择连续转换方式，每次转换结果都送至输出寄存器。

由于 MC14433 的 A/D 转换结果是动态分时输出的 BCD 码，$Q_0 \sim Q_3$ 和 $DS_1 \sim DS_4$ 都不是总线式的，因此，80C51 单片机只能通过并行 I/O 接口或扩展 I/O 接口与其相连。对于 80C31 单片机的应用系统来说，MC14433 可以直接和其 P1 口或扩展 I/O 口 8155/8255 相连。

80C51 读取 A/D 转换结果时可以采用中断方式或查询方式。采用中断方式时，EOC 端与 80C51 外部中断输入端$\overline{INT0}$或$\overline{INT1}$相连。采用查询方式时，EOC 端可接入 80C51 任一个 I/O 口或扩展 I/O 口。图中采用中断方式(接$\overline{INT1}$)。

根据图 4-10 的接口电路，将 A/D 转换结果存入片内 RAM 中的 2EH、2FH 单元，并给定数据存放格式为：

	D_7	D_6	D_5	D_4	D_3	D_2	D_1	D_0
2EH	符号	×	×	千位	百位			
2FH	十位				个位			

MC14433 上电后，即对外部模拟输入电压信号进行 A/D 转换。由于 EOC 与 DU 端相连，每次转换完毕都有相应的 BCD 码及相应的选通信号出现在 $Q_0 \sim Q_3$ 和 $DS_1 \sim DS_4$ 上，当 80C51 开放 CPU 中断，允许$\overline{INT1}$中断申请，并置外部中断为边沿触发方式时，每次 A/D 转换结束后，都将把 A/D 转换结果数据送入片内 RAM 中的 2EH、2FH 单元。这两个单元均可位寻址。

4.3　模拟数据输出

模拟量输出是单片机控制系统中实现对模拟功率元件控制的关键手段。单片机产生的控制决策是以数字量形式表现的，这些数字量必须通过 D/A 转换器将其转换为模拟电压或模拟电流，才能实现对执行元件的控制。另外，通过 D/A 转换器也可以实现信号发生器的功能。

常用 D/A 转换器的转换方式分为并行转换和串行转换。前者因各位代码都同时送到转换器相应的输入端，转换时间只取决于转换器中的电压或电流的建立时间及求和时间(一般为微秒级)，所以转换速度快，应用较多。

DAC1210 是一款 12 位 D/A 转换器，它的输入寄存器由一个 8 位寄存器和一个 4 位寄存器组成，DAC 寄存器和 D/A 转换器都是 12 位。图 4-11 是该芯片的结构框图。

DAC1210 的引脚排列如图 4-12 所示，其引脚及功能说明如表 4-8 所示。

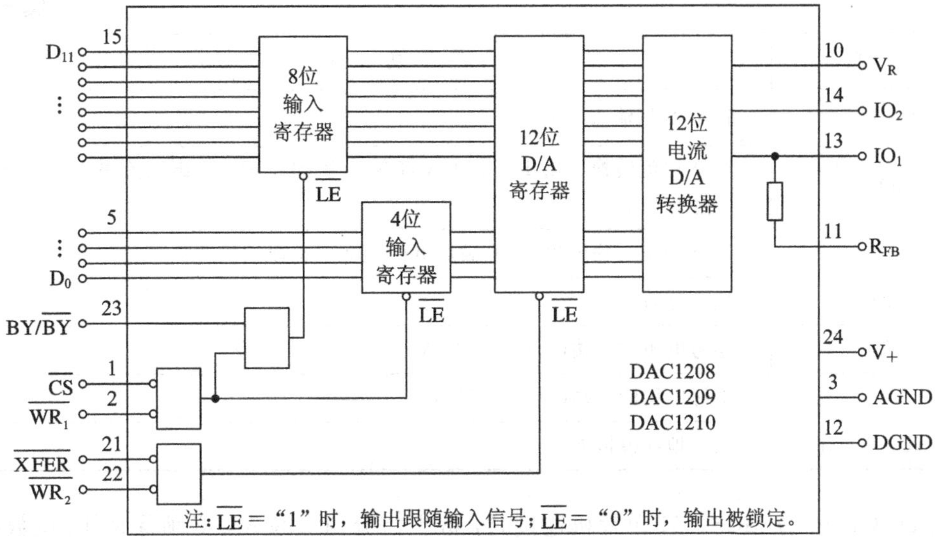

图 4-11　DAC1210 内部结构

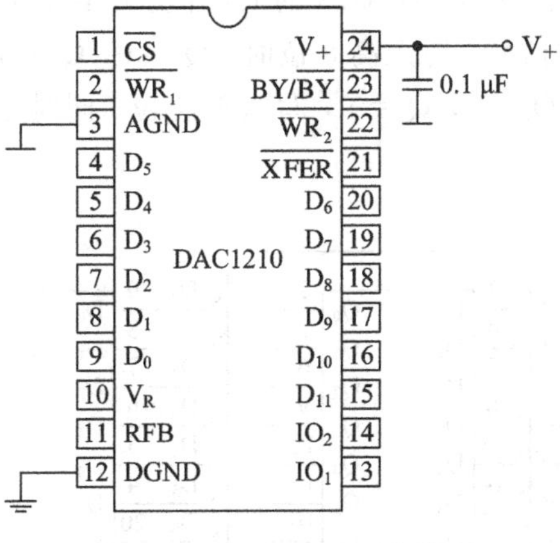

图 4-12　DAC1210 引脚排列

表 4-8　DAC1210 引脚及功能

引　　脚	功　　能
$\overline{CS}$	片选信号(低电平有效)
$\overline{WR_1}$	写信号(低电平有效)
BY/$\overline{BY}$	字节顺序控制信号。该信号为高电平时，开启 8 位和 4 位两个锁存器，将 12 位全部打入锁存器；该信号为低电平时，开启 4 位输入锁存器
$\overline{WR_2}$	辅助写信号(低电平有效)。该信号与$\overline{XFER}$相结合，当 XFER 与$\overline{WR_2}$同时为低电平时，把锁存器中的数据打入 D/A 寄存器；当$\overline{WR2}$为高电平时，D/A 寄存器中的数据被锁存起来
$\overline{XFER}$	传送控制信号(低电平有效)。该信号与$\overline{WR_2}$信号相结合，用于将输入锁存器中的 12 位数据送至 D/A 寄存器

续表

引　　脚	功　　能
$D_0 \sim D_{11}$	12 位数据输入端
IO_1	D/A 电流转换输出 1。当 D/A 寄存器为全“1”时，输出电流最大；为全“0”时，输出为 0
IO_2	D/A 电流转换输出 2，并满足 $IO_1 + IO_2 =$ 常数
RFB	反馈电阻
V_R	参考电源输入端（−10～+10 V）
V+	电源电压输入端（+5～+15 V）
DGND，AGND	数字地和模拟地

当 DAC1210 与 MCS-51 单片机连接时，数据需分两次写入，必须保证 12 位数据同时送入 D/A 转换器并进行转换。

如图 4-13 所示，地址锁存器 74LS373 的 Q_6 作为 DAC1210 的 $\overline{CS}$ 控制信号，Q_7 作为输入锁存器允许和传输控制信号。写入高 8 位时，$Q_6 = 0$，$Q_7 = 1$，此时高 8 位的低半字节也被 4 位输入寄存器锁存；$Q_6 = 0$，$Q_7 = 0$，写入低 4 位，同时也打通 12 位 DAC 寄存器，开始进行 D/A 转换。

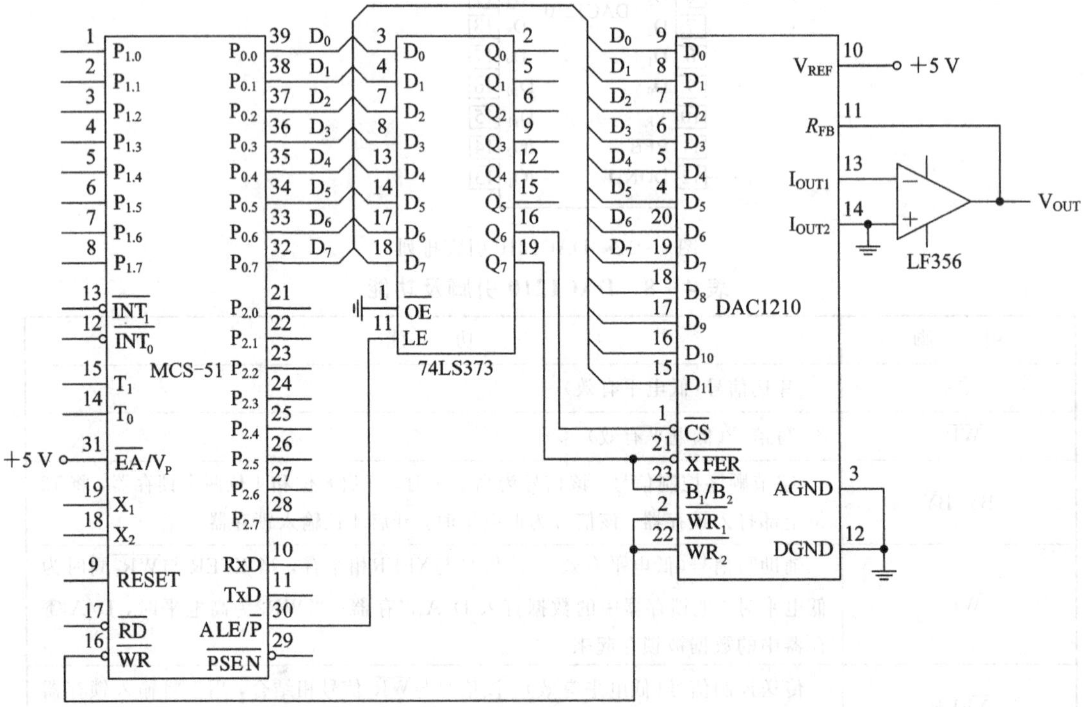

图 4-13　DAC1210 与单片机的接口电路

以图 4-13 为例，要求 DAC1210 输出锯齿波，波形周期自由，程序清单如下：

```
        ORG     0030H
START:  MOV     R2, #0FFH       ；输出高 8 位初值
        MOV     R3, #0F0H       ；输出低 4 位初值
AGAIN:  MOV     A, R2
        MOV     R0, #0BFH
        MOVX    @R0, A          ；输出高 8 位
        MOV     A, R3
        SWAP    A
        MOV     R0, #3FH
        MOVX    @R0, A          ；输出低 4 位
        CLR     C
        MOV     A, R3
        SUBB    A, #10H         ；输出值减一个单位
        MOV     R3, A
        MOV     A, R2
        SUBB    A, #00H
        MOV     R2, A
        ORL     A, R3
        JNZ     AGAIN           ；输出值不为 0 则继续
        SJMP    START           ；输出值为 0，重新开始
        END
```

4.4 功率输出

在由单片机组成的工业控制系统中需要推动一些功率很大的交直流负载，其工作电压高，工作电流大，还常常会引入各种现场干扰。为保证单片机系统安全可靠地运行，功率接口需要选择合适的驱动和隔离方案。低压直流负载可采用功率晶体管驱动，高压直流负载和交流负载常采用继电器驱动，交流负载也可以用双向晶闸管或固态继电器驱动。常用的隔离元件为光电耦合器或继电器，隔离时一定要注意，单片机用一组电源，外围器件用另一组电源，两者间从电路上要完全隔离。

4.4.1 功率晶体管接口

1. 晶体管驱动继电器

如图 4-14 所示，可以直接使用单片机并行口 P2 的一位，经晶体管功率放大后驱动继电器。P2 口输出高电平时，晶体管导通，继电器线圈流过电流，触点吸合。单片机输出低电平时，晶体管截止，继电器线圈没有电流，触点释放。单片机输出高电平时的驱动电流大约为 100 μA。晶体管电流放大倍数不够大时，会使晶体管达不到饱和，这时应采用达林顿管接法或在晶体管基极与+5 V 之间接上拉电阻。

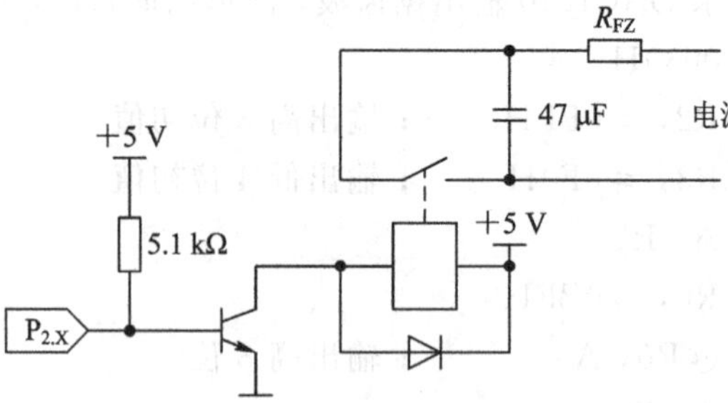

图 4-14 晶体管驱动继电器电路

继电器线圈两端并接的二极管起续流作用，目的是在晶体管关断瞬间，给继电器线圈提供释放磁场能量的回路，保护晶体管的安全。为防止继电器接点断开时产生火花，干扰单片机系统，还要在继电器接点两端并接电容。

2. 晶体管阵列

当需要多路晶体管驱动输出时，可选用集成晶体管阵列，以简化电路，降低成本。图 4-15 是 7 路晶体管阵列 MC1413 的内部电路结构和引脚图。

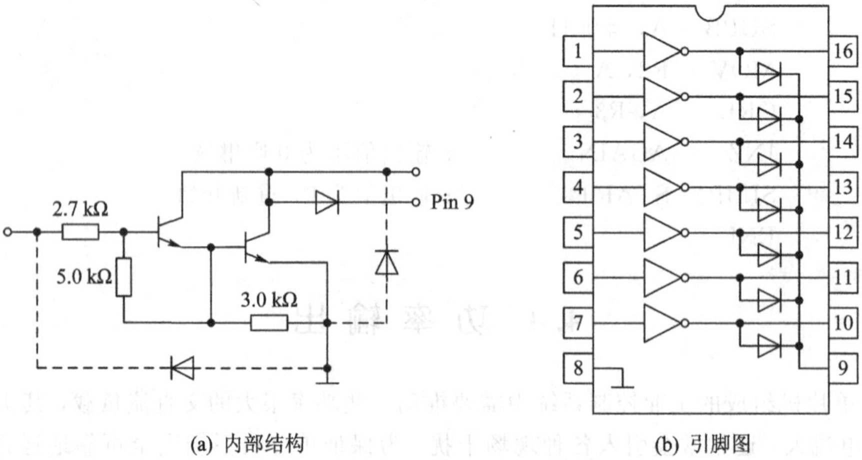

(a) 内部结构 (b) 引脚图

图 4-15 MC1413 的内部结构和引脚图

MC1413 中的每一路达林顿晶体管可提供 500 mA 的驱动电流，集电极电压可达50 V。每一路晶体管均带有续流二极管，用于带感性负载时保护晶体管。

4.4.2 光电耦合器隔离

光电耦合器是将发光器件和光敏器件集成在一起，通过光信号耦合构成的电—光—电转换器件。光电耦合器的发光部分和受光部分间没有电的联系，具有很高的绝缘电阻，可承受 2000 V 以上的高压，并能避免输出端对输入端的电磁干扰。普通光电耦合器的传输速率在 10 kHz 左右，高速光电耦合器的传输速率超过 1 MHz，实际使用中光电耦合器输入侧的发光二极管的驱动电流取 10～20 mA，输出侧的光敏三极管的耐压大于 30 V。

光电耦合电路可以用于开关量或脉冲信号的输入隔离和输出隔离。图 4-16 与图 4-17 分别是输入隔离电路和输出隔离电路。

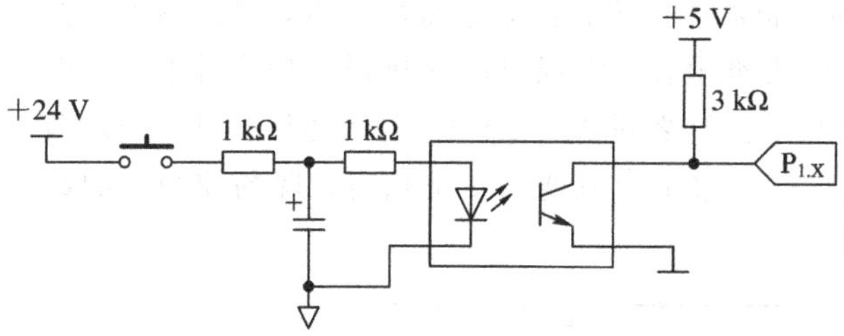

图 4-16　输入隔离电路

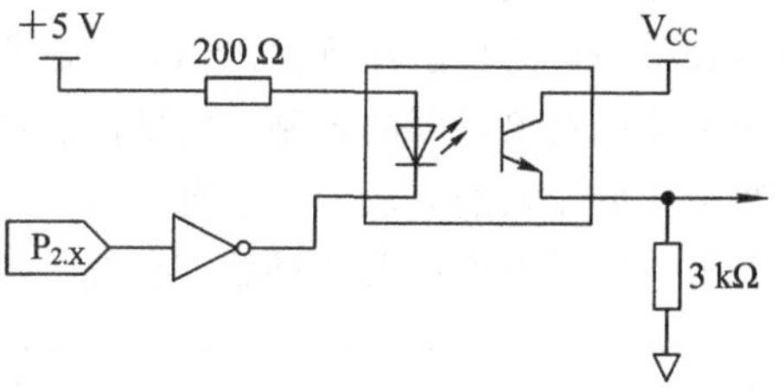

图 4-17　输出隔离电路

4.4.3　双向晶闸管接口

用单片机控制工频交流电，最方便的方法是采用双向晶闸管。为避免晶闸管导通瞬间产生的冲击电流所带来的干扰和对电源的影响，可以使用过零触发的方式。图 4-18 是利用过零触发带光电隔离的双向晶闸管 MOC3061 触发大容量双向晶闸管的电路。

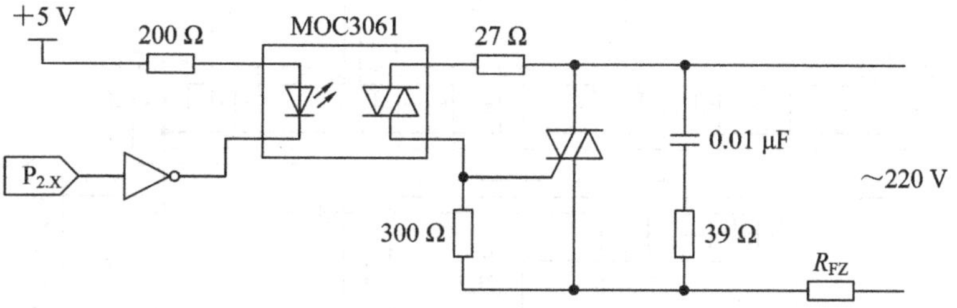

图 4-18　过零触发双向晶闸管触发电路

MOC3061 是输出端为双向晶闸管的光电耦合器，其内部带有过零检测电路，输入端发光二极管发光后，只有主回路正弦电压过零时双向晶闸管才导通。MOC3061 输出端额定电压为 600 V，最大重复浪涌电流为 1 A，最大电压上升率大于 1000 V/μs，输入/输出隔离电压大于 7500 V，输入控制电流为 15 mA。

单片机输出高电平时，经反相器反相，发光二极管中流过电流，发光二极管发光，当主回路正弦电压过零时，MOC3061 内部双向晶闸管导通，经 27 Ω 电阻向外接双向晶闸管提供触发电流使其导通。单片机输出低电平时，发光二极管中无电流，发光二极管不再发光，当双向晶闸管内电流过零后阻断。双向晶闸管两端接的阻容电路是保护双向晶闸管的。使用双向晶闸管控制交流电压时要注意，双向晶闸管的漏电流较大。

4.5　单片机现场控制器

以工业控制计算机(即工业 PC)构成上位机，以单片机现场控制器构成下位机，是集散控制系统典型的组成模式。这种模式由上位机下达控制要求，下位机完成对被控制对象的实时监测和控制，并定期将被控制对象状态数据返回上位机，适用于被控制对象分布距离较远，实时控制要求较高的场合。单片机现场控制器需要具备上、下位机通信、数据采集、数据显示、报警、实时处理等功能。

图 4-19 是一种用于温度集散控制系统的单片机现场控制器的原理图，可用于对多点

分布的温度控制对象进行集散控制。现场控制器通过传感器采集现场温度，根据输入的控制参数和一定的算法计算输出值，传输给固态继电器，实现对电加热器的功率控制，从而实现对被控对象温度的控制。现场控制器与上位机之间通过 RS485 总线通信。现场控制器有两种数据输入的方法，一是通过键盘，二是通过上位机通信传输信息。现场控制器的数码管用于显示温度以及各种状态信息。

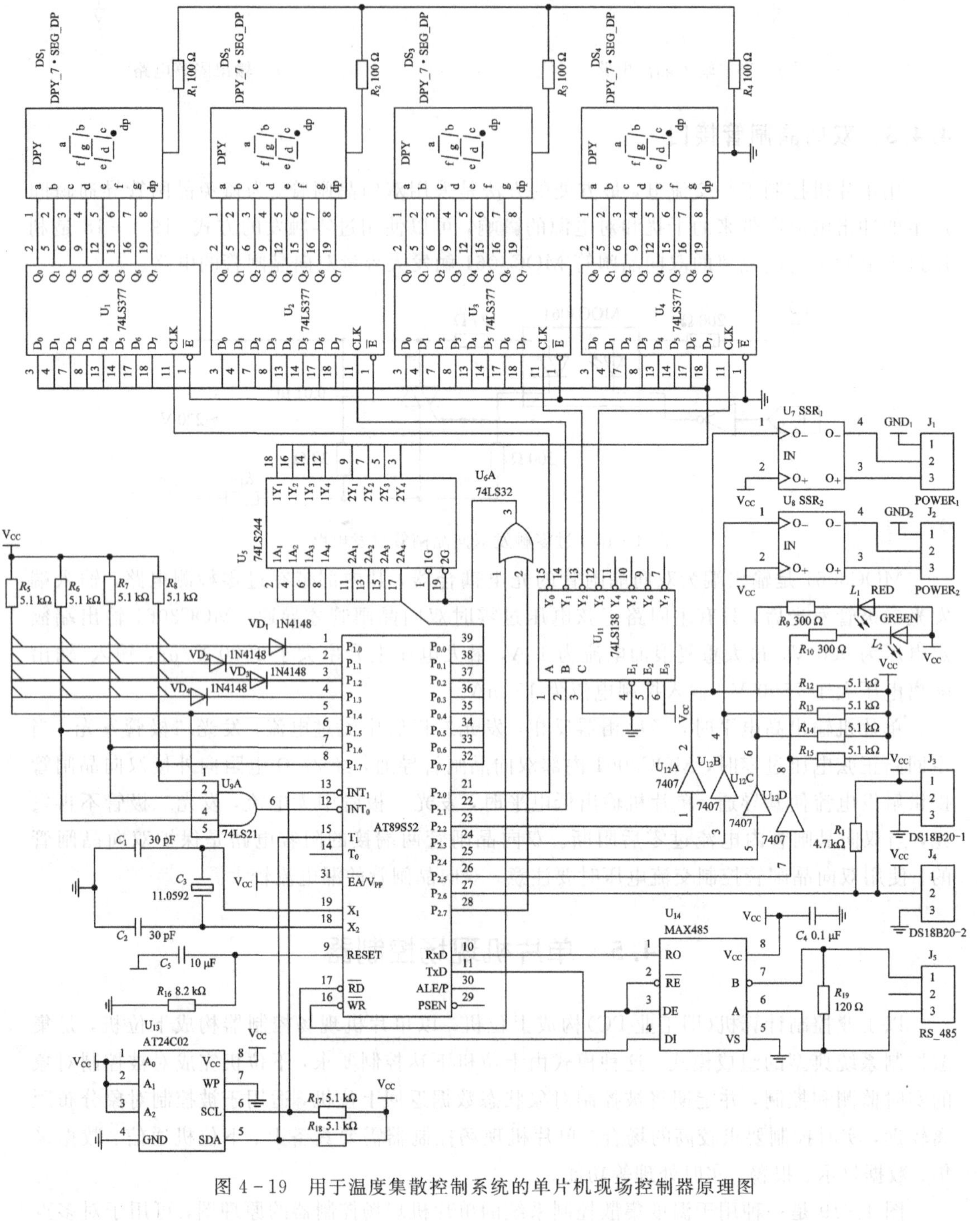

图 4-19　用于温度集散控制系统的单片机现场控制器原理图

该现场控制器采用与 MCS－51 系列单片机兼容的自带看门狗单片机 AT89S52，它由传感器输入、键盘输入、固态继电器输出控制、显示输出、EEPROM 数据存储、通信等 6 个模块组成。

温度传感器 DS18B20 是美国 Dallas 半导体公司推出的数字温度传感器，它具有独特的单总线接口，仅需占用一位通用 I/O 端口即可完成与单片机的通信，在－10～＋85℃温度范围内具有±0.5℃的精度，用户可编程设定 9～12 位的分辨率。可以采用多温度传感器单线连接构成局部传感器网络。这里采用了两个 DS18B20，具备双点温度采集功能。

固态继电器 SSR_1 和 SSR_2 为北京科通 JGX－3A 型直流固态继电器，输入控制信号为 3～36 V，输出额定电压为 30 V，输出额定电流为 3 A，用于控制电加热器加热。

为了与上位机进行长距离通信，采用了 MAX485 集成电路实现 RS485 串行总线通信。

EEPROM 数据存储器采用 AT24C02。AT24C02 是一个 2 KB 串行 EEPROM，内部含有 256 个 8 位字节 EEPROM 数据存储单元。

4.6　其他嵌入式处理器

1. ARM 处理器

ARM(Advanced RISC Machines)公司成立于 1990 年，是知识产权(IP)供应商，本身不生产芯片，靠转让设计许可，由合作伙伴公司来生产各具特色的芯片。ARM 公司是 32 位嵌入式 RISC 微处理器的领先供应商，在世界范围内的合作伙伴超过 100 个，具有大量的开发工具和丰富的第三方资源，保证了基于 ARM 处理器核的设计可以很快投入市场。

ARM 处理器具有高性能、低功耗、小体积、低成本和紧凑代码密度的特点，采用 16 位/32 位双指令集，具备全球众多合作伙伴，可保证芯片供应。ARM 已成为移动通信、手持计算和多媒体数字消费等嵌入式解决方案的 RISC 标准。ARM32 位体系结构被公认为业界领先，所有 ARM 处理器共享这一体系结构。

ARM 处理器本身是 32 位设计，但也配备 16 位 Thumb 指令集，以允许软件编码为更短的 16 位指令。与等价的 32 位代码相比，ARM 处理器占用的存储器空间节省高达 35%，然而却保留了 32 位系统所有的优势(例如，访问全 32 位地址空间)。Thumb 状态与正常的 ARM 状态之间的切换是零开销的，如果需要，可逐个例程使用切换。这允许设计者完全控制其软件的优化。

ARM 的 Jazelle 技术提供了 Java 加速，可得到比基于软件的 Java 虚拟机(JVM)高得多的性能，与同等的非 Java 加速核相比，功耗降低 80%。这些功能使平台开发者可自由运行 Java 代码，并在单一存储器上建立操作系统(OS)和应用。

许多系统需要将灵活的微控制器与 DSP 的数据处理能力相结合。过去，这要迫使设计者在性能、成本之间妥协，或采用复杂的多处理器策略。在 CPU 功能上，DSP 指令集的扩充提供了增强的 16 位和 32 位算术运算能力，提高了性能和灵活性。ARM 还提供了两个前沿特性——嵌入式 ICE－RT 逻辑和嵌入式跟踪宏核系列，用以辅助带深嵌入式处理器核的、高集成的 SOC 器件的调试。

ARM 当前有 5 个产品系列：ARM7、ARM9、ARM9E、ARM10 和 SecurCore。其进一步的产品来自于合作伙伴，例如 Intel XScale 微体系结构和 Strong ARM 产品。ARM7、

ARM9、ARM9E 和 ARM10 是 4 个通用处理器系列，每个系列提供一套特定的性能来满足设计者对功耗、性能和体积的需求。SecurCore 是第 5 个产品系列，是专门为安全设备而设计的，性能高达 1200 MIPS(XScale 微体系结构)，功耗测量为 μW/MHz，并且所有处理器体系结构兼容。

ARM7 系列为低功耗 32 位核，适用于对价位和功耗敏感的消费类应用。

2. ARM7TDMI 处理器

ARM7TDMI 处理器是 ARM7 处理器系列的成员之一，是目前应用很广的 32 位高性能嵌入式 RISC 处理器。AT91 系列微控制器采用了 ARM7TDMI 处理器核。

ARM7TDMI 这个名字的意义如下：

(1) ARM7：ARM6 32 位整数核的 3 V 兼容的版本。

(2) T：16 位压缩指令集 Thumb。

(3) D：支持在片调试(debug)，允许处理器响应调试请求暂停。

(4) M：增强型乘法器(multiplier)，与以前的处理器相比，它的性能更高，产生全 64 位结果。

(5) I：提供片上断点和调试点支持。

ARM 体系结构基于精简指令集计算机(RISC)原理。RISC 指令集和相关的译码机制比复杂指令集计算机(CISC)的设计更简单。这种简单性可以得到：高的指令吞吐率；出色的实时中断响应；体积小、性价比高的处理器宏单元。

ARM7TDMI 处理器有如下两个指令集：

(1) 高性能 32 位 ARM 指令集；

(2) 高代码密度 16 位 Thumb 指令集。

ARM7TDMI 处理器是 ARM v4T 体系结构的一种实现。“T”即 ARM 体系结构的 T 变量，指具有 Thumb 指令集。

ARM7TDMI 由处理器核、用于边界扫描的 TAP 控制器和在线仿真器(ICEBreaker)组成。双向数据总线 D[31:0]为了与各种外部存储器兼容，分割成单向输入和输出总线。

ARM7TDMI 处理器有 31 个通用 32 位寄存器、6 个状态寄存器。它特有整型 32×8 乘法器和 32 位桶形移位器，5 个独立的内部总线(PC 总线、增量器总线、ALU 总线、A 总线和 B 总线)，从而得到指令执行的高度并行性。

习题与思考题

1. 模拟数据采集系统通常由哪几部分组成，各有什么作用？

2. AD574 为 12 位 A/D 转换器，而 80C51 系列单片机为 8 位单片机，它们如何接口？转换后的结果如何读取和存放？

3. 试设计 AD1674 与 8031 单片机的接口电路。

4. 要求用 DAC1210 输出三角波，波形周期自由，请给出程序清单。

5. 试设计 MC14433 通过 8155 与 80C51 单片机的接口电路。

6. 功率输出的常用接口方式有哪些？

7. ARM 嵌入式处理器有哪些特点？

第 4 章参考文献

[1]　李全利，迟荣强．单片机原理及接口技术．北京：高等教育出版社，2004．

[2]　曹承志．微型计算机控制新技术．北京：机械工业出版社，2001．

[3]　马忠梅，叶勇建，徐英慧．AT91 系列 ARM 核微控制器结构与开发．北京：北京航空航天大学出版社，2003．

[4]　杨振江，蔡德芳．新型集成电路使用指南与典型应用．西安：西安电子科技大学出版社，1998．

[5]　王军强，邱军兴．一种高性价比 A/D、D/A 转换电路的实现．西安文理学院学报(自然科学版)，2005，8(2)：50～52

[6]　于海生，潘松峰，于培仁，等．微型计算机控制技术．北京：清华大学出版社，1999．

[7]　王德彪，郭杰，王玉松．MCS-51 单片机原理及接口技术．北京：电子工业出版社，2003．

[8]　李华．MCS-51 系列单片机实用接口技术．北京：北京航空航天大学出版社，1993．

[9]　Pahl G，Beitz W．Engineering Design．London：The Design Council，1984/1996．

[10]　杨宪惠．现场总线技术及其应用．北京：清华大学出版社，1999．

[11]　[美] Douglass，B. P. 嵌入式与实时系统开发：使用 UML、对象技术、框架与模式．柳翔，等译．北京：机械工业出版社，2005．

[12]　刘华东．单片机原理与应用．北京：电子工业出版社，2005．

[13]　马淑华，王凤文，张美金．单片机原理与接口技术．2 版．北京：北京邮电大学出版社，2008．

[14]　王忠飞，胥芳．MCS-51 单片机原理及自嵌入式系统应用．西安：西安电子科技大学出版社，2007．

第5章　可编程序控制器

课程思政：国产PLC的崛起

可编程序控制器(Programmable Logical Controller)简称PLC，是一种为应用于工业环境而设计的数字运算操作的电子控制系统。PLC是基于计算机技术模仿继电器逻辑控制原理的思想发展起来的。作为一种特殊形式的计算机控制装置，它在系统结构、硬件组成、软件结构以及I/O通道、用户界面等方面都有其特殊性。目前，在计算机技术、信号处理技术、控制技术和网络技术的推动下，PLC的功能得以不断完善，它已不再局限于逻辑控制，在连续闭环控制和复杂的分布式控制领域也得到了很好的应用，在机电一体化系统中发挥着十分重要的作用。

5.1　顺序控制系统及其实现

本章数字资源：PPT＋相关视频资源

5.1.1　顺序控制系统

根据控制系统的时间特性，可将控制系统分为连续控制系统和离散控制系统。若系统各个环节的输入信号和输出信号都是连续时间信号，则称这种系统为连续控制系统。若系统中有一处或多处的信号是以开关量、脉冲序列或数字编码形式出现的，则称这种系统为离散控制系统。顺序控制系统是典型的离散控制系统。

1. 顺序控制

顺序控制是指根据预先规定好的时间或条件，按照预先确定的操作顺序，对开关量实现有规律的逻辑控制，使控制过程依次进行的一种控制方法。顺序控制的应用非常广泛，例如组合机床的动力头控制、搬运机械手的控制、包装生产线的控制等都属于顺序控制的范畴。

2. 顺序控制系统的分类

按照顺序控制系统的特征，可将顺序控制系统划分为时间顺序控制系统、逻辑顺序控制系统和条件顺序控制系统。

(1) 时间顺序控制系统：以执行时间为依据，每个设备的运行与停止都与时间有关。

例如，物料的多级输送。物料经过多级传送带由起始点输送到目的地，在物料的输送过程中，为了防止物料的堵塞，通常要按以下顺序动作：

启动：先启动后级输送带，再启动前级输送带，A→延迟10 s→B→延迟10 s→C

停止：先停止前级输送带，再停止后级输送带，C→延迟10 s→B→延迟10 s→A

物料的多级输送示意图如图 5－1 所示。

再如，十字路口的交通信号灯。虽然不同路口的时间设置不同，但对于确定的路口，南北向与东西向的红、绿、黄信号灯点亮的时间顺序是严格确定的。例如：

南北向：绿灯亮(26 s)、黄灯亮(4 s)、红灯亮(30 s)、绿灯亮(26 s)……

东西向：红灯亮(30 s)、绿灯亮(26 s)、黄灯亮(4 s)、红灯亮(30 s)……

十字路口的交通信号灯示意图如图 5－2 所示。

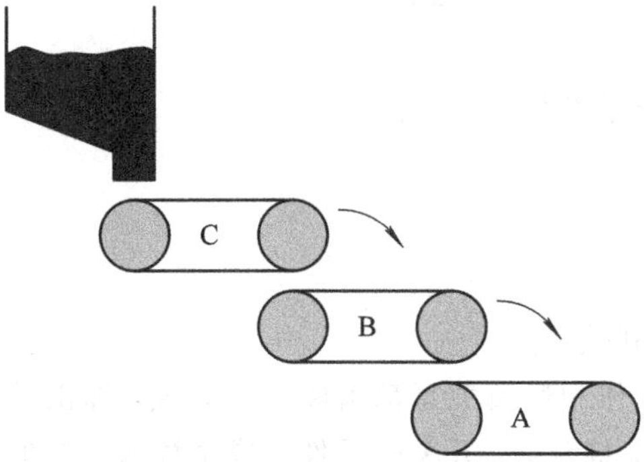

图 5－1　物料的多级输送

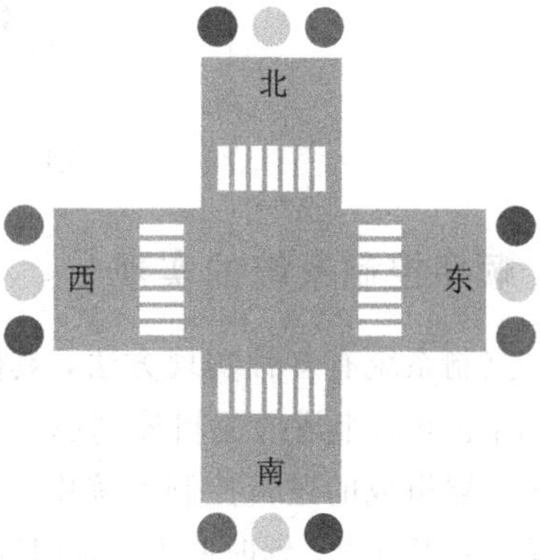

图 5－2　交通信号灯

(2) 逻辑顺序控制系统：按照逻辑先后关系顺序执行操作指令，与执行时间无严格关系。

例如，化学反应池中的液位控制。在化学反应池中，基料与辅料以一定的比例，在加热的情况下产生化学反应并生成最终产品。在反应初期，基料泵工作，基料进入，到达液位 1 后，搅拌机启动并开始搅拌；当液位上升到 2 时，基料泵停止工作，辅料泵工作，辅料进入；当液位到达 3 时，辅料泵停止工作，加料完成，开始加热，进行化学反应。化学反应池中的液位控制示意图如图 5－3 所示。

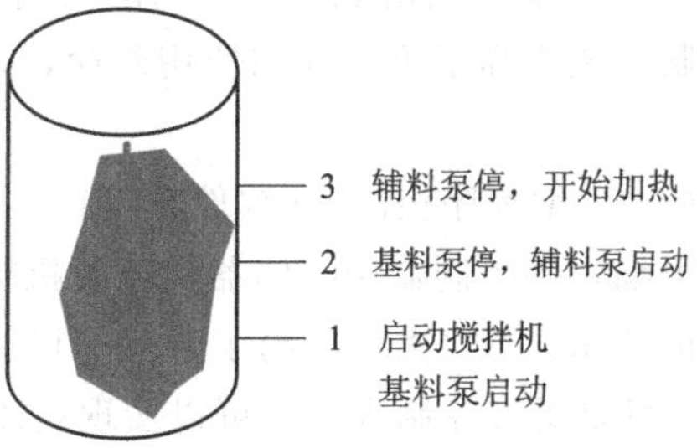

图 5－3　化学反应池中的液位控制

整个加料过程看似也是按照时间先后关系完成的，但仔细分析可知，实际上整个加料过程是按照逻辑先后关系完成的，与时间无严格关系。也就是说，基料从开始加入到停止加入，花 1 分钟还是 5 分钟，只与生产效率有关，而与结果无关。

(3) 条件顺序控制系统：根据条件是否满足执行相应的操作指令。

例如，电梯运行控制。某层乘客按了向上的按钮，电梯控制器根据电梯的当前层和乘客所在层的位置，来决定上升还是下降：

电梯在乘客层上：下降

电梯在乘客层下：上升

电梯运行控制示意图如图 5－4 所示。

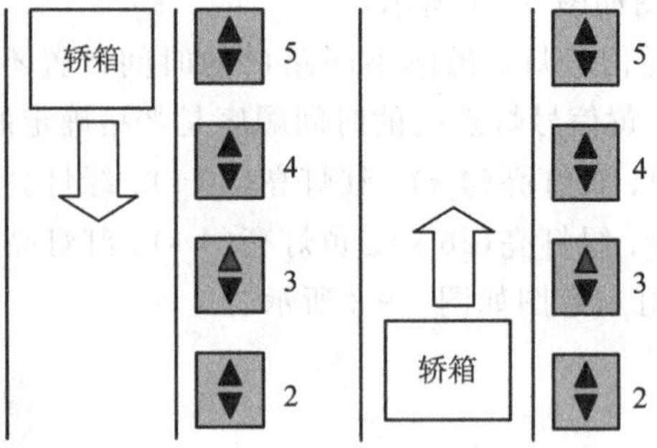

图 5－4 电梯运行控制

5.1.2 顺序控制系统的实现

顺序控制系统有多种实现方法，具体包括：

(1) 由继电器组成的逻辑控制系统(机械式开关)。

在继电器组成的逻辑控制系统中，所有的操作和逻辑关系都由硬件来完成，即由继电器的常开、常闭触点，延时断开、延时闭合触点，接触器，开关等元件完成系统所需要的逻辑功能。受继电器机械触点的寿命和可靠性限制，此类系统的可靠性较差，使用寿命短，更改逻辑关系不方便，只用在一些老式的或极其简单的控制系统中。

(2) 由晶体管组成的无触点顺序逻辑控制电路(电子式开关)。

采用晶体管、晶闸管等半导体元件代替继电器，组成无触点顺序逻辑控制电路，使逻辑控制系统提高了可靠性和使用寿命，但仍存在更改逻辑关系不方便的缺点，目前也很少使用。

(3) 可编程序控制器(软件开关)。

可编程序控制器用存储器代替了机械式开关和电子式开关，用存储器的存储值代替了开关的状态，不仅大大提高了开关的可靠性和使用寿命，而且存储器的存储值可以无限次使用，只要更改控制程序就可以实现更改逻辑关系。

(4) 由计算机组成的顺序逻辑控制系统。

该系统通常应用于集散控制系统或工控机中，可实现逻辑控制功能，适合于大型系统。

5.2 可编程序控制器基础

5.2.1 可编程序控制器的结构及分类

1. 可编程序控制器的定义

可编程序控制器自产生到现在，随着各种新技术的加入，仍处于发展过程中，因此，它还没有最终的、明确的定义。国际电工委员会(International Electrical Committee，IEC)在 1987 年颁布的 PLC 标准中对 PLC 做了如下定义：

可编程序控制器是一种专门为工业环境下应用而设计的数字运算操作的电子装置。它采用可编程序存储器作为内部指令记忆装置，具有逻辑、排序、定时、计数及算术运算等功能，并通过数字或模拟输入/输出模块控制各种类型的设备和生产过程。

2. 可编程序控制器的结构

可编程序控制器的结构框图如图 5-5 所示。

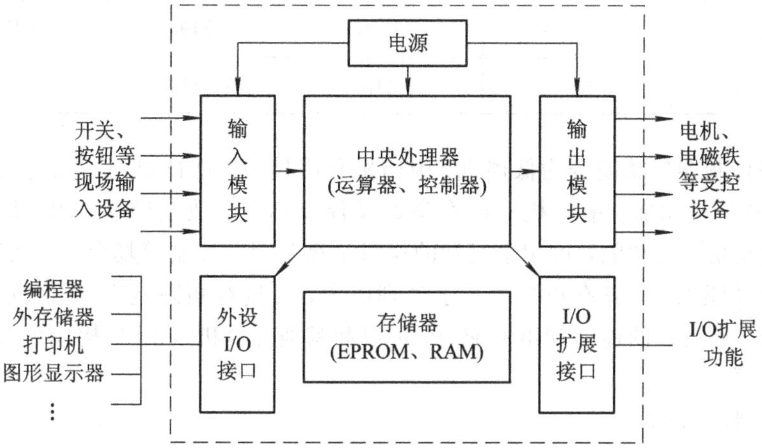

图 5-5　PLC 结构框图

(1) 中央处理器(CPU)：是系统的运算和控制中心，用来实现逻辑运算、算术运算以及实现对全机的控制。CPU 可以是通用的字节处理器，如 MCS-8051 系列等，也可以是位片式处理器，如 AMD2900、AMD29033 等；有的大型 PLC 既具有字节处理器，又有位片式处理器(双或多处理器)。

(2) 存储器(ROM/RAM)：包括系统程序存储器(EPROM、RAM)和用户程序存储器(EPROM、RAM)，分别用于存储、运行系统和用户程序。

(3) 输入/输出(I/O)模块：将现场各种交/直流开关、模拟信号送入 PLC 内部，同时，根据 PLC 的运算结果来控制各种电机、电磁铁等受控设备，主要完成各种电平转换、信号格式转换和输出驱动。

(4) 电源：有交流 220 V 供电型，也有 24 V 直流供电型。

(5) 外部设备：编程器是编制、调试和监控用户程序的必备设备；简易式手持编程器主要用于工厂现场编程、调试用；智能编程终端一般由计算机＋编程软件构成，可用于编制和仿真大型控制程序。

除编程器等必备外设外，还有外存储器、打印机、图形显示器等供选择和使用。外部设备主要通过外设 I/O 接口与 PLC 实现连接。

(6) I/O 扩展：主要在基本单元输入/输出点不够或需要扩展其他功能模块时使用，以组成更为全面复杂的控制系统，如扩展网络通信模块、温度控制模块等。

3. 可编程序控制器的分类

1) 按 I/O 点规模分类

I/O 规模是指 PLC 的输入/输出点数和，主要是指 PLC 的控制规模。根据 PLC 的控制规模，可以将 PLC 大致分为小型机、中型机和大型机。模拟量的路数可折算成逻辑量的点数，一路模拟量相当于 8～16 个点。PLC 按 I/O 点规模的分类参见表 5-1。

表 5-1　PLC 按 I/O 点规模分类表

类　型	I/O 点数	内　存	处理器	机　型
小型机	几十～256	1～4 KB	单处理器	8 位机
中型机	256～3000	4～32 KB	双处理器	16 位机
大型机	8000	2 MB	多处理器	16 位机

可编程序控制器按功能分为低档机、中档机和高档机。低档机以逻辑运算为主，具有计时、计数、移位等功能。中档机一般有整数及浮点运算、数制转换、PID 调节、脉冲输出、中断控制及联网等功能，可用于复杂的逻辑运算及闭环控制等场合。高档机除具备低、中档机的所有功能以外，具有更强的数字处理能力，可进行矩阵运算、函数运算，可完成数据管理工作，有更强的通信和组网能力，可以和其他计算机或 PLC 构成分布式生产过程综合控制管理系统。

2）按结构特点分类

按 PLC 的结构特点，可将 PLC 分为箱体式、模块式和基板式三种。

（1）箱体式。

微型机和小型机大多采用箱体式，将 CPU、电源、I/O 单元等集成在一个箱体内，构成一体式 PLC，可实现经济、便捷的目的。箱体式 PLC 如图 5-6 所示。

图 5-6　箱体式 PLC

箱体式 PLC 的基本单元，其控制点数和功能往往是固定的，当控制点数不够或要进行功能扩展时，可通过 I/O 扩展口进行扩展，如通过扩展 I/O 模块来增加控制点数，通过扩展 A/D 模块来增加模拟控制功能等。

（2）模块式。

中、大机型一般采用模块式结构。模块式 PLC 由若干模块组成，如 CPU 模块、I/O 模块、电源模块、特殊模块等。模块安装在底板或支架上，根据不同需要进行选配，具有组合灵活、维护方便等优点。目前，有些厂家的小型 PLC 也在朝着模块化的方向发展。模块式 PLC 如图 5-7 所示。

图 5-7　模块式 PLC

（3）基板式。

为实现机电一体化，有些厂家生产出了基板式或内插板式 PLC，可方便地嵌入到有关装置中，如有些数控系统，其内部用于逻辑控制的装置就是内插板式 PLC。图 5-8 就是欧姆龙(Omron)公司生产的 CPM2B 型基板式 PLC。

图 5-8　基板式 PLC

除了上述三种类型的 PLC 之外，还出现了一种软 PLC(Soft PLC)，其实质是在计算机上用软件实现 PLC 的功能，是计算机技术与 PLC 的进一步结合，如 BECKHOFF 公司的 TWinCAT、SOFTPLC 公司的 SoftPLC 以及西门子公司的 WinAC 等产品。

5.2.2　可编程序控制器的输入/输出模块

PLC 的控制对象是工业生产装备和生产过程，涉及许多控制变量和现场信号，如开关量状态、温度、压力、液位、速度、电压信号等，需要有相应的输入/输出通道将现场装备与可编程序控制器联系起来。可编程序控制器的输入/输出模块又称为 I/O 单元，是 PLC 与现场装备的接口。常用的输入/输出模块有开关量输入/输出模块、模拟量输入/输出模块及特殊接口模块等。

考虑到工业环境的特殊性，要求输入/输出模块有很好的信号适应能力和抗干扰能力，一般应配有电平转换、光电隔离和阻容滤波等电路。

1. 开关量输入模块

1）直流开关量输入

如图 5-9 所示，R_1 和 R_2 构成分压器，R_2、C 构成阻容滤波电路，二极管 VD 起保护作用(防止电源接反)，发光二极管 LED 指示输入状态(亮表示现场开关合上)，光耦实现输入电路的信号连接、电气隔离和电平转换。

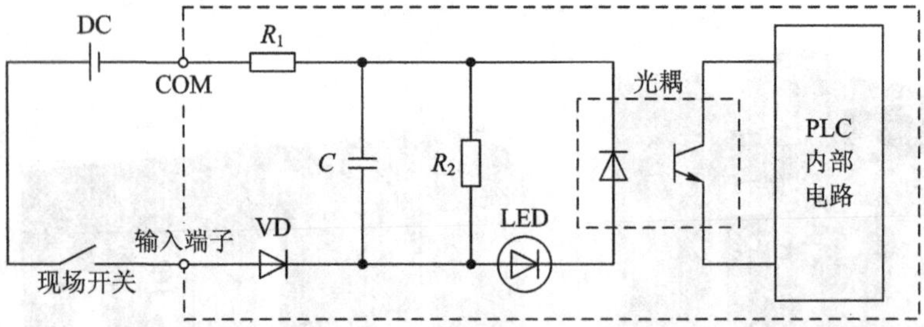

图 5-9　直流开关量输入

在图 5-9 中，现场开关合上后，电流从输入端子流进 PLC，称为源入型。如果现场开关合上后，电流从输入端子流出，则称为漏入型。

2）交流开关量输入

如图 5-10 所示，R_1 和 R_2 构成分压器，R_3 是限流电阻，C 是滤波电容，双向光耦实现整流和隔离作用，发光二极管 LED 指示输入状态(亮表示现场开关合上)。

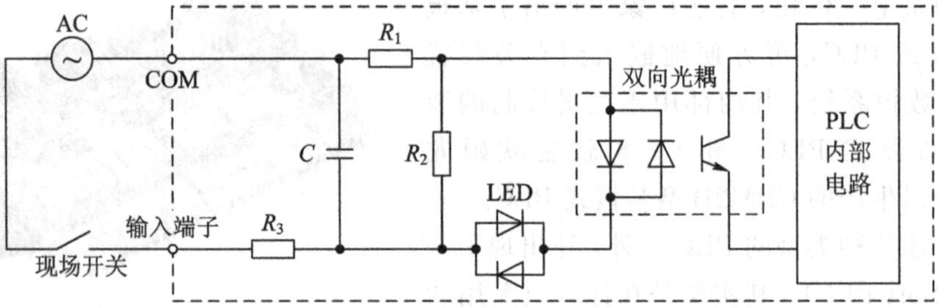

图 5-10　交流开关量输入

交流开关量输入模块没有源入、漏入之分，适合直流开关量的无方向输入。

2. 开关量输出模块

1）晶体管输出

如图 5-11 所示，三极管 V 作为开关元件，发光二极管 LED 指示输出状态(亮表示负载通电)，光耦实现输出电路的信号连接、电气隔离和电平转换。

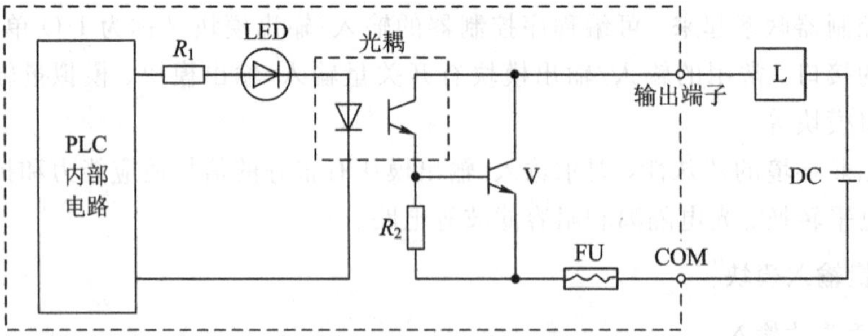

图 5-11　晶体管输出

如果负载得电后，电流从输出端子流进 PLC，则称为漏出型，图 5-11 所示为漏出型；如果负载得电后，电流从输出端子流出，则称为源出型。晶体管输出只适合于直流输出，由于无触点，因而使用寿命长，响应速度快，但输出电流小。

2）继电器输出

如图 5-12 所示，发光二极管 LED 指示输出状态（亮表示负载通电），继电器实现输出电路的信号连接和电平转换，负载可以是直流的，也可以是交流的。

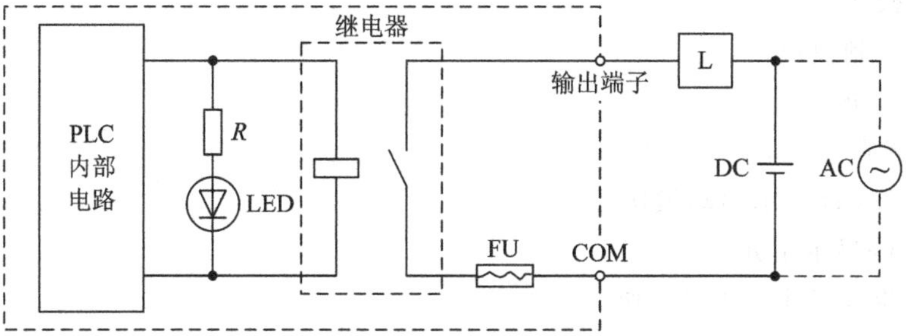

图 5-12　继电器输出

继电器输出模块没有源出、漏出之分，且适合交、直流输出，输出电流可达 2 A 左右，可直接驱动电磁阀线圈，但由于使用继电器，因而使用寿命有限，响应速度较慢。因此，在输出频繁通断的场合（如脉冲输出），应选用晶体管或晶闸管输出型。

3）晶闸管输出

晶闸管输出适合于大功率输出场合。

3. 模拟量输入模块

模拟量输入模块可输入工业控制过程中的一些模拟量，如电压、压力、流量等，如图 5-13 所示。PLC 的模拟量输入一般要求 4～20 mA 电流或 0～10 V（或 1～5 V）电压。

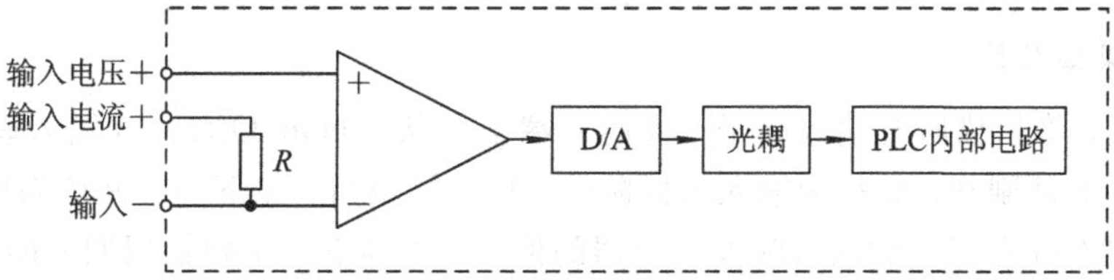

图 5-13　模拟量输入模块

4. 模拟量输出模块

模拟量输出模块主要用于控制工业生产过程的模拟执行装置，如控制比例电磁阀阀门开度以控制流量，如图 5-14 所示。PLC 的模拟量输出可以是 4～20 mA 电流或 0～10 V（或 1～5 V）电压。

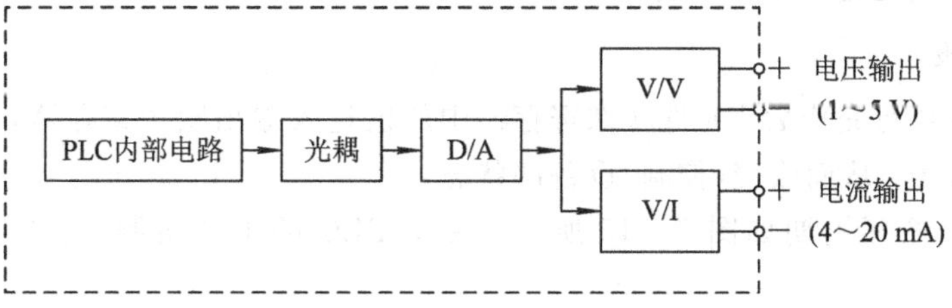

图 5-14　模拟量输出模块

可编程序控制器的应用范围极广，控制对象具有多样性。为了处理一些特殊对象和问题，可编程序控制器还可以根据需要扩展一些特殊功能模块：

(1) 位置/运动控制模块；

(2) 通信模块；

(3) 温度控制模块；

(4) 计数模块；

(5) PID 控制模块；

(6) CRT/LCD 显示驱动模块；

(7) ASC 码显示单元；

(8) 存储器卡与并行接口模块。

这些特殊模块扩展了 PLC 的功能，使得 PLC 不仅能实现顺序控制，还可以实现计算机控制的很多功能，如位置控制、PID 等复杂控制，使 PLC 的应用得到了扩展与推广。

5.2.3　可编程序控制器的工作机制

可编程序控制器的工作机制不同于计算机，它所采用的是周期循环扫描机制。所谓周期循环扫描机制，是指 PLC 上电后，在系统程序的监控下，周而复始地按固定顺序对系统内部的各种任务进行查询、判断和执行，实际上是一个不断循环的顺序扫描过程。一个循环扫描过程称为一个扫描周期，大约为几十到几百毫秒(根据任务的复杂程度和 CPU 的速度而不同)。

实际上，PLC 在上电或复位后，首先进行自检和内部处理，然后转入周期循环阶段。总体来说，一个循环周期分为以下三个阶段：

1. 输入采样阶段

在此阶段，将扫描所有输入端子，将输入端子的状态(On/Off)存入输入映像寄存器，输入映像寄存器被刷新，故称为输入采样阶段。扫描结束后，在下一个循环周期来到之前，输入端子的状态改变不影响输入映像寄存器的值，要等到下一个扫描周期才能体现。

2. 程序执行阶段

对梯形图按照从左到右、从上到下的顺序进行扫描并执行用户程序(用户也可使用跳转指令改变执行顺序)，当指令用到输入、输出设备的状态时，就从输入映像寄存器和元件映像寄存器中读取当前值，然后进行相应的运算，结果存入元件映像寄存器。在此阶段，元件映像寄存器的值随程序的运行在不断地被刷新，输入映像寄存器保持(与外界隔离，即使输入端子发生变化也不会被刷新)。

3. 输出阶段

在所有指令执行完毕后，元件映像寄存器中的值送入输出映像寄存器，再通过输出模块输出到输出端子，从而改变(控制)设备的状态。

PLC 的一个循环周期如图 5-15 所示。关于 PLC 的工作机制，需要注意以下几个问题：

(1) PLC 的一个循环周期与程序的复杂程度和 PLC 的 CPU 速度有关，程序简单，CPU 越快，则周期越小，反之越大。

(2) PLC 输入端子的状态改变要到下一个循环周期才能反映出来，理论上存在时间上的滞后，但由于循环周期很小(毫秒级)，实际上从外部看来程序会立即对输入做出响应。

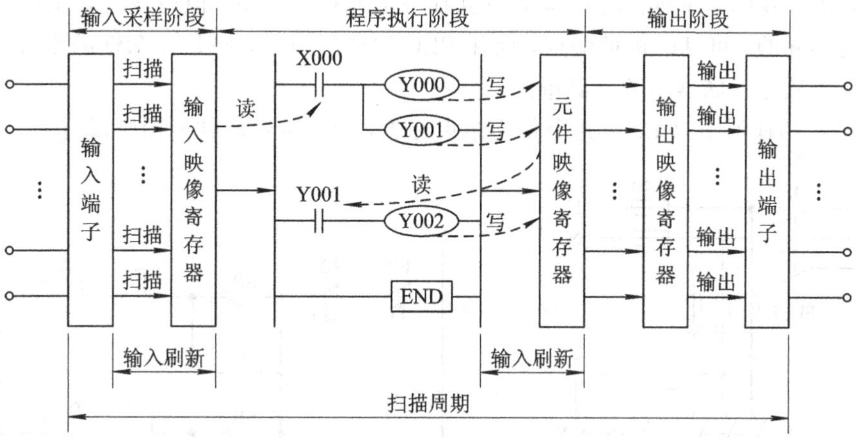

图 5-15　PLC 的工作机制

以上两个问题在编制 PLC 程序的时候应加以注意，尤其是在对实时性要求很高的控制场合。现在的 PLC 已经做了许多改进，例如，在程序运行的时候，可以强制扫描部分输入端子以及时获取其状态，可以强制输出而不必等到程序运行结束。还有，在 PLC 中引入中断机制，让 PLC 像计算机一样具有处理中断的能力。所以，现在 PLC 的工作机制也不再局限于周期循环扫描机制，所有这些改进不仅扩大了 PLC 在工业控制中的应用范围，也是 PLC 适应现代复杂控制的必然结果。

5.2.4　可编程序控制器的编程语言

PLC 通过其内部的用户程序实现对生产装备的控制，用户采用编程语言将控制要求和任务描述出来，通过编译器转换成 PLC 能识别的机器代码。编程语言有多种表达形式，主要有梯形图、指令表、顺序功能图、功能块图和高级语言等。

1. 梯形图(Ladder Diagram, LD)

PLC 的梯形图是在继电器控制系统的基础上发展而来的，二者具有很多的相似点，若能看懂继电器控制系统的梯形图，则一般也能较容易地看懂 PLC 的梯形图。这对于熟悉继电器控制系统的工程技术人员而言，可以比较方便地掌握 PLC 的梯形图。

下面通过交流电机正反转控制(正—停—反)的继电器控制电路与 PLC 梯形图(三菱 FX 系列)的对比，来说明两者的异同(在 PLC 系统中停止按钮已更改为常开按钮)。

从图 5-16、图 5-17、图 5-18 可以看出：

(1) 继电器梯形图(实为接线图)与 PLC 梯形图中使用的主令电器(开关或按钮)、接触器是一样的。但在继电器控制系统中，由主令电器(开关或按钮)和继电器、接触器等元件串、并联，通过接线来实现控制逻辑；而在 PLC 控制系统中，主令电器(开关或按钮)和接触器等元件主要是起输入、输出用，逻辑关系则是通过 PLC 内部的梯形图程序来实现的。

(2) 在继电器控制系统的梯形图中，两侧竖线是实际的电源线(一般为交流 220 V)，而在 PLC 梯形图中，两侧的竖线称为母线。虽然二者名称不同，但在实际编程或读程序时，可以把母线看做是“虚拟电源线”，有“虚拟电流”通过。

(3) 继电器控制系统中的常开、常闭触点和线圈，基本对应于 PLC 控制系统中的常开、常闭触点和线圈，在两者的梯形图中也有一定的对应关系。但应注意，在继电器的梯形图中，是实际的、可见的机械触点，而在 PLC 的梯形图中，则是概念性的常开、常闭触点和线圈，实质是存储器中的存储单元。

(4) PLC 的梯形图以 END 指令作为结束标志，而继电器的梯形图则没有。

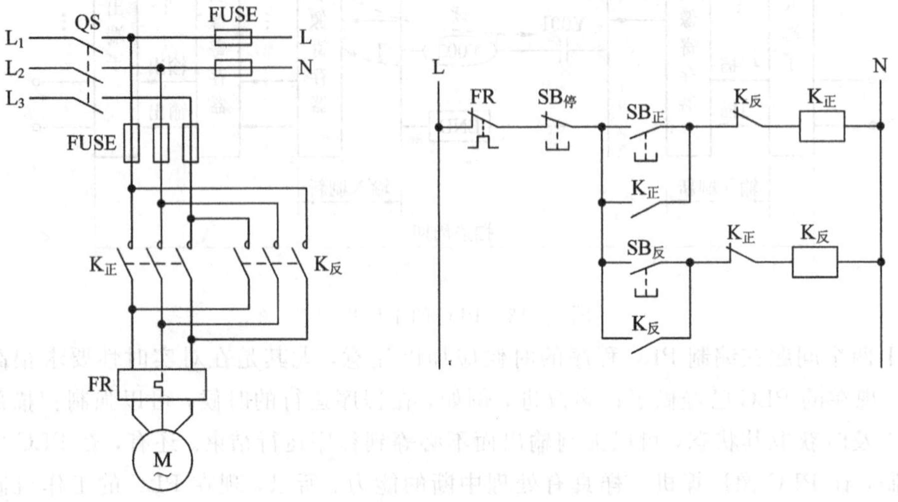

(a) 主电路　　(b) 继电器控制电路

图 5－16　交流电机正反转控制(正—停—反)继电器控制电路

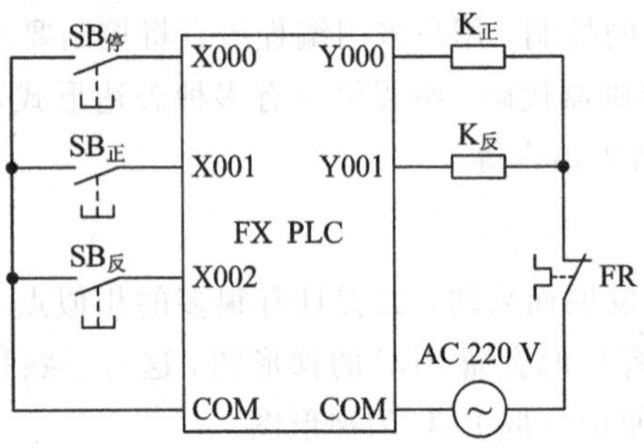

图 5－17　交流电机正反转控制(正—停—反) PLC 接线图

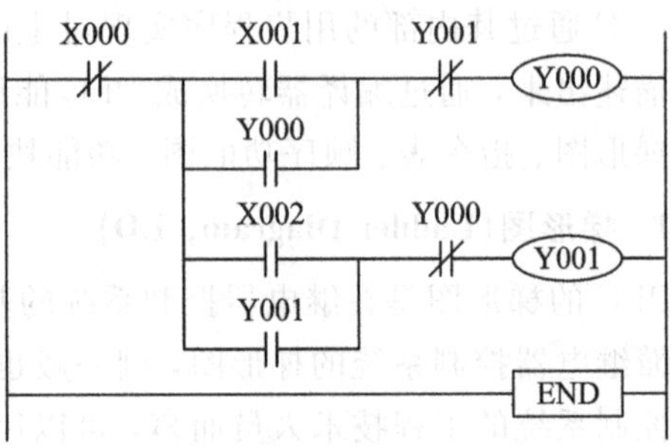

图 5－18　交流电机正反转控制(正—停—反) PLC 梯形图

2. 指令表(Instruction List，IL)

指令表又称为助记符语言，是最基本的 PLC 编程语言，与单片机程序中的汇编语言类似。指令表可读性较差，一般情况下，PLC 程序设计软件都能实现梯形图和指令表的自动转换。

指令表格式：操作码(命令语句)[＋操作数]

以下是图 5－17 所示梯形图所对应的指令表程序：

LDI X000	MPP
MPS	LD X002
LD X001	OR Y001
OR Y000	ANB
ANB	ANI Y000
ANI Y001	OUT Y001
OUT Y000	END

3. 顺序功能图(Sequential Function Chart，SFC)

顺序功能图又称为状态转移图或状态流程图，是适用于顺序控制的标准化语言。它包含步、动作和转换三个要素。顺序功能编程法可将一个复杂的控制过程或任务分解为小而简单的工作状态，对这些小的工作状态进行编程后，再依一定的顺序控制要求连接组合，形成整体、复杂的控制程序。顺序功能图体现了一种编程思想，对于编制复杂程序有重要意义。

图 5－19 是组合机床的动力头运动控制示意图。在加工过程中，动力头的工作过程是：按下启动按钮后，动力头从原点(行程开关 SQ_1 ON)开始快速前进(S_{20}，快进 1)；至行程开关 SQ_2(行程开关 SQ_2 ON)，转为慢速前进(S_{21}，工进 1)；加工至行程开关 SQ_3(行程开关 SQ_3 ON)，转为快速退回(S_{22}，快退 1，目的是排屑)；退至行程开关 SQ_2(行程开关 SQ_2 ON)，转为快速前进(S_{23}，快进 2)；至行程开关 SQ_3(行程开关 SQ_3 ON)，转为慢速前进(S_{24}，工进 2)；加工完成(行程开关 SQ_4 ON)后，快速退回(S_{25}，快退 2)至原点(行程开关 SQ_1 ON)，等待下一次加工命令。

图 5－20 是组合机床的动力头运动控制的 SFC 图，方框内表示步，左侧是转换到该步的条件，右侧是该步的动作。

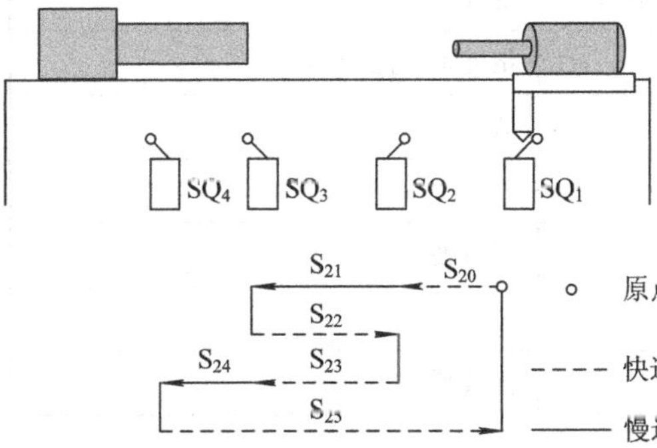

图 5－19　组合机床的动力头运动控制示意图

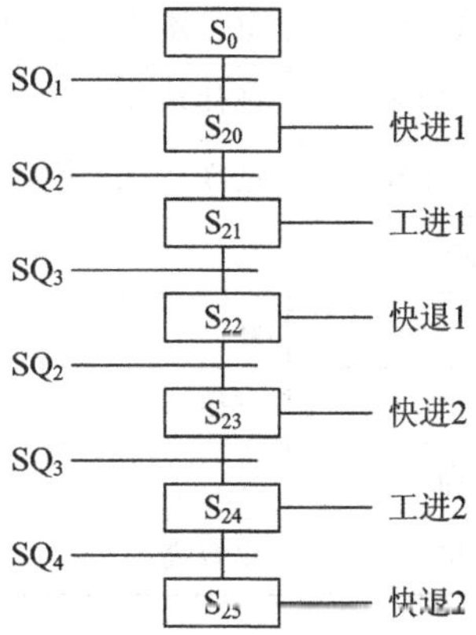

图 5－20　组合机床的动力头运动控制 SFC 图

4. 功能块图(Function Block Diagram，FBD)

功能块图是一种类似于数字逻辑电路中布尔代数的编程语言。该编程语言用类似于与门、或门的方框来表示逻辑运算关系，方框的左侧是输入，右侧是输出。功能块图如图

5-21 所示。

图 5-21 所示的逻辑关系为

$$(X000+Y000)\cdot\overline{X001}=Y000$$

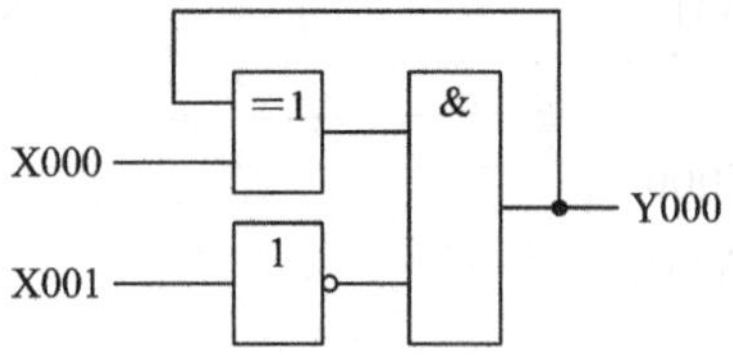

图 5-21　功能块图

5. 其他高级语言

随着 PLC 的快速发展，PLC 与其他的工业控制器组合完成更加复杂的控制系统已经越来越多。为此，很多类型的 PLC 都支持高级编程语言，如 Basic、Pascal、C 等各种高级编程语言。这种编程方式称为结构文本(Structure Text，ST)，主要使用在 PLC 与计算机联合编程或通信等场合。

5.2.5　与其他顺序逻辑控制系统的比较

1. PLC 控制系统与继电器控制系统的比较

PLC 控制系统是在继电器控制系统的基础上发展起来的，二者有着很多的共同点。但 PLC 是基于计算机技术的，其在功能和性能上大大超过了继电器控制系统。两者的区别见表 5-2。

表 5-2　PLC 控制系统与继电器控制系统的比较

比较项目	PLC 控制系统	继电器控制系统
控制逻辑	通过编制 PLC 程序	通过继电器的常开、常闭触点接线
控制速度	电子器件，速度快	机械触点，动作较慢
对工艺变更的适应性	硬件基本不变，主要通过修改程序	更改硬件和接线
定时或计数	精度高、范围大	精度低、范围小
可靠性	高	低
可扩展性	好	差
维护	方便	不方便
寿命	长	短
价格	比较高	比较低

从比较的几个方面来看，PLC 控制系统在性能上比继电器控制系统要优越得多，特别是对工艺的适应性好，可靠性高，设计施工周期短，维护方便，可扩展性好，但价格一般要高于继电器控制系统。

2. PLC 控制系统与计算机控制系统的比较

随着计算机控制系统可靠性的提高，PLC 控制系统计算速度的加快，两者的区别会越来越少。一般来说，计算机控制系统适用于涉及复杂数学运算的控制算法的场合，而 PLC 则在主要使用逻辑控制方法的场合发挥其技术优势。另外，PLC 具有更好的环境适应性，而计算机控制系统具有更好的时间响应性。

PLC 控制系统与计算机控制系统的比较如表 5-3 所示。

表 5-3　PLC 控制系统与计算机控制系统的比较

比较项目	PLC 控制系统	计算机控制系统
工作目的	工业生产过程控制	科学计算、数据管理等
工作环境	可适应恶劣的工业环境	对工作环境要求较高
工作方式	周期循环扫描方式	中断处理方式
I/O 接口	很少	专门的工业 I/O 接口
编程语言	梯形图、指令表、SFC 等	汇编语言，高级语言
采取的特殊措施	多种抗干扰、自诊断、断电保护等措施	一般没有
对操作人员的要求	较低	较高
价格	适中	较高

5.2.6　可编程序控制器的应用概况

随着 PLC 功能的不断完善及性价比的不断提高，PLC 的应用范围越来越大，目前其在钢铁、采矿、水泥、石油、化工、电子、机械制造、汽车、船舶、装卸、造纸、纺织、环保、娱乐等领域得到了广泛应用。

1. 开关量的开环控制

开关量的开环控制是 PLC 的最基本控制功能，可以是时序逻辑、组合逻辑、延时控制、计数功能等多种控制方式。它取代了传统的继电器顺序控制，可应用于单机控制、多机群控、生产线自动控制等方面，例如注塑机、印刷机械、切纸机械、弯管机械、装配生产线、包装生产线、电梯控制等。

2. 模拟量的闭环控制

对于模拟量的闭环控制系统，除了有开关量的输入/输出以实现某种顺序或逻辑控制外，还有模拟量的输入/输出以实现过程控制中的 PID 调节或模糊调节，形成闭环系统。这类 PLC 系统能实现对温度、流量、压力、位移、速度等参量的连续调节与控制。以往这些控制功能只能通过计算机才能实现，现在的大、中型 PLC 甚至有些公司的小型 PLC 也能实现这些功能。该控制系统被广泛用于塑料挤压成型机、加热炉、热处理炉等设备的控制。

3. 数字量的智能控制

利用 PLC 接收和输出高速脉冲，再配备相应的传感器(如旋转编码盘)或脉冲伺服装置(如步进电机、伺服电机)，PLC 控制系统就能实现数字量的智能控制。很多公司在生产 PLC 的同时，还开发了许多智能模块，如数字控制模拟、位置/运动控制模块，可实现多轴控制、位移/速度控制、曲线插补等功能。可以说，现代的 PLC 已具备了数控(NC)系统的部分功能。该控制系统在组合机床、机器人、金属成型机械等方面得到了广泛应用。

4. 数据采集与监控

PLC 除了实现现场控制功能外，还能把现场的数据采集下来，送到显示终端（如触摸屏）或通过远程通信模块送到上位机系统，此时的 PLC 不仅实现了现场控制功能，还实现了远程数据采集和监控功能。

此外，有的 PLC 本身就带有海量数据记录单元（如海量 CF 卡），可以实现本地的数据采集与存储。

目前，很多大型电厂、水厂使用 PLC 来实现远程数据采集与监控。

5. 联网、通信及集散控制

PLC 的联网、通信能力很强，可以通过 PLC 的通信模块实现 PLC 之间的对等通信，也可实现与上位机的联网与通信，通过上位计算机实现对多台 PLC 的管理，还可以与一些智能仪表、智能执行装置（如变频器等）进行联网和通信，实现数据交换并实施控制。

利用 PLC 强大的联网通信功能，把 PLC 作为现场控制单元，用上位计算机实现对多台 PLC 的管理，从而实现分散控制、集中管理的目的，这就是基于 PLC 组建的集散控制系统（DCS）。

5.3 三菱 FX_{2N} 系列可编程序控制器及其指令系统

5.3.1 三菱可编程序控制器概述

1. 三菱系列可编程序控制器简介

三菱 PLC 是三菱电机（Mitsubishi Electric）公司的产品，涵盖了大、中、小型等全系列型号。目前使用的小型（含超小型）系列主要是 FX 系列（如 FX_{0N}、FX_{1S}、FX_{1N}、FX_{2C}、FX_{2N} 等型号，如图 5-22 所示），中大型系列包括大 A 系列和小 A 系列（AnN、AnA、AnS 等型号），更为先进、小巧的 Q 系列（QNS、QnAS 等型号）正在逐步得到广泛应用。

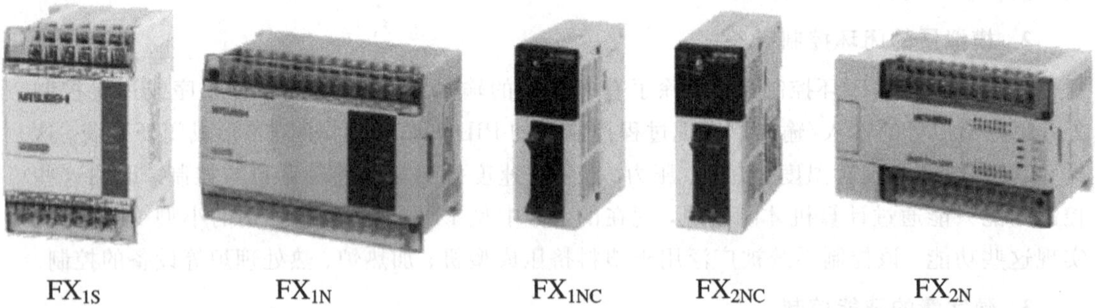

图 5-22 FX 系列 PLC

2. FX_{2N} 系列可编程序控制器

FX_{2N} 系列 PLC 是在 FX_2 系列的基础上推出的高档次的 PLC，较 FX_2 系列在运算速度、指令数量及通信能力方面有了较大改进，是一种小型化、高速度、高性能的 PLC。

FX_{2N}系列 PLC 由基本单元(Basic Unit)、扩展单元(Extension Unit)、扩展模块(Extension Module)和特殊功能单元(Special Function Unit)组成，可进行方便、灵活的配置。基本单元、扩展单元、扩展模块的配置如图 5-23 所示。

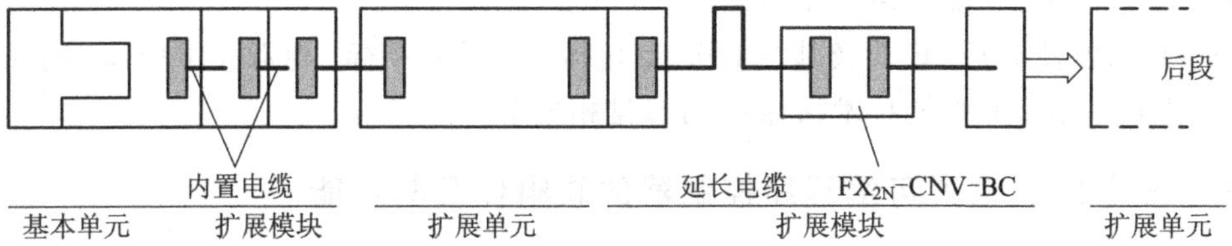

图 5-23　FX_{2N}的灵活配置

FX_{2N}系列型号名称体系如图 5-24 所示。例如，FX_{2N}—40MR—D 型号表示 FX_{2N}系列 PLC 的基本单元，输入/输出合计 40 点，继电器输出，采用直流电源。

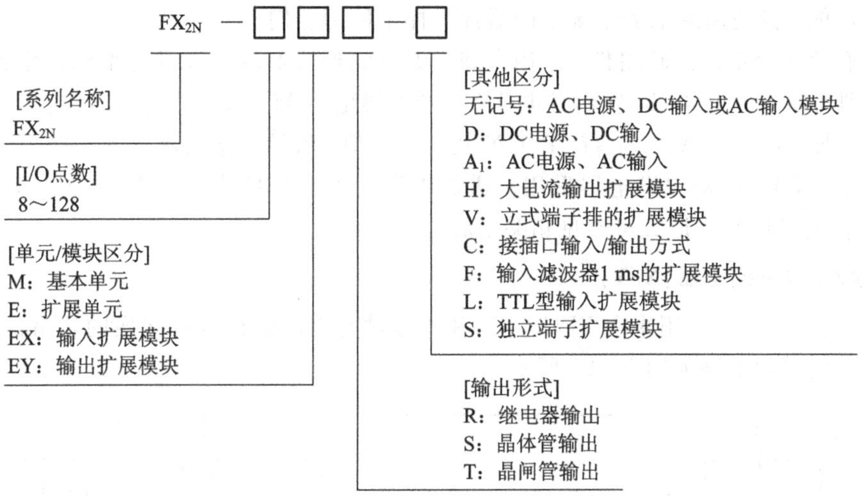

图 5-24　FX_{2N}系列型号名称体系

1）基本单元

基本单元包括 CPU、存储器、输入/输出接口及电源，是 PLC 的主要部分，可单独工作。如图 5-24 所示，在单元/模块区分中以 M 表示基本单元。FX_{2N}系列基本单元类型有 16 点～128 点多种类型。

每个基本单元最多可以连接 1 个功能扩展板，8 个特殊单元和特殊模块。FX_{2N}系列基本单元可扩展连接的最大输入/输出点为：输入最大 184 点，输出最大 184 点，输入/输出总计最大 256 点。

2）扩展单元

扩展单元用于增加 I/O 点数，内部设有电源。因扩展单元无 CPU，故其必须与基本单元一起使用。如图 5-24 所示，在单元/模块区分中以 E 表示扩展单元。

3）扩展模块

扩展模块用于增加 I/O 点数及改变 I/O 比例，内部无电源，由基本单元或扩展单元供电。因扩展模块无 CPU，故必须与基本单元一起使用。如图 5-24 所示，在单元/模块区分中以 EX 或 EY 表示扩展模块。

4）特殊功能单元

特殊功能单元是一些专门用途的装置，如位置控制模块、模拟量控制模块、计算机通信模块等。这些特殊功能模块均要用直流 5 V 电源驱动。

FX_{2N}系列各种单元、模块及其技术指标(包括一般技术指标、电源技术指标、输入技术指标、输出技术指标和性能技术指标)，可参见相关手册。

5.3.2 三菱 FX_{2N}系列可编程序控制器的软组件及其功能

可编程序控制器的逻辑指令和编程都是针对 PLC 内部"器件"而言的。这些"器件"不同于实际的继电器，而是由 PLC 内部的电子电路及存储器构成的，可实现类似继电器等器件的功能，因此称为软组件，又称"软继电器"。不同用途的软组件的表达形式不同，一般以常用继电器电路中类似器件名称命名。编程和使用时，无需考虑软组件的物理实现，只需关注其功能，像使用继电器系统中的器件一样来使用它们。

为了有效区分不同的软组件，采用类型＋编号的形式对软组件进行编码。类型用字母表示，分别为输入继电器 X、输出继电器 Y、辅助继电器 M、状态继电器 S、定时器 T、计数器 C、数据寄存器 D/V/Z、指针 P/I/N 共八种类型；编号用于表示软继电器在计算机存储单元的地址，输入/输出继电器采用八进制编码，其他类型采用十进制编码。FX_{2N}系列 PLC 软组件的具体编码形式可参见相关手册。

1. 输入/输出继电器(X/Y)

输入/输出继电器是用来在 PLC CPU 和外部设备之间进行数据交换的软组件。输入/输出继电器的等效电路如图 5－25 所示。

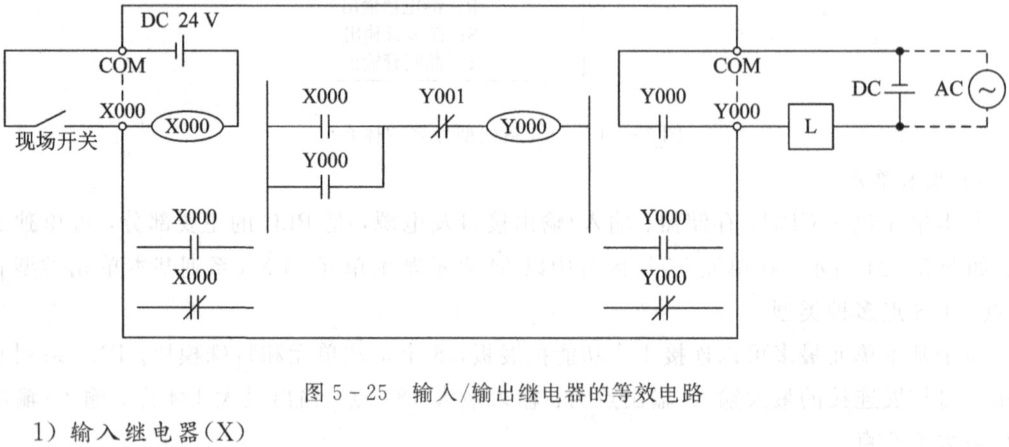

图 5－25　输入/输出继电器的等效电路

1）输入继电器(X)

输入继电器位于输入映像寄存器中，它与 PLC 的输入端子相连，保持着从外部设备(如按钮、开关、行程开关、光电传感器、数字开关等现场设备)送来的 ON/OFF(1/0)数据。

外部输入设备的状态在每次扫描周期开始时被采样，采样结果以 1 或 0 的方式写入输入映像寄存器，供程序运行时调用。在程序运行和输出阶段，输入设备状态的改变要等到下一个扫描周期才能反映出来，存在理论上的"滞后"现象。

FX_{2N}系列 PLC 通过相关的应用指令支持直接访问 I/O 端口。使用立即输入指令可以让程序在需要时直接读取相关端口的状态，且不影响输入映像寄存器的状态。

输入继电器的编号采用八进制编码，通过扩展最多可达 184 点，且不能用程序修改。

2) 输出继电器(Y)

输出继电器位于输出映像寄存器中，它与 PLC 的输出端子相连，将程序的运算结果输出到外部设备(如螺线管、电磁开关、信号灯、数字指示器等)。

输出继电器由程序驱动，使用立即输出指令时，除了立即影响对应的外部设备状态之外，还可立即改变相应输出继电器的值。

输出继电器的编号采用八进制编码，通过扩展最多可达 184 点，但输入/输出总计不超过 256 点。

PLC 中的输入/输出继电器实际上是存储器的存储单元，因此，其内部数据可无限次使用。理论上，其常开、常闭触点可有无限个(在每个使用的地方，实际上都是调用其内部数据 1 或 0)，并在程序中可多次使用，这与继电器接触器等实际电器的触点有本质的区别。但应注意，输出继电器只有一对触头可以用于外部实际设备的控制，将程序运行的结果作用于设备，在程序中可无限次使用的是记忆在存储器存储单元中的状态。

输入/输出继电器与 PLC 上的输入/输出端子相对应，输入/输出端子的常规接线请参见 FX_{2N}系列 PLC 使用手册。

2. 辅助继电器(M)

辅助继电器是被 PLC CPU 使用的内部继电器，不能直接同外部设备相连接。辅助继电器相当于中间继电器，常用作中间转换单元，起到中间状态的暂存作用。例如：用于构造移位寄存器，作中间转换单元等。

在 FX_{2N}系列 PLC 中，辅助继电器有以下几种类型：

1) 普通用途的辅助继电器

普通用途的辅助继电器编号为 M0～M499(共 500 点)，在 PLC 启动(包括正常启动或停电后重启)时，普通用途的辅助继电器的值作清零处理。

2) 具有停电保持用途的辅助继电器

如果 PLC 在运行过程中停电，则输出继电器与普通用途的辅助继电器都会清零(或断开)。但是，对于某些控制对象，可能需要保存停电前的状态，以便复电后继续运行。在这种情况下，就要用到具有停电保持用途的辅助继电器。具有停电保持用途的辅助继电器利用 PLC 内的后备电池供电，可以保存停电前的状态。

图 5-26 是停电保持继电器应用在滑块左右往复运动机构的例子。具有停电保持用途的辅助继电器 M600、M601 的状态决定电动机的转向，从而决定滑块左右移动方向。在滑块向左移动到中间某个位置时停电，复电后，电动机保持停电前的转向，保证滑块继续左行直至撞到左行程开关 XK_1。若不具备停电保持作用，则复电后滑块只能停在中间等待下一个指令。

具有停电保持用途的辅助继电器编号为 M500～M1023(共 524 点)。注意，普通用途的辅助继电器与具有停电保持用途的辅助继电器的编号可通过 PLC 参数设定进行修改，可以将普通用途的辅助继电器设定为具有停电保持用途的辅助继电器，反之亦然。

在 PLC 并联通信时，编号为 M800～M999 的辅助继电器留作通信用。

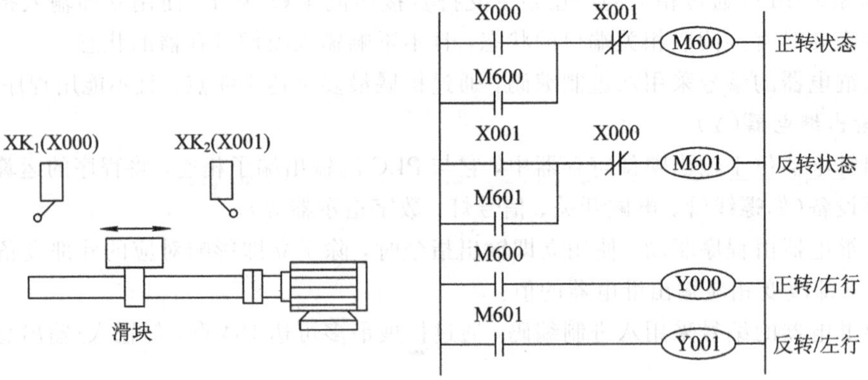

图 5-26 停电保持辅助继电器的应用

3）停电保持专用辅助继电器

停电保持专用辅助继电器的作用与具有停电保持用途的辅助继电器是一样的，由于其供停电保持专用，因而不能通过参数设定来改变其用途。

4）特殊辅助继电器

特殊辅助继电器具有各自不同的功能，编号为 M8000～M8255。以下列举部分特殊辅助继电器，更多特殊辅助继电器及其功能参见相关手册。

M8000：运行(RUN)监控(PLC 运行时接通)；

M8002：初始脉冲(仅在 PLC 运行开始时的第一个扫描周期接通，常用于程序的一些初始化工作)；

M8011：10 ms 脉冲；

M8012：100 ms 脉冲；

M8030：使电池欠压灯熄灭；

M8033：PLC 停止时输出保持；

M8034：禁止全部输出。

注意，用户不能使用未编号的辅助继电器。

3. 状态继电器(S)

状态继电器是构成顺序功能图(SFC)的基本要素，是步进控制简易编程的重要元件，它与步进梯形图指令 STL 组合使用。状态继电器有以下五种类型：

(1) 供初始状态用：S0～S9(共 10 点)，用于 SFC 的初始状态。

(2) 供返回原点用：S10～S19(共 10 点)，在多运行模式中，用于返回原点的状态。

(3) 普通用途：S20～S499(共 480 点)，SFC 的中间状态。

(4) 供停电保持用：S500～S899(共 400 点)，SFC 的中间状态，有停电保持。

(5) 供信号报警用：S900～S999(共 100 点)，可作为报警组件使用，有停电保持。

状态继电器不用于步进控制指令时，可作为辅助继电器在程序中使用。同辅助继电器一样，普通用途的状态继电器与具有停电保持用途的状态继电器的编号可以通过对 PLC 的参数设定来改变。供信号报警用的状态继电器的编号不能改变。

顺序步进控制原理参见图 5-19、图 5-20。

供信号报警用的状态继电器也可用作外部故障诊断的输出。当系统发生多个故障时，驱动报警状态继电器进行报警，在消除最小地址号的故障后就能知道下一个故障地址号的状态。图 5－27 所示的程序就实现了外部故障诊断功能。该程序使特殊辅助继电器 M8049 有效，启动对所有报警状态进行监视，一旦出现故障，M8048 就驱动 Y010 进行报警显示输出(例如可接故障灯)，复位按钮 X005 消除当前最小地址号报警故障。

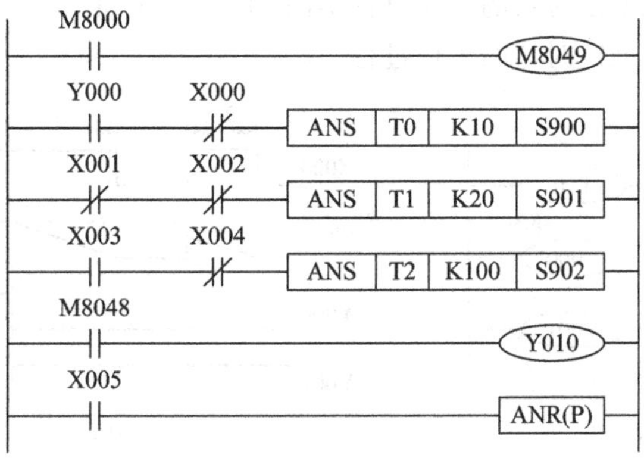

图 5－27　信号报警器的使用

图 5－27 的运行过程如下：

① 若 M8000(PLC 运行监控)＝ON，则特殊辅助继电器 M8049(报警有效)，开始监视报警状态继电器 S900～S999；

② 在 Y000 闭合之后，如果检测到 X000 在 1 秒内不动作(闭合)，则 S900 置位报警(ANS：应用指令，信号报警器置位)；

③ 如果 X001 与 X002 同时不工作时间超过 2 秒，则 S901 置位报警；

④ 如果 X003＝ON，X004 在 10 秒内不动作(闭合)，则 S902 置位报警；

⑤ 若 S900～S999 中存在报警状态，则特殊辅助继电器 M8048(报警工作)有效，故障显示 Y010 输出；

⑥ 按钮 X005 用于消除报警状态。每当 X005＝ON 一次，可将当前最小地址号的动作报警状态继电器复位(ANRP：应用指令，信号报警器复位)，直至 Y010＝OFF。

4. 定时器(T)

定时器相当于继电器系统中的时间继电器，在程序中用于定时控制。FX_{2N} 系列 PLC 内的定时器有以下四种类型，不同类型定时器的定时分辨力与定时范围不同：

(1) 100 ms 型：T0～T199(共 200 点，定时范围为 0.1～3276.7 秒)；

(2) 10 ms 型：T200～T245(共 46 点，定时范围为 0.01～327.67 秒)；

(3) 1 ms 累积型：T246～T249(共 4 点，定时范围为 0.001～32.767 秒)；

(4) 100 ms 累积型：T250～T255(共 6 点，定时范围为 0.1～3276.7 秒)。

定时器的定时时间由定时器类型与定时器设定值共同决定。例如：T0 K100，定时器 T0 的脉冲宽度为 100 ms，设定值为 100，所以定时时间为 100 ms×100＝10 s。实际上，定时器是通过对 PLC 内部的 1 ms、10 ms、100 ms 等不同规格的时钟脉冲进行计数来实现定时的，类型就是选择的脉冲宽度，设定值就是设定的计数总值。定时器除了用十进制常数

(K＋常数)来设定外，还可以用数据寄存器D的存储值来间接设定。

定时器除了占有一个编号的存储器之外，还占有一个设定值寄存器和一个当前值寄存器，设定值寄存器用于存放设定的初值，当前值寄存器用于存放当前的计时值，可用程序读取。当定时值达到设定的计时条件时，定时器动作。

不用作定时用的定时器可作为数据寄存器使用。

普通定时器与累积型定时器的工作过程不同。图5－28和图5－29分别展示了普通定时器的工作过程和累积型定时器的工作过程。

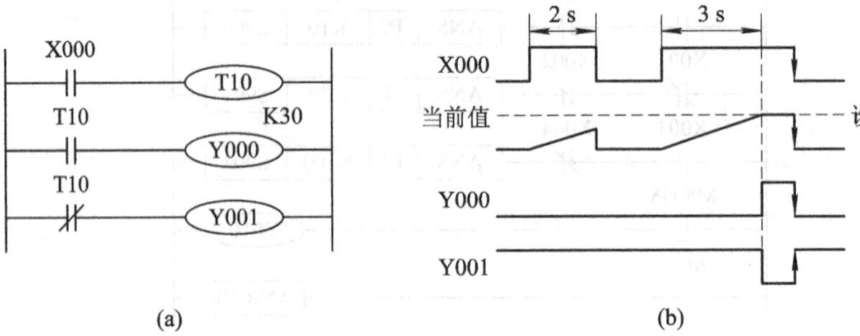

图5－28　普通定时器

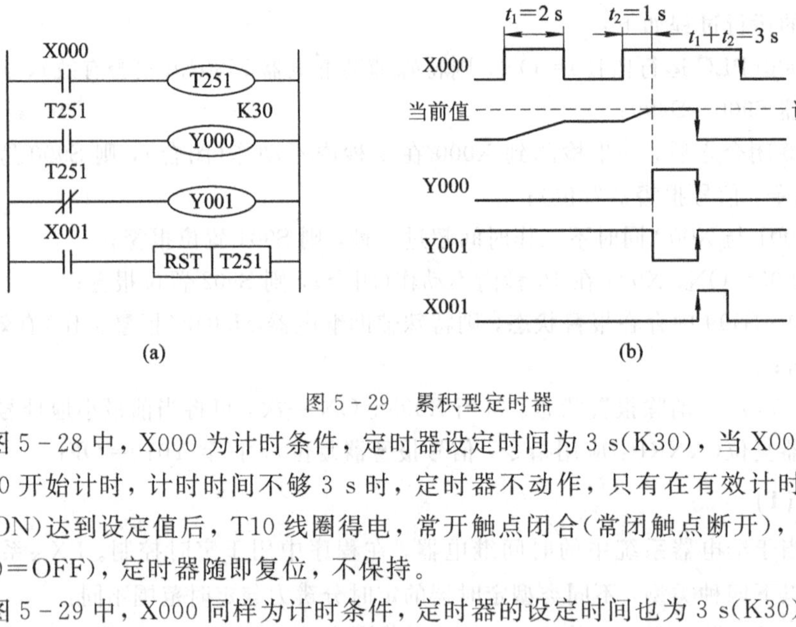

图5－29　累积型定时器

在图5－28中，X000为计时条件，定时器设定时间为3 s(K30)，当X000＝ON时，定时器T10开始计时，计时时间不够3 s时，定时器不动作，只有在有效计时时间(此时为X000＝ON)达到设定值后，T10线圈得电，常开触点闭合(常闭触点断开)，计时条件被破坏(X000＝OFF)，定时器随即复位，不保持。

在图5－29中，X000同样为计时条件，定时器的设定时间也为3 s(K30)，由于采用的是累积型定时器(T251)，第一次计时时间($t_1=2$ s)在X000失电时并不丢失，第二次计时从第一次计时的基础上进行累加，在多次累积达到设定时间($t_1+t_2=3$ s)后，T251线圈得电，常开触点闭合(常闭触点断开)，计时条件被破坏(X000＝OFF)，定时器保持，除非用复位指令RST进行复位。

从以上定时器的工作过程来看，所有定时器都是通电延时型(上升沿触发)，要想得到其他种类的定时器(例如失电延时型(下降沿触发))，需要通过通电延时型定时器来构建，具体请参见定时器指令。

5. 计数器(C)

计数器在程序中用于计数控制。FX_{2N}系列 PLC 内的计数器分为内部计数器与外部计数器。内部计数器是对机内组件(X、Y、M、S、T 和 C)的信号计数，由于机内组件信号的频率低于扫描频率，因而它是低速计数器(通常在 10 Hz 以下)，也称普通计数器。对外部高于扫描频率的信号进行计数时，需要用到机内的高速计数器(数千赫兹甚至更高，与扫描时间无关)。

1) 内部计数器

内部计数器分为 16 位单向(增)计数器和 32 位双向(增/减)计数器。

(1) 16 位单向计数器。16 位单向计数器的设定值与当前寄存器都是 16 位的，设定值在 K0～K32 767 范围内有效。16 位增计数器又分为以下两种类型：

· 16 位增计数器(普通用途)：C0～C99(共 100 点，计数范围为 0～32 767)；

· 16 位增计数器(停电保持)：C100～C199(共 100 点，计数范围为 0～32 767)。

图 5-30 所示为 16 位增计数器的工作原理。图中 X011 为计数脉冲输入，每当 X011 接收一个脉冲的上升沿(上升沿有效)，计数器的当前值就增加 1。当计数值达到设定值时，计数器线圈得电，常开触点闭合(常闭触点断开)，之后即使 X011 有脉冲输入，计数器的当前值保持不变。当复位按钮 X010 有效(X010＝ON)时，执行 RST 指令，计数器复位，当前值清 0，线圈失电，常开触点断开(常闭触点闭合)。

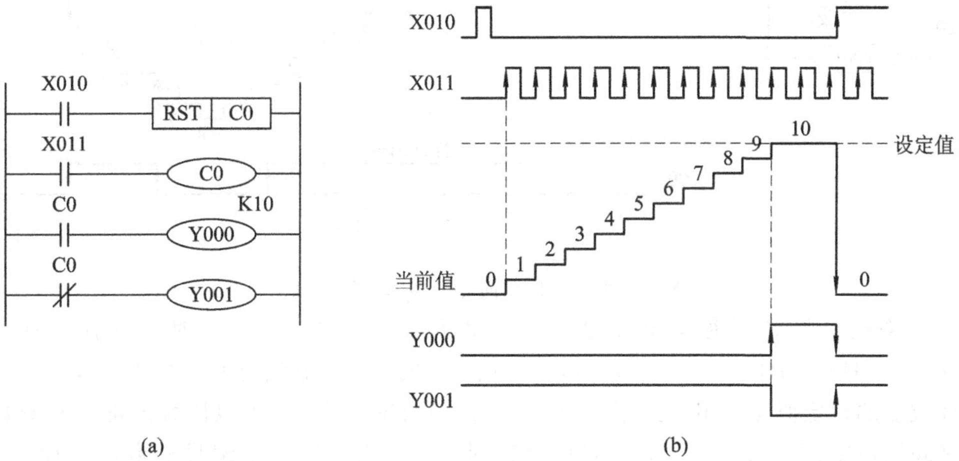

图 5-30　16 位增计数器的工作原理

普通用途的计数器在计数过程中发生停电时，当前值不能保存。若要保存当前值，需要用到停电保持计数器。

(2) 32 位双向计数器。32 位计数器的设定值与当前寄存器都是 32 位的，设定值在 K−2 147 483 648～K2 147 483 647 范围内有效。32 位双向计数器又分为以下两种类型：

· 32 位双向计数器(普通用途)：C200～C219(共 20 点，计数范围为−2 147 483 648～2 147 483 647)；

· 32 位双向计数器(停电保持)：C220～C234(共 15 点，计数范围为−2 147 483 648～2 147 483 647)。

32 位双向计数器(C200～C234)又称为可逆计数器或增/减计数器，其计数方向(增或减)由特殊辅助继电器 M8200～M8234 设定。例如，当 M8200 有效(M8200＝ON)时，C200 为减计数器，否则，为增计数器。32 位双向计数器的计数方向与辅助继电器的对应关系可参考相关手册。

图 5-31 所示为 32 位双向计数器的工作原理。图中 X014 为计数脉冲输入，X012 为方向选择。每当 X014 接收一个脉冲的上升沿(上升沿有效)，如果 X012 有效(X012＝ON→M8200＝ON)，则计数器的当前值就减少 1，否则，计数器的当前值就增加 1。当计数值的当前值由 −6 向 −5 增加时，计数器线圈得电，常开触点闭合(常闭触点断开)；当计数值的当前值由 −5 向 −6 减少时，计数器线圈失电，常开触点断开(常闭触点闭合)。当复位按钮 X013 有效(X013＝ON)时，执行 RST 指令，计数器复位，当前值清 0，线圈失电，常开触点断开(常闭触点闭合)。

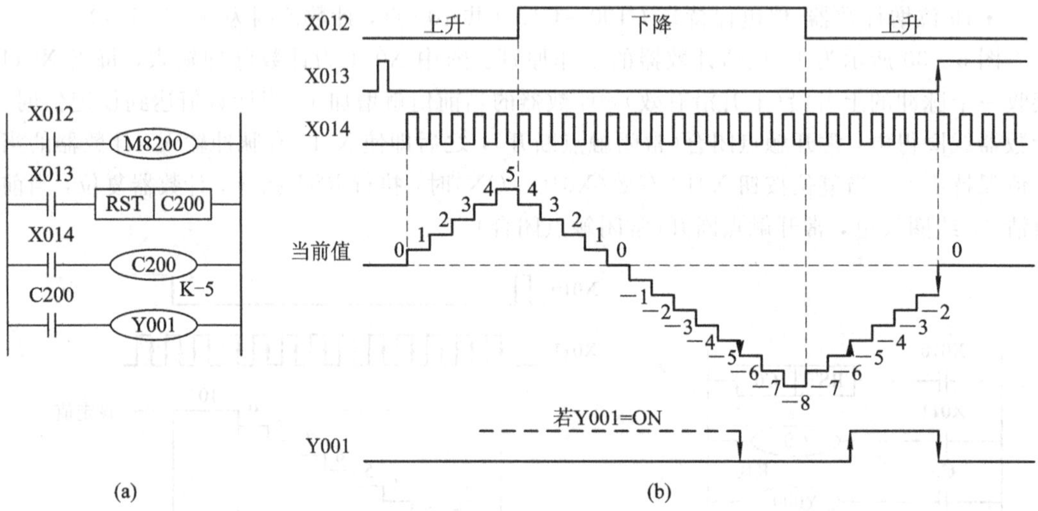

图 5-31　32 位双向计数器的工作原理

32 位双向计数器是循环计数器，从 +2 147 483 647 增加 1 时，当前值就变为 −2 147 483 648。同样，从 −2 147 483 648 减少 1 时，当前值就变为 +2 147 483 647。

计数器的设定值除了用十进制常数(K＋常数)来设定外，还可以用数据寄存器 D 的存储值来间接设定(由于是 32 位，在间接设定时，要占用连续 2 个编号的数据寄存器，如 D0、D1)。不用作计数的计数器也可作为数据寄存器使用。

普通用途的计数器在计数过程中发生停电时，当前值不能保存。若要保存当前值，需要用到停电保持计数器。

2) 高速计数器

与内部计数器相比，高速计数器具有以下特点：

(1) 对外部高频信号进行计数，工作在中断方式。计数频率较高，达到数十千赫兹；并且，为了满足控制的实时性要求，计数器的计数、启动、复位等功能都采取中断方式工作。

(2) 工作方式灵活。除了具有内部计数器的功能之外，还可以通过机外信号实现对启动、复位、改变计数方向等功能的控制。

(3) 使用专用的工作指令。有专门的控制指令，以中断工作方式实现控制。

FX_{2N}系列 PLC 内的高速计数器编号为 C235～C255（共 21 点，计数范围为 −2 147 483 648～2 147 483 647），具体分配如下：

① 1 相 1 输入（无启动/复位端子）：C235～C240（共 6 点）；

② 1 相 1 输入（带启动/复位端子）：C241～C245（共 5 点）；

③ 1 相 2 输入（双方向）：C246～C250（共 5 点）；

④ 2 相 2 输入：C251～C255（共 5 点）。

它们共用 6 个输入端子（X000～X005）。如果输入端子已被某个计数器占用，则不能用于另一个高速计数器（或其他用途）。因此，实际使用中，最多只有 6 个高速计数器同时工作。高速计数器的工作方式请参考相关手册。

6. 数据寄存器（D/V/Z）

数据寄存器用于存放数据。在 FX_{2N}系列 PLC 中，有以下几种类型的数据寄存器：

- 普通用途：D0～D199（共 200 点）；
- 供停电保持用：D200～D511（共 312 点）；
- 停电保持专用：D512～D7999（共 7488 点）；
- 特殊用途：D8000～D8195（共 106 点）；
- 变址寄存器：V7～V0，Z7～Z0（共 16 点）。

所有数据寄存器都是 16 位（其中最高位为符号位）的，将两个 16 位的数据寄存器组合，可形成 32 位（其中最高位为符号位）存储器。16 位数据寄存器处理的数据范围是 −32 767～32 768，32 位数据寄存器处理的数据范围是 −2 147 483 648～2 147 483 647。通常用两个编号相邻的 16 位数据寄存器来组成 32 位的数据寄存器，高位为大的号码，低位为小的号码。在变址寄存器中，V 为高位，Z 为低位。例如，指定低位为 D0，则 D1 自动被占有为高位。考虑到外围设备的监视功能，建议低位采用偶数编号。

1）普通用途数据寄存器

普通用途数据寄存器只要不写入新数据，已写入的数据不变，但在运行中停电或停止时，所有数据将被清 0（若将特殊辅助继电器 M8033 置位，则由运行转停止时，数据能保持，但停电后仍不能保持）。

2）供停电保持用数据寄存器

供停电保持用数据寄存器能在运行转停止或停电后保持住数据。

普通用途数据寄存器与供停电保持用数据寄存器的编号可以通过对 PLC 的参数设定来改变。

在并联通信中，D490～D509 被通信占用。

3）停电保持专用数据寄存器

与供停电保持用数据寄存器一样，停电保持专用数据寄存器能在运行转停止或停电后保持住数据。

D1000 以上的数据寄存器，通过参数设定可作为最大 7000 点文件寄存器使用。从 D1000 开始，以 500 点作为单位，可指定 1～14 个块。D1000～D7999 中不用作文件寄存器的部分，仍可作为一般的停电保持专用数据寄存器使用。

文件寄存器实际上是一类专用数据寄存器，用于存储大量的数据，例如采集数据、统计计算数据、多组控制参数等。图 5 - 32 是文件寄存器的结构示意图。在 PLC 启动运行时，数据块传送命令(BMOV)将内部 RAM 或选件板内设定的文件寄存器区[A]中的数据成批传送到系统 RAM 内的文件寄存器区[B]中，供系统中除了数据块传送指令以外的应用指令对文件寄存器区[B]进行读写。反之，也可以通过数据块传送命令(BMOV)将系统 RAM 内的文件寄存器区[B]的数据成批传送到内部 RAM 或选件板内设定的文件寄存器区[A]中。

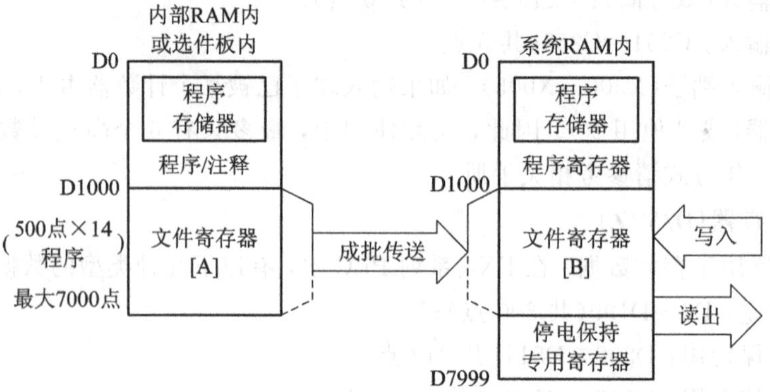

图 5-32　文件寄存器的结构示意图

应注意的是，系统 RAM 内的文件寄存器区[B]虽然具有停电保持功能，但在 PLC 启动运行时，其内的数据会被从[A]中读入的数据初始化并覆盖。因此，要想保持[B]中的数据，必须对[A]中的数据进行同步更新。

4) 特殊用途数据寄存器

特殊用途数据寄存器是指写入特定目的的数据，或已事先写入特定内容的数据寄存器，其内容在电源接通时被置于初始值(一般清除为 0，具有初始值的内容，则利用系统 ROM 将其写入)。例如，在 D8000 中，监视定时器的时间通过系统 ROM 进行初始设定，要想改变其设定值，利用传送指令(BMOV)在初始化脉冲(M8002)的时候将目标值写入即可。更多特殊用途的数据寄存器请参见相关手册。

5) 变址寄存器

变址寄存器 V、Z 和通用数据寄存器一样，是进行数据读、写的 16 位数据寄存器，主要用于运算操作数地址的修改。在进行 32 位数据运算时，可用 Z0～Z7 和 V0～V7 进行组合使用，例如，(V0，Z0)、(V1，Z1)等。

图 5-33 所示为变址寄存器的使用情况。根据 V、Z 的内容修改软组件的地址号，称为软组件的变址。若 V0=7，Z0=25，则 D5V0=D(5+7)=D12，D10Z0=D(10+25)=D35，即当 X001 接通(X001=ON)时，将 D12 内的数据传送到 D35。

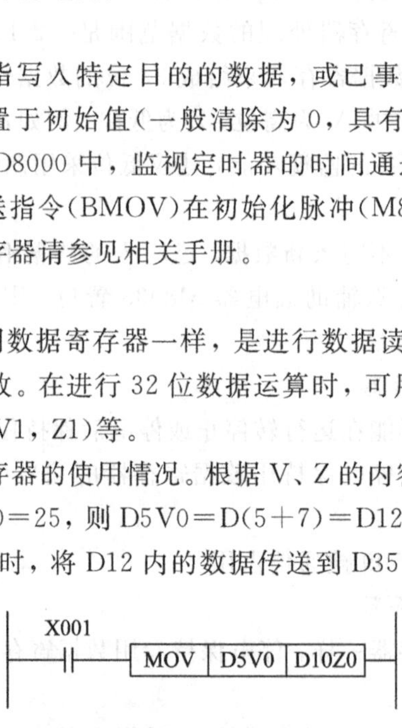

图 5-33　变址寄存器的使用

可用于变址寄存器进行变址的软组件包括 X、Y、M、S、P、T、C、D、常数 K、常数 H、KnX、KnY、KnM 和 KnS。但是，变址寄存器不能修改 V、Z 本身或位数指定用的 Kn 本身。例如 K4M0Z0 有效，而 K0Z0M0 无效。

7. 指针(P/I)

指针用于跳转、中断等程序的入口地址，与跳转、子程序、中断程序等应用指令一起使用。按用途指针可分为分支用指针 P 和中断用指针 I 两类。

1) P 指针

P 指针用于条件转移、子程序调用指令中。P 指针的应用如图 5-34 所示。在图 5-34(a)中，当 X000 有效(X000=ON)时，跳转指令 CJ 起作用，程序跳转至指定的标识 P0 处，执行其后面的程序，在跳转之间的程序不被执行。在图 5-34(b)中，当 X001 有效(X001=ON)时，子程序调用指令 CALL 起作用，主程序跳转至标识 P1 处的子程序继续运行，当子程序运行完毕后，子程序通过应用指令 SRET 返回跳转点，继续运行主程序。

P 指针的编号为 P0～P127，共 128 点，其中 P63 表示跳转至 END 指令(程序结束)。程序中的 P 指针编号不能出现重复。

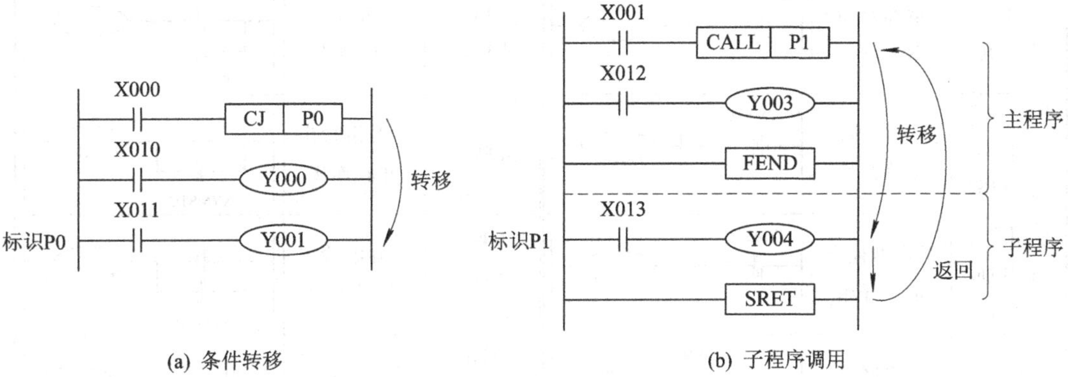

图 5-34　分支指针应用

2) I 指针

I 指针用于中断处理，常与开中断指令 EI、关中断指令 DI 和中断返回指令 IRET 一起使用。I 指针又分为三种类型：输入中断，定时器中断和计数中断。

(1) 输入中断(I00□～I50□，共 6 点)：接收来自特定的输入信号(I00□～I50□分别与 X000～X005 输入端子对应)，不受 PLC 扫描周期的影响，相应的输入端子有效，执行相应的中断子程序。通过输入中断可处理比扫描周期更短的信号，因而可在顺控过程中作为必要的优先处理或短时脉冲处理控制中使用。

(2) 定时器中断(I6□□～I8□□，共 3 点)：在各指定的循环时间(10～99 ms)执行中断子程序，在需要有别于 PLC 的运算周期的循环中断处理控制中使用。

(3) 计数中断(I010～I060，共 6 点)：根据 PLC 内置高速计数器的比较结果，执行中断子程序，用于利用高速计数器优先处理计数结果的控制。

5.3.3　三菱 FX_{2N} 系列可编程序控制器的指令系统

FX_{2N} 系列 PLC 的指令系统由 27 种基本(顺控)指令、2 种步进指令和 132 种应用指令(309 个)组成。该指令系统功能丰富，能完成复杂的控制，指令简明易懂，一般工程技术人员，特别是原来习惯继电器系统控制的工程技术人员，很容易上手并写出质量较高的程序。限于篇幅，在此仅介绍基本指令，步进指令及应用指令请参见相关手册或资料。

FX_{2N}系列PLC的编程语言主要采用梯形图(LD)和指令表(IL)，指令表是指令的集合，与梯形图有严格的对应关系。三菱公司的PLC程序设计软件(FX-PCS/WIN系列、MelSoft GX Developer等)都能实现梯形图和指令表的自动转换，三菱公司的PLC仿真软件GX Simulator还能实现部分PLC的离线仿真。

以下结合梯形图和指令表介绍FX_{2N}系列PLC基本指令的使用。基本指令如表5-4所示。

表5-4　基本指令一览表

名　称	功　能	回路表示或可用软组件	名　称	功　能	回路表示或可用软组件
[LD] 取	运算开始 NO触点	XYMSTC	[OR] 或	并联 NO触点	XYMSTC
[LDI] 取反转	运算开始 NC触点	XYMSTC	[ORI] 或反转	并联 NC触点	XYMSTC
[LDP] 取脉冲 上升沿	上升沿检出 运算开始	XYMSTC	[ORP] 或脉冲 上升沿	上升沿检出 并联连接	XYMSTC
[LDF] 取脉冲 下降沿	下降沿检出 运算开始	XYMSTC	[ORF] 或脉冲 下降沿	下降沿检出 并联连接	XYMSTC
[AND] 与	串联 NO触点	XYMSTC	[ANB] 回路块 与	并联回路块 的串联连接	
[ANI] 与反转	串联 NC触点	XYMSTC	[ORB] 回路块 或	串联回路块 的并联连接	
[ANDP] 与脉冲 上升沿	上升沿检出 串联连接	XYMSTC	[OUT] 输出	线圈驱动指令	YMSTC
[ANDF] 与脉冲 下降沿	下降沿检出 串联连接	XYMSTC	[SET] 置位	线圈接通 保持指令	SET　YMS
[RST] 复位	线圈接通 清除指令	RST　YMSTCD	[MPS] 进栈	运算存储	MPS MPS MPS
[PLS] 脉冲	上升沿 检出指令	PLS　YM	[MRD] 读栈	存储读出	
[PLF] 下降沿 脉冲	下降沿 检出指令	PLF　YM	[MPP] 出栈	存储读出 与复位	

续表

名　称	功　能	回路表示或可用软组件	名　称	功　能	回路表示或可用软组件
[MC] 主控	公共串联点的连接线圈指令	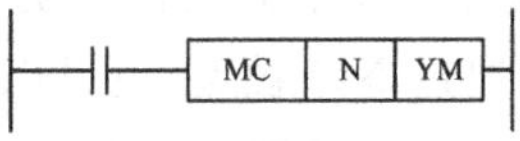	[INV] 反转	运算结果反转	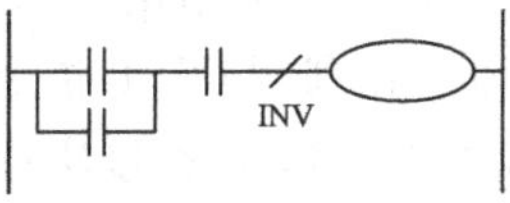
[MCR] 主控 复位	公共串联点的清除指令	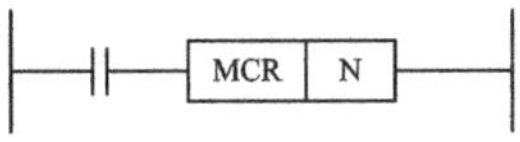	[NOP] 空操作	无动作	消除流程程序 或变更程序中替代指令
[END] 结束	顺控程序结束	顺控程序结束回到“0”			

1. 逻辑取及线圈驱动指令 LD/LDI/OUT

1）指令说明

① LD：将常开(Normal Open，NO)触点与左母线相连，也可以与后面介绍的 ANB、ORB 指令配合使用于分支起点处，占 1 程序步(Step)。

② LDI：将常闭(Normal Close，NC)触点与左母线相连，也可以与后面介绍的 ANB、ORB 指令配合使用于分支起点处，占 1 程序步。

③ OUT：驱动输出继电器 Y、辅助继电器 M、状态继电器 S、定时器 T、计数器 C 的线圈，但不能用于输入继电器 X(驱动 Y、M 占 1 程序步，驱动 S、特 M 占 2 程序步，驱动 T 占 3 程序步，驱动 C 占 3～5 程序步)。OUT 指令可多次并联使用。

2）编程应用

图 5-35 给出了 LD、LDI、OUT 指令的编程应用实例，左侧是梯形图，右侧是对应的指令表程序，步序号一般由程序设计软件自动生成。在程序中，OUT T0 语句占 3 个程序步，所以后续的语句 LD T0 的步序号为 4+3=7，在 OUT T0 语句下的 K19 是 T0 定时器的设定值。注意，写程序和读程序都应遵循从左到右、从上到下的顺序。

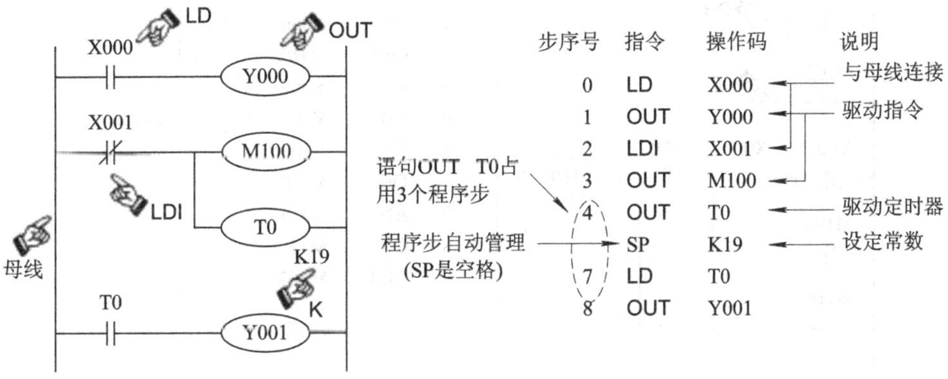

图 5-35　LD、LDI、OUT 指令的编程应用

2. 触点串联指令 AND/ANI

1）指令说明

① AND：串联一个 NO 触点，串联触点数不受限制，可多次使用，占 1 程序步。

② ANI：串联一个 NC 触点，串联触点数不受限制，可多次使用，占 1 程序步。

2）编程应用

图 5－36 给出了 AND、ANI 指令的编程应用实例。需要注意的是，程序中的第 5、6、7 步，在利用 OUT 指令对 M101 线圈驱动后，通过 NO 触点（也可以是 NC 触点）继续驱动线圈 Y004，这种接法称为纵接输出。但图 5－37 所示情况就不是纵接输出，必须用到后面讲的堆栈指令（MPS、MPP），要注意区别。

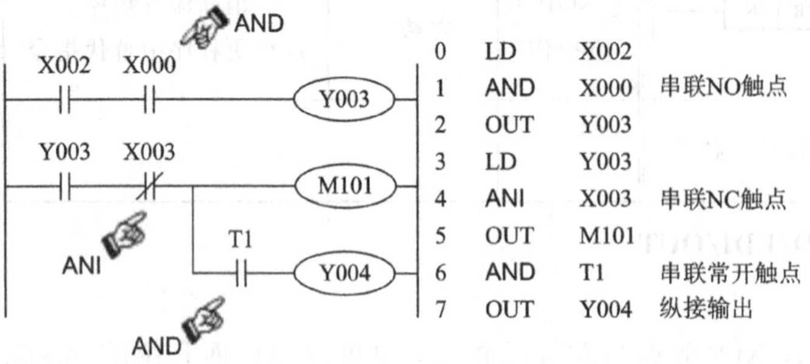

图 5－36　AND、ANI 指令的编程应用

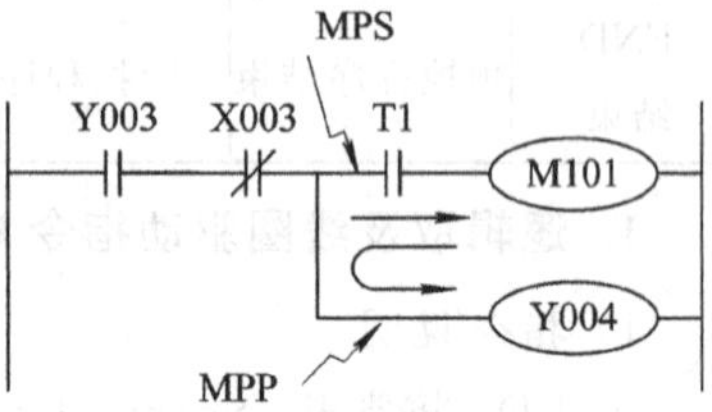

图 5－37　非纵接输出

3. 触点并联指令 OR/ORI

1）指令说明

① OR：并联一个 NO 触点，并联触点数不受限制，可多次使用，占 1 程序步。

② ANI：向右串联一个 NC 触点，并联触点数不受限制，可多次使用，占 1 程序步。

2）编程应用

图 5－38 给出了 OR、ORI 指令的编程应用实例。在多级并联关系中，后级与前面已并联好的块之间是并联关系。

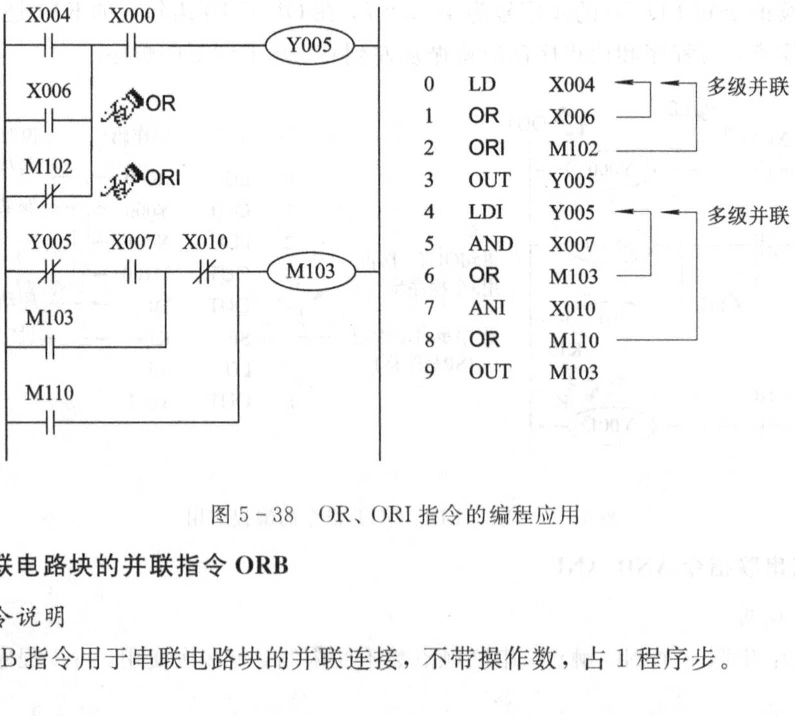

图 5－38　OR、ORI 指令的编程应用

4. 串联电路块的并联指令 ORB

1）指令说明

① ORB 指令用于串联电路块的并联连接，不带操作数，占 1 程序步。

② 由两个或两个以上触点串联连接的回路称为串联电路块，电路块以 LD、LDI 指令开始。

③ 多个串联电路块并联时，可多次使用 ORB 指令，但总次数限制在 8 次(主要是受 LD、LDI 指令重复使用次数的限制)，并且，在多次使用时，注意多个 ORB 指令应分开使用。如图 5-39 所示，中间的程序具有较好的性能与可读性，尤其是在程序较复杂时。

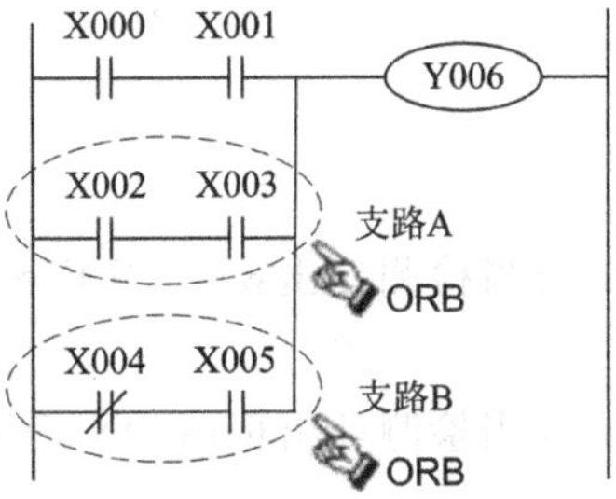

编写较优的程序

0	LD	X000	
1	AND	X001	
2	LD	X002	支路A(以LD开始)
3	AND	X003	
4	ORB		← 将支路A与前面并联
5	LDI	X004	支路B(以LDI开始)
6	AND	X005	
7	ORB		← 将支路B与前面并联
8	OUT	Y006	

编写不佳的程序

0	LD	X000	
1	AND	X001	
2	LD	X002	
3	AND	X003	
4	LDI	X004	
5	AND	X005	
6	ORB		←
7	ORB		←
8	OUT	Y006	

图 5-39　ORB 指令的编程应用

2）编程应用

图 5-39 给出了 ORB 指令的编程应用实例。注意，图中的中间程序是 ORB 指令的较优写法，右侧的程序也是对的，但性能与可读性较中间程序差。

5. 并联电路块的串联指令 ANB

1）指令说明

① ANB 指令用于并联电路块的串联连接，不带操作数，占 1 程序步。

② 由两个或两个以上触点并联连接的回路称为并联电路块，电路块以 LD、LDI 指令开始。

③ 多个并联电路块串联时，可多次使用 ANB 指令，但总次数限制在 8 次(主要是受 LD、LDI 指令重复使用次数的限制)。与 ORB 指令一样，在多次使用时，注意多个 ANB 指令应分开使用，以保证程序的性能与可读性。

2）编程应用

图 5-40 给出了 ANB 指令的编程应用实例。在图 5-40 中，写块 B 的指令时，应将块 B 内的左侧直线当成块内母线，因此，块 B 就是由两条支路与一个 NO 触点并联形成的。

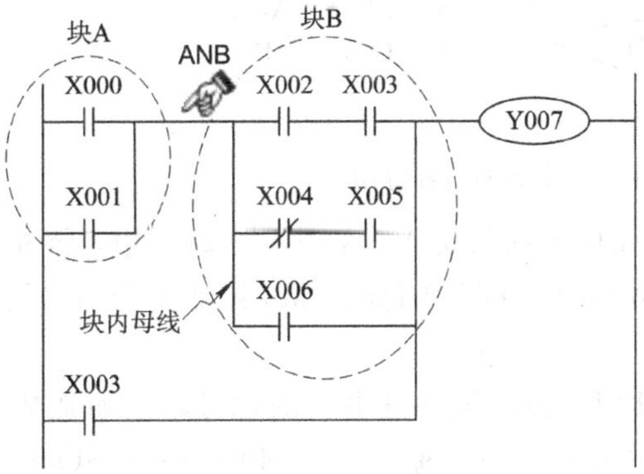

0	LD	X000	块A(以LD开始)
1	OR	X001	
2	LD	X002	块B(以LD开始)
3	AND	X003	
4	LDI	X004	
5	AND	X004	
6	ORB		
7	OR	X006	
8	ANB		← 块A与块B并联
9	OR	X003	
10	OUT	Y007	

图 5-40　ANB 指令的编程应用

6. 脉冲检测指令 LDP/LDF/ANDP/ANDF/ORP/ORF

1）指令说明

① LDP：上升沿检测运算开始，占1程序步。

② LDF：下降沿检测运算开始，占1程序步。

③ ANDP：上升沿检测串联连接，占1程序步。

④ ANDF：下降沿检测串联连接，占1程序步。

⑤ ORP：上升沿检测并联连接，占1程序步。

⑥ ORF：下降沿检测并联连接，占1程序步。

对于上述指令，有：

（1）LDP、ANDP、ORP在不同的位置进行上升沿检测，仅当检测处出现由OFF→ON的上升沿变化时，使驱动的线圈接通1个扫描周期。

（2）LDF、ANDF、ORF在不同的位置进行下降沿检测，仅当检测处出现由ON→OFF的下降沿变化时，使驱动的线圈接通1个扫描周期。

2）编程应用

图5-41给出了脉冲检测指令的编程应用实例。在图中，当X000、X001、X002由OFF→ON变化或由ON→OFF变化时，M0与M1接通1个扫描周期。

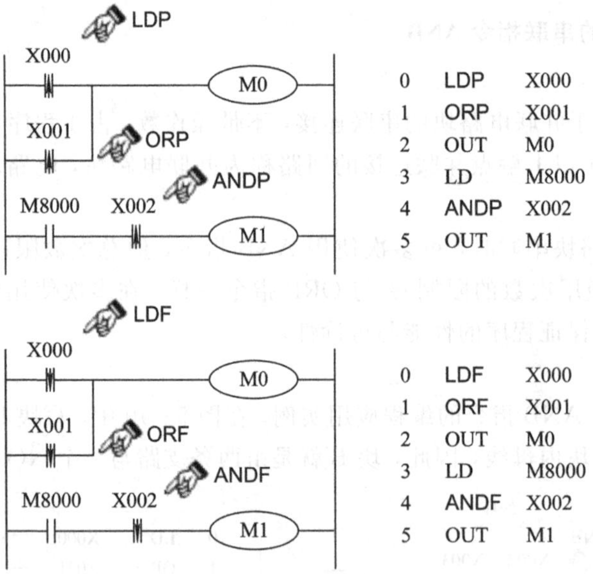

图5-41　脉冲检测指令的编程应用

脉冲检测指令与其他指令的组合可以完成不同的功能。在图5-42(a)中，脉冲检测指令＋输出指令等效于微分指令，在X010由OFF→ON变化时，M6接通1个扫描周期。在图5-42(b)中，程序的功能也是等效的。

当脉冲检测指令作用于辅助继电器M时，会因辅助继电器的编号不同而造成动作上的差异，在编程中应予以注意。在图5-43(a)中，X000驱动M0(M0由OFF→ON)后，M0的NO触点有效，同时上升沿检测有效，与M0对应的①～④的所有触点都动作，其中，

①～③ 执行的是上升沿检测，④执行的是 LD 指令。用脉冲检测指令驱动 M0～M2799 范围内的辅助继电器时，都有类似功能，但用脉冲检测指令驱动 M2800～M3071 范围内的辅助继电器时，则会出现不同的动作。

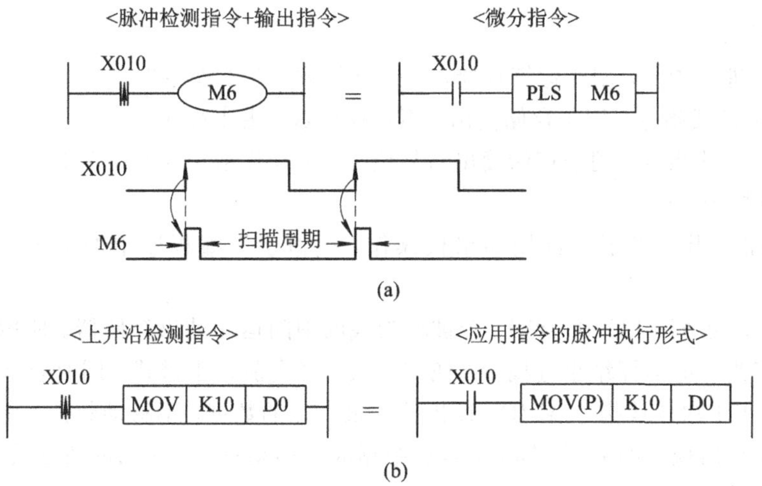

图 5－42　不同指令的等效

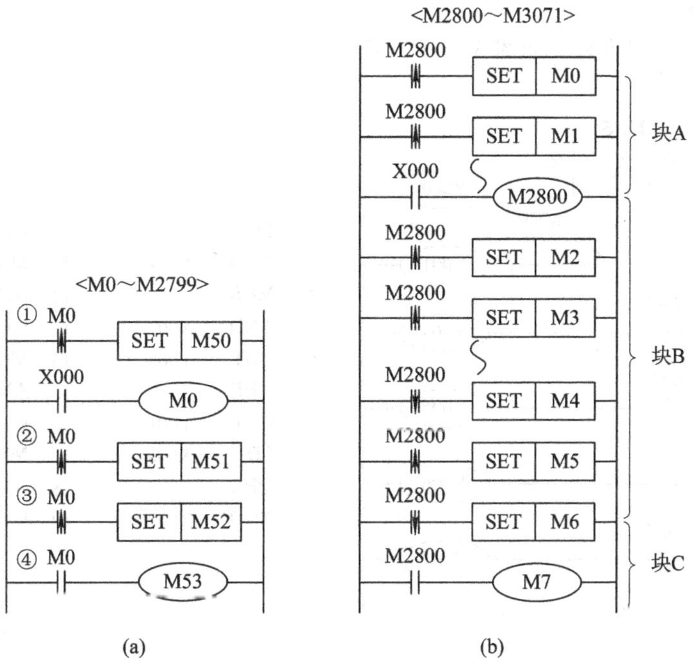

图 5－43　脉冲检测指令驱动不同编号的辅助继电器造成的动作差异

在图 5－43(b)中，X000 驱动 M2800(M2800 由 OFF→ON)后，M2800 的 NO 触点有效，但只有特定的上升沿检测有效，分别是位于 M2800 线圈上面的块 A 与块 B 中的第一次上升沿或下降沿检测有效，块A中的第二次上升沿检测无效，块B中的第二次上升沿检测无效，但第一次下降沿检测有效，第二次下降沿同样无效，块C执行的是LD指令。利用这一特性，可有效地对步进梯形图中"利用同一信号进行状态转移"进行高效率的编程。

7. 堆栈指令 MPS/MRD/MPP

1）指令说明

① MPS：进栈指令，用于运算存储，不带操作数，占1程序步。

② MRD：读栈指令，用于存储读出，不带操作数，占1程序步。

③ MPP：出栈指令，用于存储读出与复位，不带操作数，占1程序步。

对于堆栈指令，有：

（1）堆栈指令用于进栈、读栈和出栈操作，类似于汇编程序中的PUSH、READ和POP指令。

（2）在FX_{2N}系列PLC中，有11个被称为栈的中间运算结果存储器。使用1次进栈指令MPS，就将当前的运算结果进栈，再使用一次，将当前结果进栈，同时将前面的结果移入下一栈；使用1次读栈指令MRD，读出栈的最上端的数据，不移动数据；使用1次出栈指令MPP，先读出栈顶的数据，同时，栈底数据向上移动一层，移出的数据丢失（即遵循栈的先进后出规则）。

（3）读栈指令MRD可多次使用（即多次使用中间结果），但MPS与MPP必须成对使用，并且连续使用次数应少于栈总数，即11次。

2）编程应用

编程示例1：一层堆栈，如图5-44所示。

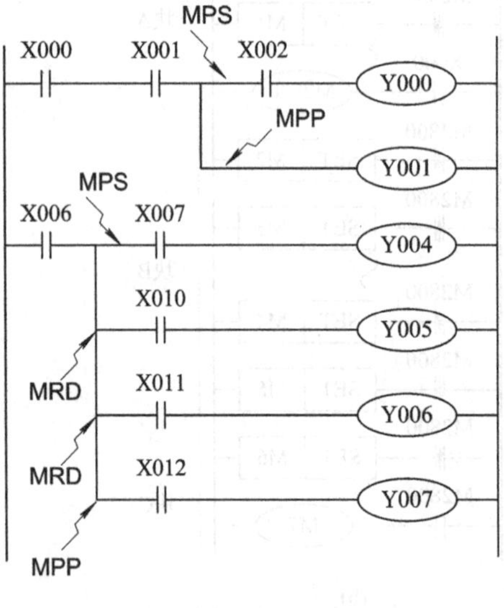

0	LD	X000	10	OUT	Y004
1	AND	X001	11	MRD	
2	MPS		12	AND	X010
3	AND	X002	13	OUT	Y005
4	OUT	Y000	14	MRD	
5	MPP		15	AND	X011
6	OUT	Y001	16	OUT	Y006
7	LD	X006	17	MPP	
8	MPS		18	AND	X012
9	AND	X007	19	OUT	Y007

图5-44　一层堆栈的编程应用

编程示例2：四层堆栈及改进，如图5-45所示。如果将图中的梯形图(a)更改成梯形图(b)的形式，则简化了程序，提高了程序的性能。

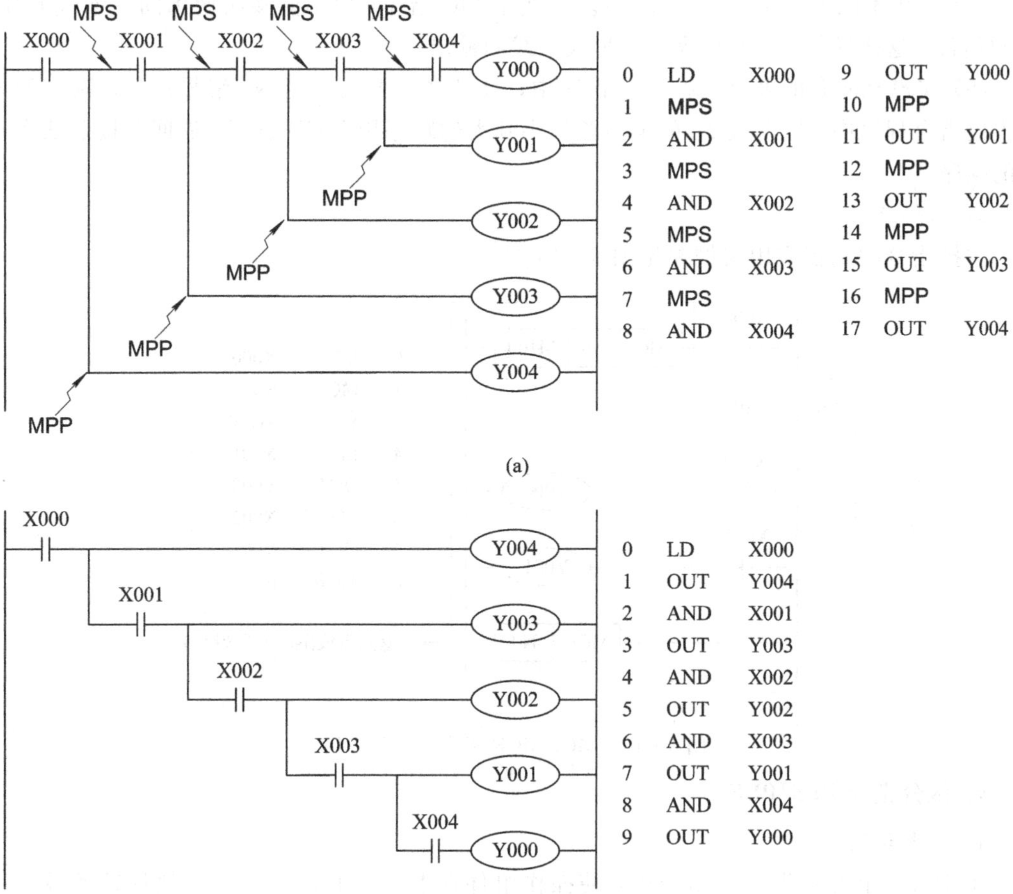

(b)

图 5-45 四层堆栈的编程应用及改进

8. 主控指令 MC/MCR

1) 指令说明

① MC：主控电路块起点，不带操作数，占 3 程序步。

② MCR：主控电路块终点，不带操作数，占 2 程序步。

对于主控指令，有：

(1) 编程时，经常会遇到一个或一组开关同时控制多个线圈的情况，若在每个线圈的控制部分加入同样的触点，则将多占存储单元，且程序复杂，可读性差。主控指令控制的操作组件的 NO 触点与主控指令后的母线垂直串联，相当于一组梯形图的总开关。

(2) 主控指令 MC/MCR 之间的梯形图(或程序)执行与否，取决于 MC 的输入条件。如图 5-46 所示，若输入 X000 有效，则执行 MC/MCR 之间的梯形图；若 X000 断开，则跳过 MC/MCR 之间的梯形图。此时，MC/MCR 之间软组件的状态根据性质不同而不同：

对于累积定时器、计数器、置位/复位指令驱动的软组件，保持断开前的状态；

对于非累积定时器、计数器、OUT 指令驱动的软组件，均变为 OFF 状态。

(3) 执行 MC 指令后，母线(LD、LDI)向 MC 触点后移动，通过 MCR 指令返回到原母线，并向下继续执行程序。

(4) 使用不同的软组件 Y、M，可多次使用 MC 指令，但不能多次使用同一编号的 Y、M 软组件，这样易与 OUT 指令一样形成双线圈输出。

(5) 在没有嵌套的多个主控指令程序中，可以多次平级使用 N0 编号；在有嵌套的多个主控指令程序中，嵌套级 Ni 的编号按从小到大的顺序用 MCR 返回，返回时按照从大到小的顺序。

2) 编程应用

主控指令的编程应用实例参见图 5-46。

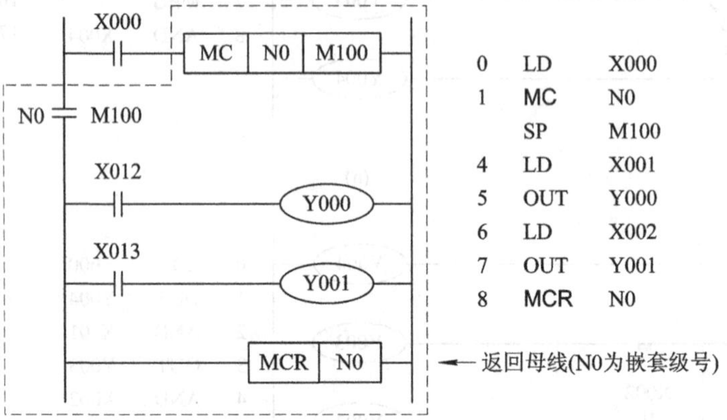

图 5-46　MC、MCR 指令的编程应用

9. 微分指令 PLS/PLF

1) 指令说明

① PLS：上升沿微分输出指令，使操作组件在上升沿时产生 1 个扫描周期的脉冲输出，占 2 程序步。

② PLF：下降沿微分输出指令，使操作组件在下降沿时产生 1 个扫描周期的脉冲输出，占 2 程序步。

2) 编程应用

微分指令的编程应用实例参见图 5-47。从图中的时序可以看出，PLS、PLF 指令可以将较宽的脉冲信号变成较窄的脉冲信号，相当于对输入信号进行了微分。

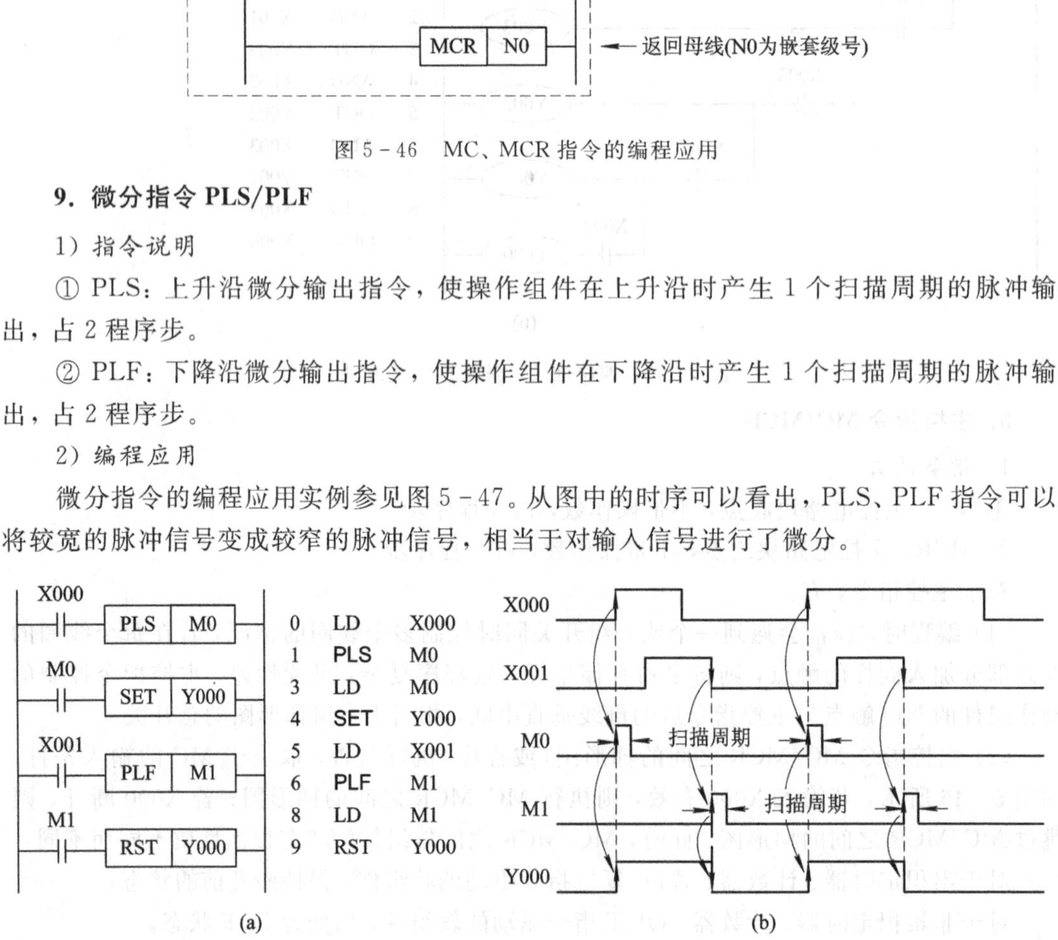

图 5-47　PLS、PLF 指令的编程应用

10. 置位/复位指令 SET/RST

1）指令说明

① SET：置位指令，使线圈接通并保持，驱动 Y、M 占 1 程序步，驱动 S、特 M 占 2 程序步。

② RST：复位指令，使线圈断开，复位 Y、M 占 1 程序步，驱动 S、特 M 占 2 程序步，驱动 T、C 占 2 程序步，驱动 D、V、Z、特 D 占 3 程序步。

对于置位/复位指令，有：

(1) SET 指令为置位指令，线圈接通并保持(相当于置 1)，RST 指令为复位指令，断开线圈(相当于置 0)。

(2) 对于同一组件，SET、RST 指令可多次重复使用，但最后执行的 SET、RST 指令有效。

(3) RST 指令除了可以复位 Y、M、S，还可对 D、V、Z 和累积型定时器 T 和 C 进行复位。

2）编程应用

置位/复位指令的编程应用实例参见图 5－48。在图 5－48 中，在 X000 由 OFF→ON 时，置位指令 SET 有效，Y000 置位；在 X000 由 ON→OFF 时，Y000 仍然保持。在 X001 由 OFF→ON 时，复位指令有效，Y000 复位；在 X001 由 ON→OFF 时，Y000 保持复位。其他类似。

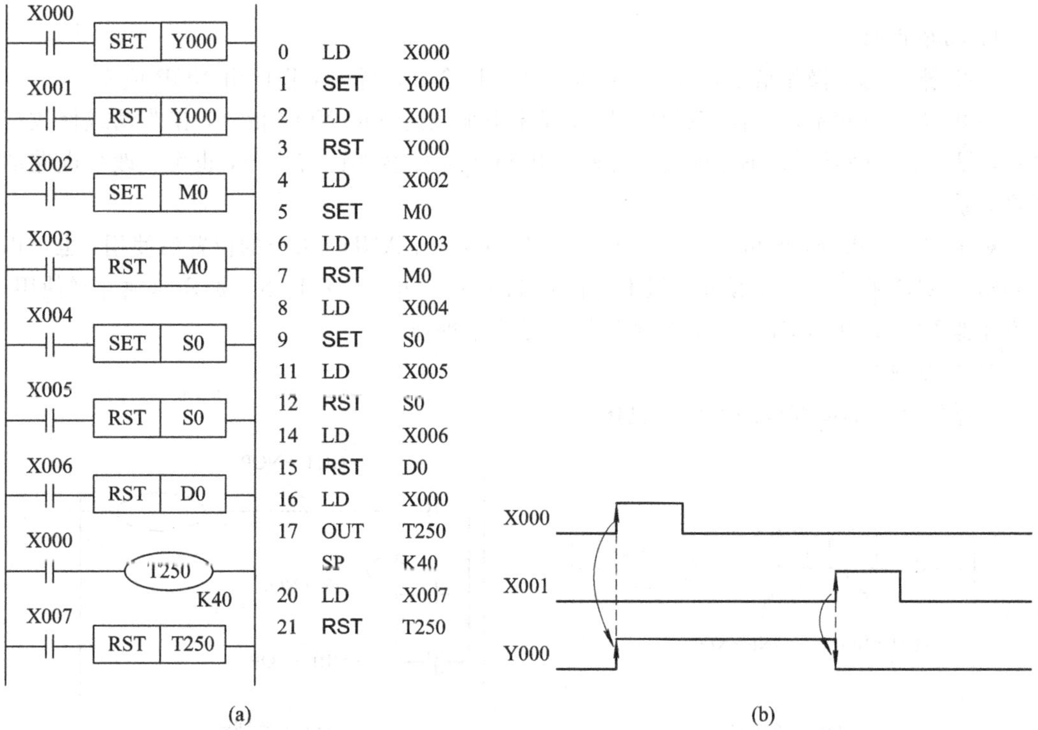

图 5－48 SET、RST 指令的编程应用

11. 取反指令 INV

1）指令说明

取反指令是对程序运算结果的反转，即 OFF 经取反后为 ON，ON 经取反后为 OFF。取反指令不带操作数，占 1 程序步。

对于取反指令，既可以在 AND、ANDI、ANDP、ANDF 指令的位置后使用，也可以在 ORB、ANB 指令回路中使用，但不能像 OR、ORI、ORP、ORF 指令那样单独并联使用，也不能像 LD、LDI、LDP、LDF 指令那样与母线单独连接。

2）编程应用

取反指令的编程应用实例参见图 5-49。图 5-49(a)与 5-49(b)中的逻辑关系表达式经转换后是相同的，这给编程带来了很大的灵活性。

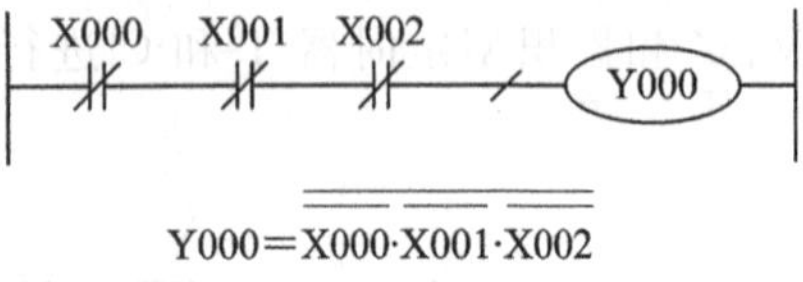

0	LDI	X000
1	ANI	X001
2	ANI	X002
3	INV	
4	OUT	Y000

(a)

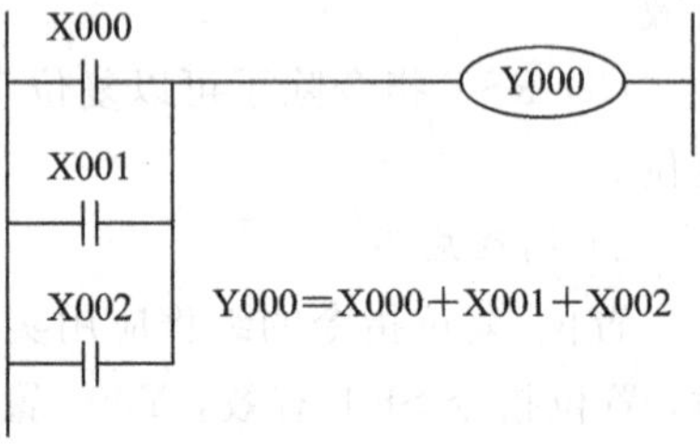

(b)

图 5-49　INV 指令的编程应用

12. 空操作指令 NOP

1）指令说明

NOP 指令为空操作指令，占 1 程序步。在程序全部清除时，程序由 NOP 填充。

NOP 指令虽然不执行任何操作，但在程序中加入适当的 NOP 指令，在改动或修改程序时，程序的步序号可以不作改变。另外，用 NOP 指令替换已有指令，也可以改变电路的逻辑关系。

对于空操作指令，既可以在 AND、ANDI、ANDP、ANDF 指令的位置后使用，也可以在 ORB、ANB 指令回路中使用，但不能像 OR、ORI、ORP、ORF 指令那样单独并联使用，也不能像 LD、LDI、LDP、LDF 指令那样与母线单独连接。

2）编程应用

空操作指令的编程应用实例参见图 5-50。

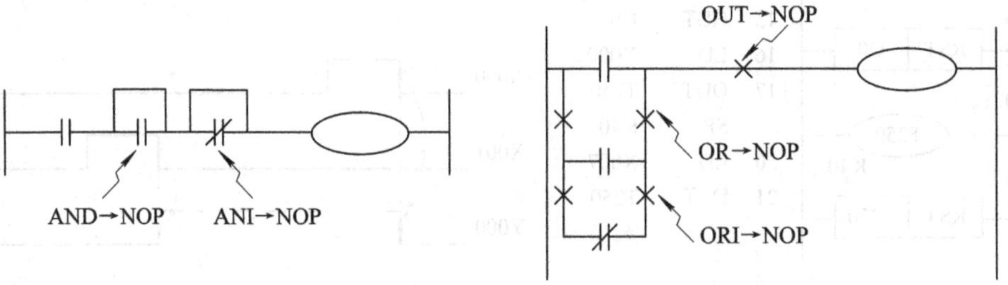

(a) 触点短路　　　　(b) 回路断路

图 5-50　NOP 指令的编程应用

13. 程序结束指令 END

END 指令为程序结束指令，占 1 程序步。如果程序中有多个 END 指令，则程序运行到第一个 END 指令即停止，转到输出刷新阶段。

5.4　可编程序控制器的基本应用

5.4.1　PLC 控制系统设计的基本内容和步骤

1. 基本内容

与其他控制系统一样，PLC 控制系统的设计原则是实现被控制对象(生产设备或生产过程)的工艺要求，提高生产效率与产品质量。一般来说，PLC 控制系统包括以下设计内容：

(1) 明确设计任务。仔细分析和研究设计任务书中给出的技术条件和工艺要求，它将是整个 PLC 控制系统的设计基础与依据。

(2) 确定控制系统中输入/输出设备的种类和形式。输入设备一般包括按钮、操作开关等主令设备和限位开关、光电开关等给出设备运行状态信息的传感器。PLC 一般不能直接驱动电动机、电磁阀等被控对象，而是通过驱动继电器、接触器等输出设备进而驱动被控制对象。不同的输入/输出设备使用的电源类型(交、直流)和电平不尽相同，使用时应注意。

(3) PLC 型号的选择。在选择 PLC 时，应考虑到机型、安装方式、容量大小以及 PLC 中各模块的选择。

(4) 分配 I/O 端口，绘制设备连接图和操作面板图，必要时，还应设计电器控制柜。

(5) 编制 PLC 程序。根据不同的系统，可选择梯形图、指令表或 SFC 等不同编程语言。

(6) 控制系统调试。调试包括硬件调试(主要是排除电器及设备接线方面的错误)和软件调试(主要是检查 PLC 程序是否满足设计要求)。

(7) 编制控制系统的技术文档。该技术文档包括说明书、电气图及元件明细等。电气原理图、电器布置及接线图(通常称为 PLC 控制系统的硬件图)和 PLC 程序(或梯形图，又被称为 PLC 控制系统的软件图)是以后系统维护的主要依据，应详细编制。

2. 一般步骤

根据系统复杂程度的不同，PLC 控制系统的设计步骤也不尽相同。一般而言，可按以下步骤来设计：

(1) 根据工艺要求确定控制要求，如需要完成的动作(包括动作顺序、动作条件、必要的保护和互锁等)、操作方式(手动、自动、连续、单周期、单步等)。

(2) 根据控制要求确定输入/输出设备，并据此确定 PLC 控制系统的电气原理图和 PLC 的 I/O 点数(一般要保留一定的余量)。

(3) 选择 PLC 类型，如果是模块式 PLC，则还应包括选择各模块类型。

(4) 分配 I/O 端口，设计 I/O 连接图。

(5) 设计操作面板，必要时需设计电器控制柜和绘制电器布置图。

(6) 设计 PLC 程序。对于复杂的 PLC 控制程序，可分解成多段子程序进行设计。

(7) 现场施工和联调，包括安装设备、设备接线及调试程序等。

(8) 编制技术文档并交付使用。

5.4.2 编程方法及编程规则与技巧

1. 编程方法

PLC 编程语言是 PLC 的编程工具和环境。在掌握了 PLC 的编程语言之后，还应找到适合于自己的编程方法，才能提高编程效率与编程质量。一般而言，编程方法大体上有逻辑法、经验法、图解法等编程方法。不同的编程方法适合于不同水平和类型的编程者。比如说，对于初学者来说，逻辑法比较容易上手；经验法则只适合于有一定编程经验的编程者；在程序比较复杂的情况下，图解法可简化任务。有时在一个项目中要综合运用多种编程方法。

1) 逻辑法

逻辑法类似于数字电子技术中的逻辑设计方法，其数学基础是布尔代数。该方法使用逻辑表达式或真值表来描述逻辑问题，然后将逻辑表达式或真值表转换成梯形图，或直接写出指令表。

逻辑法的优点是比较精确，可利用布尔代数进行优化，适合于初学者，容易上手。但逻辑法只适合条件顺序控制系统(相当于数字电路中的组合逻辑电路)，不适合时间顺序控制系统(相当于数字电路中的时序逻辑电路)，且当 I/O 点增加时，逻辑关系将变得比较复杂。

2) 经验法

所谓经验法，是指编程者依靠自己或别人(当然要先学习)的编程经验来进行 PLC 程序设计，又称为试凑法。编程者在掌握了大量简单而又典型的控制程序的基础上，来构建相对复杂的控制程序。

经验法的优点是编程效率较高，尤其针对一些简单的控制系统。但是，经验法编程的效率和质量与编程者的经验与水平有很大的关系。

3) 图解法

图解法又分为顺序功能图(SFC)法和时序图法。顺序功能图法是从早期的流程图法演化而来的，现已成为 PLC 编程的标准语言与方法。用顺序功能图法来描述控制过程，可方便地表示出输入、输出和各步(状态)之间的转换关系。

时序图法又称为波形图法，在设计时，根据控制要求画出各个信号的时序波形图，然后找出各个信号状态的转换条件与时刻，有些类似于数字电子技术的时序电路设计，比较适合时间顺序控制系统。

图解法直接明了，尤其是遇到复杂编程时，可以将复杂的任务简化成多个图形。这也是图解法深受欢迎的原因。

除了上述几种方法之外，计算机辅助编程(CAP)和利用高级语言进行面向对象编程(OOP)也是近些年来的发展趋势。很多 PLC 生产厂商在提供 PLC 编程软件的同时，还推出了 PLC 计算机离线仿真软件，以供编程者离线调试、仿真运行程序。利用高级语言进行面向对象编程可以让用户在不熟悉 PLC 硬件的情况下进行编程。随着计算机技术的发展，计算机辅助编程和利用高级语言进行面向对象编程会越来越完善。

2. 编程规则与技巧

掌握必要的编程规则与一些好的编程技巧有助于编制高效易读的 PLC 程序。梯形图是一种从继电器接触器控制系统演变而来的编程语言，下面以梯形图为例，说明一些编程规则与技巧。

1）梯形图编程中的两个基本概念

（1）软继电器：由 PLC 内部的电子电路及存储器构成，可实现类似继电器的功能。但是，软继电器与实际的继电器是有区别的，由于对软继电器的状态读取和输出控制实际上是对存储器的“存—取”操作，因此，软继电器的常开、常闭触点在梯形图中理论上可以无限次使用，这给编程带来了方便。

（2）能流：在继电器接触器控制系统中，梯形图的两侧是实际的电源线，通有实际的电流，而在 PLC 梯形图中，两侧并非电源线(称为母线)。不过，在分析与编制梯形图时，可以把母线视为虚拟的电源线。PLC 梯形图中规定，能流的流动方向是：从左向右，从上向下。

2）梯形图的编程规则

（1）梯形图按梯级(行)从上向下、从左至右顺序编制。

（2）每梯级从左母线开始，终止于右母线(右母线可省略)。每个梯级可以有多行。

（3）每梯级以触点开始，以线圈或功能指令结束。

（4）梯形图中的常开、常闭触点可串、并联，但输出只能并联，不能串联。

（5）梯形图中的触点可无限次使用，但线圈只能使用一次。

（6）触点不能接在线圈的右边，线圈不能与左母线直接相连。

（7）触点应画在水平线上，不能画在垂直线上。在图 5-51(a)中，常开触点 X005 被画在垂直线上，很难识别它与其他触点之间的关系，应改画成图 5-51(b)所示的形式。

（8）梯形图以 END 指令结束。

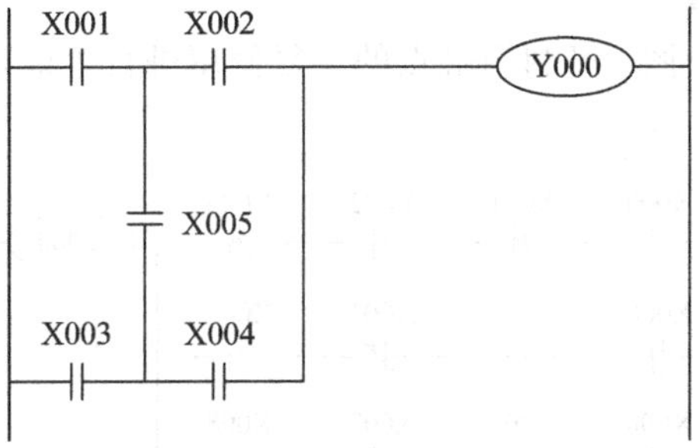

(a) 错误画法

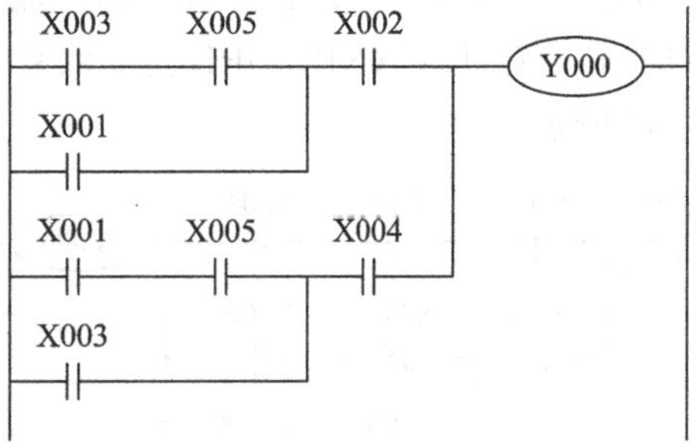

(b) 正确画法

图 5-51　触点的连接

3）梯形图的编程技巧

（1）多个串联电路块并联时，应将触点最多的串联电路块放在梯级的最上行，可以减少指令数，使编制的程序更简洁有效，如图 5-52 所示。

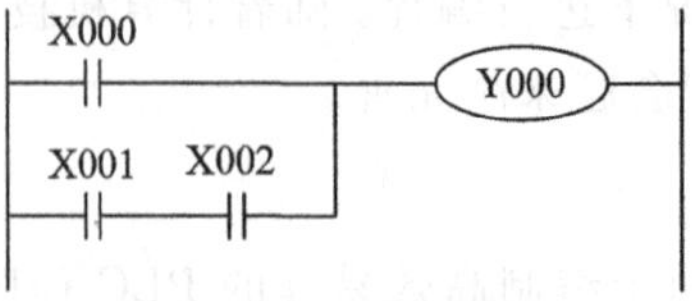


```
0   LD    X000
1   LD    X001
2   AND   X002
3   ORB
4   OUT   Y000
```

(a) 需要ORB指令

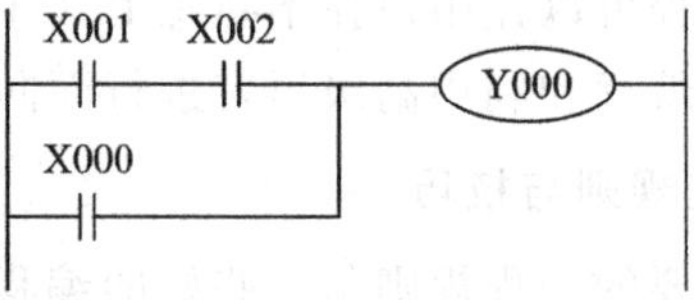


```
0   LD    X001
1   AND   X002
2   LD    X000
3   OUT   Y000
```

(b) 不需要ORB指令

图 5 - 52　多串联电路块并联

(2) 多个并联电路块串联时，应将触点最多的并联电路块放在梯级的最左边，可以减少指令数，使编制的程序更简洁有效，如图 5 - 53 所示。

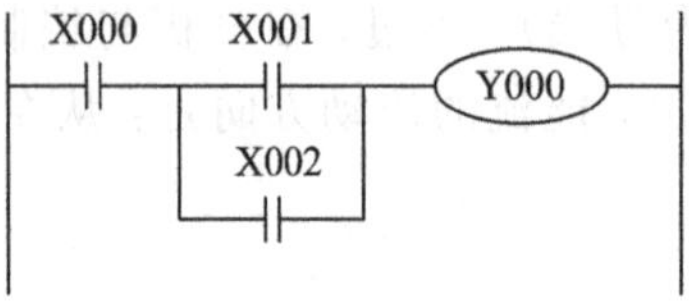


```
0   LD    X000
1   LD    X001
2   OR    X002
3   ANB
4   OUT   Y000
```

(a) 需要ANB指令

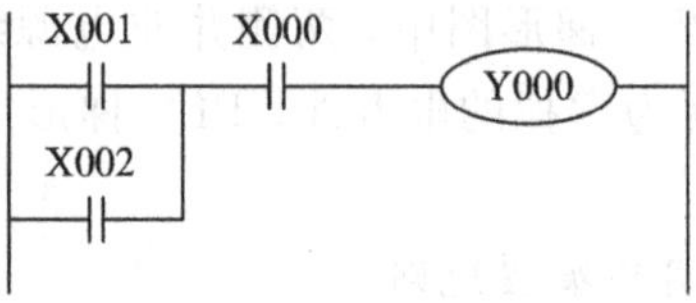


```
0   LD    X001
1   OR    X002
2   AND   X000
3   OUT   Y000
```

(b) 不需要ANB指令

图 5 - 53　多并联电路块串联

(3) 多个串联电路块并联，在多次使用 ORB 指令时，应注意将多个 ORB 指令分开使用，以保证程序具有较好的性能与可读性。

(4) 多个并联电路块串联，在多次使用 ANB 指令时，应与 ORB 指令一样，注意将多个 ANB 指令分开使用，以保证程序的性能与可读性。

(5) 对于有过多 ANB、ORB 指令的复杂梯形图，可利用触点的重复使用进行等效，如图 5 - 54 所示。

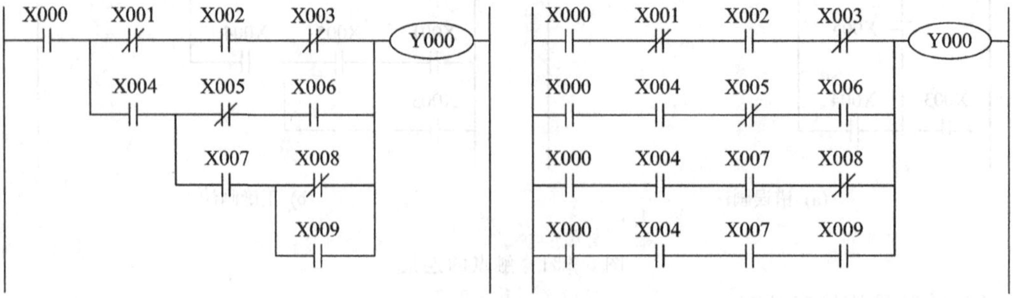

(a)　　(b)

图 5 - 54　复杂梯形图的等效

(6) 当梯级(行)内逻辑条件过多时，可使用中间转换单元(如辅助继电器 M)将过于复杂的梯级(行)转换为两个或多个梯级(行)。

(7) 善于使用一些特殊继电器，完成一些特殊功能。例如：利用 M8000 让某个继电器在 PLC 得电时常通；利用初始脉冲 M8002 对程序进行一些初始化工作；利用 M8011 和 M8012 产生 10 ms 或 100 ms 的脉冲。

(8) 尽可能采用常开按钮作为 PLC 的输入信号，既可以保证 PLC 的梯形图与继电器电路保持一致，还可以避免因使用常闭按钮致使输入回路长期通电。具体可以参见图 5－16、图 5－17 和图 5－18。

经验与技巧总是随着时间日积月累的，在编程中不断学习与总结经验，将会大大提高编程者的水平。

5.4.3 常用和基本环节编程

熟悉和掌握一些常用和基本环节的编程，不仅有利于熟悉和掌握 PLC 指令，更重要的是，编程者可以积累更多的经验，编制更加复杂的程序。这也是一种循序渐进的学习方法。

1. 自锁与互锁

在图 5－55(a)中，X000 是启动按钮(NO)，X001 是停止按钮(NO)，Y000 是输出线圈。程序通过 Y000 的常开触点实现自锁，当 X000 接通(X000＝ON)时，线圈 Y000 得电，其常开触点闭合，此时，即使 X000 松开(X000＝OFF)，线圈 Y000 依旧保持得电状态；当 X001 接通(X001＝ON)时，线圈 Y000 失电。自锁又称为启保停，是因为程序具有启动、保持和停止三种状态。

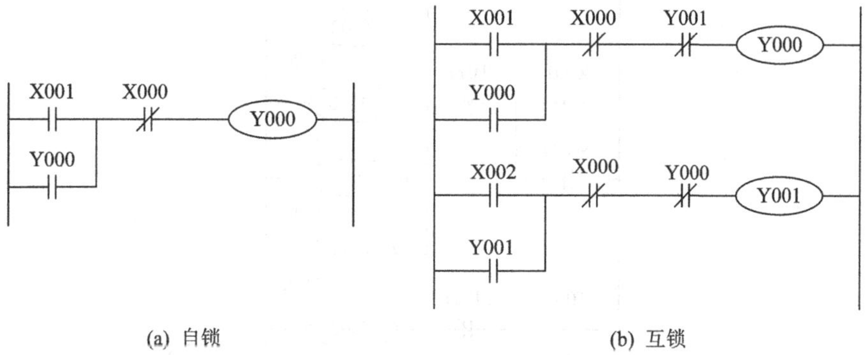

图 5－55　自锁与互锁

在图 5－55(b)中，X001 是状态 1(比如说电动机正转)启动按钮(NO)，X002 是状态 2(比如说电动机反转)启动按钮(NO)，X000 是停止按钮(NO)，Y000 是状态 1 输出线圈，Y001 是状态 2 输出线圈。程序通过线圈 Y000、Y001 的常闭触点实现互锁。当 X001 接通(X001＝ON)时，状态 1 启动(通过线圈 Y000 常开触点实现自锁)，线圈 Y000 得电输出，Y000 常闭触点断开，此时，即使按下 X002(X002＝ON)，也不能使线圈 Y001 输出(就像电动机不能同时正、反转一样)，Y001 的常闭触点也可实现同等功能。当 X000 接通(X000＝ON)时，状态 1 和状态 2 都被复位(类似于电动机的停车)。

自锁与互锁程序的一个典型应用就是电动机的正、反转控制，请参见图 5－18。

2. 顺序延时启动逆序延时停止

在很多控制场合，需要按一定的顺序启动或停止被控的多台设备，如顺序启顺序停、顺序启逆序停、顺序启同时停、顺序延时启动顺序延时停止、顺序延时启动逆序延时停止等。本章前面介绍的物料的多级输送，就是一个典型的顺序延时启动逆序延时停止的时间顺序控制系统。

在图 5 - 56 中，X002 是启动按钮(常开)，X001 是停止按钮(常开)，Y001、Y002 和 Y003 分别连接三台设备 A、B、C(例如传送带的电机)。当 X002 接通(X002＝ON)时，线圈 Y001 得电(并通过自身的常开触点自锁)，T001、T002 开始计时→5 s 后，T001 得电→T001 的常开触点闭合→线圈 Y002 得电→再 5 s 后(从 T002 计时开始为 10 s)，T002 得电→T002 常开触点闭合→线圈 Y003 得电。于是，三台设备便按 Y001、Y002 和 Y003 的顺序，以 5 s 的时间间隔启动成功。当 X001 接通(X001＝ON)时，M100 得电(并通过自身的常开触点自锁)，T010、T011 开始计时→M100 常闭触点断开→Y003 失电→5 s 后，T010 得电→T010 的常开触点闭合→M101 得电(并通过自身的常开触点自锁)→M101 的常闭触点断开→线圈 Y002 失电→再 5 s 后(从 T011 计时开始为 10 s)，T011 得电→T011 的常闭触点断开→线圈 Y001 失电，T001、T002、T010、T011、M100 和 M101 皆失电。于是，三台设备便按 Y003、Y002 和 Y001 的逆序，以 5 s 的时间间隔停止。

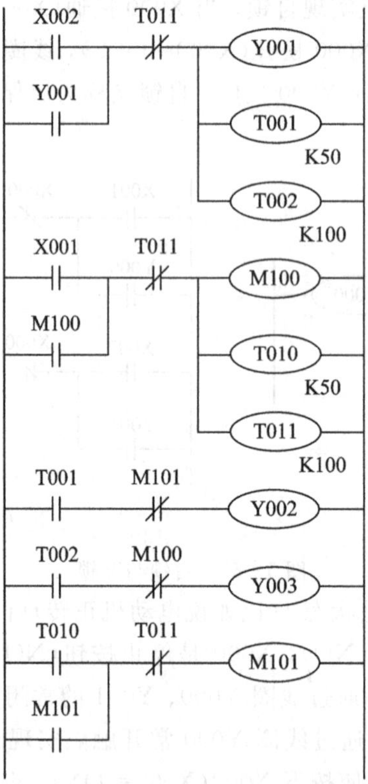

图 5 - 56　顺序延时启动逆序延时停止

3. 自动与手动控制

图 5 - 57(a)是利用主控指令和跳转指令编制的自动与手动控制程序。其中，X000 是

自动/手动控制选择开关，X000＝ON 时，主控指令有效→执行自动控制程序→跳转指令有效→跳过手动控制程序→执行公共程序，属于自动控制；X000＝OFF 时，主控指令无效→跳过自动控制程序→跳转指令无效→执行手动控制程序→执行公共程序，属于手动控制。

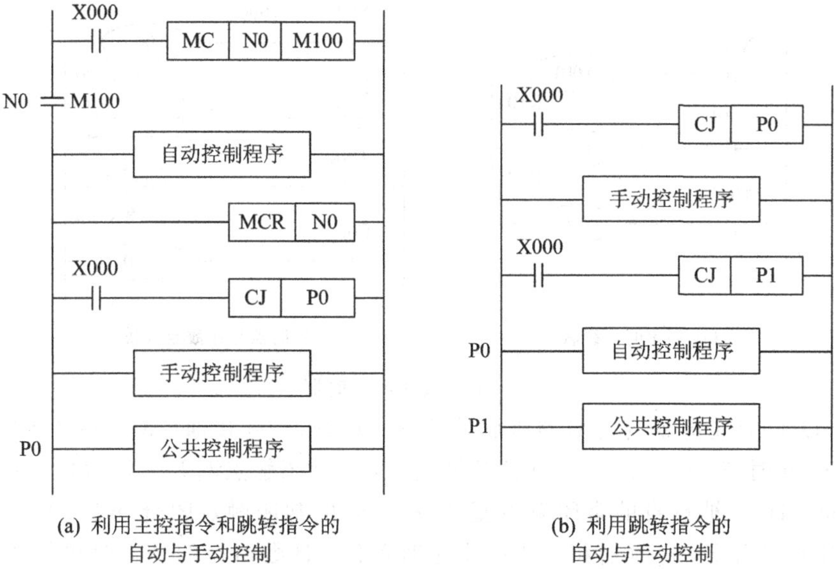

图 5－57　自动与手动控制

图 5－57(b)是利用跳转指令编制的自动与手动控制程序，读者可自行分析。

4. 延时断开

很多 PLC 的定时继电器都属于延时接通定时器，即得电后开始计时，计时终了接通输出。在很多场合需要延时断开定时器，图 5－58 就是利用延时接通定时器构造而成的延时断开定时器。其中，当开关 X000 得电(X000＝ON)时，线圈 Y000 立即得电(并通过 Y000 的常开触点自锁)，X000 的常闭触点断开→T001 不计时；当 X000 失电(X000＝OFF)时，X000 的常闭触点闭合→T001 开始计时→10 s 后，T001 得电→T001 的常闭触点断开→Y000 失电。由时序图可以看出，Y000 是在 X000 断开后延时一定时间才断开的。

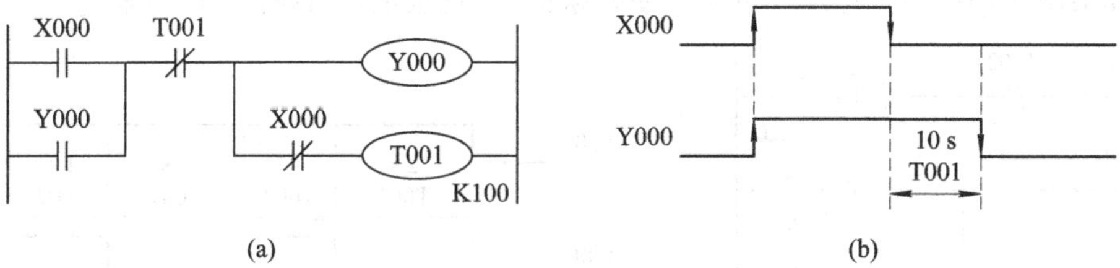

图 5－58　延时断开

对于 FX_{2N}系列 PLC，应用指令 STMR 也可以实现延时断开功能。

5. 长时间定时器

对于单个定时器而言，总存在一个最长定时时间(例如，FX_{2N}系列 PLC 的单个定时器，最长定时时间为 3276.7 s)。如果需要更长的定时，则可使用多个定时器级联(其定时时间是多个定时器之和)，也可以使用定时器与计数器级联(其定时时间是计数器与定时器之积)。

图 5-59(a)是多个定时器级联的情况。开关 X000 接通(X000＝ON)之后，T001 开始计时，T001 计时满之后，启动 T002 开始计时，T002 计时满之后，线圈 Y000 得电，其总计时为 T001 与 T002 计时之和。

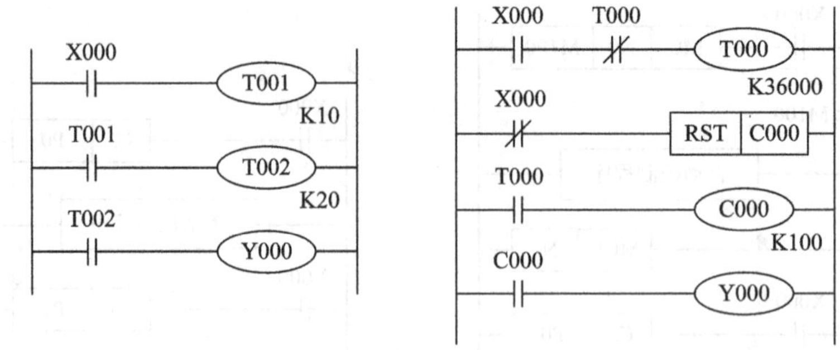

(a) 多定时器级联　　(b) 定时器与计数器级联

图 5-59　长时间定时器

图 5-59(b)是定时器与计数器级联的情况。开关 X000 接通(X0000＝ON)后，T000 开始计时→1 小时(3600 s)后，T000 常开触点闭合，常闭触点断开→计数器 C000 得到一个计数脉冲，T000 被自身的常闭触点复位→T000 的常闭触点闭合→T000 开始计时→…… 从图中可以看出，定时器相当于一个定时单位，计数器计的是定时单位数，计数值(100 次)乘以定时单位(1 小时)便是总定时时间(100 次×1 小时/次＝100 小时)。这种级联方法比定时器级联能获取更长的定时时间。

使用定时器与计数器级联，其实质是做了一次乘法，同样道理，如果利用两个计数器级联，则可以构造一个更大的计数器。

6. 脉冲发生器(闪烁、多谐振荡)

在图 5-60 中，X000 是启动与停止脉冲发生器的开关。当 X000＝ON 时，T001 开始计时→2 s 后，T001 的常开触点闭合→T002 开始计时，线圈 Y000 得电→1 s 后，T002 的常闭触点断开→T001 失电复位→T001 常开触点断开→T002 失电复位，Y000 失电复位→T002 的常闭触点闭合→T001 开始计时→…… 如此反复，Y000 便周期性得电(2 s)与失电(1 s)，输出脉冲。如果用 Y000 控制一盏灯，此盏灯便闪烁起来，这也正是闪烁程序的由来。

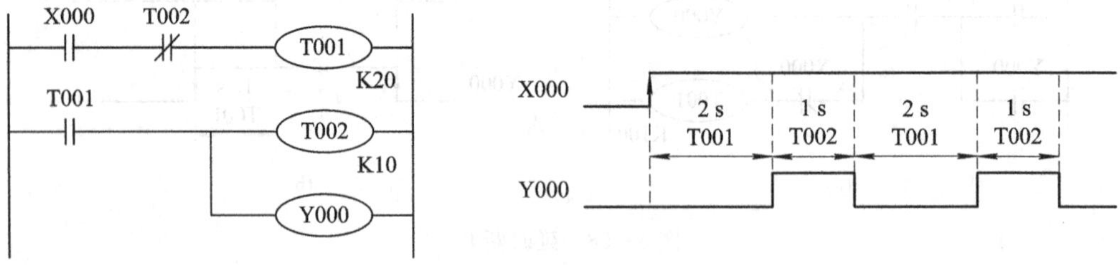

(a)　　(b)

图 5-60　脉冲发生器

显然，闪烁程序可用于灯光报警。其实，脉冲发生器实际上是一个具有正反馈的振荡器，T001 和 T002 的输出通过各自的常开与常闭触点分别控制对方的线圈，从而形成振荡，且其占空比可调(分别由 T001 和 T002 的时间常数决定)。

需要注意的是，如果是继电器输出形式，则时间常数不宜太小，这一方面是因为继电器的响应不够快，另一方面对继电器的寿命也会造成影响。此外，对于高频脉冲，应使用专门的脉冲指令。

7. 译码器

在图 5－61 中，信号 A 从 X000 引入，信号 B 从 X001 引入，当信号 A、B 同时有效(X000＝ON，X001＝ON)时，仅线圈 Y000 得电；当信号 A、B 同时无效(X000＝OFF，X001＝OFF)时，仅线圈 Y001 得电；当信号 A 有效，信号 B 无效(X000＝ON，X001＝OFF)时，仅线圈 Y002 得电；当信号 A 无效、信号 B 有效(X000＝OFF，X001＝ON)时，仅线圈 Y003 得电。由此可知，该程序实现了一个译码器的功能。

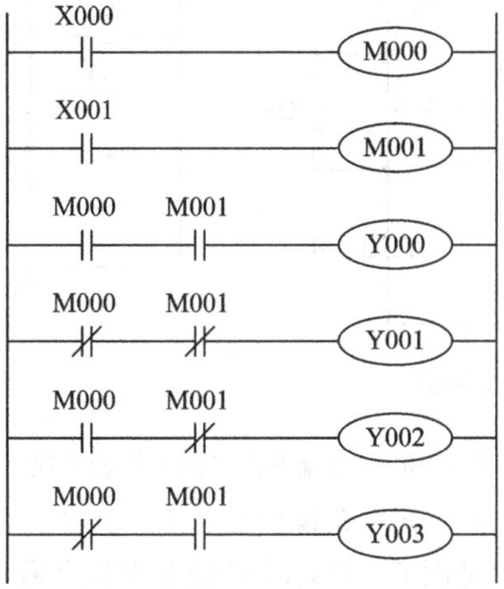

图 5－61　译码器

8. 优先级

在图 5－62 中，信号 A 从 X000 引入，信号 B 从 X001 引入，若信号 A 比信号 B 早到达，则线圈 Y000 得电输出；反之，若信号 B 比信号 A 早到达，则线圈 Y001 得电输出。该程序实现了两个输入信号的优先级，同样道理，可以实现多个信号的优先排队。

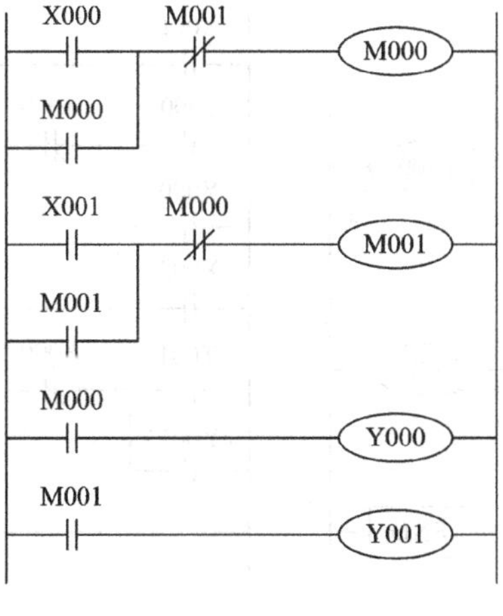

图 5－62　优先级

5.4.4 应用实例

1. 电动机的常见控制

1）启保停控制

启保停又称为自锁，启保停控制的电路参见图 5-63，PLC 控制程序参见图 5-55(a)。

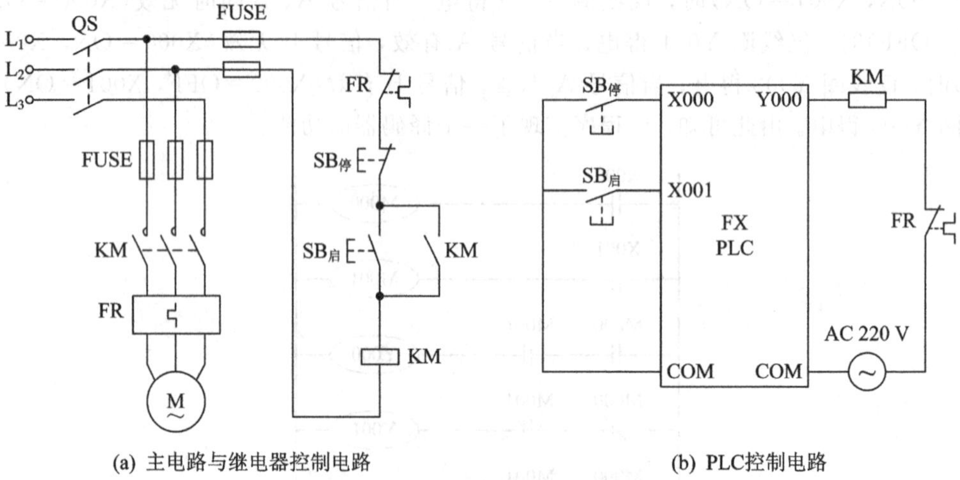

图 5-63　交流电机启保停控制电路

2）正反转控制(正—停—反、正反直接切换、正反直接＋延时切换)

正—停—反控制的电路参见图 5-16，PLC 控制电路及程序参见图 5-17、图 5-18。

正反直接切换控制的主电路和 PLC 控制电路同正—停—反控制。继电器控制电路中需将正转控制、反转控制的单按钮更换成具有常开、常闭触点的复式按钮，且电路的连接方式需修改，在此不作详述，请读者自行分析。正反直接切换的 PLC 程序参见图 5-64。

为了防止继电器切换时相间短路，还可设计成正反直接＋延时切换形式。其主电路同图 5-16 中的主电路，其 PLC 控制电路同图 5-17，PLC 控制程序如图 5-65 所示。

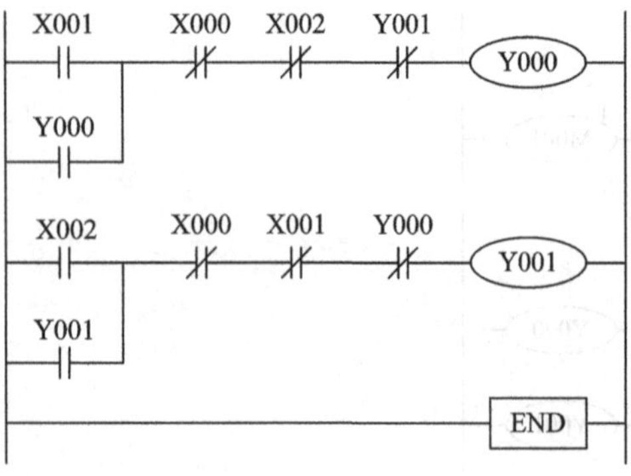

图 5-64　交流电机正反转控制(正反直接)

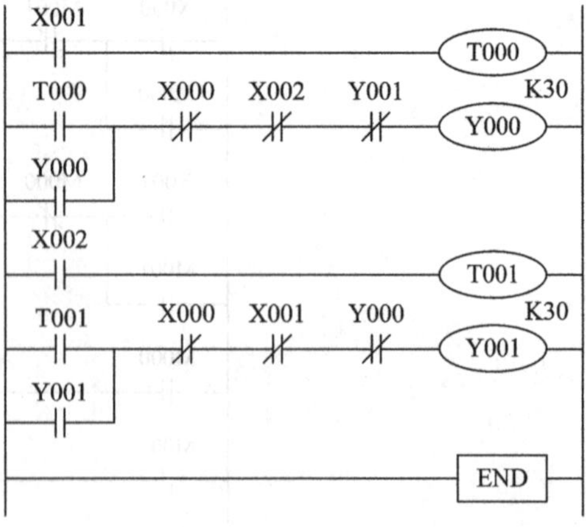

图 5-65　交流电机正反转控制(正反直接＋延时切换)

从上面的三种不同控制方式可以看出，如果利用继电器控制，则需更换电器或接线(通过硬件的改变来更改逻辑)，而利用 PLC 控制，可以在接线、元器件等不变化的情况下，通过更改 PLC 程序来更改逻辑，这也是利用 PLC 控制的一大优点。

3）星形—三角形启动控制

三相交流电机的星形—三角形降压启动，其主电路及继电器控制电路如图 5－66 所示。其中，KM_1 是连接电源的接触器，KM_2 接通时是三角形连接，KM_3 接通时是星形连接。PLC 控制程序如图 5－67 所示，程序保证在 KM_1 断开的情况下(即电机断电的情况下)进行星形—三角形切换。

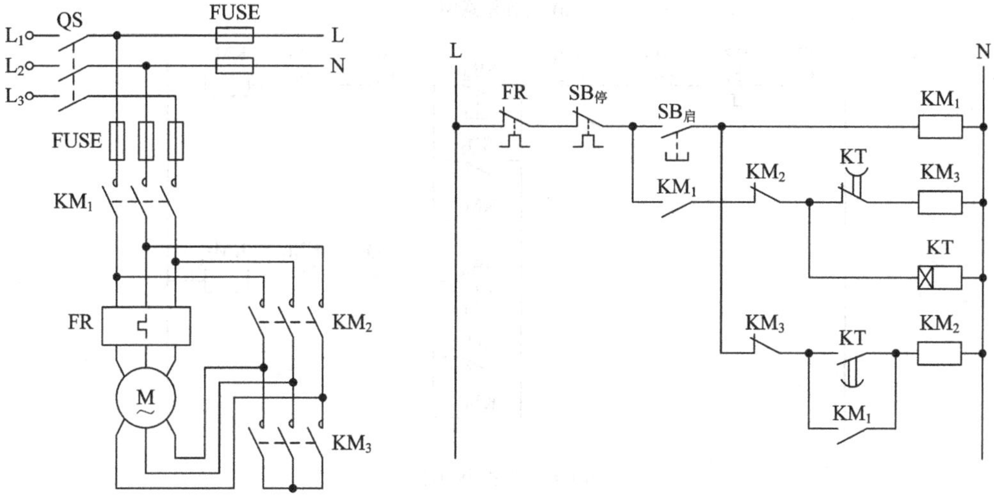

(a) 主电路　　　　(b) 继电器控制电路

图 5－66　交流电机星形—三角形启动电路

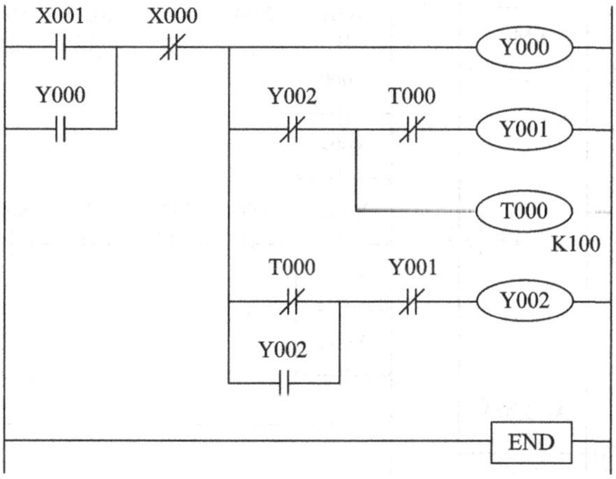

图 5－67　交流电机星形—三角形启动

4）行程控制

行程控制可实现电机的自动往返。图 5－68(a)是行程控制工作示意图，其中，SQ_1、

SQ_2、SQ_3 和 SQ_4 分别是正限位开关、反限位开关、正极限开关和反极限开关。

图 5-68(b)是继电器控制电路，其主电路同正反转控制的主电路(如图 5-16(a)所示)。图 5-69 是行程控制的 PLC 控制电路，图 5-70 是行程控制的 PLC 控制程序。

(a) 工作示意图

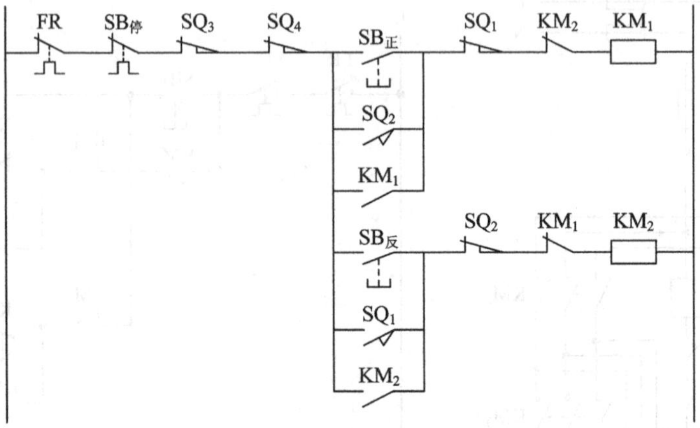

(b) 继电器控制电路

图 5-68　行程控制

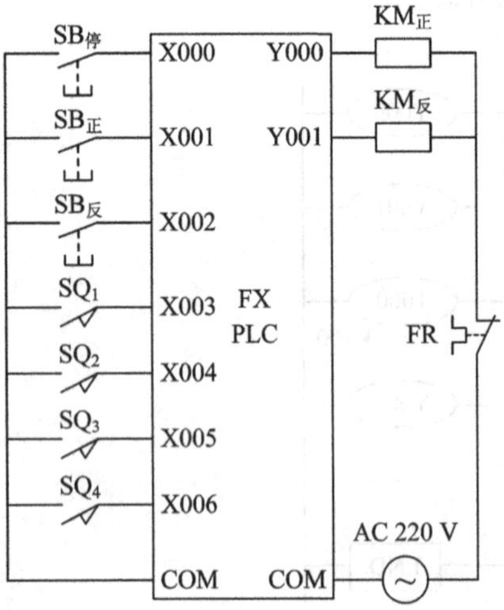

图 5-69　行程控制的 PLC 控制电路

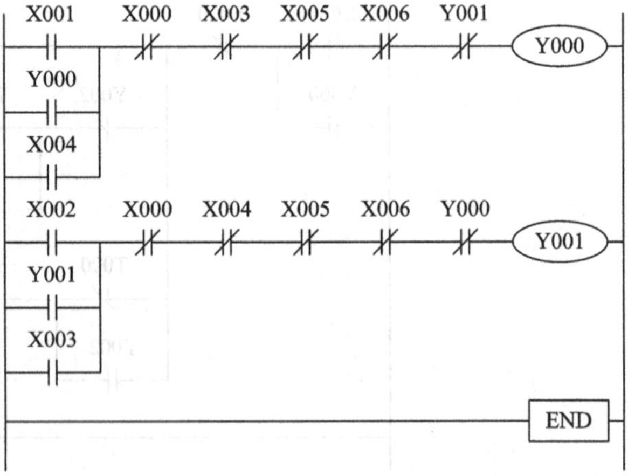

图 5-70　行程控制的 PLC 控制程序

2. 送料小车控制

某生产线上有 6 个工位，送料小车往返于 6 个工位之间送料，系统如图 5-71 所示。每个工位处有一个行程开关和召唤小车按钮，每个工位的召唤是随机的。其控制要求如下：

(1) 送料小车开始停留在随机一个工位处。

(2) 设小车停留在 m 号工位，此时 n 号工位召唤，若：

① $m>n$，则小车左行，至 n 号工位停车；

② $m<n$，则小车右行，至 n 号工位停车；

③ $m=n$，则小车原地不动。

送料小车的 PLC 控制电路如图 5-72 所示，其中设有一个启动/停止开关。图 5-73 是送料小车的 PLC 控制程序。

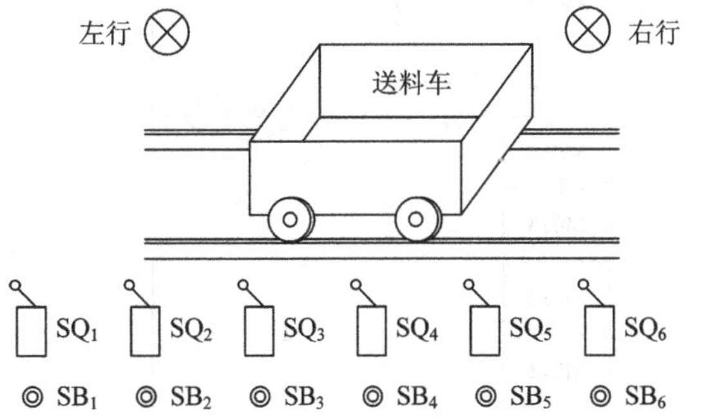

图 5-71　送料小车示意图

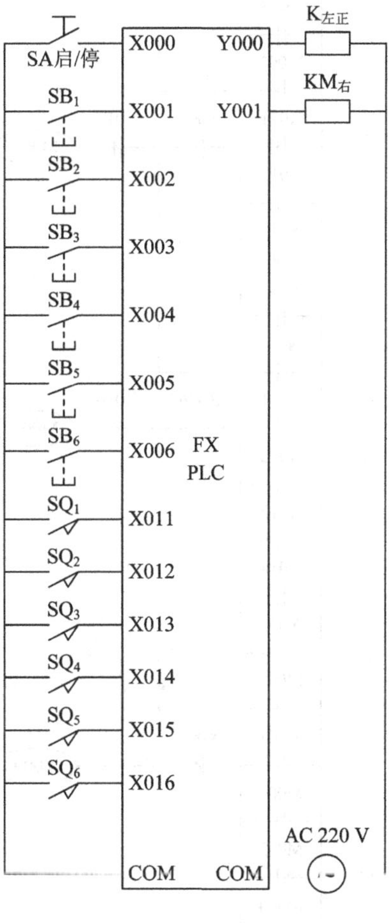

图 5-72　送料小车的 PLC 控制电路

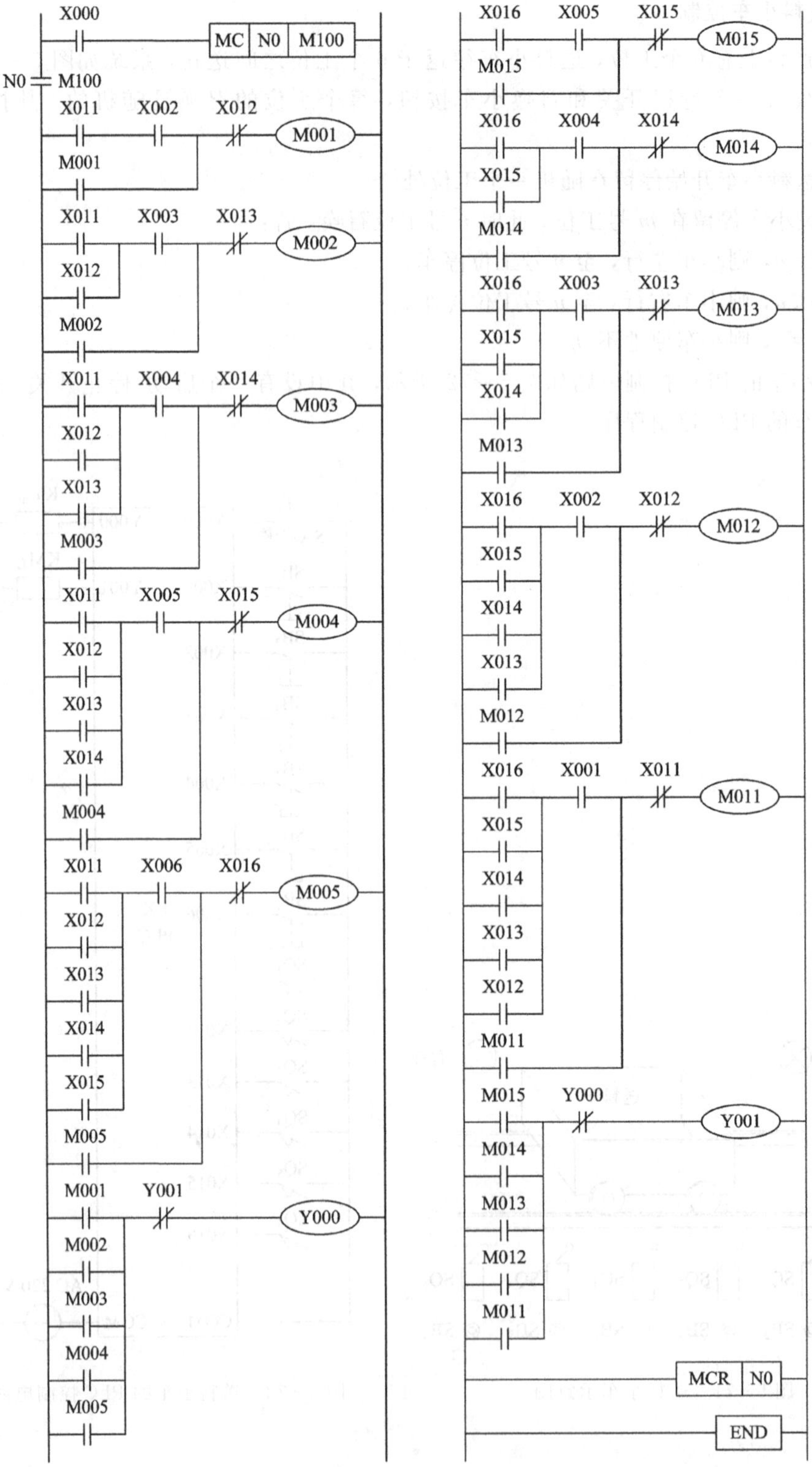

图 5-73　送料小车的 PLC 控制程序

5.5 可编程序控制器的高级应用

5.5.1 可编程序控制器的通信及网络

现代可编程序控制器具有强大的通信与组网能力，它通过可编程序控制器的通信端口或通信模块，可以与上位计算机、人机界面、其他 PLC 或控制器等设备，以串口通信、总线通信等方式组成功能强大的网络。

1. 周期 I/O 方式

主站中负责通信的处理器采用周期扫描方式与各从站交换数据，使主站中的"远程 I/O 缓冲区"得到周期性刷新，这样一种通信方式既涉及到周期，又涉及到 I/O，因而被称为"周期 I/O 方式"。这种通信方式要占用 PLC 的 I/O 区，因此只适用于少量数据的通信。

2. 全局 I/O 方式

全局 I/O 方式是一种串行共享存储区的通信方式，它主要用于带有链接区的 PLC 之间的通信。

全局 I/O 方式中的链接区是从 PLC 的 I/O 区划分出来的，经过等值化通信变成所有 PLC 共享(全局共享)，因此称为"全局 I/O 方式"。在这种方式下，PLC 直接用读写指令对链接区进行读写操作，具有简单、方便、快速的特点。但应注意，在一台 PLC 中对某地址的写操作，在其它 PLC 中对同一地址只能进行读操作。与周期 I/O 方式一样，全局 I/O 方式也要占用 PLC 的 I/O 区，因而只适用于少量数据的通信。

3. 主从总线方式

主从总线通信方式又称为 1∶N 通信方式，是 PLC 通信网络采用的一种通信方式。在总线结构的 PLC 子网上有 N 个站，其中只有一个主站，其它皆是从站，也就是因为这个原因，主从总线通信方式又称为 1∶N 通信方式。

4. 令牌总线方式

令牌总线通信方式又称为 N∶N 通信方式，在总线结构上的 PLC 子网上有 N 个站，它们地位平等，没有主站与从站之分，也可以说 N 个站都可以是主站，所以称之为 N∶N 通信方式。

5. 浮动主站方式

浮动主站通信方式又称 N∶M 通信方式，它适用于总线结构的 PLC 网络。设在总线上有 M 个站，其中 N 个为主站，其余为从站(N＜M)，故称之为 N∶M 通信方式。

6. 令牌环方式

有少量的 PLC 网络采用环形拓扑结构，其存取控制采用令牌法，具有较好的实时性。

7. CSMA/CD 方式

CSMA/CD(Carrier-Sense Multiple Access with Collision Detection)通信是一种随机通信方式，适用于总线结构的 PLC 网络，总线上各站地位平等，没有主从之分。

CSMA/CD 存取控制方式不能保证在一定时间周期内，PLC 网上每个站都可获得总线使用权，也不能用静态方式赋予某些站以较高优先权，不能用动态方式赋予某些紧急通信任务以较高优先权，因此这是一种不能保证实时性的存取控制方式。但是它采用随机方式，方法本身简单，而且见缝插针，只要总线空闲就抢着上网，通信资源利用率高，因而在PLC网络中CSMA/CD通信法适用于上层生产管理子网。

CSMA/CD通信方式的数据传送方式可以选用有连接、无连接、有应答、无应答及广播通信中的任一种，这可按对通信速度及可靠性的要求取舍。

8. 多种通信方式的集成

在新近推出的一些现场总线中，常常把多种通信方式集成配置在某一级子网上，从通信方法上看，都是一些原来常用的，但如何自动地从一种通信方式切换到另一种，如何按优先级调度，则成为多种通信方式集成的关键。

图5-74是计算机与PLC之间以1∶N通信方式进行连接，图5-75、图5-76是计算机与PLC、PLC与PLC以1∶1通信方式进行连接，图5-77是多PLC之间以N∶N通信方式进行连接。

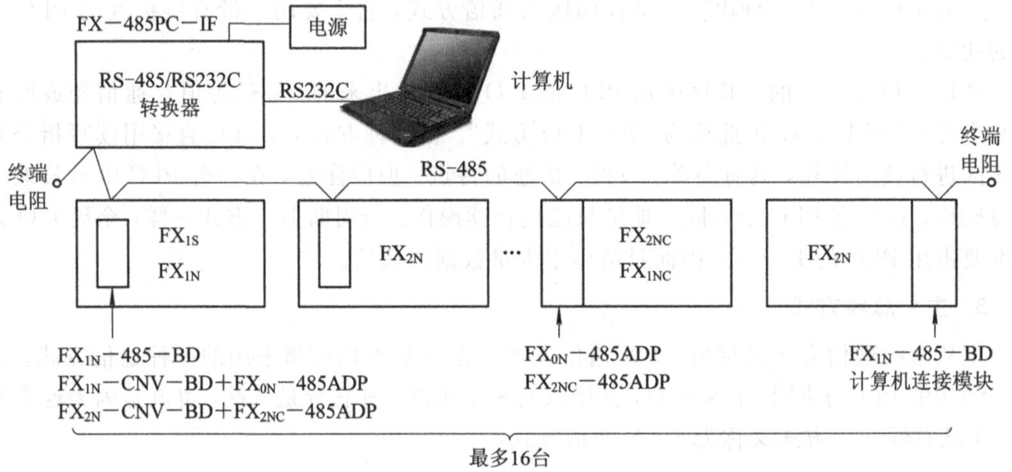

图5-74 计算机与PLC之间以1∶N通信方式进行连接

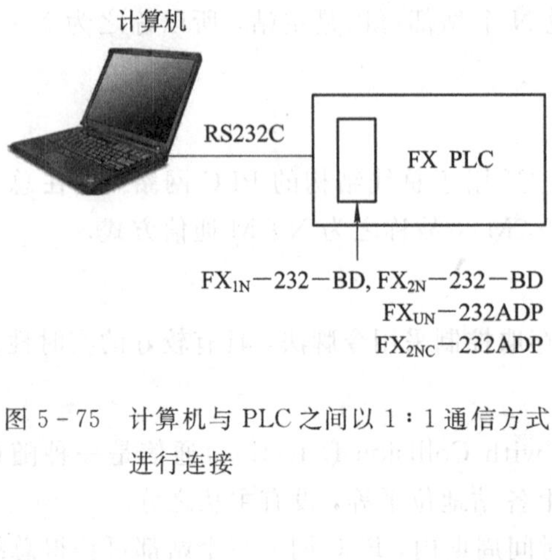

图5-75 计算机与PLC之间以1∶1通信方式进行连接

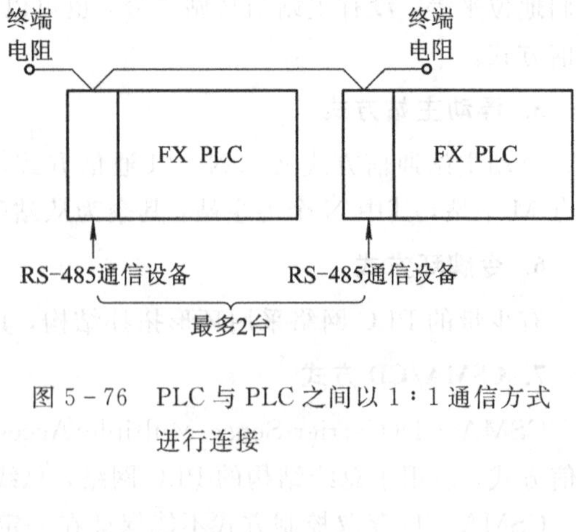

图5-76 PLC与PLC之间以1∶1通信方式进行连接

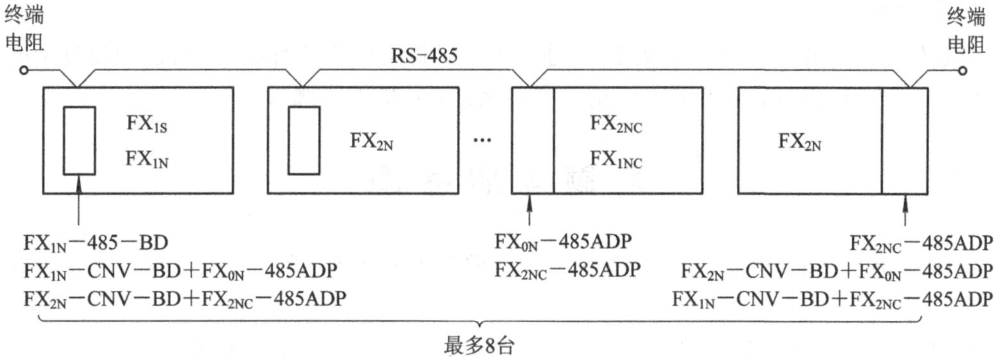

图 5-77　PLC 与 PLC 之间以 N：N 通信方式进行连接

5.5.2　可编程序控制器的人机界面

与传统的电器控制系统相比，PLC 控制系统具有系统结构简化、可靠性高、编程灵活等优点，但其人机交互仍然需要通过众多的按钮、开关等主令电器来完成，操作过程复杂，不够直观，尤其是对于复杂系统，操作按钮过多，容易引起误操作。因此，改善 PLC 控制系统的人机接口势在必行。目前，较为成熟与使用普遍的主要人机接口有可编程终端与组态软件。

1. 可编程终端

可编程终端(Programmable Teminate，PT)是一种新型工业控制产品，与 PLC 建立连接后，可对 PLC 实施监控。它具有数据输入与数据显示的功能，可以在屏幕上以文本、图形、图表、曲线等多种形式显示数据，可以通过轻触式键盘或屏幕画面上设置的按钮、开关，与 PLC 实施数据交互。对于复杂系统，可进行多画面显示，画面可自动切换，亦可手动切换。因此，PT 可以代替 PLC 控制系统中的部分按钮、开关和指示灯，不仅节约了 I/O 点数，而且直观、使用方便。

PT 有两种产品：一种具有轻触式键盘和显示屏幕，屏幕仅作显示用，而轻触式键盘则用于用户输入；另一种是基于点阵的触摸屏式，它是近些年来新发展起来的人机交互部件，将键盘输入与屏幕显示集于一体，通过轻触在屏幕画面中设置的按钮或文本框来输入文字与发出指令。图 5-78 是 PT 的实物图。PT 支持多种方式与 PLC 进行通信连接，例如 RS-232、RS-422、USB、RJ45 等。

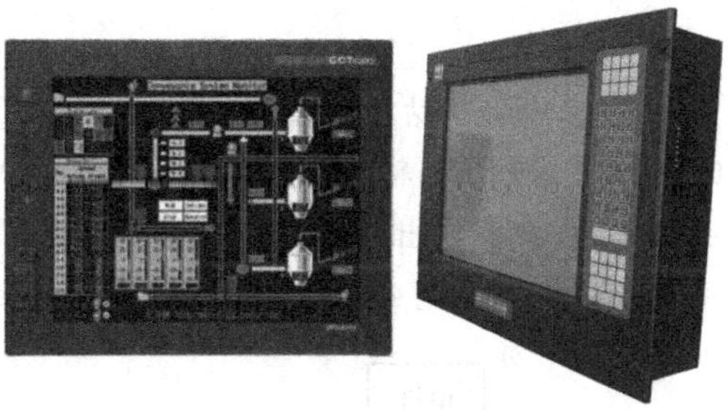

图 5-78　PT

通过 PT 设计软件(例如 GT Designer 2)，用户可在计算机上设计好交互界面，再下载到 PT 中运行即可，编程简易、操作方便。此外，有些公司还推出了 PT 仿真软件(例如三菱公司的 GT SoftGOT2)，利用计算机仿真 PT，可以说是一种软件 PT。

2. 组态软件

组态软件可以很方便地与各类PLC建立连接，利用计算机的资源，可以构建复杂的人机界面，还可以提供各种数据接口，组建多种网络，功能非常强大。

习题与思考题

1. 什么是顺序控制系统？顺序控制系统通常分为哪几类？顺序控制系统的实现方式有哪些？

2. 可编程序控制器由哪些部分组成？箱体式、模块式与基板式PLC有哪些不同？

3. 可编程序控制器的工作机制与计算机的工作机制有什么不同？PLC控制系统与计算机控制系统有什么异同？

4. PLC的输出方式有哪几种？各有什么特点？

5. 可编程序控制器的通信方式有哪些？各有什么特点？

6. 用PLC控制3条传送带(A、B、C)实现物料的多级传送，每条传送带由单独的电动机驱动。为防止物料在传送带上堵塞，要求其启动顺序为：A启动→延时15 s→B启动→延时15 s→C启动；停止顺序为：C停止→延时15 s→B停止→延时15 s→A停止。要求给出：

(1) PLC的I/O分配图；

(2) 对应的梯形图和PLC程序。

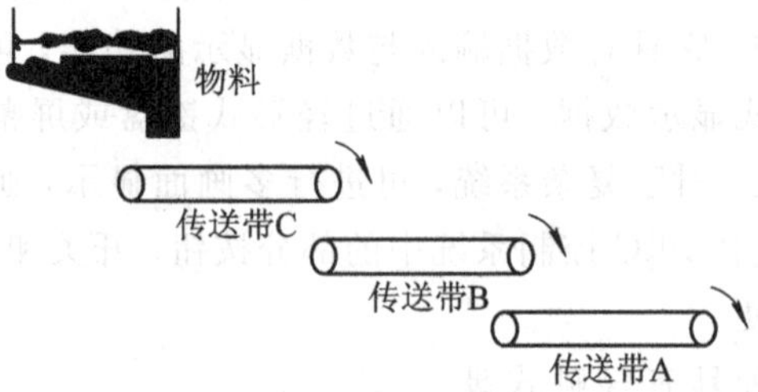

题6图

7. 加工中心的钻头的总使用时间由PLC计数。如果总使用时间超过钻头的使用寿命(100小时)，则PLC输出一个钻头需要替换的报警信号，其I/O分配如题7图所示。其中，钻头工作时(向下伸出)传感器输出1，停止工作时(向上缩回)传感器输出0；“替换完成”按钮用于在钻头替换完成后对所计时间清零。试设计PLC梯形图和PLC程序。

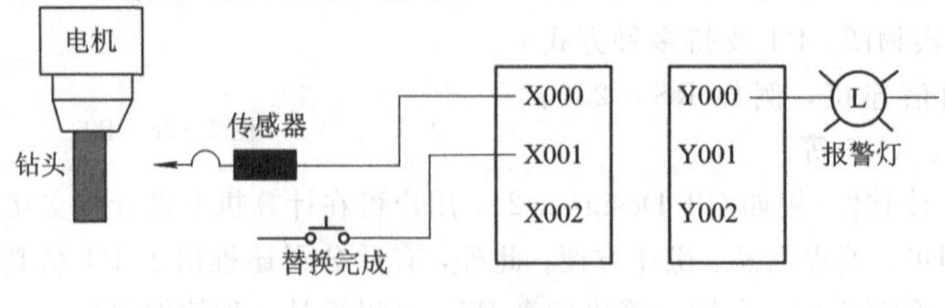

题7图

8. 用 PLC 实现三路智力抢答器的控制与模拟显示。控制要求：第 1 路抢答器有两个按钮，是串联关系(全按有效)；第 2 路抢答器有两个按钮，是并联关系(大于 1 个有效)；第 3 路抢答器只有 1 个按钮。哪组先有效，先亮哪盏灯，同时设有复位按钮。

(1) 画出控制系统的电路图；

(2) 系统的控制过程分析；

(3) 给出 PLC 梯形图及程序。

9. 用 PLC 实现霓虹灯(4 个)的控制与模拟显示。控制要求：L1 亮 1 s→L2 亮 1 s→L3 亮 1 s→L4 亮 1 s→全暗 1 s→全亮 1 s→全暗 1 s→ L4 亮 1 s→L3 亮 1 s→L2 亮 1 s→L1 亮 1 s→全暗 1 s→全亮 1 s→全暗 1 s→(下一个周期)。

(1) 画出控制系统的电路图；

(2) 系统的控制过程分析；

(3) 给出 PLC 梯形图及程序。

10. 用 PLC 控制十字路口的交通信号灯(红、黄和绿灯)。控制要求：

(1) 设有一个启动/停止开关。开关合上，启动交通信号灯工作，否则，停止工作。

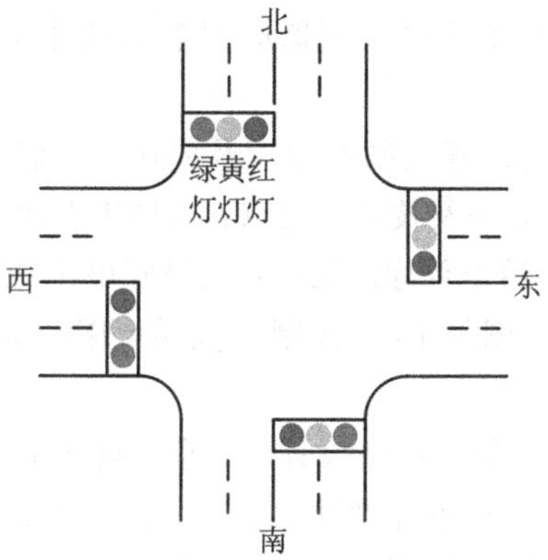

(a)

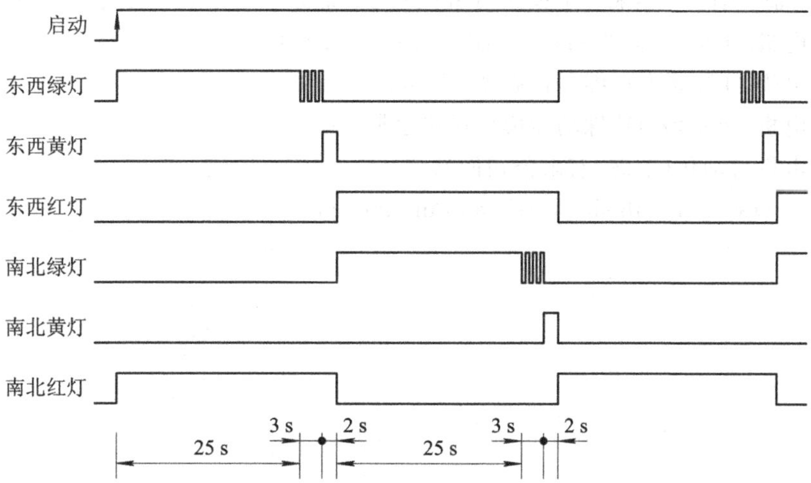

(b)

题 10 图

(2) 设有一个报警灯，当南北方向的绿灯和东西方向的绿灯同时工作(亮)时，应立即关闭所有信号灯，同时，报警灯亮。

(3) 启动后，东西方向各信号灯的动作顺序为：绿灯亮 25 s，红灯亮 30 s；同时，南北方向各信号灯的动作顺序为：红灯亮 30 s，绿灯亮 25 s，闪烁 3 s，黄灯亮 2 s。此为一个周期的工作时序(一个周期为 60 s)，此后每个周期依此循环。

要求：

(1) 画出控制系统的电路图；

(2) 给出系统的控制过程分析；

(3) 给出 PLC 梯形图及程序。

第 5 章参考文献

[1] 史国生. 电气控制与可编程控制器技术. 北京：化学工业出版社，2004.

[2] 吴亦锋. 可编程序控制器原理与应用速成. 福州：福建科学技术出版社，2004.

[3] 郭宗仁，吴亦锋，郭永. 可编程序控制器应用系统设计及通信网络技术. 北京：人民邮电出版社，2002.

[4] 路林吉，王坚，江龙康. 可编程控制器原理及应用. 北京：清华大学出版社，2002.

[5] 宋伯生. PLC 编程理论、算法及技巧. 北京：机械工业出版社，2005.

[6] 贾德胜. PLC 应用开发实用子程序. 北京：人民邮电出版社，2006.

[7] 郑凤翼，郑丹丹，赵春江. 图解 PLC 控制系统梯形图和语句表. 北京：人民邮电出版社，2006.

[8] 谢克明，夏路易. 可编程控制器程序设计. 北京：电子工业出版社，2002.

[9] 于广庆. 可编程控制器原理及系统设计. 北京：清华大学出版社，2004.

[10] 陈立定. 电气控制与可编程序控制器的原理及应用. 北京：机械工业出版社，2004.

[11] 田明，薛文轩，张曾科. 触摸式可编程终端. 北京：机械工业出版社，2006.

[12] 三菱电机. FX2N 系列可编程控制编程手册，2000.

[13] 三菱电机. FX 系列可编程控制器，2000.

[14] 三菱电机. FX 系列特殊功能模块用户手册，2001.

[15] 三菱电机自动化(上海)有限公司网站
http://www.mitsubishielectric-automation.cn

第 6 章　传感器与计算机接口

课程思政：指尖力传感器应用与未来

传感器是一种以一定的精确度将被测量转换为与之有确定对应关系的、易于处理和测量的某种物理量的测量部件或装置。在机电一体化系统中，应用传感器感知系统工作状态和外部环境状态，并通过传感器将被测的非电物理量转换成电压或电流等电信号输出，而传感器输出的电信号需要通过计算机接口技术才能将其传送到机电一体化系统的控制单元——计算机中。

6.1　概　　述

本章数字资源：PPT＋相关视频资源

6.1.1　传感检测装置在机电一体化系统中的作用

机电一体化系统对被控对象实施精确控制时，必须准确了解系统和环境状态的变换情况。传感检测装置作为机电一体化系统的感觉器官，主要用于获取系统内部和外部的信息。

传感检测装置通过相应的接口对信息做适当处理后(如变换、放大、滤波)，将它们传送到控制单元进行显示或用于实现控制。

6.1.2　传感检测装置的组成

机电一体化系统中的传感检测装置一般由输入装置、中间变换装置与输出接口组成，如图 6 - 1 所示。

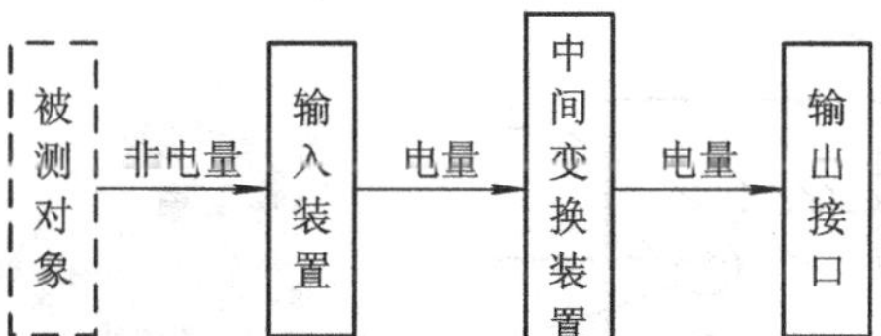

图 6 - 1　传感检测装置的组成

输入装置主要是各类传感器，用于将被测的非电物理量转换成对应的电量。例如，电阻应变式传感器可将被测力转换成对应的电阻变化。

中间变换装置是一些转换电路，其作用是将传感器输出的一些电参数转换成易于测量与处理的电压或电流信号，并进行适当处理，如放大、滤波、阻抗变换等。例如，直流电桥将电阻的变化可转换成电压的变化。

输出接口可将信号送至显示装置、信息处理装置和控制器。

6.2　机电一体化系统中的常用传感器

6.2.1　传感器的定义与分类

传感器是一种以一定的精确度将被测量(如位移、力、速度等)转换为与之有确定对应关系的、易于处理和测量的某种物理量的测量部件或装置。机电一体化系统中使用的传感器，一般是将被测的非电物理量转换成电参量，这是因为电量具有便于传输、转换、处理和显示等特点。

可以根据被测对象的不同对传感器进行分类，例如，测量位移的传感器称为位移传感器，测量速度的传感器称为速度传感器，等等。

可以根据传感器的工作原理(主要是一些物理效应、物理现象等)对传感器进行分类，例如，利用光电效应工作的传感器称为光电式传感器，利用电阻应变效应工作的传感器称为电阻传感器，等等。

根据传感器输出信号的类型，可以将传感器分为模拟型传感器和数字型传感器。模拟型传感器的输出信号为模拟信号，在时间与数值上都表现为连续的。数字型传感器的输出信号在时间与数值上都表现为不连续(离散)的。

6.2.2　机电一体化系统中的常用传感器

1. 位置传感器

位置传感器通常用于检测被测物体是否到达或接近某一位置，并且产生和输出一个开关信号(闭合/断开或高/低电位)。位置传感器分为接触式和非接触式(接近式)两种。

微动开关是最常用的接触式位置传感器，当规定的位移或力作用到可动部分(执行器)时，开关的接点断开或导通而发出相应的信号。在工程上，它又被称为行程开关或限位开关，常见的有直动式、滚轮式和微动式。图 6-2 是微动式限位开关的结构示意图。图 6-3 是各种限位开关的实物图。

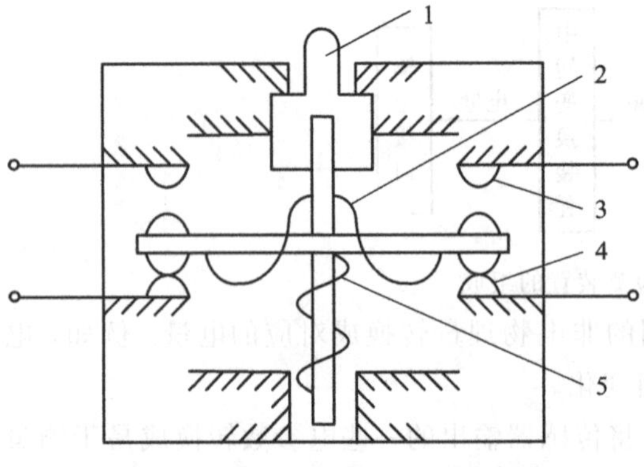

1—推杆；2—弯形片状弹簧；3—常开触点；
4—常闭触点；5—复位弹簧

图 6-2　微动式限位开关的结构示意图

图 6-3　各种限位开关

非接触式(接近式)位置传感器通常又称为接近开关，根据其工作原理的不同，又有电感式、电容式、光电式、涡流式、霍尔式、热释电式、气动式、超声波式、微波式等多种形式。

光电式接近开关将红外发光元件与光电元件组装在一起，根据其结构形式的不同，有透射式和反射式两种类型。光电式接近开关具有体积小、可靠性高、响应快和易于与TTL及CMOS电路兼容等优点，使用较为广泛。图6-4(a)与(b)分别是透射式光电接近开关与反射式光电接近开关的原理示意图。

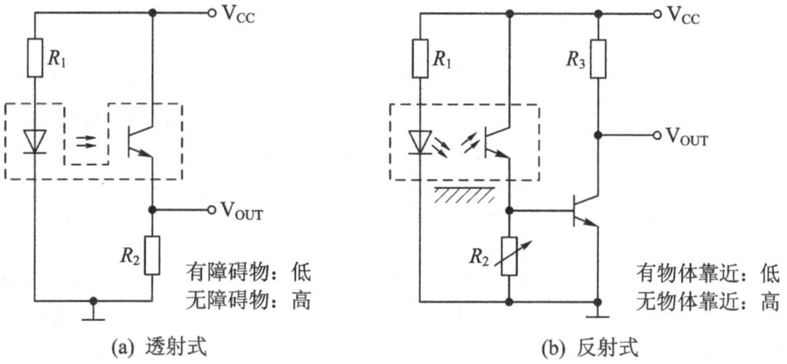

图6-4 光电式接近开关

图6-5是各种接近式开关的实物图。虽然接近式开关的种类很多，但在实际使用时应根据应用对象、定位精度和开关频率等性能指标进行选择。例如，当开关频率很高时，可选择霍尔型，而检测粉尘、烟雾等非导电体时，宜选用电容式或光电式接近开关。

图6-5 各种接近开关

2. 位移传感器

位移传感器在机电一体化系统中的使用非常广泛。根据测量对象的不同，位移传感器又分为直线位移传感器和角位移传感器两种。根据传感器的工作原理，传感器又分为电阻式、电感式、磁栅式、光栅式等。表6-1列出了常见位移传感器的主要特性。

表 6-1 常见位移传感器的特性

类 型	测量范围	精 度	线性度	特 点
电阻式				
滑线式 线位移	1～300 mm	±0.1%	±0.1%	分辨率较好，可用于动、静
角位移	0°～360°	±0.1%	±0.1%	态测量；机械结构不牢固。
变阻器 线位移	1～1000 mm	±0.5%	±0.5%	结构牢固，寿命长，但分辨
角位移	0～60 rad	±0.5%	±0.5%	率差，电噪声大
应变式				
非粘贴的	±0.5%应变	±0.1%	±1%	不牢固
粘贴的	±0.3%应变	±2%～3%		牢固，使用方便，需温度补偿和高绝缘；输出幅值大
半导体的	±0.25%应变	±2%～3%	满刻度±20%	
电感式				
自感式 变气隙式	±0.2 mm	±1%	±3%	只适合微位移测量，非线性误差大，一般做成差动式。
变面积式	2～5 mm			测量范围较大，一般也做成
螺管式	1.5～2 mm			差动式。
互感式(差动变压器)	±0.08～±75 mm	±0.5%		分辨率好，受磁场干扰时需屏蔽。
电涡流式	±2.5～±250 mm	±1～3%	<3%	分辨率好，受被测物体的材料、形状、加工质量的影响。
感应同步器 线位移	10^{-3}～1000 mm	2.5 μm/250 mm		模拟与数字混合测量，数字
角位移	0°～360°	±0.5″		显示
电容式				
变面积式	10^{-3}～100 mm	±0.005%	±1%	介电常数受环境温度、湿度变化的影响较大。
变极距式	10^{-3}～10 mm	0.1%		分辨率好，但测量范围小，非线性严重
变介质式				
霍尔元件	±1.5 mm	0.5%		结构简单，动态特性好
计量光栅				
长光栅	10^{-3}～1000 mm	3 μm/1 m		模拟与数字混合测量
圆光栅	0°～360°	±0.5″		
磁栅				
长磁栅	10^{-3}～1000 mm	5 μm/1 m		测量时工作速度可达 12 m/min
圆磁栅	0°～360°	±1″		
编码盘				
接触式	0°～360°	10^{-6} r		分辨率好，可靠性高
光电式	0°～360°	10^{-6} r		

编码盘是常用的位移传感器之一，它能将长度或角度模拟信号转换成数字信号输出，适合于模拟与数字混合测量系统。编码盘的种类很多，根据检测原理可分为电磁式、电刷式、电磁感应式和光电式等多种类型。光电编码盘具有非接触、响应快和分辨率高等优点，是目前应用最为广泛的一种编码器。图 6-6 是各式编码盘的实物图。

图 6-6　各式编码盘

光电编码盘根据其刻度方法和信号输出形式，又分为增量式光电编码盘和绝对式光电编码盘。增量式光电编码盘对应每个单位(角)位移输出一个脉冲，通过对脉冲的计数即可实现位移测量；绝对式光电编码盘则直接输出码盘上的编码，从而检测绝对位置。

绝对式光电编码盘由内向外由多个码道组成，码道的条数就是数码的位数，由内至外构成一个编码。图 6-7 所示为 4 位格雷码的码盘示意图：黑色部分为不透光区域，输出二进制码“1”；白色部分为透光区域，输出二进制码“0”。

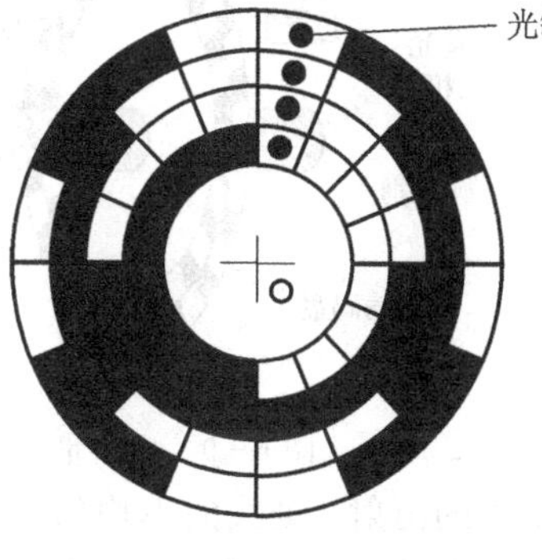

图 6-7　4 位格雷码盘

绝对式光电编码盘通常采用格雷码以避免非单值性误差。由表 6-2 可以看出，当码盘由十进制 7 向十进制 8 过渡时，若采用 ASCII 码，则由 0111 变化到 1000，4 个码道需要同时变化，若其中一个码道的数字变化超前或滞后，都将会产生很大误差。而采用格雷码(又称为循环码)后，每个相邻码只变化一个数字，即使由于制造或装配上的误差，也至多相差一个单位，从而提高了可靠性与精度。

表 6-2　4 位 ASCII 码与格雷码的对照关系

十进制	ASCII 码	格雷码	十进制	ASCII 码	格雷码
0	0000	0000	8	1000	1100
1	0001	0001	9	1001	1101
2	0010	0011	10	1010	1111
3	0011	0010	11	1011	1110
4	0100	0110	12	1100	1010
5	0101	0111	13	1101	1011
6	0110	0101	14	1110	1001
7	0111	0100	15	1111	1000

增量式光电编码盘的示意图如图 6-8 所示。在码盘上有 A 相、B 相和 Z 相三相光栅，其中 A 相与 B 相的相位差为 90°，Z 相只有一条光栅。图 6-9 为由增量式光电编码盘构成的角度—数字转换系统，包括增量式光电编码盘、光源、光敏转换元件以及放大、整形、辨向和计数等后续处理电路。

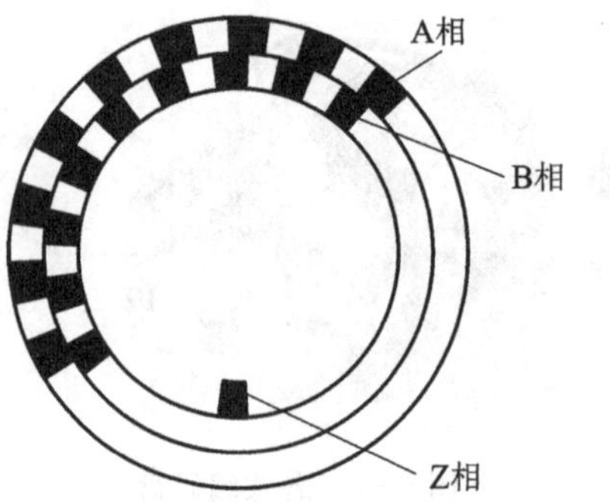

图 6-8　增量式码盘

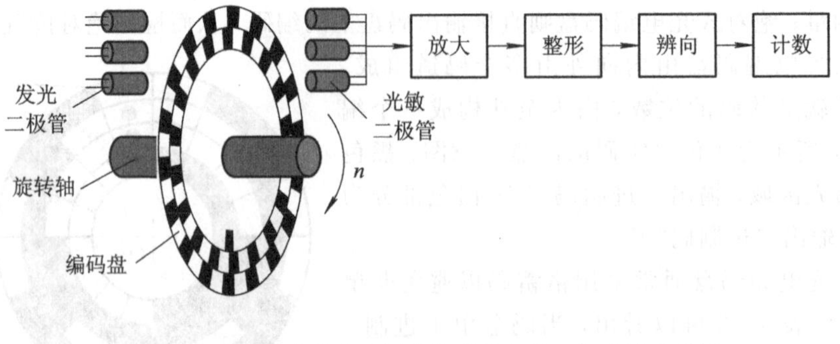

图 6-9　由增量式光电编码盘构成的角度—数字转换系统

由于光的洐射、刻线的不均匀以及光电转换元件的非线性等原因，经 A 相、B 相光电转换元件输出的光电信号是周期性正弦信号，相位上相差 90°。对输出的光电信号进行放大、整形、辨向和计数处理后，不仅能测量出旋转的角度，还能分辨出旋转的方向。图 6-10 是后续处理电路的原理及波形图。

测量角位移时，单位脉冲对应的角度为

$$\Delta\alpha = \frac{360°}{m} \qquad (6-1)$$

式中，m 为光栅的条数，m 越大，则码盘的测量精度越高。

若计数器得到的脉冲数为 N，则角位移的大小为

$$\alpha = N \cdot \Delta\alpha = \frac{N}{m} \times 360° \qquad (6-2)$$

Z 相在码盘旋转一周只送出一个脉冲信号，且脉冲较宽，因此常作为计数器归零（回原点）信号或整圈计数信号，从而提高测量的可靠性与精度。

位移传感器除了可测量位移参量外，还可测量与位移相近的一些量，如厚度、深度、距离、液位等。甚至，一些与位移相关的参量，如力、扭矩、速度、加速度等，都是以位移测量为基础的。

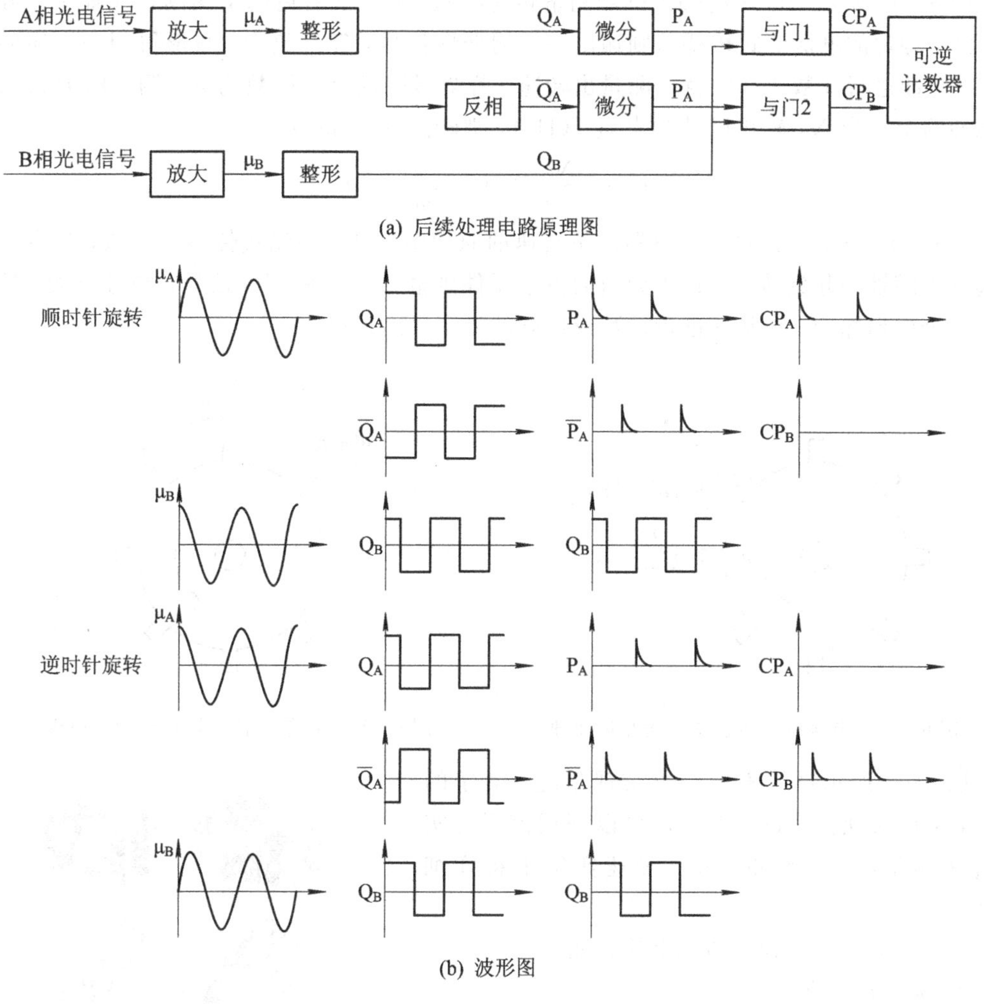

图 6－10　后续处理电路的原理图及波形图

3. 速度传感器与加速度传感器

1）速度传感器

速度测量是速度反馈控制中不可缺少的环节，通常分为直线速度测量和角速度(转速)测量。速度的测量一般可以通过以下方法来实现：

(1) 直接利用速度传感器，例如测速电机。

(2) 利用位移传感器，对位移传感器输出的位移信号进行微分，从而得到相应的速度信号。

(3) 通过测量单位时间内的位移来测量速度，例如 M/T 测速法。

(4) 通过测量单位位移所需的时间来测量速度，例如 T/M 测速法。

常见的速度传感器有测速电机、电涡流式传感器、光电式传感器、霍尔元件等。其中，测速电机是利用发电机的原理来测量速度，输出的是一个与速度(或转速)成正比的模拟电压信号；电涡流式传感器、光电式传感器和霍尔元件可以实现非接触式测量转速，且输出的是数字信号，便于与数字控制系统接口，应用较为广泛。

图 6-11 所示为电涡流式传感器测量转速的原理图。当有齿的金属圆盘随轴一起旋转时，置于旁边的电涡流式传感器则输出一个周期性信号，经过放大、整形得到一个序列脉冲，对脉冲进行计数或计频就可测量出转速。若金属圆盘上的齿数为 m，测量时 t(s)内输出脉冲的个数为 N，输出脉冲频率为 f(Hz)，则转速 n(r/min)为

$$n=\frac{N}{t\cdot m}\times 60=\frac{f}{m}\times 60 \tag{6-3}$$

图 6-12 所示为霍尔式传感器测量转速的原理图。与电涡流式传感器类似，当有齿的金属圆盘随轴一起旋转时，置于旁边的霍尔元件则输出一个周期性信号，经过放大、整形得到一个序列脉冲，对脉冲进行计数或计频就可测量出转速。

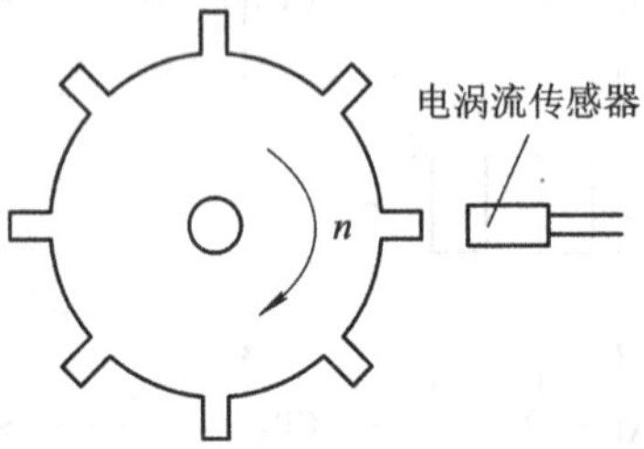

图 6-11　电涡流式传感器转速测量原理

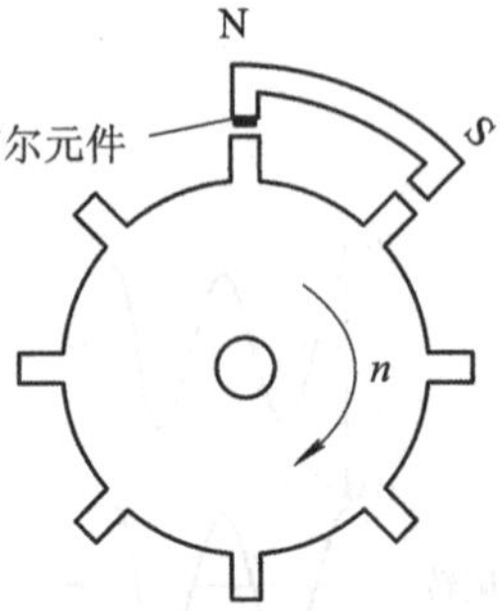

图 6-12　霍尔式传感器转速测量原理

图 6-9 所示系统不仅可以实现角度—数字的转换，从而实现位移的测量，还可以利用该系统实现转速测量，在后续的 M/T 测速实例中将详细阐述。

图 6-13 为各类速度传感器实物图。

图 6-13　各式速度传感器

2）加速度传感器

作为加速度检测元件的加速度传感器有多种形式，常用的有应变式、压电式和电磁感应式等。加速度传感器通常利用惯性质量受加速度作用所产生的惯性力而造成的各种物理效应来工作。

电阻应变式加速度计的原理如图 6-14 所示。它由质量块、悬臂梁、应变片和阻尼液等组成。当传感器随被测物体运动的加速度为 a 时，在质量块 m 上产生惯性力 $F=m\cdot a$，受惯性力 F 作用，悬臂梁产生变形，通过应变片可以测量出悬臂梁的变形量，进而可以间接得到加速度 a 的数值。在传感器的壳体充以阻尼液体，作为阻尼之用。这一系统的固有频率可以做得很低。利用压阻效应工作的压阻式加速度传感器使用了半导体材料，易于与电子电路集成，更加小巧。

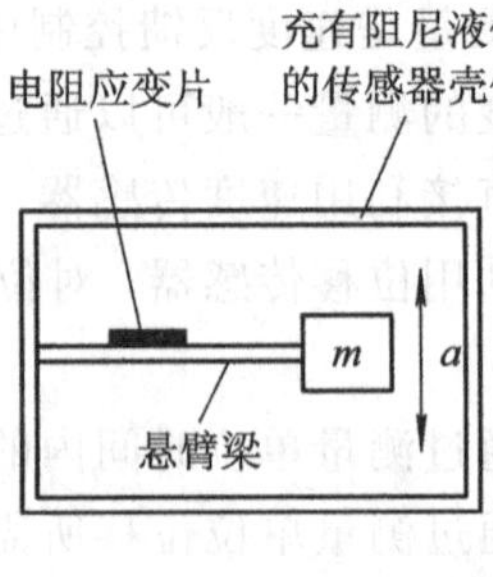

图 6-14　电阻应变式加速度计的原理图

图6-15所示为压电式加速度传感器的原理图。它由质量块、压电元件等组成，其工作基础是压电效应。当传感器随被测物体运动的加速度为 a 时，在质量块 m 上产生惯性力 $F=m\cdot a$，惯性力 F 作用于压电元件上，由于压电效应，将产生电荷 $Q=d\cdot F$，其中 d 为压电系数。由此，电荷 Q 与加速度 a 之间就有一一对应的关系，通过测量电荷 Q 可以间接测量出加速度 a。

图6-16为各类加速度传感器实物图。

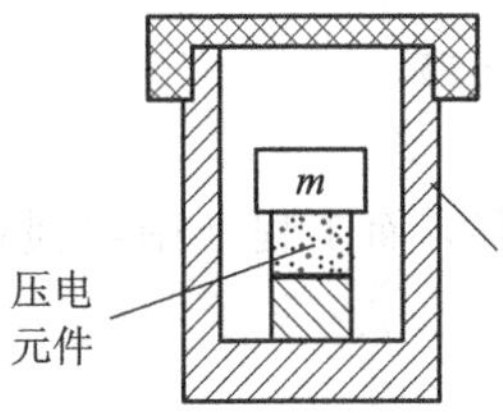

图6-15　压电式加速度传感器的原理图

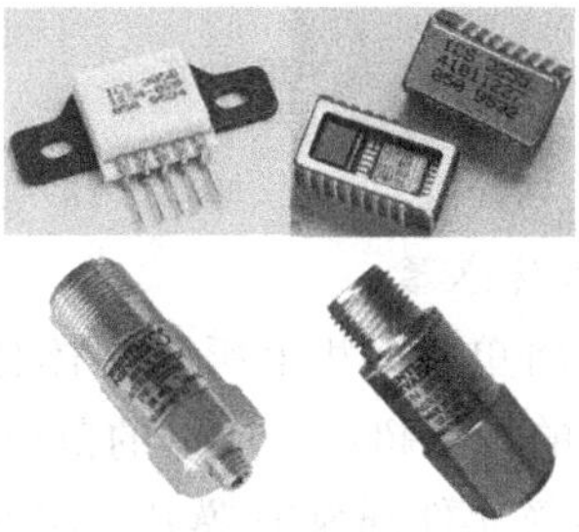

图6-16　各式加速度传感器

4. 力、压力、力矩传感器

力、压力和力矩的测量是以检测力、压力和力矩作用的结果来间接测量的，一般可通过以下方法来实现：

(1) 通过检测物体受力变形来测量，例如利用电阻应变原理的电阻应变式力、压力和力矩传感器，利用弹簧变形的机械式力、压力传感器等。

(2) 利用压电效应来测量，例如压电式力、压力传感器。

(3) 利用压磁效应来测量，例如压磁式力、压力传感器。

(4) 利用压阻效应来测量，例如压阻式力、压力传感器。

(5) 采用电动机、液压马达驱动的设备，可以通过检测电动机电流及液压马达油压的方法来测量。

(6) 装有速度、加速度传感器的设备，可通过速度与加速度的测量，计算出力或压力。

1) 力传感器

根据工作原理的不同，力传感器有多种形式，如应变式力传感器、压电式力传感器、压阻式力传感器、压磁式力传感器、电容式力传感器、差动变压器式力传感器和机械式力传感器等。电阻应变式力传感器由于简单、廉价和动态特性好，在工程中得到了广泛应用。图6-17是各式(柱式、梁式、轮辐式等)电阻应变式力传感器。图6-18是各式电阻应变式力传感器的结构及转换电路。

图6-17　电阻应变式力传感器

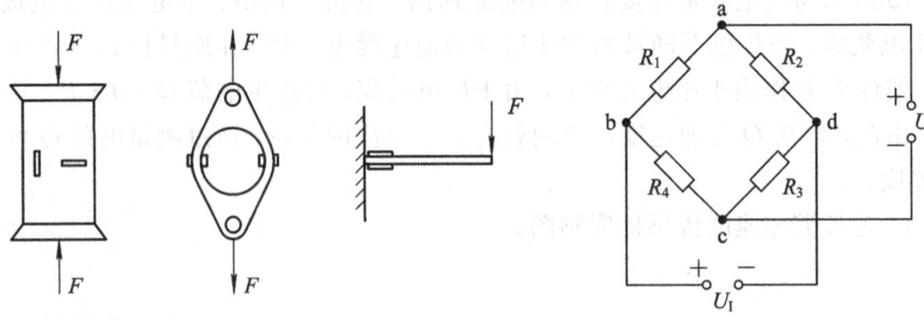

(a) 柱式　　(b) 环式　　(c) 梁式　　(d) 转换电路(直流电桥)

图 6 - 18　各式力传感器的结构及转换电路

2) 压力传感器

物理学将单位面积上所受流体作用力定义为流体的压强，而工程上则习惯称之为压力，且压力的概念超出了流体的范畴。

压力感受元件通常有膜片、波纹管、波纹膜片、弹簧管和薄壁圆筒等。在流体压力的作用下，压力感受元件将产生应变或变形，其应变或变形可通过应变片或其他微位移传感器进行测量，例如应变式压力传感器、压阻式压力传感器、压电式压力传感器、电感式压力传感器和电容式压力传感器等。图 6 - 19 是各式压力传感器的实物图。

图 6 - 19　各式压力传感器

图 6 - 20(a)、(b)分别是膜片式压力传感器和薄壁圆筒式压力传感器的结构示意图。

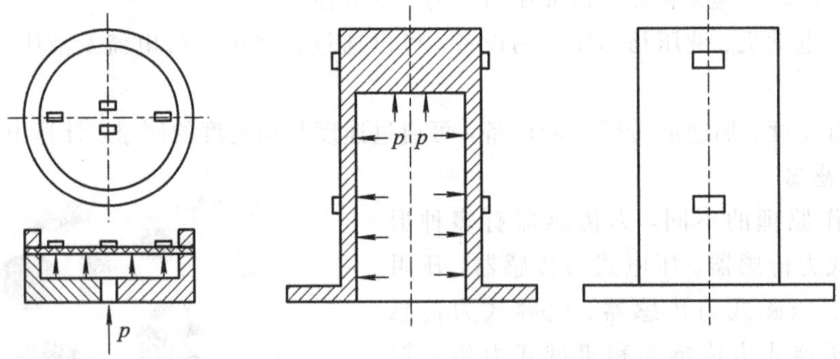

(a) 膜片式　　(b) 薄壁圆筒式

图 6 - 20　应变式压力传感器的结构示意图

图 6 - 21 是压阻式压力传感器的结构示意图。压阻式压力传感器的核心部分是一块圆形的半导体膜片(一般是硅材料)，在膜片上利用集成电路的工艺扩散形成 4 个阻值相等的电阻，从而构成电桥，当膜片承受压力差时，4 个电阻在应力作用下的阻值将发生变化，失去平衡，输出与压差成正比的电压信号。

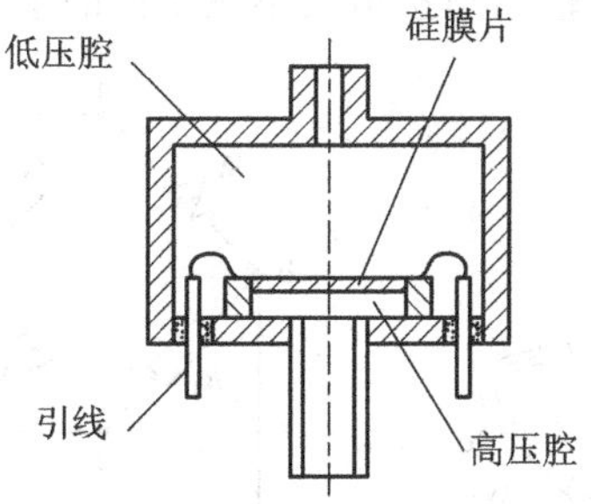

图 6-21　压阻式压力传感器的结构示意图

3）力矩传感器

力矩的单位是 N·m，由力和力臂的乘积来定义。在工程应用中，扭矩的测量最为常见。根据工作原理的不同，扭矩传感器有不同的类型，例如电阻应变式扭矩传感器、压磁式扭矩传感器、磁电感应式扭矩传感器和光电式扭矩传感器等。其中，电阻应变式扭矩传感器属于接触式测量扭矩，而后几种则可实现非接触式测量扭矩。图 6-22 是各式扭矩传感器的实物图。

图 6-22　各式扭矩传感器

图 6-23 是电阻应变式扭矩传感器的结构示意图。转轴上受扭矩作用后，其表面产生剪切应变，利用电阻应变片来检测剪切应变，并使用电桥转换输出。

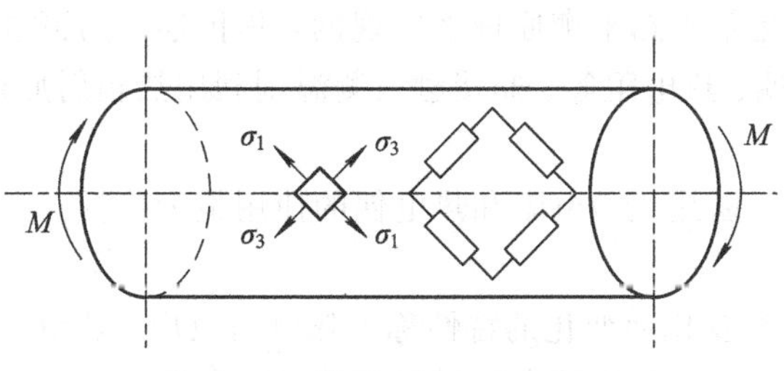

图 6-23　电阻应变式扭矩传感器的结构示意图

图 6-24 是压磁式扭矩传感器及其转换电路。轴由具有压磁效应的铁磁材料制成，在轴两端有两个由硅钢片制成的固定环，上面分别绕有线圈 W_1 和 W_2，磁性轴与固定环形成磁通路。在不受扭矩时，电桥平衡，输出为零；当扭矩作用在轴上时，导磁率发生变化，线

圈的电感随之变化，电桥失衡，输出与扭矩大小成正比的电压信号。

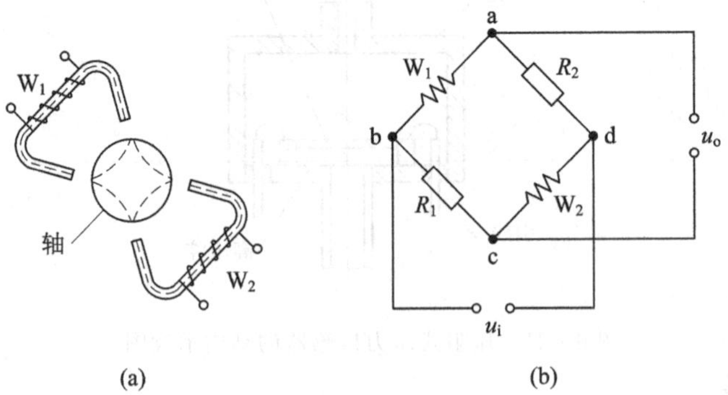

图 6-24　压磁式扭矩传感器及其转换电路

图 6-25 是磁电感应式扭矩传感器。传动轴的两端分别装有磁分度圆盘，在磁分度圆盘边装有磁头。无扭矩时，两分度盘的转角差为零；当扭矩作用在传动轴上时，磁头分别检测出驱动侧圆盘与负载侧圆盘的转角差，转角差与扭矩 M 成正比。

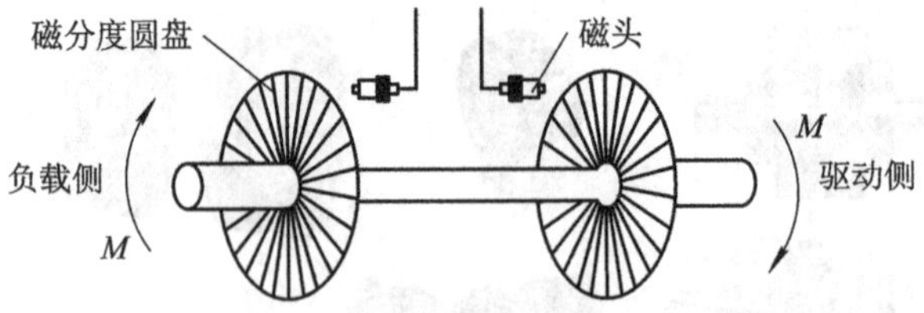

图 6-25　磁电感应式扭矩传感器

如果将磁感应元件换成光电元件，将磁分度圆盘换成光栅圆盘，则可以做成光电式扭矩传感器。无论压磁式、磁电感应式，还是光电式扭矩传感器，采用的都是非接触式扭矩测量。

5. 温度传感器

温度的测量一般通过间接方法来实现，即利用一些材料或元件的性能参数随温度变化的特性，通过测量性能参数变化而间接得到被测温度。温度测量可分为接触式测量与非接触式测量。接触式测温是基于热平衡原理来实现的，热传递的方式主要为传导和对流，例如，水银温度计、热电偶、热电阻等。非接触式测温则利用热辐射原理来实现，例如，辐射温度计、红外温度计等。

在各种测温方法中，以热(敏)电阻和热电偶的使用最为广泛。

1) 热电阻

物质的电阻率随温度变化而变化的特性称为热电阻效应。热电阻就是利用金属材料的热电阻效应进行温度测量的。常用的金属材料有铂(Pt)和铜(Cu)。

铂在很宽的温度范围内具有非常稳定的物理、化学特性，且具有很强的耐氧化能力；另外，它还有电阻率较高，易于提纯和复制等优点。但其电阻温度系数较小，价格昂贵，所以一般用于对精度与稳定性要求较高的场合，例如科研、实验室等。

铂热电阻与温度之间的关系如下：

$-200℃\leqslant t\leqslant 0℃$

$$R_t = R_0[1 + At + Bt^2 + C(t - 100)t^3] \tag{6-4}$$

$0℃\leqslant t\leqslant 650℃$

$$R_t = R_0(1 + At + Bt^2) \tag{6-5}$$

式中：R_t——温度为 t℃时的电阻值；

R_0——温度为 0℃时的电阻值；

A、B、C——分度系数，$A=3.968\ 47\times10^{-3}/℃$，$B=-5.847\times10^{-7}/℃^2$，$C=-4.22\times10^{-12}/℃^3$。

由于铂热电阻价格昂贵，因而在一些测量精度要求不高而温度又较低的场合，可以采用铜热电阻。在 −50～150℃范围内，铜热电阻有较好的线性，电阻温度系数也较高。铜热电阻容易提纯、价格便宜，其缺点是电阻率小，容易氧化，不宜用于腐蚀性介质中。

在 −50～150℃范围内，铜热电阻与温度之间的关系为

$$R_t = R_0(1 + \alpha t) \tag{6-6}$$

式中：R_t——温度为 t℃时的电阻值；

R_0——温度为 0℃时的电阻值；

α——铜的电阻温度系数，$\alpha=(4.25\sim4.28)\times10^{-3}/℃$。

2）热敏电阻

热敏电阻是利用半导体材料的热电阻效应来进行温度测量的。与金属热电阻不同，半导体热敏电阻的电阻系数普遍较大，非线性也较大。

根据半导体材料随温度变化的特性不同，将热敏电阻分为正温度系数热敏电阻(PTC)、负温度系数热敏电阻(NTC)和临界温度系数热敏电阻(CTR)三种类型。

对于 PTC，其电阻与温度之间的关系如下：

$$R_t = R_0 e^{A(t-t_0)} \tag{6-7}$$

对于 NTC，其电阻与温度之间的关系如下：

$$R_t = R_0 e^{B\left(\frac{1}{t}-\frac{1}{t_0}\right)} \tag{6-8}$$

式中：R_t——温度为 t℃时的电阻值；

R_0——温度为 0℃时的电阻值；

A、B——热敏电阻的材料常数。

3）热电偶

热电偶的工作基础是热电效应。A、B 两种不同导体首尾相连，组成一个闭合回路，如图 6-26 所示，当两端温度 T 和 T_0 不相等时，回路中将产生电动势。这一现象称为热电效应，产生的电动势称为热电势。其中，T 端称为热端或工作端，测量时，将其置于被测的温度场内；T_0 端称为冷端或自由端，测量时温度应保持恒定。

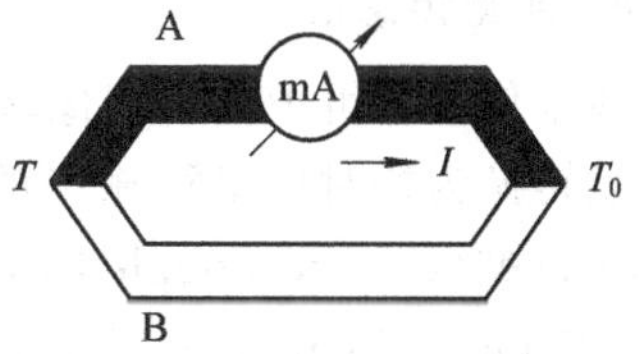

图 6-26　热电偶

热电势表示为 $E_{AB}(T, T_0)$，由两部分组成，即两种不同导体的接触电势(珀尔帖效应)和单一导体的温差电势(汤姆逊效应)。

热电偶的测温基础是以下四大基本定律：

(1) 均质导体定理：由同一导体构成的热电偶不能产生热电势，即

$$E_{AA}(T, T_0) = E_{BB}(T, T_0) = 0 \tag{6-9}$$

(2) 中间导体定律：A、B构成热电偶，将冷端断开，并接入第三种导体C，若保持C两端的温度相等，则回路中的总电势不变，即

$$E_{ABC}(T, T_0) = E_{AB}(T) + E_{BC}(T_0) + E_{CA}(T_0) \tag{6-10}$$

中间导体定律是热电偶测温的理论基础之一，可以把热电偶引入测量电路而不必考虑连接导线的影响。

(3) 中间温度定律：热电偶AB(T、T_0)产生的热电势等于热电偶AB(T，T_n)和热电偶AB(T_n，T_0)产生的热电势的代数和，即

$$E_{AB}(T, T_0) = E_{AB}(T, T_n) + E_{AB}(T_n, T_0) \tag{6-11}$$

中间温度定律是热电偶测温的理论基础之一，冷端的温度可以随意而不必是0 K。

(4) 标准电极定律：热电偶AB(T、T_0)产生的热电势等于热电偶AC(T，T_0)和热电偶CB(T，T_0)产生的热电势的代数和，即

$$E_{AB}(T, T_0) = E_{AC}(T, T_0) - E_{BC}(T, T_0) \tag{6-12}$$

导体C通常被称为标准电极。如果已知各种热电极对标准电极的热电势，则可以利用标准电极定律，求出其中任意两种材料配成的热电偶的热电势。

图6-27是各式温度传感器的实物图片。

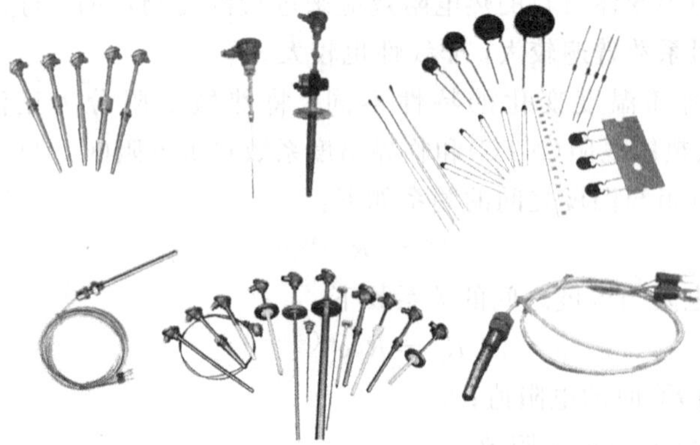

图6-27　各式温度传感器

6. 视觉传感器

视觉传感器可把光学图像转换为电信号，即把入射到传感器光敏面上按空间分布的光强信息转换为按时序串行输出的电信号。目前较为常见的固体视觉传感器主要有两大类型：CCD型(Charge Coupled Device，电荷耦合元件)和CMOS型(Complementary Metal-Oxide Semiconductor，金属氧化物半导体元件)。其中，CCD型视觉传感器具有高解析度、高信噪比和动态特性好等优点，但其成本较高，常用于一些高端系统或要求较高的场合；而CMOS型视觉传感器具有体积小、功耗低和成本小等优点，常用于一些低端系统或要求较低的场合。

视觉传感器作为一种新型传感器，在机电一体化系统中的使用越来越广泛。利用视觉传感器和相关的图像处理软件(算法)，可以实现检验、计量、测量、定向、瑕疵检测和识

别/分检等功能，使其在汽车制造、制药、食品、机器人等行业得到了广泛的应用。例如：

在汽车组装厂，检验由机器人涂抹到车门边框的胶珠是否连续，是否有正确的宽度。

在瓶装厂，检验瓶盖是否正确密封、装灌液位是否正确，以及在封盖之前没有异物掉入瓶中。

在包装生产线，确保在正确的位置粘贴正确的包装标签。

在药品包装生产线，检验阿斯匹林药片的泡罩式包装中是否有破损或缺失的药片。

在金属冲压公司，以逾 150 片/分钟的速度检验冲压部件——是人工检验的 13 倍以上。

图 6 - 28 为一般视觉检测系统的组成。

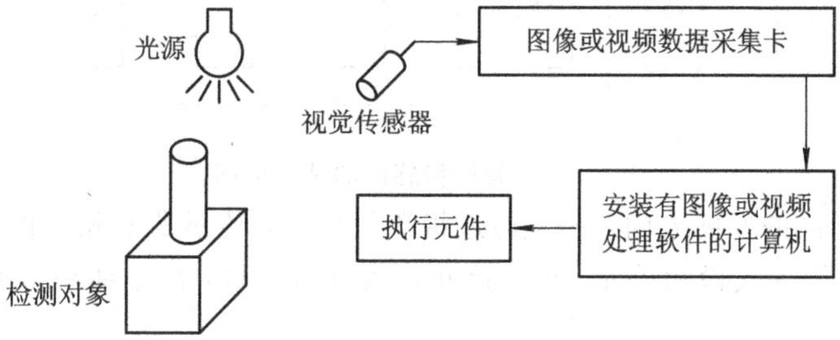

图 6 - 28　视觉检测系统的组成

图 6 - 29 是在药品生产中，利用视觉传感器检测药片传送带上的破损药片，并在计算机屏幕上显示出来。图 6 - 30 是在 PCB 生产线中，利用视觉传感器检测元件传送带上电容的极性是否符合要求。

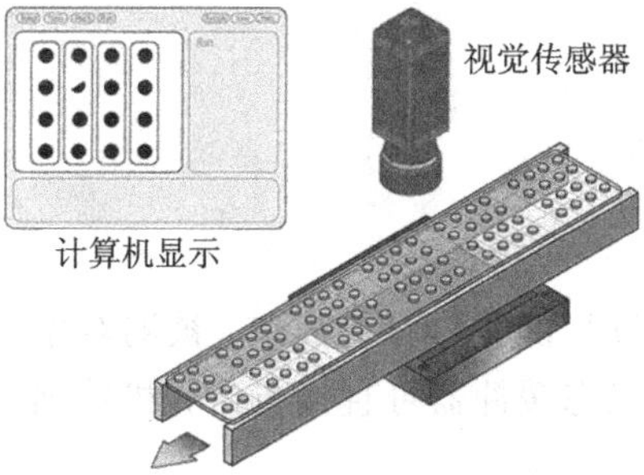

图 6 - 29　视觉传感器在药品生产中的应用

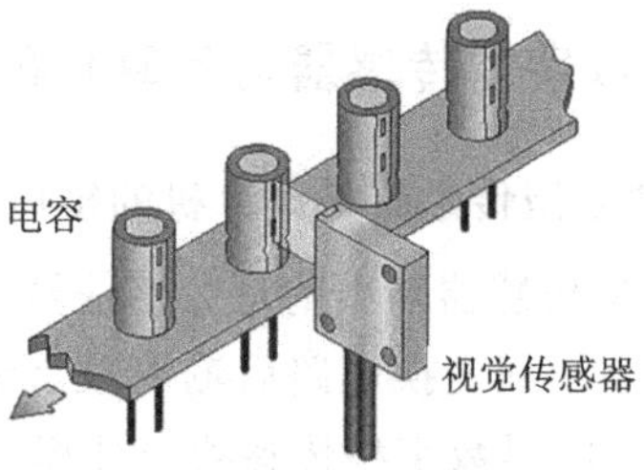

图 6 - 30　视觉传感器在 PCB 生产线中的应用

6.2.3　智能传感器

一般传感器只具备信息采集、转换功能，智能化传感器是一种带微处理器的传感器，是微型计算机和传感器的结合，它兼有信息采集、转换、检测、判断和处理功能。与传统传感器相比，智能传感器具有以下特点：

(1) 具有信息判断和处理功能；

(2) 能对测量值进行修正、误差补偿，提高了测量精度；

(3) 可实现多传感器多参数测量；

(4) 有自诊断和自校准功能，提高了可靠性；

(5) 测量数据可存取，使用方便；

(6) 通信功能，有数据通信接口，能与微型计算机进行通信。

图 6-31 是智能传感器的结构框图。

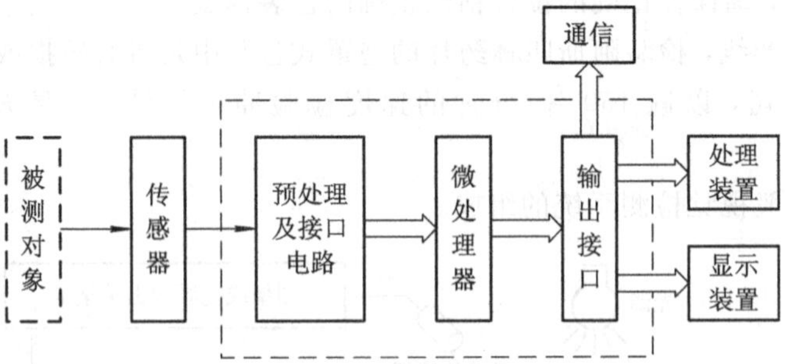

图 6-31 智能传感器的结构框图

智能化是传感器的发展方向之一。通过将微处理器、传感器及相关的处理电路集成与封装在一起，形成模块式检测单元，可提高集成度和可靠性，减小体积，便于使用者选用。

6.3 传感器与计算机接口技术

压力、速度、温度等被测物理量经传感器转换成电参量(如电阻、电感、电荷等)后，再经过电桥、变压器、谐振电路等中间电路，可以转换成电压、电流、脉冲等电信号。电压、电流和脉冲频率又可以转换为统一的模拟电压信号，开关量、编码数字和脉冲序列经处理后可转换为统一的数字编码信号。

6.3.1 数字型传感器与计算机的接口及实例

1. 数字型传感器与计算机的接口

数字型传感器输出的是数字信号，因此它与计算机的接口相对简单。被测对象经数字型传感器、中间变换电路后输出数字编码信号，经三态缓冲器可直接与计算机数据总线相连。图 6-32 是数字型传感器与计算机的接口框图。

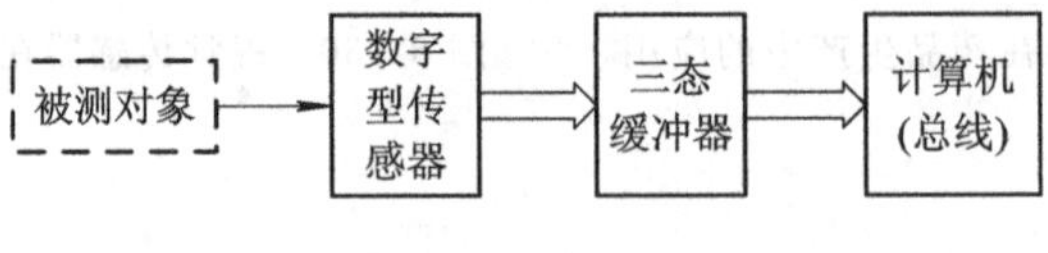

图 6-32 数字型传感器与计算机的接口框图

2. 数字型传感器与计算机的接口实例——M/T 法测速

M/T 法测速原理如图 6-9 所示，由增量式光电编码盘构成的角度—数字转换系统，包括增量式光电编码盘、光源、光敏转换元件以及放大、整形、辨向和计数等后续处理电路。

下面通过 M/T 法测速的硬件实现来说明数字型传感器与计算机的接口。这里的硬件实现是指图 6-9 中计数器输出(此处是一般计数器，而非可逆计数器)之后的部分。

所谓 M/T 法测速，就是同时测量检测时间和在此检测时间内计数脉冲的个数，从而得到被测转速。

$$n=\frac{\text{转角}}{\text{时间}}=\frac{m_1/p}{m_2/f_c}=\frac{m_1\cdot f_c}{m_2\cdot p}(\text{r/s})=\frac{60\cdot m_1\cdot f_c}{m_2\cdot p}(\text{r/m}) \tag{6-13}$$

式中：n——转速(r/m)；

m_1——检测时间内得到的测速脉冲数；

m_2——检测时间内得到的时钟脉冲数；

f_c——时钟频率；

p——编码盘每转送出的脉冲数。

根据 M/T 法测速原理，数字型传感器与 MCS-51 单片机的硬件电路接口如图 6-33 所示。图中，

8253：下降沿有效的十六位减法计数器，3 个计数通道都工作在方式 0——计数终止时中断，其方式字分别为 0x30、0x70、0xB0(方式 0，先低后高读写，十六进制)。

LM339：过零比较器，将来自编码器的正弦信号整形成 0～5 V 的标准测速脉冲。

工作过程：8253 通道 0 的方式字写完后，OUT0(=J)由高变低，等待测速脉冲的到来。测速脉冲的第一个上升沿使 JK 边沿触发器翻转，Q 置高，GATE0、GATE1、GATE2 打开，8253 的 3 个计数通道开始下降沿减法计数，其中，通道 0 用于设定检测时间。在设定的检测时间到达后，通道 0 计数结束，OUT0 由低变高，由于此时 GATE1、GATE2 仍打开，计时脉冲和测速脉冲仍在计数，直到下一个测速脉冲的上升沿使 JK 边沿触发器翻转，Q 变低，关闭 GATE0、GATE1、GATE2，计数结束，同时产生计数结束中断给 8031。8031 在中断服务程序中根据计数器的设定值和当前值计算出 m_1 和 m_2，从而计算出转速 n。

6.3.2　模拟型传感器与计算机的接口

模拟型传感器输出的是模拟信号，而计算机是数字系统，所以模拟型传感器的输出必须经过 A/D 转换后才能与计算机相连。根据转换速度、通道数等的不同，模拟型传感器与计算机的接口也分为不同的形式。

(1) 单通道式。单通道式接口形式简单，但只能采集单个信号。

(2) 多通道循环式。多通道循环式在控制器的作用下，依次对每个通道进行采样/保持、A/D 转换，由于多个通道轮流共用一套采样/保持、A/D 转换电路，因此简化了电路，降低了成本，但速度较低。

(3) 多通道同步式。多通道同步式的各通道的采样/保持同时进行，在控制器的作用下，依次进行 A/D 转换、读取数据。它的速度较多通道循环快一些，成本略高一些。

(4) 多通道并行式。为了获取更高的转换速度，可采用多通道并行式，各通道采样/保持、A/D 转换以并行方式工作，速度最快，但成本最高，电路最为复杂。

在上述几种方式中，多通道循环式是性价比较高的一种接口方式，也是最为常见的一种方式。

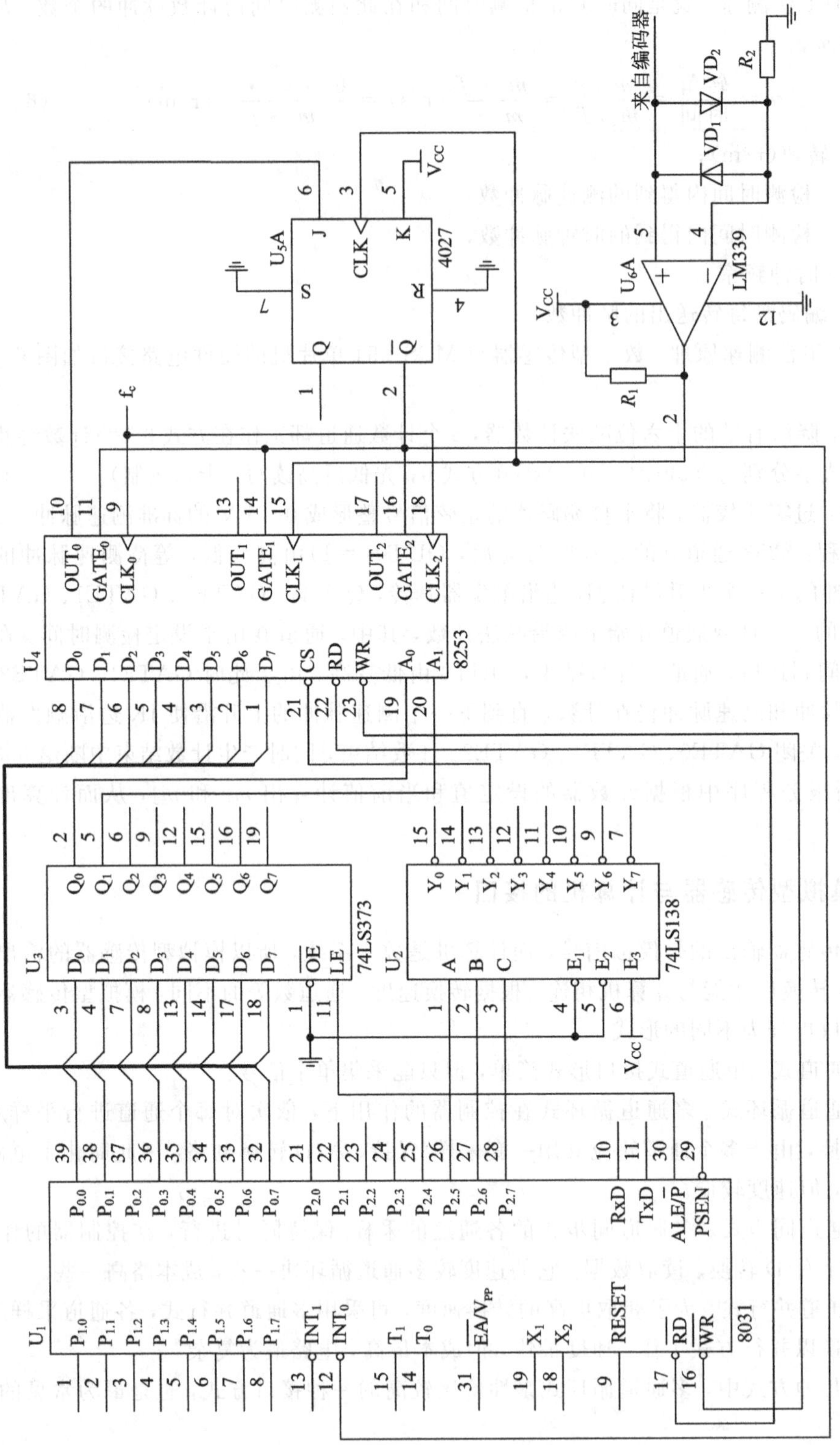

图 6-33　M/T 法测速接口硬件电路

习题与思考题

1. 传感检测装置在机电一体化系统中起什么作用？

2. 机电一体化系统中的常用传感器有哪些？

3. 在绝对式光电编码盘的设计中，为什么通常采用格雷码？

4. 请简述由增量式光电编码盘组成的角度—数字转换系统的工作原理。

5. 请简述辨向电路的工作原理。

6. 试给出几种非接触式测转速的传感器，并简述其工作原理。

7. 力矩传感器有哪几种，各有什么特点？

8. 热电偶的工作原理是什么？

9. 智能传感器与普通传感器有什么异同？

10. 根据传感器的输出不同，传感器与计算机的接口方式有哪几种？

11. 简述 M/T 测速法的工作原理。

12. 多通道循环式模拟型传感器与计算机的接口包括哪几部分？与其他几种接口方式有什么异同？

第 6 章参考文献

[1] 王伯雄. 测试技术基础. 北京：清华大学出版社，2003.

[2] 贾民平，张洪亭，周剑英. 测试技术. 北京：高等教育出版社，2001.

[3] 谭定忠. 传感器与测试技术. 北京：中央广播电视大学出版社，2002.

[4] 张洪润，张亚凡. 传感器技术与实验. 北京：清华大学出版社，2005.

[5] 孙建民，杨清梅. 传感器技术. 北京：清华大学出版社，2005.

[6] 冯凯昉. 工程测试技术. 西安：西北工业大学出版社，2000.

[7] 中国传感器网站 http://www.sensor.com.cn

[8] 中国传感器信息网 http://www.chinasensors.com

第 7 章　动力驱动及其计算机控制

课程思政：国产外骨骼矫形机器人的突破

对物料进行处理(如搬运、加工、清洗、输送等)是机电一体化系统的重要功能，这些功能需要由不同的执行装置完成。所谓执行装置，是指需要消耗一定的动力以完成特定功能的机械部件，而动力驱动则是执行装置完成功能的重要保证。

7.1　概　　述

本章数字资源：PPT＋相关视频资源

7.1.1　机电一体化系统中执行装置的特点

如第 1 章所述，与传统的机械系统相比，机电一体化系统中的动力驱动呈现出分散化、智能化的特征。这种动力驱动模块不仅具有动力驱动元件(如电机、液压缸、气缸等)和一定的机械结构(如减速器、连杆等)，同时集成有功率驱动元件、传感器和电子控制单元等，使其具有通信功能和在线程序下载功能，能完成控制计算机传来的各种指令，极大地提高了系统柔性。

7.1.2　电力电子技术在执行装置中的应用

在电机的驱动控制中，实质上是通过对电机驱动电源的控制，来进一步控制电机的驱动电流。例如，对于直流电机，最有效的控制方式为调压调速，而其中的关键就在于利用可调直流电源实现电枢电流的调节，最终控制电机的转矩、转速和位置等参数。对于交流电机，最有效的控制方式则为变频调速或矢量控制，其关键同样在于实现可调交流电源，能对电源的频率、电压值和电流值进行调节，从而实现对交流电机转速和扭矩的高精度控制。因此，电机驱动电源的控制是实现高性能电机驱动的关键。

由于电机驱动属于大功率应用，驱动电源必须能够提供大电流和高电压，要求可控性好、效率高，为此，必须开发能够满足这方面需求的大功率电子元件，才能实现电机的高精度驱动控制。

最先得到应用的电力电子器件是晶闸管。这是一种具有半控特性的大功率器件，只能控制电路的导通，而不能控制电路的关断。尽管如此，这种器件因具有耐压高、通流能力强、导通电阻小、导通压降低的特点，而在电机控制中得到了广泛应用。但由于其半控特性，不能主动关断电路，只能等待电路的自然换流关断，因而影响了其应用范围，主要用于可控整流方面。另外，通过设置换流电路，也可以将晶闸管作为具有自关断能力的全控元件使用，称为晶闸管斩波器。晶闸管斩波器具有较好的控制性能，尤其适用于大功率、低成本的应用场合。

为克服晶闸管的缺点，全控型元件逐渐得到发展，如 GTO（可关断晶闸管）、GTR（大功率晶体管）、功率 MOS 管、IGBT 等，这类元件的特点是不仅能控制电路的导通，还能控制电路的关断。这种器件在 PWM 技术控制下，能以较高的效率完成电流和电压的控制，实现高精度的电机驱动。

7.1.3　机电传动系统建模

机电传动系统由电动机等动力元件拖动，并通过传动机构带动执行机构完成其功能。尽管电动机等驱动元件的种类繁多、特性各异，被驱动的机械系统的传动系统和负载性质也多种多样，但从动力学的角度来看，都应服从动力学的统一规律——牛顿运动定律。分析机电传动系统的动力学特性，最终目的是选择合适的驱动电机，以实现机电一体化系统的一些动力参数要求，如功率、转速、响应速度或加速度等。这一分析过程，也是对其建模的过程。

1）机电传动系统运动方程

任何一个机电系统中的某个单自由度执行机构，毫无例外都能简化成为一个单轴机电传动系统。它是由电动机 M 产生转矩 T_M，用来克服负载转矩 T_L，以带动机电传动系统运动。当这两个转矩平衡时，传动系统维持恒速转动，转速 n 或角速度 ω 不变，系统加速度或角加速度 $d\omega/dt$ 等于零，这种运动状态称为静态（相对静止状态）或稳态（稳定运转状态）。当 $T_M \neq T_L$ 时，系统运行速度就要变化，产生加速或减速，速度变化的大小与传动系统的转动惯量 J 有关。把上述的这些关系用方程式表示，即为

$$T_M - T_L = J\frac{d\omega}{dt} \tag{7-1}$$

式中：T_M——电动机产生的转矩；

T_L——单轴传动系统的负载转矩；

J——单轴传动系统的转动惯量；

ω——单轴传动系统的角速度；

t——时间。

运动方程式（7－1）是研究机电传动系统最基本的方程式，它决定着系统运动的特征。当 $T_M > T_L$ 时，加速度 $d\omega/dt$ 为正，传动系统为加速运动；当 $T_M < T_L$ 时，加速度 $d\omega/dt$ 为负，系统为减速运动。系统处于加速或减速的运动状态也称为动态。处于动态时，系统中必然存在一个动态转矩：

$$T_d = J\frac{d\omega}{dt} \tag{7-2}$$

这一动态转矩将使系统的运动状态发生变化。这样，运动方程式（7－1）也可以写成转矩平衡方程式：

$$T_M = T_L + T_d \tag{7-3}$$

也就是说，在任何情况下电动机所产生的转矩，总是由轴上的负载转矩（即静态转矩）和动态转矩之和所平衡。当 $T_M = T_L$ 时，$T_d = 0$，这表示没有动态转矩，系统转速恒定，处于稳定状态，此时电动机发出转矩的大小，仅由电动机所带的负载决定。

值得指出的是关于转矩正方向的约定，由于传动系统有各种运动状态，相应的方程式中的转速和转矩就有不同的符号。因为电动机与被驱动的机械系统以共同的转速旋转，所以一般以转动方向为参考来确定转矩的正负。设电动机某一转动方向的转速 ω 为正，则约定电动机转矩 T_M 与 ω 一致的方向为正向，负载转矩 T_L 与 ω 相反的方向为正向。

根据上述约定就可以从转矩与转速的符号上判定 T_M 与 T_L 的性质：若 T_M 与 ω 符号相同（同为正或同为负），则表示 T_M 的作用方向与 ω 相同，T_M 为拖动转矩；若 T_M 与 ω 符号相反，则表示 T_M 的作用方向与 ω 相反，T_M 为制动转矩。而若 T_L 与 ω 符号相同，则表示 T_L 的作用方向与 ω 相反，T_L 为制动转矩；若 T_L 与 ω 符号相反，则表示 T_L 的作用方向与 ω 相同，T_L 为拖动转矩。

2）转矩、转动惯量的折算

上面介绍的是单轴拖动系统的运动方程式，但实际的拖动系统通常是多轴拖动系统，如图 7－1 所示。这是因为许多机械系统要求低速运转，而电动机一般具有较高的额定转速，这样，电动机与机械系统之间就得配置减速机构，如减速齿轮箱、涡轮涡杆、皮带等减速装置。在这种情况下，为了列出这个系统的运动方程，必须先将各转动部分的转矩和转动惯量或直线运动部分的质量都折算到某一根轴上（一般折算到电动机轴上），即折算成最简单的单轴系统。折算的基本原则是：折算前的多轴系统同折算后的单轴系统在能量关系上或功率关系上保持不变。

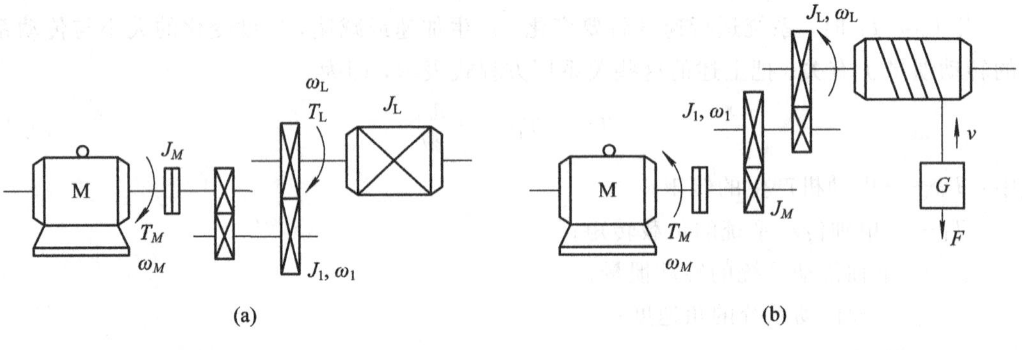

图 7－1 多轴拖动系统

负载转矩是静态转矩，可根据静态时的功率守恒原则进行折算。对于旋转运动，如图 7－1(a)所示，当系统匀速运动时，机械系统的负载功率为

$$P_L' = T_L'\omega_L \tag{7-4}$$

式中：T_L'——机械系统的负载转矩；

ω_L——旋转角速度。

设 T_L' 折算到电动机轴上的负载转矩为 T_L，则电动机轴上的负载功率为

$$P_M = T_L\omega_M \tag{7-5}$$

式中：ω_M——电动机转轴的角速度。

考虑到传动机构在传递功率的过程中有损耗，这个损耗可以用传动效率 η_C 表示，即

$$\eta_C = \frac{P_L'}{P_M} = \frac{T_L'\omega_L}{T_L\omega_M} \tag{7-6}$$

于是可以得到折算到电机上的负载转矩为

$$T_L = \frac{T_L' \omega_L}{\eta_C \omega_M} = \frac{T_L'}{\eta_C j} \tag{7-7}$$

式中：j——传动机构的速比，$j=\omega_M/\omega_L$。

对于直线运动，折算方式也是类似的，同样要遵循功率守恒的原则，只是将上式中的负载转矩改为负载力，负载转速改为负载速度，其他保持不变。

由于转动惯量在机电传动系统中存储动能，主要影响系统的动态特性，因此可根据动能守恒原则进行折算，也就是将电机轴后面的所有惯性元件，用一个等效在电机轴上的旋转惯性元件代替，折算的原则是等效前后所储存的动能相等。进行这样的折算后，在电机轴上所表现出的动态特性将不变，计算电机轴上的动态转矩时也没有影响，因此对于在考虑动态特性时选择电机的扭矩、功率等参数也没有影响。

对于旋转运动(如图 7－1(a)所示的拖动系统)，令等效前后的动能相等，如下式所示：

$$J_Z \omega_M^2 = J_M \omega_M^2 + J_1 \omega_1^2 + J_L \omega_L^2 \tag{7-8}$$

式中：J_Z——等效后的转动惯量；

J_M、J_1、J_L——电动机轴、中间传动轴、生产机械轴上的转动惯量；

ω_M、ω_1、ω_L——电动机轴、中间传动轴、生产机械轴上的角速度。

根据式(7－8)，可以计算出折算到电动机轴上的总等效转动惯量 J_Z 为

$$J_Z = J_M + J_1 \frac{\omega_1^2}{\omega_M^2} + J_L \frac{\omega_L^2}{\omega_L^2} = J_M + \frac{J_1}{j_1^2} + \frac{J_L}{j_L^2} \tag{7-9}$$

式中：j_1——电动机轴与中间传动轴之间的速比；

j_L——电动机轴与生产机械轴之间的速比。

当速比较大时，中间传动机构的转动惯量 J_1 在折算后占整个系统的比重不大。实际工程中为了计算方便起见，多用适当加大电动机轴上的转动惯量 J_M 的方法，来替代中间传动机构的转动惯量 J_1 的影响，于是有：

$$J_Z = \delta J_M + J_1 \frac{\omega_1^2}{\omega_M^2} \tag{7-10}$$

一般 δ=1.1～1.25。

对于直线运动(如图 7－1(b)所示的拖动系统)，设直线运动部件的质量为 m，速度为 v，考虑含有直线运动部件的机械系统，折算到电动机轴上的总等效转动惯量为

$$J_Z = J_M + \frac{J_1}{j_1^2} + \frac{J_L}{j_L^2} + m \frac{v^2}{\omega_{M^2}^2} \tag{7-11}$$

3) 被驱动部件的机械特性

上面所讨论的机电传动系统运动方程式中，负载转矩 T_L 可能是不变的常数，也可能是转速 n 的函数。同一转轴上负载转矩和转速之间的函数关系，称为机械系统的机械特性。为了便于和电动机的机械特性配合起来分析传动系统的运行情况，今后提及机械特性时，除特别说明外，均指电动机轴上的负载转矩和转速之间的函数关系，即 $n=f(T_L)$。

不同类型的机械系统在运动中受阻力的性质不同，其机械特性曲线的形状也有所不同，大体上可以归纳为以下几种典型的机械特性：

(1) 恒转矩型机械特性。此类机械特性的特点是负载转矩为常数。属于这一类的机械系统有提升机构、提升机的行走机构、皮带运输机以及金属切削机床等。依据负载转矩与

运动方向的关系，可以将恒转矩型的负载转矩分为反抗转矩和位能转矩。

反抗转矩也称摩擦转矩，是因摩擦、非弹性体的压缩、拉伸与扭转等作用所产生的负载转矩，机床加工过程中切削力所产生的负载转矩就是反抗转矩。反抗转矩的方向恒与运动方向相反，运动方向发生改变时，负载转矩的方向也会随着改变，因而它总是阻碍运动的。

位能转矩与摩擦转矩不同，它是由物体的重力和弹性体的压缩、拉伸与扭转等作用所产生的负载转矩，卷扬机起吊重物时重力所产生的负载转矩就是位能转矩。位能转矩的作用方向恒定，与运动方向无关，它在某方向阻碍运动，而在相反方向可促进运动。

(2) 离心式通风机型机械特性。这一类型的机械是按离心力原理工作的，如离心式鼓风机、水泵等，它们的负载转矩 T_L 与速度 ω 的平方成正比，即 $T_L=C\omega^2$，C 为常数。

(3) 直线型机械特性。这一类机械的负载转矩 T_L 是随速度 ω 的增加成正比地增大的，即 $T_L=C\omega$，C 为常数。例如，实验室中作模拟负载用的他励直流发电机，当励磁电流和电枢电阻固定不变时，其电磁转矩与转速即成正比。

(4) 恒功率型机械特性。此类机械的负载转矩 T_L 与转速 ω 成反比，即 $T_L=K/\omega$，K 为常数。例如车床加工，在粗加工时切削量大，负载阻力大，开低速；在精加工时，切削量小，负载阻力小，开高速。当选择这样的方式加工时，不同转速下的切削功率基本不变。

除了上述几种类型的机械外，还有一些机械系统具有各自的转矩特性，如带曲柄连杆机构的生产机械，它们的负载转矩 T_L 是随转角 α 而变化的；而球磨机、碎石机等生产机械，其负载转矩则随时间作无规律的随机变化。

还应指出，实际负载可能是单一类型的，也可能是几种典型负载的综合。例如，实际通风机除了主要的通风机性质的负载特性外，轴上还有一定的摩擦转矩，所以，实际通风机的机械特性应为两种负载转矩的组合。

4) 机电传动系统稳定运行条件

在机电传动系统里，电动机与生产机械连成一体，为了使系统运行合理，就要使电动机的机械特性与被驱动的机械系统的机械特性尽量相配合。特性配合好的最基本的要求是系统要能稳定运行。

机电传动系统的稳定运行包含两重含义：一是系统应能以一定速度匀速运转；二是系统受某种外部干扰作用(如电压波动、负载转矩波动等)而使运行速度稍有变化时，应保证在干扰消除后系统能恢复到原来的运行速度。

保证系统匀速运转的必要条件是电动机轴上的拖动转矩 T_M 和折算到电动机轴上的负载转矩 T_L 大小相等，方向相反，相互平衡。从 $T—\omega$ 坐标平面上看，这意味着电动机的机械特性曲线 $\omega=f(T_M)$ 和生产机械的机械特性曲线 $\omega=f(T_L)$ 必须有交点，此交点常称为拖动系统的平衡点。

但是，机械特性曲线存在交点只是保证系统稳定运行的必要条件，还不是充分条件。系统必须要有抵抗负载变化的能力，在负载变化后将使电机工作点也发生变化，而在负载恢复正常后，电机要有能力恢复原来的工作点。

因此，机电传动系统稳定运行的充分必要条件是：

(1) 电动机的机械特性曲线 $\omega=f(T_M)$ 和生产机械的机械特性曲线 $\omega=f(T_L)$ 有交点(即拖动系统的平衡点)；

(2) 当转速大于平衡点所对应的转速时，$T_M<T_L$，即若干扰使转速上升，则当干扰消除后应有 $T_M-T_L<0$；而当转速小于平衡点所对应的转速时，$T_M>T_L$，即若干扰使转速下降，则当干扰消除后应有 $T_M-T_L>0$。

只有满足上述两个条件的平衡点，才是拖动系统的稳定平衡点，即只有这样的特性配合，系统在受到外界干扰后，才具有恢复到原平衡状态的能力而进入稳定运行。

7.2　电力电子技术应用基础

7.2.1　晶闸管及其驱动电路

1) 晶闸管原理

晶闸管又称可控硅，其控制电流可从数安培到数千安培。晶闸管主要有单向晶闸管 SCR、双向晶闸管 TRIAC 和可关断晶闸管 GTO 等三种基本类型，此外还有光控晶闸管、温控晶闸管等特殊类型。

晶闸管由三个极组成，分别称为阳极 A、阴极 K 及控制极 G(又称门极)。它有截止和导通两种稳定状态，两种状态的转换可以由导通条件和关断条件来控制。

晶闸管的导通条件为：在阳极上加正向电压，同时在控制极上加正向电压。晶闸管的关断条件为：当流过晶闸管的电流小于保持晶闸管导通所需的电流即维持电流时，晶闸管关断。晶闸管一旦导通，控制极对晶闸管就不起控制作用了。

由上述可知，当在晶闸管的阳极加交流电压时，在电压的正半周，若给控制极加一个正触发脉冲，则晶闸管导通，而电压过零时，晶闸管将关断；在下一个正半周，若想使晶闸管导通，必须重新给控制极加触发脉冲。

触发信号相位的变化将引起晶闸管输出波形的变化，这个相位角称为控制角 α，是从零电压到被触发导通的瞬间的这段时间所对应的电度角。与其成 180°互补的角称为导通角 θ，是从被触发导通的瞬间开始到电压为零这段时间所对应的电度角，如图 7-2 所示。

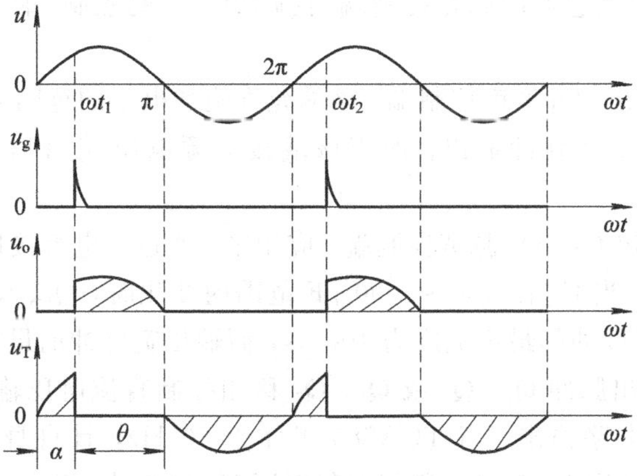

图 7-2　晶闸管导通控制

如果改变控制角的信号相位，则输出电压的平均值将随之变化，控制信号越提前，导通角度越大，则平均输出电压越大。通常把晶闸管输出电压的最大值到最小值之间所对应的导通角的变化范围称为移相范围。

晶闸管只能控制其开通，而不能控制其关断，因此被称为半控元件。其关断条件通常是在反向电压作用下自然关断，这个过程在晶闸管电路中通常称为自然换流过程。要想使其具有自关断能力，必须加一些辅助电路，这样构成的电路被称为晶闸管斩波器。

2）晶闸管驱动电路

尽管有多种晶闸管驱动电路，但随着微电子技术的进步，晶闸管驱动电路正朝着集成化、微型化方向发展，出现了一大批集成驱动芯片，而且可以很容易地调节晶闸管的导通角，为实现电机调速、功率控制等应用提供了方便。

TCA785是德国西门子(Siemens)公司开发的第三代晶闸管单片移相触发集成电路，在国内已得到广泛应用，其引脚排列与TCA780、TCA780D和国产的KJ785完全相同，可以互换。TCA785是双列直插式的16引脚大规模集成电路，它的引脚排列如图7-3所示。各引脚的名称、功能及用法如下：

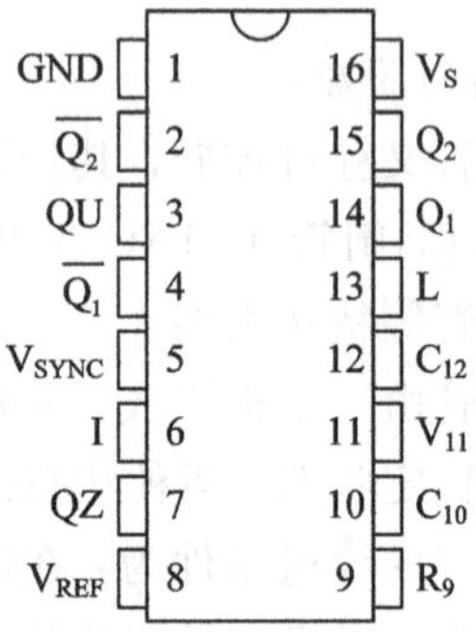

图7-3　TCA785的引脚排列

引脚16(V_S)：电源端。使用中直接接用户为该集成电路工作提供的工作电源正端。

引脚1(GND)：接地端。应用中与直流电源V_S、同步电压V_{SYNC}及移相控制信号V_{11}的地端相连接。

引脚4($\overline{Q_1}$)和2($\overline{Q_2}$)：输出脉冲1与2的非端。该两端可输出宽度变化的脉冲信号，其相位互差180°，两路脉冲的宽度均受非输出脉冲宽度控制端引脚13(L)的控制。它们的高电平最高幅值为电源电压V_S，允许最大负载电流为10 mA。若该两端输出脉冲在系统中不用，则电路自身结构允许其开路。

引脚14(Q_1)和15(Q_2)：输出脉冲1和2端。该两端也可输出宽度变化的脉冲，相位同样互差180°，脉冲宽度受它们的脉宽控制端引脚12(C_{12})的控制。两路脉冲输出高电平的最高幅值为V_S。

引脚13(L)：非输出脉冲宽度控制端。该端允许施加电平的范围为−0.5 V～V_S，当该端接地时，Q_1、Q_2为最宽脉冲输出；而当该端接电源电压V_S时，Q_1、Q_2为最窄脉冲输出。

引脚12(C_{12})：输出Q_1、Q_2脉宽控制端。应用中，通过一电容接地，电容C_{12}的电容量范围为150～4700 pF。当C_{12}在150～1000 pF范围内变化时，Q_1、Q_2输出脉冲的宽度亦在变化，该两端输出窄脉冲的最窄宽度为100 μs，而输出宽脉冲的最宽宽度为2000 μs。

引脚11(V_{11})：输出脉冲Q_1、Q_2或$\overline{Q_1}$、$\overline{Q_2}$移相控制直流电压输入端。应用中，通过输入电阻接用户控制电路输出，当TCA785工作于50 Hz，且自身工作电源电压V_S为15 V时，该电阻的典型值为15 kΩ，移相控制电压V_{11}的有效范围为0.2 V～V_S−2 V，当其在此范围内连续变化时，输出脉冲Q_1、Q_2及$\overline{Q_1}$、$\overline{Q_2}$的相位便在整个移相范围内变化。

引脚 10(C_{10})：外接锯齿波电容连接端。C_{10}的实用范围为 500 pF～1 μF。该电容的最小充电电流为 10 μA，最大充电电流为 1 mA，它的大小受连接于引脚 9 的电阻 R_9 控制，C_{10}两端锯齿波的最高峰值为 V_S-2 V，其典型后沿下降时间为 80 μs。

引脚 9(R_9)：锯齿波电阻连接端。该端的电阻 R_9 决定着 C_{10}的充电电流，连接于引脚 9 的电阻亦决定了引脚 10 锯齿波电压幅度的高低，锯齿波幅值 $V_{10}=V_{REF}\times K\times t/(R_9\times C_{10})$，电阻 R_9 的应用范围为 3～300 kΩ。

引脚 8(V_{REF})：TCA785 自身输出的高稳定基准电压端。负载能力为驱动 10 块 CMOS 集成电路，随着 TCA785 应用的工作电源电压 V_S 及其输出脉冲频率的不同，V_{REF}的变化范围为 2.8～3.4 V，当 TCA785 应用的工作电源电压为 15 V，输出脉冲频率为 50 Hz 时，V_{REF}的典型值为 3.1 V。如用户电路中不需要 V_{REF}，则该端可以开路。

引脚 7(QZ)和 3(QU)：TCA785 输出的两个逻辑脉冲信号端。其高电平脉冲幅值最大为 V_S-2 V，高电平最大负载能力为 10 mA。QZ 为窄脉冲信号，它的频率为输出脉冲 Q_2 与 Q_1 或 $\overline{Q_1}$ 与 $\overline{Q_2}$ 的两倍，是 Q_1 与 Q_2 或 $\overline{Q_1}$ 与 $\overline{Q_2}$ 的或信号；QU 为宽脉冲信号，它的宽度为移相控制角 $\varphi+180°$，它与 Q_1、Q_2 或 $\overline{Q_1}$、$\overline{Q_2}$ 同步，频率与 Q_1、Q_2 或 $\overline{Q_1}$、$\overline{Q_2}$ 相同。该两逻辑脉冲信号可用来提供给用户的控制电路作为同步信号或其它用途的信号，不用时可开路。

引脚 6(I)：脉冲信号禁止端。该端的作用是封锁 Q_1、Q_2 及 $\overline{Q_1}$、$\overline{Q_2}$ 的输出脉冲。该端通常通过阻值为 10 kΩ 的电阻接地或接正电源，允许施加的电压范围为-0.5 V～V_S，当该端通过电阻接地，且该端电压低于 2.5 V 时，封锁功能起作用，输出脉冲被封锁。而该端通过电阻接正电源，且该端电压高于 4 V 时，封锁功能不起作用。该端允许低电平最大灌电流为 0.2 mA，高电平最大拉电流为 0.8 mA。

引脚 5(V_{SYNC})：同步电压输入端。应用中需对地端接两个正反向并联的限幅二极管，该端吸取的电流为 20～200 μA，随着该端与同步电源之间所接的电阻阻值的不同，同步电压可以取不同的值，当所接电阻为 200 kΩ 时，同步电压可直接取～220 V。

由于 TCA785 自身的优良性能，决定了它可以方便地用于主电路为单个晶闸管或晶体管，单相半控桥、全控桥和三相半控桥、全控桥及其它主电路形式的电力电子设备中触发晶闸管或晶体管。使用中应当注意 TCA785 的工作为负逻辑，即控制电压 V_{11} 增加，输出脉冲的 α 角增大，相当于晶闸管的导通角减小。

以温控系统为例介绍 TCA785 的具体应用。温度控制在电力电子技术领域中有着广泛的应用，如晶闸管和晶体管等电力电子器件制造工艺中的扩散、烧结，晶闸管出厂寿命测试的热疲劳、高温阻断试验等，都需要精确的温度控制。图 7－4 给出了 TCA785 用于这类系统中触发双向晶闸管来控温的详细电路图。

图中应用 TCA785 输出的 Q_1 及 Q_2 脉冲分别在交流电源的正、负半周来直接触发晶闸管，移相控制电压 V_{11}来自温度调节器 TA 的输出，TCA785 自身的工作电源直接由电网电压半波整流滤波、稳压管稳压后得到。这种结构省去了常规需要的控制变压器，使整个电路得以简化，温度反馈应用温度传感器得到，故这种温控系统有较高的控温精度。

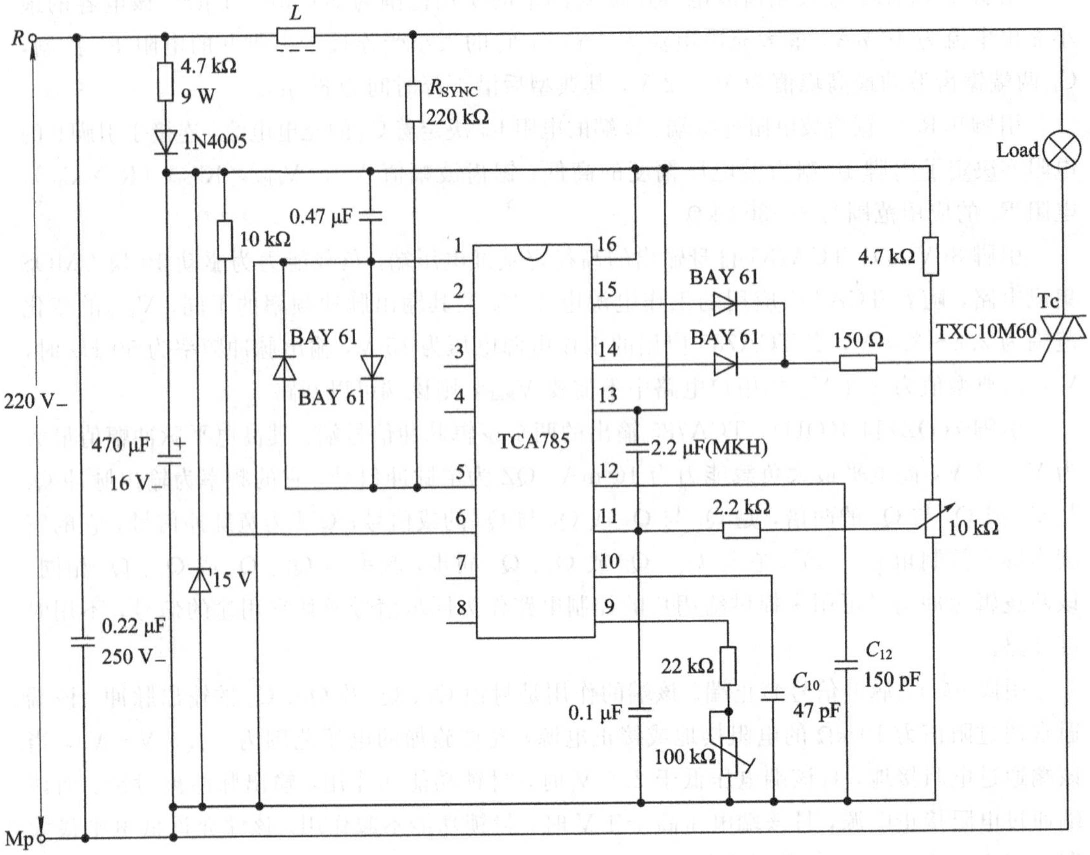

图 7－4　TCA785 应用举例

7.2.2　功率晶体管及其驱动电路

1）功率晶体管原理

功率晶体管从原理上来讲与普通三极管是一致的，主要在大功率领域内应用，也称为电力晶体管。与晶闸管相比，功率晶体管不仅可以实现导通控制，还可以实现关断控制，是全控元件，而且开关速度远大于晶闸管。为减小自身功耗，用于功率驱动的大功率晶体管只能工作于饱和导通或截止两种状态，因此，从功能上可以将功率晶体管看做是一个工作在开关状态下的大功率三极管。

由于结构工艺上的原因，大功率晶体管的放大倍数不像普通三极管那样高(其 β 值只有 50 左右)，因此在集电极电流很大时，需要较高的基极电流驱动，才能使其工作在开关状态，否则就会使管子进入放大状态而使自身功耗急剧增加，导致管子烧毁。为减小基极驱动电流，大功率晶体管通常采用多管复合结构，以便得到较大的电流放大系数。

由于晶体管并非理想的开关元件，它从断态变为通态时的开通过程中需要一定时间，在通态变为断态时的关断过程中也需要时间，这两个过程中管子都要经过放大区，这就造成大功率晶体管在开关过程中存在较大的功率损耗。通态时，通过的电流由外接负载所限定，晶体管本身有饱和压降 V_{CES}；断态时，发射结和集电结在反偏状态，集、射极在高电压

下有穿透电流 I_{CEO}。一般要求，饱和压降 V_{CES}要小，穿透电流 I_{CEO}要小。大功率晶体管中的损耗主要包括：导通时的损耗、关断时的损耗、导通过程损耗和关断过程损耗。晶体管开关一次的损耗是上述四项损耗之和。

2）功率晶体管驱动电路

双极型功率晶体管(BJT)基本上是一个电流控制器件，即加入变动的基极电流 ΔI_B，产生变动的集电极电流 ΔI_C，共射极电流放大倍数 β 为

$$\beta = \frac{\Delta I_C}{\Delta I_B} \tag{7-12}$$

在实际的开关应用中，为了加快退出饱和以提高开关频率，常加上某控制环节使开关管导通工作时在准饱和状态。准饱和是指在深饱和与线性区之间的一个区域，对应 I_C—U_{CE}输出特性曲线开始弯曲的部分。在准饱和区，电流增益开始下降，但保持着发射结正偏、集电结反偏的状态。这比把深度饱和导通的晶体管(集电结已处于正偏状态)转为关断状态要容易得多，快得多。利用基极反向驱动和抗饱和技术，可以有效提高开关频率，如图 7-5 所示。

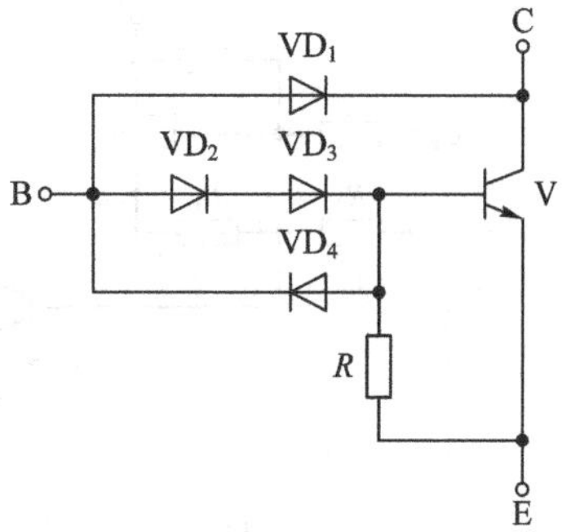

图 7-5　贝克钳位和抗饱和电路示意图

我们知道，晶体管导通，基极电流上升到使晶体管 V 的饱和压降 U_{CE}低于 U_{BE}时，抗饱和二极管 VD_1 进入导通状态，部分基极电流改从集—射极通过，这种分流作用阻止了通过基—发极的基极电流进一步增加，从而防止了 V 进入饱和状态。VD_2、VD_3 用来调整基极电流，改变 V 饱和程度，VD_4 为抽走基区载流子的通道。在图 7-5 中只要 VD_1 导通，则有

$$U_{VD2} + U_{VD3} + U_{BE} = U_{VD1} + U_{CE}$$

当 $U_{VD1} = U_{VD2} = U_{CE} = 0.7$ V 时，则有

$$U_{CE} = U_{BE} + 0.7 \approx 1.4 \text{ V}$$

这说明导通中的 V 管压降 U_{CE}总是在 1 V 以上，集电结不会出现正向偏置，所以这一简单电路能自动调整，使 V 在准饱和状态。在此，选择元件时需要注意，因为晶体管通常工作在几十、几百千赫兹的频率，因此二极管 VD_1、VD_4 都必须是快速恢复型的(比如恢复时间小于 200 ns)。如果 VD_1 的反向恢复时间大，它的反向恢复电流有可能使关断中的 V_1 得到基—发极电流而重新导通。VD_1 的击穿电压至少是 $2U_{CE}$。VD_2、VD_3 不必采用快速恢复二极管，因为 VD_4 为 T_{R1}的关断提供通路，它们的电压也可低至几十伏，但应能允许通过全部基极电流。VD_4 的电流容量应能满足最大反向基极电流的需要，电压有几十伏即可。

基极驱动电路主要应使驱动电流或电压波形为最佳，并要注意隔离和保护的问题。为了加快开通和降低开通损耗，波形的前沿要陡，在一定时间内有 2～3 倍额定驱动电流，然后降低到额定电流，以维持准饱和导通状态。关断时，反向基极电流可以大一些，以便加速抽走基极存储的过剩载流子。

驱动方式有直接式和隔离式。直接式指驱动电路直接与主电路共地相接，如图 7-6 所示的两个简单方式。图 7-6(a)所示线路，为了有反向电压偏置，以便基极存储的电荷尽快释放，采用了$\pm U_c$ 双电源供电(如果开关速度不高，也可改用单电源方式)。当控制端电压

U_g 为负时，辅管 V_1 导通，主功率管 V 导通。当 U_g 为正时，辅管 V_1 关断，在 $-U_c$ 作用下，主功率管 V 也快速关断。由于功率晶体管 V 的基极工作电流较大，因此分压电阻 R_1 和 R_2 上的损耗功率较大。

图 7-6(b)所示电路是在图 7-6(a)所示电路的基础上增加了推挽电路和加速电容 C，性能有所改进。电阻 R 按 V 的稳态驱动电流确定。已充电的电容与 $-U_c$ 叠加使关断 V 时抽走存储电荷有更好的作用，但驱动损耗比图 7-6(a)所示电路有所下降。

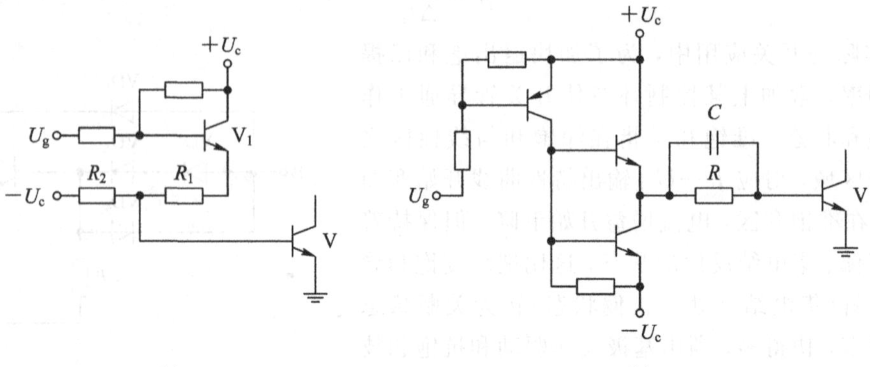

图 7-6　直接连接的基极驱动电路

7.2.3　功率场效应晶体管及其驱动电路

1）功率场效应晶体管原理

功率场效应晶体管又称功率 MOSFET，是在大功率范围应用的场效应晶体管，但在功能上与功率晶体管一样都工作在开关状态。在机电系统应用中，它有着比双极型功率晶体管更好的特性，主要表现在如下几个方面：

(1) 由于功率场效应晶体管是多数载流子导电，因而不存在少数载流子的储存效应，从而有较高的开关速度。

(2) 具有较宽的安全工作区而不会产生热点。同时，由于它具有正的电阻温度系数，因此容易进行并联使用。

(3) 具有较高的可靠性和较强的过载能力，短时过载能力通常为额定值的四倍。

(4) 具有较高的控制电压(即阈值电压)，这个阈值电压可达 2～6 V，因此，有较高的噪声容限和抗干扰能力，给电路设计带来极大的方便。

(5) 由于它是电压控制器件，具有很高的输入阻抗，因此驱动电流很小，接口容易。

由于功率场效应晶体管存在这些明显的优点，因而它在电机调速、开关电源等各领域得到了广泛的应用。

2）功率场效应晶体管驱动电路

由于功率场效应管输入阻抗大，控制电压高，这使它的驱动电路相对简单。由于功率场效应管绝大多数是电压控制而非电流控制，吸收电流很小，因此 TTL 集成电路也就足以驱动大功率的场效应晶体管。又由于 TTL 集成电路的高电平输出为 3.5～5 V，直接驱动功率场效应晶体管偏低一些，因此在驱动电路中常采用集电极开路的 TTL 集成电路，这样输出的高电平将取决于上拉电阻的上拉电平。为保证有足够高的电平驱动功率场效应管导通，也为了保证它能迅速截止，在实际中常把上拉电阻接到＋10～＋15 V 电源。

功率场效应管的栅极 G 相对于源极 S 而言存在一个电容，即功率场效应管的输入电容，这个电容对控制信号的变化起充放电作用(即平滑作用)，控制电流越大，充放电越快，功率场效应管的开关速度越快。故有时为了保证功率场效应管有更快的开关速度，常采用晶体管对控制电流进行放大。另外，在实际使用中，为避免干扰由执行元件处窜入控制微机，常采用脉冲变压器、光电耦合器等对控制信号进行隔离。

使用 MOSFET 比使用双极型晶体管可得到更多的好处，特别是当器件用在高频时(一般在 100 kHz 或更高)。由于一般 MOSFET 工作频率都很高，设计时必须采用一些预防措施以消除高频时易出现的一些问题，例如寄生振荡等。

图 7－7 为带动一个电阻负载、共源极方式的 MOSFET 典型电路。

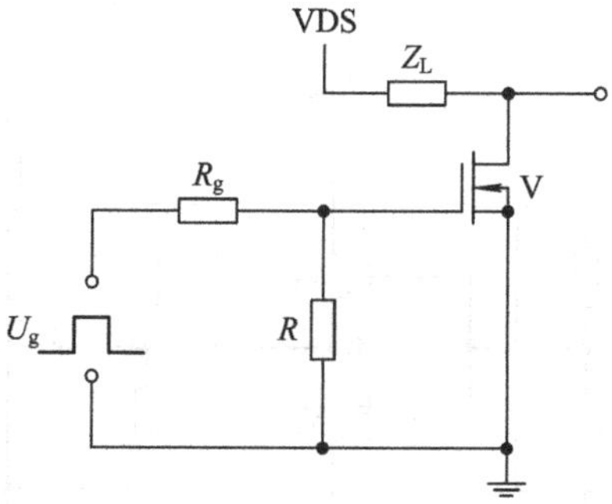

图 7－7　MOSFET 作为开关工作在共源极的结构图

MOSFET 工作在高频时，为了防止振荡，有两点必须注意。第一，尽可能缩短 MOSFET 各端点的连接线长度，特别是栅极引线。如果无法使引线缩短，则可按图 7－7 所示，在靠近栅极处串联一个小电阻 R_g，以便抑制寄生振荡。第二，由于 MOSFET 的输入阻抗高，因而驱动电源的阻抗必须比较低，以避免正反馈所引起的振荡。特别是 MOSFET 的直流输入阻抗是非常高的，但它的交流输入阻抗是随频率而改变的，因此，MOSFET 的驱动波形的上升和下降时间，与驱动脉冲发生器的阻抗有关。上升和下降时间可按下式进行近似计算：

$$t_r'(\text{或 } t_f') = 2.2R_g C_{iss} \tag{7-13}$$

式中：t_r'——MOSFET 驱动波形上升时间(ms)；

t_f'——MOSFET 驱动波形下降时间(ms)；

R_g——脉冲驱动回路的电阻(Ω)；

C_{iss}——MOSFET 的输入电容(pF)。

式(7－13)在直流输入阻抗 $Z_L \geqslant R_g$ 时是有效的。在选择好 R_g 后，便可确定 $t_r'(t_f')$。

由于电容上电荷的保持作用，因而驱动电路无需继续提供电流。为了快速开通，提供充足的充电电流是必要的，为此 U_c 电源内阻要尽量小。电阻 R 是为 MOSFET 关断时提供放电回路的，应使电容电压快速泄放。

需要特别注意的是，MOSFET 的栅—源极间的硅氧化层的耐压是有限的，如果实际的电压数值超过元件的额定值，则会击穿，产生永久性的损坏。实际的栅—源电压最大值在 20～30 V 之间。值得指出的是，即使实际电压为 20 V，仍然要细致分析一下是否会出现因寄生电感引起的电压快速上升的尖峰，引起击穿 MOSFET 的硅氧化层问题。如果关断期间提供负偏压，则可进一步提高可靠性。

MOSFET 的驱动电路有如下两种：

(1) 用 TTL 驱动 MOSFET。

可以按图 7-8 所示，用 TTL 直接驱动 MOSFET(a、b 两点相连，$U_{GS}=0$)。但如果 TTL 中的一些晶体管，因工作经线性区间，达到饱和有一段较长时间，使 MOSFET 的性能不可能达到最佳状态，则可如图 7-8 所示，在 TTL 器件与 MOSFET 之间加上 V_1、V_2 缓冲环节(断开 a、b 连线)，可减少开关的上升和下降时间。这个电路可以很好地对栅极电容进行充电。例如，在 TTL 与 MOSFET 之间，V_1、V_2 产生足够 V_3 开通和关断的米勒效应所要求的电流。

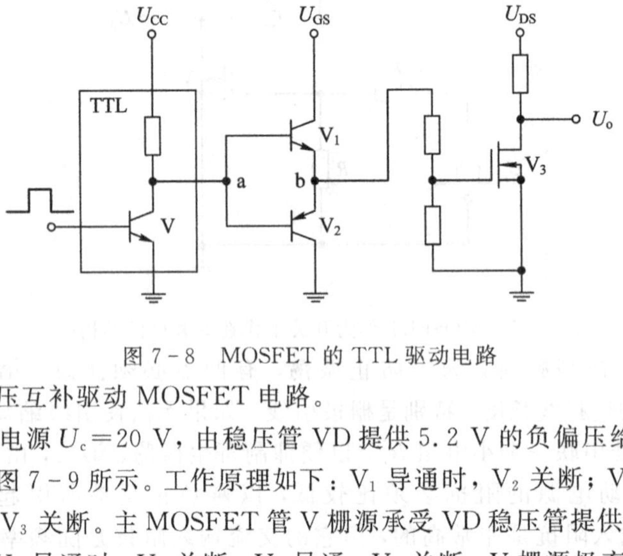

图 7-8 MOSFET 的 TTL 驱动电路

(2) 加有负偏压互补驱动 MOSFET 电路。

驱动电路的单电源 $U_c=20$ V，由稳压管 VD 提供 5.2 V 的负偏压给主开关 MOSFET 管 V，工作线路如图 7-9 所示。工作原理如下：V_1 导通时，V_2 关断；V_4 栅源充电，V_3 栅源放电；V_4 导通，V_3 关断。主 MOSFET 管 V 栅源承受 VD 稳压管提供的负偏压而可靠关断。当 U_g 信号使 V_2 导通时，V_1 关断，V_3 导通，V_4 关断，V 栅源极充电，V 导通。由于 V_3 与 V_4 存在不同的充、放电回路和电压，因而两管发热情况不同，一般 V_4 较甚。

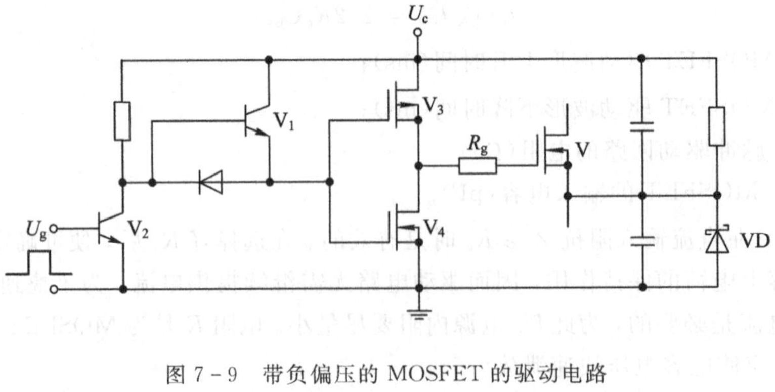

图 7-9 带负偏压的 MOSFET 的驱动电路

7.2.4 IGBT及其驱动电路

1. IGBT原理

MOSFET具有开关速度快、电压控制的优点，缺点是导通电压降稍大，电流、电压容量不大；双极型晶体管却与MOSFET的优点、缺点互易。由此产生了使它们复合的思想：控制时具有MOSFET的特点，导通时具有双极型晶体管的特点。这就促成了IGBT(Insulated Gate Bipolar Transistor)的出现，该管称为绝缘栅双极晶体管。在很多应用领域，IGBT正在逐步取代大功率晶体管和MOSFET。

IGBT在结构上与MOSFET十分相似，也有类似于MOSFET的栅极、集电极。按缓冲区不同，IGBT分为对称型和非对称型。对称型具有正、反向特性对称，都有阻断能力；非对称型的正向有阻断能力，反向阻断能力低，但它的正向导通压降小，关断得快，电流拖尾小，均属优点，而对称型却没有这些优点。IGBT的栅极、集电极、发射极分别用G、C、E表示。PNP晶体管与N沟道MOSFET结合组成的IGBT为N-IGBT；还有一种为P-IGBT，是P沟道的。实际中，N-IGBT使用较广，它在正电压$U_{GE}>U_{GE(th)}$开启电压时导通。当加上负栅极电压时，IGBT工作过程相反，形成关断。

IGBT的静态工作特性有伏安特性、转移特性和开关特性。

伏安特性与双极型功率晶体管相似，随着控制电压U_{GE}的增加，特性曲线上移；每一条特性曲线分饱和区、放大区和击穿区。$U_{GE}=0$时，I_C值很小，为截止状态。功率驱动中的IGBT通过U_{GE}电平的变化，使其在饱和与截止两种状态下交替工作。

转移特性是I_C—U_{GE}关系的描述，I_C与U_{GE}大部分是线性的，只有U_{GE}很小时，才是非线性的。有一个开启电压$U_{GE(th)}$，$U_{GE}<U_{GE(th)}$时，$I_C=0$为关断状态。实际使用中，$U_{GE}\leqslant 15$ V为好。

开关特性是I_C—U_{CE}曲线，可以看成开通时基本与纵轴重合，关断时与横轴重合。具体表现为开通时压降小(1000 V的管子只有2～3 V，相对MOSFET来说较小)，关断时漏电流很小，与场效应管相当。

IGBT的动态特性主要指与开通、关断两个过程有关的特性，如电流、电压与时间的关系，一般用典型值或曲线来表示。开通过程包括$t_{d(on)}$(开通延迟时间)、t_{ri}(电流上升时间)、t_{fv1}(MOSFET单独工作时的电压下降时间)、t_{fv2}(MOSFET与PNP两器件同时工作时的电压下降时间)四个时间之和。当$t_{d(on)}+t_{ri}$后集电极电流已达I_C，此后U_{CE}才开始下降，下降分两个阶段，完成后U_{CE}再指数上升至外加U_{CE}值。两个阶段中，t_{v2}由MOSFET的栅—漏电容，以及晶体管的从放大到饱和状态两个因素影响。

关断时间也包括$t_{d(off)}$(关断延迟)、t_{rv}(电压上升)、t_{fi1}(MOSFET电流下降)及t_{fi2}(PNP管电流下降)四个时间之和。t_{fi2}包括了晶体管存储电荷恢复后期时间，一般较长一些，因此对应损耗也大，常希望变小些，以减小功耗，提高开关频率(这时往往又引起通态压降增加的问题)。上述八个时间在实际应用中只给出其中四个：t_{on}、t_r、t_{off}、t_f。这些参数还与工作集电极电流、栅极电阻及结的温度有关，应用时可参考器件的特性曲线。四个参数中t_{off}最大，它是由存储电荷泄放时间引起的。

2. IGBT驱动电路

IGBT的栅极驱动需特别关注，它的正偏栅压($+U_{GE}$)，负偏栅压($-U_{GE}$)及栅极串联电

阻 R_G 对开通/关断时间、损耗、承受短路电流的能力及 dU/dt 都有密切的关系。在掌握 IGBT 的特性曲线和参数后，可以设计栅极的驱动电路。原则上，因它的输入特性是 MOSFET 管的特性，所以用于 MOSFET 管的驱动电路均可应用。例如，有如下两种方法：

(1) 直接驱动法。前面介绍的驱动 MOSFET 的电路均有参考价值。如果需要 $\pm V_{GE}$ 偏压，则可参照图 7－10。

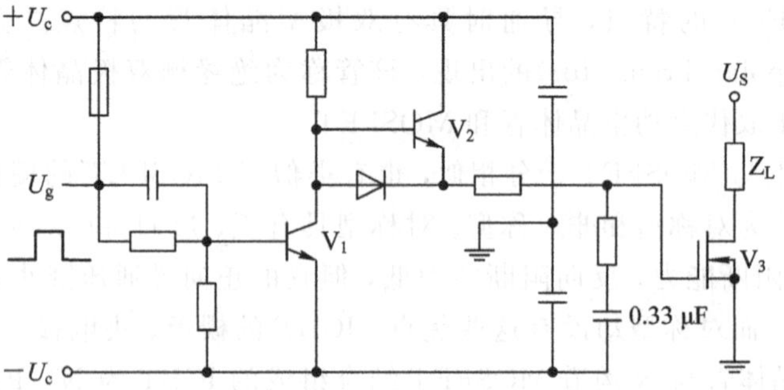

图 7－10　有正、负偏压的栅控 IGBT 线路

(2) 隔离驱动法。图 7－11 所示为光电耦合隔离驱动电路，是双电源供电的驱动电路，当发光二极管有电流流过时，光电耦合器 HU 的三极管 V 导通，将场效应管 T_1 栅极电压拉低而使其关断，在 $+U_c$ 作用下，经电阻 R_2 使 V_1 管的基极有了偏流而迅速导通，经电阻 R_g 向 IGBT(V_3)栅极充电而使其导通。当发光二极管不发光时，作用过程相反，V_1 导通后使 V_2 导通，IGBT 栅极电荷经电阻 R_g 向 $-U_c$ 泄放，使 IGBT 迅速关断。

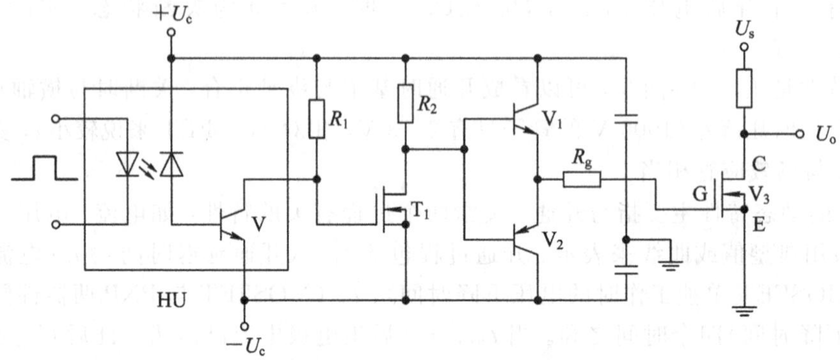

图 7－11　隔离驱动 IGBT 的电路

3. 集成模块驱动电路

目前大多使用 EXB 系列集成模块来驱动 IGBT。它与分立元件的驱动电路比，有体积小、效率高、可靠性高的优点。EXB840 的内部结构简图如图 7－12(a)所示，图 7－12(b)所示为其典型应用电路。

EXB840 能驱动 75 A、1200 V 的 IGBT，加直流 20 V 作为集成块工作电源；开关频率在 40 kHz 以下，整个驱动电路动作快，信号延时不超过 1.5 μs；内部利用稳压二极管产生 －5 V 的电压，除供内部应用外，也可为外用提供负偏压；集成块采用高速光耦输入隔离，

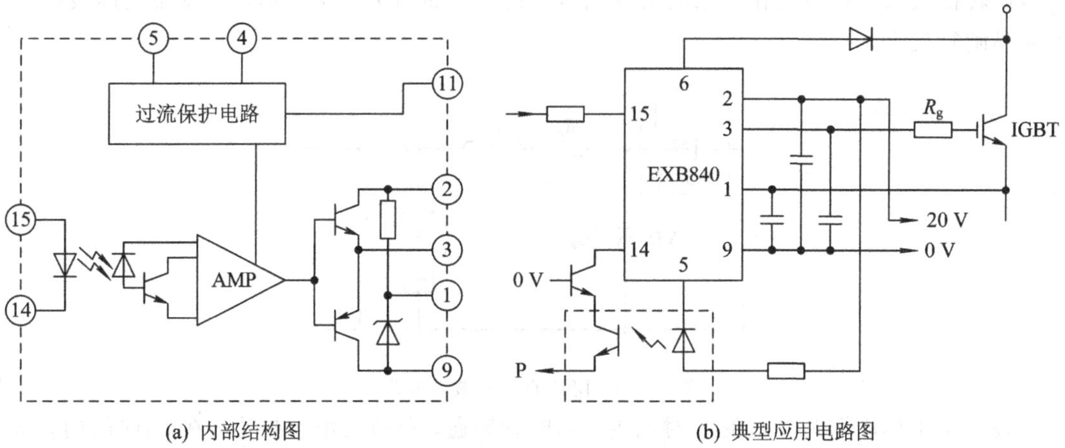

图 7 - 12　EXB840 驱动器内部结构与典型应用电路

并有过流检测及过载慢速关栅等控制功能。

7.3　直流传动控制系统

直流电机是最早出现的电气驱动装置之一，直到目前它还在电气传动领域占有重要地位。直流传动系统之所以具有如此重要的地位，与其优良的控制性能密切相关。从结构上来看，直流电机中的励磁绕组和电枢绕组可以分别进行控制，根据法拉第电磁定律，这将使得直流电机的驱动转矩的控制变得非常容易，只要改变电枢电流或励磁电流，就能方便地控制电机转矩，从而能在执行机构的驱动控制中取得优良的控制效果。而在交流传动系统中，要想实现同样的控制效果却困难得多，直到目前为止，借助现代信息技术的发展，才使得交流传动控制的性能能够接近直流传动。这就是直流传动长期以来在伺服控制等领域中占有重要地位的原因。

7.3.1　直流电机的晶闸管驱动控制

在直流电机的动力驱动中，尤其是在大功率驱动中，通常采用晶闸管驱动。当晶闸管用于直流电机的控制中时，最常用的形式是采用可控整流的方式，通过控制晶闸管的导通角而将交流电直接转换成电压或电流可调的直流电，从而对电机的电枢电流进行控制，获得高性能的直流拖动控制。

在许多工业和商业应用中，直流电机是由直流电压直接供电的，如无轨电车、电动叉车、电瓶拖车等，需要将这些直流电转换成不同的直流电压来满足直流电机的调速要求。有许多方法可以完成这种功能，而其中比较先进的技术是采用晶闸管的直流斩波器。直流斩波器能直接实现 DC - DC 变换，也就是将一种电压的直流电根据直流电机拖动的需要而转换成另一种电压的直流电，从而实现对电机的高性能控制。这是一种较新的技术，具有控制平滑、效率高、响应速度快、能再生等优点。

1）降压斩波器的工作原理

斩波器是一种将负载与电源接通继而又断开的晶闸管通断开关，其作用是把固定的电源电压转换成满足负载变化要求的可变电压。其原理如图 7-13 所示，斩波器用虚线框内的一晶闸管代表。

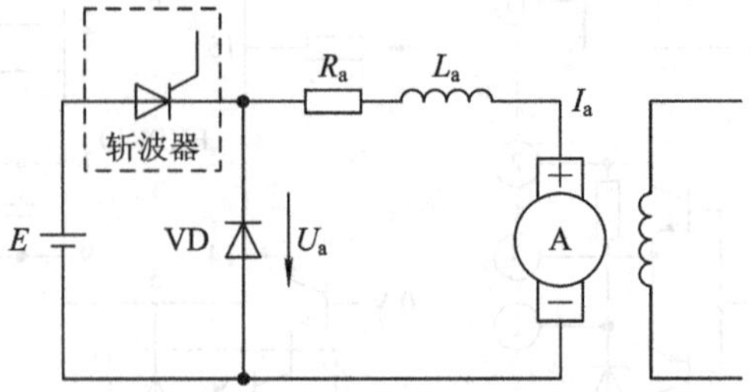

图 7-13　降压直流斩波器原理

设一个工作周期为 T，在 t_{on} 时间内，晶闸管导通，负载与电源接通。在 t_{off} 时间内，斩波器断开，负载依靠续流二极管 VD 续流，以保持负载电流的连续性。就这样依靠电动机电枢自身的滤波作用，在负载两端得到经过斩波的直流电压。其平均电压可由下式表示：

$$U_a = E\frac{t_{on}}{t_{on}+t_{off}} = \frac{t_{on}}{T}E = \alpha E \tag{7-14}$$

式中：t_{on}——导通时间；

t_{off}——关断时间；

T——斩波周期，$T = t_{on}+t_{off}$；

α——工作率，$\alpha = t_{on}/T$。

由式(7-14)可见，负载电压受斩波工作率的控制。工作率的变更方法有两种：

(1) 恒频系统。$f=1/T$ 保持斩波周期不变，只改变晶闸管的导通时间 t_{on}。这种方法称为脉冲宽度调制(PWM)。

(2) 变频系统。改变斩波周期 T，同时保持导通时间 t_{on} 和关断时间 t_{off} 两者之一不变。这种系统叫做频率调制。

频率调制有以下缺点：① 频率调制必须在宽范围内改变，以满足输出电压范围的要求，变频调制滤波器设计比较难，对信号传输和通信干扰的可能性比较大；② 在输出电压很低的情况下，较长的关断时间会使直流电动机的负载电流断续。因此，对于斩波器转动系统，恒频调制是最优的选用方案。

2) 升压斩波器

图 7-13 中直流斩波器的电路结构所产生的输出电压低于所用电源的电压。然而，若将电路设计为如图 7-14 所示的结构，则可以得到较高的负载电压。

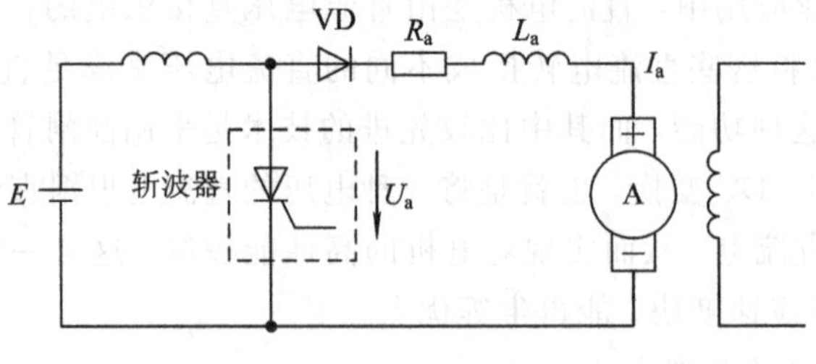

图 7-14　升压直流斩波器原理

当斩波器导通时，电感器与电源接通，来自电源的电能被储存在电感中。当斩波器关断时，就强制电流通过二极管和负载，此时电感器两端的电压 E_L 为负，这个电压加在电源上，强制电感器的电流进入负载。

如果忽略电源电流脉动，那么在斩波器导通期间由电源输入给电感器的电能为

$$W_i = EIt_{on} \tag{7-15}$$

当斩波器关断时，电感器释放给电动机的电能为

$$W_o = (U_a - E)It_{off} \tag{7-16}$$

假设系统无损耗，则在稳态时这两项电能相等，即

$$EIt_{on} = (U_a - E)It_{off} \tag{7-17}$$

可得：

$$U_a = E\frac{t_{on} + t_{off}}{t_{off}} = E\frac{T}{T - t_{on}} = E\frac{1}{1-\alpha} \tag{7-18}$$

因此，当 α 在(0，1)范围内变化时，电压 U_a 的变化范围就是[E，+∞)。

3) 斩波器供电的直流电动机

斩波器最主要的用途是工业或交通运输传动用直流电动机的转速控制。下面讨论斩波器供电的串激和他激电动机的工作特性。

斩波器供电的串激直流电动机的基本电路如图 7-13 所示。假设电动机电流 i_a 是连续的，t_{on}、t_{off}分别是一个控制周期内的导通时间和关断时间，并且转速是固定不变的。在 $0<t<t_{on}$ 时，晶闸管导通，电压方程为

$$E = R_a i_a + L_a\frac{di_a}{dt} + C_1 i_a n + C_2 n \tag{7-19}$$

式中：C_1——串激电动机励磁绕组系数；

E——直流电源电压；

R_a——电枢及励磁线圈电阻；

i_a——电枢电流；

L_a——电枢及励磁线圈电感；

n——电机转速；

C_2——串激电动机机械刚度系数。

而当晶闸管关断时，即 $t_{on}<t<t_{off}$，晶闸管关闭，电压方程为

$$0 = R_a i_a + L_a\frac{di_a}{dt} + C_1 i_a n + C_2 n \tag{7-20}$$

在稳态时，晶闸管导通时刻电流最小，晶闸管关断时刻电流最大。设电动机电枢电流的最大值和最小值分别为 I_{max}和 I_{min}，则可求得上述微分方程(7-19)和(7-20)的解为：

当 $0<t<t_{on}$时，

$$i_a = \frac{E - C_2 n}{R_a + C_1 n}(1 - e^{-t'/\tau}) + I_{min}e^{-t'/\tau} \tag{7-21}$$

当 $t_{on}<t<t_{off}$时，

$$i_a = \frac{-C_2 n}{R_a + C_1 n}(1 - e^{-t'/\tau}) + I_{max}e^{-t'/\tau} \tag{7-22}$$

式中：$t'=t-t_{on}$；$\tau=L_a/(R_a+C_1 n)$。

由此可以求出 I_{max} 和 I_{min}，从而求出机电传动系统中(或执行装置)任意时刻的电磁转矩。

7.3.2 直流电机的全桥驱动控制

在直流电机的伺服驱动控制中，通常采用全控型的驱动元件，如大功率晶体管、MOSFET、IGBT 等。与晶闸管之类的半控元件相比，这些元件具有驱动电路简单、开关频率高、体积小等优点，随着功率的增加其价格也非常昂贵。但在伺服驱动中，通常功率较小，因此价格因素并不影响对这些全控元件的选用。

在伺服驱动中，最常用的控制方式为调压调速控制方式。在这种控制方式中，当负载一定时，电机的转速与电枢电压成线性关系，这种关系决定了直流电机具有优良的控制性能。根据他励直流电机原理，电机运行的决定因素是电枢电流。电枢电流与电机驱动转矩成正比，因此，只要控制电机的电枢电流，就能对电机的驱动转矩进行控制，进而控制机电传动系统的动态响应过程。

有多种控制电路可以实现直流电机电枢电流的控制，包括电机的正、反转控制。其中，最常用的当属 T 型桥驱动和 H 型桥驱动电路，如图 7－15 所示。T 型桥驱动需要有正、负电源，两个功率元件必须是互补的；H 型桥驱动只需要单一电源，但需要 4 个功率元件。目前，H 型桥由于只需要单电源而获得了更广泛的应用，虽然其驱动比 T 型桥复杂，但由于避免了采用更复杂的正负电源结构，因此在成本上还是合算的。

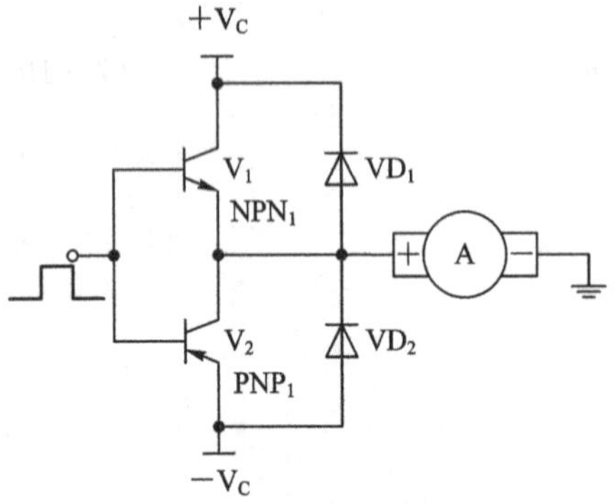

(a) T型桥驱动

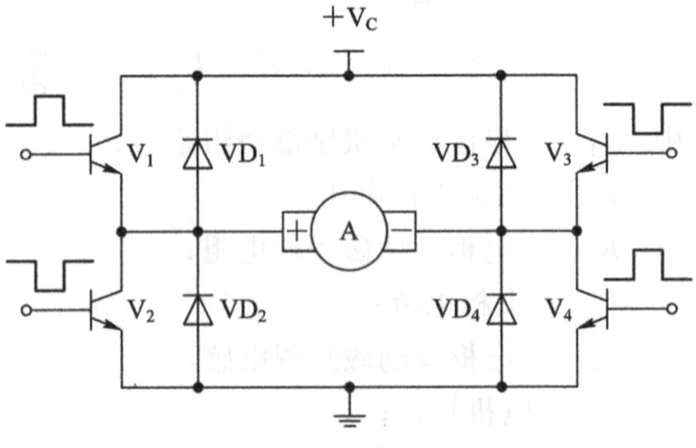

(b) H型桥驱动

图 7－15 直流电机驱动原理

在 H 型桥驱动中，要避免单桥臂短路，即防止同一桥臂上的两个功率元件同时导通，否则将导致功率元件烧毁。有多种模式的控制信号可以防止上、下桥臂直通，在机电一体化系统的直流驱动控制中，较常用的控制模式是对上、下桥臂加互补的导通信号，即上桥臂导通时下桥臂一定要关断，下桥臂导通时上桥臂也一定要关断，如图 7－16 所示。从机电系统驱动的观点来看，这种控制可以实现更高的响应速度，原因是这种控制模式能对直流电机的电枢电流进行更快、更精确的控制。从逻辑上来讲，这种控制模式上、下桥臂的功率元件不可能同时导通，但考虑到功率元件实际的开关过程，则这种模式是不可靠的。这是因为，对于任何种类的功率元件，其导通和关断过程都需要一定时间，在这段时间内，功率元件究竟是处于导通状态还是关断状态是不确定的，因此导致了上、下桥臂在导通和关断的瞬间有可能产生直通的现象，导致功率元件的损坏。为避免这种现象，需要在上、下桥臂的导通控制上加死区时间，使之在任何情况下都不能同时导通。具体的死区控制形式如图 7-16 所示，将桥臂上每一个功率元件的关断时间都加一个提前量，这个提前量称为死区时间，死区时间用 t_d 表示。这样就能保证在一个功率元件可靠关断后，另一个功率元件才能打开，有效地避免了两个功率元件同时导通的情况发生。

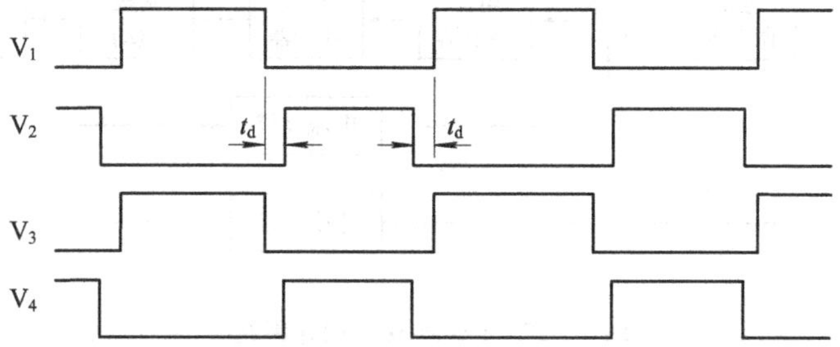

图 7-16 H 型桥驱动信号的波形

由于在 H 型桥驱动中，每个桥臂上所采用的功率元件都是相同的，不像 T 型桥驱动那样是互补的，这就给上、下桥臂功率元件的驱动带来了一定的难题。在 T 型桥驱动中，由于上、下桥臂的功率元件具有互补性，因此可以用同一个信号进行驱动，如图 7-15(a)所示；而在 H 型桥驱动中，由于上、下桥臂的功率元件是一样的，因此每个功率元件必须单独设置驱动电路，如图 7-15(b)所示。从图中还可以看出，在上桥臂功率元件和下桥臂功率元件的驱动中，各自驱动信号的低压端分别接在了被驱动功率元件的发射极，这就意味着上桥臂的驱动电压比下桥臂的驱动电压要高。有两个途径可以解决这一问题：其一是对上、下桥臂驱动电路分别采用互相隔离的电源；其二是对上桥臂驱动电路采用升压技术。

7.3.3 直流电机调速和伺服控制

1) 直流电机调速控制

与晶闸管相比，晶体管控制电路简单，不需要附加关断电路，开关特性好，而且功率晶体管的耐压性能已大大提高。因此，在中、小功率直流伺服系统中，晶体管脉宽调制(Pulse Width Modulation，PWM)方式驱动系统已得到了广泛应用。

所谓脉宽调制，就是使功率晶体管工作于开关状态，开关频率恒定，用改变开关导通时间的方法来调整晶体管的输出，使电机两端得到宽度随时间变化的电压脉冲。当开关在单周期内的导通时间随时间发生连续变化时，电机电枢得到的电压平均值也随时间连续发生变化，而由于内部的续流电路和电枢电感的滤波作用，电枢上的电流则连续改变，从而达到调节电机转速的目的。

图 7-17 为脉宽调制系统的组成原理图。该系统由控制部分、功率晶体管放大器和全波整流器三部分组成。控制部分包括速度调节器、电流调节器、固定频率振荡器及三角波发生器、脉宽调制器和基极驱动电路。其中控制部分的速度调节器和电流调节器与晶闸管调速系统相同，控制方法仍采用双环控制，不同部分是脉宽调制和功率放大。

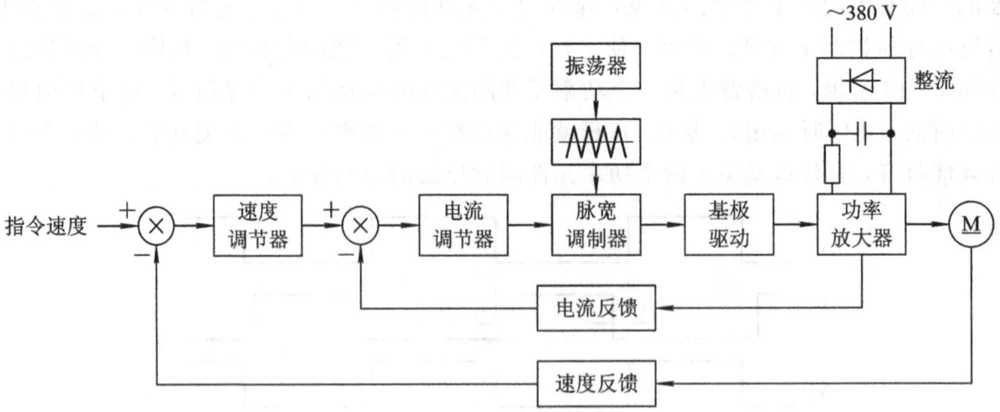

图 7-17 PWM直流调速系统

2) 直流电机伺服控制

在机电一体化控制系统中，把输出量能够以一定准确度跟随输入量的变化而变化的系统称为伺服系统，亦称随动系统。它用来控制被控对象的转角或位移，使其能自动地、连续地、精确地复现输入指令的变化规律。数控机床的伺服系统是指以机床移动部件的位置和速度作为控制量的自动控制系统。伺服系统的结构类型繁多，其组成与图 7-17 所示的直流调速系统类似，只要在速度环的外面再加一个位置反馈环即可。一般来说，其基本组成包括控制器、功率放大器、执行机构和检测装置等四大部分。

7.4 交流传动控制系统

7.4.1 交流电机控制原理

交流异步电动机因其结构简单、体积小、重量轻、价格便宜、维护方便等特点，在生产和生活中得到了广泛的应用。计算机控制技术和电力电子元件的发展，使得交流异步电动机的调速成为可能。目前，交流异步电动机调速系统已广泛用于数控机床、风机、泵类、传送带、给料系统、空调器等设备的动力源或运动源。根据电机学原理，影响交流电动机转速的因素有电动机的磁极对数 p、转差率 s 和电源频率 f。其中，改变电源频率实现交流异步电动机调速的方法效果最理想，这就是所谓变频调速。

在机电一体化系统中，交流伺服电机的应用日益广泛，其中应用最广的是三相永磁同步伺服电机(Permanent Magnet Synchronous Motor，PMSM)。这种电动机是从绕线式转子同步伺服电动机发展而来的，它用强抗退磁的永磁转子代替了绕线式转子，因而淘汰了易出故障的绕线式转子同步伺服电动机的电刷，克服了交流同步伺服电动机的致命弱点。同时，它兼有体积小、重量轻、惯性低、效率高、转子无发热的特点。因此，它一出现便在高性能伺服系统中得到了广泛应用，例如工业机器人、数控机床、柔性制造系统、各种自动化设备等领域。

永磁同步伺服电动机的定子与异步电动机的定子基本相同，但转子则由永磁材料制成。根据结构形式转子可分为凸极式和嵌入式两类。凸极式转子是将永磁铁安装在转子轴的表面，如图 7－18(a)所示。因为永磁材料的磁导率十分接近空气的磁导率，所以在交轴(q 轴)、直轴(d 轴)上的电感基本相同。嵌入式转子则是将永磁铁嵌入转子轴的内部，如图 7－18(b)所示，因此交轴的电感大于直轴的电感，并且，除了电磁转矩外，还有磁阻转矩存在。

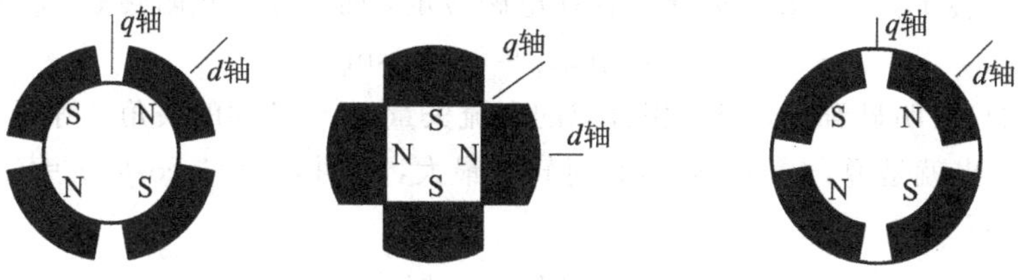

(a) 凸极式　　(b) 嵌入式

图 7－18　永磁转子结构

为了使永磁同步伺服电动机具有正弦波感应电动势波形，其转子磁钢的形状呈抛物线状，使其气隙中产生的磁通密度尽量呈正弦分布；定子电枢绕组采用短距分布式绕组，能最大限度地消除谐波磁动势。

永磁体转子产生恒定的电磁场。当定子通以三相对称的正弦波交流电时，将产生旋转的磁场，两种磁场相互作用产生电磁力，推动转子旋转。如果能改变定子三相电源的频率和相位，就可以改变转子的转速和位置。因此，对三相永磁同步伺服电动机的控制和对三相异步电动机的控制相似，采用矢量控制。

7.4.2　交流伺服电机的驱动原理

三相永磁同步伺服电动机的模型是一个多变量、非线性、强耦合的系统。为了实现转矩线性化控制，就必须对转矩的控制参数实现解耦。转子磁场定向控制是一种常用的解耦控制方法。转子磁场定向控制实际上是将 Odq 同步旋转坐标系放在转子上，随转子同步旋转，其 d 轴(直轴)与转子的磁场方向重合(定向)，q 轴(交轴)逆时针超前 d 轴 90°电角度，如图 7－19 所示。

图 7－19(图中转子的磁极对数为 1)表示转子磁场定向后，定子三相不动坐标系 A、B、C 与转子同步旋转坐标系 Odq 的位置关系。定子电流矢量 i_s 在 Odq 坐标系上的投影为 i_d、i_q，因此 i_d、i_q 是直流量。

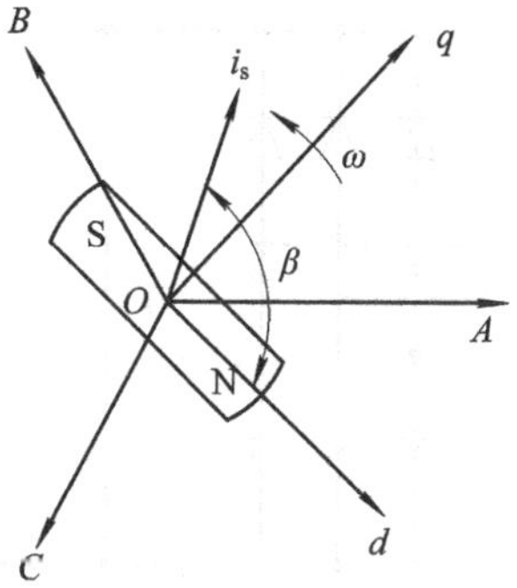

图 7－19　永磁同步电机定子 ABC 坐标系与转子 Odq 坐标系关系

三相永磁同步伺服电动机的转矩方程为

$$T_m = p(\psi_d i_q - \psi_q i_d) = p[\psi_f i_q - (L_d - L_q) i_d i_q] \tag{7-23}$$

式中：ψ_d、ψ_q——定子磁链在 d、q 轴的分量；

ψ_f——转子磁钢在定子上的耦合磁链，它只在 d 轴上存在；

p——转子的磁极对数；

L_q、L_q——永磁同步电动机 d、q 轴的主电感。

式(7－23)说明转矩由两项组成：括号中的第一项是由三相旋转磁场和永磁磁场相互

作用时所产生的电磁转矩；第二项是由凸极效应引起的磁阻转矩。

对于嵌入式转子，$L_d<L_q$，电磁转矩和磁阻转矩同时存在。可以灵活有效地利用这个磁阻转矩，通过调整和控制β角，用最小的电流幅值来获得最大的输出转矩。

对于凸极式转子，$L_d=L_q$，因此只存在电磁转矩，而不存在磁阻转矩。转矩方程变为

$$T_m = p\psi_f i_q = p\psi_f i_s \sin\beta \tag{7-24}$$

由式(7-24)可明显看出，当三相合成的电流矢量i_s与d轴的夹角β等于90°时，可以获得最大转矩。也就是说，i_s与q轴重合时转矩最大，这时，$i_d=i_s\cos\beta$，$i_q=i_s\sin\beta=i_s$。式(7-24)可以改写为

$$T_m = p\psi_f i_q = p\psi_f i_s \tag{7-25}$$

因为是永磁转子，ψ_f是一个不变的值，所以式(7-25)说明了只要保持i_s与d轴垂直，就可以像直流电动机控制那样，通过调整直流量i_d来控制转矩，从而实现三相永磁同步伺服电动机的控制参数的解耦，实现三相永磁同步伺服电动机转矩的线性化控制。

交流伺服系统由电动机、驱动电路与控制电路等组成。变换器将工频电源变换为直流电源，逆变器再将直流变换为所要求频率的交流电压。控制部分由转速控制电路、电流控制电路和解算装置等组成。

交流伺服驱动主电路如图7-20所示，该电路由将工频电源变换为直流的变换器、将直流变换为任意电压与频率的逆变器、再生能量吸收电路等组成。整流器采用单相或三相全波整流电路将交流电源变换为直流电源。C_R是用于暂存交流伺服电动机的无效和再生能量的电容，并具有直流滤波的作用。电容C_R吸收再生能量电路只能用于200 W左右的电动机，对于几百瓦以上的电动机要采用能量吸收电路。这种能量吸收电路的工作过程如下：当电容器C_R的充电电压升高到一定值后，大功率管V导通，使C_R上的能量通过电阻R_C释放。

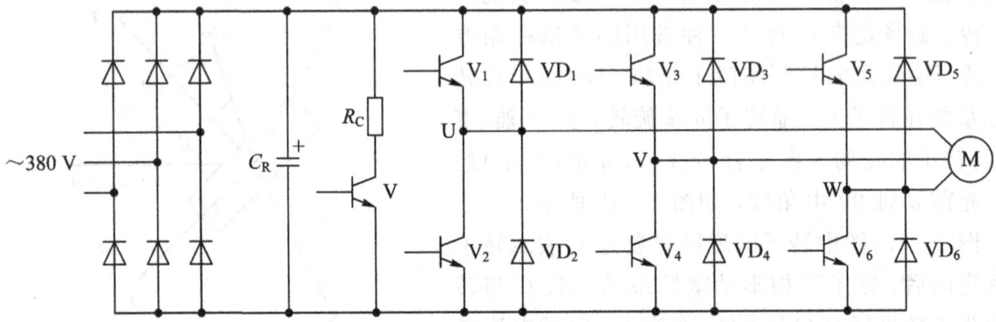

图7-20 交流伺服控制主电路

逆变器采用三相H桥结构，如图7-20所示。在直流电源的正、负极之间串联晶体管，其连接点作为逆变器的输出，每个晶体管的集极—射极之间并联续流二极管$VD_1\sim VD_6$。

晶体管V_1与V_2、V_3与V_4、V_5与V_6的接点分别输出U、V、W三相电压，为了检测交流电动机的电流，在U与W相接有电流检测器。这种逆变器采用脉宽调制(PWM)方式，将直流电压变换为任意频率和电压的正弦交流电压。

交流电动机的矢量控制(或磁场定向控制)是交流伺服系统的关键，可以利用微处理器对交流电动机做磁场的矢量控制，从而获得对交流电动机的最佳控制。同步伺服电动机控制框图如图7-21所示。其工作原理如下：由插补器发出的脉冲经位置控制回路发出速度

指令，在比较器中与检测器来的信号(经过 D/A 转换)相与之后，再经放大器送出转矩指令 M 至矢量处理电路，该电路由转角计算回路、乘法器、比较器等组成。另一方面，检测器的输出信号也被送到矢量处理电路中的转角计算回路，由矢量处理电路输出三个电流信号，经放大并与电动机回路的电流检测信号比较，再由脉宽调制电路(PWM)放大之后，控制三相桥式晶体管电路，使交流伺服电动机按规定的转速旋转，并输出所需要的转矩值。检测器检测出的信号还可送到位置控制回路，与插补器来的脉冲信号进行比较，完成位置环控制。

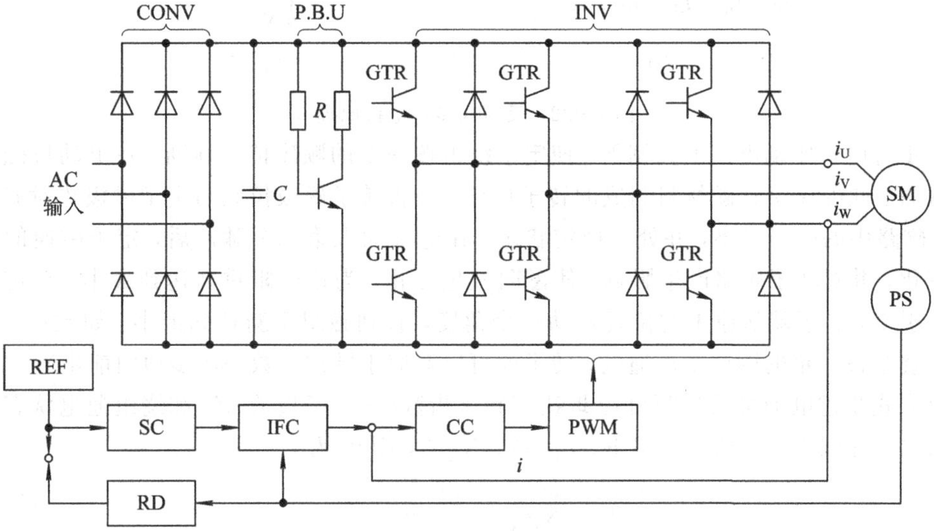

图 7-21　交流伺服控制原理

从交流伺服控制主电路上可以看出，三相交流电机的控制需要三个桥臂，每个桥臂上有两个开关元件，开关元件可以是前面介绍的大功率晶体管、MOSFET、IGBT 等全控元件。每一个桥臂上的驱动电路与直流调速控制中 H 型桥臂上的驱动电路类似，既可以采用集成驱动元件，也可以采用分立元件实现驱动。需要注意的事项与直流电机控制中的 H 型桥臂完全相同。

7.5　步进传动控制系统

7.5.1　步进电机的原理和结构

步进电动机是用电脉冲信号进行控制，将电脉冲信号转换成相应的角位移或线位移的微电动机，广泛用于打印机等办公自动化设备以及各种控制装置中。它由脉冲信号驱动，每加一次脉冲信号后仅转动一定的角度，具有很高的控制精度；通过改变脉冲频率，能很方便地改变转速。

步进电动机的种类繁多，按其电磁转矩的产生原理，可分为三大类。

1) *反应式(又称磁阻式)步进电动机*

反应式步进电动机的定子、转子都用硅钢片或其他导磁材料制成，定子上嵌有绕组，每相绕组形成一对磁极；转子上没有绕组，但有对应的凸极(实际上为转子齿)，如图 7-22 所示。

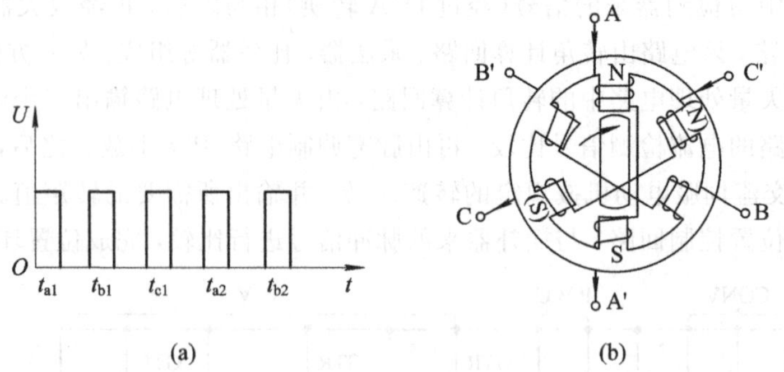

图 7-22　反应式步进电机原理

在步进电机驱动电路的控制下，使定子绕组按一定的顺序依次通断，在电动机磁路中建立磁通。此磁通将软磁材料制成的转子极化，并将转子磁极拉到与定子磁极相对齐的位置，使磁路中的磁阻最小，并处于稳定状态。在电源加入第二个脉冲后，定子磁通的位置发生变化，并对转子磁路产生影响，使磁阻发生变化，为使磁阻重新达到最小，在定子磁通的牵引下，转子就从原来的位置转动一个角度，直到磁阻重新达到最小。如此反复，只要定子绕组按一定的顺序依次通电，转子就可以对应于脉冲个数一步步地向前步进。

反应式步进电动机的步距角 θ_b 取决于转子齿数(即转子极数) Z_R 和绕组通电状态改变的次数 N。在图 7-22 所示情况下，$Z_R=2$，$N=3$，则 θ_b 为

$$\theta_b=\frac{360°}{NZ_R}=\frac{360°}{3\times 2}=60° \tag{7-26}$$

2) 永磁式步进电动机

永磁式步进电动机的转子是由永磁体制成的圆柱体两极永磁转子，定子内圆与转子外圆有一定的偏心，因而气隙是不均匀的，在气隙最小处磁阻最小。定子衔铁中套有一集中绕组，绕组两端由专用电源加入电脉冲信号。

定子绕组未通电时，电动机磁路中有永磁转子产生的磁通，此磁通将使转子磁极的轴线趋向于磁路中磁阻最小的位置，即转子处于稳定状态。

当电源给电动机绕组加入一正脉冲时，绕组中的电流使定子两个凸极形成如图 7-23 所示的 N、S 磁极。此时，定子两磁极的极性与转子两磁极的极性正好是同极性相对，由于同极相斥、异极相吸的原理，转子就以箭头 n 的方向逆时针转过约 180°，直到定子磁极与转子磁极的异性磁极相对为止。

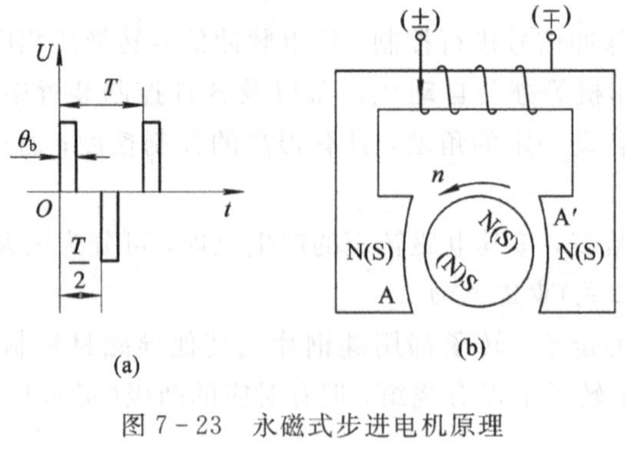

图 7-23　永磁式步进电机原理

在时间 $t=T/2$，即经过半个脉冲周期时，电源给定子绕组加入一个方向相反的负脉冲，电流方向与前相反，于是形成两个极性与前述相反的定子磁极。此时，定子磁极和转子磁极正好又是同极性相对，于是转子又向相同方向再向前转过约 180°。

再经过半个脉冲周期，即 $t=T$ 时，电源又提供一个正脉冲，与前相同，转子又向前走一步。如此反复，电动机的转子在每加入一个脉冲后，走过一步。只要电源能提供持续不断的电脉冲，转子就可以连续步进。如果要使转子转过规定的转数，则可先算出与之对应的步数，然后控制电源发出的脉冲数，就可以达到要求。

转子对应于一个脉冲所转过的角度，称为步进电动机的步距角，用 θ_b 表示。电源在一个通电循环内，绕组通电状态改变的次数用 N 表示。在图 7-23 所示情况下，电动机极对数 $p=1$，$N=2$，所以，步距角 θ_b 为

$$\theta_b=\frac{360^\circ}{pN}=\frac{360^\circ}{1\times 2}=180^\circ \tag{7-27}$$

3）*混合式步进电动机*

混合式步进电机结合了反应式和永磁式步进电机的结构特点，原理与它们相似。步进电动机的励磁绕组可以制成各种相数，最常见的有单相、三相、四相、五相等。应用最广泛的是三相反应式和单相永磁式步进电动机。

步进电动机的主要性能除了上述的步距角以外，还有最大静转矩(当电动机不转时，供给控制绕组直流电所能产生的最大转矩，绕组电流越大，最大静转矩也越大)，还与同时通电的相数有关。启动频率是指转子在静止情况不失步时启动的最大脉冲频率，要求启动频率越高越好。运行频率越高，转速越快，其影响因数与启起动频率相同。

步进电动机的特征如下：

(1) 可以用数字信号直接进行开环控制，整个控制系统较简单。

(2) 转速与脉冲信号的频率成比例，因此转速控制范围较宽。

(3) 步进电动机的启动、停转、正反转、变速等比较容易实现，响应特性也比较好。

(4) 步进电动机的转角与输入脉冲数完全成比例关系。

(5) 角度误差小，没有累积误差。

(6) 停转时，能高度保持转矩以确保其位置。

(7) 超低转速时，能以高转矩运行。

(8) 无电刷等，电动机本身的部件较少，因而可靠性高。

7.5.2 步进电机控制

步进电动机驱动系统要控制电动机的旋转方向与转速，将单相脉冲步进和旋转方向信号转换为对应步进电机各相绕组的多相脉冲，并产生各相绕组所需的驱动电流。

1. 脉冲分配电路

驱动步进电动机时，需要由单相脉冲电压得到多相步进电压，为此必须采用脉冲分配电路。图 7-24 表示出了一种利用 D 触发器组成的两相步进电机脉冲分配器的原理，它能将连续的脉冲转换为两相步进电压驱动波形。D 触发器的工作原理如下：当 D 端为高电平时，若在 CK 端加时钟脉冲，则 Q 端变为高电平，$\overline{Q}$ 端变为低电平；当 D 端为低电平时，若在 CK 端加时钟脉冲，则 Q 端变为低电平，$\overline{Q}$ 端变为高电平。这样，将 D 触发器按图

7-24(a)所示连接后，输入脉冲信号时，输出A、B的波形如图7-24(b)所示，表明输出的是二相励磁信号。

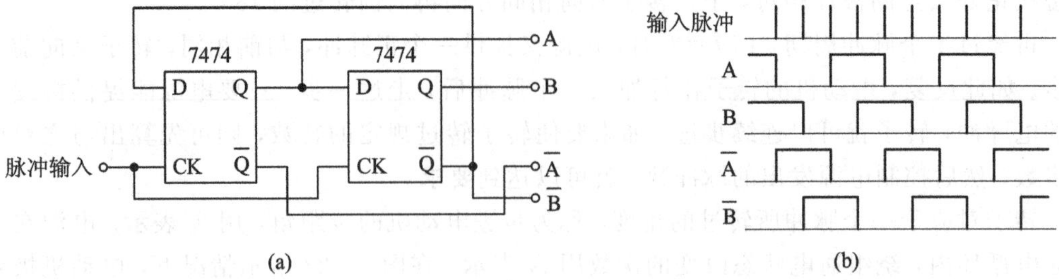

图 7-24　脉冲分配电路

随着微电子技术的发展，脉冲分配电路可以由专门的集成电路芯片实现，也可以由一个微处理器利用软件实现。利用微处理器本身所带有的数字I/O口，可以直接编程输出步进电机运行所需要的多相励磁驱动信号。利用微处理器丰富的数字I/O口，还可以同时输出多个步进电机的驱动波形，很容易实现多个步进电机之间的协调控制，为嵌入式系统设计提供了很大的方便。

2. 驱动方式

经过脉冲分配器或微处理器输出的步进电机相位驱动信号需要经过放大后才能真正驱动步进电机的转子运行。其中的关键在于为定子电路提供足够的驱动电流，这样才能产生足够大的转矩。根据使用要求的不同，驱动方式有单极性、双极性、恒压、电压切换和恒流驱动等方式。

1) 单极性驱动方式

这是一种绕组中流经电流的方向不变的驱动方式，它适用于绕组有中心抽头的步进电动机。图7-25是单极性驱动方式的基本电路，输出电路简单而且成本低，因此获得了最广泛的应用。与双极性驱动方式相比，单极性驱动方式的低速转矩特性差，而高速转矩特性非常好。

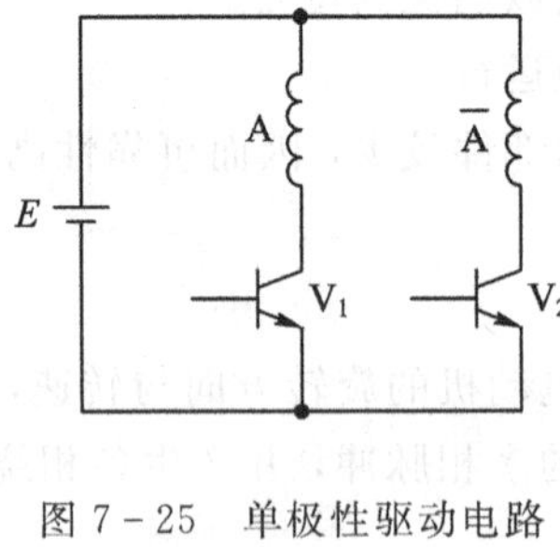

图 7-25　单极性驱动电路

2) 双极性驱动方式

这是一种绕组中流经电流的方向改变的驱动方式，其输出电路复杂且成本高。但与单极性驱动方式相比，双极性驱动方式控制精度高，低速时可获得较大的转矩。图7-26是单电源的全桥方式(图7-26(a))和双电源的半桥方式(图7-26(b))的双极性驱动的基本电路。可以看出，与单极性驱动电路相比，每一相定子线圈的驱动需要多个功率元件(或者是大功率晶体管，或者是 MOSFET，或者是 IGBT 等），最多可达 4 只，这就极大地增加了驱动电路的成本。

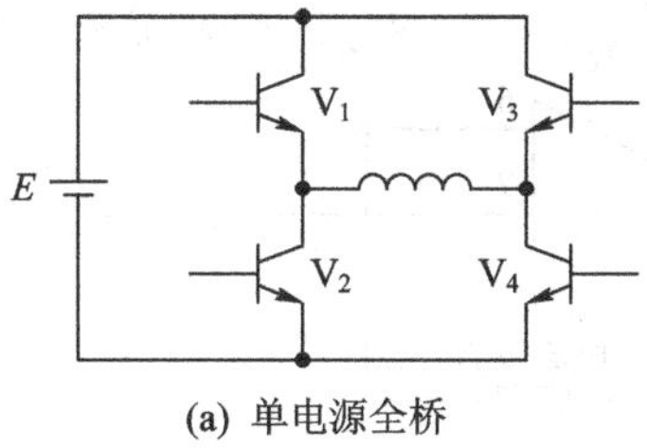

图 7-26

3）恒压驱动方式

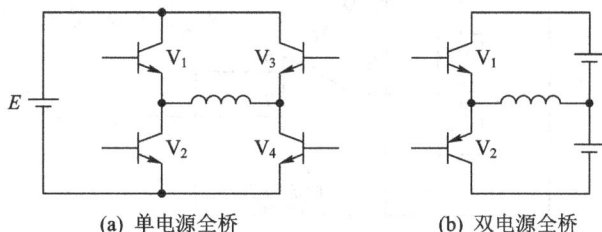

恒压驱动是最常用的方式，超过电动机的额定电压时，要接入限制额定电流的电阻。恒压驱动方式有很多优点，例如，由于外接限流电阻，这样就降低了时间常数，绕组中电流上升快，可以进行高速驱动。这是采用简单方式提高其特性的有效电路，因此得到了广泛应用。外接电阻值越大，电源电压越高，高速时的转矩越大，但电阻的功耗增大，总效率下降。

4）电压切换驱动方式

这是采用两种电源，根据步进电动机的运行情况进行电压切换，从而充分发挥步进电动机特性的有效方式。电压切换驱动电路如图 7-27 所示，图 7-27(a)为双电源方式，图 7-27(b)为单电源方式，对于任何方式都要注意步进电动机的温升问题。双电压切换有两种方式：一是停转或低速时与高速时进行切换，一般称为过电压驱动方式；另一种是输入脉冲后仅在一定时间段内进行高电压驱动，一般称为双电源驱动，可得到接近恒流驱动的特性。

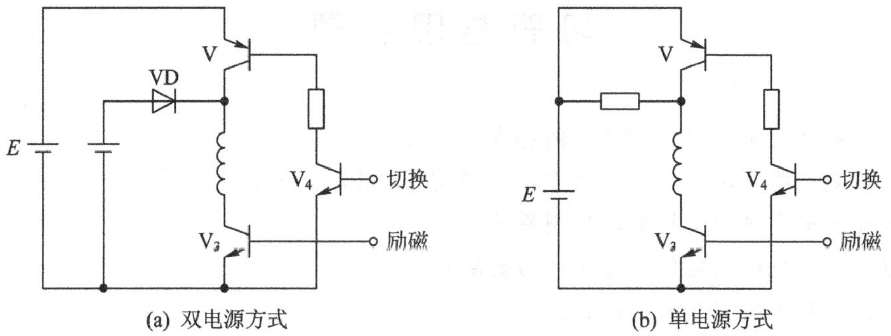

图 7-27　电压切换驱动电路

5）恒流驱动方式

恒流驱动方式就是使步进电动机的电流保持恒定，若采用斩波电路，则这是一种电路构成简单、高速特性好、效率高的电路。恒流斩波驱动的基本电路如图 7-28 所示，若电源电压为步进电动机额定电压的 5 倍以上，则效果比较好。其工作原理简介如下：电路中电流检测电阻上的电压与基准电压通过比较器进行比较，比较器的输出根据检测的电流值大小改变脉冲宽度，控制 V_3 通/断工作，从而使其平均电流保持恒定。

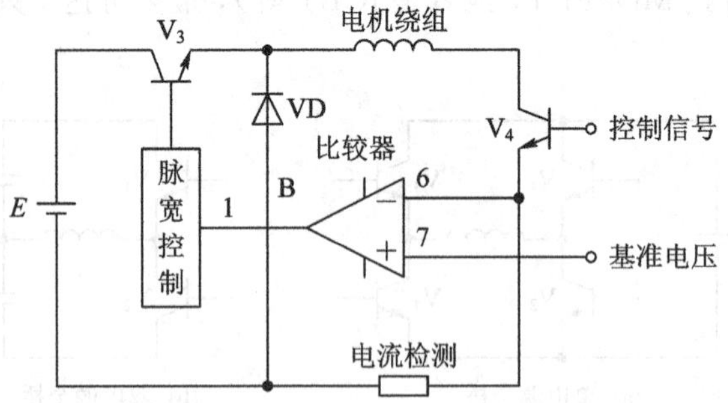

图 7-28 恒流斩波驱动电路

对于斩波驱动，按决定开关晶体管通/断周期的方式分为自励和他励两种。

对于自励方式，电压比较器决定步进电动机绕组电流的上、下限，根据其电流值的大小决定晶体管的通/断周期，开关频率随步进电动机的负载转矩、转速等不同而改变。一般的电压比较器可使晶体管的开关频率工作在 5～20 kHz，其电路构成简单，因此得到了广泛的应用。若步进电动机的使用条件发生改变，则开关频率也随之改变，因此，它适用于状态不变的办公设备中。开关频率太高时，开关损耗大，有可能损坏晶体管，因此，要注意基准电压的设定。

对于他励方式，要增设 20 kHz 左右的基准振荡器，在其周期内改变晶体管的导通时间进行控制，一般称为 PWM 方式。由于专用集成电路价格便宜，因此这种方式得到了广泛的应用。

恒流驱动时，要注意步进电动机的温升情况。这是由于步进电动机高速运行时，加在绕组上的电压升高，励磁切换频率也增高的缘故。

习题与思考题

1. 机电一体化系统中执行装置的特点是什么？
2. 直流电机的晶闸管驱动控制方式有哪几种，其原理是什么？
3. 简述直流电机的全桥驱动控制原理。
4. 直流电动机的电磁转矩由哪些因素决定？
5. 直流电动机有哪几种调速方式？
6. 交流异步电动机的电磁转矩由哪些因素决定？
7. 简述交流电机矢量控制的基本原理。
8. 步进电机有哪些种类？各有什么特点？简要叙述步进电机恒流斩波驱动的原理和优点。
9. 简述电流控制在电机控制中的作用，并思考它在伺服控制中有何重要地位。

第 7 章参考文献

[1]　何希才，姜余翔. 电动机控制电路应用实例. 北京：中国电力出版社，2005.
[2]　邓星钟. 机电传动控制. 武汉：华中科技大学出版社，2001.
[3]　张占松，蔡宣三. 开关电源的原理与设计. 北京：电子工业出版社，2004.
[4]　王孙安，杜海峰，任华. 机械电子工程. 北京：科学出版社，2003.

第8章　生产过程自动化技术

课程思政：机器换人带来的思考

生产过程与机电一体化控制技术相结合，形成了生产过程自动化技术。生产过程中始终伴随着物料流、信息流和能量流，因此，生产过程自动化就是要在有序信息流的控制下，实现物料流及物料处理系统自动化和能量流自动化。

8.1　概　　述

本章数字资源：PPT＋相关视频资源

8.1.1　基本概念

生产过程是指生产车间内与受控的物料流、信息流和能量流相关的加工、储运、检验和装配过程。生产过程示意图如图8-1所示。

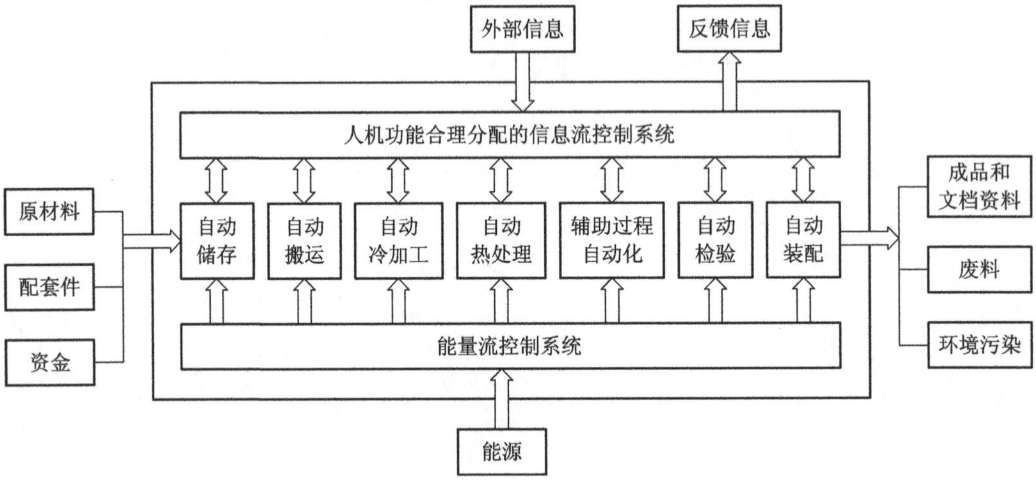

图8-1　生产过程示意图

由上图可见，生产过程中始终伴随着物料流、信息流和能量流，因此，生产过程自动化就是要在有序信息流的控制下，实现物料流及物料处理系统自动化和能量流自动化。

物料流系统包括工件流、刀具流、工装夹具流和切屑流。

物料处理系统包括加工设备、检测设备、清洗设备、热处理设备和装配设备等。

信息流则存在于广义生产过程的全部过程中；能量流为物料流过程提供能量，以维持系统的运行。我们讨论的是狭义的生产过程自动化，因此重点放在自动化制造系统的研究上。

8.1.2 自动化制造系统的常见类型

自动化制造系统主要有十二种基本形式，其特点及适用范围如下：

1. 刚性半自动化单机

除上、下料外，机床可以自动完成单个工艺过程的加工循环，这样的机床称为刚性半自动化单机。刚性半自动化单机实现的是加工自动化的最低层次，但其投资少、见效快，适用于产品品种变化范围和生产批量都较大的制造系统。刚性半自动化单机的缺点是调整工作量大，加工质量较差，工人劳动强度大。

2. 刚性自动化单机

刚性自动化单机是在刚性半自动化单机的基础上增加自动上下料装置而形成的自动化机床。刚性自动化单机常用于品种变化很小，但生产批量特别大的场合。其特点是投资少、见效快，但通用性差，是大量生产最常见的加工设备。

3. 刚性自动线

把机床按工艺顺序依次排列，用自动输送装置和其它辅助装置将它们联系起来，使之成为一个整体，并用液压或气动系统与电气控制系统将各个部分的动作联系起来，使其按照规定的程序自动地进行工作，使原料、毛坯或半成品(在装配时是零部件)根据控制系统的要求，以一定节拍、按工艺顺序自动地经过各工位，完成预定的工艺过程，最后成为合乎设计要求的制品，这种自动工作的机床系统就称为刚性自动线。刚性自动线的特点是具有统一的控制系统和严格的生产节拍，与刚性自动化单机相比，其结构复杂，完成的加工工序多，生产率很高，是少品种、大量生产必不可少的加工设备。其优点是生产周期短，中间库存少，物料流程短，占地面积少，改善了劳动条件，便于管理。但其存在投资大，系统调整周期长，更换产品不方便等缺点。

刚性自动线一般由刚性自动化加工设备、工件上下料装置、工件输送装置、清屑装置、清洗装置、检验装置、切屑输送装置、刀具和控制系统等组成。

4. 刚性综合自动化系统

刚性综合自动化系统指包括零件制造、热处理、锻压、焊接、装配、检验、喷漆甚至包装在内的自动化系统。其优点是生产率极高，加工质量稳定，工人劳动强度低。其缺点是结构复杂，投资强度大，建线周期长，更换产品困难。

5. 一般数控机床

一般数控机床分为硬件数控机床与计算机数控机床两种。它用于完成零件一个工序的自动化循环加工，常用于零件复杂程度不高，品种多变、批量中等的生产场合。

6. 加工中心

加工中心是在一般数控机床的基础上增加刀库和自动换刀装置而形成的一类更复杂、用途更广、效率更高的数控机床。它分铣削加工中心与车削加工中心两类。铣削加工中心一般用于箱体类零件及其他异形类零件加工，而车削加工中心一般用于回转体零件的加工。

7. 混合成组制造单元

混合成组制造单元是指采用成组技术原理来布置加工设备，包括成组单机、成组单元和成组流水线。在混合成组制造单元中，数控设备与普通加工设备并存，各自发挥其最大作用。

8. 分布式数控系统(DNC)

分布式数控系统采用一台计算机控制若干台CNC机床，强调系统的计划调度和控制功能，对物料流与刀具流的自动化并不要求。其优点是系统结构简单、灵活性大、可靠性高、投资小，以软件取胜，注重对设备的优化利用。

9. 柔性制造单元(FMC)

柔性制造单元是指由1～3台数控机床或加工中心所组成，单元中配备有某种形式的托盘交换装置或工业机器人，由单元计算机进行程序编制和分配、负荷平衡和作业计划控制的一类加工系统。其优点是占地面积小，系统结构不很复杂，成本较低，投资较小，可靠性较高，使用及维护均较简单，常用于品种变化不是很大，生产批量中等的生产规模。

10. 柔性制造系统(FMS)

柔性制造系统由四部分组成：两台以上的数控加工设备，一个自动化的物料及刀具储运系统，若干台辅助设备(如清洗机、测量机、排屑装置、冷却润滑装置等)，一个由多级计算机组成的控制和管理系统。FMS内有两类不同性质的运动：一类是系统的信息流；一类是系统的物料流，物料流受信息流的控制。

柔性制造系统的优点如下：

(1) 系统自动化程度高，可以减少机床操作人员；

(2) 由于配有质量检测和反馈控制装置，因而零件的加工质量很高；

(3) 工序集中，可以有效减少生产现场的面积；

(4) 与立体仓库相配合，可以实现24小时连续工作；

(5) 由于是集中作业，因而可以减少加工时间；

(6) 易于与计算机管理信息系统、技术信息系统和质量信息系统结合形成更高级的自动化制造系统。

其缺点是：

(1) 系统投资大，投资回收期长；

(2) 系统结构复杂，对操作人员的要求很高；

(3) 系统结构复杂使得系统的可靠性较差。

柔性制造系统适用于品种变化不大、200～2500件的中等批量生产。

11. 柔性制造线

柔性制造线与柔性制造系统之间的界限很模糊，两者的主要区别是：前者像刚性自动线，具有一定的生产节拍，工件沿一定的方向顺序传送；后者则没有一定的生产节拍，工件输送方向也是随机的。柔性制造线主要适用于品种变化不大的中批和大批量生产，线中的机床主要是多轴主轴箱的换箱式和转塔式加工中心。在工件变换以后，各机床的主轴箱可自动进行更换，同时调入相应的数控程序，生产节拍也会作相应的调整。

柔性制造线具有刚性自动线的绝大部分优点，当批量不很大时，生产成本比刚性自动线低得多；当品种改变时，系统所需的调整时间又比刚性自动线少得多，但建立系统的总费用却比刚性自动线高得多。

12. 计算机集成制造系统

计算机集成制造系统主要强调的是信息集成，而不是制造过程物料流的自动化。它的主要特点是系统十分庞大，包括的内容很多，要在一个企业内完全实现计算机集成制造系统，难度很大。

8.2　自动化加工设备

自动化加工设备主要有组合机床、数控机床、车削中心及加工中心。

8.2.1　组合机床

组合机床一般是针对某一种零件或某一组零件设计、制造的，常用于箱体、壳体和杂件类零件的平面、各种孔和孔系的加工，往往能在一台机床上对工件进行多刀、多轴、多面和多工位加工。

组合机床是一种以通用部件为基础的专用机床。组成组合机床的通用部件有床身、底座、立柱、动力箱、主轴箱、动力滑台等。绝大多数通用部件是按标准设计、制造的，主轴箱虽然不能做成完全通用的，但某些组成零件(如主轴、中间轴和齿轮等)是通用的。

组合机床的主要特点是：

(1) 工序集中，多刀同时切削加工，生产效益高。

(2) 采用专门夹具和刀具(如复合刀具、导向套)，加工质量稳定。

(3) 常用液压、气动装置对工件进行定位、夹紧和松开，实现工件装夹自动化。

(4) 常用随行夹具，以方便工件的装卸和输送。

(5) 更换主轴箱可适应同组零件的加工，有一定的柔性。

(6) 采用可编程控制器 PLC 控制，可与上层控制计算机通信。

(7) 机床主要由通用部件组成，设计、制造周期短，系统的建造速度快。

8.2.2　一般数控机床

数控机床是一种由数字信号控制其动作的新型自动化机床，现代数控机床常采用计算机进行控制(即 CNC)。数控机床是组成自动化制造系统的重要设备。

一般，数控机床通常是指数控车床、数控铣床、数控镗床等。它们的下述特点对其组成自动化制造系统是非常重要的：

(1) 柔性高。数控机床按照数控程序加工零件，当加工零件改变时，一般只需更换数控程序和配备所需的刀具，不需要靠模、样板、钻镗模等专用工艺装备。数控机床可以很快地从加工一种零件转变为加工另一种零件，生产准备周期短，适合于多品种、小批量生产。

(2) 自动化程度高。数控程序是数控机床加工零件所需的几何信息和工艺信息的集合。几何信息有走刀路径、插补参数、刀具长度半径补偿值；工艺信息有刀具、主轴转速，进给速度，切削液开/关等。在切削加工过程中，自动实现刀具和工件的相对运动，自动变换切削速度和进给速度，自动开/关切削液，数控车床自动转位换刀。操作者的任务是装卸工件、换刀、操作按键、监视加工过程等。

(3) 加工精度高、质量稳定。现代数控机床装备有 CNC 数控装置和新型伺服系统，具有很高的控制精度，普遍达到 1 μm，高精度数控机床可达到 0.2 μm。数控机床的进给伺服系统采用闭环或半闭环控制，可对反向间隙和丝杠螺距误差以及刀具磨损进行补偿，因而数控机床能达到较高的加工精度。对中、小型数控机床，定位精度普遍可达到 0.03 mm，重复定位精度可达到 0.01 mm。数控机床的传动系统和机床结构都具有很高的刚度和稳定性，制造精度也比普通机床高。当数控机床有 3～5 轴联动功能时，可加工各种复杂曲面，并能获得较高精度。由于按照数控程序自动加工，避免了人为的操作误差，因而同一批加工零件的尺寸一致性好，加工质量稳定。

(4) 生产效率较高。零件加工时间由机动时间和辅助时间组成，数控机床加工的机动时间和辅助时间比普通机床明显减少。数控机床主轴转速范围和进给速度范围比普通机床大，主轴转速范围通常为 10～6000 r/min，高速切削加工时可达 15 000 r/min；进给速度范围上限可达 10～12 m/min，高速切削加工进给速度甚至超过 30 m/min，快速移动速度超过 30～60 m/min。主运动和进给运动一般为无级变速，每道工序都能选用最有利的切削用量，空行程时间明显减少。数控机床的主轴电动机和进给驱动电动机的驱动能力比同规格的普通机床大，机床的结构刚度高，有的数控机床能进行强力切削，有效地减少了机动时间。

(5) 具有刀具寿命管理功能。构成 FMC 和 FMS 的数控机床具有刀具寿命管理功能，可对每把刀的切削时间进行统计，当达到给定的刀具耐用度时，自动换下磨损刀具，并换上备用刀具。

(6) 具有通信功能。现代 CNC 数控机床一般都具有通信接口，可以实现上层计算机与 CNC 之间的通信，也可以实现几台 CNC 之间的数据通信，同时还可以直接对几台 CNC 进行控制。通信功能是实现 DNC、FMC、FMS 的必备条件。

8.2.3 车削中心

车削中心比数控车床的工艺范围宽，工件一次安装，几乎能完成所有表面的加工，如内外圆表面、端面、沟槽、内外圆及端面上的螺旋槽、非回转轴心线上的轴向孔、径向孔等。

车削中心回转刀架上可安装如钻头、铣刀、铰刀、丝锥等回转刀具，它们由单独的电动机驱动，也称自驱动刀具。在车削中心上用自驱动刀具对工件的加工分为两种情况：一种是主轴分度定位后固定，对工件进行钻、铣、攻螺纹等加工；另一种是主轴运动作为一个控制轴(C 轴)，C 轴运动和 X、Z 轴运动合成为进给运动，即三坐标联动，铣刀在工件表面上铣削各种形状的沟槽、凸台、平面等。在很多情况下，工件无需专门安排一道工序，单独进行钻、铣加工，从而消除了二次安装引起的同轴度误差，缩短了加工周期。

车削中心回转刀架通常可装 12～16 把刀具，这对无人看管的柔性加工来说，刀架上的刀具数是不够的。因此，有的车削中心装备有刀库，刀库有筒形或链形，刀具更换和存储系统位于机床一侧。刀库和刀架间的刀具交换由机械手或专门机构来完成。

车削中心采用可快速更换的卡盘和卡爪，普通卡爪的更换时间需要 20～30 min，而快速更换卡盘、卡爪的时间可控制在 2 min 以内。卡盘有 3～5 套快速更换卡爪，以适应不同直径的工件。如果工件直径变化很大，则需要更换卡盘。有时也采用人工在机床外部用卡盘夹持好工件，用夹持有新工件的卡盘更换已加工的工件卡盘，工件—卡盘系统更换常采用自动更换装置。由于工件装卸在机床外部完成，实现了辅助时间与机动时间的重合，因而几乎没有停机时间。

现代车削中心工艺范围宽，加工柔性高，人工介入少，加工精度、生产效率和机床利用率都很高。

8.2.4　加工中心

加工中心通常是指镗铣加工中心，主要用于加工箱体及壳体类零件，工艺范围广。加工中心具有刀具库及自动换刀机构、回转工作台、交换工作台等，有的加工中心还具有可交换式主轴头或卧—立式主轴头。加工中心目前已成为一类广泛应用的自动化加工设备，它们可作为单机使用，也可作为 FMC、FMS 中的单元加工设备。加工中心有立式和卧式两种基本形式，前者适合于平面形零件的单面加工，后者特别适合于大型箱体零件的多面加工。

加工中心除了具有一般数控机床的特点外，它还具有其自身的特点。加工中心必须具有刀具库及刀具自动交换机构，其结构形式和布局是多种多样的。刀具库通常位于机床的侧面或顶部。刀具库远离工作主轴的优点是少受切屑液的污染，使操作者在加工过程中调换库中刀具时免受伤害。FMC 和 FMS 中的加工中心通常需要大量刀具，除了满足不同零件的加工外，还需要后备刀具，以实现在加工过程中实时更换破损刀具和磨损刀具，因而要求刀库的容量较大。换刀机械手有单臂机械手和双臂机械手，180°布置的双臂机械手的应用最为普遍。

加工中心刀具的存取方式有顺序方式和随机方式，刀具随机存取是最主要的方式。随机存取就是在任何时候可以取用刀库中的任一把刀，选刀次序是任意的，可以多次选取同一把刀，从主轴卸下的刀允许放在不同于先前所在的刀座上，CNC 可以记忆刀具所在的位置。采用顺序存取方式时，刀具严格按数控程序调用刀具的次序排列。程序开始时，刀具按照排列次序一个接着一个取用，用过的刀具仍放回原刀座上，以保持确定的顺序不变。正确地安放刀具是成功执行数控程序的基本条件。

回转工作台是卧式加工中心实现 B 轴运动的部件。B 轴的运动可作为分度运动或进给运动。回转工作台有两种结构形式：仅用于分度的回转工作台用鼠齿盘定位，分度前工作台抬起，使上、下鼠齿盘分离，分度后落下定位，上、下鼠齿盘啮合，实现机械刚性连接；用于进给运动的回转工作台用伺服电动机驱动，用回转式感应同步器检测及定位，并控制回转速度，它也被称为数控工作台。数控工作台和 X、Y、Z 轴及其它附加运动构成 4～5 轴轮廓控制，可加工复杂轮廓表面。

卧式加工中心可对工件进行 4 面加工，带有卧—立式主轴的加工中心可对工件进行 5 面加工。卧—立式主轴采用正交的主轴头附件，可以改变主轴角度方位 90°，因而得到用户的普遍认可和欢迎。另外，由于它减少了机床的非加工时间和单件工时，因而提高了机床的利用率。

加工中心的交换工作台和托盘交换装置配合使用，实现了工件的自动更换，从而缩短了消耗在更换工件上的辅助时间。

8.3　工件储运系统

8.3.1　存储设备

为了使自动线能在各工序的节拍不平衡的情况下连续工作一段较长的时间，或者在某台机床更换、调整刀具或发生故障而停歇时，保证其他机床仍能正常工作，必须在自动线中设置必要的储料装置，以保持工序间(或工段间)具有一定的工件储备量。

储料装置通常可以布置在自动线的各个分段之间，也有布置在每台机床之间的。对于加工某些小型工件或加工周期较长的工件的自动线，工序间的储备量也常建立在连接工序的输送设备上(例如输料槽、提升机构及输送带)。

根据被加工工件的形状大小、输送方式及要求的储备量的大小不同，储料装置的结构形式是多种多样的。但不论何种型式的储料装置，都有下列共同要求：

(1) 结构紧凑。在保证所要求的储存量的条件下，使体积最小、占地面积最少。

(2) 结构简单可靠。如果储料装置本身易出故障，就起不了应起的作用。

1. 通用和专用机床自动线的储料装置

由通用机床和专用机床组成的自动线中，储料装置常用于储存圆柱形、环形、盘形和轴类等旋转体工件。图 8－2 (a)是一种最简单的 Z 形储料器，它的进口和出口与输料槽相连接。储存量要求较大时，可以做成如图 8－2(b)所示的形式。它可以按两种不同的方式工作。一种是“通过式”的，即从一台机床送来的每一个工件都要从储料器中通过，再输送到下一台机床。另一种是“仓储式”的，即在储料器的进、出口都有活门控制，输料槽分两条通路，一条通向储料器进口，一条直接通向下一台机床，在正常情况下，工件从上一台机床直接送向下一台机床，当某一台机床发生故障而停歇时，储料器的进口或出口活门打开以接收或送出工件。

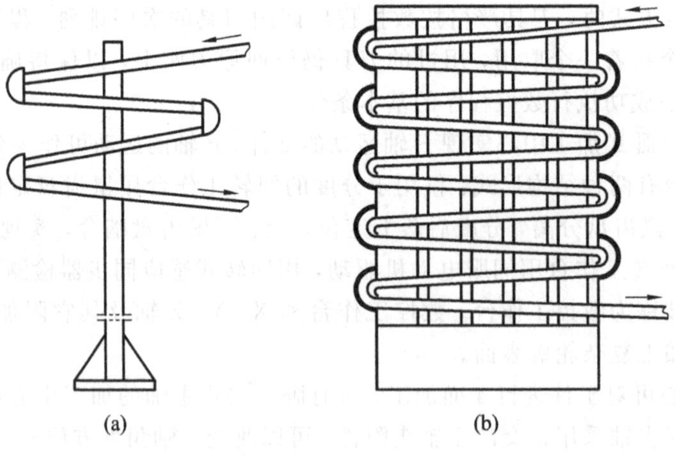
(a)　　(b)

图 8－2　Z 形储料器

图 8－3 为圆盘式储料器，广泛应用于加工滚动轴承环的自动线中。储料器具有多层圆盘 1，圆盘上具有平面螺旋滚道，工件可在其中滚动。垂直轴 2 上装有十字形支架 4，在支架上装有毛刷或橡皮，当轴 2 被电动机 3(通过减速器 5 及联轴节 6)带着转动时，毛刷或橡

皮借摩擦力驱动工件沿螺旋滚道从圆盘外周滚到内周，然后从缺口落下，经料槽 8 进入下一层圆盘的外周滚道内。经过最下一层圆盘从出口流出的工件从输料槽 7 送到下一工序。这种储料器的优点是储存量较大，工件属强迫运送，但在发生堵塞现象时又不会损伤任何机构。

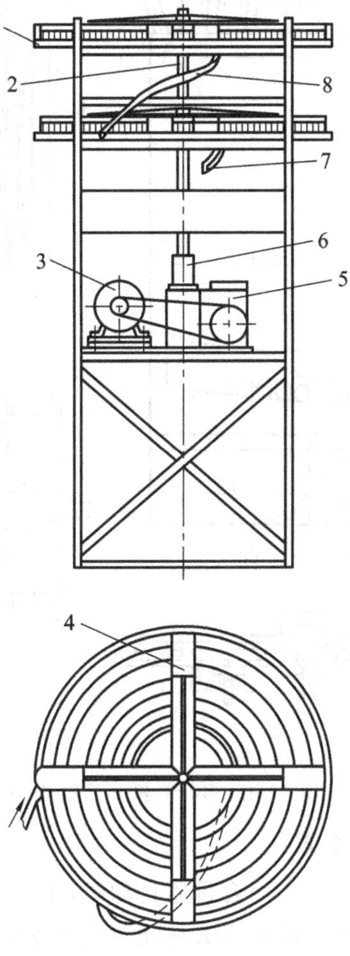

图 8-3　圆盘式储料器

在某轴承自动化车间中，采用了另一种多行料槽式储料器，在相同的储存量下其体积更小。如图 8-4 所示，在储料柜 1 里有十二行平行的料槽 8，顶部用支架 2 支承着输料槽 3。输料槽 3 的底部开有十二个可容工件落下的口，每一开口用料槽 7 与柜中相应的料槽 8 相连接。在开口的上部有活动隔板 6，此隔板在弹簧 12 的作用下将十二个开口遮住，隔板中部与由电磁铁 4 控制的杠杆 5 相连。当工件(轴承环)逐个从输料槽进入料槽 3 后，在隔板 6 的上面顺次累积起来，一直等到第十二个工件送到，使行程开关 13 动作，接通电磁铁 4，拉动杠杆 5 时隔板 6 向外抽出，十二个工件便分别同时落入相应的料槽 8 中，为了减小工件下落时的冲击，将料槽 8 做成折线形。

在储料柜的下部有十二个拨料鼓轮 9，它们装在同一根轴 14 上。各鼓轮的拨料口彼此错开，按十二等份均布在轴 14 的圆周上。当电动机 11 通过减速器 10 和皮带传动使拨料鼓轮旋转一周时，就顺序将十二个工件送出储料柜外。

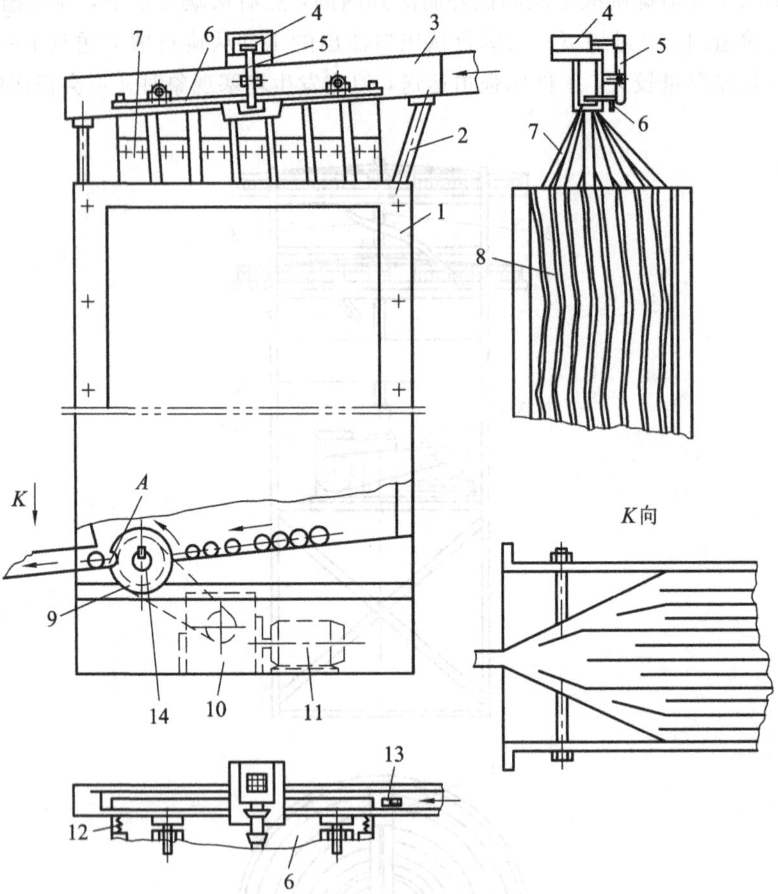

图 8-4 多行料槽式储料器

2. 组合机床自动线的储料装置

对于用步伐式输送带连接起来的组合机床自动线，由于它是刚性连接的，因而一般不设储料装置。只有在必要时，为了减少停歇时间对生产率的影响，提高自动线的利用率，才考虑设置储料装置。受步伐式输送带的结构所决定，储料装置设在两个分段之间，而不设在各台机床之间。

组合机床自动线所采用的储料装置多数是仓储式的。仓储式储料装置的储存量较大且占地面积较小，在自动线正常工作时它是不工作的，只有当自动线的某一段停歇时它才工作，因此，其产生故障的可能性比通过式储料装置相对少一些。用于组合机床自动线的储料装置有两种基本型式：储料库和辅助输送带。

1）储料库

图 8-5 是一种立式储料库的工作原理图。在自动线的两段之间有一个立式储料库 11，下面有一个由双活塞三位油缸 3 所驱动的托架 2。在自动线正常工作时，托架 2 处于图示位置。工件 1 由前一段的输送带 A 送到托架 2，由后一段的输送带 B 运走。当后一段自动线出现故障停歇时，工件 1 送到托架 2 上以后，压力油同时通入油腔 4 和 5，而油腔 9 与油箱相通，因而浮动活塞 6 下降，而活塞 7 上升，直到顶在活塞 6 的端面为止。此时，托架 2

将工件 1 上抬一定高度，使储料库 11 中的工件略略抬起以便拔出隔料器 8。隔料器 8 在油缸 10 的作用下从工件中拔出后，油腔 4 与油箱相通，于是活塞 7 驱使托架 2 一直向上，把工件 1 送入储料库中，并插入隔料器 8，然后油腔 9 通入压力油，使托架 2 下降到原位。当前一段自动线停歇时，托架 2 从储料库 11 中取出工件，按上述的逆过程进行。

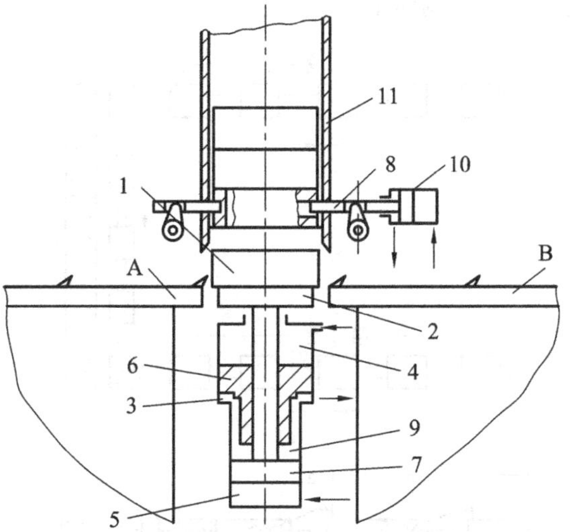

图 8-5　立式储料库

图 8-6 为链式水平储料库，它放置在与两段自动线相垂直的方向上。链条 4 由电动机 5 通过减速器 6 作间歇传动。从动链轮具有张紧机构 2。链条用平板 8 支承以免下垂。在链条 4 上装有容纳工件的框架 3。在后一段自动线发生故障时，链条依次向左移动一个步距，使右边一个空框架 3 对着工件 7，以便容纳由上一段自动线的输送带 1 送来的工件。当前一段自动线发生故障时，链条向右逐步移动一个步距，把带有工件的框架 3 送到工位，以便运向后一段自动线中。当要求较大的储存量时，储料库可以做成多层的，以节省生产面积。

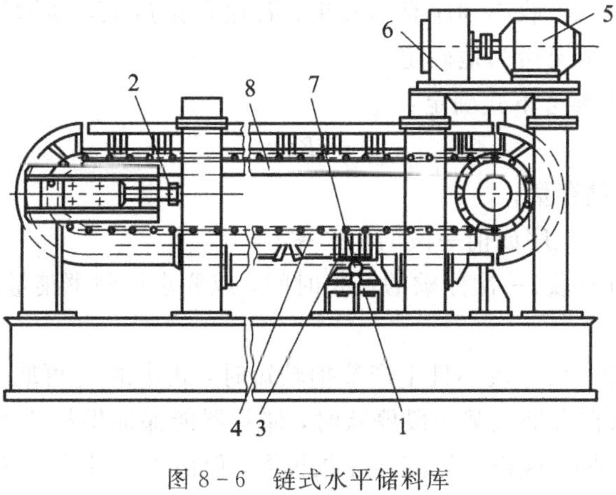

图 8-6　链式水平储料库

2）辅助输送带

这种储料库常常以步伐式输送带的形式安排在工件主输送带的旁边或垂直方向。如图

8-7(a)所示，在第一段到第二段的主输送带旁边设置辅助输送带。在正常工作时，辅助输送带不工作。当某一段停歇时，就按虚线箭头方向将工件储入辅助输送带，或从中取出工件。这种辅助输送带要求能在两个方向输送工件，所以按图8-7(b)所示做成圆杆形，其拨爪可以两面工作。当向左输送工件时，拨爪的a端朝上；当向右输送工件时，用油缸齿条机构使之回转180°，拨爪改为b端向上。

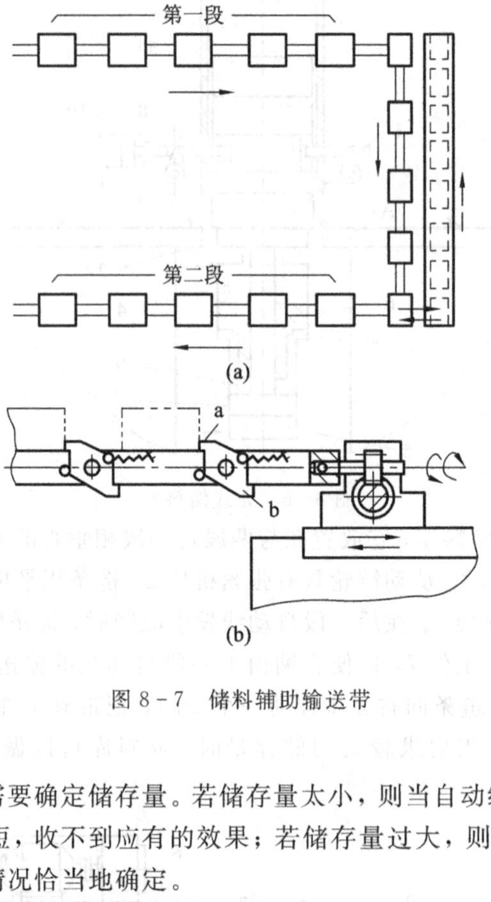

图 8-7　储料辅助输送带

3. 储存量的确定

在设计储料器时，需要确定储存量。若储存量太小，则当自动线的某一段因故停歇时，另一段连续工作的时间短，收不到应有的效果；若储存量过大，则增加建线投资和占地面积。储存量应根据具体情况恰当地确定。

储料器的储存量可参考下式确定：

$$C = KQt_s \tag{8-1}$$

式中：C——储料器的储存量；

Q——储料器前一工序或前一段的生产率；

t_s——前、后工序(段)一次停歇的最长时间，或要求储料器能够连续供料的时间；

K——系数。

当工件的形状简单、尺寸较小且生产节拍较短时，式中的 t_s 可取为要求储料器连续供料的时间。例如，要求在自动线某一段停歇时，储料器能保证供料2小时或半个工作班(即 t_s=120分钟或240分钟)。这样虽然储存件数较多，但由于工件小，节拍短，只要储料器的结构选择得合理，就既能发挥较好的补偿作用，又可使结构比较紧凑。

当工件的尺寸较大，生产节拍较长时，式中的 t_s 最好由自动线一次停歇最长的时间来决定，使储料器既有足够的储存量来补偿自动线因故停歇的时间损失，又不致因储存量过多而使结构庞大。确定自动线一次停歇的最长时间是比较复杂的问题，一般在设计时可以参照同类型自动线的经验数据确定，并适当考虑系数 K，K 约取为 1.2～2。

8.3.2　工件输送装置

工件输送装置用于将被加工工件从一个工位传送到下一工位，并从结构上把自动线的各台自动机床联系成为一个整体。工件输送装置的型式是多样的，与自动线工艺设备的类型和布局、被加工工件的结构和尺寸特性以及自动线工艺过程的特性等因素有关。

根据现有自动线在工序间传送工件所采用的方法和机构，现将工件输送装置分类介绍。

1. 输料槽

在加工某些小型旋转体零件（例如盘状零件、环状零件、圆柱滚子、活塞销、齿轮等）的自动线中，常采用输料槽作为基本输送装置。

输料槽有利用工件自重输送和强制输送两种形式。对于小型旋转体工件，大多采用以自重滚送的办法实现自动输送，在无法用自重输送或为了保证运送的可靠性时，可采用强制输送的输料槽。

输料槽的截面形状与自动装卸工件装置中的输料槽是相同的，在前面章节中已介绍过。

作为自动线输送装置的输料槽，为了将相邻的两台机床连接起来，自然要比自动装卸工件装置中的输料槽长得多，常常还需将某一段做成弯曲滚道。工件在较长的滚道里靠自重输送，常因阻塞或失去定向，甚至跳出槽外等故障而不能正常工作。因此，分析影响工件在滚道中正常运送的因素，研究保证工作稳定性的条件，具有重要意义。

1）工件形状特性与槽宽的关系

工件在滚道中靠自重运送时，最重要的形状特性是长径比（L/D），输料槽截面宽度 B 主要根据工件的长径比来决定。如图 8-8 所示，工件在输料槽中滚动时，由于存在间隙 S，可能因摩擦阻力的变化或工件存在一定锥度误差而偏转一个角度（图 8-8(a)）。当工件的对角线长度 C 接近或小于槽宽 B 时，工件就有可能卡住或完全偏转而失去原有定向。

当工件偏转到两对角与输料槽侧壁接触时，其对角线 C 与垂直于侧壁的 OM 线所成的夹角为 γ，此 γ 角应比摩擦角 ρ 大，即 $\tan\gamma > \tan\rho = \mu$（摩擦系数）。反之，若如图 8-8(a)所示，$\rho > \gamma$，则 O 点的反作用合力 R 有使工件在 O' 楔紧的趋势，则工件可能卡住。

从图 8-8 可知：

$$B = L + S$$

$$\cos\gamma = \frac{B}{C} = \frac{L+S}{C}$$

即

$$S = C\cos\gamma - L$$

因为 $C = \sqrt{L^2 + D^2}$，所以

$$S = \sqrt{L^2 + D^2}\cos\gamma - L = \left[\sqrt{1 + \left(\frac{L}{D}\right)^2}\cos\gamma - \frac{L}{D}\right] \times D$$

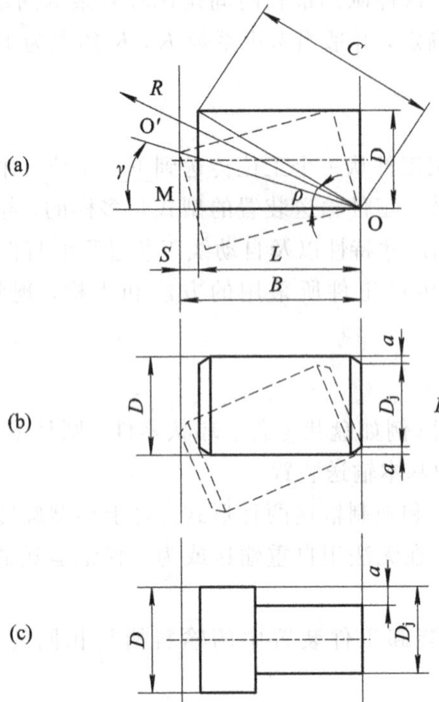

图 8-8　工件在输料槽中的输送条件

在极限情况下，$\tan\gamma=\tan\rho=\mu$，根据三角函数的基本关系有：

$$\cos\gamma=\frac{1}{\sqrt{1+\tan^2\gamma}}=\frac{1}{\sqrt{1+\mu^2}}$$

代入上式可得允许的最大间隙为

$$S_k=\left[\frac{\sqrt{1+(L/D)^2}}{\sqrt{1+\mu^2}}-\frac{L}{D}\right]\times D \tag{8-2}$$

从式(8-2)可知，工件不被卡住所允许的最大间隙 S_k 与工件的长径比和摩擦系数有关。随着 L/D 的增大，对角线长度 C 将愈加接近 L，允许的 S_k 值亦将减小；当 L/D 增大到一定程度时，允许的最大间隙 S_k 可能为零，这就表明工件在输料槽中已不能可靠地靠自重运送。一般当 $L/D>8.5\sim4$ 时，工件以自重滚送的可靠性就很差了。

工件偏转的程度还与其端面形状有关。如图 8-8(b)所示，其 L/D 虽与图 8-8(a)一样，但由于两端倒角，所以偏转得厉害一些，因此在应用式(8-2)时，应以计算直径 D_j 代替式中的 D。在图 8-8(b)、图 8-8(c)中，计算直径分别为 $D_j=D-2a$ 和 $D_j=D-a$。

用式(8-2)计算出来的 S_k 是在一定的摩擦系数下允许的最大间隙，一般都用于校核计算。在实际决定槽宽 B 时，应考虑槽宽的制造公差 δ_B 和工件的长度公差 δ_L，实际最大间隙为

$$S_{max}=S_0+\delta_L+\delta_B \tag{8-3}$$

式中：S_0——为了保证工件在槽中滚送所必需的最小间隙(可以 L 为公称尺寸，按 h8～h13 选取)；

δ_L——工件长度公差；

δ_B——输料槽宽度 B 的制造公差。

用式(8-3)校核时，应使：

$$S_{max} < S_k \quad (8-4)$$

当不能满足式(8-4)的条件，或用式(8-2)计算出 $S_k=0$ 甚至为负值时，则表明该工件不宜用自重输送，须采用其它方式(如强制)输送。

2) 输料槽的结构和制造精度

对于圆柱体、盘状及环状工件，输料槽通常用钢板弯成 U 形；在倾斜角较大、滚送速度高时，通常做成封闭式。

在如图 8-9(a)所示的自动线中，输料槽的底部用两个长板条 1 或两根圆棒 2 代替整个滚动平面，这样就比较容易达到较高的制造精度并大大地减小了摩擦阻力。

滚道侧壁所产生的阻力也是不可忽视的。侧壁愈高，则阻力愈大，但也不能做得过低，否则，碰撞的工件就有可能跳起来，产生歪斜，卡住后面的工件，甚至跳出槽外。一般推荐，对于圆柱工件，侧壁高度 $H=(0.6\sim0.8)D$；对于盘状和环状工件，$H\geqslant D$。当用整条长板做侧壁时，应如图 8-9(a)所示开以长窗口 3，这一方面可减小摩擦阻力，同时便于观察工件的运送情况。此外，侧壁应具有足够的刚性和制造精度，避免产生波浪式的弯曲和在工件经常摩擦及碰撞下形成局部凸起或凹陷的情况。

在某些轴承自动线中，用圆棒代替长板形侧壁(图 8-9(b))得到了较为满意的工作效果。

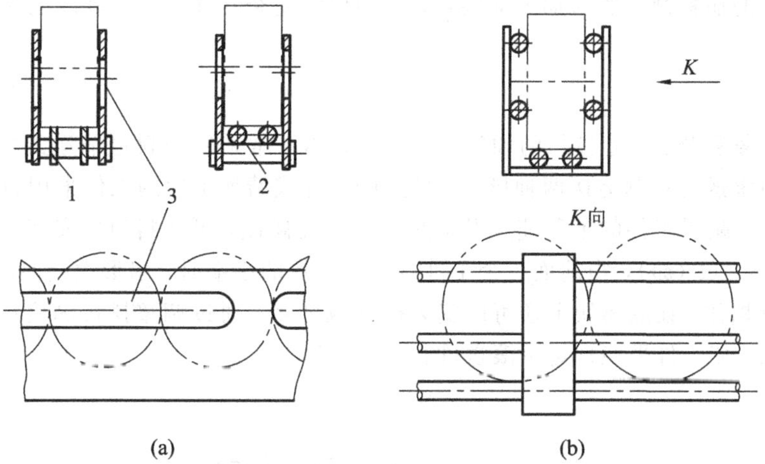

图 8-9　输料槽的结构

3) 输料槽的倾斜角

一般说来，输料槽的倾斜角愈大，则工件滚送时克服阻力的能力愈强，但倾斜角过大，将使工件运送速度过大，会产生不良后果。当工件滚送时的阻力较大时，倾斜角应较大。在要求具有较小的倾斜角时，为了保证工作的可靠性，必要时须经过试验确定。根据经验，倾斜角约在 $5^\circ\sim15^\circ$之间。

与自重运送的输料槽相比，因为强制运送的输料槽由外力推动工件，所以无需倾斜放置。图 8 - 10 为某轴承自动线所用强制运送的输料槽。在输料槽 3 的两边设有封闭式链条 4，通过电动机 6、减速器 1 带动链轮 2 转动。在两列链条 4 上按一定距离连接着推送杆 5，链条移动时，杆 5 便将工件推送向前。

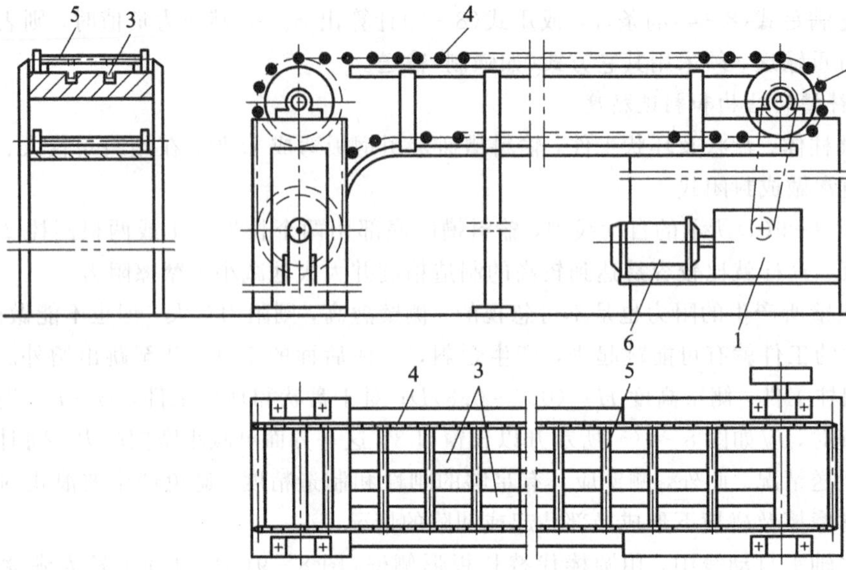

图 8 - 10　强制运送的输料槽

强制运送的输料槽需要附加传动装置，结构比较复杂，但工作可靠性比靠自重运送的输料槽要好。

2. 输料道

加工外形较复杂、尺寸较长的轴类工件的自动线，常采用输料道输送工件。输料道输送也分为自重滚送与强制运送两种形式。较重的工件或精加工后的工件采用自重滚送的形式输送时，为了减缓工件的下落速度及避免工件相互碰撞，可在料道中安装可以摆动的隔离块(参看图 8 - 11 (a))，当前面一个工件压在隔离块的小端时，扇形大端便向上翘起，将后面一个工件挡住。在隔离块上还可以安装摆锤或弹簧，通过调整摆锤高度或弹簧力，能改变滚动阻力，使工件平稳地逐个滚送(图 8 - 11 (b))。

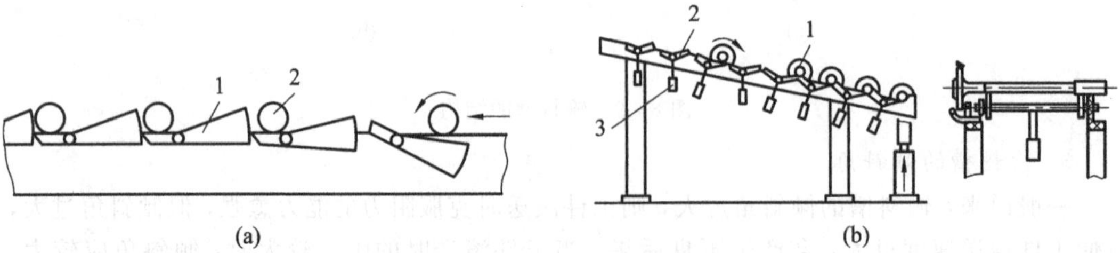

1—工件；2—隔离块；3—重锤

图 8 - 11　重力断续滚送输料道示意图

自重运送的输料道必须倾斜一个角度。对于径向传送工件的料道，其 V 形板的安装间距 P(图 8 - 12)应尽可能的小，以便能储存较多的工件，但必须保证机械手或提升机构有足够的抓放工件的位置。

对于轴向传送工件的料道，其 V 形板的间距 t(图 8 - 13)可由下式计算：

$$t=\frac{L+S}{2}\quad(\mathrm{mm})\tag{8-5}$$

式中：L——工件的长度(mm)；

S——工件之间的间隙(mm)。

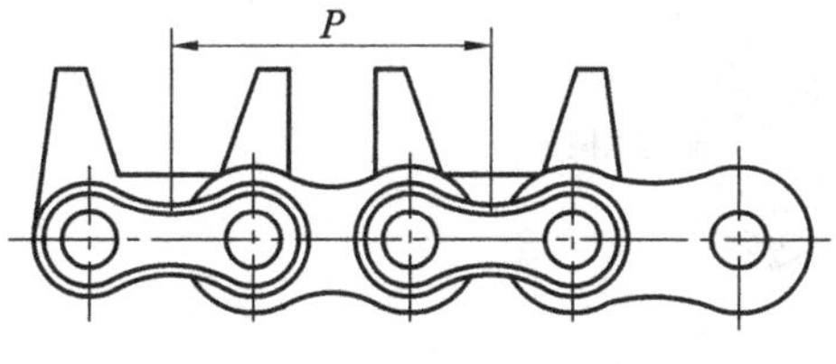

图 8 - 12　径向传送工件时料道上 V 形板的间距

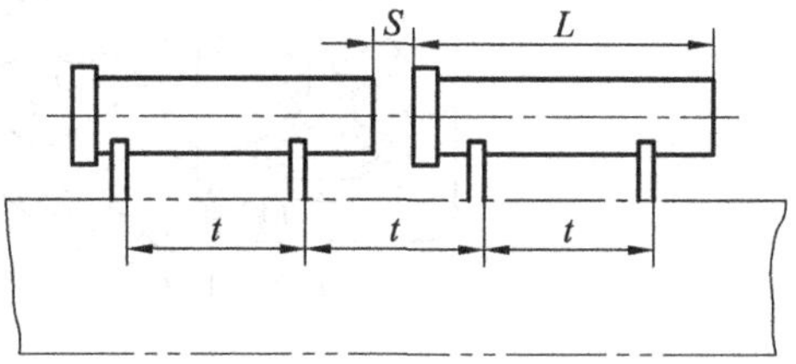

图 8 - 13　轴向传送工件时料道上 V 形板的间距

3. 工业机器人

在柔性自动化制造技术中，工业机器人是应用很广泛的一种设备。目前，在很多柔性制造单元和系统中采用机器人完成物料输送等功能。

图 8 - 14 是典型的工业机器人，由机器人本体、控制系统和电气液压动力装置三部分组成。机器人本体有坚实的底座，底座上有绕中心旋转的扫描臂，扫描范围为 240°～270°。扫描臂上有在垂直面内摆动的肩，这样就构成了一个球面坐标系统。与摆动肩相连的是延伸肘，它改变了机器人的整个臂长，使活动范围扩展成球体空间。手腕分别有三个坐标的转动：俯仰、偏向、回转，它扩大了机器人的柔性和灵活性。在手腕的前端可以安装各种工具，如手爪、夹持器、喷枪等。

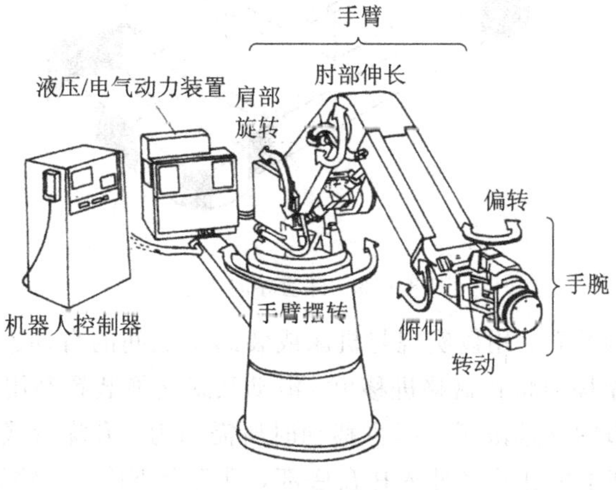

图 8 - 14　工业机器人

图 8－15 为机器人进行零件装配工作的示意图。

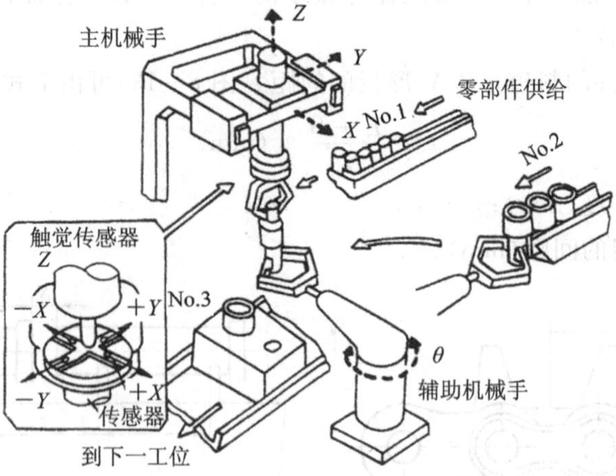

图 8－15　机器人用于零件装配

4. 自动导向小车(Automatic Guide Vehicle, AGV)

自动导向小车是目前柔性制造技术中较有发展前途的物料输送装置(图 8－16)，新建的柔性制造系统中采用自动导向小车已成为一种明显趋势。一般来说，自动导向小车的主要技术参数如下：最大承载量 1000 kg，最高行速 1 m/s，加速度 0.4 m/s^2，高速行驶时的最小转弯半径 1 m，带对中定位装置时的定位精度±6 mm，装料时间 10 s，通过两次定位装置可使其准停定位精度达 ±0.1 mm。

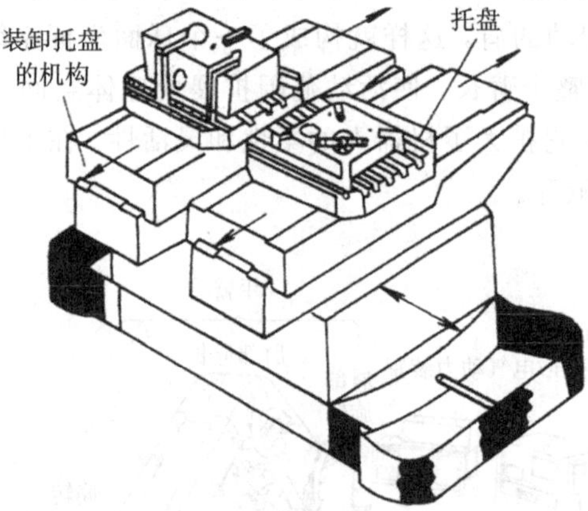

图 8－16　自动导向小车

小车装有托盘交换装置，用以实现与机床或装卸站之间的自动连接。辊轮式交换装置利用辊轮与托盘间的摩擦力将托盘移进移出。滑动叉式交换装置利用往复运动的滑动叉将托盘推出或拉入，两边的支承滚子可减少移动时所需的力。升降台式交换装置利用升降台将托盘升高，物料托架上的托物叉伸入托盘底部，升降台下降，托物叉回缩，将托盘移出。小车还装有升降对齐装置，以便消除工件交接时的高度差。

图 8-17 为自动导向小车自动行驶的控制示意图。控制行驶路线的控制导线埋于车间地面下，高频控制信号流过控制导线，车体下部的检测线圈接收制导信号，当车偏离正常路线时，两个接收线圈信号产生差值，以此差值信号作为输出信号，经转向控制装置处理后，传至转向伺服电机，实现转向和拨正行车方向。在停车地址监视传感器所发出的监视信号经程序控制装置处理(与设定的行驶程序相比较)后，发令给传动控制装置，控制行驶电机，实现输送车的启动、加减速、停止等动作。

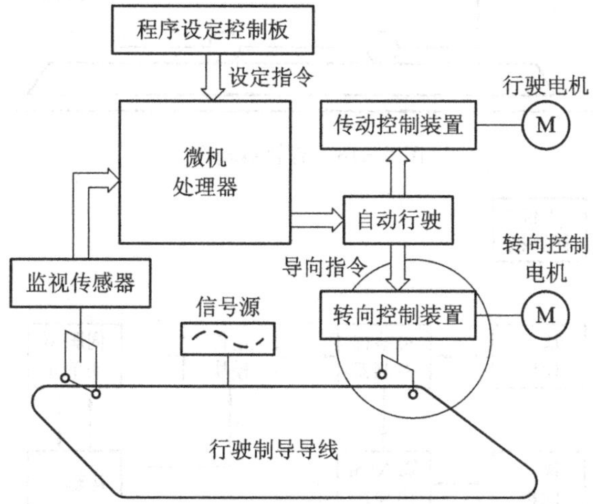

图 8-17　AGV 自动行驶的控制原理

路径寻找就是自动选取岔道。AGV 在车间的行走路线比较复杂，有很多分岔点和交汇点。中央控制计算机负责车辆调度控制，AGV 上带有微处理器控制板，AGV 的行走路线以图表的格式存储在计算机内存中。当给定起点和目标点位置后，控制程序自动选择出 AGV 行走的最佳路线。小车在岔道处方向的选择多采用频率选择法。在决策点处，地板槽中同时有多种不同频率信号。当 AGV 接近决策点(岔道口)时，通过编码装置确定小车目前所在位置。AGV 在接近决策点前作出决策，确定应跟踪的频率信号，从而实现自动路径寻找。

5. 有轨小车(Rail Guide Vehicle, RGV)

有轨小车往返于加工设备、装卸站与立体仓库之间，按指令自动运行到指定的工位(加工工位、装卸工位、清洗站或立体仓库库位等)，自动存取工件。它与机器人输送方式相比，具有输送距离大、定位精度高和载重量大等优点。

有轨运输车有三种工作方式：

(1) 在线工作方式：运输车接受上位计算机的指令而进行工作。

(2) 离线自动工作方式：可利用操作面板上的键盘来编制工件输送程序，然后按启动按钮，使运输车按所编程序运行。

(3) 手动工作方式：运输车有三个主运动，即直角坐标的 X、Y、Z 三个方向，如图 8-18 所示。其中 X 方向(沿轨道方向)和 Z 方向(垂直方向)有较高的定位精度要求(±0.2 mm)，故采用光电码盘检测反馈的半闭环伺服驱动系统。整机控制框图如图 8-19 所示。

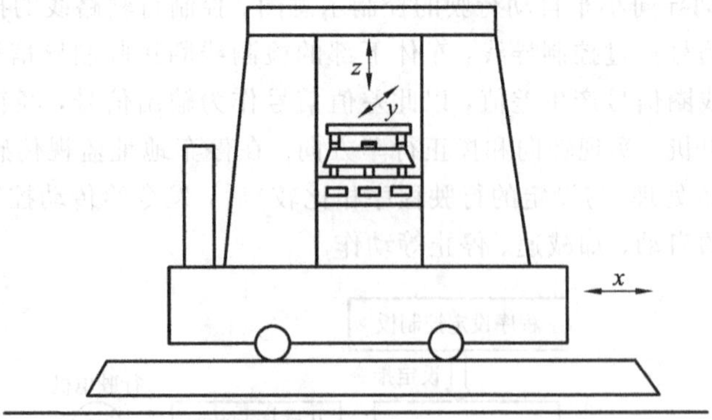

图 8-18　有轨运输车

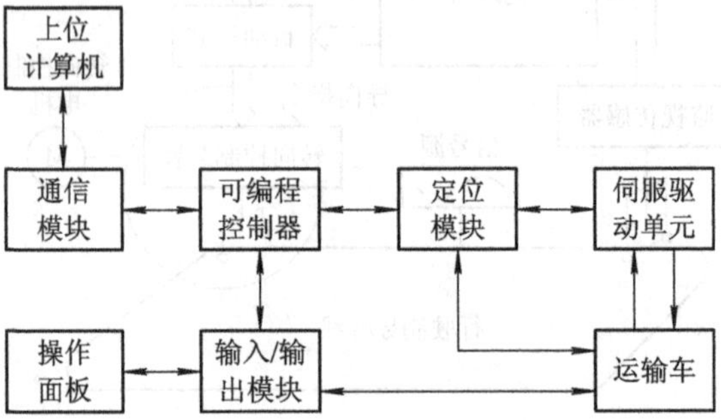

图 8-19　有轨运输车控制框图

6. 步伐式输送装置

步伐式输送装置在加工箱体类零件的自动线以及带随行夹具的自动线中的使用非常普遍。常见的步伐式输送装置有棘爪步伐式、回转步伐式以及抬起步伐式等几种，下面分别予以介绍。

1) 棘爪步伐式输送装置

(1) 棘爪式输送带。

图 8-20 是组合机床自动线中最常用的棘爪式输送带。在输送带 1 上装有若干个棘爪 2，每一棘爪都可绕销轴 3 转动，棘爪的前端顶在工件 6 的后端，下端被挡销 4 挡住。当输送带向前运动时，棘爪 2 就推动工件移动一个步距；当输送带回程时，棘爪被工件压下，于是绕销轴 3 回转而将弹簧 5 拉伸，并从工件下面滑过，待退出工件之后，棘爪又复抬起。

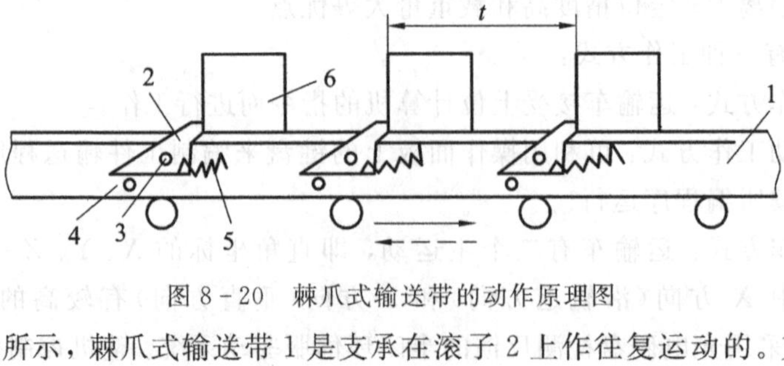

图 8-20　棘爪式输送带的动作原理图

如图 8-21 所示，棘爪式输送带 1 是支承在滚子 2 上作往复运动的。支承滚子通常安装在机床夹具上，它的数量应视机床间距的大小而定，一般可每隔一米左右安装一个。输送时，工件 3 在两条支承板 5 上滑动，两侧限位板 4 是用来导向的。当工件较宽时，用一条输送带运送工件时容易使其歪斜，这时可用同步动作的两条输送带来推动工件。

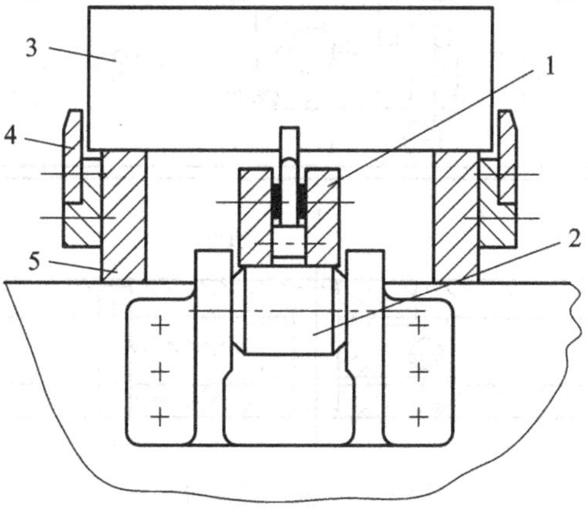

图 8-21　输送带的支承滚子

棘爪式输送带的结构如图 8-22 所示。它由若干个中间棘爪 1、一个首端棘爪 2 和一个末端棘爪 3 装在两条平行的侧板 4 上所组成。由于整个输送带比较长，考虑到制造及装配工艺性，一般都把它做成若干节，然后再用连接板 5 连成整体。输送带中间的棘爪一般都做成等距的，但根据实际需要，也可以将某些中间棘爪的间距设计成不等距的。自动线的首端棘爪及末端棘爪与其相邻棘爪之间的距离，根据实际需要可以做得比输送步距短一些。

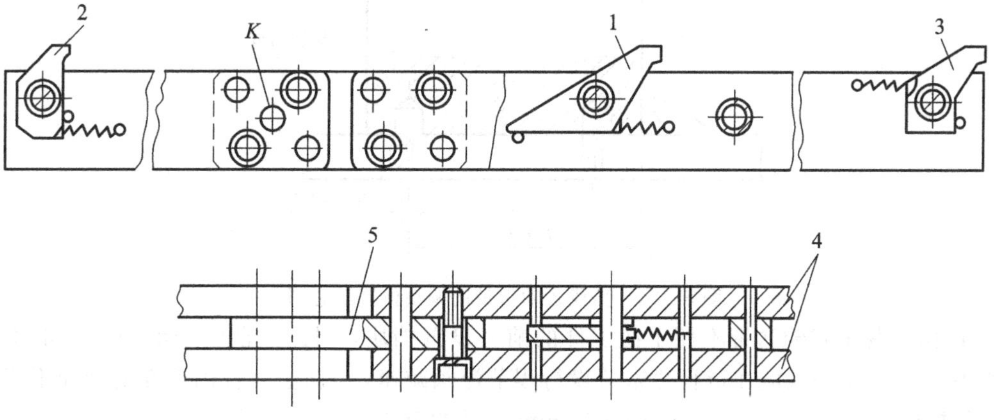

图 8-22　棘爪式输送带的结构

因为步伐式输送装置是一种刚性连接的装置，所以输送带的结构尺寸不仅与输送步距有关，而且与机床在安装调整时的实际距离有关。所以，设计输送带时还应注意以下几点：

① 在一节输送带上，最好只安装一台机床加工工位的棘爪。如果在一节输送带上装有两台机床的棘爪，则不但要求棘爪间具有精确的距离，而且机床安装时的中心距离要求也很严，这是不合理的。

为了便于调整工作，可以采用如图 8-23 所示的微调棘爪。在全线安装调试时装好棘爪 3，当再一次重新安装自动线时，可以根据机床的实际距离，通过螺钉 3 对相邻两棘爪端面间的距离 A 进行微调。

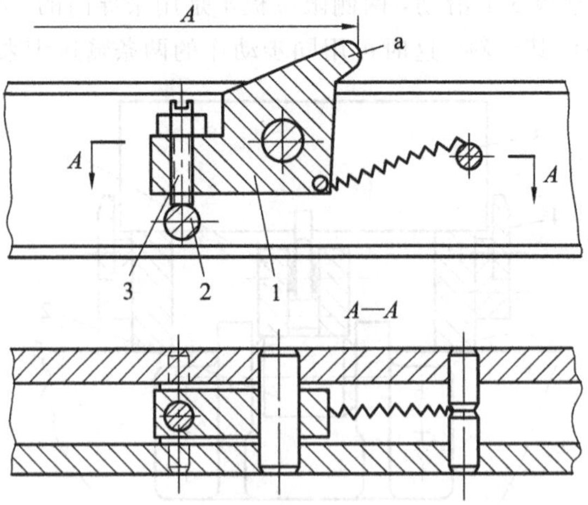

图 8-23 棘爪微调机构

② 连接板一般固定在前一节输送带上，在制造单位安装调试后，连接板与后一节输送带在中间打一个定位销 2(见图 8-22 中 K 处)，运到使用单位时须重新调整，调好后再另打两个定位销。

③ 调整输送带时，输送带向前到达终点，工件应比规定的定位安装位置滞后 0.3～0.5 mm(图 8-24)。在定位时，定位销以顶端锥度引进工件的定位孔，把工件向前拉到准确的安装位置。

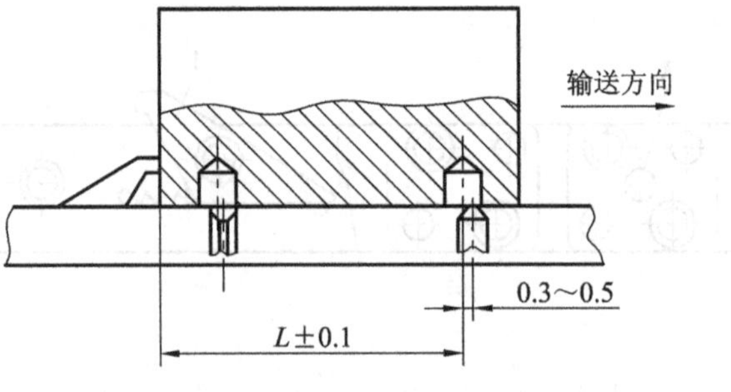

图 8-24 步伐式输送带的调整位置示意图

④ 由于棘爪式输送带不便于在工件的前方设置挡块，因此向前输送的速度一般不宜大于 16 m/min，并且应在行程之末装设行程节流阀减速，以防止工件因惯性前冲而不能保证位置精度。一般推荐在终点前 30～60 mm 处开始节流。

(2) 输送带的传动装置。

步伐式输送带可以采用机械驱动或者液压驱动。

图 8-25 是一种机械驱动的输送装置，由通用的机械滑台传动装置 1 及输送滑台 3 组成。工作时，快速电动机 5 启动，通过丝杆、螺母驱动滑台 3，带动输送带 2 前进，接近终点时，快速电动机 5 停止而慢进电动机 4 启动，使工件准确到位。待工件定位夹紧之后，快速电动机 5 启动反转，使输送带快速返回。

采用液压驱动的输送装置可以得到较大的驱动力和输送速度，实现缓冲比较容易，调整也方便。加以目前绝大多数的自动线中都具有液压传动系统，所以，液压驱动的输送装置得到了广泛的应用。

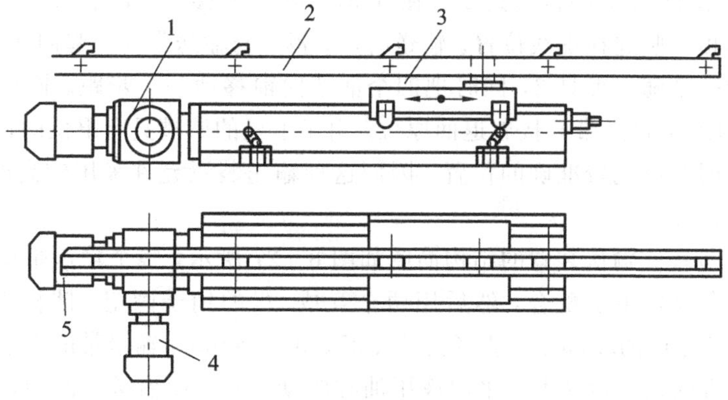

图 8-25　机械驱动的输送装置

2）回转步伐式输送装置

图 8-26(a)为回转步伐输送装置的动作示意图。输送带 1 上的拨爪 2 是刚性的，工作时，输送带先回转一个角度，让拨爪卡住工件(或随行夹具)3 的两端，再向前输送一个步距。待输送带到达终点，将工件定位夹紧后，输送带 1 反转使拨爪 2 脱开工件(或随行夹具)，然后退回原位。图 8-26(b)为回转步伐式输送装置输送的一个实例。在输送带 5 的带

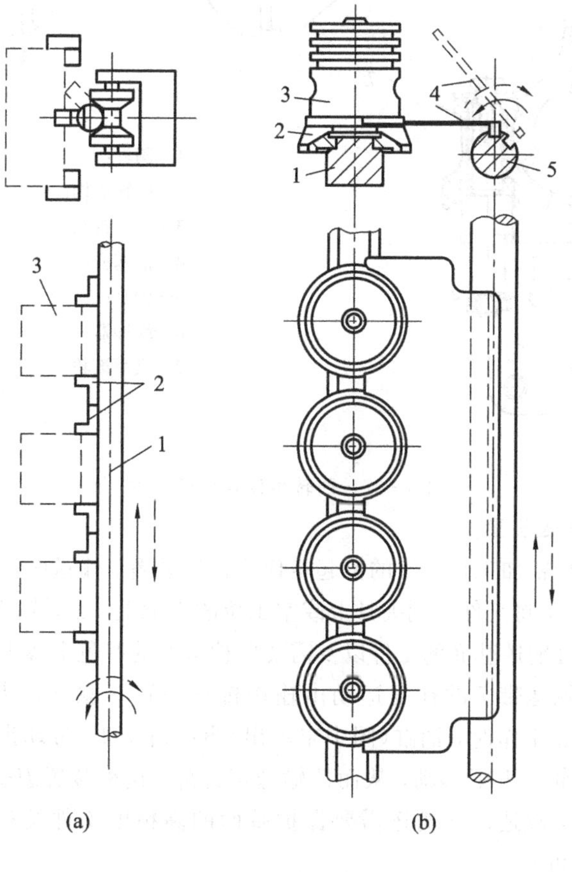

图 8-26　回转步伐式输送装置动作示意图

动下，装有活塞(工件)3 的随行夹具 2 可在 T 形导轨 1 上移动。处于原位时，固装在输送带 5 上的成形卡板 4 竖起在虚线位置。输送时，卡板 4 与输送带 5 一起回转 45°，使卡板的每一个凹槽卡着一个随行夹具 2，同时把四个活塞向前移动一个步距。输送到位后，卡板反转 45°而离开工件，输送带 5 接着退回原位。由于卡板的凹槽具有限位的作用，可以保证工件输送到终点时具有比较准确的位置，因而这种输送装置允许采用较高的输送速度(可达 20 m/min 以上)。

典型的回转步伐式输送装置的结构简图如图 8-27 所示，整个输送带由若干节圆杆 1 组成，两节的接合处采用了配合，然后用两个互成 90°的销子固定。圆杆直径有 40、50、60、70 mm 等，其相应的端部小头直径为 25、35、40、45 mm。输送带的支承滚轮 7 一般做成腰鼓形。输送带的往复运动大多采用液压油缸驱动。为了让输送带回转，活塞杆 4 与输送带之间采用能相对转动的回转接头 3 连接。为使行程末端不发生冲击，油缸 5 两端设有缓冲器 6。输送带的回转运动是由专用的回转机构 2 实现的。

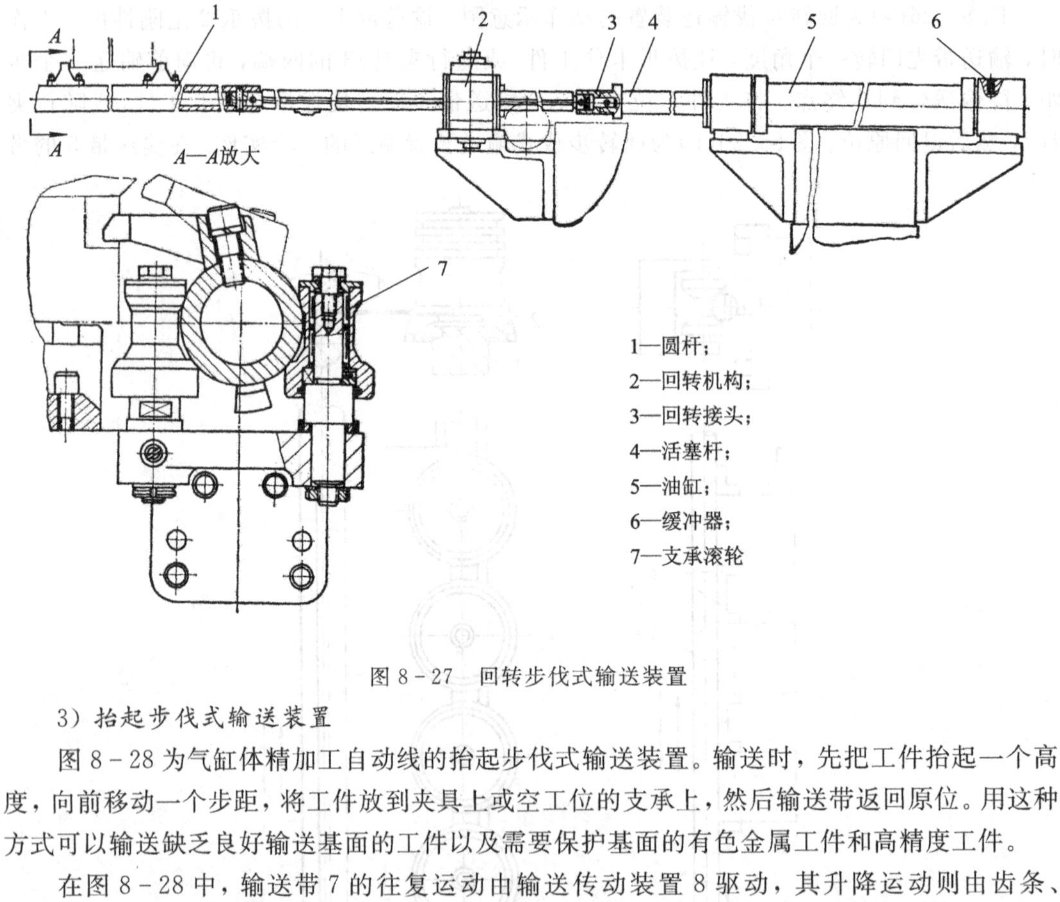

图 8-27　回转步伐式输送装置

3）抬起步伐式输送装置

图 8-28 为气缸体精加工自动线的抬起步伐式输送装置。输送时，先把工件抬起一个高度，向前移动一个步距，将工件放到夹具上或空工位的支承上，然后输送带返回原位。用这种方式可以输送缺乏良好输送基面的工件以及需要保护基面的有色金属工件和高精度工件。

在图 8-28 中，输送带 7 的往复运动由输送传动装置 8 驱动，其升降运动则由齿条、齿轮和凸轮机构实现。工作时，油缸(图中未示出)驱动齿条 1，带动齿轮 2、轴 3 和凸轮 4，迫使顶杆 5 及支承滚轮 6 上下移动，从而使输送带升降。这种装置因受凸轮升高量的限制，升降行程一般比较小，故适用于输送需要保护基面的高精度工件及有色金属工件(这类工件只需抬高几毫米即可)。

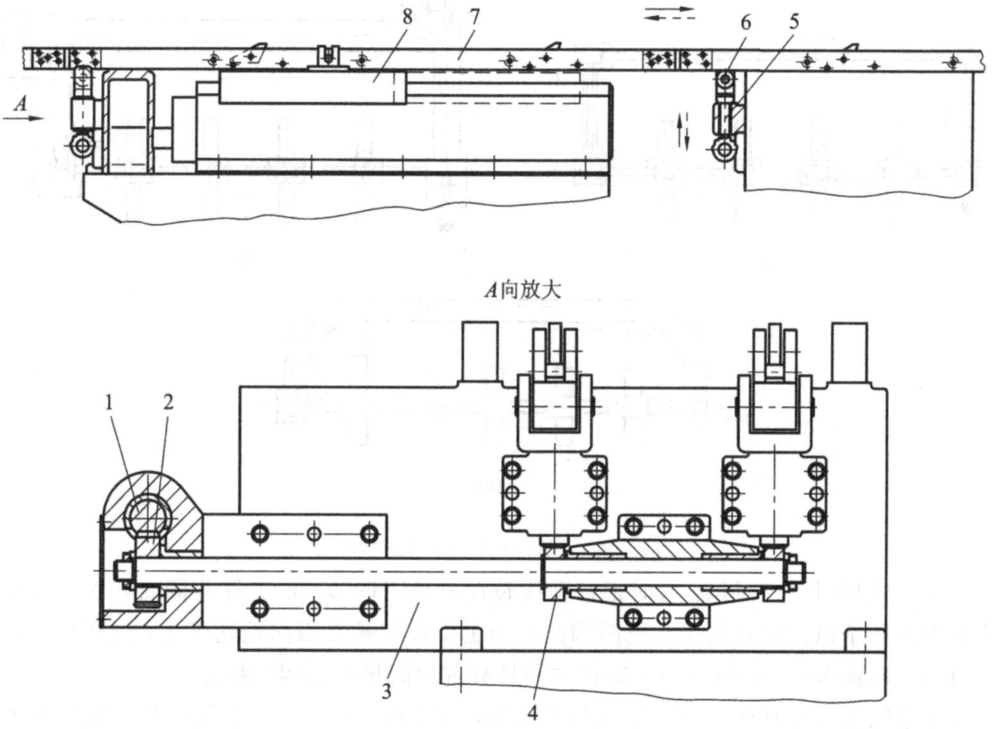

图 8-28　气缸体精加工自动线的抬起步伐式输送器

7. 随行夹具的退回装置

在组合机床自动线中，对于某些形状复杂、缺少可靠输送基面的工件或有色金属工件，常采用随行夹具作为定位夹紧和自动输送的附加装置。随行夹具可以做出一个很可靠的输送基面，并采用“一面两孔”的典型定位方式在自动线的工位上安装，使某些原来不便于在组合机床自动线上加工的工件可以上线加工。

为了使随行夹具能在自动线上循环工作，当工件加工完毕从随行夹具上卸下以后，随行夹具必须重新返回原始位置。所以，在使用随行夹具的自动线上，应具有随行夹具的返回装置。

随行夹具的返回装置包括返回输送带及与主输送带的连接机构。

随行夹具的返回方式有水平返回方式、上方返回方式和下方返回方式。

(1) 水平返回方式。

图 8-29 所示为随行夹具在水平面内作框形运动返回的示意图。图 8-29(a)中的返回输送装置由三条步伐式输送带 1、2、3 所组成，三条输送带按一定的先后顺序步伐移动。在卸料工位卸下工件后，随行夹具在加工时间内一步一步地经过 Π 形路线回到上料工位。图 8-29(b)是采用三段链条传动以代替步伐式输送带。图 8-29(c)为半圆形链条返回输送带，这种方案比图 8-29(b)占地面积小，但须注意随行夹具在返回过程中已回转了 180°，必要时须在自动线中添设转位装置。

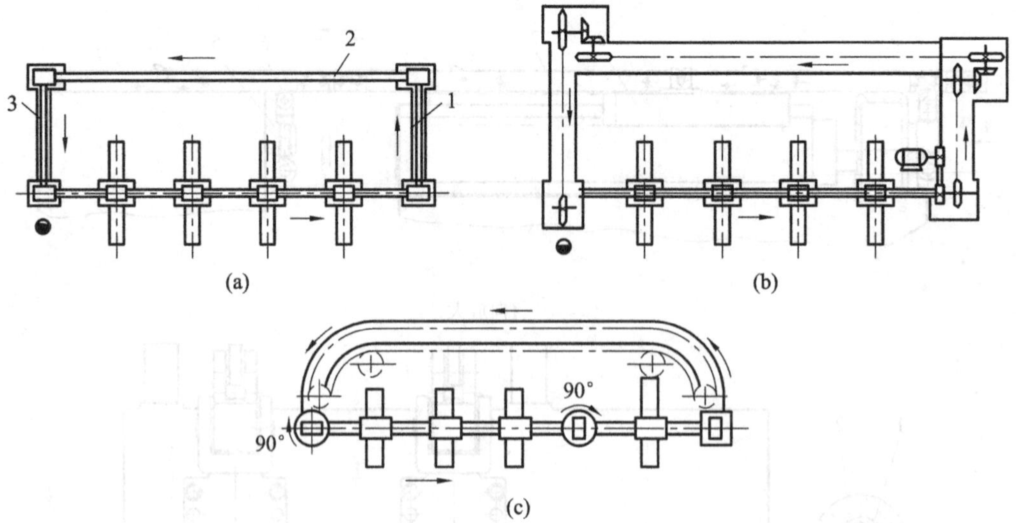

图 8-29　随行夹具水平返回方式

为了有效利用生产面积，有时把自动线布置成封闭框形。把工件两侧面和顶面的加工工位布置在两条纵向输送带上，把两端面的加工工位安排在横向输送带上，这样便无需设置专门的返回输送带。但须注意，这种方案具有占地面积短而阔的特点。

水平返回随行夹具使自动线形成封闭框形，为了进入框内，必须架桥梯从输送带上跨过。这种方式敞开性好，但占地面积较大，适用于随行夹具比较重或尺寸较大的情况。

(2) 上方返回方式。

随行夹具从上方返回方式可使自动线的结构比较紧凑，占地面积小，但不宜于布置立式机床。图 8-30 所示为从机床上面返回随行夹具的示意图。随行夹具 2 在自动线的末端用提升装置 3 升到机床上方后，经返回输送带 4 送回自动线的始端，然后用下降装置 5 降到主输送带 1 上。有的返回输送带是一条倾斜(1∶50)的滚道，随行夹具被提升后，在自重的作用下返回。这种方案结构简单，但对于工位多而布局很长的自动线不甚适宜。

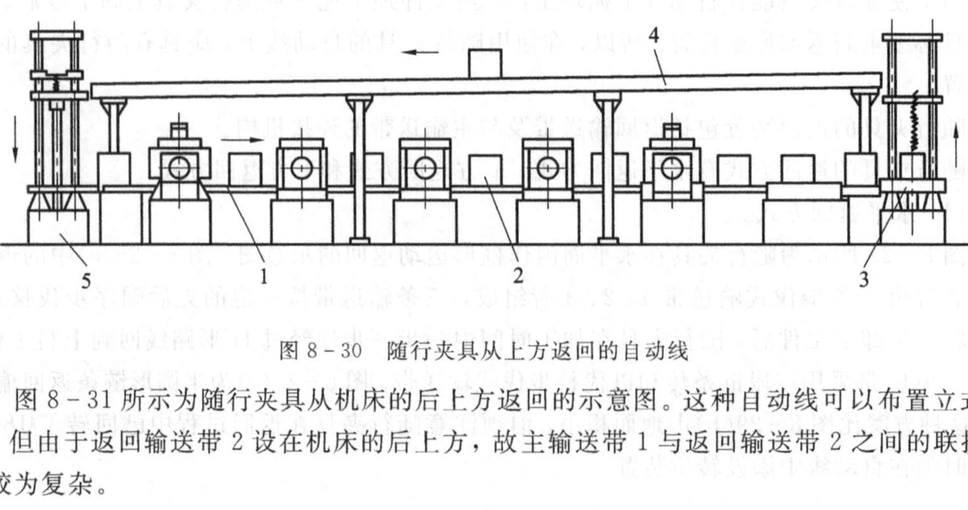

图 8-30　随行夹具从上方返回的自动线

图 8-31 所示为随行夹具从机床的后上方返回的示意图。这种自动线可以布置立式机床，但由于返回输送带 2 设在机床的后上方，故主输送带 1 与返回输送带 2 之间的联接机构较为复杂。

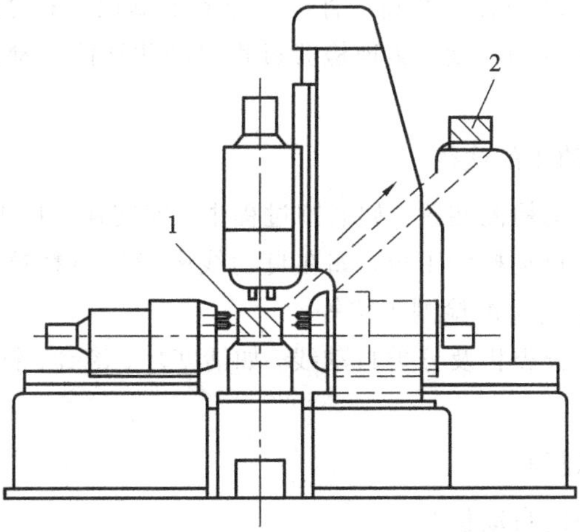

图 8-31　随行夹具从后上方返回的方式

(3) 下方返回方式。

图 8-32 为小型自动线随行夹具从下方返回的输送示意图。装着工件的随行夹具 2 由输送油缸 1 直接驱动，一个顶着一个地沿着输送导轨移动到加工工位。全部工序完毕后，工件连同随行夹具一起被送入自动线末端的回转鼓轮 5，然后翻转至下面，经机床底座内的步伐式返回输送带 4 送回自动线的始端，再由回转鼓轮 3 从下面翻转至上面的装卸工位。两个回转鼓轮是同时动作的，当鼓轮回转时，返回输送带处于中间位置；当鼓轮不动时，返回输送带从鼓轮 5 中拉出随行夹具和工件并向鼓轮 3 送入随行夹具和工件。

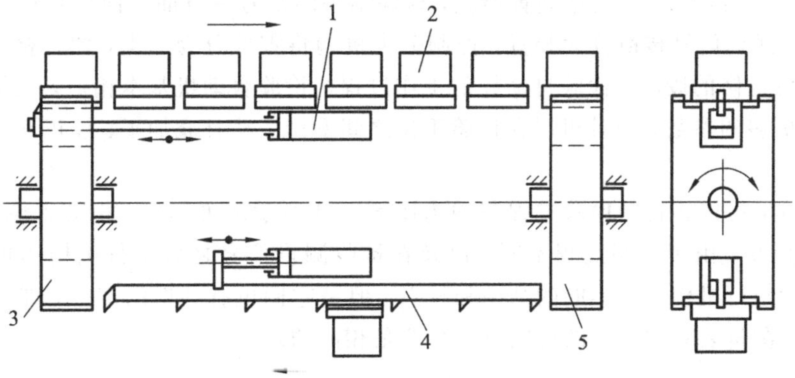

图 8-32　随行夹具下方返回方式示意图

下方返回方式设备结构紧凑，占地面积小，但维修调整不便，也影响底座的刚性和排屑装置的布置。这种方式多用于工位不多、加工精度不高的小型组合机床自动线上。

8.4　检验过程自动化

8.4.1　概述

随着机械加工及装配工序的自动化水平提高，检验过程自动化成为不可缺少的环节。

自动化检验可以保证检验结果客观准确，消除人为的观测误差；提高检测效率，实现大批量检测；减轻检测人员的劳动强度。实现检验过程自动化还能自动监视工艺过程的进行情况，保证设备正常工作。

1. 实现检验过程自动化的途径

(1) 在机床上安装自动检测装置，如磨削过程中，安装在磨床上的自动检测装置。

(2) 在自动线中设置自动检验工位，如在自动线中设置对精镗孔测量的工位，在曲轴动平衡自动线中设置不平衡量的检测工位等。

(3) 设置专用的检验分类机及分类自动线，如活塞环、滚针、钢球等零件的分类机，连杆称重分类自动线等。

2. 自动检验的基本过程

(1) 零件加工过程中的自动检验。

在加工的同时对零件进行测量，将测量结果转换成相应的电量或气压信号送至信号转换及放大装置，经转换、放大后送至机床控制系统，对加工过程直接进行控制。

(2) 具有自动补偿作用的检验过程。

在加工之后对零件进行测量，如果由于刀具磨损而使被加工工件的尺寸达到或超出某一范围，检验装置将发出信号，由控制系统控制机床作相应的补偿运动，或在连续出现废品的数量超过规定值时，通过控制系统来停止机床工作。在某些情况下，也可以同时应用分类机构，让合格品通过，而剔除废品。

(3) 检验自动机的检验过程。

在加工完毕后，零件经测量装置检验，检验结果的信号一方面送向信号灯装置显示出来，另一方面送到信号转换放大装置，控制分类机构将零件分为三类，即合格品、可返修的废品及不可返修的废品。检验自动线的工作过程与检验自动机基本相似，只是在自动线上可以检验更多的参数，而且可以在检验工位之间安排一些补充加工、校正和清洗等其它工位。

综上所述，可以将自动检验过程归纳为图 8-33 所示的方框图。由方框图可以看出，上述三种检验方式由于控制过程不同，以及在接收测量信号之后执行机构实现的作用不同，所以检验执行机构具有不同的结构和特点。但是它们也有共性的部分，即不论哪一种检验方式，其测量装置和信号的传输放大装置是相同的。

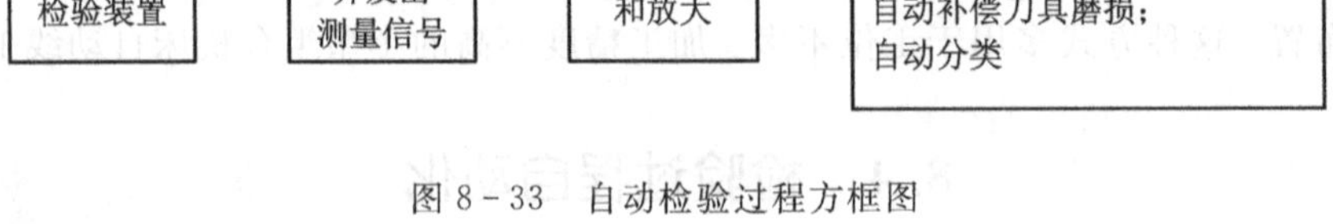

图 8-33　自动检验过程方框图

3. 自动检验的分类

自动检验可以按下列几种不同的特征进行分类：

(1) 按转换测量信号的原理可以分为机械式、电气式(包括电接触式、电感式、差动变压器式、电容式和光电式等)和气动式。

(2) 按检验过程的性质可以分为在加工过程中的自动检验，加工过程中同时对零件进行检验，并根据检验结果主动地控制机床的工作过程，故又称为主动检验；在加工完成以后进行检验和分类，这种检验方法不能预防废品的产生，只能发现和剔除废品，故又称为消极检验。

(3) 按量头与工件的接触情况可以分为接触式检验和非接触式检验。

(4) 按被检验的参数可以分为零件的尺寸偏差、几何形状误差、重量偏差、高速转动零件的不平衡量等参数的检验。

8.4.2　加工过程中的自动检验装置

加工过程中的自动检验装置一般作为辅助装置安装在机床上，就其测量方式的不同，可分为直接测量和间接测量两类。直接测量装置在加工过程中用量头直接测量工件的尺寸变化，主动监视和控制机床的工作；间接测量装置则依靠预先调整好的定程装置，控制机床的执行部件或刀具行程的终点位置来间接控制工件的尺寸。

1. 直接测量装置

根据被测表面的不同，直接测量装置又分为检验外圆、检验孔、检验平面和检验断续表面等类装置。测量平面的装置多用于控制工件的厚度或高度尺寸，大多系单触头测量，其结构比较简单。其余几类装置，由于工件被测表面的形状特性及机床的工作特点不同，因而各具有一定的特殊性。

1) 外圆磨削自动测量装置

在磨削中测量外径尺寸时多采用点接触测量装置，触点的数目可以是一点、两点或三点。

单触点的测量装置结构最简单，但是在布置测量触点时，必须注意磨削时径向切削力较大这一特点。为了避免工艺系统的弹性变形直接影响测量精度，测量触点不宜布置在砂轮的对面(如图 8－34(a)所示)，而应如图 8－34(b)所示，布置在与砂轮横进给相垂直的方向，即将触点接触在工件的上母线或下母线上。

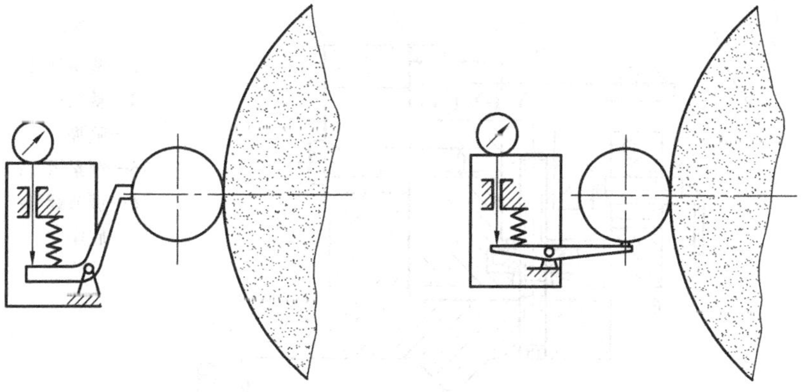

(a)　　(b)

图 8－34　单触点测量的布置方式

图 8-35 所示为单触点测量装置的实例。此装置由测量头 3、QFQ—2—1 型浮标式气动量仪 6 和 GK—4 型晶体管光电控制器 7、9 所组成。测量头 3 装在磨床工作台上，测量杠杆 2 的硬质合金端与工件 1 的下母线相接触，另一端面 B 与气动喷嘴 4 之间具有一定的间隙 Δ。杠杆 2 的 *A* 部具有一定的弹性变形，以保持触头对工件的测量力。在加工过程中，工件直径逐渐减小，间隙 Δ 也随着减小，因而浮标逐渐下降。当工件到达规定的尺寸时，浮标正好切断光源控制器 7 从灯泡 8 发出的光束，于是光电传感器 9 输出一个信号，控制砂轮 5 退出工件。

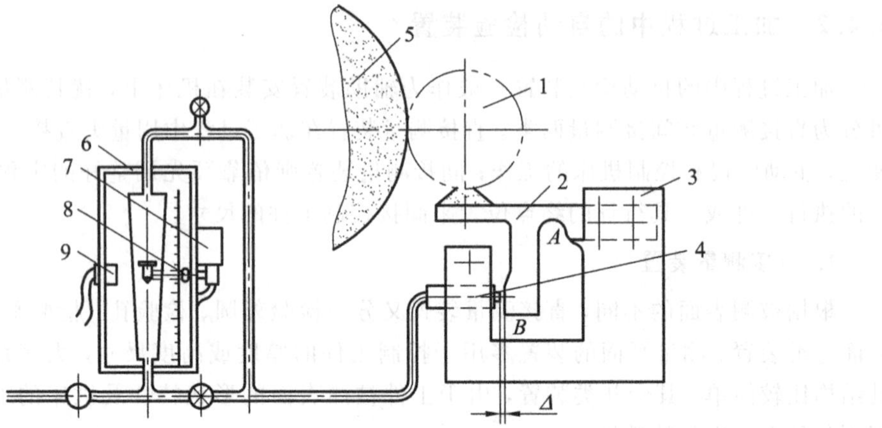

图 8-35　单触点测量装置

图 8-36 是测量头的结构。量头体 3 装在底座 7 的垂直槽中，用螺钉 5 锁紧。底座 7 固定在机床的工作台上，其底面结构根据工作台面的形式确定。松开螺钉 5，可以借助于螺母 6 调节量头的高低位置。

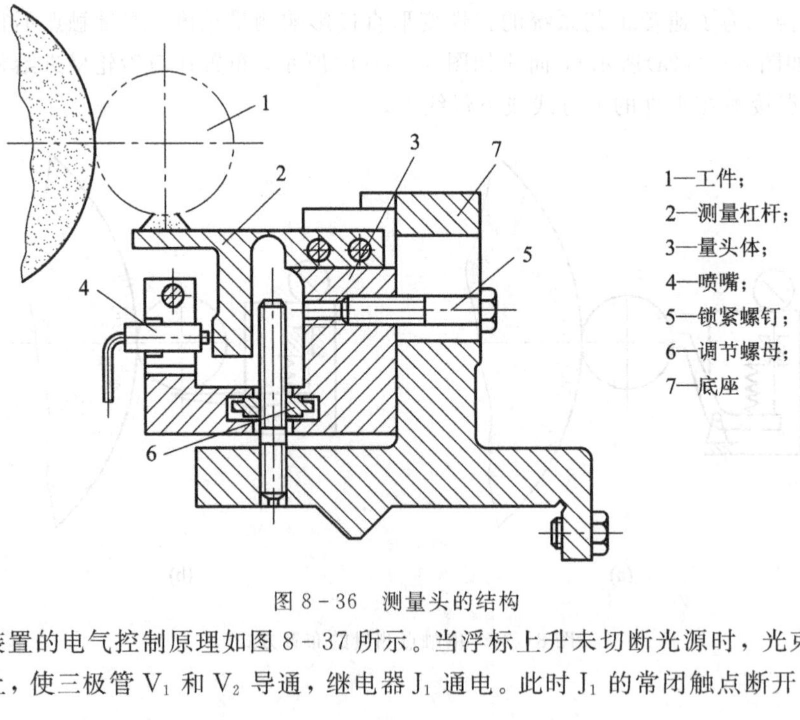

图 8-36　测量头的结构

测量装置的电气控制原理如图 8-37 所示。当浮标上升未切断光源时，光束直射在光电二极管上，使三极管 V_1 和 V_2 导通，继电器 J_1 通电。此时 J_1 的常闭触点断开，控制继电

器 J_2 不通电，无控制信号输出。当浮标下降切断光源后，三极管 V_1 和 V_2 截止，J_1 断电，J_2 通电，其常开触点闭合，接通电磁铁 DT，控制砂轮退出。

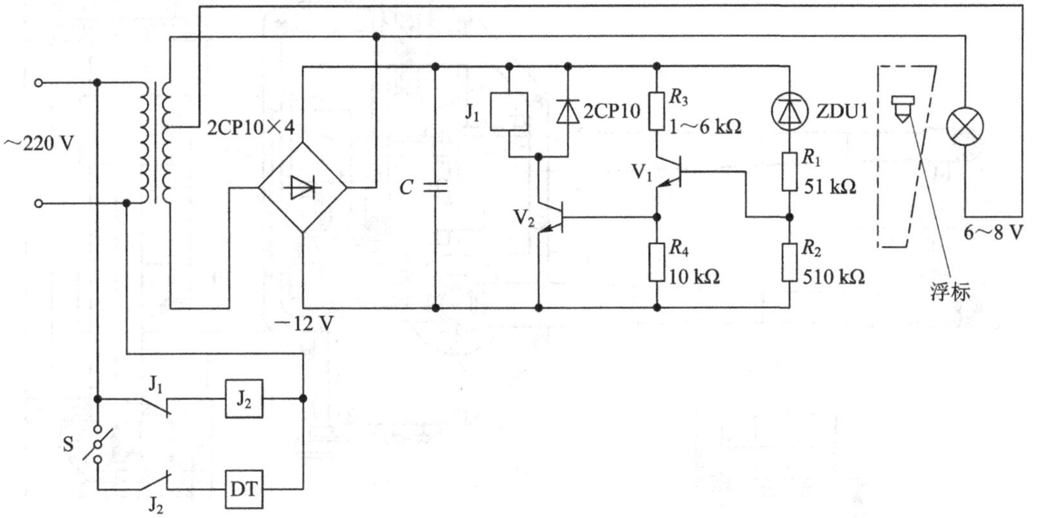

图 8-37　测量装置的电气控制原理

单触点测量装置的触点与工件的上母线或下母线相接触，虽然能消除工艺系统在径向磨削力作用下变形的影响，但是工件相对于测量装置的安装误差以及加工中的振动等因素仍然会影响测量精度和稳定性。双触点测量装置可以消除或减小上述不利因素的影响，能保证较高的稳定性。

2）内圆磨削自动测量装置

内圆磨削的自动测量装置也有多种，如刚性塞规、单触点和双触点测量装置等。刚性塞规的结构和电路简单，但易磨损，工作稳定性较差，测量精度也不很高，通常只用于测量 2 级精度以下的孔。单触点测量装置存在着与外圆磨削单触点测量装置相同的缺点，因此只应用于工艺系统刚度较好，主轴振动小的情况下。目前在自动和半自动的内圆磨床上广泛采用双触点测量装置。

图 8-38 是采用电感式传感器的双触点测量装置原理图，图 8-39 是具体的结构图，两图中的零件序号是一致的。

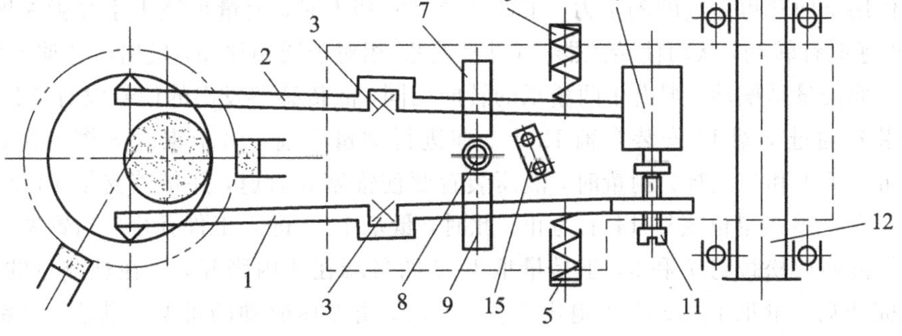

图 8-38　双触点测量装置原理图

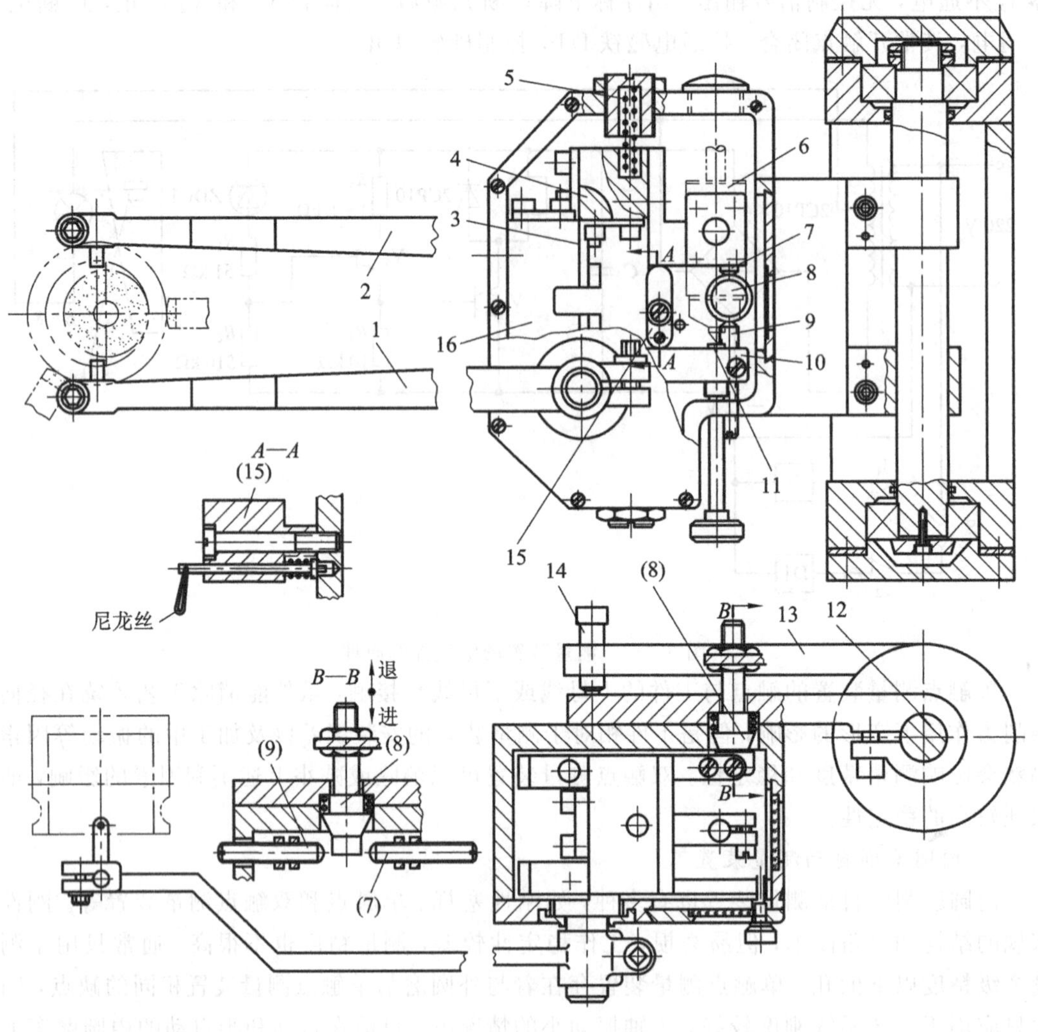

图 8-39　内圆磨削双触点测量装置

图示量爪 1、2 已经进入工件孔中并处于测量状态。量爪 1 和 2 都通过支承块 4、十字片弹簧 3 与测量装置的基架 16 相连。在上支承块 4 的右端装有电感式传感器 6，在下支承块 4 的右端则装有臂 10，其中装有可调节的量端 11，与传感器量端接触。上、下量爪 1、2 各处在弹簧 5 的作用下而获得一定的测量力。工件孔径尺寸变大时，上量爪绕十字片弹簧顺时针转动，下量爪逆时针转动，从而使传感器测量杆(铁芯)相对于线圈移动，发出尺寸偏差信号。如果工件振动而使量爪摆动，则由于两量爪的转向相同，故传感器发出的信号没有变化。

整个装置通过支架 13 安装在轴 12 上。在进行测量之前，由于锥塞 8 楔入螺钉 7 和 9 之间，因而量爪 1 和 2 收拢。测量时，液压装置驱使锥塞 8 后退，并带着支架 13 绕轴 12 顺时针转动，直至靠在定位支钉 14 上为止。此时，量爪 1、2 进入工件孔中，当锥塞 8 进一步后退时，其锥面放松螺钉 7 和 9，于是量爪 1、2 的量端在孔内张开，靠在被测量的表面上。

加工完毕后，量爪 1 和 2 必须退出工件。此时，由液压驱动的锥塞 8 前进，其锥面首先顶开螺钉 7 和 9(图 *B—B*)，使量爪 1、2 的量端合拢，传感器 6 的测量杆与量端 11 离开。当液动锥塞 8 进一步前进时，将使测量装置的支架 13 绕立柱 12 逆时针转动，从而使量爪

1、2 退出工件。定位块 15 是在搬运测量装置时固定量爪 1、2 之用。工作时，应将定位销拔出，将定位块 15 转动，使量爪 1、2 能自由摆动。

通过螺塞调节弹簧 5 的压力，可以分别对上、下量爪的测量力进行调整。传感器的信号调整可借助于手柄调整量端 11 的位置来实现。

量爪 1 和 2 以夹箍安装在支承块 4 的圆柱端上，当用于测量不同直径的工件时，可以进行调整。

2. 间接测量装置

以间接测量法控制加工过程时，不是用测量装置直接检测工件尺寸的变化，而是利用预先调整好的定程装置(例如行程挡铁或开关)，控制机床执行机构的行程，或者借助于专用的装置检测工具的尺寸来间接地控制工件的尺寸。

在应用间接测量法的自动测量装置中，通常都具有某种测量发信元件，借检测刀具的行程或尺寸来间接控制被加工零件的尺寸。图 8 - 40 所示是研磨过程中采用的间接测量装置的工作原理图。在工件 6 上方的支架 5 中，装有可转动的标准环 3，此标准环的孔径与被加工孔在研磨后的尺寸相对应。在每一研磨砂条 4 的末端，带有塑料(或电木)块 2。每当研磨头 1 向上到最高位置时，塑料块 2 进入标准环 3 的孔中，当工件的余量未被切除时，研磨头的外径小于环 3 的孔径。在研磨过程中，砂条逐渐向外胀开，亦即研磨头连同塑料块 2 的外径不断增大，等到工件孔径达到要求的尺寸时，塑料块 2 进入环 3 的孔中后，便以摩擦力带动标准环 3 转动。环 3 上的销子压在信号发送装置 8 上，发出停车信号。挡销 9 和 10 用以限制环 3 的转动角度。

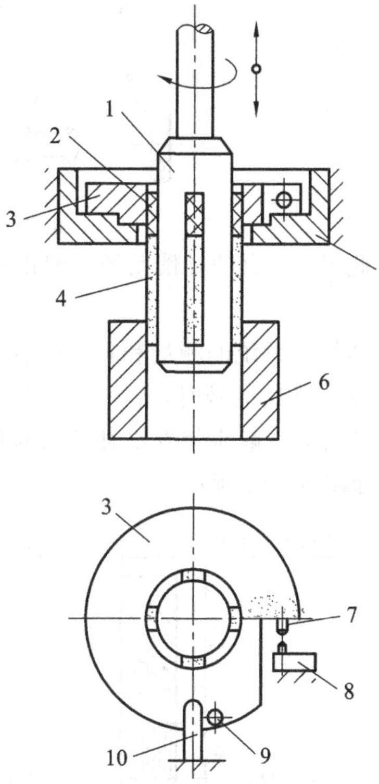

图 8 - 40　研磨孔径的间接测量

采用这种装置时，必须注意到塑料块 2 与砂条 4 在研磨过程中虽然一同被磨损，但它们的磨损不会是一致的。因此，必须根据塑料块 2 的磨损规律来预先决定标准环孔径相应的尺寸，以减小测量误差。

8.4.3　自动补偿装置

对于一些用调整法进行加工的机床，工件的尺寸精度主要决定于机床精度和调整精度。当工件的精度要求较高，而切削工具磨损较快，即刀具的尺寸耐用度较低时，在机床工作时间不长的情况下，工件的尺寸精度就会显著下降。为了恢复机床的调整精度，必须经常停机进行再调整，从而使生产率受到很大的影响。这样，在提高加工精度和充分发挥自动化机床的生产效率之间，就产生了突出的矛盾。为了适应自动化生产中高精度、高效率的要求，在此情况下就需要采用自动补偿装置。

目前，在金属切削加工中，自动补偿装置多采用尺寸控制原则，即在工件完成加工后，自动测量其实际尺寸。当工件的尺寸超出某一规定的范围时，测量装置发出信号，控制补偿装置对刀具进行调整以补偿尺寸上的偏差。图 8-41 所示为精镗孔的自动补偿系统原理图。已加工好的工件 5 用测量头 6 进行测量，其测量结果可在控制装置 7 上用仪表显示出来。当因镗刀磨损而使工件尺寸到达某一极限值时，控制装置 7 发出补偿信号，补偿机构 4 通过镗头 3 对镗刀 2 进行调整以补偿磨损，使其后加工的工件 1 的尺寸回到规定的范围以内。

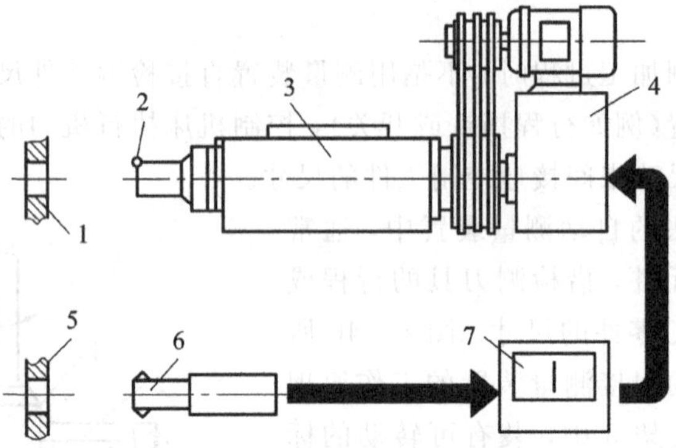

图 8-41　自动补偿系统原理图

由此可见，自动补偿系统一般由测量装置、信号转换或控制装置以及补偿装置三部分组成。

自动补偿系统的测量和补偿过程是滞后于加工过程的。为了保证在对前一个工件进行测量和发出补偿信号时，后一个工件不会成为废品，就不能在工件已到达极限尺寸时才发出补偿信号，一般应使发出补偿信号的界限尺寸在工件的极限尺寸以内，并留有一定的安全带，如图 8-42 所示。

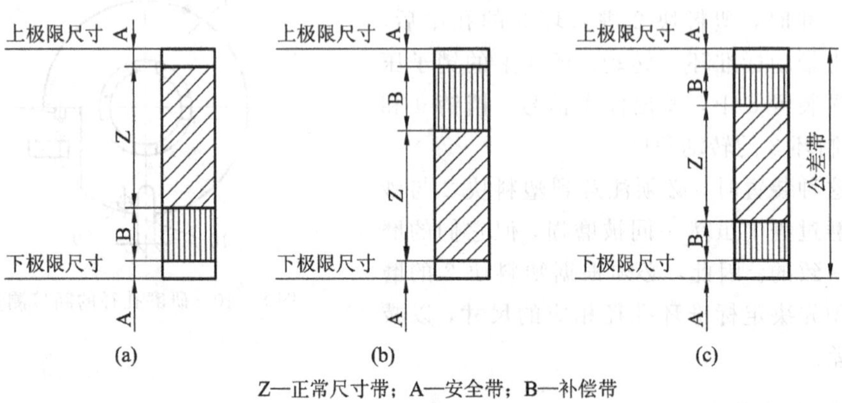

Z—正常尺寸带；A—安全带；B—补偿带

图 8-42　尺寸公差带与补偿带

测量控制装置大多向补偿装置发出脉冲补偿信号，或者补偿装置在接收信号以后进行脉动补偿。每一次补偿量的大小决定于工件的精度要求，即尺寸公差带的大小，以及刀具的磨损情况。每次的补偿量愈小，获得的补偿精度愈高，工件的尺寸分散度也愈小，但此时对补偿执行机构的灵敏度要求也愈高。

采用尺寸控制原则的自动补偿装置，多应用于下述两种情况：

(1) 用调整法加工的磨床。例如无心磨床、立轴式和卧轴式的双端面磨床等，当砂轮磨损后，工件尺寸变大，到达一定限度后，需进行补偿。这时的补偿运动多由补偿装置驱动砂轮座或导轮座来实现。

(2) 用于精加工的自动化机床上。当刀具的尺寸耐用度较低时，需借助于自动测量和补偿装置以保证加工精度，并相应地保证生产率。在此情况下，补偿运动大多由特殊结构的镗刀杆来实现。

8.4.4 检验自动机

1. 概述

检验自动机用以将已经加工好的零件按检验技术要求自动进行分类或分组。一般来说，检验自动机可将零件分为三大类：合格品、可返修废品和不可返修废品。在选择装配时，合格品通常又按一定的尺寸偏差再细分为若干组。所以，检验自动机有时又称为自动分类机。

2. 检验自动机的实例

下面介绍检验自动机的几个实例。

1) 钢球自动分类机

轴承厂生产的大量钢球需按一定尺寸进行分组，以便用选择装配法装配轴承。图 8 - 43 所示是一种钢球自动分类机。料斗 1 中储存着按产品制造公差制造的钢球，通过转动着的圆盘 2 将钢球送入输料管 3 中。楔形量规 4 是由两块倾斜布置的刃片组成的，两刃口组成一狭缝，按钢球的尺寸公差调整得开始窄些、逐渐变宽。钢球沿刃边滚动时，按尺寸由小到大依次落入相应的分组格子中。

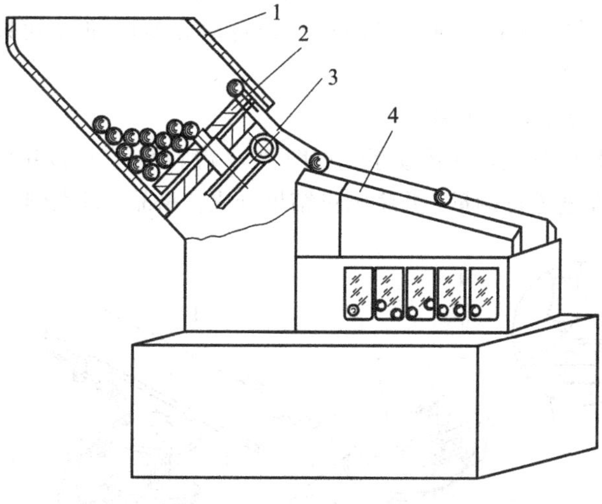

图 8 - 43　钢球自动分类机

这种钢球自动分类机结构较简单，但因钢球滚动时有惯性，故分类精度不很高(约≥2 μm)，用于一般精度的钢球分类。

较精确的钢球自动分类机如图 8 - 44 所示。钢球 9 从料斗 1 输出后，沿输料槽进入精密测量板 4 上，位于量板 4 上方的梳形板 2 沿封闭的矩形曲线作循环运动，并将钢球依次放到量头 3 下面进行测量。量头 3 的数量决定于要求分组的数目，它与量板 4 之间的距离用块规预先调整好(沿钢球传送方向依次增大)。梳形板 2 由凸轮 5、8、杠杆 6 和 7 传动。

当钢球被送到第一量头下面时，如果其直径大于量头 3 与量板 4 之间的距离，则会被阻留在这个位置上，再由梳形板 2 移至下一个量头下面，如果此时钢球的直径小于该量头 3 与量板 4 之间的距离，则钢球便在自重的作用下滚入相应的分类箱中。

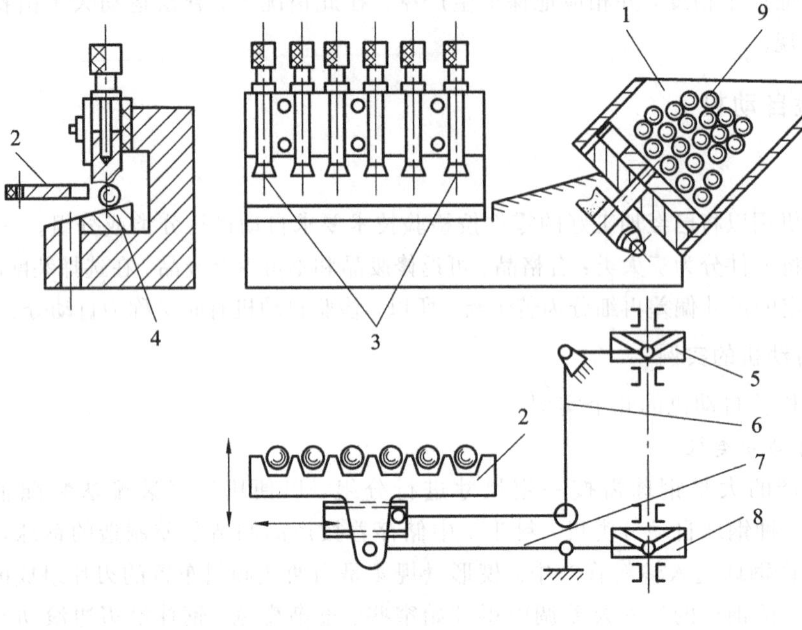

图 8-44　较精确的钢球自动分类机

这种分类机可以按 2 μm 的分组精度将钢球进行分组，生产率为 180～250 个/分。采用差动变压器式传感器(如 DFJ-10G 型滚柱直径自动分类机)时，可以按 1 μm 的分组精度对滚针或滚柱进行分类。

2) 活塞环厚度自动检验分类机

活塞环厚度自动检验分类机的传动系统如图 8-45 所示。它可以用电接触式测量头对活塞环整个圆周轴向的厚度进行测量，并将测量结果分成合格品、过大(厚)和过小(薄)三类。

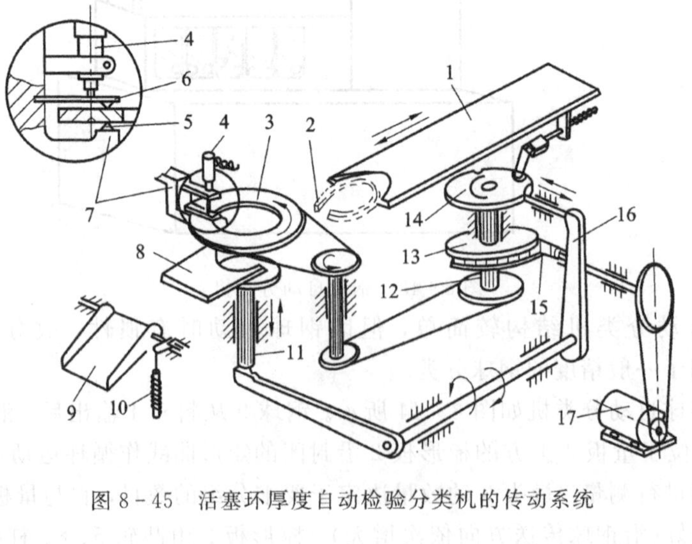

图 8-45　活塞环厚度自动检验分类机的传动系统

整个系统运动的协调是由电动机 17 通过蜗轮副 15、13，驱动分配轴 12 而实现的。活塞环 2 储存在弹仓式上料装置的料仓中(图上未表示)，上料推板 1 由凸轮 14 驱动，将料仓最下面一只活塞环 2 推送至半圆形固定板 8 上，板 1 和 8 的半圆拼成一个整圆，将活塞环夹住，凸轮 14 通过杠杆 16、推杆 11 上端的圆盘将活塞环 2 顶入旋转着的圆盘 3 的孔中。

当活塞环在圆盘 3 中正确地定位以后，测量卡规 7 的上触头 6 和下触头 5 进入被测量的活塞环中，其厚度的尺寸信号由上触头 6 的移动经测量传感器 4 的量杆而发出。由于圆盘 3 是转动着的，因而可以对活塞环 2 整个圆周上轴向的厚度进行测量。如果活塞环 2 的厚度超出公差范围，就向电磁铁 10 发送信号，使分类机构的活门 9 打开，让它落入相应的(过大或过小)分类箱中。

操纵活门 9 的电气原理如图 8－46 所示。摆动杆 5 用导线经开关 S_2 与 C 点相连，触头 3、4 分别与三极管 V_1 和 V_2 的基极连接。当工件尺寸合格时，测量杆 6 使摆杆 5 处在两个触点 3、4 之间，因而 V_1、V_2 的基极均开路，V_1 和 V_2 均截止，分类活门 1 和 2 均关闭，合格的工件沿料槽输出。若工件尺寸过小，则量杆的杠杆 6 下移，压动杠杆 5 使之与触头 3

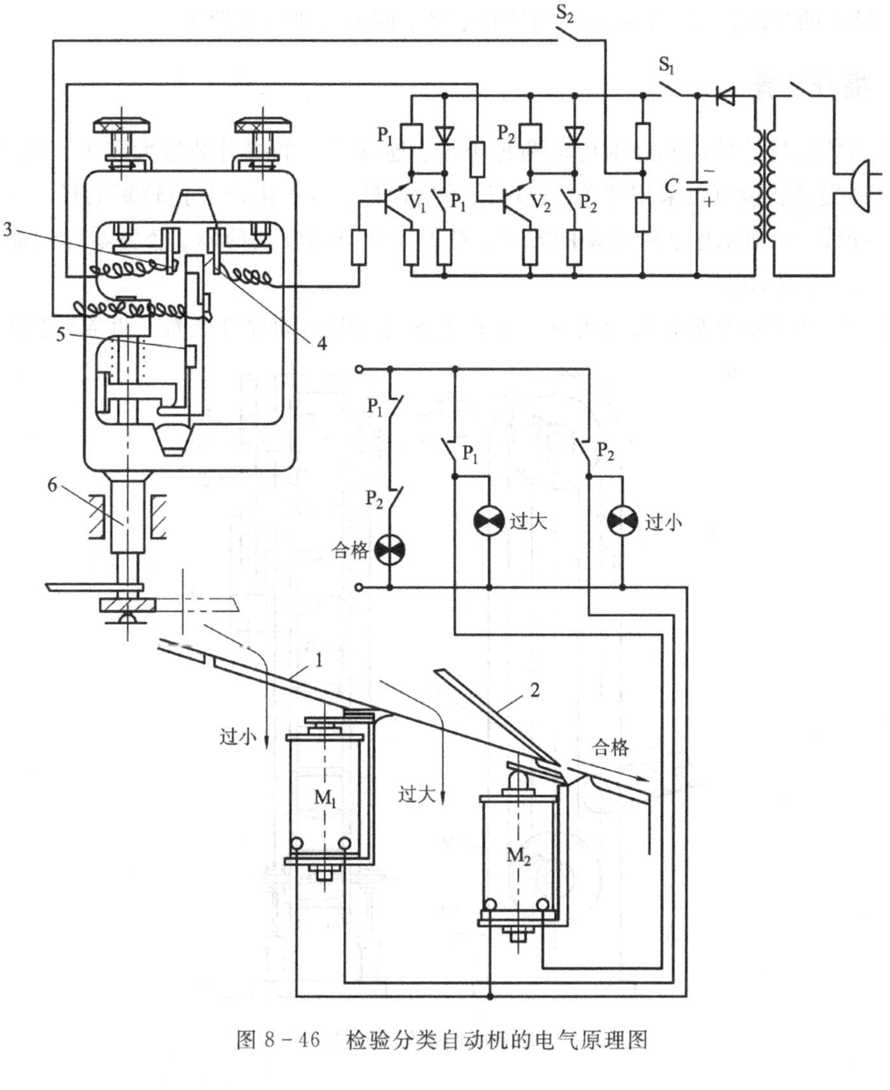

图 8－46　检验分类自动机的电气原理图

接触，V_2 因基极电位变化而导通，于是中间继电器 P_2 吸合，其常开触点接合，电磁铁 M_1 动作，其衔铁将分类活门 1 顶起，过薄的工件落入“过小”的废品箱中。如果工件尺寸过大，则摆动杆 5 与触头 4 接触，V_1 导通，中间继电器 P_1 吸合，电磁铁 M_2 的衔铁将分类活门 2 顶开，过厚的工件落入“过大”的废品箱中。

工件离开测量位置前，开关 S_2 先断开，以防止发出工件过小的误信号，并靠 P_1 或 P_2 的自锁触点将分类活门保持在原位。在每个测量循环完毕后，靠开关 S_1 将电路断开，电器全部复原。下一循环开始时，S_2 先合上，待工件进入测量位置后，S_1 合上，接通电路以进行测量。开关 S_1 和 S_2 的开合，可由分配轴上的凸轮控制。

8.5 辅助设备

自动化制造系统的正常运行离不开必需的辅助设备，这些辅助设备包括工件提升装置、输送过程的分路装置、不同方向的转位装置、断屑与排屑装置等。

8.5.1 提升装置

提升装置有连续传动和间歇传动两种类型。连续传动的提升装置大多采用链条传动；间歇传动的提升装置可以采用链条，也可以采用顶杆。对于生产节拍较短的环、盘类零件的加工自动线，一般采用连续传动的方式；对于生产节拍较长的轴、套类零件的加工自动线，多采用间歇传动的方式。

图 8 - 47 为某油泵齿轮自动线中所用的链条式间歇传动提升装置。两条平行的链条 1

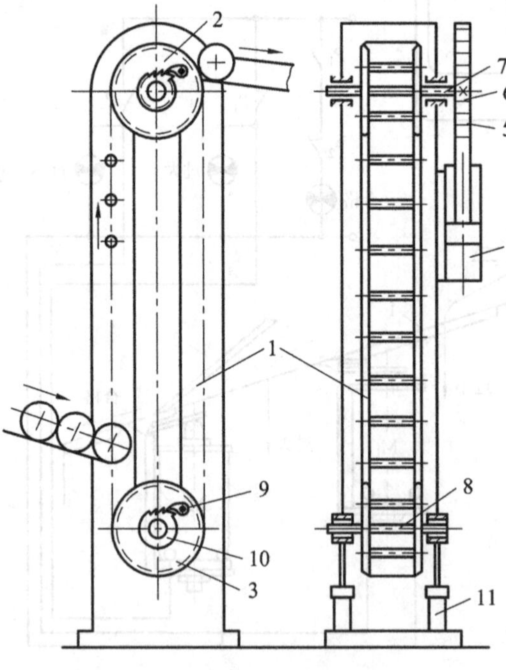

图 8 - 47　链条式间歇传动的提升装置

安装在链轮 2 和 3 上。链条之间按一定的节距用小轴相连，两个小轴之间的距离正好容纳一个工件(齿轮)。链轮轴 7 上装有齿轮 6，与油缸 4 所驱动的齿条 5 相啮合。活塞每往复一次，链条移动一个步距。为了避免活塞回程时带动链轮倒转，轴 7 和轴 8 都以棘轮机构 9、10(借用自行车的“飞”)与链轮相连，轴 8 是固定不转的，并可借调节机构 11 调整两链轮的中心距。这种提升装置还能起到一定的储料作用。

图 8-48 是顶杆式间歇提升装置的结构原理图。顶料板 2 由活塞杆 1 驱动作上、下往复运动，每向上一次，就把一个工件 4 沿提升机主体的内腔向上推移一个距离，此时，工件从弹性掣子 3 上滑过。活塞向下回程时，工件被弹性掣子 3 阻住不能落下。因此，当顶料板不断往复推料时，就能将工件一个顶着另一个地不断向上提升。

这种提升装置的结构简单而紧凑，但须在主体内充满工件后才能将最上一个工件送出；同时，工件不宜过重，否则顶抬力要求很大，且易压伤工件表面。在顶料板行程终点的附近应开活门，以便在调整或修理时从提升机主体内取出积存的工件。

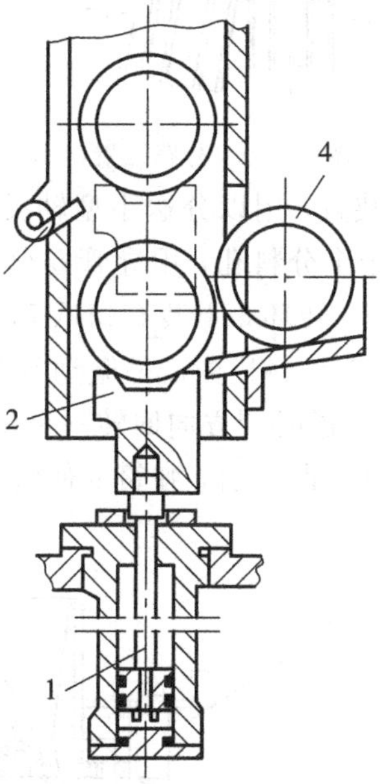

图 8-48　顶杆式间歇提升装置

8.5.2　分路装置

在应用输料槽的自动线中，若某些工序的生产率较低，则为了平衡前后工序的生产节拍，常常把相同的机床并联起来。这时，从上一台机床运来的工件，需用分路装置分配到并联的各台机床上去。

图 8-49 是油泵齿轮自动线中根据“按需分配”原则工作的分路装置，它供两台并联的滚齿机作分配工件之用。在上一台机床加工完成的齿坯从进料滚道 7 送到分路器的位置 Ⅰ 的分料叉 1 中，分料叉 1 与活塞杆 2 相连。活塞杆的两端是油缸 3 和 4，分别与两台滚齿机的油路相连。当某一台滚齿机加工完毕时，其相应的油缸通油一次，将齿坯拉到相应的分路位置 Ⅱ 或 Ⅲ 处，再从出料口经输料槽送到该机床上去。

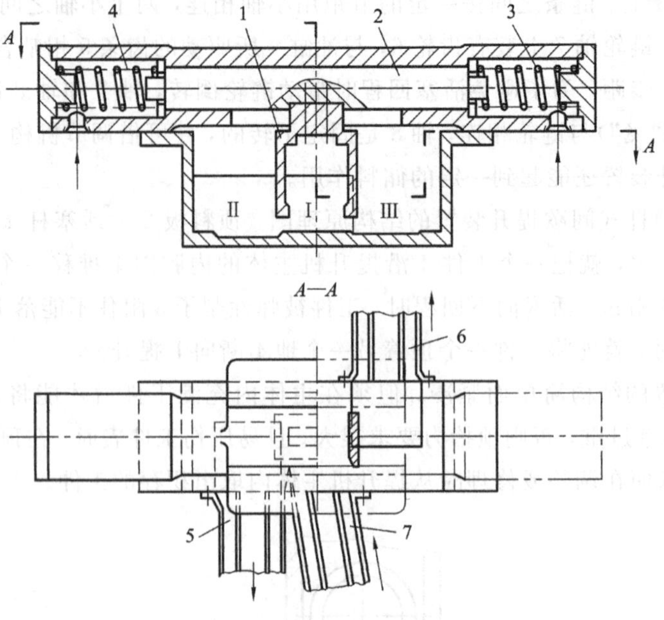

图 8-49　分路装置(一)

图 8-50 为顺序分配的分路装置，用以分送小型轴类工件(如丝锥、钻头)。分料器接头 4 固定在支架 1 上，其上有若干个分料孔，用导管 5 分别与各台机床相通。接头 4 的上部装有可转动的接料套 2 和转环 3。转环 3 上装有棘爪 7，与接料套 2 外圆周上的棘齿相啮合。当工件进入接料套 2 之前，先在输料槽内碰撞微动开关，使电磁铁 9 通电，于是通过拉杆 10、11、6、转环 3 带动接料套 2 逆时针方向回转一个角度，与另一出料导管 5 相通，工件便送到相应的机床上去。电磁铁 9 断电后，弹簧 8 使转环 3 复位。

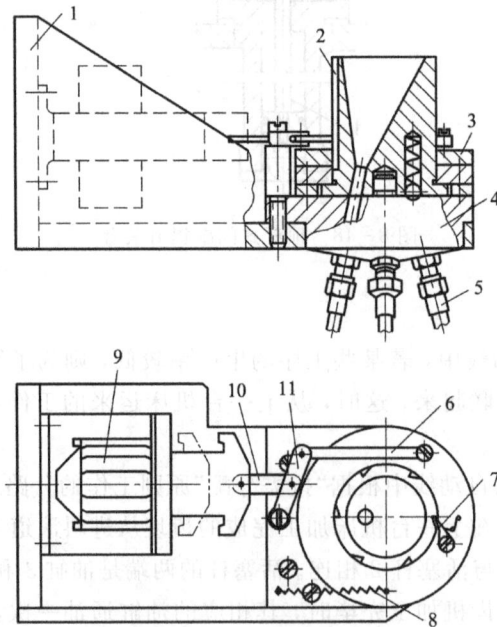

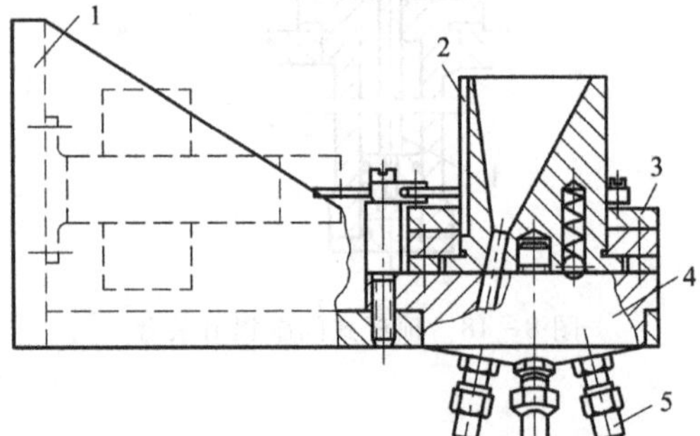

图 8-50　分路装置(二)

8.5.3　小零件的转向和定向装置

当按工艺要求把工件送到下一台机床而需改变其方向时，要采用转向装置。图 8-51 中表示了几种转向装置的例子。

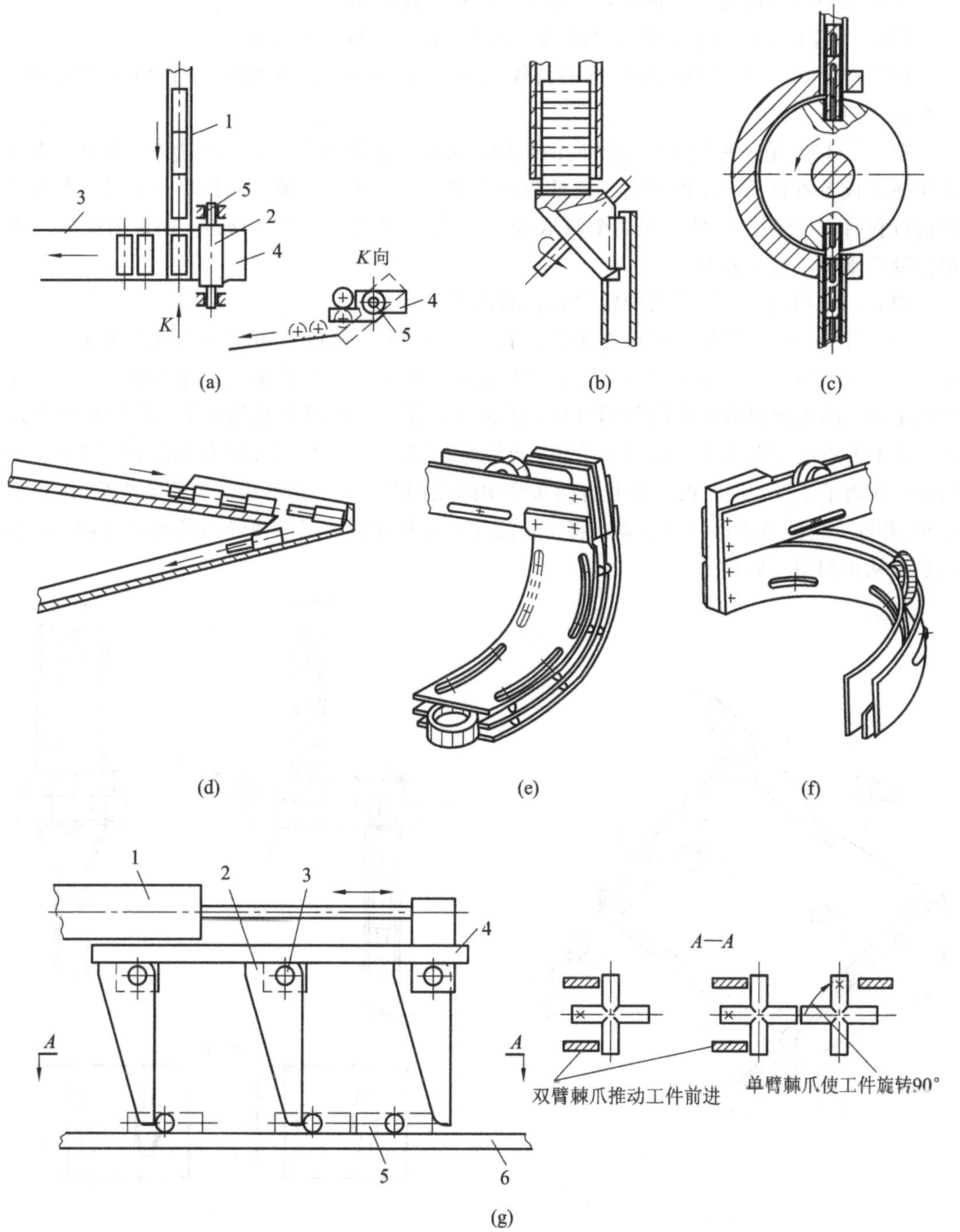

图 8-51　转向装置

图 8-51(a)的转向器 2 可绕轴心 5 摆动，在重块 4 的作用下，处于 K 向所示位置。当工件从滑道 1 送到转向器 2 上后，由于左边的重量大于重块 4，于是转向器 2 逆时针方向摆动，工件便沿斜面进入滚道 3 内。

图 8-51(b)为圆锥形转向器，它可将工件从滚动状态变为滑送。

图 8-51(c)为圆盘式转向器，回转 180°后将工件调头。

图 8-51(d)为利用输料槽的弯曲部分使工件在运送过程中调头。

图 8-51(e)和(f)是利用输料槽的特殊组合结构，使环状(或盘状)工件由滚动变为滑送和使之调头。

图 8-51(g)是一种使十字轴转向的机构，棘爪 2 装在滑板 4 上，由气缸 1 驱动。当气缸驱使滑板带着棘爪往左回程时，棘爪绕轴 3 摆动，而从十字轴(工件)5 上滑过；当气缸向前行程时，双臂棘爪(即后面两个棘爪)推动工件 5 沿着输料槽 6 前进，而最前面的一个单臂棘爪则将工件拨转 90°。

图 8-52 和图 8-53 为几种定向装置的例子。

当工件为小型台阶轴，其重心又位于小直径一端时，可以利用工件的重心来定向。如图 8-52(a)所示，工件 5 从输料管 1 滑到倾斜板 2 以后，由于其重心在小直径一端，故作弧形滚动，落入倾斜板两侧的料槽 3 中，因而可以保证工件以大端朝前定向从输料槽 4 送出。对于重心位于大直径一端的台阶轴，可以采用图 8-52 (b)所示的机构定向。图中 1 为料仓，堆满了工件。定向板 3 上开有两头窄中间宽的落料口。推料板 2 与驱动机构(图中未示出)相连。当推料板作往复运动，将工件逐个向左推送时，工件便经由落料口定向，以小头朝前从出料道 4 输出。

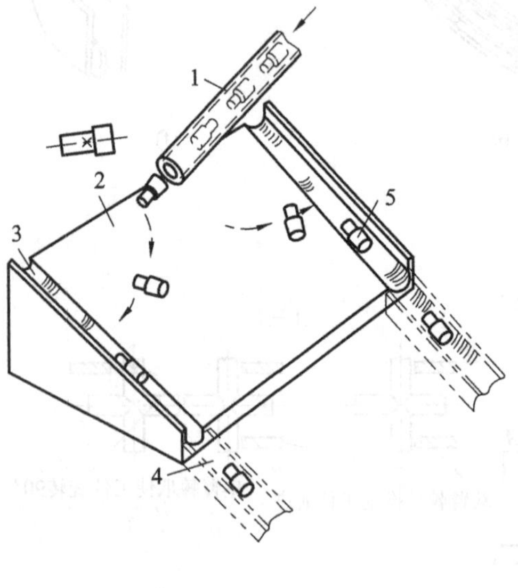

(a)

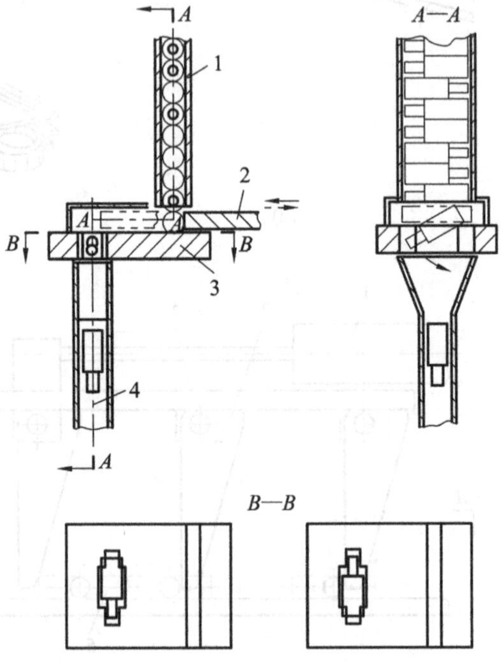

(b)

图 8-52　定向装置之一

对于较长而两端直径不同的工件，可以用限位销子来定向。如图 8-53(a) 所示，料斗 1 的一侧装有两个限位销子 2，工件被送入料斗时，小直径一端可以从销子与箱壁之间的空间通过，而大端则被另一销子挡住，因而可保证小头先落下。对于一端具有闭孔的圆柱体，则可以用定向叉定向。图 8-53(b)中定向叉 1 在重块 2 的作用下顺时针方向回转到一定位置，当工件以闭端向前送来时，将碰撞定向叉 1 仍然以闭端向前落下。

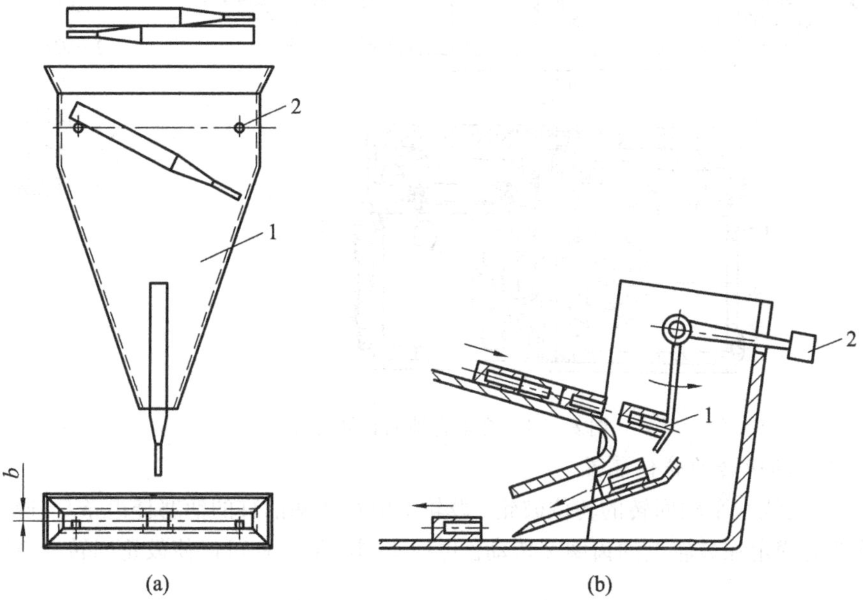

图 8-53　定向装置之二

8.5.4　大零件的转位装置

工件在加工过程中，有时需要翻转或转位以改换加工面。在通用机床或专用机床自动线中加工中小型工件时，其翻转或转位常常在输送过程或自动上料过程中完成。在组合机床自动线中，则需设置专用的转位装置，这种装置可用于工件的转位，也可用于随行夹具的转位，当工件需从一种位置状态改变为另一种位置状态时，有时绕水平轴回转，有时绕垂直轴回转，有时则须作复合回转运动。

1）绕垂直轴回转的转位装置

图 8-54 所示为一种绕垂直轴回转的标准转位台。转台 2 与齿轮轴 4 固定连接，双活塞油缸 1 中的活塞杆齿条和齿轮轴 4 啮合，当活塞杆齿条移动时，就使转台 2 转位。更换不同长度的活塞杆，可使转位台回转 90°或 180°。回转终点的准确位置靠油缸两端的螺钉调整。

油缸活塞的运动速度推荐为 1～2 m/min。两端油缸盖上设有液压缓冲器，可使转位台回转到终点时避免冲击。当齿轮轴 4 转动时，驱使操纵杆 5 移动，并带着挡铁 6 压合行程开关 7，发出与输送带连锁的动作信号。

转位台也可采用叶片式摆动油缸来传动，如图 8-54 所示，这种方案在机械结构上要简单一些。整个转位装置除上述机构以外，还必须根据工件的形状、输送步距大小、转台中心与前后工件的相对位置来设置一个支承工件的座盘，把它固定在转台 2 上。

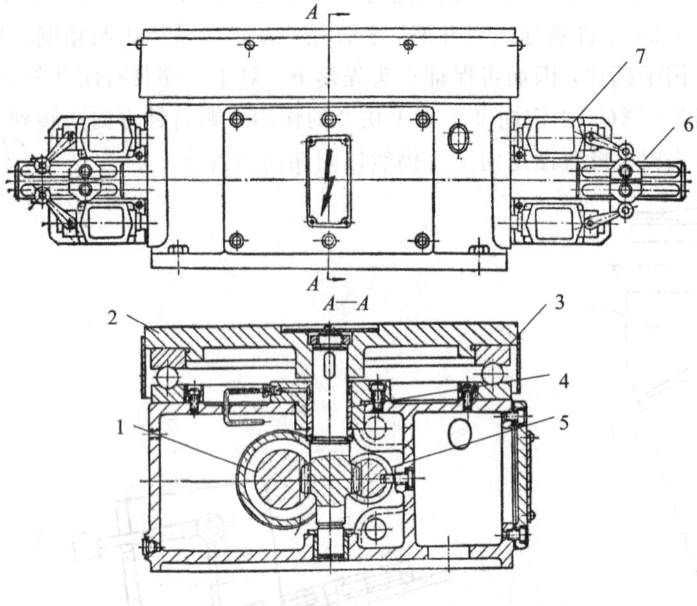

1—油缸；
2—转台；
3—轴承；
4—齿轮轴；
5—操纵杆；
6—挡铁；
7—行程开关

图 8-54　绕垂直轴回转的转位台

2）绕水平轴回转的转位装置

图 8-55 是绕水平轴回转的转位鼓轮。鼓轮 1 由双活塞油缸的活塞杆齿条 5，通过小齿轮 4、大齿轮 3 与固定在鼓轮上的齿圈 2 传动。更换不同的活塞杆可以使鼓轮回转 90°或 180°。

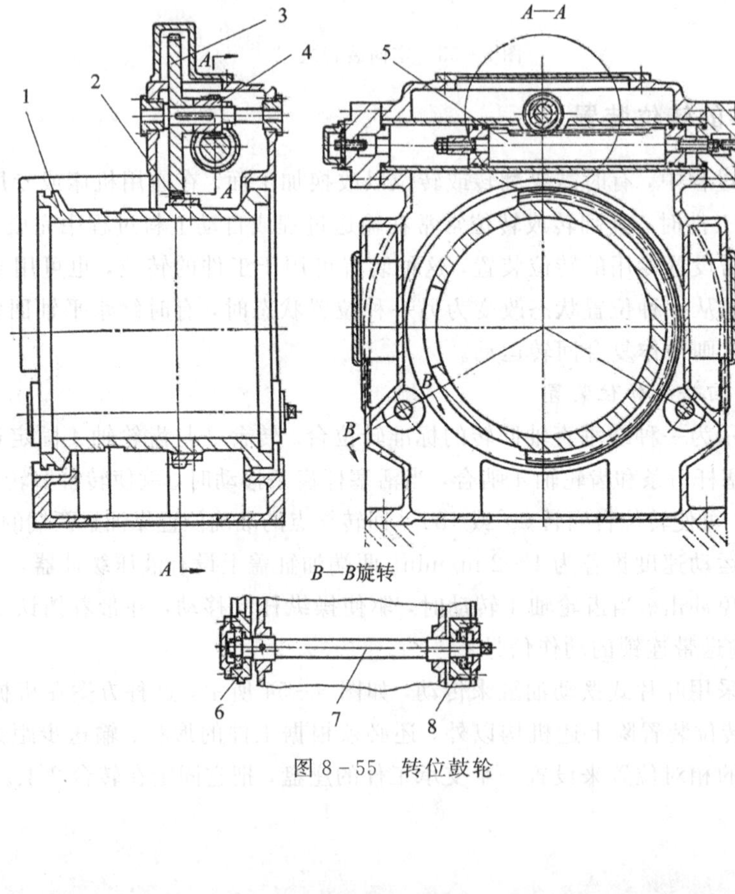

图 8-55　转位鼓轮

鼓轮 1 的下方用两个滚子 6 和两个滚子 8 支承，这四个滚子分别安装在两根偏心轴 7 上。装配时，旋转偏心轴可以调整齿圈 2 与大齿轮 3 的啮合间隙。调好后，轴 7 用销固定在支架上。滚子 6 上有凸缘，嵌在鼓轮前端的环槽里，以限制其轴向移动。根据工件的形状和工件在鼓轮中预定的位置，在鼓轮两端设置支承架，在支承架上装设工件的支承板和限位板，用以限制工件在回转时的自由度。确定支承架在鼓轮上的位置时，应注意使工件在转位前后的装料高度不变。

8.5.5　断屑装置

断屑与排屑是自动线生产中的关键问题之一，特别是加工钢件等塑性材料工件所产生的锋利带状切屑，如不及时折断，就会缠绕在刀具、机床部件及回转的工件上。这不但会在那里积聚大量的热量，产生热变形，影响加工质量，降低刀具耐用度，而且会严重妨碍自动线的正常运转，甚至会危害操作人员与设备的安全。

一般要求将切屑折断成一段段的较短的螺旋状切屑，而不希望折断成碎屑。因为碎屑不便于清理，且到处飞溅，很不安全。

当用普通方法车削外圆时，刀尖相对于工件的运动轨迹为一条螺旋线。若在切削过程中，给刀具附加一个低频率的振动(振幅为 $2A$，如图 8-56(a)所示)，使实际工作的进给量产生周期性变化，则刀尖相对于工件的运动轨迹就变为一条波纹状的螺旋线了。将工件圆周 πD 展开时，此曲线如图 8-56(b)～(d)所示，由图可知，这几种情况都能使切削厚度按正弦曲线的规律变化，因此切屑就会折断。在机床中增添一个振动装置可实现断屑。

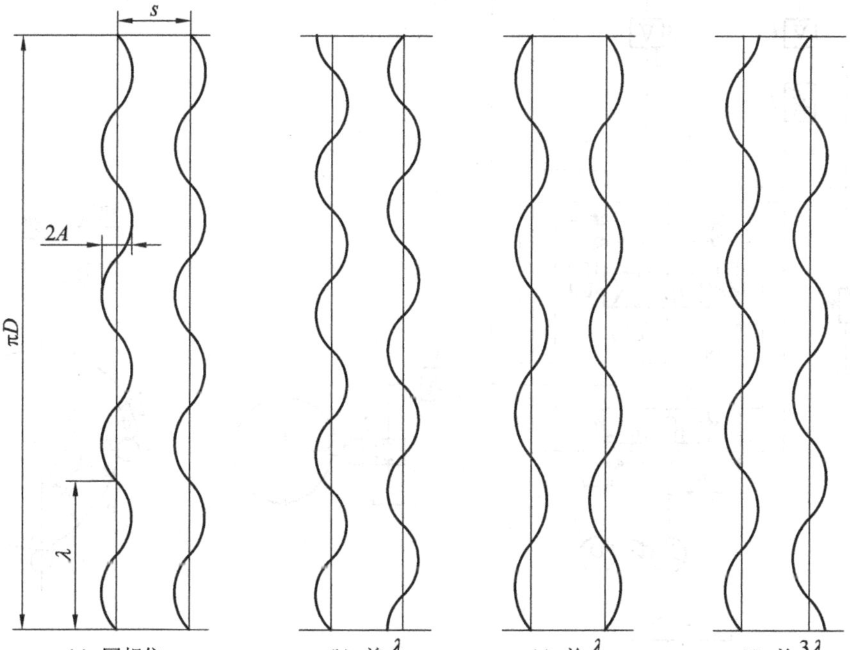

(a) 同相位　(b) 差$\frac{\lambda}{4}$　(c) 差$\frac{\lambda}{2}$　(d) 差$\frac{3\lambda}{4}$

图 8-56　采用不同频率振动时相邻两转的刀尖运动轨迹

振动切削的断屑效果与振动方向、振动频率、振幅及振动力等有密切的关系。

刀具的振动方向与进给方向平行既可保证断屑，又能满足加工精度和粗糙度的要求。当刀具的振动方向与进给方向相垂直时，加工粗糙度很差，而且刀刃很快就会崩坏。振幅 $2A$ 的大小取决于每转进给量 s，与工件的转速无关。一般取 $2A=(0.7\sim1.2)s$ 较为合适。频率 f 的大小主要由工件的转速决定，与进给量 s 无关。一般可取 $f=3\sim40$ Hz，当切削速度 v 较大时，f 取大值，v 较小时，f 取小值。但必须注意，f 不可等于工件每秒钟转数 n 或 n 的整倍数。此外，振动力还必须足够大，以保证刀具能产生振动切削的作用。这样才能得到稳定的断屑效果。

当振动频率 f 等于工件每秒钟转数或它的整倍数时，工件的圆周长 πD 恰为波长 λ 的整倍数。以这种频率进行振动切削时，任意相邻两转的刀尖运动轨迹，其波形相位都是同步的。也就是说，代表相邻两转刀尖轨迹的两条曲线波纹完全平行，切削厚度毫无变化。这样就是同步振动，在这种情况下，切屑不会折断。

切削厚度按正弦曲线的规律变化，其变化范围是很宽的。其实，从断屑及加工粗糙度的观点来看，并不要求切削厚度具有这样大的变化范围。

图 8-57 是用于叉子耳自动线上的液压振动断屑系统。该系统采用微电机驱动断屑凸轮 1，使二位二通行程阀 2 时通时闭，控制动力滑台的进给速度及切削截面积的变化实现断屑的。

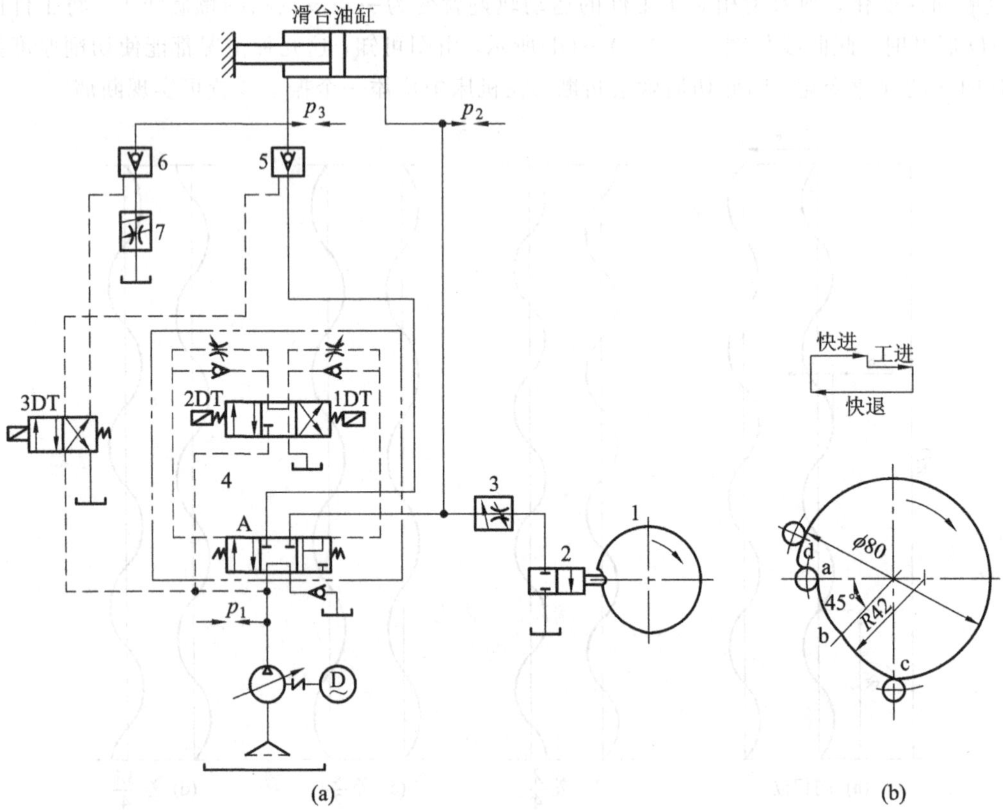

图 8-57　液压振动断屑原理图

动力滑台快退时，电磁铁 2DT 通电，从油泵排出的压力油经电液动滑阀 4 的液动滑阀 A(左位)、液控单向阀 5 进入油缸的左腔，油缸右腔的油经液动滑阀 A 流回油箱。

动力滑台快进时，电磁铁 1DT 及 3DT 通电，压力油经电液动滑阀 4 的液动滑阀 A(右位)进入油缸的右腔；从油缸左腔排出的油经液控单向阀 5 及液动滑阀 A(右位)也进入油缸的右腔。这是差动连接的快速进给。

工作进给时，1DT 仍通电，而 3DT 断电。这时，油泵排出的压力油经过液动滑阀 A(右位)以后分为二路，一路经调速阀 3 及行程阀 2 回油箱，另一路进入油缸的右腔，而油缸左腔的油则经液控单向阀 6 及调速阀 7 流回油箱。当行程阀 2 处于原位(即关闭)时，动力滑台的进给速度全由调速阀 7 控制，此时的滑台进给速度较快。当断屑凸轮 1 打开行程阀 2 时，压力油将有一部分经调速阀 3 及行程阀 2 流回油箱，而只有一部分压力油进入油缸，这时动力滑台将以较慢的进给速度前进，其进给速度由调速阀 3 及 7 共同控制。

8.6　自动化制造系统的控制系统

自动化制造系统的组成非常复杂，作为组成自动化制造系统的子系统——控制系统，是整个系统的指挥中心和神经中枢。组成控制系统的控制装置(包括硬件与软件)的控制任务各不相同，有的侧重于管理与计划调度，有的侧重于通信，有的侧重于现场实时过程控制。

8.6.1　FMS 的信息流

柔性制造系统(Flexible Manufacturing System，FMS)是一种典型的自动化制造系统。对于 FMS 而言，要保证各种设备与物料流装置能自动协调工作并具有充分的柔性，能迅速响应系统内、外部的变化，及时调整系统的运行状态，应必须准确地规划信息流，使各个子系统之间的信息有效、合理地流动，保证系统的计划、管理、控制和监视功能有条不紊地运行。

1. 数据类型

FMS 系统中共有三种不同类型的数据：基本数据、控制数据和状态数据。

(1) 基本数据是在柔性制造系统开始运行时一次建立的，并在运行过程中逐渐补充。它包括：

① 有关系统配置的数据，如机床编号、类型、存储工位标识号、数量等。

② 物料的基本数据，如刀具几何尺寸、类型、耐用度，托板的基本规格，相匹配的夹具类型尺寸等。

(2) 控制数据即有关加工零件的数据。它包括：

① 工艺规程、数控程序和刀具清单(技术控制数据)。

② 加工任务单，指明加工任务种类、批量及完成期限(组织控制数据)。

(3) 状态数据用来描述资源利用的工况。它包括：

① 设备的状态数据，如机床(加工中心、清洗机和测量机)、装卸站、输送系统等装置的运行时间、停机时间及故障原因。

② 物料的状态数据，包括随行夹具、刀具等有关信息，如刀具寿命、破损断裂情况及地址识别。

③ 零件实际加工进度，如零件实际加工工位、加工时间、存放时间、输送时间的记录以及成品数、废品数的统计等。

2. 信息流的功能模块和接口

图 8－58 给出了一种典型的 FMS 管理控制信息流程。它是由作业计划、加工准备、过程控制与监控等功能模块组成的。通过相应的接口，这些信息可以驱动各种设备并相互传递。FMS 控制与管理系统的功能模块和接口如表 8－1 所示。

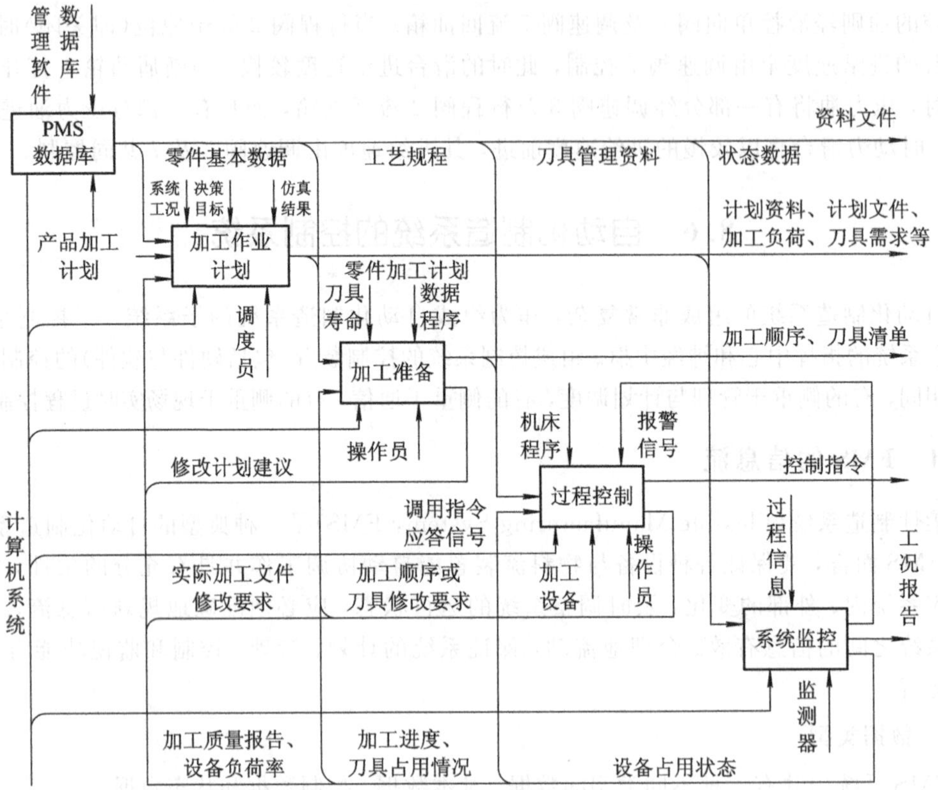

图 8－58　FMS 管理控制信息流程

表 8－1　FMS 管理系统和接口

功能模块	接口
基本数据、控制和状态数据管理	数控装置接口
作业计划管理与控制	刀具预调仪接口
刀具需求及其组合优化	测量机接口
数控程序管理	清洗机接口
刀具流管理	输送装置接口
装/卸站人机交互	局域网络接口
工件流管理	CIM 接口

在 FMS 运行过程中，信息流的层次和时间特征都在发生变化。在计划管理层次中，处理数据量大，运行时间长，但实时性要求不高；在底层中，信息直接驱动设备，要求响应时间快，实时在线传输有关数据。清楚地了解 FMS 信息流的层次和时间特征，对于控制系统的设计和使用是十分必要的。

1) FMS 信息流的层次

FMS 控制系统可以划分为计划制定与评价管理、过程协调控制及设备控制三个层次，这种模块化的结构，各模块在功能上和时间上既独立又相互联系。这样，尽管系统复杂，但对于每个子模块可分解成各个简单的、直观的控制程序来完成相应的控制任务，在可靠性、经济性等方面都提高了一步。

要实现这种结构化特征，其前提是各个层次间必须有统一的通信语言，规定明确的接口。因此，除了建立中央数据库统一管理外，还应设置局部数据缓冲区，并保持人工介入的可能性，要有友好的用户界面。

2) FMS 信息流的时间特征

根据信息流的不同层次，它们对通信数据量与时间上的要求也并不相同。计划管理模块内的通信主要是文件传送和数据库查询、更新，需要存取和传送大量数据，因此，往往需要较长的运行时间。在过程控制模块中只是平行地交换少量信息(如指令、命令响应等)，但必须及时传递，实时性强，因此，它的计算机运行环境应在实时操作系统的支持下并行运行。

8.6.2　制造过程的协调控制

1. 工件流控制

图 8-59 给出了 FMS 工件流控制系统的组成原理，包括随行夹具、工件装夹和物料流控制等部分。

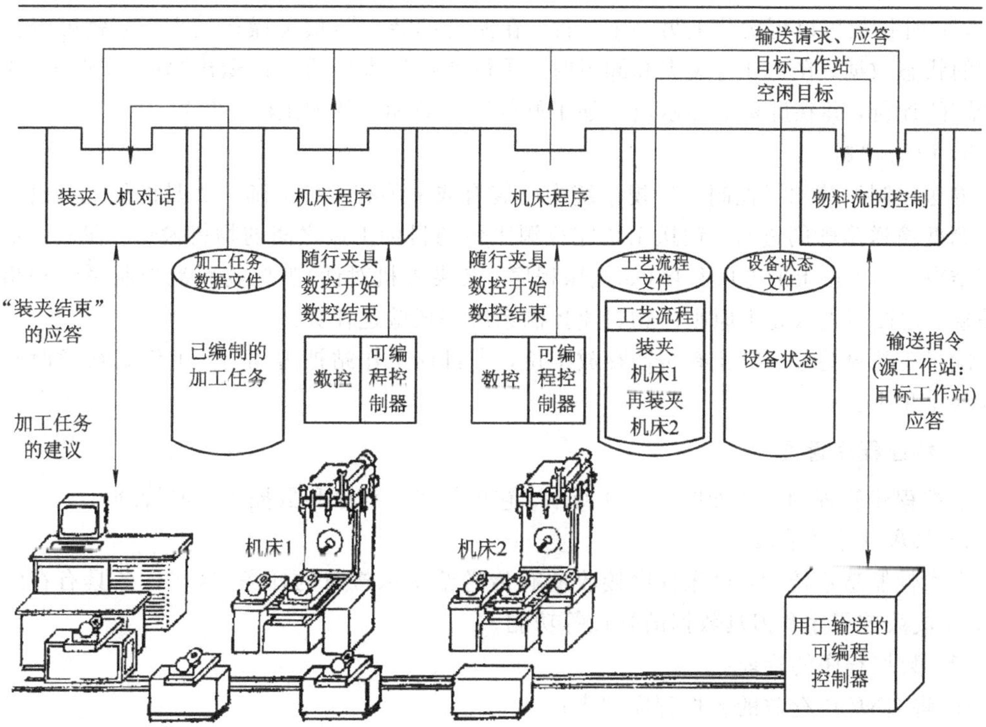

图 8-59　FMS 工件流的控制

1）随行夹具

工件随行夹具是由托板和工件专用夹具组成的。在夹具调整工位或装卸工位上，针对具体工件的安装调整过程由计算机通知操作者。

如果夹具已经装配和调整好，那么就必须对零点设定进行测量，并且通过人机对话将其传输给控制系统。零点是随行夹具的基本数据之一，并且在需要的情况下对加工机床预先作出规定。系统可将每个操作步骤通过屏幕显示告诉操作员。

2）工件装夹

在一个柔性制造系统内可以有几个工件装卸站，每个装卸站可以由多个装夹工位组成。在这些装夹工位上，工件的装夹或者自动进行，或者由操作人员人工进行。在装夹站处通过人机对话进行工件的装夹、再装夹和卸出。装夹顺序是按照工艺流程进行的。

（1）装夹。在作业调度时规定的最高优先权的加工任务首先进行装夹。物料流控制系统向装夹站提供一个适合于选定的加工任务的随行夹具，装夹结束后，物料流控制系统按照工艺路线将随行夹具送到规定机床。当机床正被占用时，就将工件随行夹具放置到缓冲库中。

（2）再装夹。物料流控制系统将一个在首次装夹后已加工完毕的工件再送回装夹站，对于下次装夹所需要的托板被自动地送到装夹站。如果装夹站全部被占用，那么就得自动地清理出一个装夹工位。再装夹结束后，这个载有工件的随行夹具就被再送去加工。卸下工件后的那个随行夹具上又装上一个相应的工件(装夹或转换装夹)，或者这个空的托板被送到缓冲库。

（3）卸工件。物料流控制系统将最后一次装夹后加工完毕的工件送到装夹站，工件被卸下，此时托板可以再次装上另一个工件。在所有的装夹与加工操作结束后，就可以获得工件的状态数据。在工件再装夹和卸下时，质量评定报告会给工件做出“好”、“返工”或者“次品”的评价，并在屏幕上显示出已加工好的工件数和有待加工的工件数。

3）输送控制

输送控制系统用于控制和监视系统中已装有或末装有工件的随行夹具的输送。由输送命令调度输送步骤的进行，输送系统完成源工位与目标工位之间的物料输送。在一个加工步骤结束后，工位上的专门程序(如机床程序、装夹人机对话)就向物料流控制系统提出输送请求，并按照先入先出原则由物料流控制系统完成输送任务。

除了工作站外，一般还有缓冲存放工位，当目标工作站被占用时，工件就被暂时存放在这些工位上。

2. 数控程序管理

数控程序管理的功能如图 8－60 所示，它包括机床程序和数控程序的管理。

1）机床程序的管理

在柔性制造系统中，机床程序接收所有传送给机床接口的任务(这些任务具有在线功能)，完成数控程序和刀具数据的管理等功能。

（1）数控程序的管理：

① 将 CNC 中存放的数控程序列表；

② 通过数控程序管理模块进行数控程序的装载准备；

③ 程序的反馈；

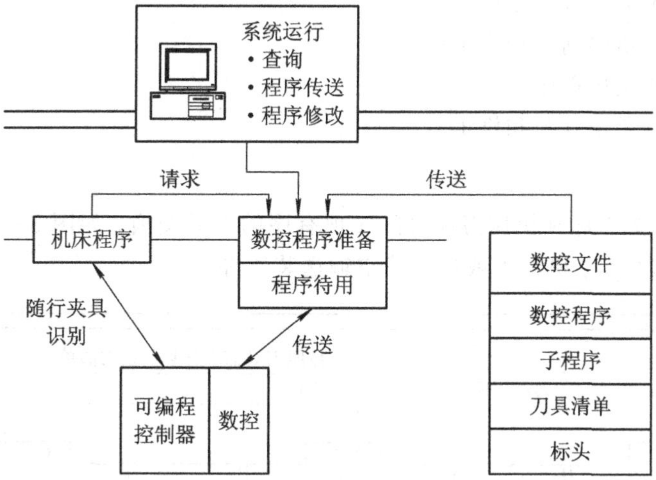

图 8-60　FMS 数控程序管理

④ 数控存储器的清零或个别程序的清除。

(2) 刀具数据的管理：

① 读取刀具数据，并将其传递给刀具需求模块；

② 对用到的刀具进行询问；

③ 报告处于堵塞状态的刀具；

④ 报告出所缺少的刀具；

⑤ 在安装刀具时传送刀具修正值，在取下刀具时撤消修正值；

⑥ 在程序运行一次或每次更换刀具后，根据需要绘出刀具的实际值。

(3) 中断加工的警报和状态报告(机床故障)。

(4) 重新启动时的过程协调：

① 重新启动可编程控制器；

② 将信息传递给主管程序模块；

③ 重新调用数控程序管理模块。

2) 数控程序的管理

要快速、及时地传送机床的数控程序，理想情况是将 NC 数据直接从编程工作站传送到要控制的机床中去。目前，多数数控机床都具有读带机串行接口，可以通过工作站将程序传送到 NC 机床，系统的运行由工作站的操作键盘控制，机床旁配有调用 NC 程序的易于操作的工业终端。它具有 NC 程序管理和传送功能。

(1) NC 程序的管理功能：

① 状态信息/列表；

② 输入/输出 NC 程序；

③ 建立/删除 NC 程序；

④ 可用/不可用 NC 程序。

(2) NC 程序的传送功能：

① 同时传送到几个 NC 控制系统；

② 在数控系统上准备程序；

③ 传送时进行错误判断和修正；

④ 从数控系统调用程序；

⑤ 传回时进行错误判断和修正。

3. 刀具流

刀具流控制中央刀库和机床刀库之间实现有序的刀具交换，如图 8-61 所示。刀具输送设备可以是输送小车、机器人或单轨架空输送装置等。

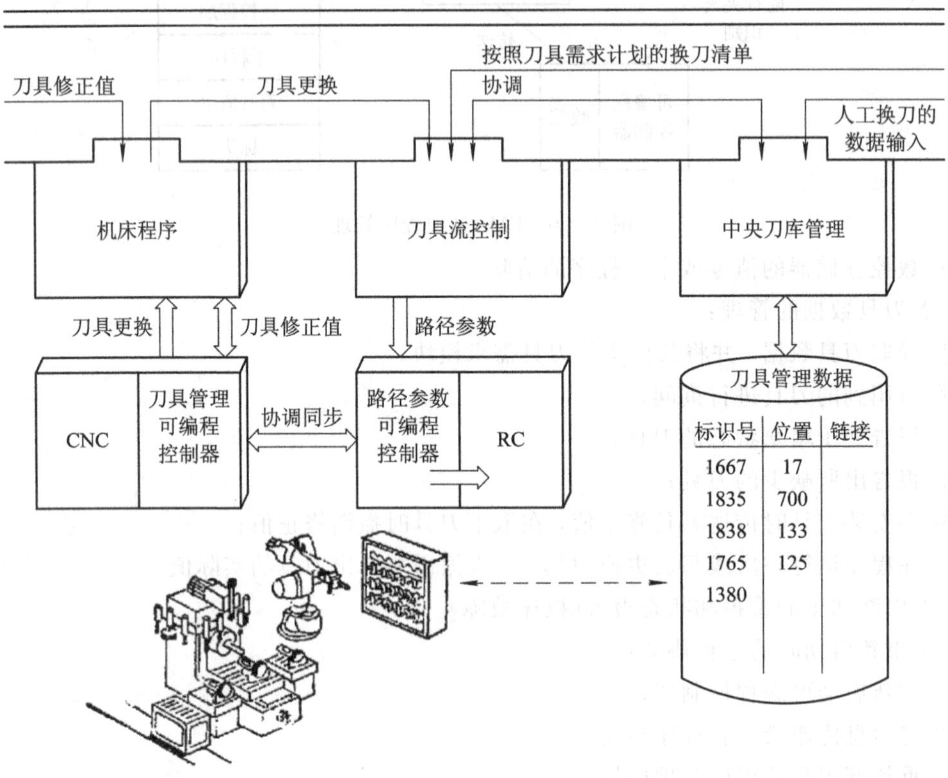

图 8-61　FMS 刀具流控制

根据机床程序可以获得刀具需求清单，但更重要的是刀具需要和更换的确切时间。在工件到达加工位置之前，机床程序应检查刀具情况，明确是否所有需求的刀具已在机床刀库中，或不在机床刀库而在中央刀库中。如果不具备上述两个条件，则该工件不能加工，而应退出系统。如果只具备后一个条件，则需进行刀具交换。

将刀具输送至相应机床的时间控制是通过可编程控制器加以实现的。在数控程序的标识中，可编程控制器获知进行刀具交换的信息，由刀具流控制系统发出指令"刀具交换"，然后，向刀具输送装置传输刀具位置的坐标，以便该装置移向相应位置抓取所需的刀具，送至机床并装到机床刀库中。采用类似的过程可将不再使用的已磨损的刀具从机床回送到中央刀库中去。实际换刀的过程还要考虑中央刀库的管理程序功能，具体包括存放刀具的位置管理、现有加工任务所需的刀具检索及机床占用刀具的信息。通常采用条形码作为刀具标识码，利用激光阅读器与计算机相连。

8.6.3　加工过程监控

为了保证柔性制造系统的运行可靠性，通常可采用以下过程监控措施(如图8-62所示)：

(1) 刀具磨损和破损的监视。

(2) 工件在机床工作空间的位置测量。

(3) 工件质量的控制。

(4) 各组成部分的功能检验及故障诊断。

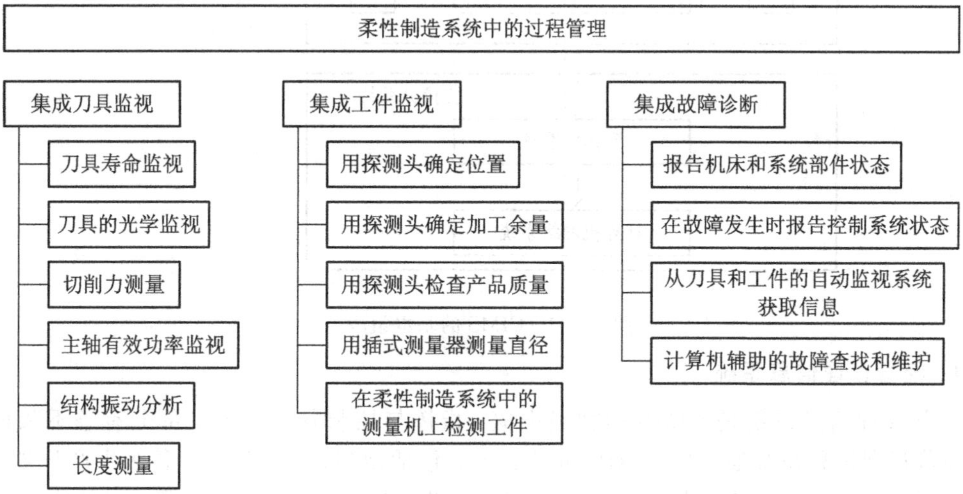

图8-62　加工过程监控功能

8.7　计算机集成制造系统

8.7.1　基本定义

计算机集成制造系统简称CIMS(Computer Integrated Manufacture System)，是在信息技术、自动化技术、管理与制造技术的基础上，通过计算机及其软件的辅助将分散在产品设计和制造过程中各种孤立的自动化子系统有机地集成起来，形成适用于多品种、小批量生产，实现整体效益的集成化和智能化制造系统。

集成化反映了自动化的广度，它把系统的范围扩展到了市场预测、产品设计、加工制造、检验、销售及售后服务等全过程。智能化则体现了自动化的深度，它不仅涉及物资流控制的传统体力劳动的自动化，还包括信息流控制的脑力劳动的自动化。

8.7.2　计算机集成制造系统的基本组成

从系统的功能角度考虑，CIMS一般由经营管理信息系统、工程设计自动化系统、制造自动化系统和质量保证系统等四个功能分系统以及数据库系统和计算机网络系统两个支撑分系统组成，如图8-63所示。

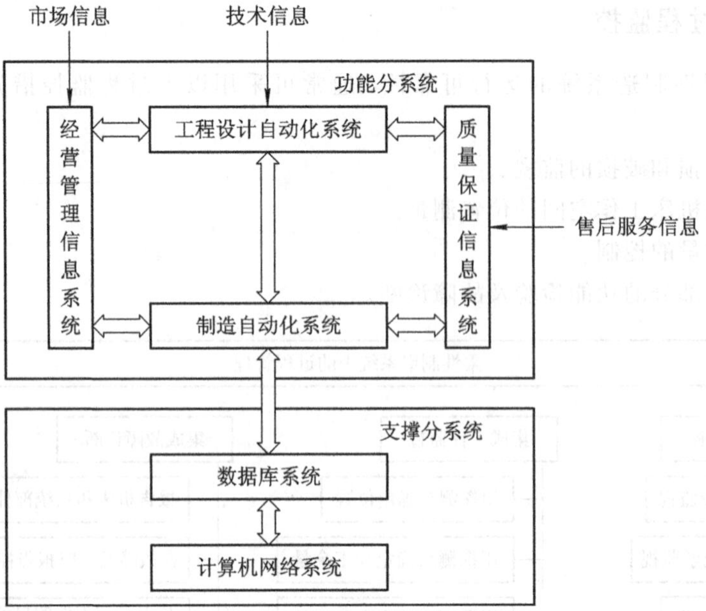

图 8-63 CIMS 的基本组成

1. 经营管理信息系统

经营管理信息系统是 CIMS 的神经中枢，指挥与控制着其他各个部分有条不紊地工作。经营管理信息系统通常以 MRP-Ⅱ为核心，包括预测、经营决策、各级生产计划、生产技术准备、销售、供应、财务、成本、设备、工具、人力资源等各项管理信息功能。

2. 工程设计自动化系统

工程设计自动化系统是指在产品开发过程中引用的计算机辅助系统，它使产品开发活动更高效、更优质，并且可使部分工作自动地进行。产品开发活动包括产品的概念设计、工程与结构分析、详细设计、工艺设计以及数控编程等设计和制造准备阶段的一系列工作，即通常所说的 CAD、CAPP、CAM 三大部分。

CAD 系统可以完成产品结构设计、定型产品变形设计以及模块化结构的产品设计工作。CAD 通常具有计算机绘图、有限元分析、产品造型、图像分析处理、优化设计、动态分析与仿真、物料清单的生成等功能。

CAPP 系统是按照设计要求进行决策和规划，将原材料加工成产品所需资源的描述。CAPP 系统可进行毛坯设计、加工方法选择、工艺路线制定以及工时定额计算等工作，同时还具有加工余量分配、切削用量选择、工序图生成以及机床刀具和夹具的选择等功能。

CAM 系统通常指刀具路线的确定、刀位文件的生成、刀具轨迹仿真以及 NC 代码的生成等功能。

CAD/CAPP/CAM 的集成化是 CIMS 的重要性能指标，它意味着产品数据格式的标准化，可实现 CAD/CAPP/CAM 各自数据的交换和共享，从而可使基于产品模型的 CAD/CAPP/CAM 集成系统取代基于工程图样的 CAD、CAPP、CAM 自动化“孤岛”。

3. 制造自动化系统

制造自动化系统是 CIMS 的信息流和物料流的交汇点，是 CIMS 最终产生经济效益的聚集地。它通常由 CNC 机床、加工中心、FMC 或 FMS 等组成。其主要部分有：

(1) 加工单元：由自动换刀装置(ATC)、自动更换托盘装置(APC)的加工中心或机床组成。

(2) 工件运送子系统：由自动引导小车(AGV)、装卸站、缓冲存储器和自动化仓库等组成。

(3) 刀具运送子系统：由刀具预调站、中央刀库、换刀装置、刀具识别系统等组成。

(4) 计算机控制管理子系统：通过主控计算机或分级计算机系统的控制，实现对制造系统的控制和管理。

制造自动化系统是在计算机的控制与调度下，按照 NC 代码将一个个毛坯加工成合格的零件并装配成部件以至产品，完成设计和管理部门下达的任务，并将制造现场的各种信息实时地或经过初步处理后反馈到相应部门，以便及时进行调度和控制。

制造自动化系统的目标可归纳为：实现多品种、小批量产品制造的柔性自动化；实现优质、低成本、短周期及高效率生产，提高企业的市场竞争能力；为作业人员创造舒适而安全的劳动环境。

必须指出，CIMS 不等于全盘自动化，其关键是信息的集成，制造系统并不要求追求完全自动化。

4. 质量保证信息系统

要赢得市场，必须以最经济的方式在产品性能、价格、交货期、售后服务等方面满足顾客要求，因此需要一套完整的质量保证体系。CIMS 中的质量保证信息系统覆盖产品生命周期的各个阶段，它可由以下四个子系统组成：

(1) 质量计划子系统：用来确定改进质量目标，建立质量标准和技术标准，计划可能达到的途径和预计可能达到的改进效果，并根据生产计划及质量要求制定检测计划及检测规程和规范。

(2) 质量检测子系统：采用自动或手动对零件进行检验，对产品进行试验，采集各项质量数据并进行校验和预处理。

(3) 质量评价子系统：包括对产品设计质量评价、外购外协件质量评价、供货商能力评价、工序控制点质量评价、质量成本分析及企业质量综合指标分析评价。

(4) 质量信息综合管理与反馈控制子系统：包括质量报表生成，质量综合查询，产品使用过程质量综合管理以及针对各类质量问题所采取的各种措施及信息反馈。

5. 数据库系统

数据库系统是一个支撑系统，它是 CIMS 信息集成的关键之一。CIMS 环境下的经营管理信息、工程技术(工程设计)、制造自动化、质量保证等四个功能系统的信息数据都要在一个结构合理的数据库系统里进行存储和调用，以满足各系统信息的交换和共享。

CIMS 的数据库系统通常采用集中与分布相结合的体系结构，以保证数据的安全性、一致性和易维护性。此外，CIMS 数据库系统往往还建立一个专用的工程数据库系统，用来处理大量的工程数据。工程数据类型复杂，包含有图形、加工工艺规程、NC 代码等各种类型的数据。工程数据库系统中的数据与生产管理、经营管理等系统的数据均按统一规范进行交换，从而实现整个数据库中数据的集成和共享。

6. 计算机网络系统

计算机网络技术是CIMS的又一基础支撑技术，是CIMS重要的信息集成工具。通过计算机网络可将物理上分布的CIMS各个功能分系统的信息联系起来，以达到共享的目的。

依照企业通信网络覆盖地理范围的大小，有两种计算机网络可供CIMS采用，一种为局域网，另一种为广域网。

目前，CIMS一般以互连的局域网为主，如果工厂厂区的地理范围相当大，则局域网可能要通过远程网进行互连，从而使其兼有局域网和广域网的特点。

CIMS在数据库和计算机网络的支持下，可方便地实现各个功能分系统之间的通信，从而有效地完成全系统的集成及各分系统之间的信息交换，如图8-64所示。图中，FMS为柔性制造系统，QIS为质量信息系统，EIS为工程信息系统，MIS为管理信息系统。

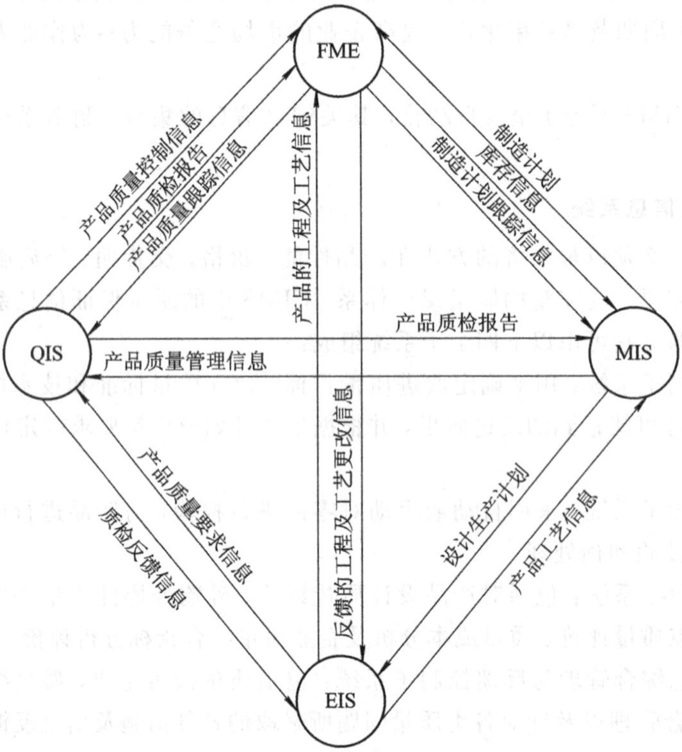

图8-64　CIMS分系统之间的信息交换

8.7.3 计算机集成制造系统的递阶控制模式

CIMS是一个复杂的大系统，通常采用递阶控制的体系模式。所谓的递阶控制，是指将一个复杂的控制系统按照其功能分解成若干层次，各层次进行独立的控制处理，完成各自的功能。层与层之间保持信息交换，上层对下层发出命令，下层对上层回送命令执行结果，通过信息联系构成完整的系统。这种控制模式减少了全局控制的难度以及系统开发的难度，已成为当今复杂系统的主流控制模式。

根据制造企业多级管理的结构层次，美国国家标准局的自动化制造研究实验基地提出了 CIMS 的 5 层递阶控制结构，即工厂层、车间层、单元层、工作站层和设备层，如图 8-65 所示。在这种递阶控制结构中，各层分别由独立的计算机进行控制处理，功能单一，易于实现。其层次越高，则控制功能越强，计算机处理的任务越多，而层次越低，则实时处理要求越高，控制回路内部的信息流速度越快。

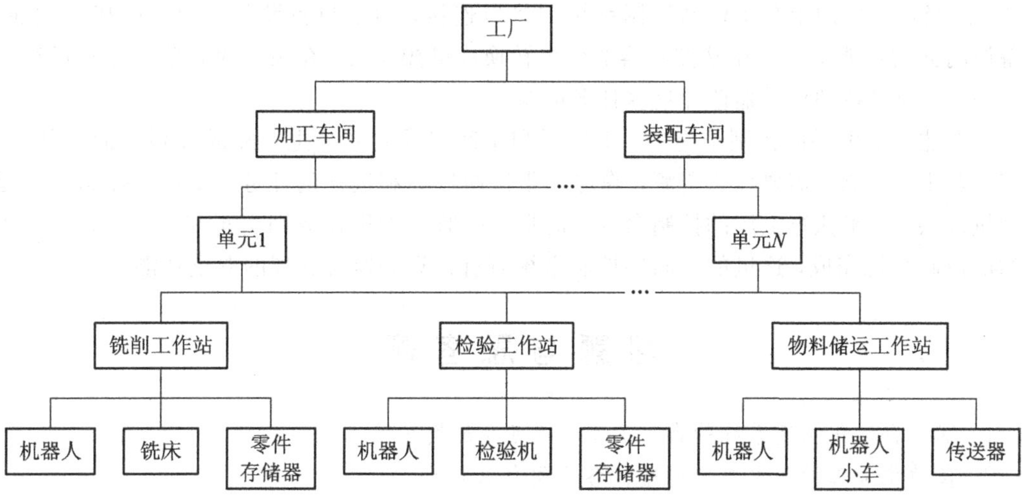

图 8-65　CIMS 的递阶控制结构

1. 工厂层控制系统

工厂层是企业最高的管理决策层，具有市场预测、制定长期生产计划、确定生产资源需求、制定资源计划、产品开发以及工艺过程规划的功能，同时还应具有成本核算、库存统计、用户订单处理等厂级经营管理的功能。工厂层的规划周期一般从几个月到几年。

2. 车间层控制系统

车间层是根据工厂层的生产计划协调车间作业和资源配置，包括从设计部门的 CAD/CAM 系统产生物料清单，从 CAPP 系统接收工艺过程数据，并根据工厂层的生产计划和物料需求计划进行车间内各单元的作业管理和资源分配。其中，作业管理包括作业定单的制定、发放和管理，安排加工设备、刀具、夹具、机器人、物料运输设备的预防性维修等工作；而资源分配是将设备、托盘、刀具、夹具等根据作业计划分配给相应的工作站。车间层的决策周期一般为几周到几个月。

3. 单元层控制系统

单元层控制系统主要完成本单元的作业调度，包括零件在各工作站的作业顺序、作业指令的发放和管理、协调工作站间的物料运输、进行机车和操作者的任务分配及调整；将实际的质量、数量与零件的技术规范进行比较，将实际的运行状态与允许的状态条件进行比较，在必要时采取措施以保证生产过程的正常进行。单元层的规划时间在几小时到几周的范围内。

4. 工作站层控制系统

工作站层控制系统的任务是负责指挥和协调车间中一个设备小组的活动，它的规划时间可以从几分钟到几小时。制造系统中的工作站可分为加工工作站、检测工作站、刀具管理工作站、物料储运工作站等。加工工作站完成工件安装、夹紧、切削加工、检测、切屑清除、卸除工件等工作顺序的控制、协调与监控任务。

5. 设备层控制系统

设备层控制系统包括各种设备(如加工机床、机器人、坐标测量机、无人小车等)的控制器。此级控制器向上与工作站控制系统用接口连接，向下与各设备控制器的接口相通。设备控制器的功能是将工作站控制器的命令转换成可操作的、有顺序的简单任务来运行各种设备，并通过各种传感器监控这些任务的执行。

在上述五层的递阶控制结构中，工厂层和车间层控制系统主要完成计划方面的任务，确定企业生产什么，需要什么资源，确定企业长期目标和近期的任务；设备层控制系统是一个执行层，用来执行上层的控制命令；企业生产监督管理任务则由车间层、单元层和工作站层控制系统完成，这里的车间层控制系统兼有计划和监督管理的双重功能。

习题与思考题

1. 试述自动化制造系统的常见类型、特点及适用范围。
2. 自动化加工设备主要有哪些？各适用什么场合？
3. 试述图 8-5 所示立式储料库的工作原理。
4. 试述自动导向小车的优点及自动行驶的控制原理。
5. 试述步伐式输送装置的基本类型及工作原理。
6. 试述活塞环厚度自动检验分类机的工作原理。
7. 常用的断屑方法有哪几种？试述叉子耳自动线上所用的液压振动断屑装置的工作原理。
8. 试述 FMS 制造过程的协调控制的主要内容。
9. 试述计算机集成制造系统的概念及基本组成。

第 8 章参考文献

[1] 张根保. 自动化制造系统. 北京：机械工业出版社，2005.

[2] 华中工学院机械制造教研室. 机床自动化与自动线. 北京：机械工业出版社，1981.

[3] 隋秀凛. 现代制造技术. 北京：高等教育出版社，2003.

[4] 欧长劲. 机械 CAD/CAM. 西安：西安电子科技大学出版社，2007.

[5] 国家高技术计划自动化领域 CIMS 情报研究课题组. 计算机集成制造系统. 北京：兵器工业出版社，1990.

[6] 王茂元. 机械制造技术. 北京：机械工业出版社，2002.

第 9 章　机电一体化系统的常用控制策略

课程思政：无处不在的智能控制

在机电一体化系统中，最常用的控制策略是基于比例、积分、微分控制规律的 PID 控制方法，简称 PID 控制或 PID 调节。PID 控制器具有结构简单、稳定性好、工作可靠、调整方便的优点，尤其在被控对象的数学模型不能被完全掌握或结构和参数不能精确确定、控制理论的其它技术难以采用、控制器的结构和参数需依靠经验和现场调试来确定的场合，PID 控制方法可以发挥重要的作用。随着计算机技术的发展，在传统 PID 控制方法的基础上又派生出了基于计算机技术的数字 PID 方法和许多的改进 PID 方法(PID 算法)。

智能化是机电一体化技术与传统机械自动化技术的主要区别之一。智能控制是在人工智能及自动控制等多学科的基础之上发展起来的一门新兴、交叉学科。智能控制技术在机电一体化系统中的应用正日益得到重视。

9.1　模拟 PID 调节器

本章数字资源：PPT＋相关视频资源

根据偏差的比例(P)、积分(I)、微分(D)进行控制(简称 PID 控制)，是控制系统中应用最为广泛的一种控制规律。实际运行经验和理论分析都表明，运用这种控制规律对许多工业过程进行控制时，都能得到满意的效果。

常用的模拟 PID 控制系统如图 9-1 所示，该系统由模拟 PID 控制器、执行机构和被控对象组成。

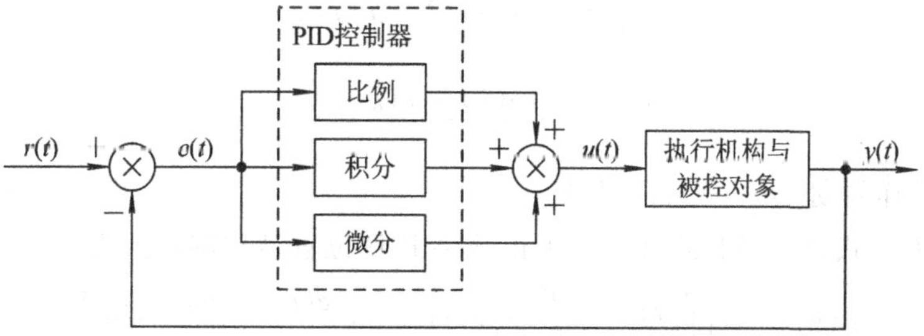

图 9-1　模拟 PID 控制系统的原理框图

PID控制器是一种线性控制器，它根据偏差信号 $e(t)=r(t)-y(t)$ 的比例(P)、积分(I)和微分(D)，通过线性组合构成控制量，对被控对象进行控制。其控制规律为

$$u(t)=K_P\left[e(t)+\frac{1}{T_I}\int_0^t e(t)\,dt+T_D\frac{de(t)}{dt}\right] \tag{9-1}$$

其中，$u(t)$ 为控制量。

对应的模拟PID调节器的传递函数为

$$D(s)=\frac{U(s)}{E(s)}=K_P\left(1+\frac{1}{T_I s}+T_D s\right) \tag{9-2}$$

式中：K_P——比例系数；

T_I——积分时间常数；

T_D——微分时间常数。

简单说来，PID控制器各校正环节的作用如下：

(1) 比例环节：即时成比例地反映控制系统的偏差信号 $e(t)$，偏差一旦产生，控制器立即产生控制作用，以减少偏差。

(2) 积分环节：主要用于消除稳态误差，提高系统的无差度。积分作用的强弱取决于积分时间常数 T_I，T_I 越大，积分作用越弱，反之则越强。

(3) 微分环节：能反映偏差信号的变化趋势(变化速率)，并能在偏差信号值变得太大之前，在系统中引入一个有效的早期修正信号，从而加快系统的动作速度，减小调节时间。

9.2 数字PID控制器

在计算机控制系统中，硬件的PID调节器被计算机控制程序所替代，习惯上仍将通过计算机程序实现的PID控制算法称为数字PID控制器。一般情况下，数字PID控制器的控制规律须采用数值逼近的方法实现。当采样周期相当短时，用求和代替积分、用后向差分代替微分，可以将模拟PID离散化为基于差分方程的数字PID算法。

9.2.1 数字PID位置型控制算法

为了便于计算机实现，必须把式(9-1)变换成差分方程，为此可作如下近似：

$$\int_0^t e(t)\,dt\approx\sum_{i=0}^{k}Te(i) \tag{9-3}$$

$$\frac{de(t)}{dt}\approx\frac{e(k)-e(k-1)}{T} \tag{9-4}$$

其中，T——采样周期，k——采样序号。

由式(9-1)、式(9-3)和式(9-4)可得数字PID位置型控制算式为

$$u(k)=K_P\left[e(k)+\frac{T}{T_I}\sum_{i=0}^{k}e(i)+T_D\frac{e(k)-e(k-1)}{T}\right] \tag{9-5}$$

或

$$u(k)=K_{P}e(k)+K_{I}\sum_{i=0}^{k}e(i)+K_{D}[e(k)-e(k-1)] \tag{9-6}$$

式中：k——采样序号，$k=0$，1，2，…；

$u(k)$——第 k 次采样时刻的计算机输出值；

$e(k)$——第 k 次采样时刻输入的偏差值；

$e(k-1)$——第 $k-1$ 次采样时刻输入的偏差值；

K_I——积分系数，$K_I=K_P T/T_I$；

K_D——微分系数，$K_D=K_P T_D/T$。

由 z 变换的性质：

$$z[e(k-1)]=z^{-1}E(z)$$

$$z\Big[\sum_{i=0}^{k}e(i)\Big]=\frac{E(z)}{1-z^{-1}}$$

得式(9-6)的 z 变换式为

$$U(z)=K_{P}E(z)+K_{I}\frac{E(z)}{1-z^{-1}}+K_{D}[E(z)-z^{-1}E(z)] \tag{9-7}$$

由式(9-7)可得数字 PID 控制器的 z 传递函数为

$$G(z)=\frac{U(z)}{E(z)}=K_{P}+\frac{K_{I}}{1-z^{-1}}+K_{D}(1-z^{-1}) \tag{9-8}$$

数字 PID 控制器的结构图如图 9-2 所示。

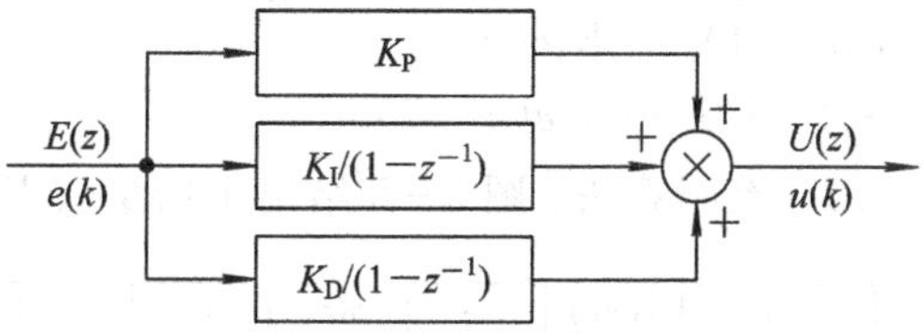

图 9-2　数字 PID 控制器的结构图

由于计算机输出的 $u(k)$可直接控制执行机构(如阀门)，$u(k)$的值和执行机构的位置(如阀门开度)是一一对应的，因此通常称式(9-5)或式(9-6)为位置式 PID 控制算法。图 9-3 给出了位置式 PID 控制系统示意图。图 9-4 给出了位置式 PID 控制算法的程序框图。

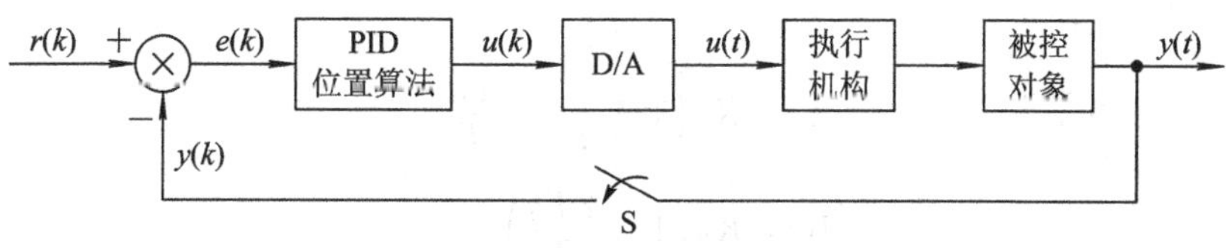

图 9-3　位置式 PID 控制系统

这种算法的缺点是，由于是全量输出，因此每次输出均与过去的状态有关，计算时要对 $e(k)$ 进行累加，计算机运算工作量大。另外，因为计算机输出的 $u(k)$ 对应的是执行机构的实际位置，如计算机出现故障，$u(k)$ 的大幅度变化会引起执行机构位置的大幅度变化，这种情况是生产实践中不允许的，在某些场合还可能造成重大的生产事故。

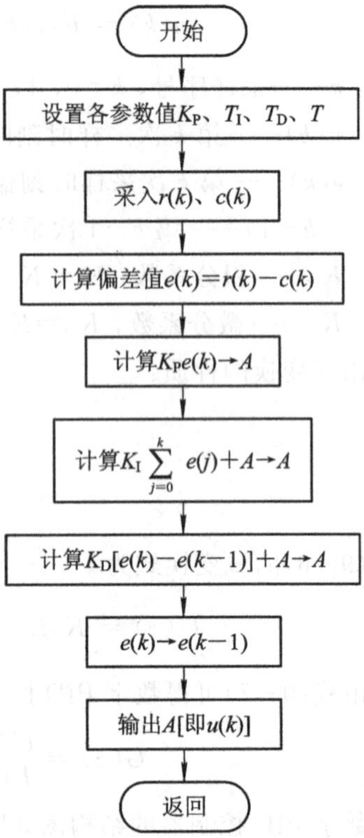

图 9-4　位置式 PID 控制算法的程序框图

9.2.2　数字 PID 增量型控制算法

为克服位置式 PID 控制算法的缺点，进而产生了增量式 PID 控制算法。所谓增量式 PID，是指数字控制器的输出只是控制量的增量 $\Delta u(k)$。

当执行机构需要的是控制量的增量(例如驱动步进电动机)时，可由式(9-6)导出提供增量的 PID 控制算式。根据递推原理可得：

$$u(k-1) = K_P e(k-1) + K_I \sum_{i=0}^{k-1} e(i) + K_D[e(k-1) - e(k-2)] \quad (9-9)$$

用式(9-6)减去式(9-9)，可得：

$$\begin{aligned}\Delta u(k) &= u(k) - u(k-1) \\ &= K_P[e(k) - e(k-1)] + K_I e(k) \\ &\quad + K_D[e(k) - 2e(k-1) + e(k-2)]\end{aligned} \quad (9-10)$$

式(9-10)称为增量式 PID 控制算法。图 9-5 给出了增量式 PID 控制系统示意图。

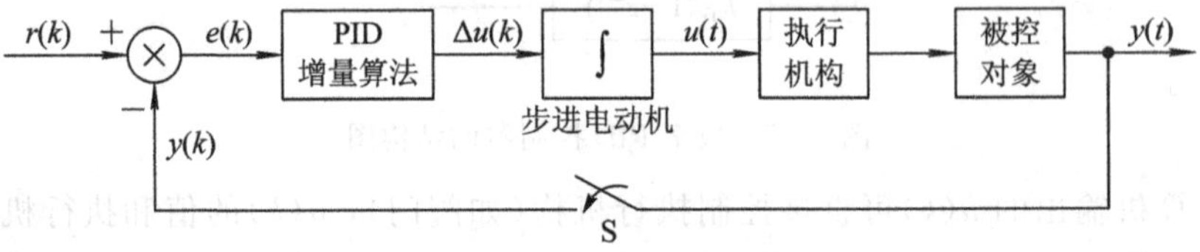

图 9-5　增量式 PID 控制系统

可将式(9-10)进一步改写为

$$\Delta u(k) = Ae(k) - Be(k-1) + Ce(k-2) \quad (9-11)$$

式中：

$$A = K_P\left(1 + \frac{T}{T_I} + \frac{T_D}{T}\right)$$

$$B = K_P\left(1 + \frac{2T_D}{T}\right)$$

$$C = K_P \frac{T_D}{T}$$

它们都是与采样周期、比例系数、积分时间常数、微分时间常数有关的系数。

可以看出，由于一般计算机控制系统采用恒定的采样周期 T，一旦确定了 K_P、K_I、K_D，只要使用前后 3 次测量值的偏差，即可由式(9-10)或式(9-11)求出控制增量。

采用增量式算法时，计算机输出的控制增量 $\Delta u(k)$ 对应的是本次执行机构位置(例如阀门开度)的增量。对应阀门实际位置的控制量，即控制量增量的积累 $u(k)=\sum_{i=0}^{k}\Delta u(i)$，需要采用一定的方法来解决。例如，用有积累作用的元件(如步进电动机)来实现，而目前较多的是利用算式 $u(k)=u(k-1)+\Delta u(k)$ 通过执行软件来完成。

由图 9-3 和图 9-5 可以看出，就整个系统而言，位置式与增量式控制算法并无本质区别，或者仍然全部由计算机承担其计算，或者一部分由其他部件去完成。

增量式控制虽然只是在算法上作了一点改进，但却带来了不少优点：

(1) 由于计算机输出的是控制量的增量，因此误动作时影响小，必要时可用逻辑判断的方法去掉出错数据。

(2) 手动/自动切换时冲击小，便于实现无扰动切换。此外，当计算机发生故障时，由于输出通道或执行装置具有信号的锁存作用，故仍能保持原值。

(3) 算式中不需要累加。控制增量 $\Delta u(k)$ 的确定仅与最近 k 次的采样值有关，所以较容易通过加权处理而获得比较好的控制效果。

但增量式控制也有其不足之处：积分截断效应大，有稳态误差；溢出的影响大。因此，在选择时不可一概而论。一般认为，在以晶闸管作为执行器或在控制精度要求高的系统中，可采用位置控制算法，而在以步进电动机或电动阀门作为执行器的系统中，则可采用增量控制算法。

图 9-6 给出了增量式 PID 控制算法的程序框图。

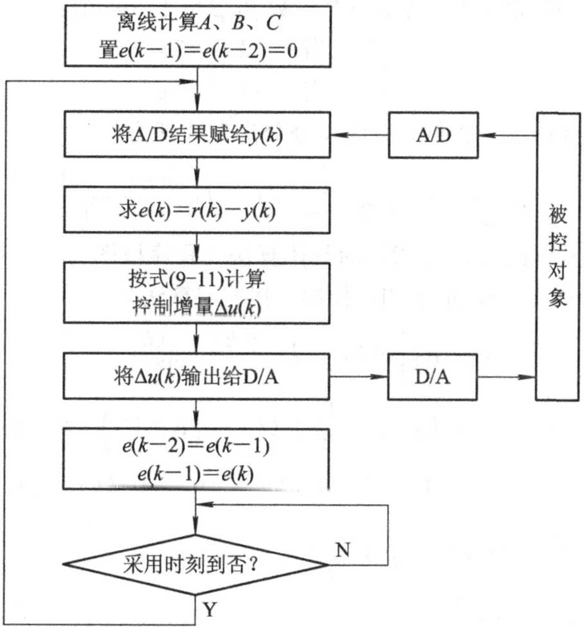

图 9-6　增量式 PID 控制算法的程序框图

9.3　数字 PID 控制算法的改进

在计算机控制系统中，PID 的控制规律是用计算机程序来实现的，因此它的灵活性很大。一些原来在模拟 PID 控制器中无法实现的问题，在引入计算机以后，就可以得到解决，于是产生了一系列的改进算法，以满足不同控制系统的需要。下面介绍几种数字 PID 的改进算法：积分分离 PID 控制算法、遇限削弱积分 PID 控制算法、不完全微分 PID 控制算法、微分先行 PID 控制算法和带死区的 PID 控制算法等。

9.3.1　积分分离 PID 控制算法

在普通的 PID 数字控制器中引入积分环节的目的主要是为了消除静差、提高精度。但在过程的启动、结束或大幅度增减设定值时，短时间内系统输出有很大的偏差，会造成 PID 运算的积分积累，致使算得的控制量超过执行机构可能最大动作范围对应的极限控制量，最终引起系统较大的超调，甚至引起系统的振荡。这是某些生产过程中绝对不允许的。引进积分分离 PID 控制算法，既保持了积分作用，又减小了超调量，使得控制性能有了较大的改善。其具体实现如下：

(1) 根据实际情况，人为设定一阈值 $\varepsilon>0$。

(2) 当 $|e(k)|>\varepsilon$ 时，即偏差值 $|e(k)|$ 比较大时，采用 PID 控制可避免过大的超调，又可使系统有较快的响应。

(3) 当 $|e(k)|\leqslant\varepsilon$ 时，即偏差值 $|e(k)|$ 比较小时，采用 PID 控制可保证系统的控制精度。

写成计算公式时，可在积分项前乘一个系数 β，β 按下式取值：

$$\beta=\begin{cases}1 & 当\ |e(k)|\leqslant\varepsilon\\ 0 & 当\ |e(k)|>\varepsilon\end{cases}\tag{9-12}$$

以位置式 PID 算式(9-5)为例，写成积分分离形式即为

$$u(k)=K_{\mathrm{P}}\left[e(k)+\beta\frac{T}{T_{\mathrm{I}}}\sum_{i=0}^{k}e(i)+T_{\mathrm{D}}\frac{e(k)-e(k-1)}{T}\right]\tag{9-13}$$

下面我们进一步推导积分分离 PID 的具体算法及程序框图。

当 $|e(k)|>\varepsilon$ 时，即 $\beta=0$，进行 PID 控制，其控制算法为

$$\begin{aligned}u(k)&=K_{\mathrm{P}}\left[e(k)+T_{\mathrm{D}}\frac{e(k)-e(k-1)}{T}\right]\\&=K_{\mathrm{P}}\left(1+\frac{T_{\mathrm{D}}}{T}\right)e(k)-\left(K_{\mathrm{P}}\frac{T_{\mathrm{D}}}{T}\right)e(k-1)\\&=A'e(k)-B'e(k-1)=A'e(k)-f(k-1)\end{aligned}\tag{9-14}$$

$$\left.\begin{aligned}A'&=K_{\mathrm{P}}\left(1+\frac{T_{\mathrm{D}}}{T}\right)\\B'&=K_{\mathrm{P}}\frac{T_{\mathrm{D}}}{T}\\f(k-1)&=B'e(k-1)\quad 或\quad f(k)=B'e(k)\end{aligned}\right\}\tag{9-15}$$

当 $|e(k)|\leqslant\varepsilon$ 时，取 $\beta=1$，进行 PID 控制，PID 控制的算法为

$$u(k)-u(k-1)=Ae(k)-Be(k-1)+Ce(k-2)$$

$$\begin{aligned} u(k) &= Ae(k)+u(k-1)-Be(k-1)+Ce(k-2) \\ &= Ae(k)+g(k-1) \end{aligned} \tag{9-16}$$

式中：

$$A=K_P\left(1+\frac{T}{T_I}+\frac{T_D}{T}\right)$$

$$B=K_P\left(1+\frac{2T_D}{T}\right)$$

$$C=K_P\frac{T_D}{T}$$

$$g(k-1)=u(k-1)-Be(k-1)+Ce(k-2)$$

或

$$g(k)=u(k)-Be(k)+Ce(k-1)$$

根据式(9-14)和式(9-16)，可编制计算机的控制程序，其程序框图如图 9-7 所示。采用积分分离 PID 控制算法后，控制效果如图 9-8 所示。由图可见，采用积分分离 PID 控制算法使得控制系统的性能有了较大的改善。

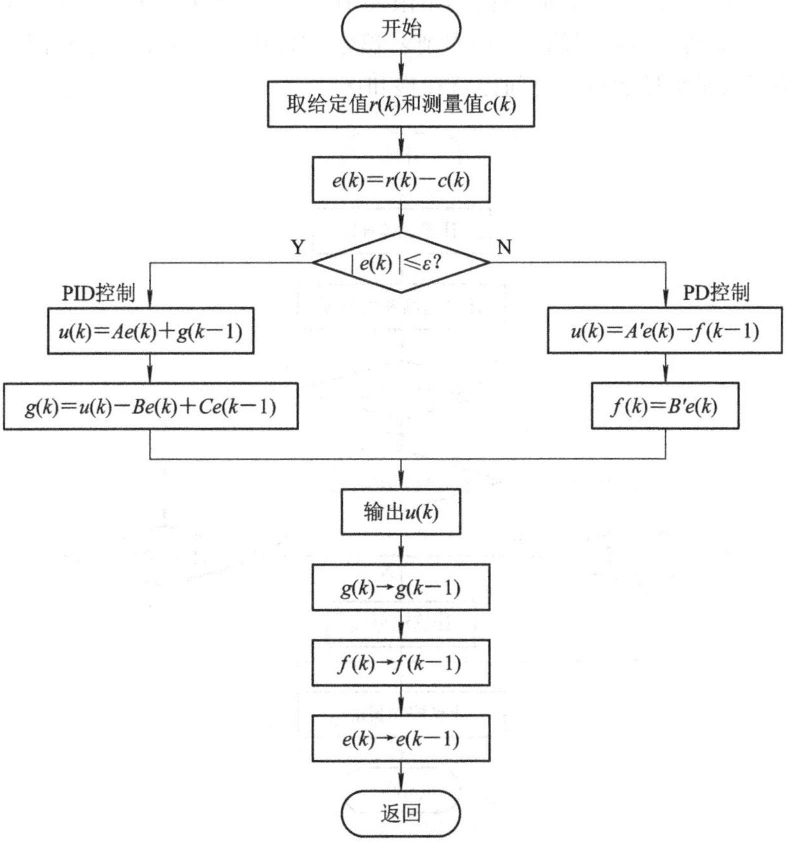

图 9-7　积分分离 PID 控制算法的程序框图

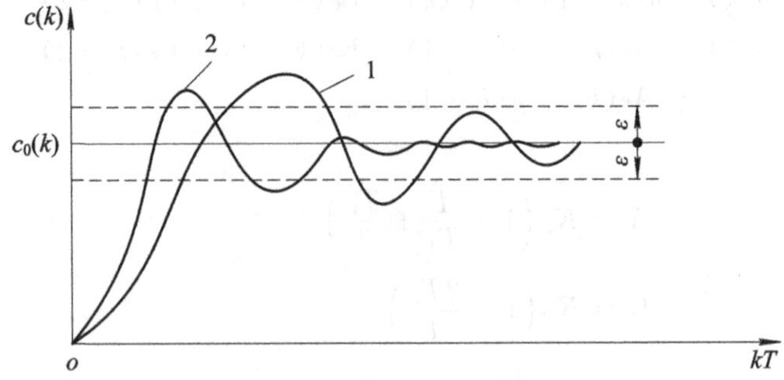

图 9-8　积分分离 PID 控制效果

9.3.2　遇限削弱积分 PID 控制算法

积分分离 PID 控制算法在开始时不积分，而遇限削弱积分 PID 控制算法则正好与之相反，一开始就积分，进入限制范围后即停止积分。遇限削弱积分 PID 控制算法的基本思想是：当控制进入饱和区以后，便不再进行积分项的累加，而只执行削弱积分的运算。因而，在计算 $u(k)$时，先判断 $u(k-1)$是否已超出限制值。若 $u(k-1)>u_{\max}$，则只累加负偏差；若 $u(k-1)<u_{\max}$，则只累加正偏差。遇限削弱积分 PID 控制算法的程序框图如图 9-9 所示。这种算法可以避免控制量长时间停留在饱和区。

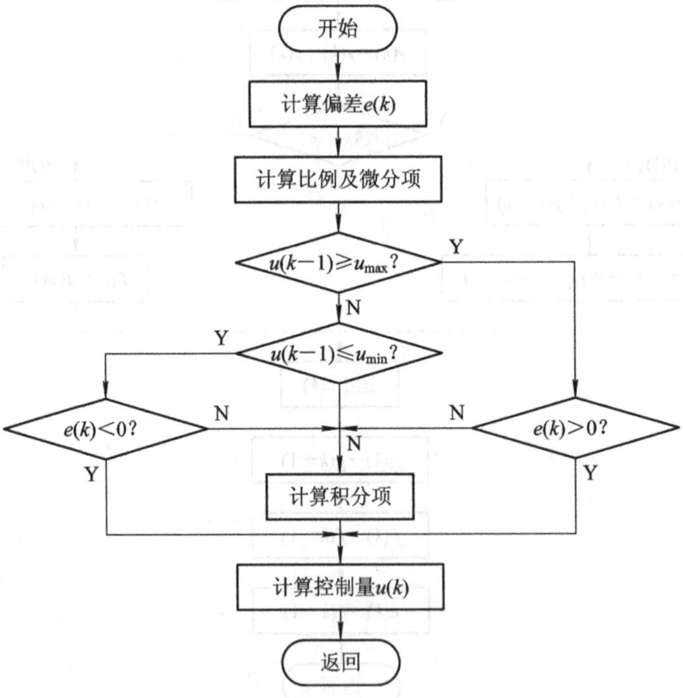

图 9-9　遇限削弱积分 PID 控制算法程序框图

9.3.3　不完全微分 PID 控制算法

微分环节的引入，改善了系统的动态特性，但对于干扰特别敏感。通过下面的分析可看出，在误差扰动突变时微分项的不足。

微分项如下：

$$\begin{aligned} u_D(k) &= \left(K_P \frac{T_D}{T}\right)[e(k) - e(k-1)] \\ &= K_D[e(k) - e(k-1)] \end{aligned} \tag{9-17}$$

当 $e(k)$ 为阶跃函数时，$u_D(k)$ 输出为

$$u_D(0) = K_D, \quad u_D(1) = u_D(2) = \cdots = 0$$

即仅第一个周期有输出，且幅值为 $K_D = K_P T_D / T$，以后均为零。该输出的特点为：

(1) 微分项的输出仅在第一个周期起激励作用，对于时间常数较大的系统，其调节作用很小，不能达到超前控制误差的目的。

(2) u_D 的幅值 K_D 一般比较大，容易造成计算机中数据溢出。此外，u_D 过大、过快的变化，对执行机构也会造成不利的影响(通常 $T \leqslant T_D$)。

克服上述缺点的方法之一是，在 PID 算法中加一个一阶惯性环节(低通滤波器) $G_f(s) = 1/[1 + T_f(s)]$，如图 9-10 所示，即可构成不完全微分 PID 控制。

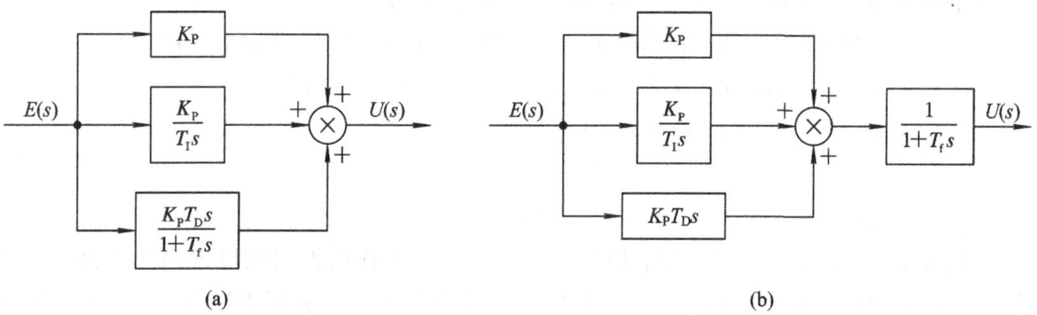

图 9-10　不完全微分 PID 控制算法结构图

图 9-10(a)是将低通滤波器直接加在微分环节上，图 9-10(b)是将低通滤波器加在整个 PID 控制器之后。以下以图 9-10(a)为例，说明不完全微分 PID 控制是怎样改进一般 PID 的控制性能的。

对于图 9-10(a)所示的不完全微分 PID 结构，它的传递函数为

$$\begin{aligned} U(s) &= \left(K_P + \frac{K_P}{T_I s} + \frac{K_P T_D s}{1 + T_f s}\right)E(s) \\ &= U_P(s) + U_I(s) + U_D(s) \end{aligned} \tag{9-18}$$

上式的离散化形式为

$$u(k) = u_P(k) + u_I(k) + u_D(k)$$

显然，$u_P(k)$ 和 $u_I(k)$ 与普通 PID 算式完全一样，只是 $u_D(k)$ 出现了不同。现将 $u_D(k)$ 推导如下：

$$U_D(s) = \frac{K_P T_D s}{1 + T_f s} E(s) \tag{9-19}$$

写成微分方程为

$$u_D(t)+T_f\frac{du_D(t)}{dt}=K_PT_D\frac{de(t)}{dt}$$

将上式离散化，可得：

$$u_D(k)+T_f\frac{u_D(k)-u_D(k-1)}{T}=K_PT_D\frac{e(k)-e(k-1)}{T}$$

经整理后，得：

$$u_D(k)=\frac{T_f}{T_f+T}u_D(k-1)+\frac{K_PT_D}{T_f+T}[e(k)-e(k-1)] \tag{9-20}$$

上式中，令 $\alpha=\frac{T_f}{T_f+T}$，则 $\frac{T}{T+T_f}=1-\alpha$。显然，有 $\alpha<1$，所以 $1-\alpha<1$ 成立，则式(9-20)可简化为

$$u_D(k)=K_D(1-\alpha)[e(k)-e(k-1)]+\alpha u_D(k-1) \tag{9-21}$$

为编写程序方便，式(9-21)也可写成：

$$\begin{aligned}u_D(k)&=K_D(1-\alpha)e(k)+\alpha u_D(k-1)-K_D(1-\alpha)e(k-1)\\&=K_D(1-\alpha)e(k)+H(k-1)\end{aligned} \tag{9-22}$$

式中：$H(k-1)=\alpha u_D(k-1)-K_D(1-\alpha)e(k-1)$。

当 $e(k)$ 为阶跃(即 $e(k)=1$，$k=0, 1, 2, \cdots$)时，可求出：

$$\begin{aligned}u_D(0)&=K_D(1-\alpha)[e(0)-e(-1)]+\alpha u_D(-1)=K_D(1-\alpha)\\u_D(1)&=K_D(1-\alpha)[e(1)-e(0)]+\alpha u_D(0)=\alpha u_D(0)\\u_D(2)&=\alpha u_D(1)=\alpha^2u_D(0)\\&\vdots\\u_D(k)&=\alpha u_D(k-1)=\alpha^ku_D(0)\end{aligned}$$

由此可见，引入不完全微分后，微分输出在第一个采样周期内的脉冲高度下降，此后又按 $\alpha^ku_D(0)$ 的规律($\alpha<1$)逐渐衰减。所以，不完全微分能有效克服上述不足，具有较理想的控制特性(见图 9-11)。尽管不完全微分 PID 控制算法比普通 PID 控制算法要复杂些，但由于其良好的控制特性，近年来得到了广泛的应用。图 9-12 给出了不完全微分 PID 控制算法的程序框图。

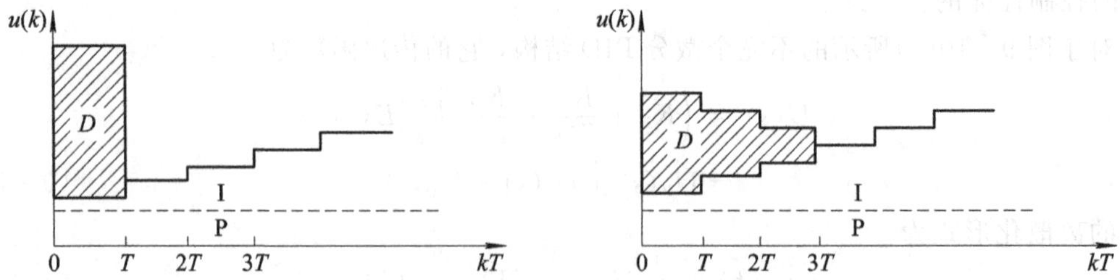

(a) 普通PID　　(b) 不完全微分PID

图 9-11　PID 输出控制作用的比较

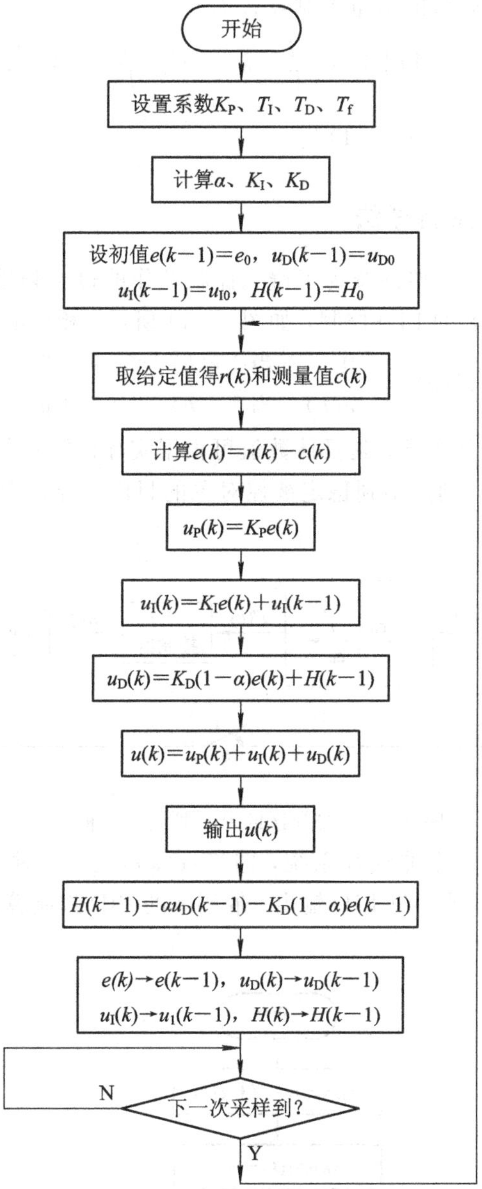

图 9 - 12　不完全微分 PID 控制算法的程序框图

9.3.4　微分先行 PID 控制算法

微分先行 PID 控制的结构如图 9 - 13 所示。其特点是只对输出量 $c(t)$ 进行微分，而对给定值 $r(t)$ 不作微分。这样，在改变给定值时，输出不会改变，而被控量的变化通常总是比较缓和的。这种输出量先行微分控制适用于给定值 $r(t)$ 频繁升降的场合，可以避免给定值升降时所引起的系统振荡，明显地改善了系统的动态特性。

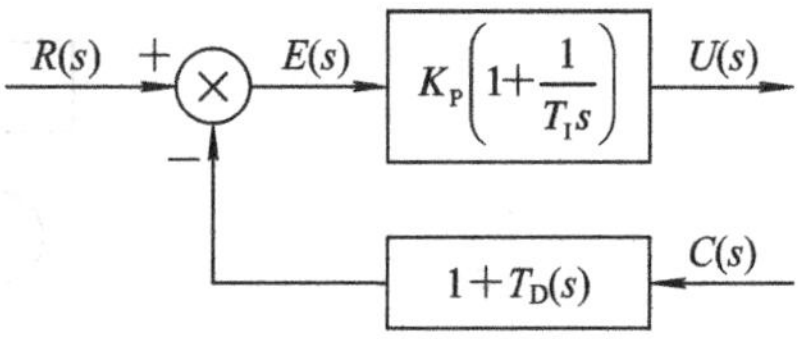

图 9 - 13　微分先行 PID 控制的结构图

由图 9 - 13 可得微分先行的增量控制算式为

$$\Delta u(k)=K_P[e(k)-e(k-1)]+K_P\frac{T}{T_I}e(k)-K_P\frac{T_D}{T}[c(k)-2c(k-1)+c(k-2)]$$
$$-K_P\frac{T_D}{T_I}[c(k)-c(k-1)] \qquad (9-23)$$

9.3.5 带死区的 PID 控制算法

在计算机控制系统中，某些系统为了避免控制动作的过于频繁，消除因频繁动作所引起的振荡，常常采用带死区的 PID 控制，如图 9 - 14 所示。相应的控制算式为

$$e'(k)=\begin{cases}0 & 当\ |e(k)|\leqslant|e_0|\ 时\\ e(k) & 当\ |e(k)|>|e_0|\ 时\end{cases} \qquad (9-24)$$

式中，死区 e_0 是一个可调的参数，其具体数值可根据实际控制对象由实验确定。若 e_0 值太小，使控制动作过于频繁，则达不到稳定被控对象的目的；若 e_0 值太大，则系统将产生较大的滞后。

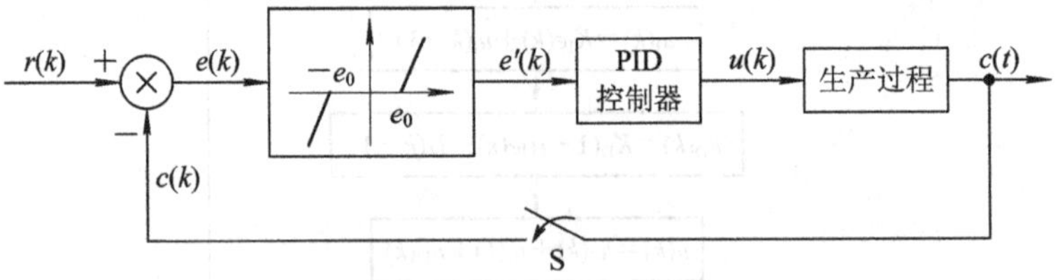

图 9 - 14 带死区的 PID 控制系统框图

此控制系统实际上是一个非线性系统，即当 $|e(k)|\leqslant|e_0|$ 时，数字调节器输出为零；当 $|e(k)|>|e_0|$ 时，数字调节器有 PID 输出。带死区的 PID 控制算法的流程框图如图9 - 15 所示。

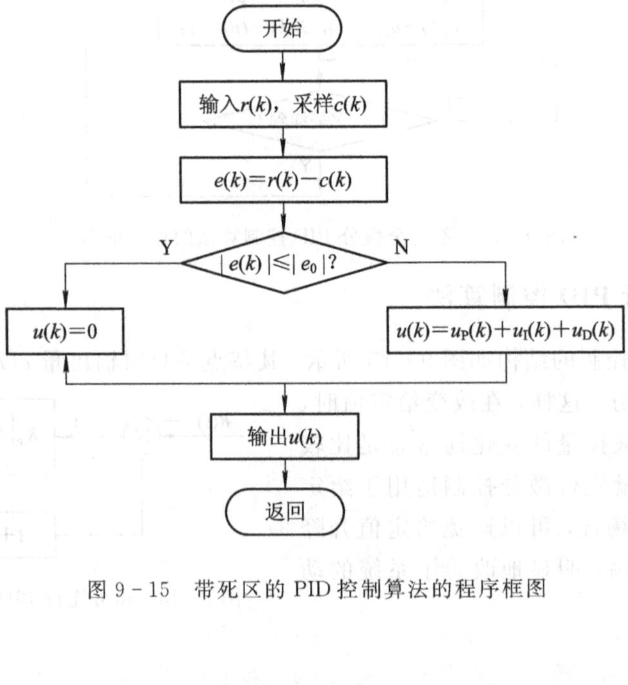

图 9 - 15 带死区的 PID 控制算法的程序框图

9.4　数字 PID 控制技术的应用实例

9.4.1　直线电机的数字 PID 控制

本节介绍一种以 MCS-51 单片机为主控制器的数字 PID 控制系统。该系统采用软件技术实现 PID 控制参数的智能化自动整定，并利用整定后的控制参数控制直线电机的运行过程，使电机系统获得较高的响应速度、稳定的控制精度和良好的控制效果。

1. 控制系统的组成

如图 9-16 所示，直线电机的数字 PID 调节控制装置由 MCS-51 单片机、总线控制电路、控制台、显示器、存储器、D/A 转换控制电路、功率放大器、位移检测装置、通信接口电路等部分组成。

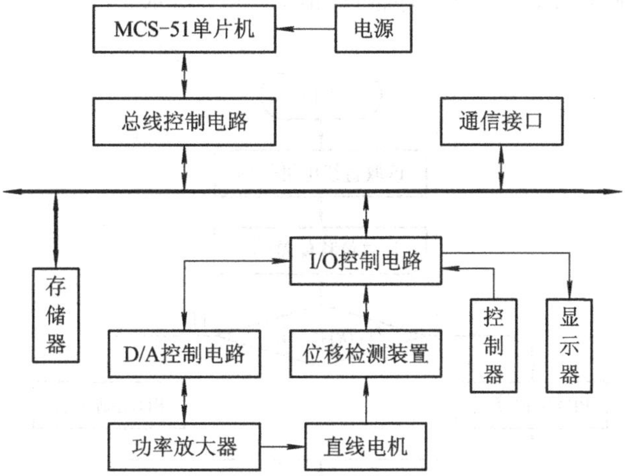

图 9-16　控制系统的组成

直线电机运行过程的数字 PID 调节控制由 MCS-51 单片机系统完成。位移检测装置用于实时检测直线电机的输出位移量，并将检测结果反馈给单片机系统。通信接口电路配置有 RS-232 串行接口和一个专用的并行通信接口，用于实现控制装置与其它微机系统之间的实时通信监控，传输所需信息。

直线电机是一种利用电能直接产生直线运动的电气装置，其传递函数为

$$G(s) = \frac{K_B}{ms^2 + bs + K} = \frac{K_1\omega_n^2}{s^2 + 2\xi\omega_n s + \omega_n^2}$$

$$\xi = \frac{b}{2\sqrt{mK}} \quad \omega_n = \sqrt{\frac{K}{m}} \quad K_1 = \frac{K_B}{K}$$

式中：m——直线电机动子质量；

b——电机动子与运行导轨之间的摩擦系数；

K——电机弹性系数；

K_B——直线电机的力常数；

ξ——电机系统的阻尼比；

ω_n——电机系统无阻尼时的自然振荡频率。

2. 直线电机的数字 PID 控制和参数选择

在数字 PID 控制系统中，加入积分校正后，会产生过大的超调量，这在直线电机的运行过程中是不允许的。为了减少在电机运行过程中积分校正对控制系统动态性能的影响，需要在直线电机的启停阶段或大幅值进给时采用积分分离 PID 控制算法，只加比例、微分运算，取消积分校正。而当直线电机的实际位移与给定目标位移的误差小于一定值时，将恢复积分校正作用，以消除电机系统的稳态误差。利用单片机的逻辑运算功能可以很方便地确定积分分离 PID 控制的进程。实现直线电机的积分分离 PID 控制弥补了模拟 PI 调节控制的不足，改善了系统的控制性能，减少了超调量，缩短了调整时间。

设 ε 为 PID 控制算法的积分分离阈值，在控制过程中，当 $|e(k)|>\varepsilon$ 时，采用 PD 控制，以减少超调量；当 $|e(k)|<\varepsilon$ 时，采用 PID 控制以保证直线电机位移控制的精度。积分分离 PID 控制算法见 9.3.1 节，其程序框图如图 9－17 所示。

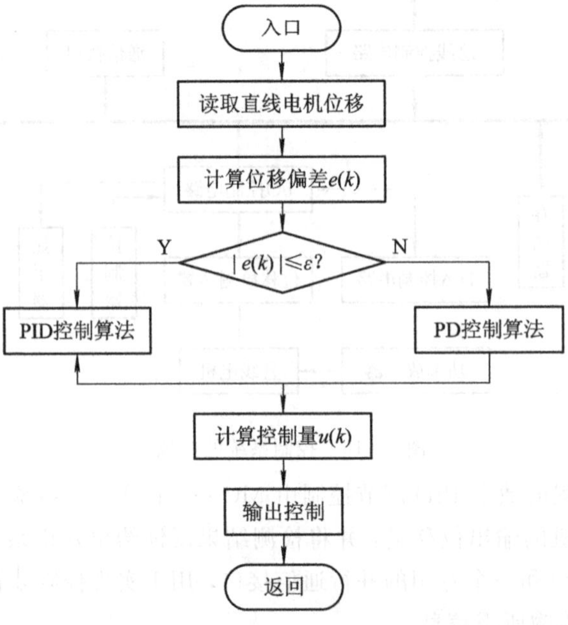

图 9－17　积分分离 PID 控制的程序框图

在 PID 控制参数中，当比例系数 K_P 增大时，会使电机系统的动作灵敏，运行速度加快。在系统稳定的情况下，增大 K_P 的值有利于减小稳态误差，提高直线电机的控制精度。但随着 K_P 的增大，系统响应过程中的振荡次数会增多，调节时间将加长。当 K_P 值太大时，电机系统将趋于不稳定；若 K_P 值太小，会降低电机系统的响应速度，使电机动作缓慢。积分时间常数 T_I 太小时，系统将不稳定，振荡次数较多；但 T_I 太大时，积分作用对电机系统性能的影响将减小，不利于消除系统的稳态误差，难以获得较高的控制精度。微分控制作用可以改善电机系统的动态特性，提高控制精度，但微分时间常数偏大或偏小时，都会使超调量增大，调节时间加长。

在直线电机的 PID 控制系统中，将依靠单片机系统的高速处理和逻辑运算功能，利用人工智能方法将人工整定 PID 参数的调整经验作为知识和推理规则存入单片机系统中，并根据直线电机控制系统的实际响应情况，自动实现对 PID 参数的最佳调整。

PID 控制参数的自动整定分两步进行：第一步是初始确定 PID 控制参数；第二步是在初定 PID 控制参数的基础上，根据直线电机控制系统的响应过程和控制目标期望值，自动修正初定的 PID 参数，直至电机系统的控制指标符合要求为止。

在数字控制系统中，采样周期 T 是一个比较重要的因素，采样周期的选取应与 PID 参数的整定综合考虑。选取采样周期时，一般应考虑下列几个因素：

(1) 采样周期应远小于对象的扰动信号的周期。

(2) 采样周期应比对象的时间常数小得多，否则采样信号无法反映瞬变过程。

(3) 对象所要求的调节品质。在计算机运算速度允许的情况下，采样周期越短，调节品质越好。

(4) 性能价格比。从控制性能来考虑，希望采样周期短，但计算机的运算速度以及 A/D 和 D/A 的转换速度要相应地提高，这将导致计算机的费用增加。

(5) 计算机所承担的工作量。如果控制的回路数多、计算量大，则采样周期要加长；反之，可以缩短。

由上述分析可知，采样周期受各种因素的影响，而有些因素是相互矛盾的，必须视具体情况和主要要求作出折中的选择。在直线电机的单片机控制系统中，PID 调节控制过程是在定时中断状态下完成的，因此，采样周期 T 的大小必须保证中断服务程序的正常运行。在不影响中断程序运行的情况下，可取采样周期 $T=0.1\tau$（τ 为电机系统的纯滞后时间）。当中断程序的运行时间 T_Z 大于 0.1τ 时，取 $T=T_Z$。因此，采样周期可按下式确定：

$$T=\begin{cases}0.1\tau & T_Z\leqslant 0.1\tau\\ T_Z & T_Z>0.1\tau\end{cases}\tag{9-25}$$

初始确定数字 PID 控制的参数时，在用上述方法确定的采样周期 T 的条件下，从直线电机的数字 PID 控制回路中去掉数字控制器的微分控制作用和积分控制作用，只采用比例调节环节来确定系统的振荡周期 T_S 和临界比例系数 K_S。由单片机系统自动控制比例系数 K_P，并逐渐增大 K_P，直到电机系统发生持续的等幅振荡，然后由单片机系统自动记录电机系统发生等幅振荡时的临界比例度 δ_S 和相应的临界振荡周期 T_S。其中，

$$\delta_S-\frac{1}{K_S}\tag{9-26}$$

式中，K_S——等幅振荡时的临界比例系数。

根据所测得的临界比例度 δ_S 和临界振荡周期 T_S，便可初始确定数字 PID 的控制参数为

$$K_P=0.6\delta_S$$
$$T_I=0.5T_S$$
$$T_D=0.125T_S$$

采样周期 T 取定为

$$T=\begin{cases}0.05T_S & T_Z\leqslant 0.05T_S\\ 1.05T_Z & T_Z>0.05T_S\end{cases}$$

利用初始确定的数字 PID 控制参数，便可对直线电机系统进行实时控制，采用人工智能方法实现 PID 控制参数的自动整定，以达到良好的电机控制效果。

3. 直线电机数字 PID 控制系统软件

直线电机数字 PID 控制系统软件由主控程序、PID 控制参数自动整定、阶跃响应控制、数据处理、仿真控制、数字 PID 控制、显示模块以及通信监控模块等部分组成，其结构图如图 9－18 所示。

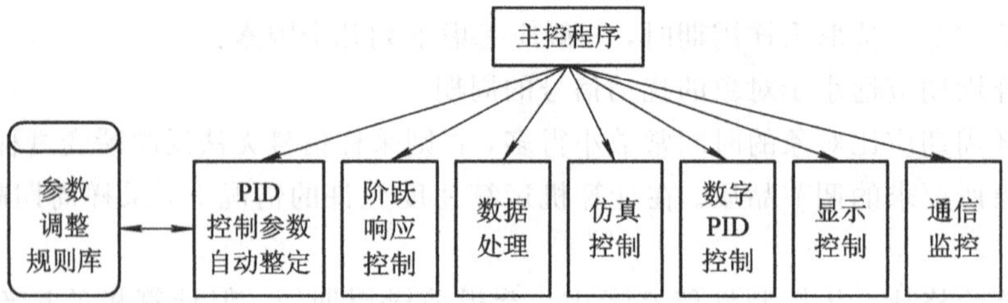

图 9－18　控制软件结构框图

显示模块用于跟踪控制系统的运行状态。仿真控制可根据阶跃响应实验得到的对象参数和初始 PID 控制参数进行离线仿真，并根据仿真结果自动调整各控制参数。

利用该数字 PID 控制系统控制直线电机的运行过程，电机响应截止频率达 250 Hz，超调量小于 5%。在频率为 60 Hz、单幅值为 0.2 mm 的正弦信号跟踪实验中，电机的实际输出位移与目标控制位移之间的误差小于 7 μm。由此可知，该单片机控制的数字 PID 控制系统能使直线电机获得较高的响应频率和良好的控制效果。

9.4.2　运动控制系统中位置环数字 PID 控制算法的改进实现

本节介绍在运动控制系统位置环数字 PID 控制算法的设计中采用的一种改进型 PID 控制算法，在工业 PC 上能灵活实现。

1. 运动控制系统概述

运动控制系统的硬件部分如图 9－19 所示，串级连接的三个闭环构成系统整体，其中包括两个模拟内环（电流环、速度环）和一个数字外环（位置环）。

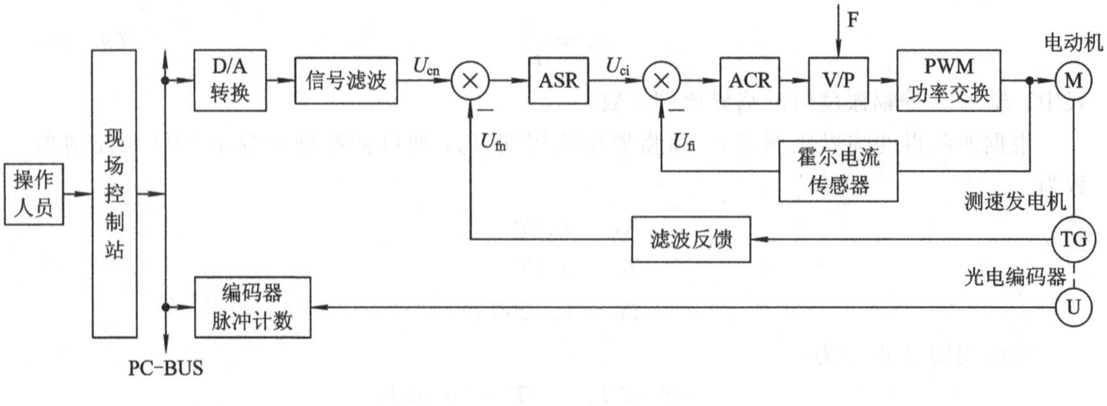

图 9－19　系统总体结构原理图

在电流环中，电流调节器ACR的输出控制电压U_C与外加高频三角波调制电压叠加，再送入V/P环节(即脉冲形成、分配和驱动环节)，从而控制IGBT的通断时间，调节PWM放大器对电动机输出的平均功率。霍尔电流传感器用以检测电区回路电流，形成电流环反馈。

速度环的速度反馈信号取自测速发电机，反馈环节中加入滤波是为了滤除低速时的谐波；速度调节器ASR的输出量U_{Ci}作为电流调节器ACR的给定量，有最大限幅值U_{Cim}，以限制最大电区回路电流值。

在位置环中，位置传感元件(增量式光电编码器)将运动机构实时的位移或转角变化量以A、B相差分脉冲的形式长线传输到现场控制站(工业PC)中进行编码器脉冲记数，以获得数字化位置信息，形成位置外环的数字反馈。其中，为了消除现场强干扰源在编码器信号传输过程中对其的噪声影响，保证定位精度，采用数字滤波方法抑制干扰。位置环的给定可以是操作人员在现场控制站键盘上即时输入的、运动轴所期望达到的位置数据，也可以是由已按照实际工艺要求编写好的运动轨迹文件顺序给出位置信息。现场控制站计算位置设定与反馈的偏差后，根据偏差范围采取相应的控制策略，然后将数字控制作用经D/A转换器变成模拟控制电压，再由低通滤波器完成信号滤波后，输出U_{Cn}作为速度环给定，从而最终调节电动机转速，完成目标的准确定位。实际系统需要多个轴协调运动，所以由多个D/A转换器以及多个编码器脉冲计数器构成相似结构的数字位置外环完成多轴运动控制。

在整个系统设计中，电流环、速度环中的模拟PID调节器和位置环数字PID控制算法的设计以及参数整定是控制系统设计过程中的重要环节。

2. 位置环数字PID控制算法

下面介绍积分分离PID控制算法和带死区的PID控制算法。

1) 积分分离PID控制算法

具体控制算法步骤如下：

(1) 根据实际情况，人为设定一阈值$\varepsilon>0$。

(2) 当$|e(k)|>\varepsilon$，即偏差值$|e(k)|$比较大时，采用PD控制可使超调量大幅度降低，又使系统有较快的响应速度。

(3) 当$|e(k)|\leqslant\varepsilon$，即偏差值$|c(k)|$比较小时，采用PID控制可保证系统的控制精度。

2) 带死区的PID控制算法

实际系统要求机械装置运动到位后，控制作用不要频繁变动，以免机械磨损。只在累积偏差超出一定范围后，才作调整，所以系统还要加上带死区的PID控制。相应的具体控制算法步骤如下：

(1) 设定允许误差范围为e。

(2) 当$|e(k)|\leqslant|e_0|$时，不输出控制作用。

(3) 当$|e(k)|>|e_0|$时，输出控制作用为

$$u(k)=K_P\left\{e(k)+\frac{T}{T_I}\sum_{j=0}^{k}e(j)+\frac{T_D}{T}[e(k)-e(k-1)]\right\} \tag{9-27}$$

3）*参数调整方法*

采用PID归一参数的整定法，需根据大量实际经验的总结，人为假设一定约束条件，以减少独立变量的个数。例如，通过一些经验数据，可将数字PID控制器中比例系数 K_P、积分时间常数 T_I 和微分时间常数 T_D 的整定简化成对一个参数 K_P 的整定，得到相应的差分方程为

$$\Delta u(k) = K_P[2.45e(k) - 3.5e(k-1) + 12.5e(k-2)] \tag{9-28}$$

采用这种方法后，在线整定参数的时间大为减少，控制效果也较为理想。

9.5 其他智能控制

智能控制是目前正在迅速发展的一个领域，各种形式的智能控制系统、智能控制器不断地被开发和应用。现把目前常见的几种类型归纳如下。

9.5.1 模糊控制

模糊控制是基于模糊集合论，模拟人的模糊推理和决策过程的一种实用的控制方式。模糊控制系统也是一种智能控制系统，它是以模糊数学、模糊语言形式的知识表示和模糊逻辑的规则推理为理论基础，采用计算机控制技术构成的一种具有反馈通道的闭环结构的数字控制系统。它的组成核心是具有智能性的模糊控制器，这也是它与其他自动控制系统的不同之处。

1. 模糊控制系统的构成

模糊控制系统类似于常规的微机控制系统，如图9-20所示。

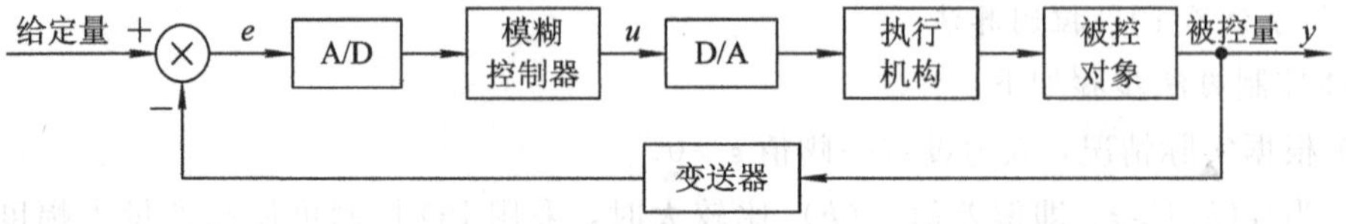

图9-20　模糊控制系统的构成

模糊控制系统由以下四部分构成：

(1) 模糊控制器：完成模糊推理与模糊控制的工作。

(2) 输入/输出接口装置：完成模/数、数/模转换，电平转换，信号采样与滤波。

(3) 广义对象：包括被控对象与执行机构。被控对象为复杂的工业过程，可以是线性的或非线性的，也可能存在各种干扰，是模糊的、不确定的、没有精确数学模型的过程。

(4) 测量元件传感器：将被控对象的输出信号转换为相应的电信号。测量元件的精度往往直接影响控制系统的精度，要注意选择既符合工程精度要求又稳定可靠的测量元件。

2. 模糊控制原理

模糊控制系统不同于通常的微机控制系统，其主要区别是采用了模糊控制器。模糊控制器是模糊控制系统的核心部分，其结构直接影响控制系统的性能。

模糊控制器主要包括输入量模糊化接口、知识库、推理机、输出量清晰化接口四个部分，如图 9－21 所示。

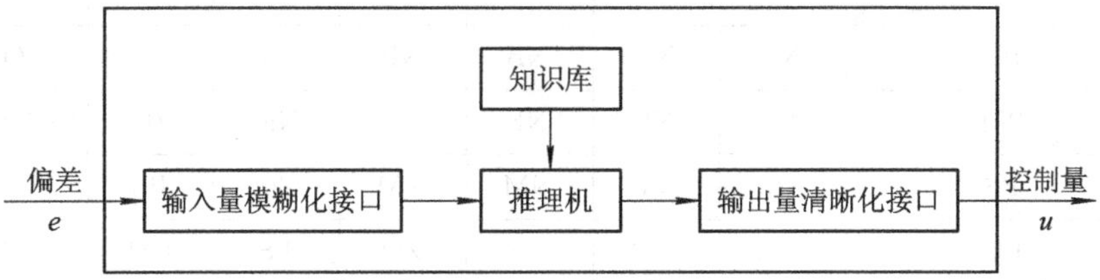

图 9－21　模糊控制器的组成

1）输入量模糊化接口

在控制系统中，一般将偏差和偏差变化率的实际变化范围称做基本论域。设偏差 x 的基本论域为$[a,b]$，首先将 $x\in[a, b]$变换成 $y\in[-X_e, X_e]$的连续区间，变换公式如下：

$$y=\frac{2X_e}{b-a}\left(x-\frac{a+b}{2}\right) \tag{9-29}$$

设偏差所取的模糊集的论域为$\{-n, -n+1, \cdots, 0, \cdots, n-1, n\}$。这里，$n$ 为将$0\sim X_e$范围内连续变化的偏差离散化之后分成的档数。因此，可得偏差精确量 y 的模糊化量化因子为

$$K_e=\frac{n}{X_e} \tag{9-30}$$

在实际系统中，n 值不易划分过细、过密，一般取 $n=6$。同理，对于偏差变化$[-X_e, X_c]$，若选择其模糊集的论域为$\{-m, -m+1, \cdots, 0, \cdots, m-1, m\}$，则偏差变化 x 的量化因子为

$$K_c=\frac{m}{X_c} \tag{9-31}$$

量化因子 K_c 具有与 K_e 完全相同的特性，一般也取 $m=6$。

通常，人们习惯上将$[-6, +6]$之间变化的偏差大小表述为如下几种模糊子集：

在＋6 附近称为正大，记为 PB；

在＋4 附近称为正中，记为 PM；

在＋2 附近称为正小，记为 PS；

稍大于 0 称为正零，记为 PO；

稍小于 0 称为负零，记为 NO；

在－2 附近称为负小，记为 NS；

在－4 附近称为负中，记为 NM；

在－6 附近称为负大，记为 NB。

因此，对于偏差 e，其模糊子集 $e=\{$NB, NM, NS, NO, PO, PS, PM, PB$\}$。各个语言变量值的隶属度函数如表 9－1 所示。

同理，可以将偏差变化值 e_c 分为 7 个模糊子集，即 $e_c=\{$NB, NM, NS, ZO, PS, PM, PB$\}$。各个语言变量值的隶属度函数如表 9－2 所示。

表 9-1　偏差 e 的语言变量值隶属度

U　EC / E	PB	PM	PS	ZO	NS	NM	NB
PB	NB	NB	NB	NB	NM	ZO	ZO
PM	NB	NB	NB	NB	NM	ZO	ZO
PS	NM	NM	NM	NM	ZO	PS	PS
PO	NM	NM	NS	ZO	PS	PM	PM
NO	NM	NM	NS	ZO	PS	PM	PM
NS	NS	NS	ZO	PM	PM	PM	PM
NM	ZO	ZO	PM	PB	PB	PB	PB
NB	ZO	ZO	PM	PB	PB	PB	PB

表 9-2　偏差 e_c 的语言变量值隶属度

μ　e_c / EC	−6	−5	−4	−3	−2	−1	0	+1	+2	+3	+4	+5	+6
PB	0	0	0	0	0	0	0	0	0	0.1	0.4	0.8	1.0
PM	0	0	0	0	0	0	0	0	0.2	0.7	1.0	0.7	0.2
PS	0	0	0	0	0	0	0	0.9	1.0	0.7	0.2	0	0
ZO	0	0	0	0	0	0.5	1.0	0.5	0	0	0	0	0
NS	0	0	0.2	0.7	1.0	0.9	0	0	0	0	0	0	0
NM	0.2	0.7	1.0	0.7	0.2	0	0	0	0	0	0	0	0
NB	1.0	0.8	0.4	0.1	0	0	0	0	0	0	0	0	0

上述模糊集的隶属度函数应根据实际情况来确定。一般采用下式来拟合模糊集合的隶属度：

$$u_{\underline{A}}(x)=\exp\left[-\left(\frac{x-a}{b}\right)^2\right] \tag{9-32}$$

在确定模糊子集的隶属函数 $u_{\underline{A}}(x)$ 时，应注意以下几个问题：

(1) 隶属函数对控制效果影响较大。如图 9-22 所示的两种不同形状的隶属函数 $u_{\underline{A}}$ 和 $u_{\underline{B}}$。若偏差采用模糊集合 $\underline{A}$，则由于分辨率较高，故偏差控制的灵敏度也较好；若偏差采用模糊集合 $\underline{B}$，则由于分辨率较低，故偏差控制的灵敏度较低，控制特性较平缓，稳定性较好。因此，一般在误差较大时采用低分辨率的隶属函数，在误差较小时采用高分辨率的隶属函数。

(2) 在定义变量的全部模糊集合时，如 PB，…，NB，应考虑它们对论域[$-n$，n]的覆盖程度，使论域中的任何一点对这些模糊集合的隶属度的最大值都不能太小，否则有可能在这些点上出现空档，引起失控。因此，全部模糊集合所包含的与非零隶属度对应的论域

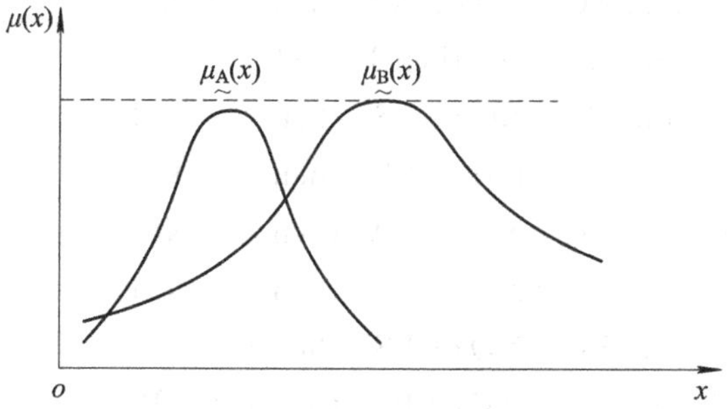

图 9-22　隶属函数图

元素个数应当是模糊集合总数的 2～3 倍。

(3) 考虑各模糊集合之间的相互影响，可以采用这些模糊集合中任意两个集合的交集中的隶属度的最大值 β 来衡量。β 较小时，控制较灵敏；β 较大时，模糊控制对于对象参数变化的适应性较强，即鲁棒性较好。一般取 $\beta=0.4\sim0.7$，β 过大时，将使两个模糊状态无法区分。

2) 知识库

知识库由数据库和规则库两部分组成。

模糊控制器的输入变量、输出变量经模糊化处理后，其全部模糊子集的隶属度或隶属函数存放于模糊控制器的数据库中(如表 9-1 和表 9-2 所示数据)，在规则推理的模糊关系方程求解过程中，为推理机提供数据。但要说明的是，输入变量和输出变量的测量数据集不属于数据库存放范畴。

规则库就是用来存放全部模糊控制规则的，在推理时为推理机提供控制规则。模糊控制器的规则是基于专家知识或手动操作经验建立的，它是按人的直觉推理的一种语言表示形式。模糊规则通常由一系列的关系词连接而成，如 if-then、else、also、and、or 等。关系词必须经过“翻释”后，才能将模糊规则数值化。如果某模糊控制器的输入变量为偏差 e 和偏差变化 e_c，模糊控制器的输出变量为 u，则其相应的语言变量为 E、EC 和 U。给出下述一组模糊规则：

① if E =NB or NM and EC=NB or NM then U=PB
② if E =NB or NM and EC=NS or NO then U=PB
③ if E =NB or NM and EC=PS then U=PM
④ if E =NB or NM and EC=PM or PB then U=NO
⑤ if E =NS and EC=NB or NM then U=PM
⑥ if E =NS and EC=NS or NO then U=PM
⑦ if E =NS and EC=PS then U=NO
⑧ if E =NS and EC=PM or PB then U=NS
⑨ if E =NO or PO and EC=NB or NM then U=PM
⑩ if E =NO or PO and EC=NS then U=PS
⑪ if E =NO or PO and EC=NO then U=NO
⑫ if E =NO or PO and EC=PS then U=NS
⑬ if E =NO or PO and EC=PM or PB then U=NM

⑭ if E ＝PS　　and EC＝NB or NM then U＝PS

⑮ if E ＝PS　　and EC＝NS then U＝NO

⑯ if E ＝PS　　and EC＝NO or PS　then U＝NM

⑰ if E ＝PS　　and EC＝PM or PB　then U＝NM

⑱ if E ＝PM or PB　and EC＝NB or NM then U＝NO

⑲ if E ＝PM or PB　and EC＝NS　　then U＝NM

⑳ if E ＝PM or PB　and EC＝NO or PS　then U＝NB

㉑ if E ＝PM or PB　and EC＝PM or PB　then U＝NB

上述 21 条模糊条件语句可以归纳为模糊控制规则表(表 9－3)。

表 9－3　模糊控制规则表

U / E \ EC	PB	PM	PS	ZO	NS	NM	NB
PB	NB	NB	NB	NB	NM	ZO	ZO
PM	NB	NB	NB	NB	NM	ZO	ZO
PS	NM	NM	NM	NM	ZO	PS	PS
PO	NM	NM	NS	ZO	PS	PM	PM
NO	NM	NM	NS	ZO	PS	PM	PM
NS	NS	NS	ZO	PM	PM	PM	PM
NM	ZO	ZO	PM	PB	PB	PB	PB
NB	ZO	ZO	PM	PB	PB	PB	PB

该规则基本总结了众多被控对象手动操作过程中各种可能出现的情况和相应的控制策略。例如，锅炉压力与加热的关系；气轮机转速与阀门开度的关系；反应堆的热交换关系；飞机、轮船的航向与舵的关系；卫星的姿态与作用力的关系。

3) 推理机

推理机是模糊控制器中，根据输入模糊量和知识库进行模糊推理，求解模糊关系方程并获得模糊控制量的功能部分。模糊推理有时也称为似然推理，其一般形式如下：

一维推理

前提：if $\underline{A}=\underline{A_1}$，then $\underline{B}=\underline{B_1}$

条件：if $\underline{A}=\underline{A_2}$

结论：then $\underline{B}=$?

二维推理

前提：if $\underline{A}=\underline{A_1}$ and $\underline{B}=\underline{B_1}$，then $\underline{C}=\underline{C_1}$

条件：if $\underline{A}=\underline{A_2}$ and $\underline{B}=\underline{B_2}$

结论：then $\underline{C}=$?

当上述给定条件为模糊集时，可以采用似然推理方法进行推理。在模糊控制中，由于控制器的输入变量(加偏差和偏差变化)往往不是一个模糊子集，而是一些孤点(如 $a=a_0$，

$b=b_0$)等，因此，这种推理方式一般不直接使用。模糊推理方式略有不同，一般可分为以下三类推理方式。

设有两条推理规则：

① if $\underline{A}=\underline{A_1}$ and $\underline{B}=\underline{B_1}$, then $\underline{C}=\underline{C_1}$

② if $\underline{A}=\underline{A_2}$ and $\underline{B}=\underline{B_2}$, then $\underline{C}=\underline{C_2}$

推理方式一：又称为 Mamdani 极小运算法。设 $a=a_0$，$b=b_0$，则新的隶属度为

$$u_{\underline{C}}(z)=[w_1 \wedge u_{\underline{C_1}}(z)] \vee [w_2 \wedge u_{\underline{C_2}}(z)]$$

式中：

$$w_1 = u_{\underline{A_1}}(a_0) \wedge u_{\underline{B_1}}(b_0)$$
$$w_2 = u_{\underline{A_2}}(a_0) \wedge u_{\underline{B_2}}(b_0)$$

该方法常用于模糊控制系统中，直接采用极大极小合成运算方法，计算较简便，但在合成运算中信息丢失较多。

推理方式二：又称为代数乘积运算法。设 $a=a_0$，$b=b_0$，有

$$u_{\underline{C}}(z)=[w_1 u_{\underline{C_1}}(z)] \vee [w_2 u_{\underline{C_2}}(z)]$$

式中：

$$w_1 = u_{\underline{A_1}}(a_0) \wedge u_{\underline{B_1}}(b_0)$$
$$w_2 = u_{\underline{A_2}}(a_0) \wedge u_{\underline{B_2}}(b_0)$$

在合成过程中，与方式一比较该种方式丢失信息少。

推理方式三：该方式由学者 TsuKamoto 提出，适合于隶属度为单调的情况。设 $a=a_0$，$b=b_0$，有

$$z_0 = \frac{w_1 z_1 + w_2 z_2}{w_1 + w_2}$$

式中：

$$z_1 = u_{\underline{C_1}}^{-1}(w_1) z_2 = u_{\underline{C_2}}^{-1}(w_2)$$
$$w_1 = u_{\underline{A_1}}(a_0) \wedge u_{\underline{B_1}}(b_0)$$
$$w_2 = u_{\underline{A_2}}(a_0) \wedge u_{\underline{B_2}}(b_0)$$

4）输出量清晰化接口

由于被控对象每次只能接收一个精确的控制量，无法接受模糊控制量，因此必须经过清晰化接口将其转换成精确量。这一过程又称为模糊判决，也称为去模糊，通常采用下述三种方法。

(1) 最大隶属度法。若对应的模糊推理的模糊集$\underline{C}$中，元素 $u^* \in U$ 满足：

$$u_{\underline{C}}(u^*) \geqslant u_{\underline{C}}(u)$$

则取 u^* 作为控制量的精确值。

若这样的隶属度最大点 u^* 不唯一，就取它们的平均值 u^* 或 $[u_1^*, u_p^*]$ 的中点 $(u_1^* + u_p^*)/2$ 作为输出控制量(其中 $u_1^* \leqslant u_2^* \leqslant \cdots \leqslant u_p^*$)。这种方法简单、易行、实时性好，但它概括的信息量少。例如，若

$$\underline{C} = 0.2/2 + 0.7/3 + 1/4 + 0.7/5 + 0.2/6$$

则按最大隶属度原则，应取控制量 $u^*=4$。

又如，若

$$\underline{C} = 0.1/-4 + 0.4/-3 + 0.8/-2 + 1/-1 + 1/0 + 0.4/1$$

则按平均值法，应取

$$u^* = \frac{0 + (-1)}{2} = \frac{-1}{2} = -0.5$$

(2) 加权平均法。加权平均法是模糊控制系统中应用较为广泛的一种判决方法，该方法有两种形式：普通加权平均法和权系数加权平均法。

在普通加权平均法中，控制量由下式决定：

$$u^* = \frac{\sum_i u_{\underline{C}}(u_i) \cdot u_i}{\sum_i u_{\underline{C}}(u_i)}$$

例如，若

$$\underline{C} = 0.1/2 + 0.8/3 + 1.0/4 + 0.8/5 + 0.1/6$$

则

$$u^* = \frac{0.1 \times 2 + 0.8 \times 3 + 1.0 \times 4 + 0.8 \times 5 + 0.1 \times 6}{0.1 + 0.8 + 1.0 + 0.8 + 0.1} = 4$$

在权系数加权平均法中，控制量由下式决定：

$$u^* = \frac{\sum_i k_i u_i}{\sum_i k_i}$$

式中 k_i 为加权系数，由实际情况决定。当 $k_i = u_{\underline{C}}(u_i)$ 时，即为普通加权平均法。通过修改加权系数，可以改善系统的响应特性。

(3) 中位数判决法。在最大隶属度判决法中，只考虑了最大隶属数，而忽略了其他信息的影响。中位数判决法是将隶属函数曲线与横坐标所围成的面积平分成两部分，以分界点所对应的论域元素 u_i 作为判决输出。

设模糊推理的输出为模糊量 $\underline{C}$，若存在 u^*，并且使

$$\sum_{u_{\min}}^{u^*} u_{\underline{C}}(u) = \sum_{u^*}^{u_{\max}} u_{\underline{C}}(u)$$

则取 u^* 为控制量的精确值。

3. 模糊控制器的设计

设计一个模糊控制系统的关键是设计模糊控制器，而设计一个模糊控制器就需要选择模糊控制器的结构，选取模糊规则，确定模糊化和清晰化方法，确定模糊控制器的参数，编写模糊控制算法程序。

1) 模糊控制器的结构设计

(1) 单输入单输出结构。在单输入单输出系统中，受人类控制过程的启发，一般可设计成一维或二维模糊控制器。在极少数情况下，才有设计成三维控制器的要求。这里所讲的模糊控制器的维数，通常是指其输入变量的个数。

一维模糊控制器：是一种最简单的模糊控制器，其输入和输出变量均只有一个。假设模糊控制器的输入变量为 x，输出变量为 y，此时的模糊规则为：

① if x is $\underline{A_1}$ then y is $\underline{B_1}$ or

⋮

ⓝ if x is $\underline{A_n}$ then y is $\underline{B_n}$

式中的 A_1，…，A_n 和 B_1，…，B_n 均为输入、输出论域上的模糊子集。这类模糊规则的模糊关系为

$$\underline{R}(x, y) = \bigcup_{i=1}^{n} \underline{A_i} \times \underline{B_i} \tag{9-33}$$

二维模糊控制器：该模糊控制器的输入变量有两个，而输出变量只有一个。此时的模糊规则为

If X_1 is $\underline{A_i^1}$ and X_2 is $\underline{A_i^2}$ then Y is $\underline{B_i}$ $(i=1, 2, \cdots, n)$

式中的 $\underline{A_i^1}$、$\underline{A_i^2}$ 和 $\underline{B_i}$ 均为论域上的模糊子集。这类模糊规则的模糊关系为

$$\underline{R}(x, y) = \bigcup_{i=1}^{n} (\underline{A_i^1} \times \underline{A_i^2}) \times \underline{B_i} \tag{9-34}$$

在实际控制系统中，X_1 一般取为控制误差，X_2 一般取为误差的变化。由于二维模糊控制器同时考虑到误差和误差变化的影响，因此其在性能上一般优于一维模糊控制器。实际上，二维控制结构是模糊控制器中最常用的结构。

(2) 多输入多输出结构。工业过程中的许多被控对象比较复杂，往往具有一个以上的输入和输出变量。以二输入三输出为例，若直接提取模糊控制规则的话，则有

If X_1 is $\underline{A_1^i}$、X_2 is $\underline{A_2^i}$，then Y_1 is $\underline{B_1^i}$、Y_2 is $\underline{B_2^i}$、Y_3 is $\underline{B_3^i}$ $(i=1, 2, \cdots, n)$

由于人们对具体事物的逻辑思维一般不超过三维，因此很难对多输入多输出系统直接提取控制规则。为此，必须首先把观察或实验数据进行重组。例如，已有样本数据 $(X_1, X_2, Y_1, Y_2, Y_3)$，可将其变换为 (X_1, X_2, Y_1)，(X_1, X_2, Y_2)，(X_1, X_2, Y_3)。这样，首先把多输入多输出系统化为多输入单输出的结构形式，然后用单输入单输出系统的设计方法进行模糊控制器设计。这样做不仅设计简单，而且经人们的长期实践检验，也是可行的。这就是多变量控制系统的模糊解耦问题。

2) 模糊规则的选择和模糊推理

(1) 模糊规则的选择。

① 模糊语言变量的确定。一般来说，若选择比较多的语言变量的语言值，即用较多的状态来描述每个变量，那么制定规则就比较灵活，形成的规则就比较精确。不过，这种控制规则比较复杂，且不易制定。因此，在选择模糊语言变量的语言值时，必须兼顾简单性和灵活性。在实际应用中，通常选取 7～9 个语言值，即正大(PB)、正中(PM)、正小(PS)、零(ZO)(或者正零(PO)和负零(NO))、负小(NS)、负中(NM)、负大(NB)。

② 语言值隶属函数的确定。语言值的隶属函数又称为语言值的语义规则，它有时以连续函数的形式出现，有时以离散的量化等级的形式出现。两种形式各有特色，连续的隶属函数描述比较正确，而离散的量化等级简洁直观。

③ 模糊控制规则的建立。模糊控制规则的建立常采用经验归纳法和推理合成法。所谓经验归纳法，就是根据人的控制经验和直觉推理，经整理、加工和提炼后构成模糊规则系统的方法，它实质上是感性认识上升到理性认识的一个飞跃过程。推理合成法是建立模糊规则的另一种较为常用的有效方法，其主要思想是根据已有的输入/输出数据对，通过模糊推理合成求取被控系统的模糊控制规则。

(2) 模糊推理。模糊规则确定后，接着需进行模糊推理(有时也称为似然推理)。其一般形式为：

① 一维形式：

If X is $\underline{A}$, then Y is $\underline{B}$

If X is $\underline{A^*}$, then Y is ?

② 二维形式：

If X is $\underline{A}$, and Y is $\underline{B}$, then Z is $\underline{C}$

If X is $\underline{A^*}$, and Y is $\underline{B^*}$, then Z is ?

这类推理反映了人们的思维方式，它是传统的形式推理所不能实现的。

3) 清晰化

清晰化的目的是根据模糊推理的结果，求得最能反映控制量的真实分布。目前常用清晰化的方法有三种：最大隶属度法、加权平均法和中位数判决法。

4) 模糊控制器论域及比例因子的确定

众所周知，任何物理系统的信号总是有界的。在模糊控制系统中，这个有界一般称为该变量的基本论域，它是实际系统的变化范围。以两输入单输出的模糊控制系统为例，设定误差的基本论域为$[-|e_{max}|, |e_{max}|]$，误差变化的基本论域为$[-|e_{cmax}|, |e_{cmax}|]$，控制量所取的基本论域为$[-|u_{max}|, |u_{max}|]$。类似地，设误差的模糊论域为

$$E=\{-L, -(L-1), \cdots, 0, 1, 2, \cdots, L\}$$

误差变化的论域为

$$EC=\{-m, -(m-1), \cdots, 0, 1, 2, \cdots, m\}$$

控制量所取的论域为

$$U=\{-n, -(n-1), \cdots, 0, 1, 2, \cdots, n\}$$

在确定了变量的基本论域和模糊集论域后，比例因子也就确定了。若用α_e、α_c、α_u分别表示误差、误差变化和控制量的比例因子，则有

$$\alpha_e=\frac{l}{|e_{max}|} \tag{9-35}$$

$$\alpha_c=\frac{m}{|e_{cmax}|} \tag{9-36}$$

$$\alpha_u=\frac{n}{|n_{max}|} \tag{9-37}$$

须注意的是，误差和误差变化这两个变量的连续值与其论域中的离散值并不是一一对应的。一般说来，若α_e大，则系统上升速率大，但α_e过大将使系统产生较大超调，从而延长过渡过程；若α_e很小，则系统上升较慢，快速性差。与α_e相反，若α_c越大，则系统上升速率越小，过渡过程时间长；若α_c越小，则系统上升速率增加越大，反应加快。但α_c取得太小会产生很大的超调和振荡，尤其是反向超调，这同样使系统的调节时间变长。α_u在系统响应的上升和稳定阶段有不同的影响。在上升阶段，α_u取得越大，上升越快，但也容易引起超调；α_u取得越小，则系统的反应比较缓慢。在稳定阶段，α_u过大会引起振荡。为改善模糊控制器的性能，常用的办法是离线整定α_e和α_c，在线调整α_u。

5) 编写模糊控制器的算法程序

编写模糊控制器算法程序的步骤如下：

(1) 设置输入、输出变量及控制量的基本论域，即 $e\in[-|e_{max}|, |e_{max}|]$，$e_c\in[-|e_{cmax}|, |e_{cmax}|]$，$u\in[-|u_{max}|, |u_{max}|]$；预置量化的比例因子 α_e、α_c、α_u 和采样周期 T。

(2) 判断采样时间到否，若时间已到，则转(3)，否则转(2)。

(3) 启动 A/D 转换，进行数据采集和数字滤波等。

(4) 计算 e 和 e_c，并判断它们是否已超过上(下)限值。若已超过，则将其设定为上(下)限值。

(5) 按给定的输入比例因子 α_e、α_c 量化(模糊化)，并由此查询控制表。

(6) 查得控制量的量化值在清晰化之后，乘上适当的比例因子 α_u。若 u 已超过上(下)限值，则设置为上(下)限值。

(7) 启动 D/A 转换，作为模糊控制器实际模拟量输出。

(8) 判断控制时间是否已到，若是则停机，否则，转第(2)步。

4. 设计实例—模糊控制洗衣机

模糊洗衣机是一种智能型的洗衣机，和传统的洗衣机相比，它是一种全新的家用电器。传统的全自动洗衣机有两种，一种是机械控制式，一种是单片机控制式。无论采用什么方式，它们都需要进行人为的洗涤程序选择，衣质和衣量选择，然后才能投入工作。在本质上讲，这种洗衣机还称不上是全自动的，最多只能称为半自动的。

1) *模糊洗衣机控制系统的硬件设计*

用 MC6805R3 控制的模糊洗衣机和传统的洗衣机相比有很大的区别，它能自动识别衣质、衣量及脏污程度，自动决定水量，自动投入恰当的洗涤剂，从而全部自动地完成整个洗涤过程。由于洗涤程序是通过模糊推理决定的，故它有着极高的洗涤效能，不但大大提高了洗衣机的全自动化程度，也大大提高了洗衣的质量。用 MC6805R3 控制的模糊洗衣机可以说是真正的全自动洗衣机，在整个控制过程中，单片机 MC6805R3 和模糊控制软件起了决定性的作用。

单片机 MC6805R3 对洗衣机的控制系统的电路原理如图 9-23 所示。这个系统中包括电源电路、洗衣机状态检测电路、显示电路和输出控制电路。

(1) 电源电路。

电源电路由变压器 TF、桥式整流器、滤波电容和集成稳压电路 7805 组成。电源电路中还有二极管 VD_1，用于隔离滤波电容与桥式整流电路，以便进行过零检测。7805 输出的 +5 V 电压与交流电源的一端相接，以组成双向晶闸管的直接触发电路。

(2) 洗衣机状态检测电路。

状态检测电路一共由衣质衣量检测电路、过零检测电路、电源电压检测电路、温度检测电路、水位检测电路和浑浊度检测电路组成。

(3) 显示电路。

显示电路由晶体管 V_0、V_1、V_2、V_3，发光二极管 $VD_6\sim VD_{11}$，7 段发光二极管显示器(LED1、LED2、LED3)和相应的电阻组成。其中晶体管 V_0、V_1、V_2、V_3 作为扫描开关管，用于选择 $VD_6\sim VD_{11}$、LED1、LED2 或 LED3；而 LED1、LED2 或 LED3 用于显示定时时间；$VD_6\sim VD_{11}$ 用于显示洗衣机的现行工作状态。

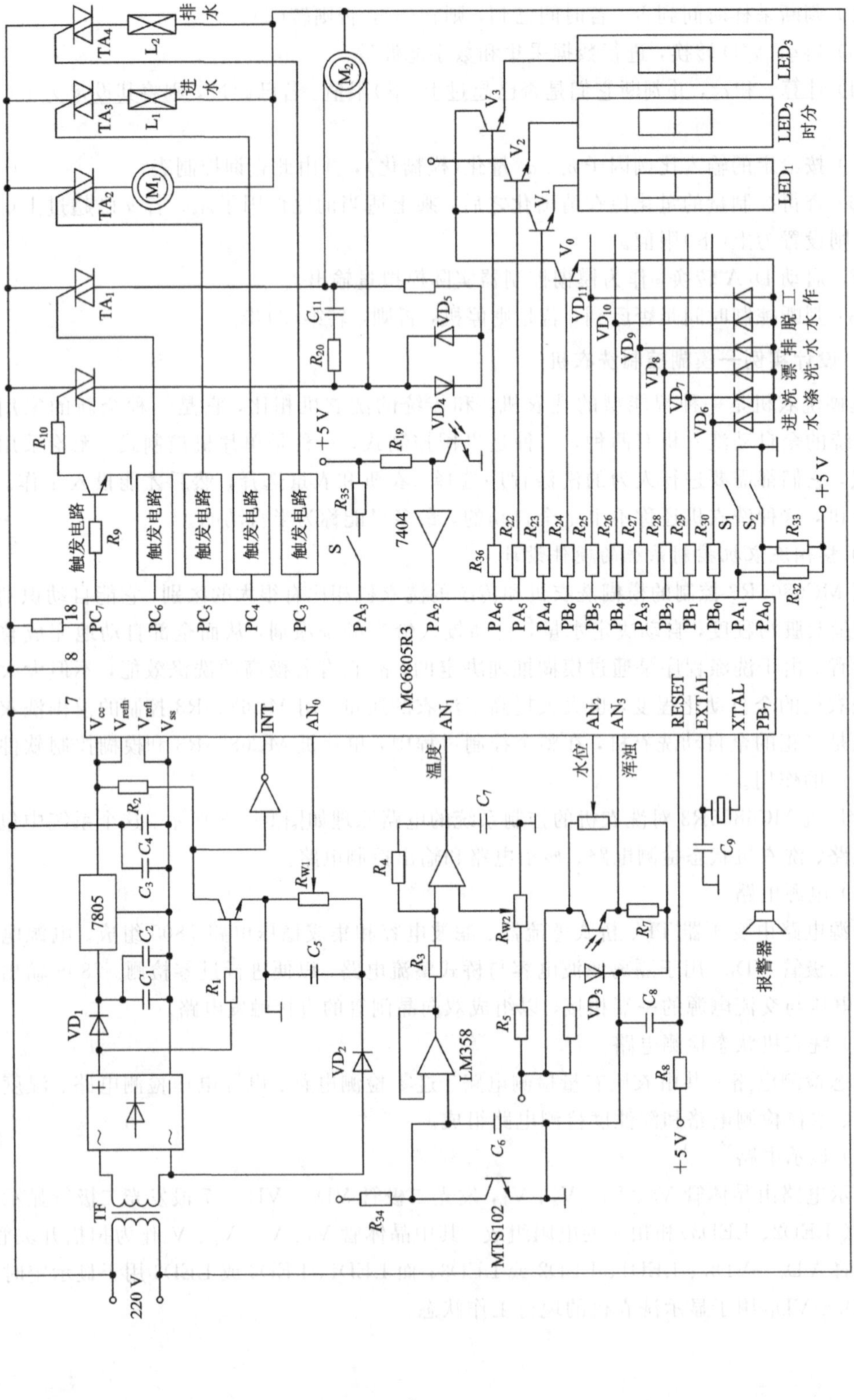

图 9-23　模糊洗衣机控制逻辑框图

(4) 输出控制电路。

输出控制电路由触发电路和相应的双向晶闸管组成，控制电路一共有 5 路。L_1 是进水电磁阀、L_2 是排水电磁阀，M1 是自动洗涤剂投入电机，M2 是主电机。其中双向晶闸管 TA_1 用于控制主电机 M2；TA_2 用于控制洗涤剂投入电机；TA_3 用于控制进水电磁阀；TA_4 用于控制排水电磁阀。所有的双向晶闸管都采用第二、三象限触发。

除了上述电路之外，还有工作启/停和状态设定电路。S_1 是洗衣机全自动工作的启/停按键；S_2 是功能选择按键，它可以设定洗衣机从某个程序开始进行工作。

由单片机组成的逻辑系统是模糊洗衣机的硬件控制系统以及模糊推理的物理基础。单片机系统对洗衣机状态进行检测，目的是取得进行模糊推理的一些前件状态，从而得到用于推断后件结果的先前条件。用于进行模糊推理的前件模糊量有衣质、衣量、污脏度、水温等有关的语言值。

衣质、衣量是无法通过直接检测方法得出的，这两种物理量都是通过间接方法求取的。在实际中，通过有关电路以及有关洗衣机的动态过程，并从这个动态过程在电路中反映出来的有关电信号进行分析，最终得出衣量和衣质的有关数据。

所有的电路都在单片机 MC6805R3 的控制下工作。MC6805R3 有较多的 I/O 端口，对洗衣机这种需要检测和控制功能较多的家用电器是十分合适的，它可以使系统的逻辑结构达到十分简洁的形式。

衣量和衣质的求取在实际中也是以模糊推理得出的。在不同的地方、不同的洗衣机、不同的使用年限中，检测电路得出的信号也会有所区别，采用模糊推理可以得出正确的结果。

2) *模糊洗衣机的物理量检测方法*

洗衣机在洗衣过程中起决定作用的物理量有衣质、衣量、浑浊度和水温。这些物理量都需要采用一定的方法检测出来，并且转换成单片机 MC6805R3 能接收的形式送入单片机中，才能进行处理和执行模糊推理。

(1) 浑浊度的检测。

衣物的脏污程度、性质和洗净程度等都需要检测，以便进行工作过程的整定和控制。浑浊度的检测是采用红外光电传感器来完成的。利用红外线在水中的透光率和时间的关系，通过模糊推理得出检测的结果，而这个结果就可用于控制推理。

浑浊度检测器的结构和安装情况如图 9-24 所示。红外发射管和红外接收管分别安装在排水管的两侧；在红外发射管中通以定量的稳定电流，使红外线以一定的强度向外发射。红外线穿透排水管中的水，并传送到红外接收管中，当水的混浊程度不同时，红外线穿透水的程度也有所不同。这样，红外接收管所接收到的红外线强度就反映了水的浑浊程度。

图 9-24(a)给出的是浑浊度检测器在排水管两侧的安装示意图，在排水阀关闭时，红外发射管和接收管所对应的排水管中的水和洗衣桶中的水相连，并反映了水的浑浊度。图 9-24 (b)表示水较浑浊时红外线透光率低的情况；图 9-24(c)表示水较净、透光率高的情况。

按照红外线管所接收到的红外线强度，可以相应得出水的浑浊度。通过大量实验，可以得到在不同的洗涤过程中水的浑浊情况，影响水的浑浊度的有关因素，以及水的红外透光率的变化情况之间的关系。

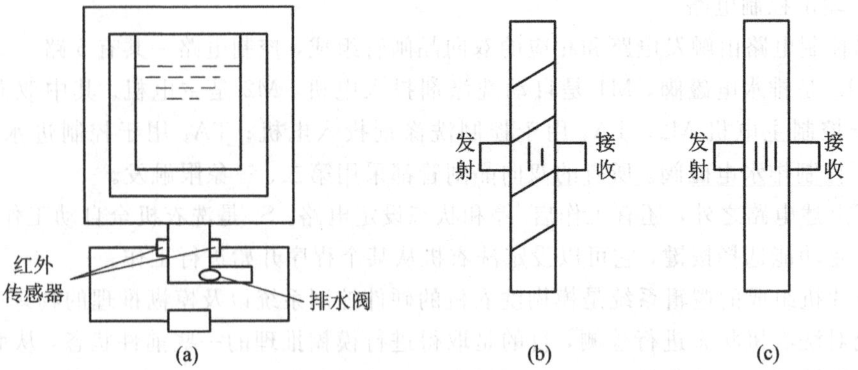

图 9-24　浑浊度检测原理

图 9-25 中给出了洗涤过程中轻重不同污垢程度、不同类型污垢、不同洗涤剂时的透光度情况。图 9-25(a)中给出了洗涤开始到漂洗结束的整个过程中透光度的变化曲线。从曲线可以看出，随着洗涤的开始，衣物中的污垢溶解于水，使透光度下降；同时随着洗涤剂的投入，衣物中的污垢进一步溶解和脱落于水，故透光度进一步下降，并到达一个最低值；随着漂洗的进行，衣物变干净，水质也变清，从而使红外透光度渐渐升高，最后达到初始值。一般而言，当透光度再次达到初始值时，说明衣物洗涤干净，这时可以停止漂洗。

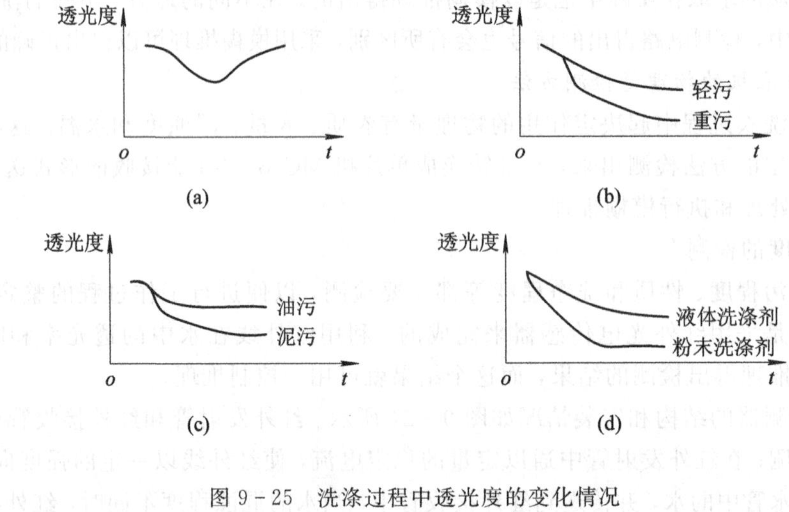

图 9-25　洗涤过程中透光度的变化情况

图 9-25(b)表示衣物轻度污脏和重度污脏情况下进行洗涤时，红外线透光度的变化曲线。重污时，透光度较低；轻污时，透光度较高。利用这种特性可以判别衣物的污脏程度。

图 9-25(c)表示衣物的污脏性质。油污时透光度较高，泥污时透光度较低。

图 9-25(d)表示洗涤剂的类型。液体洗涤剂透光度高，粉末洗涤剂透光度较低。

按照图 9-25 给出的透光度曲线，就可以根据洗衣机中水的透光度来判别衣物的污脏程度、污脏性质以及洗涤剂的种类，从而可以按此进行洗涤过程的控制。

(2) 衣量和衣质的检测。

衣量和衣质的检测是在洗涤之前进行的。在水位一定的时候，衣量和衣质的不同就会产生不同的布阻抗。给定水位，然后在这个给定水位的条件下使主电机进行间断旋转，则不同布阻抗就会使主电机制动的性能不同，利用主电机在不同布阻抗时的制动特性，可以推断出衣质和衣量。不同衣质和衣量的布阻抗如图 9-26 所示。

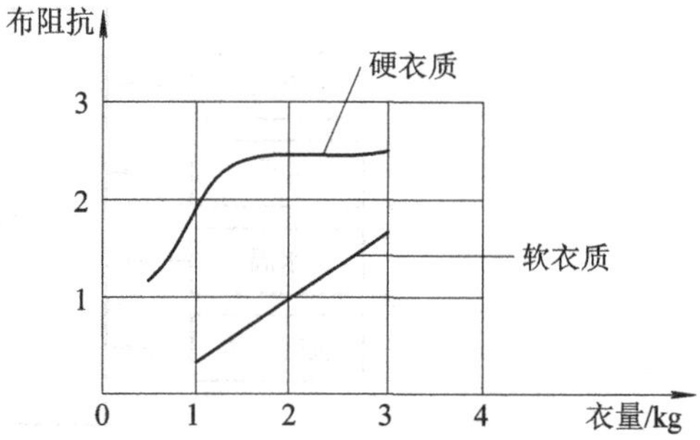

图 9-26　衣质和衣量与布阻抗的关系

从图 9-26 中可知，硬衣质和软衣质的布阻抗有较大区别。在衣量相同时，硬衣质的布阻抗比软衣质的高。在衣量为 1～3 kg 时，硬衣质的布阻抗较高，软衣质的布阻抗较低。一般而言，在衣量相同时，硬衣质的阻抗约比软衣质高一倍。在进行衣质和衣量检测时，首先注入一定的水，然后启动主电机旋转，接着断电，让主电机以惯性继续运转直到停止。在主电机断电的时间内，由于主电机的惯性，它依然处于发电机状态，并且会产生感应电势输出。布阻抗的大小不同，主电机处于发电机状态的时间长短也不同。只要检测出主电机处于发电机状态的时间，就可以反过来推理出布阻抗的大小。当然，主电机发电时间长，布阻抗就小；主电机发电时间短，布阻抗就大。

通过主电机的正反转控制绕组输出电势的整流和检测，由光电隔离后形成脉冲信号送入单片机；而单片机只要计算出主电机在停电时产生的计数脉冲个数，就可以知道布阻抗的大小。脉冲个数多，布阻抗小，反之亦然。

在得出布阻抗之后，通过模糊推理就可以产生相应的衣质及衣量。衣质、衣量检测电路如图 9-23 所示的 PA_2 端口所接电路。

(3) 水温检测。

水温检测由温度检测器 MTS102 执行。由于 MTS102 具有线性度好、对温度敏感等特点，因而采用它对常温进行检测。在电路中，采用两个运算放大器对 MTS102 的输出信号进行处理，一个用于隔离阻抗，一个用于信号放大。这个电路结构如图 9-23 所示的 AN_1 端所接的电路。水温一般为 4～40℃；在一些特殊的洗衣机中，有时会加入热水，这时水温较高。但水温一般不会超过 60℃，因为水温太高会对衣物的洗涤质量有一定的影响。

3) 模糊洗衣机的模糊推理

在模糊洗衣机中，浑浊度、衣质、衣量等都是通过对现行状态的检测，再通过模糊推理得出的。

在模糊推理中，需要考虑推理的前件和后件，也即推理的输入条件和输出结果。在模糊洗衣机中，主要应考虑衣质、衣量、水温和肮脏程度这几个条件，并根据这些条件求取水位、洗涤时间、水流、漂洗方式和脱水时间等。模糊洗衣机的模糊推理如图 9-27 所示。

在模糊洗衣机中，衣质和衣量是无法直接通过物理传感器测出的，它们的求取都是采用间接的方法完成的。衣质、衣量和洗涤的过程有很大关系。从一般经验知道，衣质如果是棉质的，则洗涤会困难一些；衣质如果是化学纤维，则洗涤会容易一些。衣量多一些，则洗涤时间要长一些，反之短一些。所以，除了肮脏程度之外，模糊推理还应考虑衣质和衣量。

从图 9-27 中可以看出：模糊洗衣机是一个多输入多输出的模糊推理和控制系统。在实际中，模糊推理的前件和后件之间的相关关系会因不同的因素而有所不同。例如，肮脏

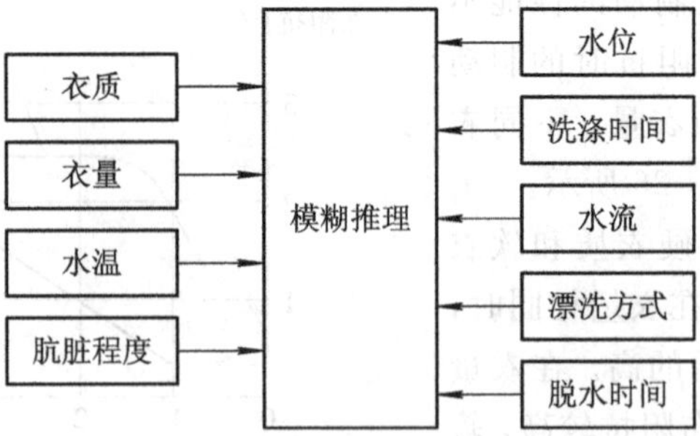

图 9-27　模糊洗衣机的模糊推理

程度和水温可以确定洗涤剂投放的量剂和洗涤时间，而衣量、衣质等可以确定水位和水流、脱水时间等。因此，在推理中要把有关前件和后件进行处理，这种处理分成主要因素推理和顺序因素推理两种。通过这两种推理处理，不但使推理变得较为简单，而且可以在众多因素中清晰地区别出连锁关系的因素。

考虑到洗衣过程中的两种情况，一种是静态的洗涤剂浓度，另一种是动态的水流及时间，故将推理分成两大部分：洗涤剂浓度推理和洗衣推理。

洗涤剂浓度推理的规则如下：

· 如果浑浊度高，则洗涤剂投入量大；

· 如果浑浊度偏高，则洗涤剂投入量偏大；

· 如果浑浊度低，则洗涤剂投入量小。

洗衣推理的规则如下：

· 如果衣量少，衣质以化纤偏多，而且水温高，则水流为特弱，洗涤时间特短；

· 如果衣量多，衣质以棉布偏多，而且水温低，则把水流定为特弱，洗涤时间定为特长。

表 9-4 中给出了洗衣推理的所有规则。

表 9-4　洗衣推理规则

衣质 / 水温 / 衣量		棉布偏多			棉布化纤各半			化纤偏多		
		低	中	高	低	中	高	低	中	高
多	水流	特强	强	强	强	强	中	中	中	中
	时间	特长	长	中	长	长	中	中	中	中
中	水流	强	中	中	中	中	中	中	弱	弱
	时间	长	中	短	长	中	中	中	中	短
少	水流	弱	弱	弱	弱	弱	弱	弱	弱	特弱
	时间	中	中	短	中	短	短	中	短	特短

对于输入量(即前件)，各个因素的模糊量定义不同。衣量的模糊量为“多”、“中”、“少”；水温的模糊量为“高”、“中”、“低”；衣质的模糊量为“棉布偏多”、“棉布化纤各半”、

“化纤偏多”。对于输出量(即后件)，水流的模糊量取“特强”、“强”、“中”、“弱”、“特弱”；时间的模糊量取“特长”、“长”、“中”、“短”、“特短”。上述模糊量各自的隶属函数都不同。水温、衣量和时间的模糊量如图 9－28 所示。

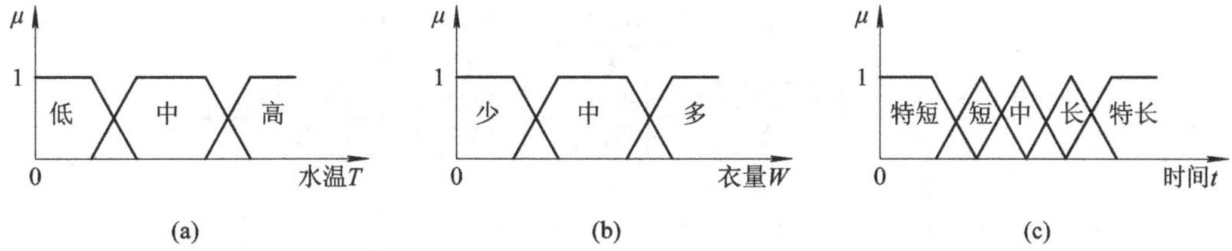

图 9－28　水温、衣量和时间的模糊量

在图 9－28 中，水温的模糊量采用梯形隶属函数，同样，衣量的模糊量也采用梯形隶属函数，而时间模糊量则采用三角形隶属函数。在模糊推理中，模糊量的范围选取起很大的作用，而其形状所起的作用和范围相比就小得多。不过，从模糊逻辑的角度讲，梯形隶属函数在推理中对特定的元素所得到的隶属度会有较多机会为“1”或者较大，而三角形隶属函数的隶属度就会较小。

主要因素推理和顺序因素推理之间有着隐含的推理关系。主要因素推理是以采用人的思维中的“主要因素起决定作用”原理执行的。在这种原理中，抛弃各种次要因素，以简明的形式产生因素少的推理规则，便于进行处理。顺序因素推理则是把前一种推理的结果作为本次推理的前件，从而推理出新的结果。在洗衣机中，如果考虑浑浊度、洗涤剂投入量、水流、洗涤时间等因素的推理，则作为主要因素推理，显然有：

如果浑浊度高，则洗涤剂投入量大；

⋮

另一种主要因素推理有：

如果衣量多，衣质以棉布偏多，而且水温高，则水流为强，洗涤时间为中；

⋮

但实际上，洗涤剂投入量大时，要求洗涤时间较长才能洗得干净，故还需考虑顺序因素推理，如：

如果洗涤剂投入量大，则洗涤时间长；

如果洗涤剂投入量中，则洗涤时间中；

⋮

当顺序因素推理和主要因素推理推出的某一个后件因素的隶属度不同时，应采用 Max 原理进行处理；而当得到某个后件的模糊量不同时，应采用“大者优先”的原则进行处理。

9.5.2　专家智能控制

专家智能控制是指将专家系统的理论和技术同控制理论的方法与技术相结合，在未知环境下仿效专家的智能，实现对系统的控制。把基于专家控制的原理所设计的系统或控制器分别称为专家控制系统或专家控制器。专家控制器对环境的变化有很强的自适应能力和学习功能，具有高可靠性及长期运行的连续性、在线控制的实时性等特点。因此，它在工业控制中的应用越来越为人们所重视，是智能控制发展的一个极有应用前途的方向。

专家控制器的一般原理框图如图 9－29 所示。它通常由知识库、控制规则集、推理机构及信息获取与处理四个部分组成。

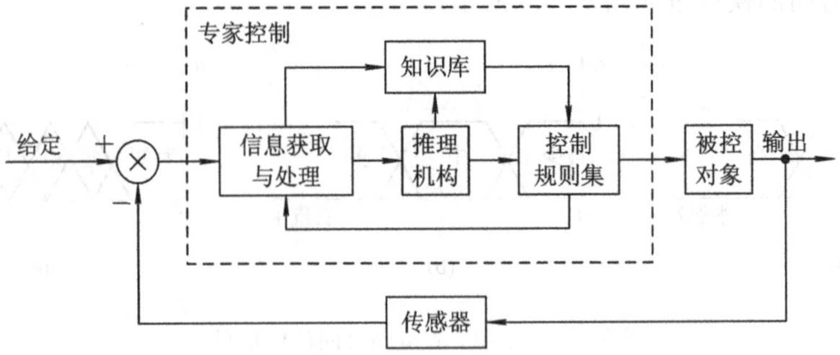

图 9－29　专家控制器的原理框图

9.5.3　自学习智能控制系统

一个智能控制系统若能通过在线实时学习自动获取知识，并能将所学知识用来不断改善对于一个具有未知特征过程的控制性能，则称这种系统为自学习控制系统。其原理框图如图 9－30 所示。

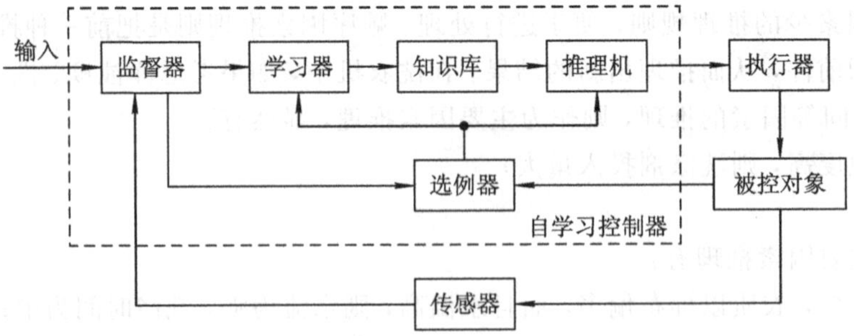

图 9－30　自学习控制系统的原理框图

自学习控制系统的关键部分是自学习控制器，它包括选例器、知识库、学习器、推理机和监督器等五个环节。自学习控制器由微机软件实现，实际上，它是一组具有拟人自学习功能的智能控制程序，其中包括一些基本的控制算法。

9.5.4　基于神经网络的智能控制

从微观上模拟人脑的结构和功能，即从研究和模拟人的神经元网络结构、功能以及传递、处理和控制信息的机理出发而设计的控制系统，称为基于神经网络的智能控制系统。

神经网络具有许多优异的性能。它的可塑性、自适应性和自组织性使它具有很强的学习能力；它的并行处理机制使它求解问题的时间很短，具有满足实时性要求的潜力；它的分布存储方式使它的鲁棒性和容错性都相当好。毫无疑问，这种控制系统是目前智能控制系统的高级形式。它需要进一步解决的问题有硬件实现、学习精度、学习进度、稳定性和收敛性、数值计算与处理的结合，以及多层多节点带来的新问题。

习题与思考题

1. PID 控制器的三个参数对控制效果各有什么影响?

2. 什么是数字 PID 位置型控制算法和增量型控制算法? 试比较它们的优缺点。

3. 绝对位置型数字 PID 模型为 $u(k)=K_{P}e(k)+K_{I}T\sum_{j=0}^{k}e(j)+\frac{K_{D}}{T}[e(k)-e(k-1)]$，试求增量型数字 PID 的模型，并画出增量型数字 PID 的控制算法流程。

4. 简述数字 PID 控制器的改进算法——积分分离 PID 算法，说明该算法的优点。

5. 简述不完全微分 PID 控制算法及该算法的优点。

6. 如何对直线电机数字 PID 控制中的 PID 参数进行选择和调整?

7. 简述积分分离 PID 控制算法与带死区的 PID 控制算法在运动控制系统中位置环数字 PID 控制中的应用。

8. 模糊控制系统由哪几部分组成? 其原理是什么?

第 9 章参考文献

[1]　陶永华. 新型 PID 控制及其应用. 2 版. 北京：机械工业出版社，2002.

第 10 章　机电一体化系统设计方法与实例

课程思政：系统设计方法与创新

> 机电一体化系统设计是以机电一体化技术为基础，综合运用机械、电子、控制等各学科的技术设计机电一体化产品的一种综合性设计。机电一体化系统设计应从功能、精度、可靠性、经济性等多方面综合考虑，尽可能以电子装置替代机械装置，以软件替代硬件，形成合理的设计方案，充分发挥机电一体化在实现系统高性能、智能化、节能降耗、微小型化等方面的技术优势。

10.1　机电一体化系统设计方法学概论

本章数字资源：PPT＋相关视频资源

10.1.1　机电一体化系统设计原则

系统设计是一种创造性活动，必须依靠思考和推理，综合运用多种学科的专门知识和丰富的实践经验，才能获得正确、合理的设计。对机电一体化系统的设计，一般有如下一些共同的基本原则：

(1) 机电互补原则。综合机械技术和电子技术各自的特点，达到优势互补。这就要求从机械技术、电子技术、硬件技术和软件技术四个方面权衡和比较经济上、技术上的利弊得失，选择最优方案。

(2) 功能优化原则。在系统设计时，要抓住用户关心的技术指标，特别是系统的可靠性、实用性、经济性等，对各种相关技术进行优化组合，而不是片面追求高指标、全功能。

(3) 自动化、省力化原则。机电一体化系统的重要特点之一是自动化，一般要求系统在运行过程中能实现自动控制、自动检测、自动调节、自动记录及自动显示；在出现故障时能进行自动检测，自动采取应急措施，实现自动保护等；在工作对象变化时，能够灵活改变其工作状态，实现最大限度的柔性化。要能最大限度地减少人的干预，降低人的体力和智力劳动强度，尽可能排除人为的不利因素的影响。

(4) 效益最佳原则。要在满足用户的目的功能和适当的使用寿命前提下，最大限度地降低成本。要合理选用材质和零件，正确进行结构设计，简化制造工艺，降低生产成本。积极采用先进适用的成熟技术，提高系统的技术附加价值，增强系统的竞争力。要使系统运行可靠，维修方便，减少消耗，合理利用自然资源，降低用户的使用成本。

(5) 开放性原则。以一组标准、规范或约定的原则来统一系统的接口、通信和与外部的连接，使系统能容纳不同厂家制造的设备即软件产品，同时又能适应未来新技术的发展。

10.1.2 机电一体化系统设计类型

机电一体化系统的设计类型大致可以分为：开发性设计、适应性设计和变异性设计。

(1) 开发性设计：在没有参照对象的情况下从无到有的创造性设计。它是在不知道具体方案的情况下，仅仅根据抽象的设计原理和要求，设计出在质量和性能方面满足要求的产品或系统。最初的电视机等产品的设计就属于开发性设计。

(2) 适应性设计：在总的方案原理基本保持不变的情况下，对现有产品进行局部更改，或用微电子技术代替原有的机械结构，或为了进行微电子控制对机械结构进行局部适应性改动，以使产品的性能和质量提高并增加某些附加价值。例如，汽车的电子式汽油喷射装置代替原来的机械控制汽油喷射装置，电子式缝纫机采用微机控制，这些都属于适应性设计。

(3) 变异性设计：在设计方案和功能结构不变的情况下，仅改变现有产品的规格尺寸，使其适应于量的方面有所改变的要求，以满足市场对该项产品的系列要求。例如，由于传递扭矩或速比发生变换而重新设计传动系统和结构尺寸，属于变异性设计。

机电一体化领域多变的设计类型，要求我们摸索出一套现代化设计的普遍规律，以适应更新换代的需要。

10.1.3 机电一体化系统设计方法

机电一体化系统设计的方法通常有机电互补法、机电结合法和组合法，其目的是综合应用机械技术和电子技术，设计最佳的机电一体化系统。

1) 机电互补法

这种方法也称为取代法或替代法，其特点是利用通用或专用电子器件取代传统机械产品中的复杂机械功能部件或功能子系统，以便简化结构，获得更好的功能或性能。如在一般的工作机中用可编程控制器(PLC)或单片机应用系统来取代机械式变速机构、凸轮机构、离合器、脱落涡杆等机构，弥补机械技术的不足；用变频调速系统代替传统的齿轮箱变速系统，简化机构，提高调整性能等。这种方法是改造传统机械产品和开发新产品的常用方法。

2) 机电结合法

这种方法也称为融合法，是将机、电各组成要素有机结合为一体，构成专用或通用的功能部件。用这种方法可以使该产品各要素和参数之间的匹配问题考虑得更充分、更合理、更经济，更能体现机电一体化的优越性。这种方法还可以使接口更简单，甚至可能融为一体。如在金属切屑机床中，把电机轴与主轴部件作为一体，就是将执行元件与执行机构结合的例子。某些高性能的机电一体化产品，如激光打印机和扫描机构——激光扫描镜，把扫描镜转轴与电动机的转子轴做成一体，使结构简单紧凑。在大规模集成电路和计算机不断普及的今天，随着精密机械技术的发展，完全能设计出执行元件、运动机构、检测传感器、控制与机体五要素融为一体的机电一体化产品。

3) 组合法

机电一体化产品或设备可设计成由相应于五大要素的功能部件组成，也可以设计成由若干功能子系统组成，而每个功能部件或功能子系统又包含若干组成要素。这些功能部件或功能子系统经过标准化、通用化和系列化，就成为功能模块。每一个功能模块可视为一个独立体，在设计时只需了解其性能规格，按功能来选用，而不需了解其结构细节。将用结合法(或机电互补法)制成的功能部件、功能模块像堆积木那样组合成各种机电一体化系统或产品的方法称为组合法。例如，将工业机器人各自由度的执行元件、运动机构、检测传感器元件和控制器等做成机电一体化的驱动功能模块，用于驱动不同的关节，组成工业机器人的回转、伸缩、俯仰等各种功能模块系列，从而组合成结构和功能不同的机器人。在新产品系列设计与设备机电一体化改造中应用这种方法，可以缩短设计和研制周期，节约供应设备费用，从而降低生产成本，也有利于生产管理、使用和维修。

除上述几种常用的设计方法之外，机电一体化系统设计中又融入了一些现代的设计方法，如柔性化设计方法、优化设计方法等。

10.1.4 机电一体化系统设计步骤

机电一体化系统的设计一般采用三阶段法，即总体设计、部件选择与设计、技术设计与工艺设计。在实验性设计与计算机辅助设计中，为了相互协调，多采用既分阶段又兼顾平行的设计，也就是并行设计。

总体设计是指在具体设计之前对所要求设计的机电一体化系统的各个方面，按照简单、实用、经济、安全、美观等原则进行综合性设计。

机电一体化系统总体设计的一般步骤如下：

(1) 详尽收集用户对所设计产品的需求。

首先要收集所有相关信息，包括设计需求、背景技术资料，在此基础上准确判断用户对产品的需求。这一步是进行总体方案设计的基本依据。一般情况下，需要对下列设计需求做详细的调查：

① 设计对象自身的工作效率，包括年工作效率及小时工作效率。对于动力传动系统还要了解机械效率方面的需求。

② 设计对象所具有的主要功能，包括总功能及实现总功能时各分功能的动作顺序，特别是操作人员在总功能实现中所介入的程度。

③ 设计对象与其工作环境的界面，主要包括输入/输出界面，装载工作形式，操作员控制器界面，辅助装置界面，温度、湿度、灰尘等情况，以及这些界面中哪些是由设计人员保证的，哪些是由用户提供的。

④ 设计对象对操作者技术水平的需求，要求操作人员达到什么样的技术等级，并具备哪些专长。

⑤ 设计对象是否被制造过。假如与设计对象类似的产品已在生产，则应参观生产过程，并寻找有关的设计与生产文件。

⑥ 了解用户自身的一些规定、标准，例如厂标、一般技术要求、对产品表面的要求等。

(2) 设计对象工作原理的设计。

在明确设计对象的技术要求后开始工作原理的设计。设计质量的优劣取决于设计人员能否有效地对系统的总功能进行合理的抽象和分解，并能合理运用技术效应，提出合理的原理方案。勇于开拓、不断探索新的工作原理，有利于使总体设计方案最优化。工作原理设计后将形成总体方案的初步轮廓。

(3) 主要结构方案的选择。

机械结构类型很多，选择主要结构方案时必须保证系统所要求的精度、工作稳定可靠、制造工艺性好，应符合运动学设计原则或误差均化原理。

按运动学原则进行结构设计时，不允许有过多的约束，但当约束点有相对运动且载荷较大时，约束处变形大，易磨损，这时可以采用误差均化原理进行结构设计，并且允许有过多的约束。例如，滚动导轨中的多个滚动体利用滚动体的弹性变形使滚动体直径的微小误差相互得到平均，从而保证了导轨的导向精度。

(4) 摩擦形式的选择。

设计机电一体化机械系统时，要认真选择运动机构的摩擦形式，如果处理不好而使动、静摩擦力差别太大，造成爬行，则会影响控制系统工作的稳定性。因此设计总体方案时，必须选取具有适用于工作要求摩擦形式的导轨。导轨相对运动时的摩擦形式有滑动、滚动、液体静压滑动、气体静压滑动等几种，各有不同的优缺点，设计时可以根据需求，综合考虑各方面因素进行选择。

(5) 系统简图的绘制。

在选择或设计了系统中各主要功能元件之后，用各种符号代表各子系统中的功能元件，包括控制系统、传动系统、电器系统、传感检测系统、机械执行系统等，根据总体方案的工作原理，画出它们的总体安排，形成机、电、控有机结合的机电一体化系统简图。

根据这些简图进行方案论证，并做多次修改，确定最佳方案。在总体安排图中，机械执行系统应以机构运动简图或机构运动示意图表示，其他子系统可用方框图表示。

(6) 总体布局及环境设计。

布局设计是总体设计的重要环节，其任务是确定系统各主要部件之间相对应的位置关系以及它们之间所需要的相对运动关系。布局设计是一个带有全局性的问题，它对产品的制造和使用都有很大的影响。

(7) 总体精度分配。

总体精度分配是将机、电、控、检测各系统的精度进行分配。在进行精确分配时，应根据各子系统所用技术的特点进行分配，不应采取平均分配的方法。对于具有数字特征的电、控、检测子系统，可按其数字精度直接分配；对于具有模拟量特征的机、电、检测子系统，可按技术难易程度进行精确分配。在精度初步分配后，要进行误差计算，把各子系统的误差按系统误差、随机误差分类，分别计算，与分配的精度进行比较经反复修改后，使各部分的精度尽可能合理。总体精度分配的目标是以满足总体精度为约束，使各子系统的精度尽可能低，达到取得最佳性能价格比的目标。

(8) 总体设计报告。

总结上述设计过程的各个方面，写出总体设计报告，为总体装配图和部件装配图的绘制做好准备。总体设计报告要突出设计要点，将所设计系统的特点阐述清楚，同时应列出所采取的措施及注意事项。在总体设计过程中，应逐步形成下列技术文件与图纸：

① 系统工作原理简图；

② 控制器、驱动器、执行器、传感器工作原理图等；

③ 总体设计报告；

④ 总体装配图；

⑤ 部件装配图。

总体设计的目的是设计出综合性能最优或较优的总体方案，作为进一步详细设计的依据。它是机电一体化系统设计的最重要环节，其优劣直接影响系统的全部性能及使用情况。总体设计给具体设计提出了基本原则和布局，指导具体设计的开展。相反，具体设计是在总体设计基础上的具体化，在具体设计中可对总体设计进行不断的完善和改进。两者互相结合，交错进行。

机电一体化系统(或产品)(以工作机为例)的具体设计中须关注的主要问题有：

1. 确定产品规格、性能指标

工作机的目的功能是用来改变物质的形状、状态、位置尺寸或特性，归根到底必须实现一定的运动，并提供必要的动力。其基本性能指标主要是指实现运动的自由度数、轨迹、行程、精度、速度、动力、稳定性和自动化程度。用来评价机电一体化产品质量的基本指标是那些为了满足使用要求而必须具有的输出参数，如：

① 运动参数：用来表征机器工作运动的轨迹、行程、方向和起止点位置正确性的指标。

② 动力参数：用来表征机器输出动力大小的指标，如力、力矩和功率等。

③ 品质指标：用来表征运动参数和动力参数品质的指标，如运动轨迹和行程的精度，运动行程和方向的可变性，运动速度的高低与稳定性，力和力矩的可调性或恒定性等。

以上基本性能指标通常要根据工作对象的性质、用户要求，有时还要通过实验研究才能确定。基本性能指标要以能够满足用户使用要求为度，不需要追求过高的要求。在满足基本性能指标的前提下，还要考虑如下一些指标：

① 工艺性指标：对产品结构提出的方便制造和维修的要求，要做到容易制造和维修。

② 人一机工程学指标：考虑人和机器的关系，针对人类在生产和生活中涉及的卫生、体型、生理和心理等方面对产品提出综合性要求，如操作方便等。

③ 美学指标：对产品的外部性质，如仪容、风格、匀称、和谐、色泽以及与外部环境的协调等各方面提出的要求。

④ 标准化指标：即组成产品的元部件的标准化程度。

2. 系统功能部件、功能要素的划分

工作机必须具备适当的结构才能满足所需性能。在形成具体结构时，要以各组成要素及要素之间的接口为基础来划分功能部件或功能子系统。复杂机器的运动常由若干直线或回转运动组合而成，形成若干自由度，因此，也可以按运动的自由度划分成若干功能子系统，再按子系统划分功能部件。这种功能部件可能包括若干组成要素，各功能部件的规格要求可根据整机的性能指标来确定。

特定机器的操作(执行)机构和机体通常必须自行设计，而执行元件、检测传感元件和控制器等功能要素既可自行设计，也可选用市售的通用产品。

3. 接口设计

接口问题是各组成要素间的匹配问题，有机械接口、电子硬件接口和软件接口。执行元件与执行机构之间、检测传感元件与执行机构之间通常是机械接口。机械接口有两种形式。一种是执行元件与执行机构之间的联轴器和传动轴，以及直接将检测传感元件与执行元件或执行机构连接在一起的联轴器、螺钉、铆钉等，直接连接时不存在任何运动和运动变换。另一种是机械传动机构，如减速器、丝杠、螺母等。控制器与执行元件之间的驱动接口、控制器与检测传感元件之间的转换接口是电子传输、转换电路。因此，接口设计问题也就是机械技术和电子技术的具体应用问题。

4. 综合评价(或整机评价)

综合评价主要是对产品实现目的功能的性能、结构进行评价。机电一体化的目的是提高系统(或产品)的附加价值，而附加价值的高低必须以衡量产品性能和结构质量的各种定量指标为依据。不同的评价指标可选用不同的评价方法。

5. 可靠性复查

机电一体化系统(或产品)既可能产生电子故障、软件故障，又可能产生机械故障，而且容易受到电噪声的干扰。因此，其可靠性问题显得格外突出，也是用户最关心的问题之一。在产品设计中，除用可靠性设计方法之外，还必须采用必要的可靠性措施，在产品设计初步完成之后，还需进行可靠性复查和分析，以便发现问题并及时改正。

6. 试制与调试

样机试制是检验产品设计的制造可行性的重要阶段，并可通过样机调试来印证各项性能指标是否符合设计要求。这个阶段也是最终发现设计中的问题以便及时修改和完善产品设计的必要阶段。

10.1.5 机电一体化系统的性能评价

所谓评价，一般是指按照明确目标测定对象的属性，并把它变成主观效用的行为，即明确价值的过程。在这个过程中，我们要对评价的事物与一定的对象进行比较，从而决定该事物的价值。

1. 系统评价的目的和任务

系统评价是根据预定的系统目的，通过调查研究，应用科学合理的程序与方法，对被评价系统的经济、技术或综合性的价值做出判定，从多个方案中选择其中在技术上先进、在经济上合理、在操作上可行的系统最优方案。评价的目的是为了决策，决策需要评价。即便是对于一个已经做出决策、已经正常运行的系统进行评价，其根本目的仍然是为了获取成功的经验及失败的教训，以便将来做出更合理的决策。

在方案设计阶段进行系统评价主要是对该方案在各个方面能产生的后果及其影响进行评价，以便提供决策所需要的定性及定量的信息资料。

在系统运行阶段进行系统评价主要是对该方案进行分析和评价，弄清问题，对现状心中有数，以便有效地改进工作，及时调整方向，抓住机会，进行合理的决策。

在系统方案完成以后进行系统评价主要是定量地掌握系统已经达到的目标以及与预定目标的差距，为下一步决策或其他系统的开发设计工作提供信息。

系统评价对于决策的有效性关系很大，正确的评价可使决策获得成功，取得较好的效益；错误的评价会导致决策失败，付出沉重的代价。

2. 系统评价原则

(1) 客观性原则。一方面是指参加评价的人员应站在客观立场，实事求是地进行资料收集、方法选择及对其评价结果做出客观解释。另一方面是指评价资料应当真实可靠和正确。需要注意的是，在采取各种统计数据时，一定要弄清统计数据与评价问题之间真正的内在关系，不要受到假象的迷惑。

(2) 可比性原则。它是指被评价的方案之间在基本功能、基本属性及强度上要有可比性。例如，将一台洗衣机和一台电视机放在一起进行对比评价，就很难指出两者之间的优劣；而一台石英电暖器和一台充油式电暖器之间就较容易从技术指标、经济性及适用性等各方面进行比较，做出合理的评价。

(3) 合理性原则。它是指所选择的评价指标应当正确反映预定的评价目的，要符合逻辑，有科学依据。

(4) 整体性原则。它是指评价指标应当相互关联、相互补充，形成一个有机的整体，能从多侧面综合反映评价方案。如果片面强调某一方面的指标，就可能歪曲系统的真实情况，诱导决策者做出错误决策。

3. 评价内容

(1) 技术性评价。系统的开发、设计以及运行的根本目的是为了实现特定的功能，以便为人们提供物质和精神的财富，或是带来生活的便利。技术评价就是评定该系统方案是否达到预定目标，系统结构的合理性、先进性、适用性、属性的完善性等都属于技术评价。

(2) 经济性评价。它主要是指评价系统方案的经济效益，如投入产出比、性能价格比、成本费用分析等经济可行性分析。

(3) 安全性评价。安全性要求包括对人身安全的要求和对产品安全的要求。前者是指在产品运行过程中，不因各种原因(如误操作等)而危及操作者或周围其他人员的人身安全；后者是指不因各种原因(如偶然故障等)而导致产品被损坏甚至永久性失效。安全性指标需根据产品的具体特点而定。

为保证人身安全而采取的措施有：

① 设置安全检测和防护装置，如数控机床的防护罩、互锁安全门，冲压设备的光电检测装置，工业机器人周围的安全栅等。

② 产品外表及壳罩等应倒角去毛刺，以防划伤操作人员。

③ 在危险部位或区域设置警告性提示灯或安全标语等。

④ 当控制装置和被控对象为分离式结构时，两者之间的电气连线应埋于地下或架在高空，并用钢管加以保护，以防导线绝缘层损坏而危及人身安全。

(4) 综合评价。对机电一体化系统的综合评价主要是对其实现目的功能的结构、性能进行评价。机电一体化的目的是提高产品的附加价值，而附加价值的高低必须以衡量产品性能和结构质量的各种定量指标为依据，不同的评价指标可选不同的评价方法。具体设计时，常采用不同的设计方案来实现产品的目的功能、规格要求、性能指标。因此，必须对这些方案的价值进行综合评价，从中找出最佳方案，以便决策者做出正确的决策。

机电一体化系统一方面由微电子装置取代人对机械的绝大部分控制功能，并加以延伸和扩大，克服了人体能力的不足和弱点；另一方面，它具有节省能源和降低材料消耗的特点。这些特点使得机电一体化系统是一种多功能、高性能、省能省资源的高附加值的产品。因此，附加价值成了机电一体化系统的综合评价指标。

10.2 基于单片机的机电一体化控制系统设计案例

10.2.1 基于 89C52 单片机的连续纸胶印机控制系统

在连续纸胶印机中，印刷色组和走纸系统通常采用纯机械传动配合，实现连续纸印刷，因此，若需要印刷不同页长规格的连续电脑纸，必须更换相应规格直径的印刷色组。这里给出一种胶印机的电子传动方案，采用光电编码器、交流伺服系统和计算机实时控制技术，将印刷色组和走纸系统设计为两套完全独立的无机械连接的主从传动系统，通过电子连接方式，实现主从跟随传动控制。这一方法实现了仅用一组直径 152 mm 的间隙式印刷色组，可以印刷 8～14 英寸不同页长规格的电脑纸，无需调换相应规格印刷色组。

图 10-1 是印刷机组和走纸系统传动示意图。其中，印刷色组由直径 152 mm 的间隙式双色印版漆橡皮布滚和压印滚组成，印版滚和压印滚均通过齿轮与橡皮布滚的主传动轴同步。走纸系统由前、后走纸器组成，由同步带传动，使进纸没有间隙，采用交流伺服系统控制，确保输出驱动的高精度全闭环和高性能同步跟随。

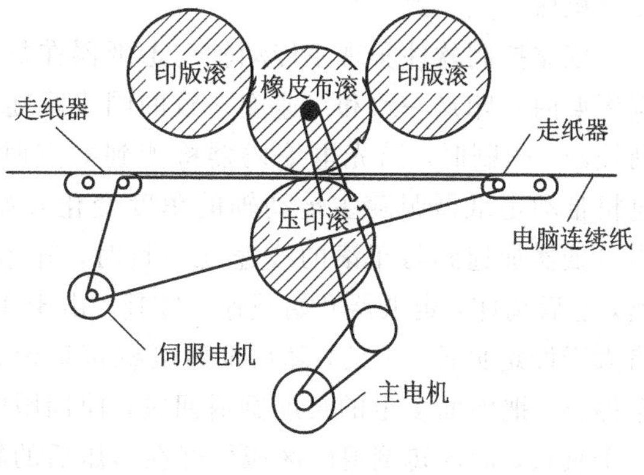

图 10-1　印刷机组和走纸系统传动示意图

印刷色组和走纸系统之间无机械连接，是主、从两套完全独立的传动系统。通过高分辨率光电编码器检测主传动轴(橡皮布滚)的当前角度，根据当前的车速和用户设定的页长，经计算机运算、判别，在主传动轴转到 0 点时，控制由交流伺服系统带动的从传动轴，驱动走纸器开始走纸，保持走纸起印点和主印滚起印点一致的同步跟随印刷，并且控制走纸器走纸的线速度与橡皮布滚的线速度完全一致。

胶印机控制系统由 PLC 和 89C52 单片机组成，系统控制结构如图 10-2 所示。通过三菱 FX2N-32MT 型 PLC 控制整机运行，并将整机运行状态发送给 89C52 单片机。

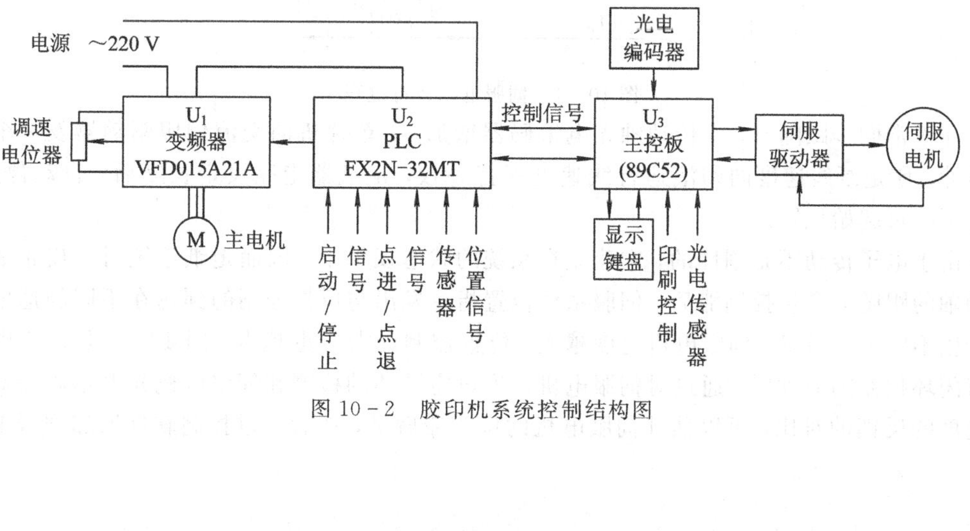

图 10-2　胶印机系统控制结构图

89C52单片机实现参数设定与参数显示，检测主传动轴光电编码器信号和印刷控制信号，控制交流伺服系统实现走纸跟随。单片机可以对OMRON 2000P/R光电编码器的ABZ三相信号进行4倍细分检测，使主传动轴检测分辨率达到8000点/周，因此，可以准确确定主传动轴角度，实现正确的测速和提供走纸同步的位置信号。单片机根据主传动轴光电编码器信号计算后，输出脉冲控制伺服电机走纸。

信号输入和驱动输出控制信号及光电传感器输入均采用了光电耦合器进行隔离，以提高系统抗干扰功能。

间隙式橡皮布滚和压印滚均设有缺口，压印滚有效压印区域为14英寸，缺口作为离压时控制调整部分，实现连续纸的倒退，缺口一角作为机械0点，如图10－3所示。可以调整连轴节，使光电编码器的0点与机械0点一致。

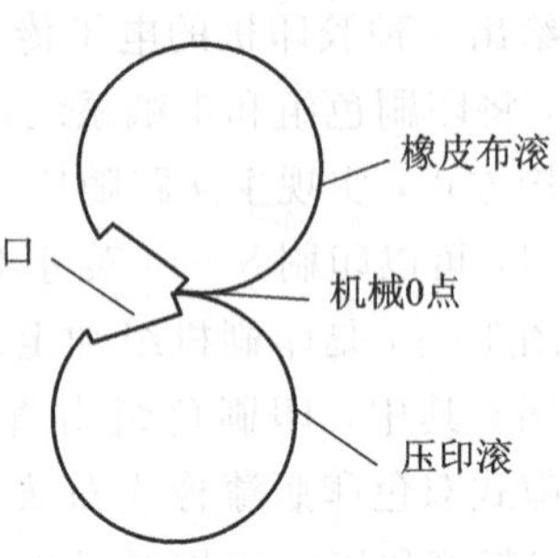

图10－3　压印0点示意图

依靠控制软件实现主传动轴与走纸器在每一页印刷周期内起印点一致和线速度一致的同步跟随电子传动控制。印刷时，当光电编码器检测到0点时，伺服电机带动走纸器跟随主传动轴的角度变化开始加速，当走纸器加速到与印滚的线速度一致时，开始压印，并匀速跟随走完相应的设定页长距离，然后离印，走纸器开始减速至零速。由于在加速、跟随及减速过程中，走纸器走纸长度略大于设定页长，因此，随后伺服电机带动走纸系统通过反转加速，匀速反转，反转减速至停止，把前面多走的长度倒退回去，使伺服电机运行周期内走纸器走纸的前进长度就是一个页长，而反转倒退的区域恰好在离压后的缺口部分。图10－4给出了印刷一页长度时伺服电机跟随主传动轴角度的运行过程。

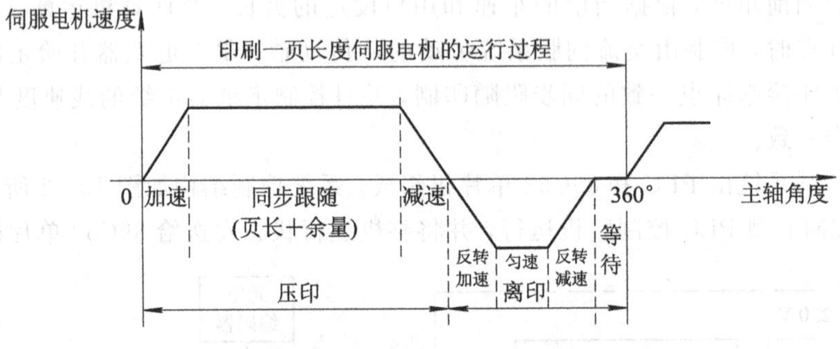

图10－4　伺服电机运行过程

在正常同步跟随时，主传动轴光电编码器增加1，单片机向交流伺服驱动器发一个正转脉冲，使走纸线速度同印滚运行线速度保持一致，走纸器走完设定长度后，自动停止，等待下一页起始位置。

由于电子传动不是刚性的，它建立在系统的状态反馈上，因而走纸系统对橡皮布滚主传动轴的跟随会产生控制滞后。伺服系统位置指令发出与位置控制的到达在不同的速度下会产生不同的滞后量，伺服电机速度越大，位置控制的滞后也越多。图10－5是伺服电机位置闭环控制的原理图。通过对伺服电机速度设定脉冲的检测和伺服电机光电编码器对实际速度的反馈的对比，可以估计伺服电机的位置滞后量，然后通过控制软件增加伺服电机的前馈量，对位置滞后进行动态补偿，以实现电子传动的同步跟随。

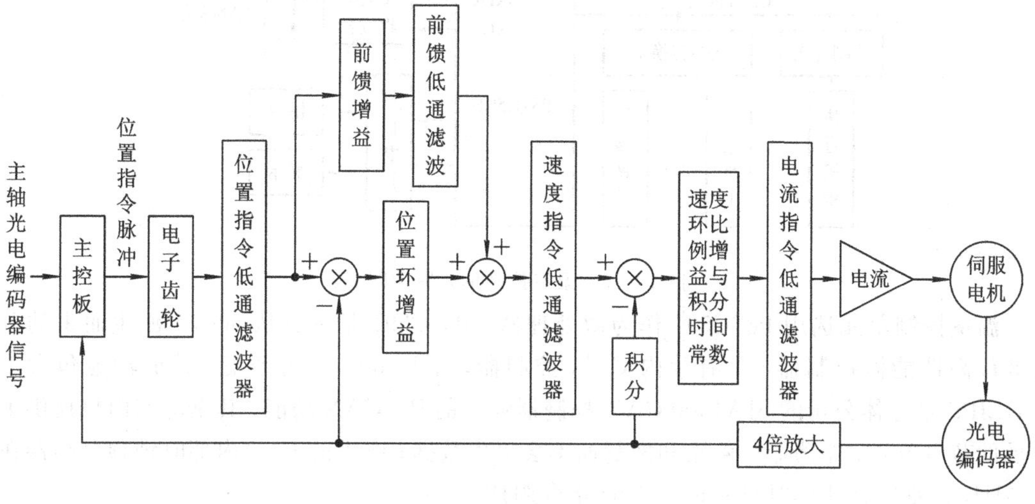

图 10－5　伺服系统位置闭环控制原理图

10.2.2　基于 P87C591 单片机的温室控制单元

现代农业设施的发展需要现代化的温室作为基础，先进的玻璃温室是一个典型的机电一体化系统，它具有对温室内环境的温、湿、光、气进行自动调控的功能。实现温室环境控制，需要使用大量的传感器、控制执行机构对环境的温、湿、光、气参数进行检测和调节，一般情况下，温室的面积很大，因此这些传感器、控制执行机构需要分布在非常广阔的空间范围内。应用基于 CAN 总线的网络化计算机环境监控技术对大面积温室进行监控，可以降低温室监控系统的硬件成本，简化传感与执行装置的布线工作量，并具有良好的开放性和可扩展性。

一种基于 CAN 总线的温室网络化计算机环境监控系统结构图如图 10－6 所示。其中无论是传感器及其信号调理电路或执行机构的控制电路，均作为温室控制单元，采用 CAN 总线以双绞线作为远程通信介质直接布局在温室中需要布置的地方。

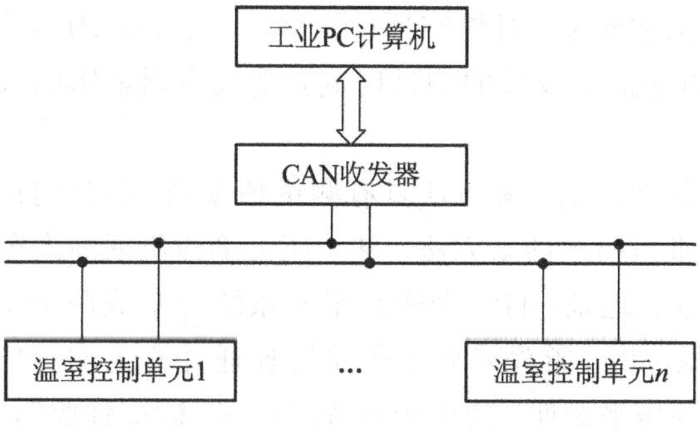

图 10－6　温室控制系统结构图

图 10－7 是应用于温室网络化计算机环境监控系统的 CAN 总线温室控制单元的基本结构。其中，包括传感器及其数据采样的 A/D 变换器、对执行加热或通风等控制动作的机械执行机构进行控制的控制开光电路、键盘、显示器和 CAN 总线收发器电路等。

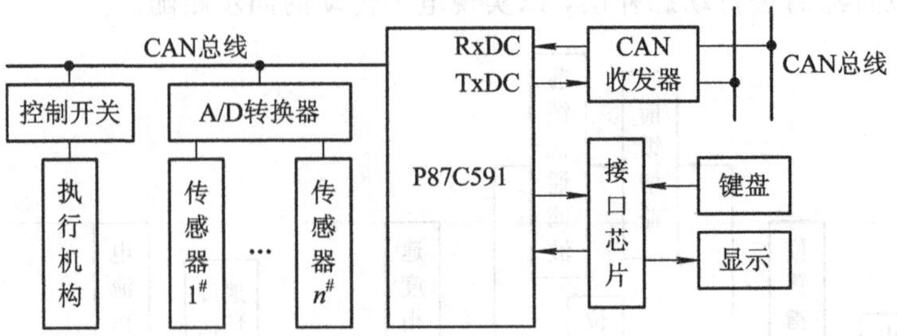

图 10-7　温室控制单元原理图

温室控制单元选用 P87C591 作为微处理器。P87C591 是一款从 80C51 派生而来的单片 8 位高性能微控制器，具有片内 CAN 控制器，采用 80C51 指令集，并成功地包含了 PHILIPS 半导体公司的 SJA1000 CAN 控制器强大的 PeliCAN 功能。其全静态内核提供了扩展的节电方式，振荡器可停止和恢复而不会丢失数据；改进的 1∶1 内部时钟预分频器在 12 MHz 外部时钟速率时可实现 500 ns 指令周期。

P87C591 具有 16 KB 内部程序存储器和 512 B 片内数据 RAM；3 个 16 位定时/计数器，1 个片内看门狗定时器；6 路 10 位 ADC 模拟输入，可选择快速 8 位 ADC；2 个 8 位分辨率的脉宽调制输出(PWM)；32 个可编程 I/O 口(准双向、推挽、高阻和开漏)；带硬件 I^2C 总线接口；全双工增强型 UART，带有可编程波特率发生器；支持 CAN2.0B 规范；采用 PLCC44、QFP44 封装。

温室控制单元选用 PCA82C250 作为 CAN 总线收发器。

在该监控系统中，工业 PC 机主要完成监控系统的离线组态、生成及在线系统监控，协调整个系统的正常运作；每个温室控制单元节点各自独立完成该节点的控制任务，具有实时数据采集、实时控制功能，可以通过 CAN 现场总线与 PC 机和各控制单元之间交换各种数据和管理控制信息。

10.2.3　基于压力平衡原理的汽车燃油检漏仪

燃油系统泄漏是汽车的主要污染源之一，国家标准要求汽车在出厂之前必须检验燃油系统泄漏情况是否达到标准要求。对气密性的检测，传统方法有气泡法、静压法、U 型管法、氦质谱法等，这些方法需要较长的测试时间，受人为因素影响大，不适合工业现场在线批量检测。

基于压力平衡原理的微泄漏检测方法具有测试精度高、测试时间短的优点，是一种可以应用于工业现场在线批量检测的新方法。基于压力平衡原理的汽车燃油检漏仪的工作原理如图 10-8 所示。基本原理是：将一个密封平衡系统分割成两个子系统，它们之间既可连通，又可密封阻断。检测时，首先将两个子系统连通并充入相等气压的气体，然后密封阻断两个子系统，进入保压平衡期。两个子系统之一是“标准件腔”，工作时可以基本保证密封无泄漏，另一子系统是被测的汽车燃油系统，简称被测件。在保压平衡期内，检测两个子系统的压力差，并采用容积补偿气缸补充被测件的泄漏气体，使得两个子系统的压力差保持为零。由保压平衡期时间和容积补偿气缸补充的气体量，可计算得到单位时间的气体泄漏量。

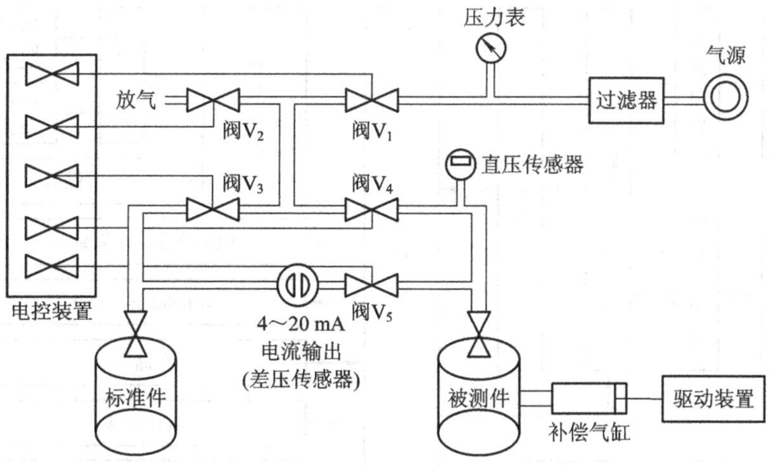

图 10-8 基于压力平衡原理的汽车燃油检漏仪的原理图

图 10-8 中，两个子系统通过同一气源充气，控制 V_1、V_2、V_3、V_4、V_5 阀门的通断，实现检测过程中充气期、平衡期、测量期、放气期、待机期的切换。

为了减少充气和阀门开关造成的压力波动，将平衡期分为第一平衡期和第二平衡期。检测过程中各阀门状态如下：

充气期：阀 V_2 关，阀 V_1、V_3、V_4、V_5 开；

第一平衡期：阀 V_1、V_2 关，阀 V_3、V_4、V_5 开；

第二平衡期：阀 V_1、V_2、V_3、V_4、V_5 关；

测量期：阀 V_1、V_2、V3、V_4 关，V_5 开；

放气期：阀 V_1、V_3、V_5 关，阀 V_2、V_4 开；

待机期：阀 V_1、V_3、V_5 关，阀 V_2、V_4 开。

基于压力平衡原理的汽车燃油检漏仪单片机控制系统原理图如图 10-9 所示。系统选用法国 KMD 公司 CP100 系列高精度微差压传感器测量压差，该传感器具有 4～20 mA 和 0～10 V 标准输出，采用三线或四线制连接，具有零点漂移小，分辨率高，量程宽，单边瞬间超载高等特点。系统选用 MCS-51 系列单片机作为控制核心，采用 MAX194 作为 A/D 变换器，该变换器为逐次逼近型，14 位串行输出，带有采样保持电路，最高采样频率为 85 kHz，最快转换时间为 9.4 μs，具有单极性和双极性两种输入。LED 显示器采用串行接口 8 位 LED 驱动器 MAX7219，具有电路简单、占用端口少、功耗低及软件开销少的特点，可对各段进行单独控制，并能按数字段进行译码和非译码控制，串行数据传送速率为 100 MHz，可以级联使用。为了提高系统的抗干扰性能，采用隔离驱动方式对电磁阀门进行控制，在单片机和驱动电路之间加三态缓冲器 74LS244 和光电耦合器。

基于压力平衡原理的汽车燃油检漏仪的主要技术指标有：

(1) 最大测试压力 200 kPa；

(2) 测试差压的范围 1500 Pa；

(3) 测量差压精度±1.5%FS；

(4) 测试容积可达 50 L；

(5) 泄漏的检测流量为 0.1 mL/min。

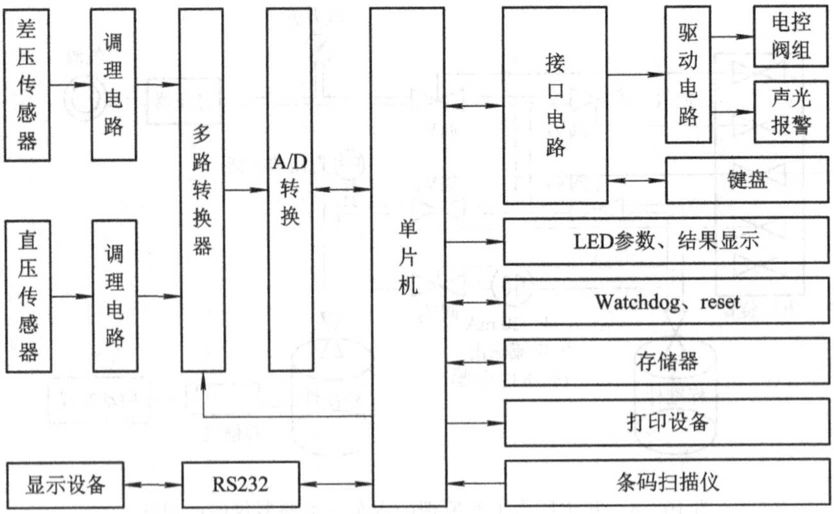

图 10-9 基于压力平衡原理的汽车燃油检漏仪单片机控制系统原理图

10.3 基于PC的机电一体化控制系统设计案例

10.3.1 基于机器视觉的晶振外壳缺陷在线抽检系统

晶体振荡器(Crystal Oscillator，简称晶振)具有频率稳定度高、体积小、精度高的优点，广泛应用于各种模拟和数字电路中，作为基准时钟源。其品质的好坏直接影响到硬件电路系统能否按照特定要求正常工作。

晶振外壳的外形如图 10-10 所示。其冲压品质对于晶振的质量有重要影响，如果其破损或变形，则不能用于晶振封装。

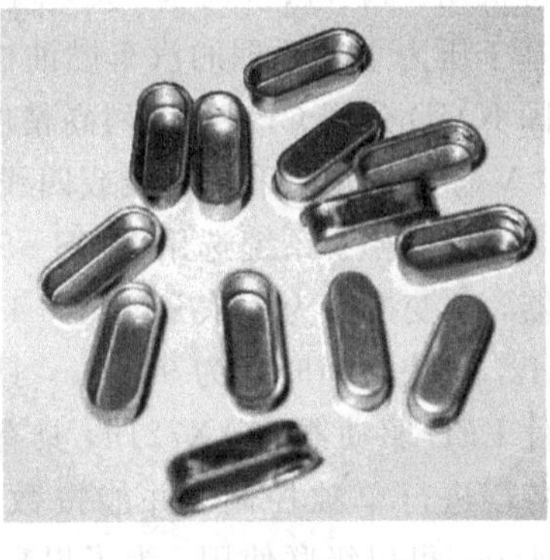

图 10-10 晶振外壳外形图

晶振外壳采用冲床连续冲压成形，冲压过程自动上料、自动冲压，可在无人管理的情况下连续工作数十小时。晶振外壳的冲压品质主要由冲压模具来保证，若冲压模具损坏，在无人监视的情况下冲床仍连续作业，则将造成大量废品。为此，需要在冲压生产线上配置晶振外壳品质在线自动抽检系统，该系统通过抽检外壳来间接判断模具状况，工作频率不需很高，一般数分钟抽检一次即可。

晶振外壳品质在线自动抽检系统可以完成对连续冲压成形的晶振外壳进行自动在线取样、样品六面摄像、图像分析、判断和废品报警。当图像分析结果发现连续若干个晶振外壳样品外形出现异常时，将发出报警信号，请求更换冲压模具，同时停止冲床冲压工作。

该抽检系统机械装置的原理图如图 10-11 所示。其工作过程是：来自冲床的已完成冲压的晶振外壳全部经水平输送带 2 传送到输送槽 1，下滑至取样槽 4，抽检系统不取样时，取样槽 4 在电磁铁控制下，左侧抬起，晶振外壳不能进入取样槽，直接滑入存储箱 3。抽检系统取样时，取样槽 4 在电磁铁控制下，左侧放下，与输送槽 1 对齐衔接，被取样的晶振外壳滑入振动整理槽 9，经过振动调理方向并缓慢前行到凹槽 10，气动机械手 13 将晶振外壳样品夹至 CCD 显微镜 a14 处，气动机械手可以上下翻转晶振外壳，由 CCD 显微镜 a14 摄取晶振外壳样品的上表面和下表面图像，然后由气动机械手将晶振外壳样品放置到电动转台 15 上，电动转台可受控停止在 0°、90°、180°和 270°四个位置，使晶振外壳样品的四个侧表面依次对准 CCD 显微镜 b16，以摄取晶振外壳的四个侧表面图像。

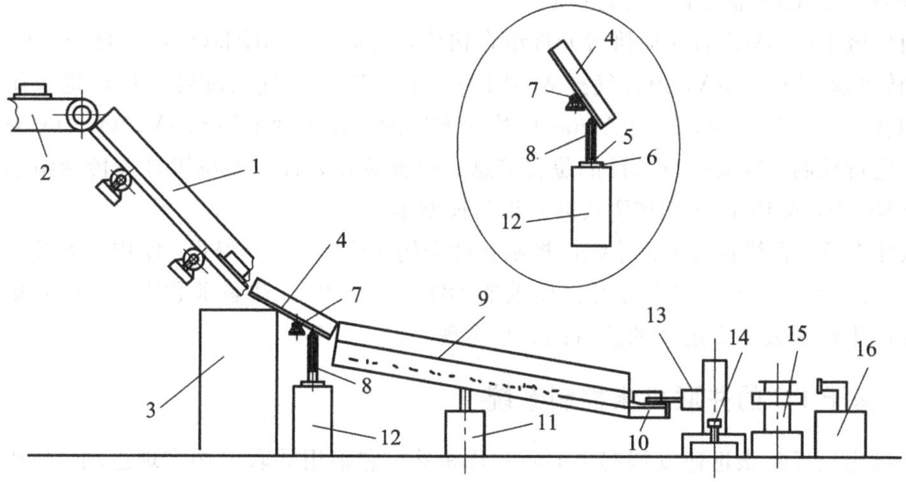

1—输送槽；2—水平输送带；3—存储箱；4—取样槽；5—上电磁铁；6—下电磁铁；7—支撑架；8—弹簧；9—振动整理槽；10—凹槽；11—激振器；12—电磁铁支座；13—气动机械手；14—CCD显微镜a；15—电动转台；16—CCD显微镜b

图 10 - 11　晶振外壳品质在线自动抽检系统机械装置原理图

晶振外壳品质在线自动抽检系统的计算机控制系统原理图如图 10 - 12 所示。其中 CCD 显微镜摄取的晶振外壳样品的上表面、下表面和四个侧表面的图像经图像采集卡(天

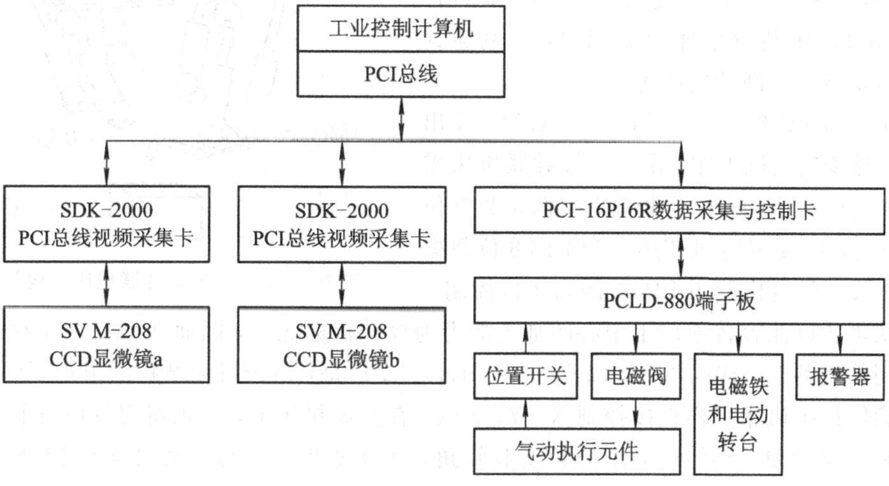

图 10 - 12　晶振外壳品质在线自动抽检系统的计算机控制系统原理图

敏 SDK2000 PCI 总线视频采集卡）送入工业 PC 机进行处理和分析。CCD 显微镜选用 SUNDOO 公司的视频数码 CCD 显微镜 SV MP-208，照明光源采用红色 LED，以扩散光照明方式进行照明。

选用 EVOC 公司的基于 PCI 总线的数据采集与控制卡 PCI-16P16R 和端子板 PCLD-880 实现工业 PC 机与现场被控制器件的连通。PCI-16P16R 具有 16 路继电器输出，16 路光隔离数字输入和数字量输入信号调整电路。PCLD-880 利用 20 芯扁平电缆和 37 芯 D 型接口作为 I/O 端口连接外部信号。电磁阀、电磁铁以及报警装置的控制信号通过 PCI-16P16R 的继电器输出端进行控制。

气动机械手由 SMC 的气动执行元件组合构成，包括气爪 MRHQ16D-180S-F9BV-F9B，旋转底盘 MSQB10A，顶杆气缸 MGPL16-10-Z73L。气动旋转定位台也采用旋转底盘 MSQB10A 控制转位。选用 Airtac 的快速响应的三位五通电磁阀 4V130C-06 对气动执行元件进行控制。气动执行元件的位置信息通过安装在元件上的位置开关传送给端子板 PCLD-880 后输入 PCI-16P16R 数据采集与控制卡。

晶振外壳品质在线自动抽检系统的控制软件采用 VC++ 6.0 编程，使用了 SDK-2000 视频采集卡的 VC++6.0 二次开发包提供的 DDStream 32 位动态函数库，图像采集功能通过直接调用该函数库中定义的接口函数来实现。

10.3.2　基于 PC 的并联机床控制系统

并联机床是近年来迅速发展起来的新一代机床。它采用并联机构实现运动，与传统的以笛卡尔坐标为基础的串联运动机床相比，具有结构简单、刚度高、动态性能好、速度快、可重构等优点。

6-SPS 并联机床的结构简图如图10-13 所示。该机床采用 PC 机作为控制系统的硬件工作平台，采用并行接口 LPT1 和 LPT2 作为 PC 机与伺服驱动系统之间的接口。其中，LPT1 是 PC 机的基本配置（中断口地址为 378H），另行扩展了 LPT2（中断口地址为 278H），以避免其与软盘驱动器的中断冲突问题。

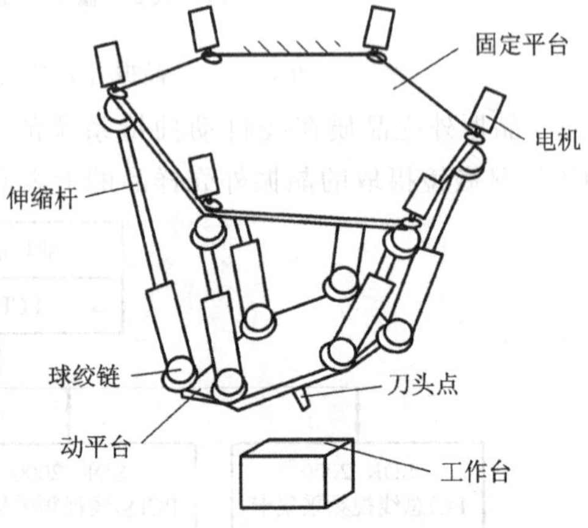

图 10-13　6-SPS 并联机床结构简图

程序通过 PC 机并行口 LPT1 和 LPT2 发出脉冲，控制步进电机工作。由于 6 轴并联机床需要 6 个步进电机驱动，每个电机需要两位数据位控制，因此，1～4 号电机使用 LPT1 的 8 位数据位控制，5、6 号电机使用 LPT2 的高 4 位控制。

并联机床以兼容普通加工中心的加工能力为设计目标之一，因而在数控加工程序编制上仍采用传统的 NC 代码指令，以便于程序的移植。但是，由于机床结构的根本不同，并联机床不能像传统机床那样直接控制 X、Y、Z 轴。在并联机床上，必须将刀具位置和姿态转换为控制空间时刻变动的运动副的长度和转角，才能实现刀具位置和姿态的控制。因此，控制程序必须包含准 NC 代码格式变换、进给算法、坐标变换及运动学变换等模块。并联机床控制软件流程图如图 10-14 所示。

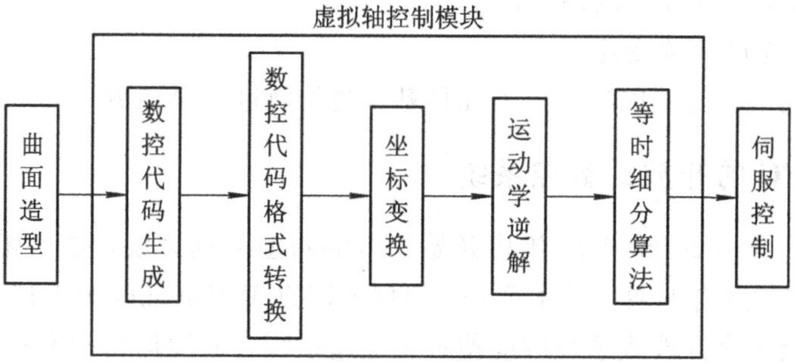

图 10-14 并联机床控制软件流程图

在机床的动平台进给过程中，6 根驱动轴与动平台的铰接点必须始终在同一个平面内，否则就会产生运动干涉。因此，采用等时细分法来实现机床 6 个分支组件步进电动机的脉冲分配。通过逆解运算，得到 6 驱动轴的杆长变化量，由于驱动轴能伸长和缩短，因此杆长变化量有正有负。选取 6 杆杆长变化量绝对值最大的一个，作为时间控制量。6 个杆长变化量分别与此最大值相除，然后根据时间控制变量，分别以前面相除得到的值为累加单位进行累加，每累加一次所得的累加值，根据四舍五入原则取整，再减去上一次累加值的取整值，这样所得的值为 0、1、−1 三个数值中的一个。数值 1 表示向驱动此杆的步进电动机发一个正向脉冲；0 表示不发脉冲；−1 表示发一个反向脉冲。这样，就完成了步进电动机脉冲的分配。

等时细分法的程序框图如图 10-15 所示。其中，Δl_i 是杆长变化量，onestep 为脉冲当量，Si 是累加和。

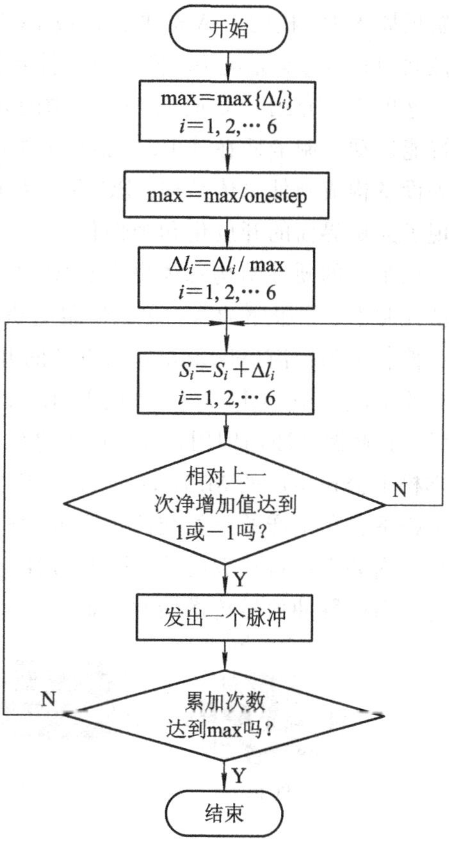

图 10-15 等时细分法的流程图

并联机床控制软件的设计可采用 Visual C++ 程序设计语言实现。由于 Visual C++是个面向对象的、可视化的开发工具，它的函数可以直接访问内存和 I/O 端口地址，因此比较容易实现对并联机床伺服驱动系统的实时控制。它的可视化功能及各种控件又能较方便地生成十分友好的用户界面。

并联机床控制程序用以实现以下几种基本进给运动轨迹：

(1) 水平和铅垂方向运动(机床静坐标系 X 和 Z 轴方向)；

(2) 空间任意两点之间的直线轨迹；

(3) 水平面上不同半径的圆弧轨迹；

(4) 不同半径的局部球面的加工；

(5) 动平台姿态的连续变化。

更为复杂的进给轨迹可以通过以上几种基本进给轨迹组合而成。

10.3.3 基于PC的开放式数控系统

开放式数控系统是20世纪90年代开始发展的新型数据系统，是计算机软硬件技术、信息技术、控制技术融合的数控技术产物。根据IEEE(美国电气电子工程师学会)的定义，开放式数控系统指一个开放式系统应能使各种应用系统有效地运行于不同供应商提供的平台上，具有与其他应用系统相互操作及用户交换的特点。

开放式数控系统大致可分为三类：第一类是“PC嵌入NC”结构的开放式数控系统，把一块PC主板插入传统的CNC机器中，PC板主要运行于非实时控制，CNC主要运行于以坐标轴运动为主的实时控制；第二类是“NC嵌入PC”结构的开放式数控系统，把运动智能控制板插入PC机的ISA标准插槽或PCI标准插槽中作实时控制用，而PC机主要作非实时控制用；第三类是纯PC型开放数控系统，其开放功能完全由软件实现。

这里主要介绍“NC嵌入PC”结构的开放式数控系统。该系统利用PC机作为主体，多轴智能运动控制卡插在其PCI标准插槽中，外接电机驱动模块和主轴变频调速模块，与电机等设备构成硬件总体结构。PC机作为非实时处理，实时控制由控制卡承担，从而方便地实现了人机界面的开放化和个性化。

该系统的硬件结构总体框图如图10-16所示，主要由5大部分组成，分别是PC机、运动控制卡、伺服驱动器、交流伺服电机、编码器。PC机为联想启天6200，主频3 GHz。运动控制卡为台湾ADLink公司生产的开放式运动控制卡PCI-8134，该控制卡使用了两块专业集成电路PCL5023，每块PCL5023控制两个轴的运动。PCI-8134使用32位PCI总线，能够做到即插即用，可以产生高频脉冲驱动步进电机和伺服电机。伺服驱动器采用日本松下公司生产的MSDA153A1A，额定输入电压为三相线电压200 V。伺服电动机采用日本松下公司生产的三相交流伺服电动机MSMA152A，额定输出功率为1.5 kW。该伺服电动机内装有增量式编码器，该编码器与电机同轴转动，每转一周发出2500个脉冲信号，并将发出的脉冲信号传送给驱动器。

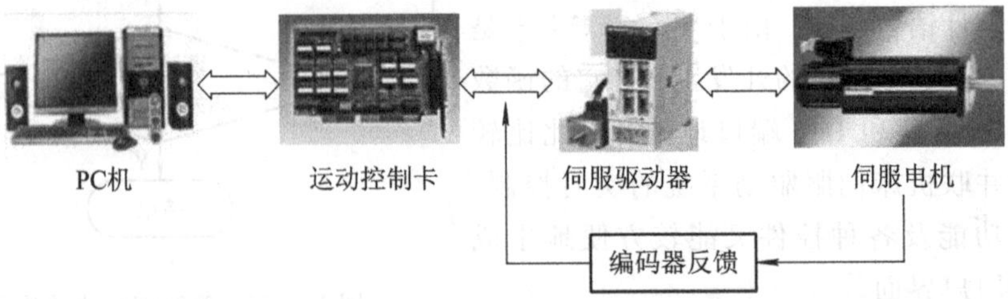

图10-16 “NC嵌入PC”型数控系统的硬件结构图

运动控制卡PCI-8134可同时控制4个轴，以第一轴为例，说明其信号连接与电气连接的实现，如图10-17所示。图中虚线框代表运动控制卡的输入/输出信号接口CN2，数字代表接口CN2中对应的引脚序号，这里使用差分输出方式对脉冲信号OUT和方向信号DIR进行输出，这样可以减少传输中的干扰，在线路较长的时候应尽量采用此方式。特别注意，该运动控制卡需要外接 24 V DC 电源供电，24 V DC 电源需要接在控制卡外部电源输入接口 CN1 中的第 1 引脚和第 2 引脚。实线框代表的是伺服驱动器的 CN I/F 接口，带小括号的数字代表接口 CN I/F 中对应的引脚序号，其中，引脚(41)与引脚(12)也需要外接 24 V 直流电源，引脚(50)要与驱动器的保护性接地正确连接，以防止人体触电。

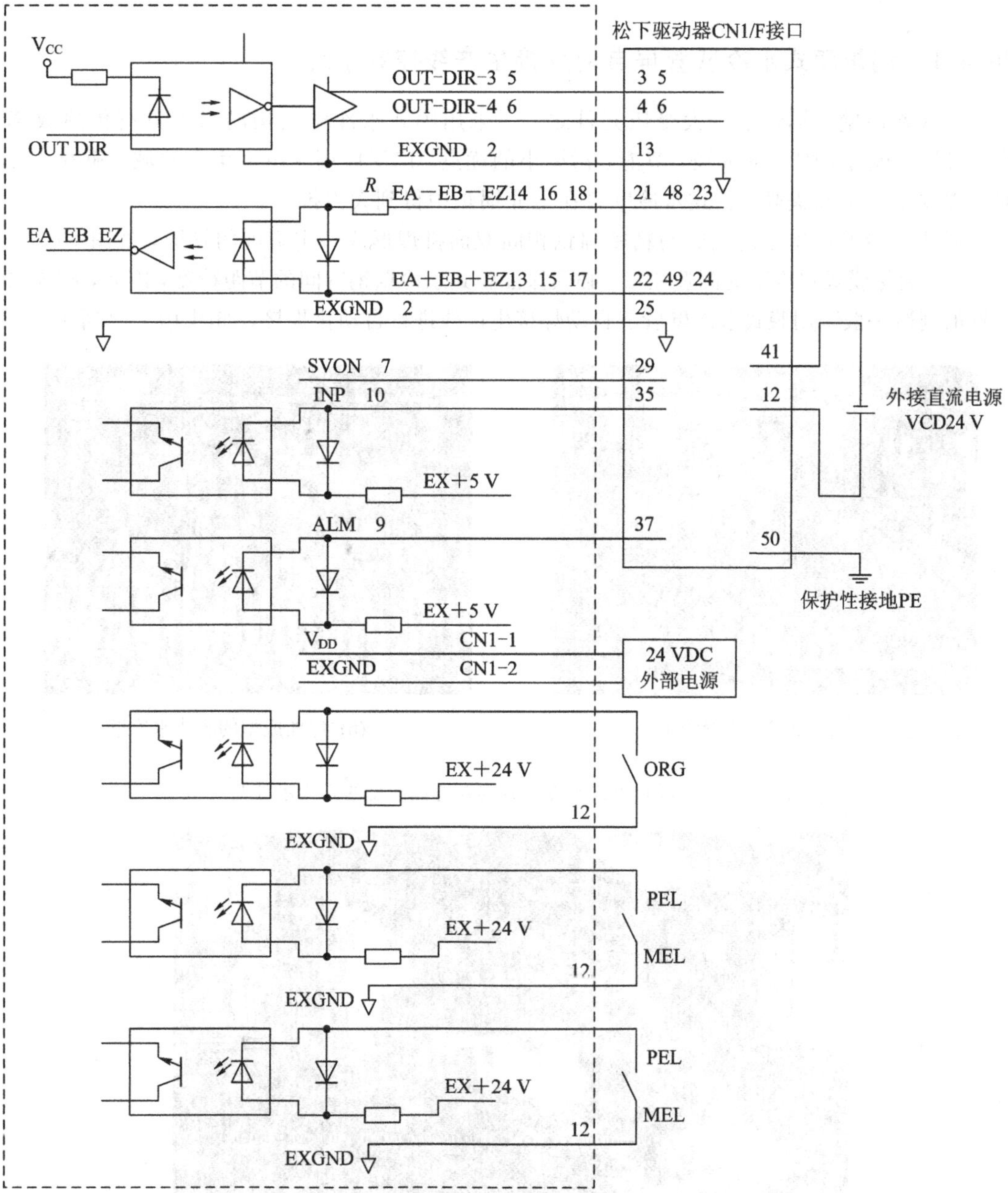

图 10-17　伺服驱动器与运动控制卡接线图

PCI-8134 运动控制器提供了 DOS 和 Windows 下的函数库，方便了不同操作系统下的应用程序开发。该系统基于 Windows 2000 操作系统，在编程语言方面采用 Visual

Basic 6.0 作为开发工具。为克服 VB 在实时性方面的不足，该系统采用多线程编程、多通道处理，这不仅很好地解决了系统资源利用瓶颈的问题，而且可以有效缩短开发周期。

10.4 基于 PLC 的机电一体化控制系统设计案例

10.4.1 锅炉膜式水冷壁管屏自动焊接生产线控制系统

膜式水冷壁是锅炉中三大受压元件之一。采用膜式水冷壁结构的锅炉具有传热效率高，密封性能好，炉墙重量轻，节能、污染小的优点，广泛应用于电力生产领域。随着社会对环保要求的不断提高，膜式水冷壁将在工业锅炉中得到大力推广。

膜式水冷壁由单根的钢管与精密扁钢相间双面拼焊形成一定宽度的管屏，如图 10-18 所示。为确保膜式水冷壁的制造质量，必须保证膜式水冷壁钢管间的节距精度，因此，膜式水冷壁的制造一般采用膜式水冷壁管屏自动焊接生产线进行自动化焊接，如图 10-19 所示。

(a) 膜式水冷壁管屏

(b) 弯曲成型的膜式水冷壁

图 10-18 锅炉膜式水冷壁管屏及弯曲成型的膜式水冷壁

图 10-19 膜式水冷壁管屏自动焊接生产线

膜式水冷壁管屏的生产过程包括焊前准备、单元及拼排焊接和焊后加工等，其生产工艺流程如图 10-20 所示。

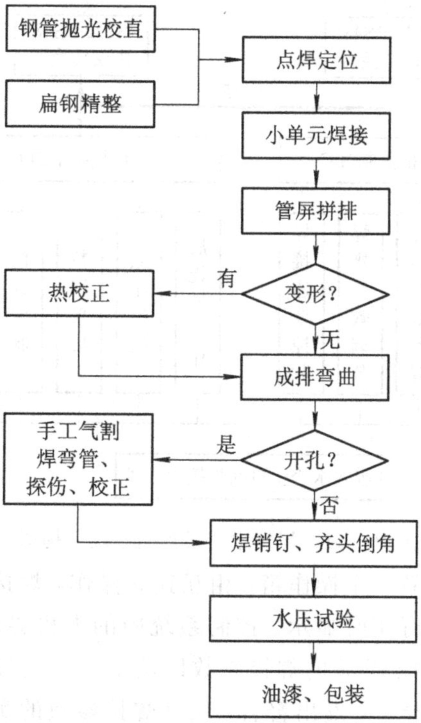

图 10-20　膜式水冷壁管屏的生产工艺流程

焊前准备阶段将钢管去除局部急弯并抛光，清除氧化皮至露出金属光泽，然后按公差范围分组；退火状态盘卷料冷拔扁钢经扁钢自动化精整生产线按计算宽度进行精整，使扁钢达到规定尺寸，且表面平整、无扭曲。

单元及拼排焊接阶段通过膜式水冷壁管屏自动焊接生产线完成，这时将经焊前预处理的钢管及扁钢排放在前辊道并移送至点焊装置，进行头部点焊定位，再经前辊道横移装置移至焊机正前方，压辊压下工件进入焊接工段，布置在上枪架上的焊枪对钢管和扁钢间的上部角焊缝施焊。待管屏继续行走至下焊枪工位时，启动下焊枪焊接电源并引弧，焊接管屏下部焊缝。当整个管屏整体通过焊机后，先后停止上、下焊枪，完成焊接过程，上、下焊缝焊接成型。成型后的管屏将被移送到焊机后辊道上。小单元管排经拼排焊接直至规定宽度。

达到规定宽度的管屏通过成排弯曲装备按设计要求角度进行弯曲，然后开天窗或看火门，最后进行手工焊拼排至更大宽度。经热校、焊销钉、切头等工序，最后进行水压试验。

膜式水冷壁管屏自动焊接生产线采用 PLC 进行控制，采用工业级人机界面、气体压力继电器、交流变频器、光电编码器等组成焊接过程实时监控系统，实现焊接参数的实时监控和修正，控制系统结构如图 10-21 所示。

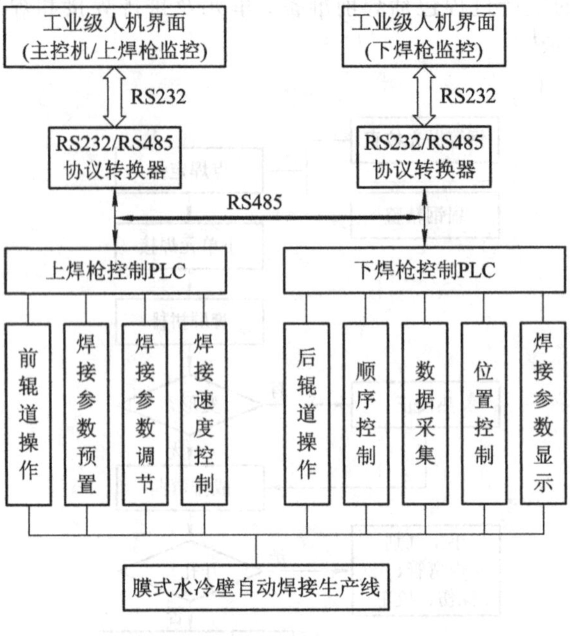

图 10－21　焊接生产线控制系统结构图

控制系统在每一工位设置一个操作箱，相互独立操作，焊接速度由变频器调节，人机界面对工况、焊接参数等进行实时显示。控制系统中的人机界面通过 RS485 接口和主控 PLC 进行通信，将反馈到主控 PLC 的焊接参数以数字的形式显示在屏幕上，如果参数超出设定的范围，则屏幕显示异常，发出警告，实现焊接参数的实时监控。同时通过对所选焊接电源实际工作参数的分析建模，实现了焊接参数预置功能，可对各焊接电源的焊接参数在焊前通过人机界面进行预先设定。

10.4.2　气动机械手控制系统

图 10－22 是一个应用于自动化车间的自动搬运机械手的工作示意图。该机械手用于将左工作台上的工件搬运到右工作台上。机械手的全部动作由气缸驱动，气缸由电磁阀控制。对于上升/下降、左移/右移，其运动由双线圈两位电磁阀控制，即上升电磁阀得电时机械手上升，下降电磁阀得电时机械手下降。对于夹紧/放松，其运动由单线圈两位电磁阀控制，线圈得电时机械手夹紧，断电时机械手放松。

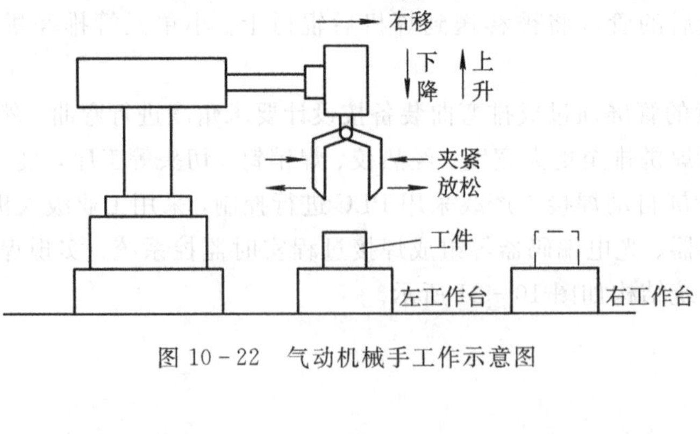

图 10－22　气动机械手工作示意图

将机械手的原点(即原始状态)定为左位、高位、放松状态。在原始状态下，检测到左工作台上有工件时，机械手下降到低位，夹紧工件，上升到高位，右移到右位。在右工作台上无工件时，机械手下降到低位，放松，然后上升到高位，左移回原位。其动作逻辑关系图如图 10－23 所示。

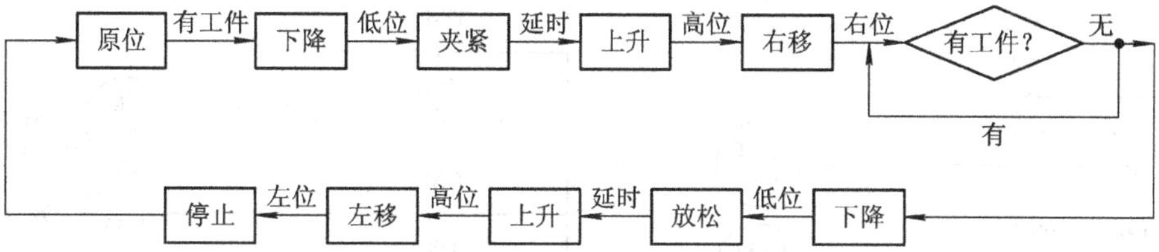

图 10－23　机械手动作逻辑关系图

动作过程中，上升、下降、左移、右移、夹紧为输出信号。放松和夹紧共用一个线圈，线圈得电时夹紧，失电时放松，所以放松不作为输出信号。低位、高位、左位、右位、工作台上有无工件信号为输入信号。

为便于控制系统的调试和维护，控制系统中加有手动功能和显示功能。当手动/自动转换开关打到手动位置时，按下相应的手动操作按钮，可实现上升、下降、左移、右移、夹紧、放松的手动控制。同时，"手动"状态指示灯亮，动作时，相应的动作指示灯亮。当机械手处于原点时，将手动/自动转换开关打到自动位置时，"自动"状态指示灯亮，进入自动工作状态，手动按钮无效。设置手动功能和显示功能后，增加了 8 个输入信号和 2 个输出信号。

控制系统的硬件原理图如图 10－24 所示。选用 OMRON 公司的 C40P 可编程控制器作为系统控制器，实现对机械手的控制。C40P 具有 24 个输入点，16 个继电器输出接点。

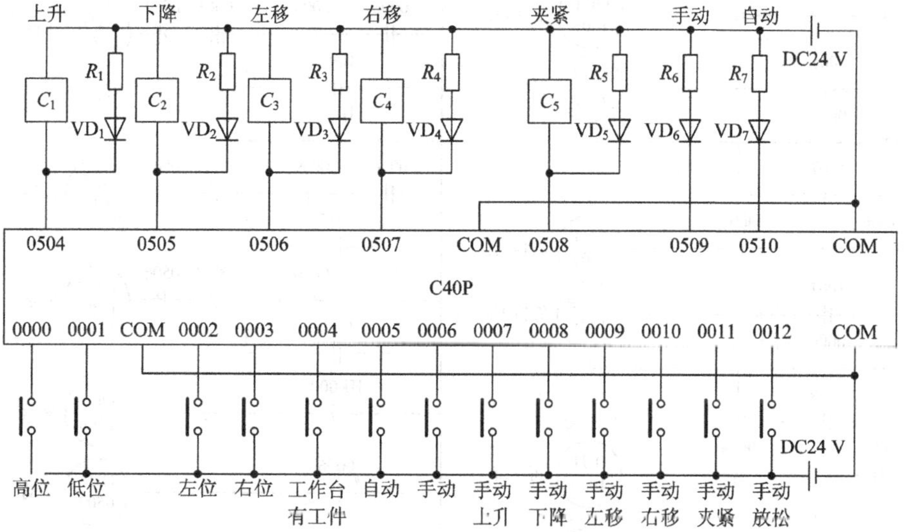

图 10－24　系统硬件原理图

控制系统共有 13 个输入信号、7 个输出信号，假定输入信号全部采用常开触点。动作指示利用发光二极管，与输出接触器并联。

图 10－25 所示为机械手的 PLC 控制程序。

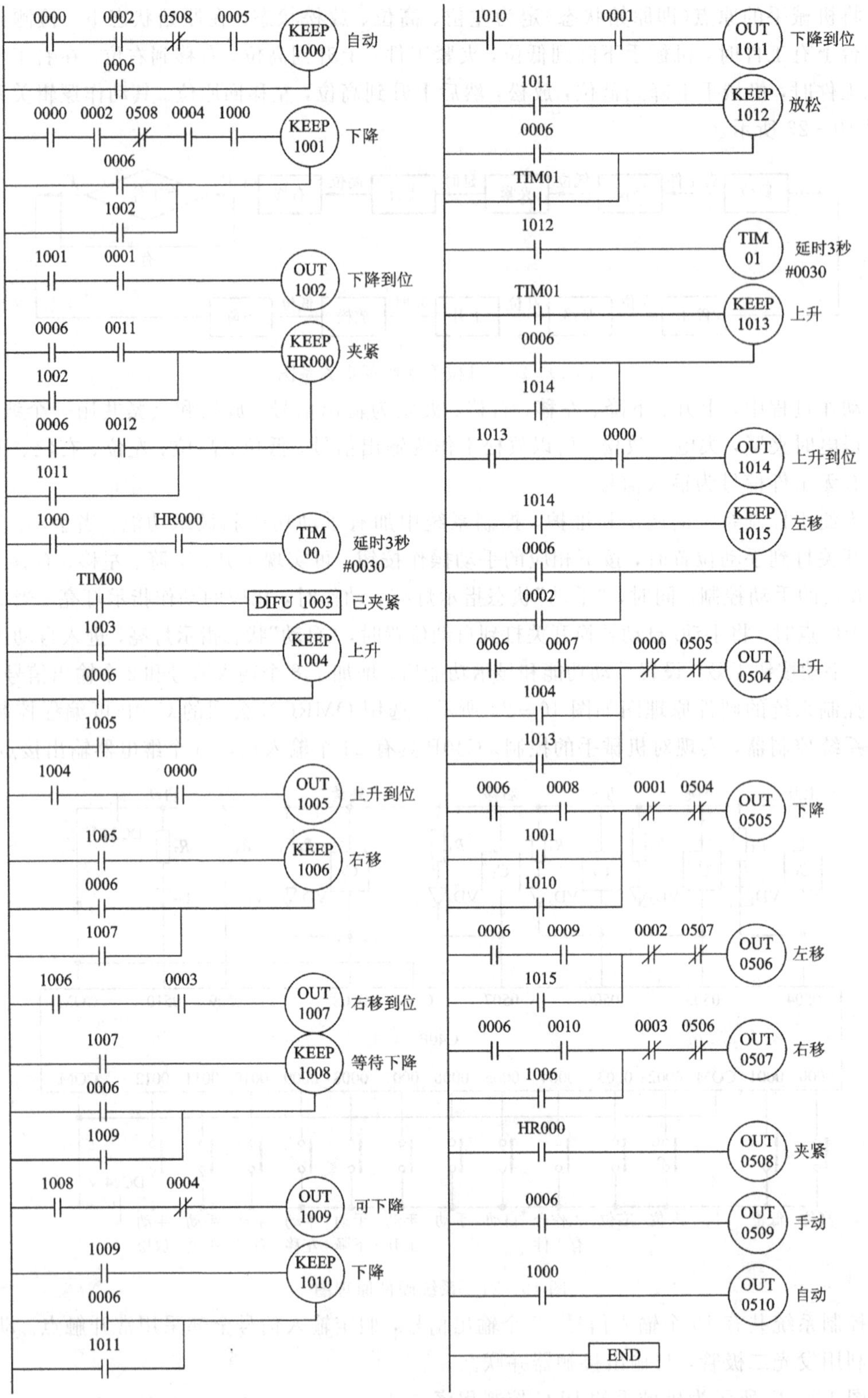

图 10 - 25　机械手的 PLC 控制程序

PLC 程序控制原理如下：

机械手在左位、高位、放松状态下，将自动/手动开关打至自动位置，1000 变为 ON，程序进入自动状态。当光电开关检测到左工作台上有工件时，0004 为 ON，使得 1001 变为 ON，机械手下降。当下降到低位时，压合低位开关 0001 为 ON，使得 1002 为 ON，HR000 变为为 ON，使得 1005 为 ON，因而 1006 变为 ON，1004 复位，上升停止，右移开始。右移到右位时，压合右位开关 0003 为 ON，使得 1007 为 ON，因而 1008 变为 ON，1006 复位，右移停止，进入等待下降状态。在光电开关检测到右工作台上无工件时，0004 为 OFF，1009 变为 ON，使得 1010 为 ON，1008 复位，下降开始。下降到低位时，压合低位开关 0001 为 ON，1011 变为 ON，使得 1012 为 ON，1010 复位，HRO00 复位，下降停止，放松开始。延时 3 秒后，TIM01 为 ON，使得 1013 为 ON，1012 复位，上升开始。上升到高位，压合高位开关 0000 为 ON，1014 变为 ON，使得 1015 为 ON，1013 复位，上升停止，左移开始。左移到左位时，压合左位开关 0002 为 ON，使得 1015 复位，左移停止。至此，一次工作完成。当再检测到左工作台上有工件时，重复上述动作。

在自动工作过程中，若将自动/手动开关打到手动位置，则 0006 为 ON，输出 1000～1015 均复位，自动工作停止。这时，按相应的手动操作按钮，便可实现手动上升、下降、左移、右移、夹紧、放松动作。利用手动操作使机械手回到原点后，将自动/手动开关打到自动位置，即可再次进入自动工作状态。

10.5　机器人及其控制系统设计案例

10.5.1　液压挖掘机器人分布式测控系统

工程机械机器人化是提高工作效率的有效途径，它能完成遥控、工况监测、自动挖掘等功能。挖掘机器人不同于固定式的工业机器人，它经常在恶劣的野外环境下工作，有多个工作装置需要控制，同时其内部空间紧凑。采用基于现场总线的分布式、嵌入式控制结构则是一种较好的解决方案，具有体积小、安装位置随意、可靠性高、维护性好的优点，每一个工作装置采用一个控制模块，模块之间通过现场总线通信。

挖掘机器人具有以下主要功能：

(1) 动力系统具有节能控制功能，能减少动力系统功率损失。

(2) 具有无线监控端，能在非工作现场实时观察挖掘机器人反馈回来运行参数。

(3) 具有遥控功能，并能在监控端屏幕上用三维动画实时显示遥控效果。

(4) 可以在监控端对机器人的工作轨迹进行规划，用三维动画仿真演示规划效果，并控制机器人按此规划进行工作。

(5) 机器人具有半自动控制功能，司机只需操纵一只操作杆，就能使机器人的工作装置按预定轨迹进行工作，即通常所说的“单杆操纵”，这对提高挖掘机的工作效率有重要意义。

(6) 能够在无线监控端对挖掘机器人的控制参数进行设置。

挖掘机器人分布式测控系统的通信体系如图 10－26 所示。其中，动臂、斗杆、铲斗、回转四个模块接收来自管理节点的指令，分别控制挖掘机器人的四个运动关节；动力控制模块控制发动机和液压泵；管理节点一方面用来完成与无线监控端的通信功能，另一方面用来完成对其他功能模块的控制管理，如控制参数设置、轨迹跟踪控制、工作参数收集等。无线监控端使用PC机实时监测挖掘机器人的工作参数，如姿态、系统压力等，并可实现挖掘机器人的轨迹规划、遥控、参数设置等功能。

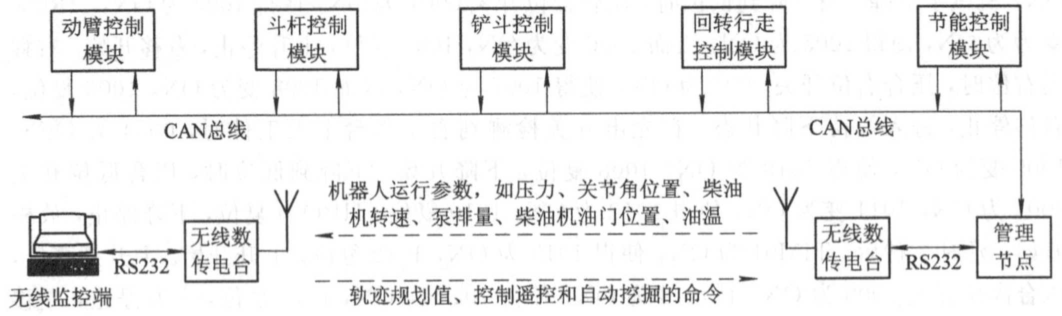

图 10－26　挖掘机器人分布式测控系统的通信体系

图 10－27 为监控端界面，它能根据管理节点传来的数据实时显示挖掘机器人的工作参数。其中，工作姿态以三维动画的形式显示，工作参数则以示波器和编辑框数值的形式显示。在界面菜单上还有挖掘机器人控制参数设置项，选中后以对话框的形式完成参数的设置。

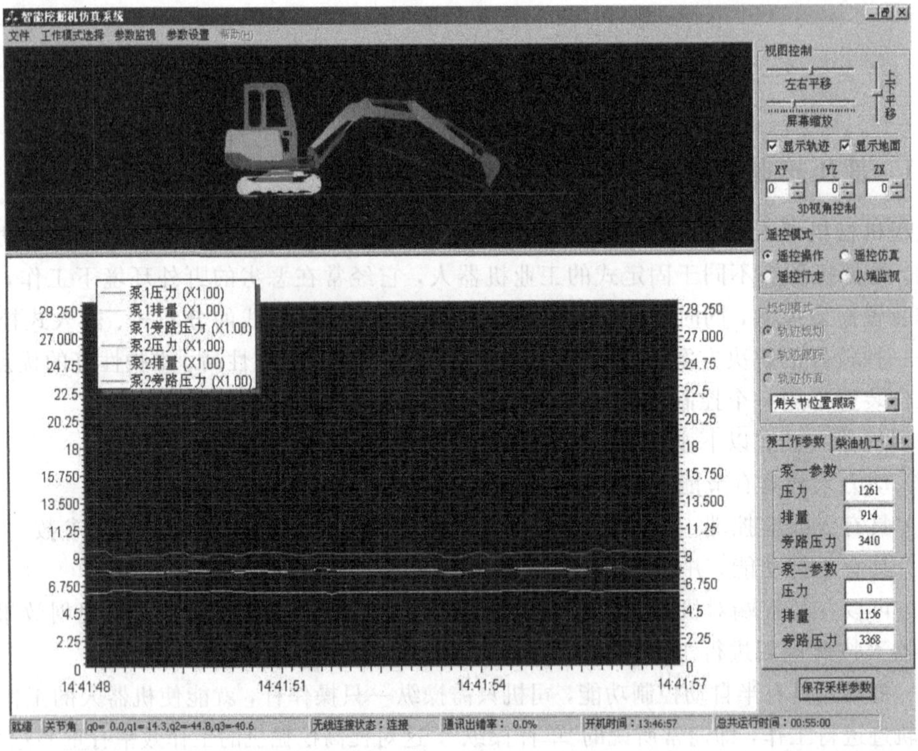

图 10－27　泵控工作参数显示

挖掘机器人控制器的硬件结构如图 10－28 所示。控制器分为主板和扩展接口板两部分。其中，主板电路适用于所有的控制模块，由单片机、复位电路、现场总线控制电路、

RS232 电路、电源等组成。扩展接口板电路则随着功能模块的不同而不同。

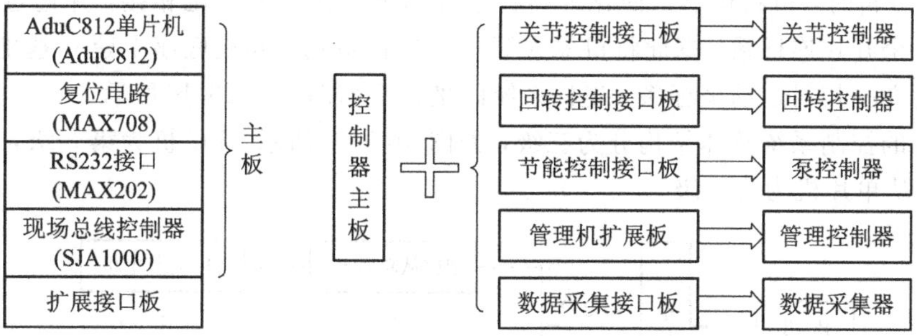

图 10-28　挖掘机器人控制器的硬件结构图

在硬件结构中，管理机起到了通信中枢的作用，因此管理机软件设计是整个分布式控制系统软件设计中最重要的部分。在设计中，应用了多任务实时操作系统将不同的功能分配给不同的任务。

10.5.2　多自由度机器人的结构与控制系统

串联五自由度机器人的结构如图 10-29 所示，采用关节型结构。机器人共有五个自由度：腰部转动关节实现机器人本体除基座以外的机构的转动；肩关节是个直移关节，可以带动大臂、小臂、手腕、手爪及工件的上下移动，以满足机器人工作空间上高度的要求；可以在小范围内调整小臂、手爪和工件的位姿；手腕包括两个转动关节，分别可以实现手爪的俯仰和摆动。

机器人的结构布局对其综合性能有很大影响。按照设备安装、拆卸和检修方便的原则，把驱动腰部关节转动的电机 1 安装在机座上；把驱动肩关节的电机 2 安装到机器人的顶部，直接驱动丝杠；由于大臂、小臂、手腕等均是悬空的，因此把驱动电机 3 和电机 4 均配置到大臂的末端，以便平衡机器人的质量；手腕转动需要的扭矩较小，故电机 5 的体积小、质量小，按照就近的原则，将其放在手腕的末端。机器人的结构布局如图 10-29(a)所示。

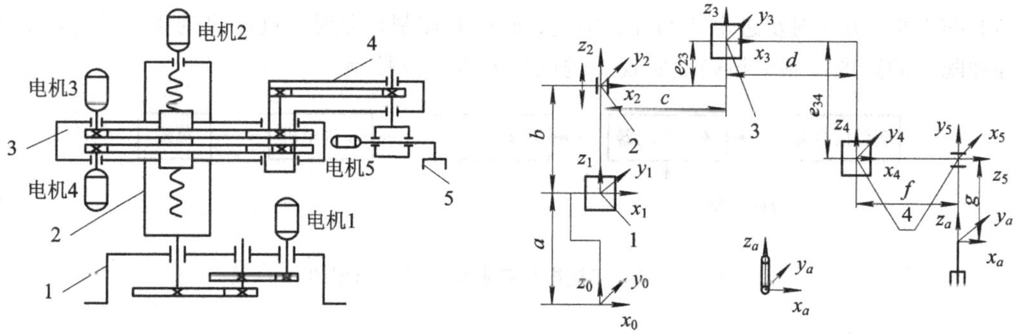

1—基座；2—腰部；3—大臂；4—小臂；5—手爪

(a)

1—腰部关节；2—肩关节；3—肘关节；4—腕关节

(b)

图 10-29　串联五自由度机器人的结构图

为了对机器人进行运动模拟和控制，需对机器人进行运动学分析。对机器人进行运动学、动力学分析时，可将机器人简化成由各连杆和末端执行器首尾相接，并通过关节相连而构成的一个开式连杆系。据此将机器人简化为连杆机构，并在底座上建立基坐标系，每个关节上建立一相对运动坐标系。连杆系统的坐标系如图 10－29(b)所示。

机器人的控制系统总体结构分为三级，如图 10－30 所示。PC 机为第一级，主单片机为第二级，从单片机为第三级。

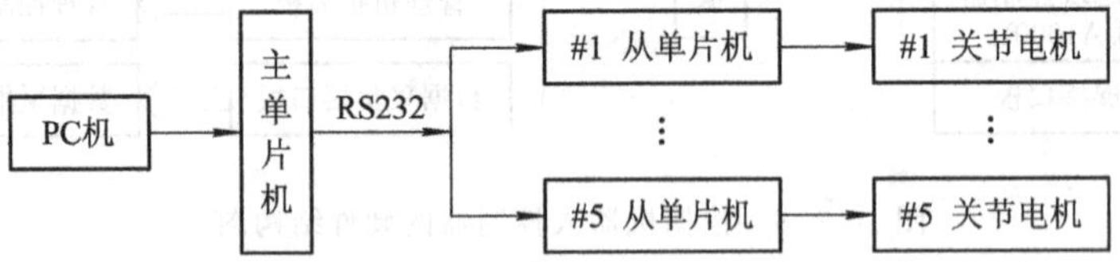

图 10－30　机器人的控制系统示意图

PC 机主要实现机器人的控制界面和串行通信功能，通过 PC 机的 COM2 口将各种控制命令和数据发送给主单片机。

主单片机是 PC 机与从单片机之间的桥梁，其主要功能包括与 PC 机、从单片机之间的通信控制，数据的处理与存储，机器人运动轨迹插补，以及对系统的实时监控。主单片机选型为 AT89C51 单片机，并与 MAX232 电平转换器、62256 数据存储器、INS8250 等芯片组合构成主单片机系统。其中，AT89C51 是一种低功耗、高性能，内部带有 4 KB 的可下载 FLASH 存储器、128 B RAM 的 8 位 CMOS 单片机，与工业标准的 80C51 的指令和管脚排列兼容。

从单片机选择 AT89C2051 单片机，其主要功能是实现对步进电机的调速控制、与主单片机的通信及完成行程开关信号调理。从单片机控制系统主要由 AT89C2051 单片机、SH－20402A 驱动器组成。其中，AT89C2051 单片机是 AT89 系列中的经济型产品，与 MCS－51 结构基本一致，区别是减少了 P0 和 P2 端口，增加了一个模拟比较器。它执行速度快，有良好的性能价格比。

机器人采用步进电机驱动，步进电机控制驱动系统的原理图如图 10－31 所示。从单片机 AT89C2051 实现对步进电机高速、中速、低速的控制，实现步进电机的正、反转，以及在各种既定的速度控制中精确地实现步进电机的点—位控制。

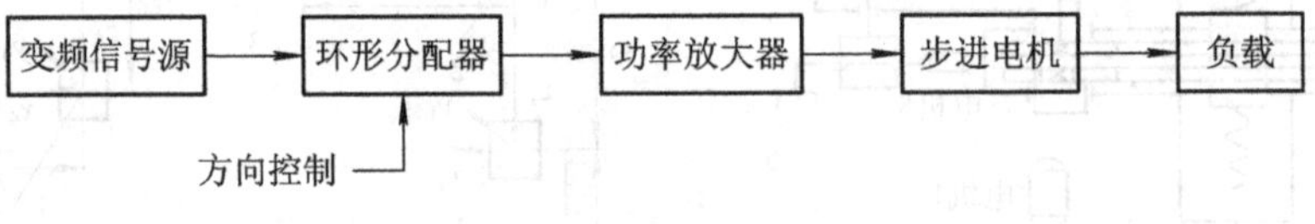

图 10－31　步进电机控制驱动系统原理图

10.5.3　高速并联机械手位置控制系统

二平动自由度高速、轻型并联机械手——Diamond 以美国 NI 公司的高性能运动控制器＋PC 为硬件平台，采用图形化的编程环境——Labview 开发控制系统软件，实现机构的高速、高精度位置控制。图 10－32(a)是天津大学研制的 Diamond 600 型高速并联机械手。

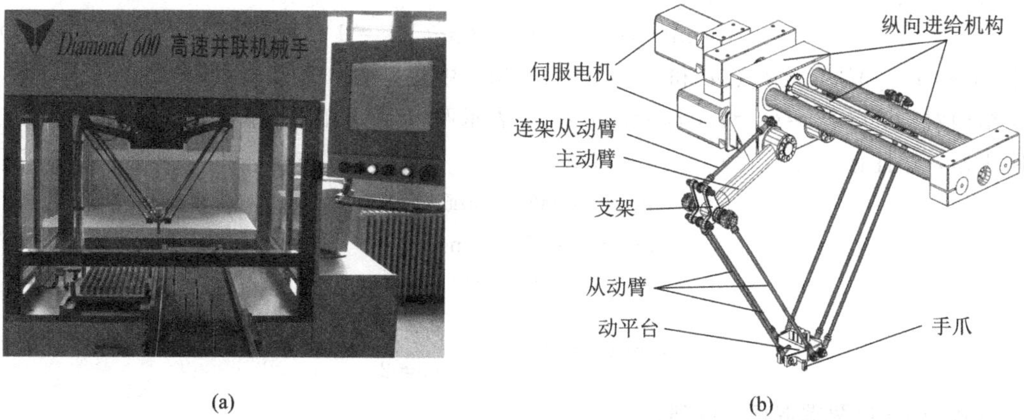

图 10－32　二平动自由度高速并联机械手及其机构模型

Diamond 并联机械手可应用于电子、食品和医药等轻工业领域，对轻小物料进行高速中、短距离抓取、搬运和放置等操作，在工作空间内最高运动速度约 5 m/s，最大加速度可达 60 m/s^2。

图 10－32(b)是 Diamond 并联机械手的二平动自由度并联机构，它由两条支链和动平台组成，各支链包含两个平行四边形杆结构，分别由机架—主动臂—连架副主动臂—支架和支架—从动臂—动平台组成。各构件间采用转动副连接，进而在主动臂驱动下可实现动平台的二自由度平动。该机构可以与垂直于工作平面的单轴进给机构相串接，构成三自由度混联机械手。

在如图 10－33 所示的 Oxy 坐标系中，动平台参考点 $O'(x, y)$的位置矢量 $r=(x \quad y)^{\mathrm{T}}$ 是根据机械手的工作需要而确定的，一般是一条连续的轨迹。机构的位置逆解是建立机构控制系统的理论依据，通过求解位置逆解，可以得到对应位置矢量 $r=(x \quad y)^{\mathrm{T}}$ 的主动臂转角，即对应的电机转角 $\theta_{1i}(i=1, 2)$，通过对电机转角的控制实现对动平台运动轨迹的控制。

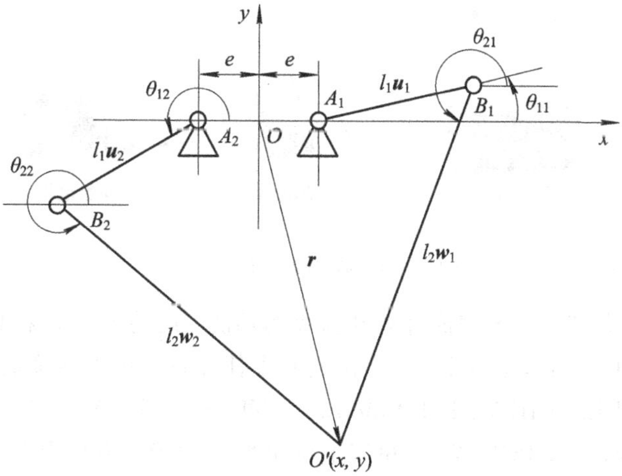

图 10－33　二平动并联机械手机构运动学简图

在 Oxy 坐标系中，有闭环方程

$$r - \text{sgn}(i)ee_1 - l_{1i}u_i = l_{2i}w_i \quad i = 1, 2 \tag{10-1}$$

式中，$r=(x \quad y)^T$，l_{1i}、l_{2i}、u_i 和 w_i 分别为支链 i 中主动臂和从动臂的杆长和单位矢量，由于结构对称，有 $l_{11}=l_{12}=l_1$，$l_{21}=l_{22}=l_2$；e 表示两主动臂轴线间距与动平台内侧两铰点间距之差，并且有

$$u_i = (\cos\theta_{1i} \quad \sin\theta_{1i})^T$$

$$w_i = (\cos\theta_{2i} \quad \sin\theta_{2i})^T$$

$$e_1 = (1 \quad 0)^T$$

$$\text{sgn}(i) = \begin{cases} 1 & i = 1 \\ -1 & i = 2 \end{cases}$$

对式(10-1)两端取模，得到：

$$A_i \sin\theta_{1i} + B_i \cos\theta_{1i} + C_i = 0 \tag{10-2}$$

式中：

$$A_i = -2l_1 y$$

$$B_i = -2l_1(x - \text{sgn}(i)e)$$

$$C_i = x^2 + y^2 + e^2 + l_1^2 - l_2^2 - 2\,\text{sgn}(i)ex$$

求解式(10-2)得到：

$$\theta_{1i} = 2\arctan\frac{-A_i + \text{sgn}(i)\sqrt{A_i^2 - C_i^2 + B_i^2}}{C_i - B_i} \tag{10-3}$$

Diamond 并联机械手采用基于 PC+运动卡的控制解决方案，如图 10-34 所示。其控制系统主要由机构、伺服电机、电机驱动单元、运动控制卡和工业 PC 组成。

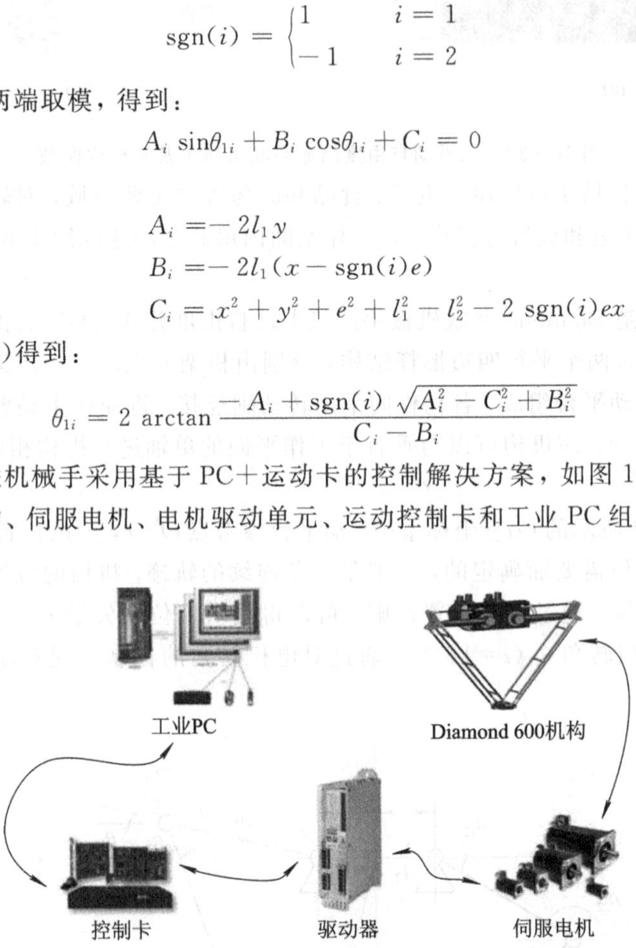

图 10-34　控制系统硬件结构

工业 PC 作为上位机，主要完成计算和监控的功能。运动控制卡采用 NI 公司的高性能四轴运动控制器 PCI-7344，其内嵌的 32 位实时多任务系统可以精确地控制多轴完成预定的轨迹，且可以使用 LabVIEW、LabWindows/CVI、Visual BASIC 以及 C/C++进行编程。作为控制系统的核心，PCI-7344 执行上位机发送的指令并将其转化为对电机的控制信号，此信号经由西门子 SIMOD-RIVE611A 驱动器放大驱动 IFT5044 无刷伺服电机，进而驱动 Diamond 机构。同时，该控制器也可将电机在运行过程中的位置和速度采集下

来，作为轨迹精度和速度跟随特性分析的依据。

Diamond 的系统控制软件使用 LabVIEW 开发环境，基于 Flexmotion 进行开发。LabVIEW 是 NI 公司推出的专门为数据采集、仪器控制、数据分析设计的图形化的编程环境(Graphical Development Studio)。Flexmotion 软件包作为运动控制卡的驱动程序与 NI 公司的运动控制卡一起提供给用户，它支持在 Windows 2000/NT/9x 上使用的大量应用开发工具。

运行于上位机的操作软件用来完成操作空间轨迹规划、插补、位置逆解、系统状态监控、系统参数设置、用户 NC 编程、数据报告等功能。运行于 PCI－7344 的实时操作系统 RTOS 用来控制运动 I/O 和数字 I/O 并通过 DPRAM 与上位机进行高速数据交换。图 10－35 为软件系统的数据流程图。

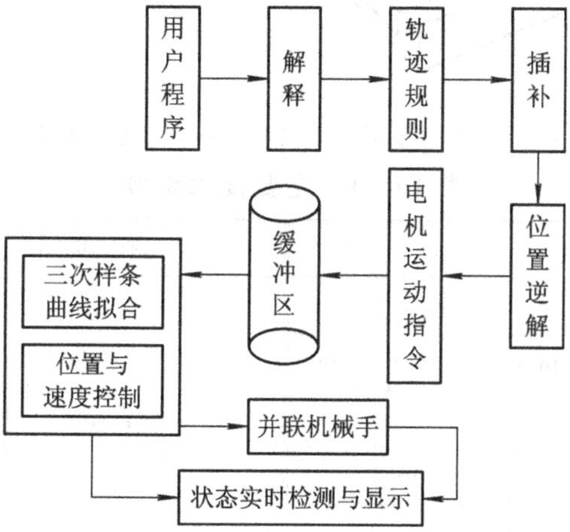

图 10－35　软件系统的数据流程图

10.6　机电一体化系统的综合设计实例

10.6.1　数控五轴联动激光加工机

数控五轴联动激光加工机集成了激光、机械、传感器和自动检测、信息处理、微机自动控制和伺服驱动等多项技术，能完成平面和三维曲面的激光加工。它主要用于汽车制造厂车身模具制造维修中的热处理、表面熔覆和对汽车大型覆盖件及梁类零件的激光切割与焊接。

1. 系统构成

如图 10－36 所示，该加工机由主机、横流激光器、电气控制系统等组成。其主要技术参数见表 10－1。

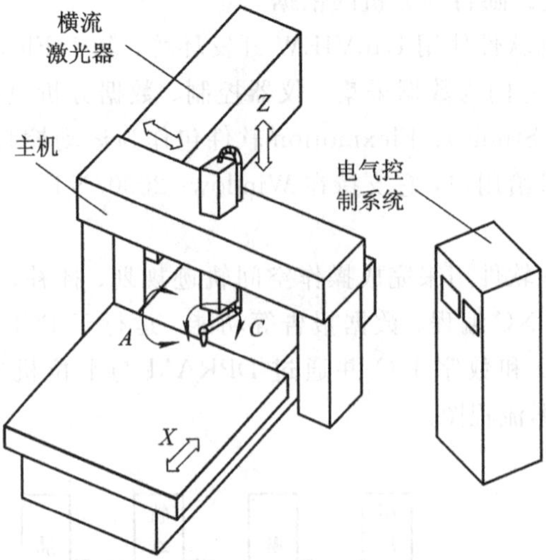

图 10－36 多用途数控五轴联动激光加工机

表 10－1 主要技术参数

技术参数		数值	技术参数		数值
工作台尺寸(长×宽)/mm		3000×1500	工作行程/min	X 轴	30 000
空间加工范围(长×宽×高)/mm		3000×1500×600		Y 轴	1500
工作台最大承重/kg		10 000		Z 轴	800
切割速度/ $(m\cdot min^{-1})$		0～5		A 轴	±90°
快速移动速度	X 轴	8 m/min		C 轴	±270°
	Y 轴		激光器功率/kW	高阶模	5
	Z 轴			低阶模	3
	A 轴	10 r/min	激光光速直径/mm	高阶模	ϕ37
	C 轴			低阶模	ϕ20

2. 系统工作原理

1) 平面与三维曲面的激光热处理和表面熔覆

由于热处理和熔覆的零件较重，一般直接装在工作台上。激光器可输出 5 kW、直径 ϕ37 mm 的高阶模激光束。如图 10－37 所示，激光束通过反射镜 1、2 进入 Y 轴方向，经过反射镜 3 沿 Z 轴方向传到反射镜 4 后，经聚焦头上的曲面反射镜 5 聚焦到工件表面，光头保持垂直，沿 Y 轴移动，工作台沿 X 轴可进行平面加工。如果加上 Z、C、A 轴的运动，就能进行三维轴面的热处理与熔覆。

2) 激光切割与焊接

机床换上带聚焦透镜的聚焦光头，激光器输出可达 3 kW、直径 ϕ25 mm 的低价模激光束，如图 10－37 所示，通过反射镜 6 反射，由透镜 7 聚焦到工件表面，机床五轴联动则可进行三维曲面的切割与焊接。

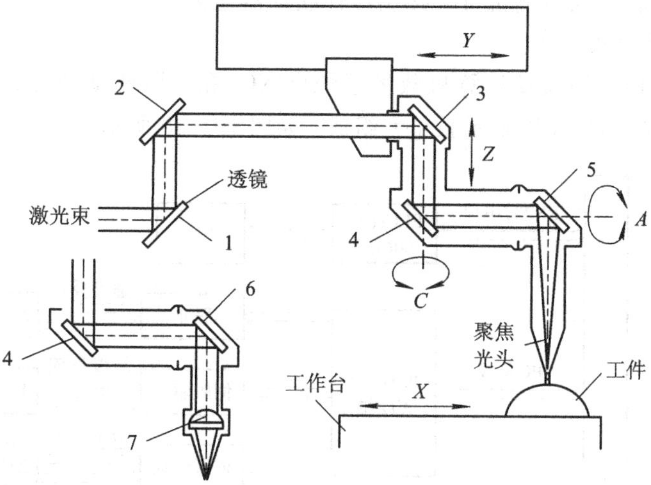

图 10-37　激光加工机光路示意图

3）激光切割焦点位置的自动测量与控制

为了保证激光切割的质量，需要自动检测激光焦点的位置，并控制光头移动使焦点相对工作表面保持在一定位置上。

以主机三个直线运动坐标轴作为执行机构，实现焦点位置自动控制，当激光焦点检测装置测出焦点位置有变化时，数控系统控制 X、Y、Z 坐标轴做相应移动，以确保焦点与工作表面的相对距离不变。

4）三维曲面激光切割的示教编程

进行三维曲面的激光切割时，由于被加工对象形状复杂，难以建立精确的数学模型，因此，加工机设计了示教编程功能。加工前，操作人员先根据零件的工艺要求，在加工对象上画出加工轨迹，然后通过示教装置操纵各个坐标轴移动，使激光头按实际切割的需要沿加工轨迹预走一遍，找到轨迹中的关键点，并记录关键点的空间坐标，再采用插补算法生成零件加工的轨迹规划程序。实际加工时，激光头将按轨迹规划程序预定的轨迹进行加工。

5）CAD/CAM 软件系统

为便于进行二维平面切割，加工机配置了 CAD/CAM 软件系统，该系统具有图文设计、汉字矢量化处理、优化排样、NC 程序自动生成和加工过程仿真等功能。

3. 系统设计

1）机械传动系统设计

机械传动系统要求高精度、高速度、惯性小、运动平稳、工作可靠，这些要求不仅由机械传动模式和机械结构决定，还必须通过控制技术使传动部分与伺服电机的动态性能相匹配，使系统达到高固有频率、高刚度、合适的阻尼、线性的传递性能和小的惯量，以保证伺服传动系统具有良好的伺服特性(精度、快速响应和稳定性)。

激光加工机的 X、Y、Z、A、C 五个数控轴的机械传动系统设计是加工机设计的关键。X、Y、Z 三个直线运动轴的行程均小于 4 m，因此选择滚珠丝杠副传动。X、Y、Z 三个直线运动轴均采用直线滚动导轨副。C、A 两个转动轴选择涡轮涡杆传动。

传动机构输入轴与伺服电机可直接用弹性联轴器连接。

2）电气控制系统设计

电气控制系统由五轴联动计算机数控系统（CNC）和伺服驱动单元、系统逻辑控制单元、激光焦点位置控制单元以及示教单元组成，如图 10－38 所示。

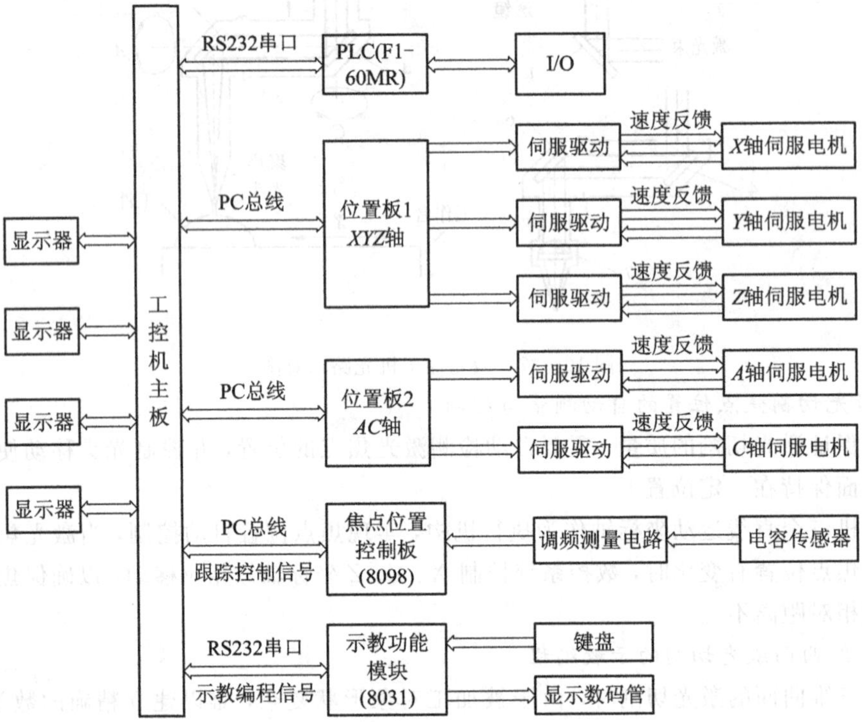

图 10－38　电气控制系统的构成

4. 数控系统

CNC 系统是激光加工机的控制中枢，主要完成五轴联动的加工运动轨迹和各个单元的协调。CNC 软件采用模块化设计，结构化编程，便于维护与扩展。

（1）CNC 系统的基本硬件采用研华 AWS－860 一体化工业控制机，由 10 槽无源 PC 总线母板、基于 PC 总线的 PCA－6136 CPU 卡、ET4000 显示卡、10 inch 高分辨率彩色显示器、230 W 开关电源和 PCD8931 电子盘卡及电子盘组成。

（2）工业控制机通过 RS232 串行总线接口与 PLC 逻辑控制单元和示教单元相连，通过 PC 线与两块位置控制板相连。

（3）CNC 系统的位置控制采用 Technology 80 公司基于 PC 总线的位置控制板，外接的伺服驱动单元采用了 Fagor 公司的交流伺服驱动器及伺服电机。位置控制板 1 控制 X、Y、Z 轴伺服驱动单元，位置控制板 2 控制 A、C 轴伺服驱动单元。图 10－39 所示为 X 轴位控板和伺服驱动单元接线示意，其余 Y、Z、A、C 数控驱动轴与此类似。

（4）系统的逻辑控制单元采用三菱公司的 F1－60MR 外装式 PLC，利用 PLC 的 I/O 口输入行程开关、压力继电器和工业控制机以及各单元的逻辑控制信号，输出控制电磁阀、指示灯以及各单元的逻辑动作。

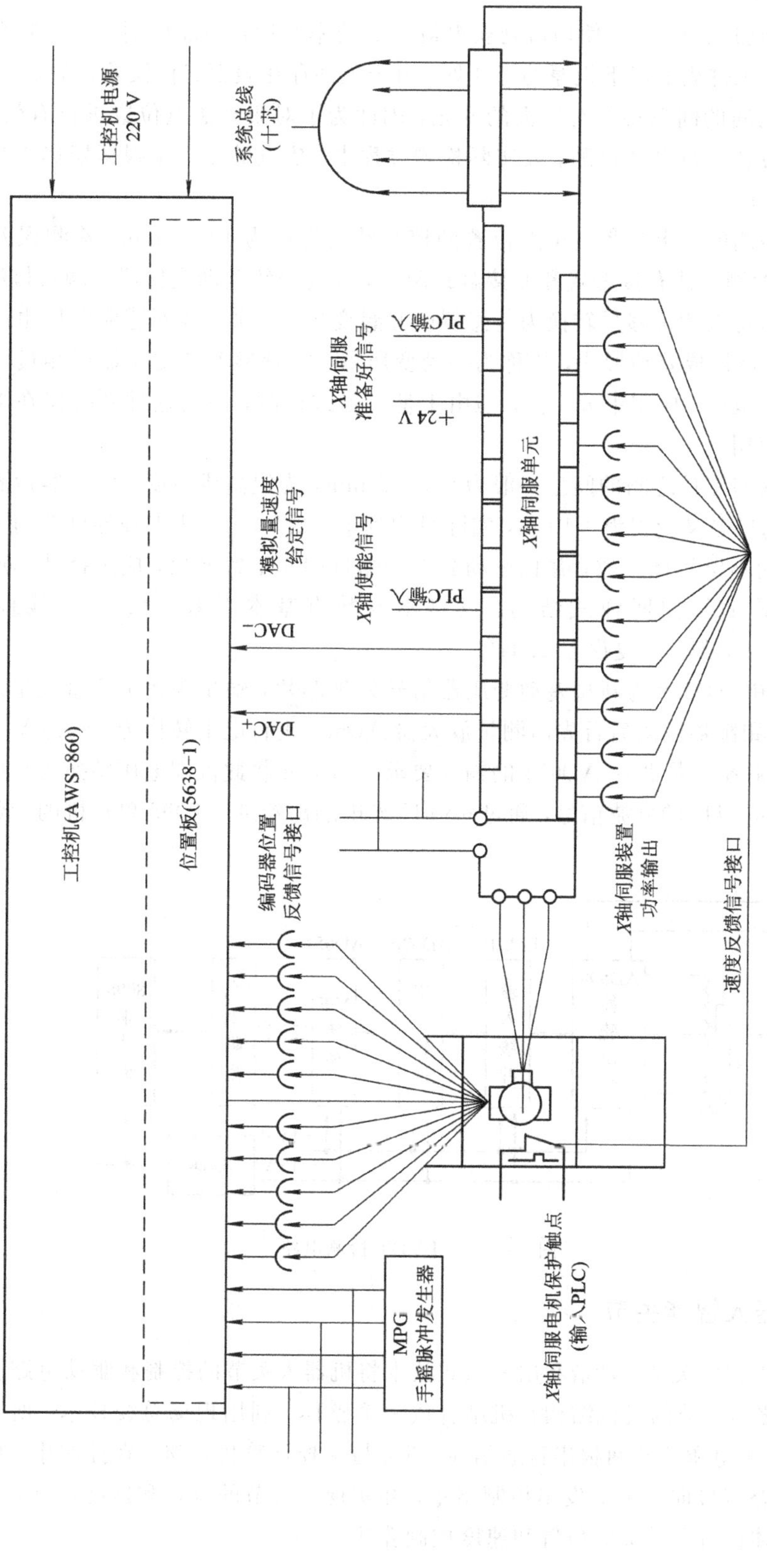

图10-39　*X*轴位控板和伺服驱动单元接线示意图

5. 检测系统

在激光切割加工中，为了使切口处获得最大的功率密度，保证切割质量，激光焦点一般应位于被加工工件表面以下板厚约 1/3 处。由于工件存在表面起伏误差，在加工过程中，聚焦头与工件之间的间隙将会有较大的变化，因此为了对激光焦点位置进行有效的控制，必须先对焦点位置进行自动检测。在实际检测过程中，焦点的位置是根据聚焦头与工件之间的间隙来决定的。

焦点位置检测的要求是激光焦点位置的控制精度指标为±0.2 mm，检测误差不能超过±0.1 mm。检测方法有接触式和非接触式两类，在此介绍差动变压器接触式检测电路。

差动变压器将被测位移量转换为传感器的互感变化，使次级线圈感应电压也产生相应变化。由于传感器做成差动形式，故称为差动变压器。螺管形差动变压器可测量一毫米至上百毫米的位移范围，应用十分广泛。但由于是接触式检测，因而这种系统仅在平面切割的激光机床中使用。

由于激光头与工件之间的间隙一般为 0.8～3 mm，为提高线性度，传感器检测范围应留有余量，故选择名义量程为±10 m，实际只用到了±2.5 mm。为保证导杆能与工件时刻保持紧密接触而不留机械间隙，并且运动起来伸缩自如而不致卡死，应选择铁芯通过复位弹簧与壳体相连的导向回弹式结构。其基本参数有基本误差±0.1%，线性度误差±0.1%，回差 0.04%，重复误差 0.04%。

图 10-40 中 AD598 为新型差动变压器信号处理芯片，输出为±5 V 直流电压，它经过 LM310 射极跟随器隔离后首先由测量放大器 AD620 进行电平转换为 0～10 V 输出，以满足后续电压/频率转换芯片 AD654 的输入要求。AD654 将此范围电压转换为与电压成比例变化的 0～160 kHz 的方波信号，通过 6N137 光电隔离器进入 8098 单片机的计数脉冲输入口 HIS.1。

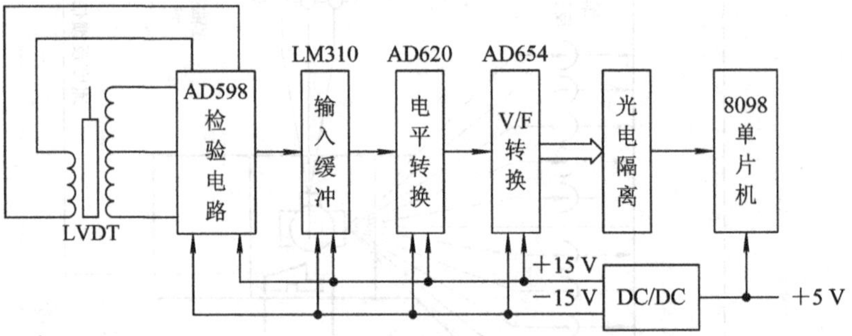

图 10-40 LVDT 检测电路

10.6.2 机器人智能关节

所谓机器人智能关节，是指利用嵌入式技术将机器人关节的控制和驱动电路直接安装在关节上，使之与关节的机械结构有机结合成一个整体。利用现场总线技术，所有关节只需要四根线(两根电源线和两根串行通信线)即可与主控计算机连接。在控制中，由关节控制器和驱动电路直接向各关节发出控制指令，并实现对关节的位置和速度控制，不再需要总控计算机具体执行各关节的位置和速度控制算法。

机器人智能关节的方案体现了现代机电一体化系统中动力分散化、部件智能化、控制嵌入化的趋势，简化了系统的线路布局，缩小了控制系统的体积，为机器人构件的标准化、模块化提供了有利条件。

1. 智能关节设计要求及元件选择

机器人智能关节设计与元件选择的基本原则如下：

(1) 重量轻。应使关节驱动电机和减速机轻量化，采用行星轮式和谐波式减速机，其中谐波式减速机具有更高的功率重量比；采用高性能滑动轴承以减小关节尺寸和重量。

(2) 尺寸小。采用紧凑型的位置传感器，节省传感器占用空间；采用高集成度的微控制器芯片，芯片要求运算速度快，外设丰富，带现场总线接口、PWM 输出接口、通用串行接口以及用于现场程序下载和调试的 JTAG 接口。

(3) 驱动力矩高，自锁能力强。采用高电压电机驱动电路，降低驱动电流，减小电路板尺寸和功率驱动元件体积，并尽量采用集成驱动芯片对功率元件进行驱动和保护；为了增加机器人在负载条件下的姿态保持能力，需要驱动电机具有一定的过载能力，应选用具有较强过载能力的小型或微型力矩电机。

(4) 关节控制软件的功能：① 位置和速度控制功能；② 通信功能；③ 参数设置功能。

2. 智能关节机械结构设计

根据机器人智能关节设计与元件选择的基本原则，这里选择使用谐波减速机和扁平直流力矩电机。谐波减速机重量轻、结构紧凑、减速比高、传动间隙小，而扁平直流力矩电机则体积小、扭矩大、过载能力强，尤其是具有较小的轴向尺寸。扁平直流力矩电机以大散件形式供货(即不提供外壳，只提供永磁定子、转子和电刷架)，非常适合于设计紧凑型的机器人关节。选用的力矩电机和谐波减速机的外形如图 10-41 所示。

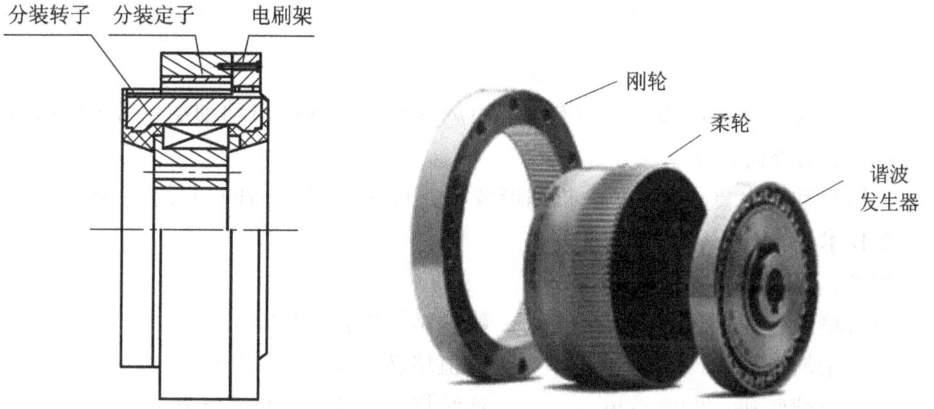

(a) 力矩电机　　(b) 谐波减速机

图 10-41　力矩电机与谐波减速机

谐波减速机的输入是谐波发生器，输出是柔轮，因此力矩电机转子必须和谐波发生器连接，而输出轴则必须与柔轮连接，且要保证足够的刚度。由图 10-41 可知，力矩电机与谐波减速机连接的难点在于，谐波减速机的输入和输出轴线是重合的，但两轴的转速却并不一致。为增加关节轴向刚度，需要设置一根贯穿整个关节的芯轴，电机及谐波发生器都是空心结构，可以套在这根芯轴上，而芯轴可与柔轮固连在一起而作为输出轴。这样，作为关节输入的电机和谐波发生器套在作为输出轴的芯轴上高速旋转，而芯轴作为输出轴则具有较低的转速。为减小摩擦，需要在关节的输入电机与输出芯轴、谐波轮与输出芯轴之间加装径向尺寸较小的滚针轴承。

采用非金属材料作为智能关节的外壳以及选用滑动轴承作为最外圈轴承，可有效减轻重量，并缩小关节的径向尺寸。

图 10-42 是关节的具体的结构设计，由主轴 3、外筒 7、直流力矩电机 18、电机固定架 6、减速机 8、套筒 15、端盖 1 和 10、轴承(2、9、11、16、17)等组成。

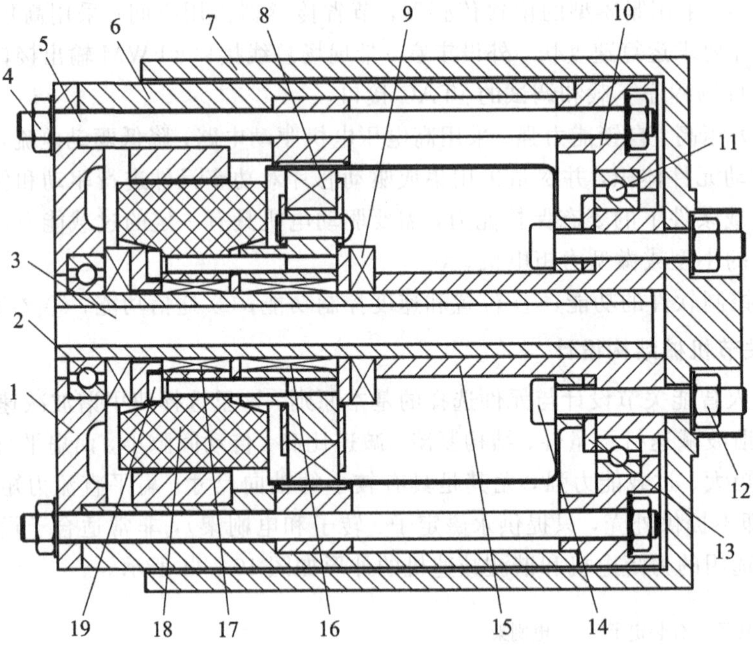

图 10-42　关节结构图

外筒 7 与电机固定架 6 之间有一层由减摩材料形成的滑动轴承，减速机输出柔轮与外筒连接，驱动外筒转动。

根据驱动能力要求，力矩电机和谐波减速机可选择不同的型号。例如，选择力矩电机的主要技术参数如下：

型号：55LYX02

峰值堵转转矩：0.42 N·m　　　　峰值堵转电流：4.2 A

峰值堵转电压：27 V　　　　峰值堵转功率：113.4 W

最大空载转速：2000 r/min　　　　连续堵转转矩：0.14 N·m

连续堵转电流：1.4 A　　　　连续堵转电压：9 V

选择谐波减速器的参数如下：

型号：XB1-50

减速比：N=1∶80　　　　输入转速：3000 r/min

输出扭矩：25 N·m　　　　传递功率：0.123 kW

效率：90%　　　　过载能力：1.5 倍

若采用上述电机和减速机，则关节臂的最大输出扭矩可达 30 N·m，转速最高可达 25 r/min。

3. 智能关节控制及驱动系统硬件设计

在一般的机器人系统中，通常采用增量型圆光栅作为位置和速度检测元件，但这种传感器体积大、安装不方便。在智能关节控制中，采用了 AS5045 无接触式磁旋转编码器，该传感器体积小、精度高，有效减小了关节的轴向尺寸。

AS5045 采用电流霍尔(Hall)技术来检测芯片表面分布的磁场，提供用户可编程的零位置设定和诊断，其内嵌 DSP 引擎，能够检测磁场的方向并计算出 12 位的二进制编码，此编码可通过同步串行接口(SSI)进行访问。此外，它还可以通过脉宽调制信号(PWM)来指示绝对角度值，可精确测量 360°范围内的角度。由于采用了差分测量技术以及霍尔传感器调理电路，AS5045 能够耐受磁铁位置偏离情况以及杂散磁场，十分适合苛刻环境下的应用，无需校准，能满足对转角位置的实时精确采集。应用电路原理图如图 10－43 所示。

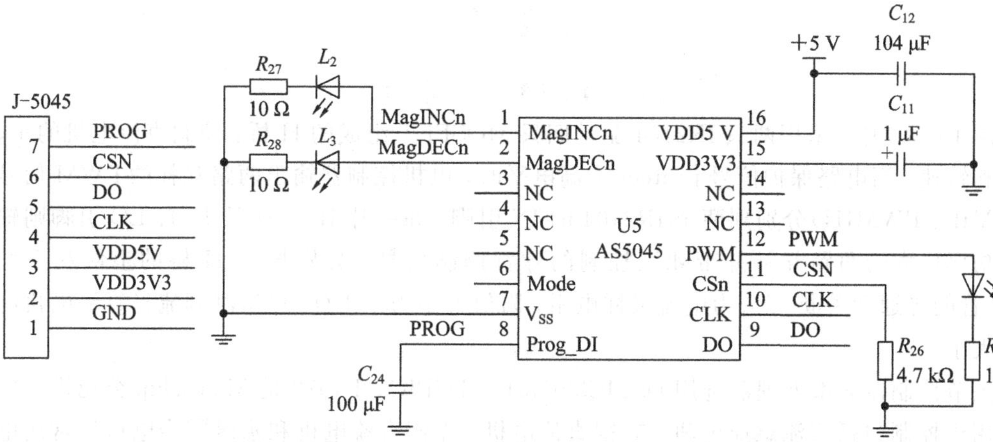

图 10－43　转角编码反馈电路

应用 AS5045 测量角度时，需在芯片中心的上方或下方放置一个旋转双极性标准磁铁(径向磁化)。这里考虑将磁铁安装在主轴 3(如图 10－42 所示)的端面上，而驱动与控制电路板则紧贴端盖 1 安装，使磁钢恰好位于 AS5045 芯片的上方，位置数据可以通过图 10－43 中的 DO 和 CLK 引脚串行输出到微处理器。

直流电机驱动电路可以使用 MOS 管驱动集成芯片，不仅能实现上、下桥臂的单芯片驱动，而且具有多种保护功能，这样既简化了驱动电路结构，又提高了可靠性。功率驱动电路如图 10－44 所示，采用 IR2104 集成驱动芯片，输入与 CMOS 和 TTL 电平兼容，具有过流保护、欠压保护、死区保护等功能，可驱动高压、高速 MOSFET 管，只需简单外围电路，即可实现电机的全桥驱动。这里 MOSFET(V_{F1} 和 V_{F2})管选用 IRF3205 N 沟道场效应管，其参数如下：

漏极和源极极限耐压 $V_{DSS}=55$ V　　持续漏极电流 $I_D=110$ A

栅源电压 V_{GS}：±20 V　　开启电压 $V_{GS(Th)}$：2.0～4.0 V

以上参数足以满足直流力矩电机的驱动需求。

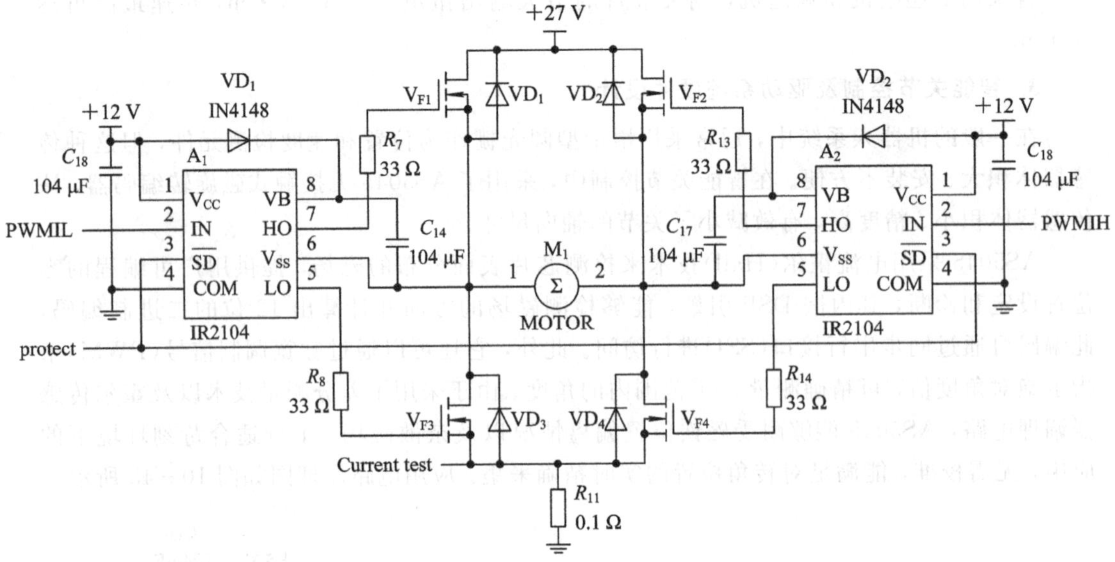

图 10-44　功率驱动电路设计

图 10-44 中，采用两只 IR2104 驱动四只 MOSFET 组成的 H 桥，控制直流电机的正、反转和转速。当电路保护信号 protect 为高电平时，电机控制器输出两路互补的 PWM 信号(PWMIL、PWMIH)分别到两个 IR2104 的 IN 引脚，每一片 IR2104 的 HO、LO 引脚则输出经功率放大的两路互补并带死区控制的脉宽调制信号，分别控制 H 桥的上侧和下侧 MOS 管的导通和关断。R_{11} 为电流采样电阻，阻值大小为 0.1 Ω，可检测到流经直流电机的电流大小。

关节控制器的微处理器选用 DSPIC30F4012。DSPIC30F4012 是 Microchip 公司推出的专门用于控制包括交流感应电机、有刷直流电机、无刷直流电机和永磁同步电机等常用电机在内的 16 位数字信号控制器(DSC)，具有功能强大的外围设备和快速中断处理能力，同时融合了先进的可管理高速计算活动的数字信号处理器功能。

DSPIC30F4012 内含有电机专用 PWM 控制器，这一特性简化了产生 PWM 波形的控制软件和外部硬件，通过编程可产生独立的、具有相同频率和工作方式的三相 6 路 PWM 波形，并由 RE 口直接输出给功率驱动电路。为防止同一桥臂上 2 个功率管直通造成短路，该 PWM 发生器还可通过编程设置死区互锁时间，死区时间范围根据分频系数的不同分为：系数为 1∶1 时为 50 ns～3.15 μs，系数为 1∶2 时为 100 ns～6.3 μs，系数为 1∶4 时为 200 ns～12.6 μs，系数为 1∶8 时为 400 ns～25.2 μs。

图 10-45 是 DSPIC30F4012 最小系统电路，包括外部上电复位电路、时钟电路、仿真下载电路、LED 测试电路等。程序下载可通过 ICSP 接口完成，该接口通过 USB 仿真下载器与 PC 机相连接。

LED 测试电路通过 RD_0 引脚与芯片相连，控制 LED 的亮灭可检测主 CPU 是否正常工作。外部上电复位电路通过 R_3 接入芯片复位引脚 MCLR，并通过按键使 MCLR 引脚输入低电平，触发复位。上拉电阻 R_1 使正常工作下 MCLR 引脚输入高电平；二极管 VD 有助于在 V_{DD} 掉电时使电容迅速放电；R_3 可对从外部电容 C_1 流入 MCLR 引脚的任何电流进

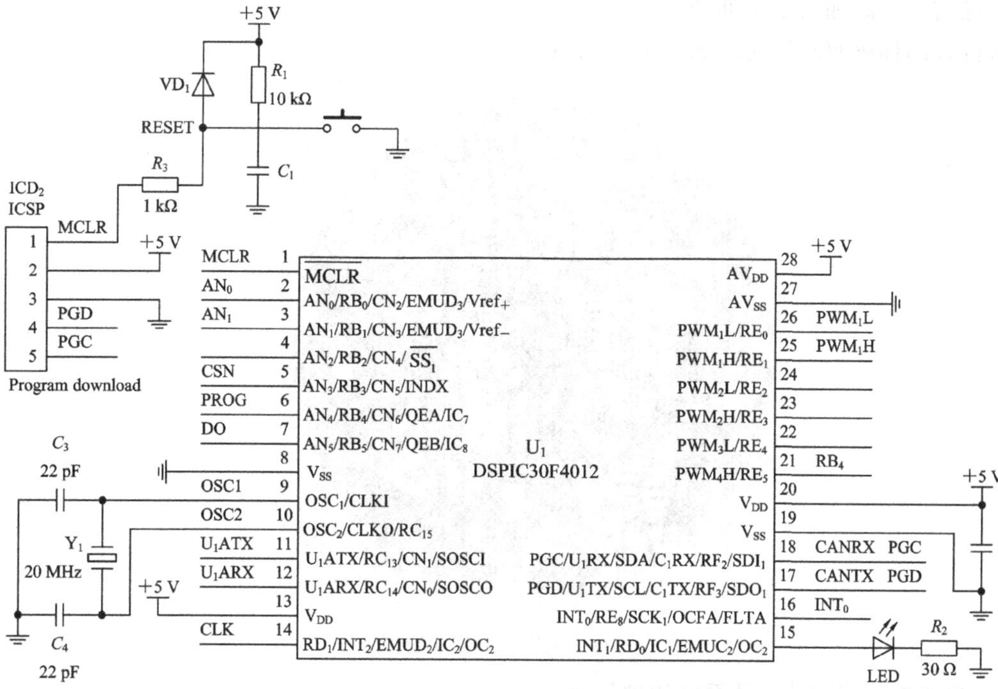

图 10 - 45　dsPIC30F4012 最小系统电路

行限流。与时钟源模块相关的引脚 OSC1 接 20 MHz 外部无源晶振，OSC2 接晶振另一端，利用内部 PLL 锁相环把主振荡器产生的时钟进行倍频处理，PLL 的增益可以选择为 x4、x8 或 x16。

dsPIC30F4012 芯片上集成有 CAN 总线控制器，能提供现场总线通信能力。它实现了 BOSCH 规范中定义的 CAN2. 0A/B 协议，支持协议的 CAN1. 2、CAN2. 0A、CAN2. 0B Passive 以及 CAN2. 0B Active 版本，只要外加一片 CAN 总线收发器即可完成数据帧的收发。硬件连接电路如图 10 - 46 所示。

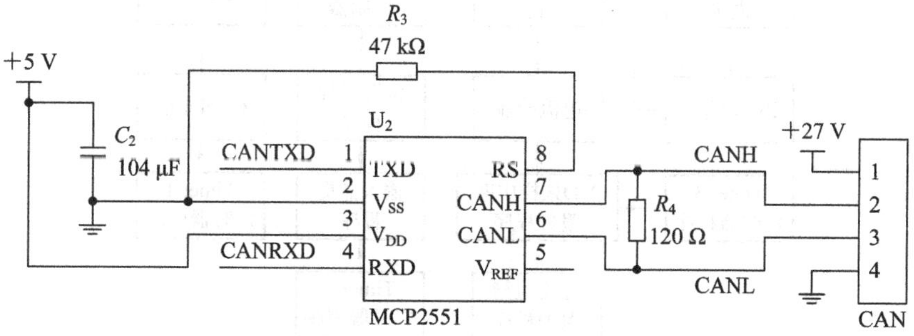

图 10 - 46　CAN 接口电路

在图 10 - 46 中，MCP2551 是 CAN 控制器和物理总线之间的接口，负责信号的电平及形式转换，提供对总线的差动发送和接收功能，工作速率高达 1 Mb/s。它的 TXD 端和 RXD 端分别接微处理器的 CANTXD 端和 CANRXD 端；CANH 和 CANL 接到总线上，完成与总线的通信。电阻 R_4 为 CAN 终端的匹配电阻，通常取 120 Ω。CAN 总线插头与 CAN BUS 适配器相连，完成通信的物理连接，它同时也为 CAN 控制器和 CAN 总线上的高压尖峰信号之间加入了缓冲器。

所设计的伺服驱动器实物如图 10－47 所示。

图 10－47 伺服控制器实物图

4. 智能关节控制及驱动系统软件设计

智能关节控制系统的关节控制器作为系统的下位机，其软件采用模块化模式设计，主要使用 C 语言编写，总体结构如图 10－48 所示。软件主要包括程序初始化模块、电流环调节模块、定时器中断模块、输入捕捉程序、CAN 通信模块、A/D 采样中断服务程序、位置环调节器模块和速度调节模块。

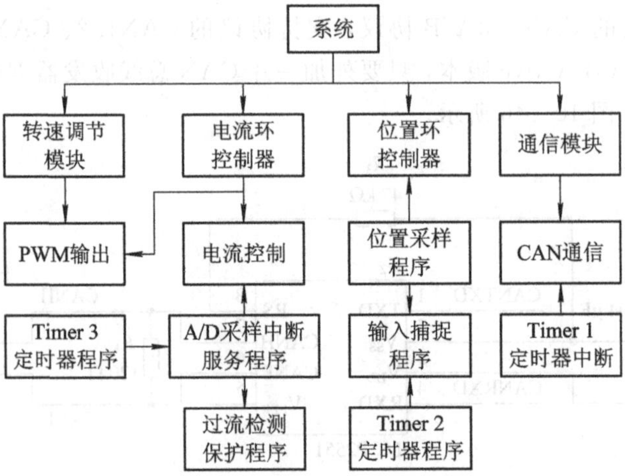

图 10－48 下位机软件总体结构图

程序初始化模块主要完成 I/O 口初始化、A/D 模块初始化、MC PWM 模块初始化、CAN 总线初始化，Timer 1 定时器为通过 CAN 总线向上位机输出转角位置值提供周期中断，Timer 2 定时器为输入捕捉模块提供时基，而 Timer 3 的周期中断作为 A/D 转换以及各控制环的轮转周期。

关节控制器的主程序负责整个关节控制器的管理，其流程如图 10 - 49 所示。当系统复位后，首先进行初始化，主要涉及各控制寄存器的配置，包括系统时钟设置、看门狗设置、CAN 通信设置、MC PWM 模块设置等。初始化完成后，等待各中断信号，如有中断产生，则调用相关的中断程序。

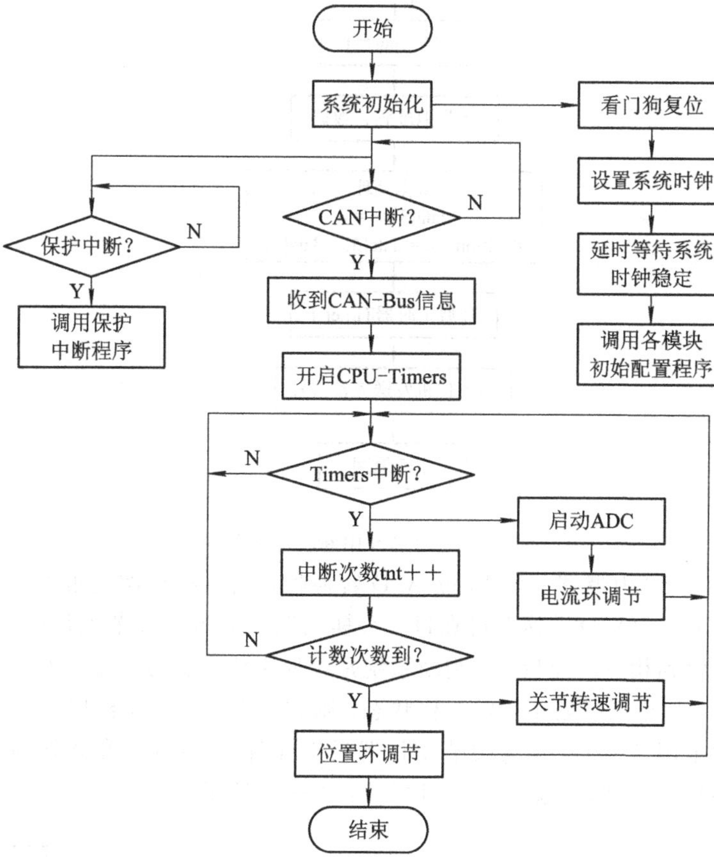

图 10 - 49　关节控制器的主程序流程图

关节控制器总是处于 CAN 总线接收状态，在接收到作为上位机的主控计算机发送来的数据后开始工作，此时关节控制器确定电机启动、运行的方向、最大运行速度以及关节目标位置，并开启定时器。启动程序使电机以较低的开环速度运转，同时电流环调节控制器、速度调节程序、位置调节器开始工作，直至电机到达目标位置。

CAN 通信程序主要包括初始化和 CAN 中断服务程序。初始化主要是对 CAN 通信波特率、控制寄存器中的复位标志置位以及 CAN 内部的控制段寄存器进行设置，在本伺服系统中，CAN 节点的通信波特率设为 125 kb/s。

CAN 通信中断服务程序主要负责关节控制器与总控制器之间的通信，其工作流程如图 10 - 50 所示。当接收中断发生时，接收标志置位，并将接收到的上位机数据进行处理，然后开启定时器 Timer 1，同时向上位机发送应答信号。这里使用广播的通信方式，使每个关节都接收 CANBUS 上的数据，以减少发送次数，提高系统效率。

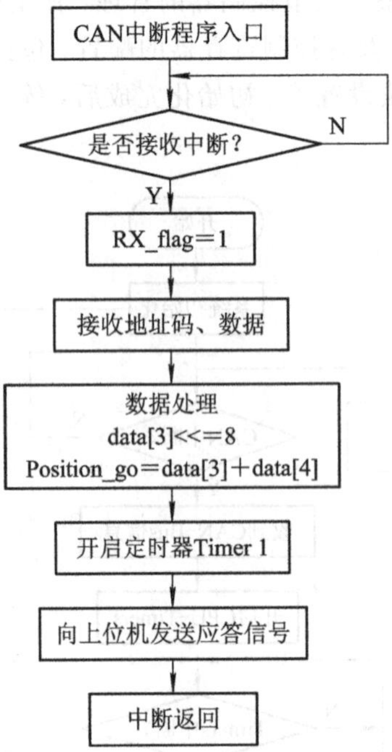

图 10-50　CAN 中断程序流程图

在 dsPIC30F4012 内带有一个 10 位 A/D 转换器，它具有逐次逼近寄存器转换，最大转换速度为 500 ks/s。A/D 转换器可在每个采样周期中对流经关节电机的电流进行采样，采样转换结果存储到相应的变量中，判断系统是否处于错误状态、过压或者过流。如果是，则置位错误标志；如果系统处于正常工作状态，则调用电流环控制模块。

关节控制器采用 AS5045 作为关节角位置反馈元件。AS5045 和微处理器之间通过同步串行接口(SSI)进行数据传输，接口时序如图 10-51 所示。

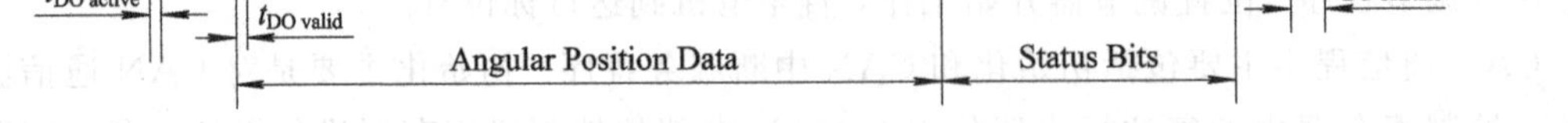

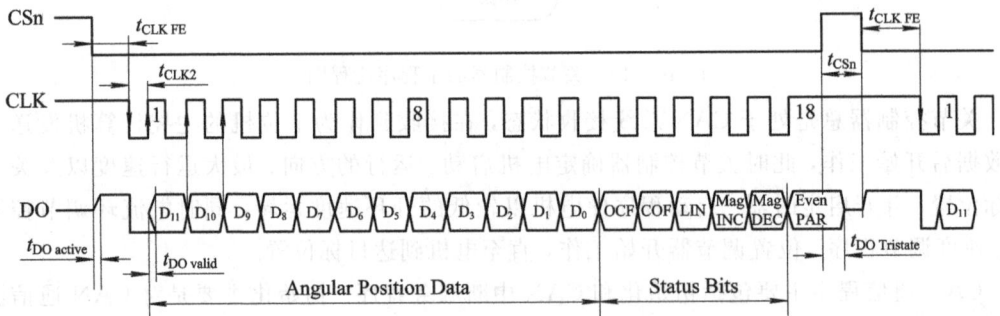

图 10-51　输出绝对角度位置数据的同步串行接口

如果 CSn 变为逻辑低电平，则数据输出(DO)将从高阻(三态)状态变为逻辑高电平并启动读取操作。经过最短时间 $t_{\text{CLK FE}}$后，数据在 CLK 的第 1 个下降沿锁存至输出移位寄存器内，每个后续的 CLK 上升沿将移出 1 位数据。这个串行字包含 18 位数据，前 12 位是绝对角度数据信息 D[11：0]，后 6 位包含系统信息，涉及数据的有效性，诸如 OCF(偏差补偿完成)、COF(Cordic 溢出)、LIN(线性度报警)、奇偶校验和磁场状态等。通过一个 CSn

“高”脉冲(最短持续时间为 t_{CSn})来启动后续测量。

在关节转角位置反馈程序中，通过读取DO_IN引脚的电平来接收AS5045传送的位置反馈数据，与通过CAN总线传来的指令位置比较后进行PID运算，并将结果变为PWM信号输出，经功率驱动电路对力矩电机进行控制，最终实现关节位置的控制。

除以上功能外，控制器还应具有参数设置功能，如关节零点的标定、PID控制参数的设置等，这些都需要通过通信功能实现。

5. 智能关节的应用

经过以上的设计，我们可以对智能关节的功能和外观有一个大致的概念：在功能上具有一定的智能化，能通过现场总线接收来自主控计算机的任务指令；在机械结构上具有较小的体积和重量，具有较好的机械连接性；在电气接线上具有简单的接口，只有两条电源线和两条通信线，有较好的电气互连性。采用这种具有开放式机械、电气和控制结构的智能关节，能很容易地组成具有各种自由度形式的机器人结构，如图10-52和图10-53所示。

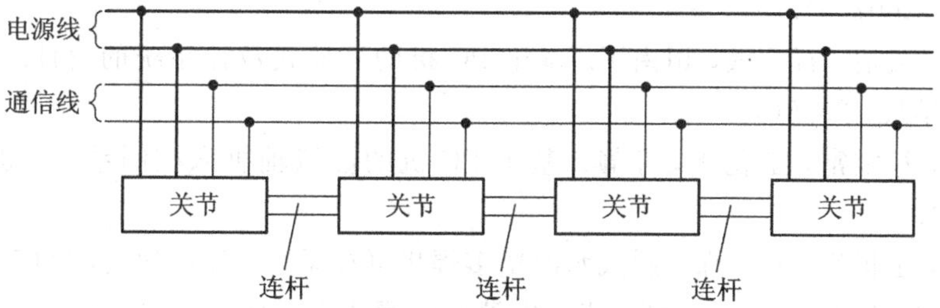

图10-52　机器人逻辑结构

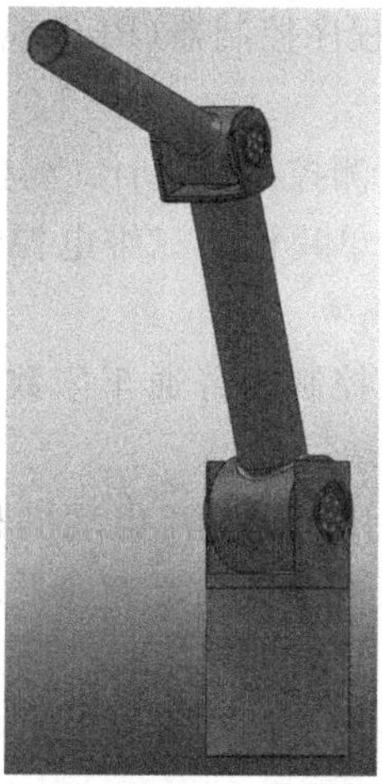

图10-53　机器人机械结构

习题与思考题

1. 试给出一个基于单片机的机电一体化控制系统设计案例，并简要说明设计思路。
2. 试给出一个基于PC机的机电一体化控制系统设计案例，并简要说明设计思路。

3. 试给出一个机器人控制系统设计案例，并简要说明设计思路。

4. 试给出一个家用电器控制系统设计案例，并简要说明设计思路。

第10章参考文献

[1] 史伟民，胥芳．连续纸胶印机电子传动技术研究．浙江工业大学学报，2003(5)．

[2] 杜辉，胥芳，陈教料．基于CAN总线网络技术的温室控制系统设计．机床与液压，2004(6)．

[3] 熊四昌，贾文昂．基于压力平衡式的汽车燃油检漏仪的研制．机床与液压，2007(3)．

[4] 谢佩军．基于机器视觉的晶振外壳缺陷在线抽检系统的研究．浙江工业大学学位论文，2006．

[5] 谢佩军，计时鸣，程越．基于计算机视觉的晶振帽缺陷自动检测系统．仪器仪表学报，2008(5)．

[6] 庞章炯，张鹰，谢佩军，计时鸣．机器视觉在晶振外壳缺陷检测中的应用．制造技术与机床，2007(3)．

[7] 刘朝华，戴怡，石秀敏，田南平．基于PC机的开放式数控系统的设计．天津工程师范学院学报，2005(4)．

[8] 宋蕴璞，徐宝富，王化更，于颖．基于PC机的虚拟轴机床控制系统．机电一体化．2005(2)．

[9] 赵章风，王扬渝，郑欣荣．膜式水冷壁多焊机群控系统．焊接学报，2007(3)．

[10] 张宪，赵章风，王扬渝，郑欣荣．电站锅炉膜式水冷壁管屏自动焊接生产线设计研究．制造技术与机床，2005(2)．

[11] 徐德，孙同景，陈桂友．可编程序控制器(PLC)应用技术．济南：山东科学技术出版社，2000．

[12] 高峰．液压挖掘机器人分布式测控系统设计．测控技术，2005(4)．

[13] 李伟，闫卫平，李鹤楠．基于单片机的三维电控位移平台控制系统设计．机械与电子，2007(4)．

[14] 明兴祖，李文元．基于单片机控制的普通车床数控化改造设计．机床与液压，2005(5)．

[15] 汪为庆，金明河．机器人手指用无刷直流电动机驱动系统设计．微电机，2007(3)．

[16] 梅江平，王攀峰，倪雁冰．二平动自由度高速并联机械手位置控制．组合机床与自动化加工技术，2004(4)．

[17] 梅江平，王攀峰，黄田．二平动自由度高速并联机械手轨迹规划与运动控制．制造业自动化，2004(9)．

[18] 张兴国，朱龙彪，刘明，严晓照．电子气动机器人实验系统设计与研制．液压与气动，2007(5)．

[19] 侯国柱，孔庆忠，武新伟．五自由度机器人的结构设计及其控制．机械制造与自动化，2007(2)．

参 考 文 献

[1] 林宋，等. 光机电一体化技术产品实例. 北京：化学工业出版社，2004.

[2] 赵松年，李恩光，裴仁清. 机电一体化系统设计. 北京：机械工业出版社，2004.

[3] 朱喜林，张代治. 机电一体化设计基础. 北京：科学出版社，2004.

[4] 芮延年. 机电一体化原理及应用. 苏州：苏州大学出版社，2004.

[5] 袁中凡. 机电一体化技术. 北京：电子工业出版社，2006.

[6] 李建勇. 机电一体化技术. 北京：科学出版社，2004.

[7] 张建民. 机电一体化系统设计. 北京：北京理工大学出版社，1996.

[8] 胡泓，姚伯威. 机电一体化原理及应用. 北京：国防工业出版社，1999.

[9] 刘杰. 机电一体化技术基础与产品设计. 北京：冶金工业出版社，2003.

[10] 机电一体化技术手册编委会. 机电一体化技术手册. 2 版. 北京：机械工业出版社，2005.